SYSTEMS ENGINEERING
Methodik und Praxis

Haberfellner / Nagel
Becker / Büchel / von Massow

SYSTEMS ENGINEERING
Methodik und Praxis

8. verbesserte Auflage

Herausgeber: W. F. Daenzer / F. Huber

Verlag Industrielle Organisation Zürich

Die Deutsche Bibliothek – CIP-Einheitsaufnahme

Systems engineering : Methodik und Praxis / Haberfellner...
Hrsg. W. F. Daenzer ; F. Huber. – 8. verb. Aufl. – Zürich :
Verl. Industrielle Organisation, 1994
  ISBN 3-85743-973-4
NE: Haberfellner, Reinhard; Daenzer, Walter F. (Hrsg.)

8. Auflage
ISBN 3-85743-973-4
© Copyright by Verlag Industrielle Organisation, Stiftung für Forschung und Beratung am Betriebswissenschaftlichen Institut der ETH Zürich, Zürichbergstrasse 18, CH-8028 Zürich/Schweiz.
Telefon 01/261 08 00   Fax 01/261 24 68
Alle Rechte, insbesondere die der Übersetzung, des Nachdrucks und der Vervielfältigung, vorbehalten. Ohne schriftliche Genehmigung des Verlages ist es nicht gestattet, das Buch oder Teile daraus mit Hilfe irgendeines Verfahrens zu kopieren oder zu vervielfältigen oder in Maschinensprache zu übertragen, auch nicht für Zwecke der Unterrichtsgestaltung.

Systems Engineering

Einführung

Vorwort zur 7., völlig neu bearbeiteten und erweiterten Auflage VII
Zum Geleit – Einführung in die Thematik (Vorwort zur 1. Auflage) IX
Lebensläufe XII
Konzept und Aufbau des Buches XIV
Charakteristik des Systems Engineering XVIII

Teil I: SE-Philosophie

1. Systemdenken 4
2. Das SE-Vorgehensmodell 29

Teil II: Systemgestaltung

1. Anwendungsaspekte des Vorgehensmodells 81
2. Vertiefung der Teilschritte im Problemlösungszyklus 109
2.1 Situationsanalyse 109
2.2 Zielformulierung 135
2.3 Synthese-Analyse 157
2.4 Bewertung und Entscheidung 190
3. Situationsbedingte Interpretation des Vorgehens 222

Teil III: Projekt-Management

1. Projekt-Management 240
2. Psychologische Aspekte der Projektarbeit 282

Teil IV: Fallbeispiel Flughafen 306

Teil V: SE in der Praxis

1. Einführung 340
2. Fallbeispiel: Produktionsstättenplanung 341
3. Fallbeispiel: Organisationsanalyse auf GWA-Basis 358
4. Fallbeispiel: Lohnsystem einer kantonalen Verwaltung 374
5. Fallbeispiel: Informatik «Schlemmer AG» 390
6. Schrittweises Vorgehen im SE: Aktivitäten-Checkliste 410

Teil VI: Techniken und Hilfsmittel

1. Techniken im Überblick 426
2. Enzyklopädie/Glossarium 429
3. Formularsammlung 568

Abschließendes

Abbildungsverzeichnis 592
Literaturverzeichnis 599
Index 611

Vorwort zur 7., völlig neu bearbeiteten und erweiterten Auflage

Das Interesse an einem methodischen Vorgehensleitfaden zur Abwicklung von komplexen Vorhaben, insbesondere auch für das in diesem Werk dargestellte, umfassende Systems-Engineering-Konzept, hält seit nunmehr 20 Jahren unvermindert an und ist sogar im Steigen begriffen. Dies läßt sich aus einer Reihe von Indikatoren schließen:

- Bisher sind sechs Auflagen (mit total 22 000 Exemplaren) des Systems-Engineering-Buches des Betriebswissenschaftlichen Instituts der ETHZ erschienen. Dieses Buch hat sich als eine Art Standardwerk auf diesem Gebiet etabliert, indem es in einer steigenden Zahl von Ausbildungsgängen als Lehrbuch dient.
- Eine Reihe von Universitätsinstituten und privaten Kursanbietern haben andererseits beträchtliche Teile des im Buch enthaltenen Gedankengutes in ihre Ausbildungskonzepte übernommen.
- Zahlreiche Unternehmungen haben das Systems-Engineering-Konzept zu ihrem Standardvorgehen für die Abwicklung komplexer Vorhaben erklärt. Das SE gehört dort zum regulären innerbetrieblichen Ausbildungsstoff.
- Viele fachspezifische Phasenkonzepte (z.B. für die Abwicklung von EDV-Projekten) beruhen auf demselben Gedankengut.
- Das Interesse an den Ausbildungskursen über Systems Engineering der Stiftung für Forschung und Beratung des BWI ist nach wie vor sehr groß.

Dies hat die Stiftung als Trägerin des Verlags ‹Industrielle Organisation› veranlaßt, eine Neubearbeitung in Auftrag zu geben. Sie konnte sich dabei zu einem beträchtlichen Teil auf die seinerzeitigen Hauptautoren des SE-Buches abstützen. Diese haben Erfahrungen aus Anwendungen, Kurstätigkeit und akademischer Lehre eingebracht.

Damit knüpft die vorliegende, völlig neu bearbeitete und erweiterte Auflage zwar an die bewährten Grundzüge des ursprünglichen Konzeptes an, ergänzt sie aber durch neue Erkenntnisse.

Eine Reihe von neuen Entwicklungen und Überlegungen zu anderen Vorgehensleitfäden wurde in die Darstellung einbezogen und vergleichend analysiert. Insbesondere sind dies Ansätze wie Prototyping, Simultaneous Engineering, die Konzeption des systemisch-evolutionären Projekt-Managements.

Dabei hat sich gezeigt, daß das ursprüngliche Konzept sehr tragfähig ist. Es läßt Raum für Erweiterungen und situationsbedingte Ergänzungen, ohne in seiner Grundaussage an Gültigkeit zu verlieren.

In die Neuauflage wurde ein Kapitel «Psychologische Aspekte der Projektarbeit» aufgenommen. Ebenfalls neu sind vier Fallbeispiele aus der Beratungspraxis der Stiftung BWI; an diesen wird verdeutlicht, wie das SE-Vorgehen in verschiedenen Beratungsbereichen Verwendung findet.

Der Teil Enzyklopädie wurde überarbeitet und erweitert. Besonderes Gewicht erhielt dabei der PC-Einsatz, da PCs als Hilfsmittel zur Datenanalyse, -darstellung und -auswertung nicht mehr wegzudenken sind bzw. bei der Optimierung von Lösungen eine wichtige Rolle spielen können.

Ein besonderes Anliegen der Autoren waren handlungsorientierte Empfehlungen im Sinne des «Was tun?». Diesem Zweck dienen neben den erläuterten Fallstudien vor allem spezielle Vorgehenshilfen und Formularmuster, die für die eigene Verwendung übernommen bzw. adaptiert werden können.

Wir sind der Überzeugung, daß mit dieser Neuauflage ein aktualisiertes und umfassendes Vorgehenskonzept vorliegt, das Planern eine Orientierungshilfe gibt für eine geordnete und strukturierte Abwicklung ihrer Vorhaben.

Prof. F. Huber

Zürich, 1992

Zum Geleit – Einführung in die Thematik
(Vorwort zur 1. Auflage 1976)

Die steigende Komplexität des Geschehens in unserer sozialen Umwelt wird immer deutlicher. Mit dem durch die gesellschaftlichen Anforderungen stark gestiegenen Umfang der zu bewältigenden Probleme wächst das Bewußtsein über ihre Komplexität, ihre Vielfalt und die gegenseitigen Abhängigkeiten der wirksamen Einflußgrößen. Die Öffentlichkeit ist heute wesentlich weniger bereit, unerfreuliche Geschehnisse einfach als Schicksalsschläge oder Naturkatastrophen hinzunehmen. Sie wittert dahinter oft – und gelegentlich mit Recht – Planungsfehler oder Planungslücken. Aus dem geweckten und wachsenden Bewußtsein der Komplexität der bedrängenden Probleme reagiert die Gesellschaft. Einerseits stellt sie hohe Anforderungen und Erwartungen an die Leistungen jener, die sich mit komplexen Problemlösungen zu befassen haben – nämlich der Planer. Andrerseits haben nicht-erfüllte Erwartungen zu herber Enttäuschung und Skepsis geführt, die bis zur Negation des Nutzens der Planungsarbeit überhaupt führen kann.

Das Bewußtsein der Vielfalt und der Interdependenzen der Einflußgrößen hat auf allen sich entwickelnden Arbeits- und Wissensgebieten zu einer methodologischen Entwicklung geführt: zum Systemansatz. Bei einer ersten oberflächlichen Betrachtung wäre man zwar geneigt, von einer Menge von Systemansätzen zu sprechen. Sie alle zeigen, besonders auch terminologisch, die Abstammung von den Wissensgebieten, auf deren Basis sie entwickelt wurden. Bei einer ins Grundsätzliche gehenden Betrachtung kommt aber doch recht klar die Einheitlichkeit des prinzipiellen Ansatzes zum Ausdruck. In abstrakter Form findet diese prinzipielle Einheitlichkeit ihren Niederschlag in der sich – besonders in den letzten Jahren – stark entwickelnden Systemtheorie.

Von großer Bedeutung ist dabei die Modellvorstellung, daß die das Problem darbietende Gesamtheit als System – bestehend aus Elementen und Beziehungen – interpretiert werden kann. Die Frage, ob z.B. eine Unternehmung, ein Betrieb, eine Branche oder ein Biotop ein System sei oder nicht, ist gegenstandslos. Wesentlich ist vielmehr, daß es sich um sehr komplexe Ganzheiten handelt, die in ihren vielfältigen Funktionen verständlicher und transparenter dargestellt werden können, wenn man sie als Systemmodell interpretiert. Voraussetzung dazu ist allerdings der sachgerechte und problemadäquate Aufbau des Modells. Die Modellinterpretation wird zwar möglichste Wirklichkeitsnähe anstreben, wobei man sich jedoch bewußt sein muß, daß jedes Modell lediglich eine Abstraktion der Wirklichkeit sein kann, oder – genauer ausgedrückt – ein Versuch des Planers, seine Vorstellungen über die Wirklichkeit zum Ausdruck zu bringen.

Diese Tatsache stellt eines der Kernprobleme des verantwortungsbewußten Planers dar. Eine immer weiter getriebene Verfeinerung und Aufgliederung kann zwar die Wirklichkeitsnähe seines Modells erhöhen. Sie bietet aber keine Gewähr dafür und ist außerdem mit exponentiell steigendem Aufwand verbunden. Es bleibt hier ein problemgeladener Ermessensspielraum in der Beurteilung des vertretbaren Aufwands und des möglichen Nutzens. Der Entscheid wird die mit den Abstraktionen verbundenen Risiken sorgälltig berücksichtigen müssen.

Schon aus arbeitsökonomischen Gründen wird deshalb eine Tendenz zu möglichst einfachen Modellvorstellungen vorhanden sein. Diese Tendenz ist aber nicht ungefährlich, denn sie führt leicht zu Primitivmodellen, die normalerweise nur einzelne Einflußgrößen berücksichtigen – im Extremfall sogar nur eine einzige – und bewußt oder unbewußt von allen anderen abstrahieren. Derartige Modelle ergeben zwangsläufig ein Zerrbild der Wirklichkeit. Daraus abgeleitete Maßnahmen werden deshalb auch zwangsläufig keine ausgewogenen, allen wesentlichen Bedingungen gerecht werdende Problemlösungen erbringen können. Primitivmodelle haben im Leben der Gesellschaft zu allen Zeiten eine wesentliche und gelegentlich auch verhängnisvolle Rolle gespielt. Die gewaltsame Vereinfachung komplexer Zusammenhänge auf einzelne dominante Einflußgrößen ergibt Primitivmodelle, die leicht zu verstehen und einleuchtend sein können. Wir können nun feststellen, daß die Dominanz der Einflußgrößen oft auf Bereiche verlegt ist, die emotional leicht aufladbar sind. Dies tritt z.B. nicht selten dann auf, wenn soziale Einflußgrößen, etwa im ethisch durchaus gerechtfertigten Streben nach Gerechtigkeit, dominant und die übrigen, etwa die Fragen nach der Realisierbarkeit, vernachlässigt werden. Einleuchtende, einfache und das Gefühl ansprchende Modellvorstellungen haben bei den Zeitgenossen immer wieder in großer Breite Anklang gefunden, nur haben sie keine umfassenden Problemlösungen gebracht. Viele Weltverbesserungstheorien aller Art, gelegentlich wohltönender als Weltanschauungen umschrieben, waren und sind gutgemeinte aber unrealisierbare Primitivmodelle.

Auf der Suche nach einer leistungsfähigen Problemlösungsmethodik war uns am Betriebswissenschaftlichen Institut der ETH (BWI) bald klar, daß Modellvorstellung und Systemansatz wichtige Bestandteile einer derartigen Methodik sein müßten, da sie dazu zwingen, komplexe Sachverhalte zu strukturieren, um sie damit besser überschau-, diskutier- und lösbar zu machen. Über derartige Strukturierungsüberlegungen hinaus sollte die gesuchte Methodik aber auch Leitfaden sein zur problemgerechten und effizienten Abwicklung komplexer Vorhaben. Dabei sind wir auf das in den USA entwickelte Systems Engineering gestoßen. Doch obwohl wir bei der Entwicklungsarbeit viele Anregungen aus einschlägigen Publikationen erhalten haben – insbesondere waren die Ansätze von Hall und Chestnut für uns wichtig –, kann heute von einem eigenständigen «BWI-Systems-Engineering» gesprochen werden. Wichtige Merkmale unseres Ansatzes sind vor allem die Herauslösung aus dem eher technokratischen Rahmen der amerikanischen Vorbilder (mit der A. Büchel 1969 begonnen hat), die damit verbundene Ausdehung auf betriebswissenschaftliche Problemstellungen im weitesten Sinn und die handlungsorientierte Operationalisierung der Aussagen. Im Gegensatz zu anderen systemorientierten Ansätzen steht für uns nicht das Streben nach der reinen Erkenntnis, nicht die statische, vielfach nur beschreibende und rein klassifikatorische Betrachtung im Vordergrund, sondern das Denken in Wirkungszusammenhängen und Prozessen. Dies entspricht unserer Vorstellung von guter Ingenieurtätigkeit, wobei man diese Bezeichnung mittlerweile guten Gewissens über den rein technischen Bereich hinaus erweitern kann.

Diese gestalterische, schöpferische Zielsetzung als Ingenieuraufgabe hat uns auch bewogen, den amerikanischen Begriff «Systems Engineering» zu übernehmen. Und obwohl der Amerikanismus nicht ganz befriedigt, bringt er wie kein zweiter zum Ausdruck, daß – auf der Basis einer ganzheitlichen (System)-

Betrachtung – nach sachgerechten, realisierbaren und operationalen Lösungen gestrebt wird.

Vor diesem gedanklichen Hintergrund wurde am Betriebswissenschaftlichen Institut der ETH ein Ausbildungskurs über Systems Engineering erarbeitet, den seit seiner erstmaligen Durchführung (1971) mehr als 800 Teilnehmer absolviert haben.

Parallel dazu wurde, in ständiger wechselweiser Wirkung von wissenschaftlicher Erkenntnis und ihrer praktischen Anwendung, eine große Zahl von Problemlösungen auf den verschiedensten Fachgebieten erarbeitet. Der spezielle Charakter unseres Instituts, mit dem für Hochschulinstitute ungewöhnlichen Prinzip der Eigenwirtschaftlichkeit, schafft nicht nur günstige Voraussetzungen für die empirische Erprobung der erarbeiteten Theorie, er erzwingt sie geradezu. In praktischer Tätigkeit für eine Vielzahl von Auftraggebern hat sich gezeigt, daß die Methodik des Systems Engineering fruchtbar und wirksam bei einem breiten Spektrum von Problemstellungen eingesetzt werden kann. Es wurden – ohne Anspruch auf Vollständigkeit der Aufzählung – z.B. im industriellen Bereich folgende Problemstellungen methodisch gelöst: Entwicklung von Gesellschaftspolitiken, Unternehmungsplanungen, Produktionsplanung- und -steuerung, Organisation des Personalwesens, des Rechnungswesens und vielerlei Fragen des Projekt-Managements. Im Bereich der öffentlichen Verwaltung wurden zahlreiche Planungs- und Organisationsprobleme gelöst. Die Methodik wurde eingesetzt bei der Planung von Spitälern und bei der Rationalisierung von Verwaltungen. Verschiedene Probleme des Umweltschutzes konnten geklärt und einer Lösung zugeführt werden. Aber auch land- und forstwirtschaftliche Problemkreise konnten mit ihr erfolgreich bearbeitet werden.

Abschließend noch ein Wort zur Abgrenzung unserer Auffassung des Systems Engineering gegenüber anderen, in der Literatur heute angebotenen System- und Vorgehensmethodiken:

Wir haben bewußt Wert auf Allgemeingültigkeit gelegt, wollten also keinen Ansatz erarbeiten, der auf spezielle Fachgebiete, deren Probleme und deren Begriffsapparat zugeschnitten ist. Und unser Ansatz sollte geschlossen sein, d.h.
- sowohl erklärungs- als auch handlungsorientiert sein
- neben einer allgemeinen Philosophie konkrete Methoden und Techniken vermitteln und deren gedankliche Zuordnung zu Problemkategorien bzw. Vorgehensschritten ermöglichen, und schließlich
- Fragen der Systemgestaltung (Problemlösung im engeren Sinn) mit organisatorischen Fragen der Projektabwicklung integrieren können

Wir wollen mit unserem Ansatz keine andere Methodik bekämpfen oder gar verdrängen. Er soll aber dort als Ergänzung und Vertiefung verstanden werden, wo andere Ansätze keine Aussagen erbringen.

Der erreichte Entwicklungsstand scheint uns eine geschlossene Darstellung zu rechtfertigen.

Prof. Dr. h. c. W. Daenzer

Zürich, 1976

Autoren

Mario Becker, Dr. sc. techn., 1937

1962–1965 Fabrikplanung, Zeitstudienwesen in der Maschinenindustrie. 1965–1971 Gründung und Leitung einer Stelle für Operations Research. 1971–1977 «EDV-Methoden und Verfahren» und 1975–1977 Leitung «Organisation Produktion und Technik (PPS)» in einem Großkonzern der Maschinenindustrie.

Beschäftigungsschwerpunkte waren Organisation, Entwicklung und Informationssysteme, Programmierung, PPS-Systeme, Evaluation von EDV-Anlagen, Führung und Schulung. Seit 1977 Leiter der Beratungsabteilung INFORMATIK der Stiftung für Forschung und Beratung am Betriebswissenschaftlichen Institut der ETH Zürich. Dozent für Informatik und betriebswissenschaftliche Methodik an der ETH Zürich.

Alfred Büchel, Prof. Dr. sc. techn., 1926

Studium an der Abteilung für Maschineningenieurwesen der ETH Zürich mit Vertiefung in Betriebswissenschaften. Ab 1952 Mitarbeiter der Abteilung für betriebswissenschaftliche Forschung und Beratung des BWI, ab 1961 Sektorchef.

Beratungsschwerpunkte: Fabrikplanung, Produktionsplanung und -steuerung.

1968 Promotion an der ETH Zürich. 1970–1991 Professor für technische Betriebswissenschaften an der ETH. Lehrgebiete: Methodik (Systems Engineering), Produktionsplanung und -steuerung, betriebliche Datenverarbeitung.

Reinhard Haberfellner, Prof. Dr. sc. techn., 1942

1959–1965 Maschinenbau- und Wirtschaftsingenieur-Studium an den Technischen Hochschulen Wien und Graz. 1973 Promotion an der ETH Zürich. 1965 bis 1979 Mitarbeiter in der Beratungsabteilung am Betriebswissenschaftlichen Institut der ETH Zürich. Beschäftigungsschwerpunkte Organisation, Planung, Planungsmethodik (Systems Engineering), Rationalisierung. Seit 1979 ordentlicher Professor für Unternehmungsführung und Organisation an der Technischen Universität Graz.

Heinrich von Massow, Dipl.-Ing., 1931

Maschinenschlosser- und Industriekaufmannslehren in Zwickau/Sachsen und in Berlin, Studium des Maschinenbaues an der Ingenieurschule Zwickau, des Wirtschaftsingenieur- und des Hüttenwesens an der Technischen Universität Berlin und der Betriebswissenschaften an der Eidg. Technischen Hochschule Zürich.

1958–1962 Mitarbeit an Müll- und Industrieabfallbeseitigungsprojekten in Deutschland und in der Schweiz. 1962–1968 beratender Ingenieur für Industrie- und Infrastruktur-Vorhaben in Afrika, 1968–1971 Leitung von Infrastruktur-Projekten in Deutschland und Afrika. Seither an der Stiftung für Forschung und Beratung am Betriebswissenschaftlichen Institut der ETH als beratender Ingenieur und Gutachter für Industrie- und Infrastruktur-Vorhaben in Europa, Afrika und Asien.

Peter Nagel, Dr. rer. pol., Privatdozent, 1935

Studium an den Universitäten Mainz und Graz. Habilitation an der ETH Zürich. 1960–1963 Mitarbeit in einer Unternehmensberatungsfirma. 1963–1970 Aufbau und Leitung des Bereiches Systems Engineering in einem Großkonzern. 1970–1980 Mitarbeit am Betriebswissenschaftlichen Institut der ETH Zürich. Seit 1977 Privatdozent an der ETH Zürich. Seit 1980 selbständiger Unternehmensberater.

Beschäftigungsschwerpunkte: Organisation, EDV-Einsatz auf den Gebieten Lagerbewirtschaftung, Logistik, Verkauf, Marketing, Produktionsplanung und -steuerung, Unternehmungsplanung. Kurse über Systems Engineering und Vorlesungen zum Thema Projektmanagement.

Konzept und Aufbau des Buches

Das vorliegende Buch besteht aus sechs Teilen.

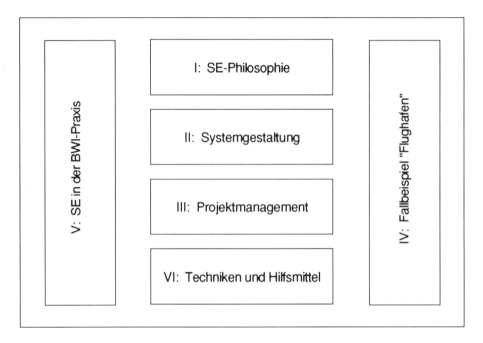

Abb. 0.1 Aufbau des Buches

In *Teil I* (SE-Philosophie) wird das gedankliche Gerüst des Systems Engineering beschrieben. Dies ist einerseits das Systemdenken als Hilfsmittel, um Situationen und Sachverhalte strukturieren, in ihren Zusammenhängen darstellen und damit besser verstehen, abgrenzen und gestalten zu können. Und andererseits handelt es sich um das *Vorgehensmodell* des SE, das aus verschiedenen Grundprinzipien und bausteinartig zusammensetzbaren Komponenten besteht, die helfen sollen, den Werdegang einer Lösung in überblickbare Teilschritte zu untergliedern.

Die SE-Philosophie wird zunächst in vereinfachter Form beschrieben, ohne Sonder- und Ausnahmefälle zu behandeln. Die Lektüre des Teils I ist Voraussetzung für das Verständnis der folgenden Teile.

Im *Teil II* (Systemgestaltung) werden die Anwendungsaspekte der SE-Philosophie und dabei insbesondere des Vorgehensmodells behandelt. Dabei werden auch Einschränkungen bzw. Erweiterungen der in Teil I getroffenen Aussagen vorgenommen.

In einem breit angelegten 2. Abschnitt werden die zentralen Schritte des Problemlösungszyklus (Situationsanalyse, Zielformulierung, Lösungssuche, Bewertung und Entscheidung) vertieft beschrieben und auch die «handwerklichen» Aspekte der Anwendung erläutert.

Ein dritter Abschnitt beschäftigt sich mit speziellen Planungssituationen, die eine differenzierte Interpretation der Methodik erfordern.

Teil III (Projekt-Management) behandelt die organisatorische Komponente von Vorhabenabwicklung. Darunter sind insbesondere die Schritte Ingangsetzen, Ganghalten und Abschluß von Projekten, Fragen der Projektorganisation (institutionelle Überlegungen), der personellen und der instrumentellen Betrachtung (Methoden und Techniken) zu verstehen. Ein eigener Abschnitt ist dem Thema «Psychologische Aspekte der Projektarbeit» mit den drei Dimensionen: Verstand, Gefühl und Intuition gewidmet.

Teil IV (Projekt Flughafen) zeigt in Form eines Fallbeispiels den Einsatz der SE-Methodik. Die vorher behandelten Grundlagen werden darin anhand eines praktischen Falles drehbuchartig geschildert und verdeutlicht.

Teil V (SE in der Praxis) enthält vier Fallschilderungen aus der Beratungspraxis der Stiftung BWI. Die Abteilungen «Betriebswirtschaft», «Betriebsplanung und Logistik», «Informatik» und «Personalführung und Organisation» schildern die Abwicklung je eines authentischen (aber aus verständlichen Gründen verfremdeten) Vorhabens. Ausgehend von der Problemstellung werden die Denkweise des Systems Engineering, seine Methoden der Systemgestaltung und des Projekt-Managements über verschiedene Phasen dargestellt.

Damit soll ein vertieftes Verständnis für die Anwendung des SE vermittelt und insbesondere auch gezeigt werden, daß es in der Praxis nicht um wortgetreue Anwendung, sondern um sinngemäße Interpretation geht.

Im Anschluß daran findet man im Abschnitt «Schrittweises Vorgehen im SE» eine Checkliste, die helfen soll, die in den einzelnen Projektphasen durchzuführenden Aktivitäten leichter zu erkennen und für die situationsbedingte Planung von Vorhaben zielgerichtet vorzusehen.

Teil VI (Techniken und Hilfsmittel) enthält die Beschreibung von über hundert Techniken, die die Systemgestaltung und das Projekt-Management unterstützen können. Der Einsatzzweck und das grundsätzliche Vorgehen werden beschrieben, in vielen Fällen erläutert ein einfaches Beispiel die Anwendung. Ein Literaturverzeichnis weist auf allfällige Vertiefungsmöglichkeiten des Stoffes hin.

Ein *Formularsatz* ergänzt diese Sammlung von Hilfsmitteln für die Praxis. Mit seiner Hilfe können auch die für den Einsatz der dargestellten Methoden benötigten Daten gesammelt und ausgewertet werden.

Dieses Buch ist zum einen als Lehrbuch gedacht, das den Anwender beim Einstieg in das Systems Engineering unterstützt. Andererseits ist es aber auch als Nachschlagewerk für den späteren Gebrauch konzipiert. Diesem Zweck dient ein *Index*, der das Auffinden der Stichworte und Begriffe erleichtert.

Einführung
Charakteristik des Systems Engineering

Problem als Ausgangspunkt XVIII

Systems Engineering als methodische Komponente bei der Problemlösung .. XVIII

Die Komponenten des Systems Engineering XIX

Voraussetzungen zur Anwendung des Systems Engineering XX

Charakteristiken und Abgrenzungen des Systems Engineering XXI

Charakteristik des Systems Engineering

Auf eine knappe Formel gebracht, soll Systems Engineering (SE) als eine auf bestimmten Denkmodellen und Grundprinzipien beruhende Wegleitung zur zweckmäßigen und zielgerichteten Gestaltung komplexer Systeme betrachtet werden.

Problem als Ausgangspunkt

Unter einem Problem kann man die Differenz zwischen einem vorhandenen und feststellbaren Ist-Zustand einerseits und der Vorstellung eines Soll-Zustandes andererseits verstehen, so vage diese auch immer sein mag (Abb. 0.2).

Abb. 0.2   Problem als Differenz zwischen dem IST und der Vorstellung vom SOLL

Der hier verwendete Problembegriff beinhaltet eine Vielzahl subjektiver Faktoren seitens der Beteiligten bzw. vom Problem Betroffenen, die sich äußern können in
- unterschiedlichen Vorstellungen über das SOLL
- abweichenden Einschätzungen des IST und
- einer unterschiedlichen Beurteilung der Dringlichkeit, der erforderlichen Zeitdauer, der notwendigen Mittel und der Lösungswege, die zur Überbrückung der Differenz zwischen IST und SOLL führen.

Die Art und das Ausmaß der subjektiven Problemempfindung hängen dabei sehr stark vom Wissen, der Erfahrung, vom Realitätsbezug und der Risikofreudigkeit ab. Entsprechend dem zeitlichen Bezug können außerdem sehr verschiedene Ausgangssituationen der Problemstellung unterschieden werden:
- Die Differenz zwischen IST und SOLL ist bereits heute feststellbar (Problem, Schwierigkeit im engeren Sinn).
- Die Differenz wird sich erst in der Zukunft bemerkbar machen. Sie kann mit den Begriffen «Gefahr» (negativ) oder «Chance» (positiv) umschrieben werden.

SE soll dabei die unterschiedlichen Einflußfaktoren und Wertvorstellungen, die das Problemverständnis beeinflussen, nicht unterdrücken, sondern helfen, sie auf geordnete Art zu erfassen und während der Lösungssuche nicht aus den Augen zu verlieren.

Dies ist insbesondere dann erforderlich, wenn es sich um komplexe Probleme handelt, deren Lösung entsprechende planerische Maßnahmen erfordert. Damit ist die Behebung (trivialer) Schwierigkeiten durch einfache Eingriffe ausdrücklich nicht Gegenstand des SE.

SE als methodische Komponente bei der Problemlösung

Um Probleme einer Lösung zuführen zu können, müssen eine Reihe von Faktoren wirkungsvoll zusammenspielen. Abb. 0.3 weist darauf hin. Damit soll zum Ausdruck

Charakteristik des Systems Engineering   XIX

gebracht werden, daß die Methodik nur eine von mehreren Komponenten ist und allein nicht imstande ist, Probleme wirkungsvoll zu lösen – ebensowenig, wie die anderen dies alleine für sich beanspruchen dürfen. SE soll vielmehr helfen, ihr Zusammenspiel zu organisieren, in wirkungsvoller Weise zum Tragen zu bringen und damit die Voraussetzungen für gute und kreative Lösungen zu schaffen.

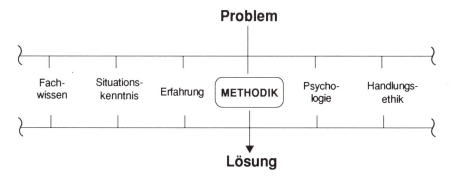

Abb. 0.3   SE als methodische Komponente bei der Problemlösung

Die Komponenten des SE

Das in Abb. 0.4 dargestellte vereinfachte Bild soll helfen, das Ideengut des SE in geordneter Form zu präsentieren.

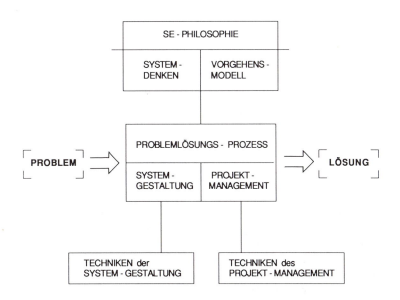

Abb. 0.4   Komponenten des SE

Im Zentrum der SE-Methodik steht der Problemlösungsprozeß, der zwei gedanklich voneinander abgrenzbare Komponenten enthält:

- Die *Systemgestaltung* als eigentliche konstruktive Arbeit für die Findung der Lösung. Im Vordergrund stehen die inhaltlichen Aspekte des Problemlösungsprozesses, das zu gestaltende Objekt und dessen relevante Umwelt. Diesem Aspekt ist der größte Teil des vorliegenden Buches gewidmet. Darüber hinaus spielt natürlich ein weiterer wichtiger Aspekt eine Rolle.
- Das *Projekt-Management*, d.h. die Frage der Organisation und Koordination des Problemlösungsprozesses. Im Vordergrund stehen die Zuteilung von Aufgaben, Kompetenzen und Verantwortung an die am Projekt beteiligten Personen oder Gruppen, deren organisatorische Verankerung, die Organisation der Entscheidungsprozesse, die Durchsetzung der getroffenen Entscheidungen, die Planung der Termine und Kosten, die Disposition von Ressourcen verschiedenster Art, die psychologischen Aspekte der Projektarbeit u.a.m.

Natürlich können die inhaltlichen Aspekte des Problemlösungsprozesses (Systemgestaltung) und die organisatorischen (Projekt-Management) in der Realität kaum voneinander getrennt werden. Sie beeinflussen sich auf vielfältige Art und betreffen außerdem vielfach ganz oder teilweise dieselben Personen. Es handelt sich also lediglich um eine gedankliche Trennung, die in analytischer Hinsicht zweckdienlich ist und keineswegs eine Rollenteilung in «Systemgestalter» bzw. «Projekt-Manager» zum Ausdruck bringen will.

Als geistiger Überbau dient die *SE-Philosophie* mit dem *Systemdenken* und einem generellen *Vorgehensmodell* als Leitfaden zur Problemlösung.

Diese unterstützen sowohl die Systemgestaltung als auch das Projekt-Management.

Systemgestaltung und Projekt-Management stützen sich außerdem auf bewährte Techniken, Hilfsmittel und Verfahren ab. *Charakteristisch ist dabei die Aufgeschlossenheit gegenüber jeglicher Art von Hilfsmitteln, sofern diese in einem bestimmten Problemzusammenhang Erfolg versprechen.*

Voraussetzungen zur Anwendung der SE-Methodik

Der Anwendung der SE-Methodik liegen eine Reihe von impliziten Voraussetzungen zugrunde, die hier beispielhaft aufgelistet werden sollen.

1) Problembewußtsein vorhanden

Die SE-Methodik geht davon aus, daß im Umfeld eines abzuwickelnden Vorhabens Problembewußtsein bzw. die Fähigkeit zur Problemerkennung vorhanden sind, die zu einem ANSTOSS zur Behandlung führen. Die ‹Problemerkennung› selbst ist damit nicht Gegenstand der SE-Methodik, obwohl sie im Rahmen einer Problembewältigung als Ganzes wohl eine zentrale Rolle spielt. Ebenso wird vorausgesetzt, daß eine Vorentscheidung gefallen ist, ein Problem nicht im Rahmen normaler Routinetätigkeiten zu lösen, sondern eine Person oder ein Team speziell mit dem Studium dieses Problems zu betrauen.

2) Organisatorisches Umfeld unterstützt die Willensbildung

Anwendungshintergrund ist eine Organisation (Unternehmung, Verwaltung etc.), wobei folgende Gegebenheiten unterstellt werden:
Es existieren Mechanismen zur Willensbildung und zur Konfliktregelung bei Meinungsverschiedenheiten. Entscheidungen werden von den Beteiligten und Betroffenen in Normalfall akzeptiert und nicht nach Belieben verändert bzw. in Frage gestellt.
Diese Willensbildung weist normalerweise auch im zeitlichen Ablauf eine gewisse Kontinuität auf, was eine minimale Konstanz von Werthaltungen und Zielvorstellungen voraussetzt (was bei häufig wechselnder Zusammensetzung von Gremien z.B. in der Politik nicht unbedingt gewährleistet ist).

3) Problemlösungsprozeß aus organisatorischer Sicht betrachtet

Es gibt eine Reihe interessanter Ansätze zum Thema ‹Problemlösung› aus der Sicht individueller Denkprozesse (z.B. Dörner). Dies ist aber nicht das Thema des SE. SE befaßt sich mit der Aufgliederung komplexer Probleme in überblickbare und damit einzeln lösbare Teilkomplexe, mit der zweckmäßigen Abfolge von Tätigkeiten und mit der Koordination verschiedener beteiligter Personen. Erkenntnisse über die Gestaltung individueller Denkprozesse sind aber eine wertvolle Ergänzung des SE-Gedankengutes.

4) Anspruch auf Generalisierung

Die SE-Methodik versucht im Rahmen der genannten Voraussetzungen möglichst allgemein gültige, nicht auf spezielle Anwendungsgebiete (Problemfelder oder Problemklassen) ausgerichtete Erkenntnisse zu vermitteln. Diese Generalisierung hat zur Folge, daß das SE-Gedankengut auf einer relativ hohen Abstraktionsebene angesiedelt ist und sich auf wesentliche Grundsätze beschränkt.

5) Offenheit für Anpassungen und Ergänzungen

Da die SE-Methodik eine grundsätzliche Leitlinie und nicht eine zwingend zu befolgende Norm darstellen will, ist es nicht von Belang, die Grundsätze buchstabengetreu und exakt einzuhalten. Wichtiger ist vielmehr, die Grundidee sinngemäß zu beachten. Die Methodik soll die Problemlösung unterstützen und nicht «erschlagen».
Mit der Beschränkung auf wesentliche Grundsätze ist das SE-Konzept in hohem Maße offen für die Übernahme von Ideen aus anderen Methodiken.

Charakteristik und Abgrenzung des SE gegenüber anderen Problemlösungsmethodiken

SE ist nicht die einzige Problemlösungsmethodik. Ohne hier späteren Ausführungen unzulässig vorgreifen zu wollen, sei doch der kurze Versuch gemacht, die Grundideen voneinander abzugrenzen.

1) Die SE-Philosophie besteht aus 2 Grundbausteinen, die weiter unterteilt werden können
   - dem Systemdenken und
   - dem Vorgehensmodell mit seinen Bausteinen
     - vom Groben zum Detail
     - Prinzip der Variantenbildung
     - der Phasengliederung von Projekten mit dem
     - Problemlösungszyklus.

   Mit diesen modular kombinierbaren Grundbausteinen lassen sich auch sehr komplexe Problemstellungen methodisch zweckmäßig bearbeiten.

2) Der Bezug zum *Systemansatz* im Sinne eines ganzheitlichen Denkens in Wirkungszusammenhängen, der Verwendung von Modellen und anderen Strukturierungshilfen ist besonders typisch für die SE-Methodik und kommt auch in seinem Namen zum Ausdruck.

   Dieser Ansatz wird von den Vertretern des «systemisch evolutionären Projekt-Managements» (z. B. Balck) und jenen der «soft system methodology» (z. B. Checkland) ebenfalls vertreten. Allerdings geht es dort primär um die Umgestaltung von Systemen, die starke soziale Komponenten beinhalten bzw. bei denen subjektive Wertvorstellungen sowie die dabei stattfindenden personenbezogenen Prozesse eine große Rolle spielen (z. B. im Sinne der «Organisationsentwicklung»). Beim SE steht das zu gestaltende «Objekt», sein innerer Aufbau und seine Verflechtung mit der Umwelt deutlicher im Zentrum.

3) Vorgehensmodelle, die nicht aus dem SE-Gedankengut abgeleitet wurden, sind dadurch gekennzeichnet, daß sie nicht alle 4 Bausteine (siehe oben) umfassen und häufig sogar nur einen der Bausteine in den Vordergrund stellen, ohne die anderen zu erwähnen.

   Ein Baustein, der recht häufig fehlt (z. B. auch im Wertanalyse-Arbeitsplan und in der REFA-6-Stufen-Methode) ist das Vorgehen «vom Groben zum Detail» und das damit verbundene Hierarchisierungsprinzip. Das Problem wird stattdessen auf einer einzigen Ebene situiert. Bei umfangreichen Vorhaben, bei denen eine solche Betrachtung nicht genügt, bleibt es dem Anwender überlassen, sich in der Vielfalt der Teilprobleme zurechtzufinden. Auch das Prinzip der Variantenbildung wird oft nicht explizit gefordert.

4) Eine Reihe von projektorientierten Vorgehensmodellen betonen – ebenso wie das SE – die Bedeutung der Phasengliederung von Projekten.

5) Die Wertanalyse-Methodik weist 2 Charakteristiken auf, die auch in der SE-Methodik enthalten sind: Einerseits betont sie das Denken in Funktionen – was wir auch im SE empfehlen –, und andererseits baut sie auf der Dewey'schen Problemlösungsmethodik auf, die sich auch im Problemlösungszyklus des SE wiederfindet.

6) Ebenso beruht die *Kepner-Tregoe-Methodik* auf der Dewey'schen Problemlösungsmethodik.

7) Das sog. «IDEALS-Konzept» von G. Nadler stellt prinzipiell nicht die dzt. Situation, sondern einen Idealzustand in den Vordergrund, von dem aus dann eine realistische Lösung erarbeitet wird. Diese Idee ist in ihren Grundzügen in die sog.

«*REFA-6-Stufen-Methode*» eingegangen. Wir halten diesen Ansatz unter bestimmten Voraussetzungen durchaus für sinnvoll – allerdings nicht grundsätzlich.

In Abweichung zu den hier kurz skizzierten Methodiken scheint uns das Charakteristische und Originelle der SE-Methodik darin zu liegen, daß sie
- einen breiten Rahmen aufweist
- innerhalb dessen eine Reihe von Grundprinzipien auf modulare Art miteinander verbunden sind
- und auf undogmatische Art ergänzt bzw. modifiziert werden können.

Dies soll durch die folgenden stichwortartigen Grundsätze hinsichtlich der Anwendung der SE-Methodik noch etwas verdeutlicht werden.

Methodik

- ist nicht Selbstzweck, sondern muß der Erarbeitung guter Lösungen dienen
- ist kein Ersatz für Begabung, erworbene Fähigkeiten, Situationskenntnis, geistige Auseinandersetzung mit Problemen u.ä., sondern setzt diese voraus bzw. soll sie stimulieren
- soll mit sinnvollem Problemlösungsverhalten verträglich sein (psychologische Komponente)
- ist kein Gegensatz zu Intuition, Kreativität, sondern macht diese nutzbar zur Zielerreichung
- bedeutet nicht (einfach zu befolgende) Rezepte, sondern ist **Leitfaden zur Problemlösung, der kreativ und intelligent anzuwenden ist**. Der Nutzeffekt der Anwendung ergibt sich erst aus dem eingebrachten geistigen Potential
- ist hinsichtlich des zu treibenden Aufwands auf den zu erwartenden Nutzeffekt auszurichten.

Literatur

Balck, H.:	Neuorientierung
Checkland, P.:	Systems Thinking
Dörner, D.:	Problemlösen

Vollständige Literaturangaben im Literaturverzeichnis.

Teil I: SE-Philosophie

1. Systemdenken 3
2. Das SE-Vorgehensmodell 27

Denken ist schwerer als man denkt.
(Werner Mitsch)

Teil I: SE-Philosophie

1. Systemdenken ... 4

1.1 Zweck und Terminologie ... 4
1.1.1 Systemdenken als Bestandteil des SE-Konzepts ... 4
1.1.2 Grundbegriffe und Merkmale von Systemen ... 4
1.1.2.1 Systeme/Elemente/Beziehungen ... 5
1.1.2.2 Systemgrenze/Umwelt ... 6
1.1.2.3 Struktur eines Systems ... 6
1.1.2.4 Untersysteme/Subsysteme ... 7
1.1.2.5 Übersysteme ... 8
1.1.2.6 Systemhierarchie ... 8
1.1.2.7 Blackbox ... 8
1.1.2.8 Aspekte eines Systems ... 9

1.2 Denkansätze zur Systembetrachtung ... 9
1.2.1 Systemmodelle als Basis des Systemdenkens ... 10
1.2.2 Die umgebungsorienterte Betrachtungsweise ... 10
1.2.3 Wirkungsorientierte Betrachtung (Input/Output-Betrachtung) eines Systems ... 10
1.2.4 Strukturorientierte Betrachtung des Systems ... 12
1.2.5 Hilfsmittel zur Darstellung von Zusammenhängen bzw. Strukturen ... 12
1.2.6 Aspekte der Systembetrachtung ... 13
1.2.7 Exkurs über die Bildung von Elementen und Beziehungen ... 15
1.2.8 Anwendung des systemhierarchischen Denkens ... 17
1.2.9 Abschlußbemerkungen ... 17

1.3 Anwendung des Systemdenkens im Systems Engineering ... 19
1.3.1 Problemfeld und Lösungssystem ... 19
1.3.2 Anwendung des Systemdenkens auf die Strukturierung und Analyse des Problemfeldes ... 19
1.3.3 Abgrenzung des Problemfeldes ... 20
1.3.4 Systemdenken und Lösungssystem ... 22
1.3.4.1 System-hierarchisches Denken ... 22
1.3.4.2 Generelle Konstruktionsprinzipien ... 22
1.3.5 Konfrontation des Lösungssystems mit dem Problemfeld ... 23
1.3.6 Systemorientiertes Denken und Teamarbeit ... 24
1.3.7 Systemdenken und Projektmanagement ... 24

1.4 Zusammenfassung ... 25

1.5 Literatur ... 26

1. Systemdenken

1.1 Zweck und Terminologie

1.1.1 Systemdenken als Bestandteil des SE-Konzepts

Das Systemdenken ist – nebem dem Vorgehensmodell – wichtiger Bestandteil der SE-Philosophie (Abb. 1.1).

Es wird dabei als Denkweise verstanden, die es ermöglicht, komplexe Erscheinungen (= Systeme) besser verstehen und gestalten zu können.

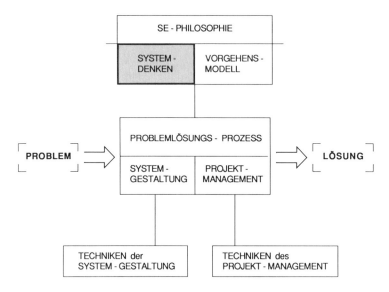

Abb. 1.1   Das Systemdenken im Rahmen des SE-Konzepts

Insbesondere beinhaltet das Systemdenken:
- *Begriffe* zur Beschreibung komplexer Gesamtheiten und Zusammenhänge
- *modellhafte Ansätze*, um reale komplexe Erscheinungen zu veranschaulichen, ohne sie unzulässig vereinfachen zu müssen
- Ansätze, die das *gesamtheitliche Denken* unterstützen.

1.1.2 Grundbegriffe und Merkmale von Systemen

Zur Beschreibung von Systemen werden bestimmte Grundbegriffe verwendet, die zunächst definiert und charakterisiert werden sollen.

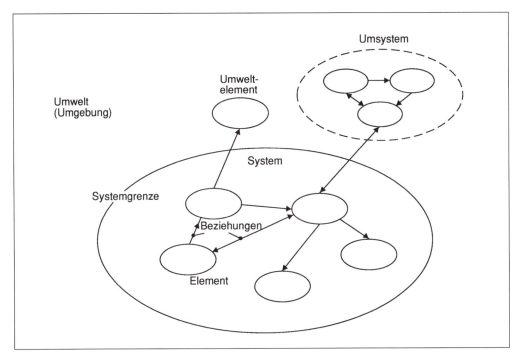

Abb. 1.2 Grundbegriffe des Systemdenkens

1.1.2.1 Systeme/Elemente/Beziehungen

Viele Erscheinungen werden im normalen Sprachgebrauch als System bezeichnet: EDV-System, Datenbank-System, Kommunikations-System, Transport-System, Planungs-System, Sonnen-System, Wirtschafts-System. Bei anderer Gelegenheit wird, wenn notwendig, eine entsprechende Ergänzung hinzugefügt: die Unternehmung, ein sozio-technisch-ökonomisches System; der Teich, ein biologisches System.

Alle diese Beispiele weisen Gemeinsamkeiten auf, die S. Beer wie folgt formuliert:

«Das Wort System steht... für Konnektivität. Wir meinen damit jede Ansammlung miteinander in Beziehung stehender Teile... Was wir als System definieren, ist deshalb ein System, weil es miteinander in Beziehung stehende Teile umfaßt und in gewisser Hinsicht ein... Ganzes bildet».

Systeme bestehen demnach aus Elementen (Teilen/Komponenten), wobei damit in einem sehr allgemeinen Sinne die Bausteine des Systems gemeint sind. Elemente können ihrerseits wieder als Systeme betrachtet werden.

Die Elemente sind untereinander durch Beziehungen verbunden. Auch der Begriff *Beziehung* ist sehr allgemein zu verstehen. Es kann sich um Materialflußbeziehungen, Informationsflußbeziehungen, Lagebeziehungen, Wirkzusammenhänge etc. handeln.

1.1.2.2 Systemgrenze/Umwelt

Unter einer *Systemgrenze* versteht man die mehr oder weniger willkürliche Abgrenzung zwischen dem System und seiner Umwelt bzw. Umgebung, in die es eingebettet ist.

Die im Systems Engineering interessierenden Systeme sind in der Regel *offen*. Ihre Elemente weisen nicht nur untereinander, sondern auch mit ihrer Umwelt Beziehungen auf.

Unter *Umwelt* oder Umgebung versteht man Systeme oder Elemente, die außerhalb der Systemgrenze liegen, die aber wegen der relativen Offenheit des Systems dennoch auf das System Einfluß nehmen bzw. durch das System beeinflußt werden und natürlich auch untereinander Beziehungen aufweisen können. Wenn man deren Systemcharakter betonen will, spricht man von Umsystemen.

Charakteristisch ist, daß innerhalb der Systemgrenzen ein größeres (stärkeres, wichtigeres) Maß an Beziehungen besteht bzw. wahrgenommen wird als zwischen System und Umwelt. Dieses «Übergewicht der inneren Bindung» (N. Hartmann) macht daraus eine «Gesamtheit» (= System).

Die Systemgrenze muß dabei nicht physisch sichtbar sein. Sie kann rein gedanklicher Natur sein und – je nach Betrachtungsstandpunkt – durchaus unterschiedlich verlaufen – siehe dazu später.

1.1.2.3 Struktur eines Systems

Elemente und Beziehungen bilden ein Gefüge und weisen damit eine Ordnung auf. Wir nennen dies *Struktur* eines Systems. Wir können darin Anordnungsmuster bzw. Ordnungsprinzipien erkennen. Beispiele für derartige Strukturformen wären: hierarchische Struktur, Sternstruktur, Netzwerkstruktur, Strukturen mit Feedback u.a.m.

Anwendung der Begriffe am Beispiel «Industriebetrieb»

Versteht man einen Industriebetrieb als System, so ist er dadurch charakterisiert, daß er aus vielen verschiedenen *Elementen* bzw. Komponenten besteht, wie z.B. Mitarbeitern, Maschinen, organisatorischen Regelungen, Produkten, Rohmaterialien, Zwischenprodukten, Abteilungen u.a.m.

Innerhalb des Industriebetriebes sind viele *Beziehungen* wirksam und für das Funktionieren von großer Bedeutung. Diese Beziehungen verbinden die Elemente untereinander, z.B.: Materialflußbeziehungen, Informationsflußbeziehungen, Energieflußbeziehungen, soziale Beziehungen, Anordnungswege, Arbeitsreihenfolgen etc.

Da es sich um ein offenes System handelt, weist ein Industriebetrieb auch eine *Umgebung* auf, die es zum Überleben benötigt und die zum Verständnis der Funktionsweise relevant ist, z.B. Kunden, Marktbedürfnisse, Konkurrenten, Lieferanten, Arbeitsmarkt, Stand des technischen Wissens, Verbände, Kooperationspartner, Behörden, Gesetze, ökologische Umgebung, natürliche Ressourcen, Eigentümer, Banken u.v.a.m.

Zwischen dem System und der Umgebung bestehen Beziehungen verschiedener, z. B. materieller, informationeller, energetischer Art, Wertflüsse u.a.m.

Die Abgrenzung von System und Umgebung ist zwar willkürlich, aber in vielen Fällen liegen – unter Berücksichtigung des Untersuchungszweckes oder der Gestaltungsabsicht – Anhaltspunkte für eine Grenzziehung vor. Im Beispiel wären etwa die folgenden Kriterien für die Abgrenzung geeignet: Zum System gehört alles, was räumlich und/oder rechtlich und/oder organisatorisch zusammengehört. Zur Umgebung gehören solche Faktoren, die das Verhalten des Systems beeinflussen, ohne daß die genannten Kriterien zutreffen.

1.1.2.4 Untersysteme/Subsysteme

Faßt man ein Element eines Systems selbst als System auf, indem man Elemente auf tieferer Ebene bildet und diese durch Beziehungen miteinander verbindet (Abb. 1.3), dann spricht man von einem Untersystem (Subsystem). Eine Abteilung, die man z. B. in verschiedene Arbeitsplätze aufgliedert, wäre demzufolge ein Untersystem eines Industriebetriebes.

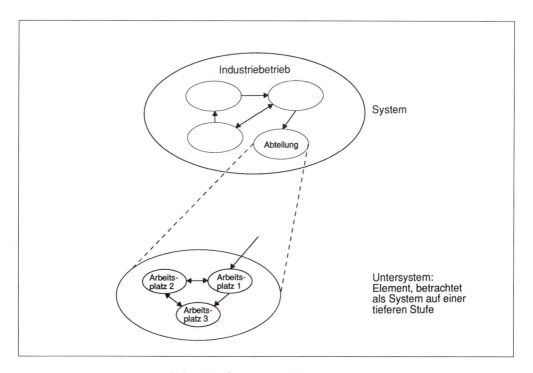

Abb. 1.3 System und Untersystem

1.1.2.5 Übersysteme

Faßt man mehrere Systeme zu einem umfassenderen System zusammen, dann verwendet man für dieses Objekt den Begriff Übersystem. Ein Übersystem in bezug auf den «Industriebetrieb» wäre z.B. der Konzern.

1.1.2.6 Systemhierarchie

Untergliedert man ein System über mehrere Stufen (Abb. 1.4), so ergibt sich ein hierarchischer Systemaufbau, eine Systemhierarchie. In diesem Zusammenhang erkennt man die Relativität der Begriffe System, Untersystem und Element.

Jene Auflösungsstufe, die – evtl. auch nur vorläufig – nicht mehr unterteilt wird, stellt die Elementstufe dar. Dazwischen liegen u.U. verschiedene Untersystemstufen. Charakteristisch für die Elementstufe ist, daß die Elemente (vorläufig) nicht mehr weiter unterteilt und als Black-Boxes angesehen werden.

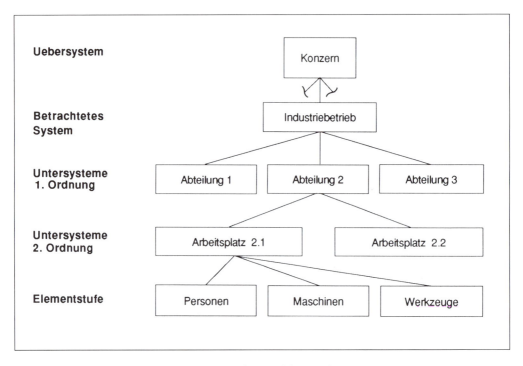

Abb. 1.4 Systemhierarchie

1.1.2.7 Blackbox

Von einer Blackbox-Betrachtung spricht man, wenn der innere Aufbau eines Phänomens vorläufig noch ohne Bedeutung ist. Es interessiert lediglich die Funktion (der

Zweck) sowie die vorhandenen bzw. gewünschten Inputs (Eingänge) und Outputs (Ausgänge, Ergebnisse). Dies ist ein wichtiges Hilfsmittel zur Reduzierung der Komplexität.

1.1.2.8 Aspekte eines Systems

Jedes System, bestehend aus Elementen und Beziehungen, läßt sich unter verschiedenen Gesichtspunkten («Filter») betrachten und beschreiben. Dadurch treten bestimmte Eigenschaften bzw. Merkmale von Elementen bzw. deren Beziehungen in den Vordergrund. Jede derartige Beschreibung soll als *Aspekt* des Systems bezeichnet werden.

Ein Industriebetrieb könnte z.B. unter den Aspekten Materialfluß, Informationsfluß, Wertefluß, Energiefluß, Anordnungswege u.v.a.m. betrachtet werden, wodurch unterschiedliche Strukturen, Gliederungen, Eigenschaften von Elementen und Beziehungen u.ä. zum Vorschein kommen bzw. bedeutungsvoll werden – siehe dazu auch Abschnitt 1.2.6.

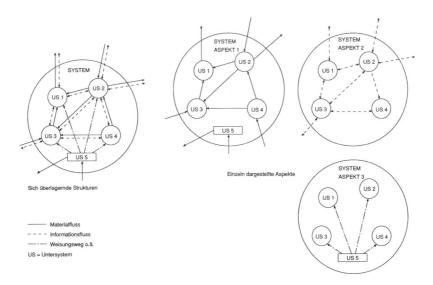

Abb. 1.5   Aspekte eines Systems

1.2 Denkansätze zur Systembetrachtung

In der Folge werden verschiedene Denkansätze beschrieben, die im Zusammenhang mit der Anwendung des Systemansatzes von Bedeutung sind.

1.2.1 Systemmodelle als Basis des Systemdenkens

Ein wesentliches Prinzip des Systemdenkens besteht darin, durch modellhafte Abbildungen Systeme und komplexe Zusammenhänge zu veranschaulichen.

Modelle sind dabei Abstraktionen und Vereinfachungen der Realität und zeigen deshalb auch nur Teilaspekte auf. Es ist daher wichtig, daß die Modelle im Hinblick auf die Situation und die Problemstellung genügend aussagefähig sind. Das bedeutet, daß bei allen Überlegungen die Frage nach der Zweckmäßigkeit und der Problemrelevanz zu stellen ist.

Die folgenden Abschnitte zeigen Einstiegsüberlegungen, die zu sinnvollen Aussagen über ein konkretes System führen können. Es entstehen hierbei einfache, grafische Modelle, welche die realen Zusammenhänge aufzeigen sollen, das Problembewußtsein fördern und diskutierbar sind. Diese Grundüberlegungen wären auch Voraussetzung für eine mögliche quantitative Behandlung z.B. in Form von Input-Output-Rechnungen.

1.2.2 Die umgebungsorientierte Betrachtungsweise

Bei der umgebungsorientierten Betrachtung vernachlässigt man zunächst das System und konzentriert sich auf die Zusammenhänge zwischen dem System und dessen Umgebung. Das System wird selbst als Black-Box angesehen.

Ein guter Ansatz zum Einstieg in diese Betrachtung besteht darin, nach Art und Umfang externer Faktoren zu fragen, welche die Funktionsweise des Systems beeinflussen. Dabei ist es sinnvoll, zwischen Umsystemen einerseits und den Beziehungen zum betrachteten System andererseits zu unterscheiden (siehe Abb. 1.6).

Bezogen auf das Beispiel in Abb. 1.6 wäre z.B. zu überlegen:

– Welches sind die Kunden? Welcher Art sind die Kundenbeziehungen und -bedürfnisse? Wie gut befriedigen wir sie?
– Wer ist die Konkurrenz? Welchen Einfluß hat die Konkurrenz auf unsere Unternehmung? Wie gut oder schlecht sind wir im Vergleich?
– Welche Gesetze sind für die Unternehmung von Bedeutung? Wie beeinflussen die Gesetze das Handeln?
– Welches ist unsere konkrete ökologische Umgebung? Welche Ausgangsgrößen unserer Unternehmung beeinflussen diese? Wie stark?
– etc.

1.2.3 Wirkungsorientierte Betrachtung (Input/Output-Betrachtung) eines Systems

Bei der wirkungsorientierten Betrachtung eines Systems wird von der Frage ausgegangen, welche wichtigen Einwirkungen oder Eingangsgrößen (Inputs) aus der Umwelt zusammen mit den Verhaltensmöglichkeiten des Systems welche Auswirkungen oder Ausgangsgrößen (Outputs) auf die Umwelt zur Folge haben.

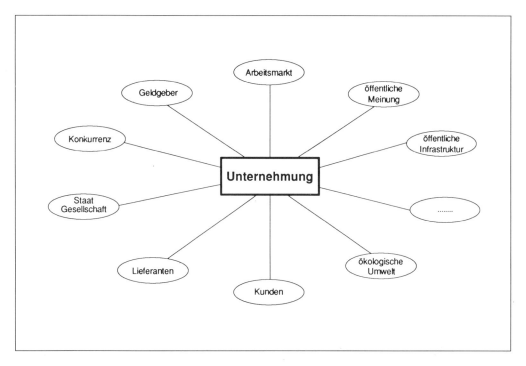

Abb. 1.6 Umgebungsorientierte Betrachtung

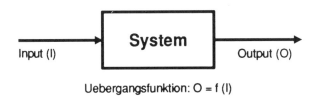

Abb. 1.7 Input-Output-Betrachtung

Sofern eine (mathematische) Funktion zur Beschreibung von Gesetzmäßigkeiten der Umsetzung von Inputs in Outputs angegeben werden kann, spricht man von einer sog. Übergangsfunktion.

Die eigentlichen strukturellen Wirkungszusammenhänge innerhalb des Systems interessieren bei dieser Betrachtung nicht. Insofern ist das System eine Black-Box. Da aber die internen Zusammenhänge bei der Anwendung der Übergangsfunktion oft nicht ganz ignoriert werden können, wird zuweilen der Black-Box-Begriff durch die Bezeichnung Grey-Box relativiert.

Beispiele:

- Energiebilanzen für Unternehmungen: Was geht in welchem Aggregatzustand hinein, was kommt heraus? Wieviel davon wird wirkungsvoll genutzt, wie groß sind die Verluste?
- Material- bzw. Schadstoffbilanzen: Was geht in welchen Mengen in das System? In welchem Zustand kommt es in welchen Mengen wieder heraus?
- Jede Art von Produktivitätskennziffern bzw. Wirkungsgradberechnungen beruht auf dieser Überlegung.

Die wirkungsorientierte Betrachtung ist damit ein gutes Hilfsmittel, um den Zustand und die «Qualität» eines Systems grob zu beurteilen. Sie ist damit aber auch ein gutes Hilfsmittel zur Grobcharakterisierung von Problemfeldern und Lösungen. Bevor mit der detaillierten Untersuchung bzw. Gestaltung begonnen wird, grenzt man grobe Funktionsblöcke (als Blackboxes) ab, definiert deren angenommene oder gewünschte Funktionen und deren Zusammenspiel (Input – Output) und steigt erst dann in strukturorientierte und damit detailliertere Überlegungen ein.

1.2.4 Strukturorientierte Betrachtung des Systems

Bei dieser Betrachtung fragt man nach den Elementen eines Systems und deren Beziehungen, wobei vor allem die dynamischen Wirkmechanismen und Abläufe interessieren.

Diese Sichtweise ist geeignet, zu erklären, wie der Output aus dem Input entsteht, bzw. – im Falle der Darstellung eines Lösungskonzepts – wie der Input in den gewünschten Output umgewandelt werden soll.

In Abb. 1.8 ist der Materialfluß eines Fabrikationsbetriebs vereinfacht und modellhaft skizziert.

Die Darstellung könnte als Einstiegsmodell dienen, um Transportfragen, Durchlaufzeitprobleme etc. zu analysieren. Sollten Informationsprobleme behandelt werden, sähe das dazugehörige Modell anders aus. Dann stünden die Informationsflüsse und Informationsverarbeitungsstellen im Vordergrund.

Bei der strukturorientierten Betrachtung stehen also der strukturelle Aufbau und die strukturellen Zusammenhänge innerhalb des Systems im Vordergrund. Es werden systeminterne Elemente und Beziehungen definiert und dargestellt.

Besonders interessieren: Flußstrukturen, Prozeßstrukturen, Wirkmechanismen.

1.2.5 Hilfsmittel zur Darstellung von Zusammenhängen bzw. Strukturen

Graphen:

Häufig verwendet man – wie in der Abb. 1.8 – zur Strukturdarstellung sog. Graphen. Elemente des Systems sind die «Knoten» eines Graphen und werden z.B. als Kreise oder Rechtecke gezeichnet. Beziehungen (Kanten) werden durch Linien zum Ausdruck gebracht. Je nach der Art der Aussage können die Beziehungen als gerichtete

1. Systemdenken

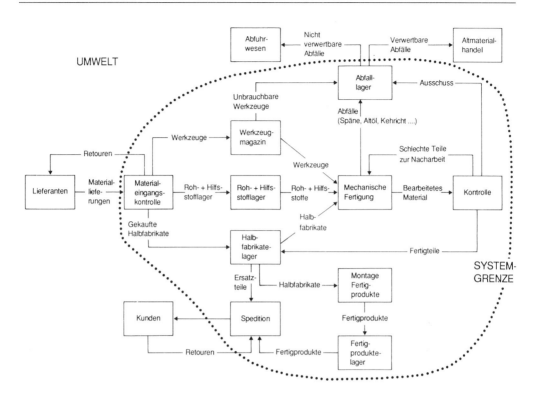

Abb. 1.8 Fabrikationsbetrieb als System – Aspekt Materialfluß als Graph

(mit Pfeilrichtung, Flüsse von/nach) oder auch ungerichtete (ohne Pfeile) Beziehungen dargestellt werden. Die so gewonnenen Darstellungen werden – wenn sie freihändig gezeichnet sind – auch als *Bubble Charts* bezeichnet.

Matrizen:

Eine andere Darstellungsform für Strukturen und Systemzusammenhänge ist die Matrix (Abb. 1.9). Die Komponenten werden in diesem Fall unter Verwendung von Zeilen und Spalten in einer Tabelle angeordnet. Bestehende Beziehungen werden entweder durch Markierungen an den Kreuzungspunkten der Spalten und Zeilen oder durch Angabe der Beziehungsintensität (z.B. numerische Werte) zum Ausdruck gebracht.

1.2.6 Aspekte der Systembetrachtung

Bereits früher wurde auf die Möglichkeit hingewiesen, Systeme und deren Elemente und Beziehungen unter verschiedenen Aspekten (Gesichtspunkten) «gefiltert» zu beschreiben.

Teil I: SE-Philosophie

Output Element □→ von \ Input Element → □ nach	Lieferant	Materialeingang	Werkzeug-Magazin	Rohmaterial-Lager	Halbfabrikate-Lager	Materialabfall	Werkstatt	Qualitäts-Kontrolle	Montage Fertigprodukte	Fertiglager	Kunde
Lieferant		100									
Materialeingang	5		10	70	20						
Werkzeug-Magazin							10	5			
Rohmaterial-Lager							70				
Halbfabrikate-Lager							100		65		10
Materialabfall											
Werkstatt			5			10		170			
Qualitäts-Kontrolle					155	5	10				
Montage-Fertigprodukte										65	
Fertiglager											65
Kunde											

Anmerkungen: Die Zahlen an den Kreuzungspunkten könnten z.B. tägliche Materialbewegungen in to, Anzahl Paletten, Werteinheiten etc. sein.

Abb. 1.9   Matrixdarstellung der Struktur des Fabrikationsprozesses

Beispiele für derartige Systemaspekte wären

a) System «Unternehmung»

- Elemente (Untersysteme): z.B. Funktionsbereiche, wie Verkauf, Produktion, Entwicklung, Einkauf
- Systemaspekte: Informationsfluß, Bestellablauf, Kostenverursachung, Materialfluß, u.v.a.m.

b) System «Europa»

- Elemente (Untersysteme): z.B. Staaten, politische Einheiten, wie z.B. Deutschland, Frankreich, Schweiz, Italien
- Systemaspekte: Handelsverkehr, Warenströme, Verkehrsverbindungen, Währungsrelationen, u.v.a.m.

c) System «Mensch»

- Elemente (Untersysteme): z.B. Körperteile, wie Kopf, Rumpf, Arme, Beine, o.ä.
- Systemaspekte: Nervensystem, Blutkreislauf u.v.a.m.

Die strukturorientierte Betrachtung eines Systems unter verschiedenen Aspekten gleicht also der Betrachtung des Systems durch verschiedene Filter. In Abb. 1.5 wurde dieser Gedanke bereits veranschaulicht.

Dabei ist folgendes zu beachten:
- Elemente eines Systems können hinsichtlich verschiedener Systemaspekte relevant sein und damit in verschiedenen Darstellungen vorkommen.
  So ist z.B. die Produktionsabteilung ohne Zweifel hinsichtlich der Systemaspekte Materialfluß, Kostenverursachung, Informationsfluß u.v.a.m. von Bedeutung. Ebenso sind der Kopf oder der Rumpf eines Menschen Bestandteile der Systemaspekte Nervensystem und Blutkreislauf.
- Die verschiedenen Systemaspekte dienen nur zur temporären Reduktion der Komplexität, stehen aber ohne Zweifel zueinander in Beziehung. So steuert der Informationsfluß den Materialfluß bzw. liefert der Materialfluß Informationen verschiedenster Art (Bearbeitungsstand, derzeitiger Lagerort, Mengenzu- oder -abgänge etc.).
- Die Aussagen und Erkenntnisse, die man aus einer Systemdarstellung ziehen kann, werden entscheidend durch den jeweiligen Systemaspekt (= die Brille) beeinflußt.

Die Betrachtung eines Systems unter verschiedenen Aspekten ist demnach die Basis dafür, die in einem System sich überlagernden Strukturen zu beschreiben. Daß man dabei einzelne Aspekte in den Vordergrund stellt und andere – wenigstens vorläufig – bewußt vernachlässigt, entspringt der Idee nach einem geordneten Umgang mit Komplexität.

1.2.7 Exkurs über die Bildung von Elementen und Beziehungen

Ohne hier Anspruch auf Vollständigkeit zu erheben, zeigt die Abb. 1.10 verschiedene Möglichkeiten für die strukturorientierte Betrachtung des Systems «Unternehmung».
  Dabei können die Elemente (Komponenten) eines Systems auf sehr unterschiedliche Art gebildet werden (Komponentenkategorien). Und außerdem sind sehr verschiedene Beziehungsarten denkbar (Beziehungskategorien). Die Kombination einer Komponentenkategorie mit einer Beziehungskategorie ergibt einen Ansatz für einen Aspekt des Systems.
  Z.B. könnte man die Stellen einer Unternehmung bezgl. der Beziehungskategorien Materialfluß, Informationsfluß oder Werteflußetc. untersuchen.
  Man könnte aber auch Informationsflüsse zwischen den Komponentenkategorien Funktionen, Stellen, Aufgabenbereiche oder Räumlichkeiten untersuchen.
  Welche der möglichen Betrachtungsweisen im konkreten Fall gewählt wird, hängt von der Art des zu untersuchenden Problems und von Zweckmäßigkeitsüberlegungen ab. Man sollte dabei bedenken, daß es Strukturen gibt, die eine größere und solche, die eine geringere Einsicht in die Funktionsweise oder in die Problemzusammenhänge vermitteln. Bei der Wahl ist deshalb die Frage zu stellen, welche von den möglichen Strukturbetrachtungen besonders wichtige Einsichten ermöglichen.
  Liegen z.B. Führungsprobleme vor, wird man organisatorische Elemente bezüglich der Informationsflüsse, der Arbeitsfolgen und der Leitungsbeziehungen untersuchen.

Beziehungs- kategorien Element- kategorien	Flüsse				Physische Verbindungen				Org. Verknüpfungen		Kausale Zusammen-hänge	Soziale Bezie-hungen
	Material	Energie	Inform.	Werte	Wege Strassen	Gleise Bahnen	Energie-Ltgen.	Kommunik. Ltgen.	Arbeitsfolgen	Leitungs-beziehg.		
physische/räumliche Einheiten z.B.:												
– Areale	×	×	×		×	×	×	×				
– Gebäude	×	×	×		×	×	×	×				
– Räume	×	×	×		×	×	×	×				
– Arbeitsbereiche/-plätze	×	×	×		(×)	(×)	×	×				
– Maschinen	×	×	×				×	×				
– Aggregate, Moduln												
Organisatorische Einheiten z.B.:												
– Verantwortungs-bereiche	×	(×)	×	×					×	×	×	
– Kostenstellen	×	(×)	×	×					×	×		
Funktionen/Aufgaben (z.B.: Planung, Entscheidung, Anordnung, Kontrolle...)			×	×					×		×	
Prozesselemente (z.B.: Material-, Info-Input erfassen, prüfen, verarbeiten...)	×	×	×	×	×	×	×	×	×			
Problemkomponenten (z.B.: Führung, Qualifikation, Motivation, Qualität...)			×							×	×	
Personengruppen (z.B.: Qualifikationsstufen, Inländer, Ausländer, Frauen, Männer, unteres, mittleres, oberes Kader)												×

Anmerkung: Einige häufig verwendete Kombinationen sind markiert. Bei Bedarf sind die Kategorien weiter zu differenzieren.

1.10 Beispiele von Element- und Beziehungskategorien

Eine sinnvolle Ergänzung wäre aber auch z.B. die Analyse der Kaderstufen und der bestehenden sozialen, menschlichen Beziehungen etc.

Ein Rezept für die richtige Auswahl kann nicht gegeben werden. Man weiß aber, daß «eindimensionale» Betrachtungen nur ungenügende Einsichten ermöglichen und jede zusätzlich erkannte Struktur die Einsicht in die Zusammenhänge und das Problemverständnis fördert.

1.2.8 Anwendung des systemhierarchischen Denkens

Das Systemdenken soll der Gefahr entgegenwirken, Sachverhalte bzw. Probleme zu eng abzugrenzen. Insbesondere die umgebungsorientierte Betrachtung und die Modellvorstellung des offenen Systems weisen in diese Richtung. Mit der Ausweitung des Betrachtungshorizonts ist aber auch das Risiko einer zunehmenden Handlungsunfähigkeit wegen einer nicht mehr überblickbaren Anzahl von Elementen und Beziehungen verbunden. Die Idee des systemhierarchischen Denkens stellt hier in Verbindung mit dem Blackbox-Prinzip Möglichkeiten zur Verfügung, die einen geordneten Umgang mit dieser Komplexität erleichtern.

Dabei wird ein System (Problembereich oder Lösung) zunächst nur grob strukturiert, indem man eine überblickbare und bewußt beschränkte Anzahl von Untersystemen bildet und die wesentlich erscheinenden Beziehungen darstellt.

Um vorerst detaillierte Betrachtungsaspekte vernachlässigen zu können, werden die Untersysteme als Blackboxes aufgefaßt. Es wird also bei diesen bewußt von einer auf die Struktur ausgerichteten Betrachtungsweise Abstand genommen. Erst wenn keine ausreichenden Aussagen auf der Ebene der groben Gesamtbetrachtung möglich sind, wird auch bei den Untersystemen die Blackbox-Betrachtung zugunsten der strukturorientierten aufgegeben.

Auf diese Weise ist es möglich, sich – je nach der augenblicklichen Fragestellung – einmal im Bereich des umfassenderen Systems, ein andermal im Bereich eines Untersystems zu bewegen, ohne daß dabei der Gesamtzusammenhang verloren geht.

Das Konzept der Systemhierarchie stellt also ein Prinzip dar, das der Betrachtung durch ein «Zoom-Objektiv» vergleichbar ist (vgl. H. Ulrich). Je nach Bedarf stellt man die Optik auf Details oder auf die Totale ein (Abb. 1.11).

Damit werden im Zusammenhang mit dem Hierarchieansatz zwei Denkrichtungen möglich:
- Die Untersystem-Betrachtung zielt nach unten, indem sie die Frage anregt, aus welchen Elementen sich ein System, ein Untersystem etc. zusammensetzen läßt. Jede derart hierarchisch aufgelöste Komponente kann für sich wieder als eigenes System umgebungs-, wirkungs- und strukturorientiert betrachtet werden.
- Die Übersystem-Betrachtung geht von der Frage aus, welchem System (welchen Systemen) übergeordneter Art ein System angehört (siehe Abb. 1.12). Überlegungen dieser Art richten sich auf die Beachtung größerer Zusammenhänge und können bei der Suche nach der «richtigen» Einstiegsebene helfen.

1.2.9 Abschlußbemerkungen

In den vergangenen Abschnitten wurden wichtige Merkmale von Systemen und dazugehörige Betrachtungsweisen erläutert. Damit sollte gezeigt werden, wie das

Teil I: SE-Philosophie

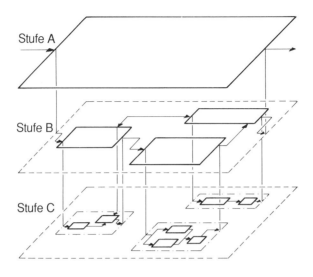

Abb. 1.11 Stufenweise Auflösung eines Systems

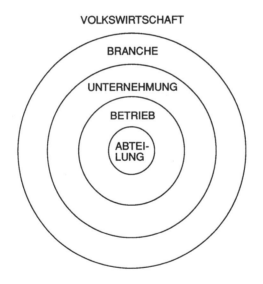

Abb. 1.12 Schichtdarstellung von Übersystemen

Verständnis über komplexe Systeme gefördert werden kann. Die Reihenfolge, in der die Betrachtungsweisen behandelt wurden, entspricht im übrigen auch annähernd der Reihenfolge der Denkschritte, die man etwa bei der konkreten Anwendung einhalten sollte.

Es dürfte jedoch auch deutlich geworden sein, daß bei einer konkreten Anwendung nicht alle Umgebungseinflüsse, nicht alle Aspekte und Strukturen durchleuchtet werden können. Die Frage, wie intensiv und wie tiefgreifend die Betrachtungen durchzuführen sind, sollte immer auch von Zweckmäßigkeitsüberlegungen und von der Einschätzung der Problemrelevanz abhängig gemacht werden.

1.3 Anwendung des Systemdenkens im Systems Engineering

In den folgenden Abschnitten wird auf einige Anwendungsfälle des Systemdenkens im Problemlösungsprozeß hingewiesen. Diese Gedanken werden in anderen Abschnitten dieses Buches wieder aufgenommen und vertieft.

1.3.1 Problemfeld und Lösungssystem

Im Systems Engineering können die erörterten Betrachtungsweisen
- auf das Problemfeld und
- auf die Lösung

angewendet werden.

Unter dem Problemfeld soll dabei jenes System verstanden werden, in welchem Problemzusammenhänge untersucht werden sollen. Dieses System ist vor allem Betrachtungsgegenstand der Situationsanalyse und geht häufig deutlich über den Bereich hinaus, den die spätere Lösung umfaßt.

Beispiel: Ist die Qualität eines Produktes der Anlaß, wäre die Unternehmung mit ihren qualitätsrelevanten Zusammenhängen zu untersuchen und wäre damit das *Problemfeld*.

Die *Lösung* könnte z.B: in konstruktiven Veränderungen des Produkts, in einer besseren Unterweisung und Motivation der ausführenden Personen, geänderten Zuständigkeiten, Entlohnungssystemen, konsequenteren Prüfungen etc. bestehen.

Möglicherweise sind es nur einzelne und punktuelle Änderungen, die nötig sind, die aber nicht ohne systematische Analyse des Problemfeldes gefunden werden können.

Beide Systeme stehen zueinander in Beziehung (Abb. 1.13).

Alle früher erwähnten Betrachtungsweisen können natürlich für beide Systeme angewendet werden. Zu Beginn wird vor allem das Problemfeld im Vordergrund der Betrachtung stehen, später zunehmend das Lösungssystem, seine Komponenten, seine Struktur, die unterschiedlichen Möglichkeiten seiner Gestaltung, die Beurteilung seiner Wirkungsweise, die Vor- und Nachteile der einzelnen Lösungsvarianten u.v.a.m..

1.3.2 Anwendung des Systemdenkens auf die Strukturierung und Analyse des Problemfeldes

Wie bereits erwähnt, steht die Untersuchung des umfassenden Problemfeldes meist am Anfang des Problemlösungsprozesses (siehe Teil II, Abschnitt 2.1, Situationsanalyse).

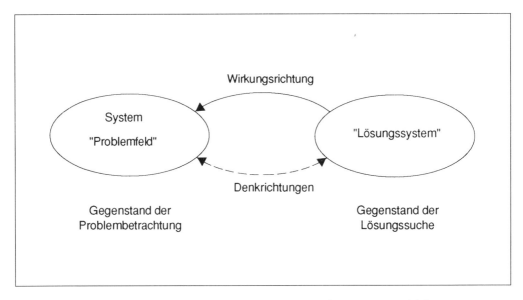

Abb. 1.13 Zusammenhang zwischen Problemfeldsystem und Lösung

Ausgangspunkt für diese Untersuchungen sind in vielen Fällen die beiden folgenden Fragen:

1. Wie funktioniert heute das ‹Problemfeld›, was spielt sich dort ab?
2. Welches sind die Schwierigkeiten bzw. die ungenützten Chancen?

Die Frage nach der Funktionsweise kann z.B. durch ablauforientierte Darstellungen veranschaulicht werden (Stellen oder Ablaufschritte als Elemente, logische Folgen, Material- und Informationsflüsse als Beziehungen).

Die Frage nach den Schwierigkeiten läßt sich nach den Regeln des «vernetzten Denkens» systemorientiert untersuchen und darstellen.

Hier sollte man – ausgehend von den beobachteten Schwierigkeiten – über Ursachen- und Wirkungszusammenhänge nachdenken. Zu diesem Zweck werden Netze entwickelt, die alle bedeutsamen Ursachen, Folgen, Nebenfolgen etc. enthalten, die man für wirksam hält.

Wenn bestehende Schwierigkeiten derart analysiert werden, reduziert sich die Gefahr, an den Symptomen zu kurieren. Zusätzlich ergeben sich häufig Ansatzpunkte für die verschiedensten Lösungsmöglichkeiten und Einsichten über mögliche Auswirkungen von Eingriffen.

Die Abb. 1.14 stellt ein kleines Beispiel zu diesem Denkansatz dar.

1.3.3 Abgrenzung des Problemfeldes

In jedem Projekt spielt die Abgrenzung des Problemfeldes, das hinsichtlich der Problemzusammenhänge untersucht wird, eine große Rolle.

1. Systemdenken

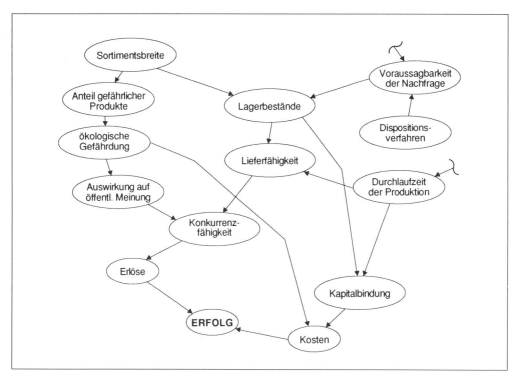

Abb. 1.14 Vernetztes Denken – Ausschnitt aus einem Beispiel

Im bereits erwähnten Beispiel des Qualitätsproblems könnte man sich auf die Untersuchung des eigenen Betriebes beschränken und versuchen, qualitätsbeeinflussende Faktoren an den Maschinen, an den Zwischenprodukten herauszufinden. Man würde also die Reklamationen und Forderungen der Kunden ungeprüft als Fakten übernehmen.

Ein anderer Ansatz würde darin bestehen, bevor man kostspielige eigene Maßnahmen setzt, die Situation beim Kunden oder bei den Lieferanten zu prüfen. Vielleicht könnten durch einfache Hinweise oder Maßnahmen außerhalb eines voreilig abgegrenzten Problemfeldes wesentlich wirkungsvollere Effekte erzielt werden.

Werden Überlegungen dieser Art durchgeführt, dann hat das mit der Erweiterung der Systemgrenze des Problemfeldes zu tun. Dies ist natürlich nicht ungefährlich, weil manche Menschen die Taktik verfolgen, die Ursachen von Problemen grundsätzlich außerhalb ihres Verantwortungsbereiches zu suchen. Es wird eine Frage der Geisteshaltung und des Aufwandes sein, der im Zusammenhang mit der Problemabgrenzung getrieben wird. (Möglicherweise wäre der Kunde sogar hocherfreut, einen unserer Spezialisten bei sich begrüßen und sein/unser Problem mit ihm besprechen zu können.)

Innerhalb welcher Grenzen sollte nun das Problemfeld betrachtet werden? Eine eindeutige Antwort auf diese Fragestellung gibt es nicht. Aber die folgenden Überlegungen könnten hilfreich sein.

Das Finden der «richtigen Systemabgrenzung» wird wegen zweier widerstrebender Tendenzen erschwert; je umfassender das zu untersuchende System definiert wird, desto größer ist der Aufwand, der für die Analyse notwendig ist. Andererseits ist damit allerdings nicht zwangsläufig mit «größeren», d.h. aufwendigeren Lösungen zu rechnen. Die Chance, mit dieser Art des Denkens und Vorgehens insgesamt bessere d.h. wirksamere und effizientere Lösungen zu finden, wird aber sicherlich größer.

Eine umfassendere Betrachtung des Problemfeldes bedeutet also keineswegs, daß auch die Lösungen umfassender Natur sein müssen. Das Wissen um viele Zusammenhänge und die damit verbundene Einsicht, nur sehr bedingt «alles im Griff» zu haben, kann sogar Lösungen in eher kleinen Schritten anregen.

Die Abgrenzung des Problemfeldes als «Untersuchungsbereich» ist also nicht a priori gegeben. Es ist zu bedenken, daß eine zu enge Abgrenzung auch die Entdeckung weiterer Lösungs- und Eingriffsmöglichkeiten einschränkt. Andererseits beeinflußt die Erweiterung des Problemfeldes den Untersuchungsaufwand. Eine sinnvolle Abgrenzung muß durch Intuition, Erfahrung, verbunden mit kritischem Hinterfragen und Abwägen gefunden werden.

1.3.4 Systemdenken und Lösungssystem

Auch in den lösungsorientierten Arbeitsschritten sind alle skizzierten Betrachtungsweisen von Bedeutung.

Darüber hinaus sollen 2 Teilaspekte besonders hervorgehoben werden
– die Anwendung des systemhierarchischen Denkens und
– die Beachtung genereller Konstruktionsprinzipien.

1.3.4.1 Systemhierarchisches Denken

Zu Beginn der Lösungssuche wird man Lösung und Lösungsbausteine sinnvollerweise als *Black-Boxes* betrachten und zunächst die Funktionen sowie die damit im Zusammenhang stehenden Inputs und Outputs definieren.

In der Folge wird man das Lösungssystem unter den verschiedensten Aspekten modellieren:
– Funktionsweise/Funktionszusammenhänge auf den tieferen Stufen
– Baugruppen/Moduln/Verbindungen (Schnittstellen) zwischen den Baugruppen
– etc.

Damit ist die Idee der Systemhierarchie nicht nur bei der Modellierung des Problemfeldes, sondern auch bei der Lösungssuche anwendbar, da die Lösung natürlich sukzessive detailliert werden muß.

1.3.4.2 Generelle Konstruktionsprinzipien

In diesem Zusammenhang scheinen uns die folgenden generellen *Konstruktionsprinzipien* für den Aufbau von Systemen besonders erwähnenswert zu sein:

- das Prinzip der Minimierung von Schnittstellen
- das Prinzip des modularen Aufbaus
- das Prinzip des «Piecemeal Engineerings»
- das Prinzip der «minimalen Präjudizierung».

1) Das Prinzip der *Minimierung von Schnittstellen* sagt aus, daß die Grenzen von Systemen und Untersystemen so zu legen sind, daß möglichst einfache und wenige Schnittstellen (Beziehungen) nach außen bestehen (Prinzip des «Übergewichts der inneren Bindung»). Dadurch wird die Abstimmung und Koordination wesentlich vereinfacht.
2) Das Prinzip des *modularen Aufbaus* steht damit in Zusammenhang. Es besagt, daß Untersysteme (Systembausteine) so gebildet bzw. abgegrenzt werden sollen, daß sie möglichst klar definierte Funktionen umfassen, die mehrfach zu verwenden sind. Dieses Prinzip spielt sowohl bei Software als auch bei Hardware-Systemen eine Rolle.
   Die Vorteile bestehen in
   - einer Reduktion der Komplexität des Systems, weil es überschaubarer wird
   - der größeren Chance einer Mehrfachverwendbarkeit von Modulen in verschiedenen Lösungen
   - der Möglichkeit, Modulen nachträglich durch bessere bzw. leistungsfähigere zu ersetzen
   - einem einfacheren Unterhalt
   - evtl. auch in einer kostengünstigeren Produktion und Lagerhaltung u.a.m.
3) Das Prinzip des *«Piecemeal Engineerings»* (nach K. Popper) besagt, daß man sich insbesondere bei großen und komplexen Systemen davor hüten sollte, größere Veränderungen, deren Auswirkungen nicht durchschaut werden können, in großen Schritten zu vollziehen. Dabei ist es durchaus zulässig und auch sinnvoll, das Problemfeld eher weit zu fassen und auch ein umfassendes Lösungskonzept zu erarbeiten. Die Realisierung sollte allerdings in kleineren Schritten erfolgen, die leichter rückgängig gemacht werden können, sofern sie sich als unzweckmäßig oder falsch erweisen.
4) Das Prinzip der *«minimalen Präjudizierung»* besagt, daß im Zweifelsfall jener Lösung der Vorzug zu geben ist, welche die meisten Freiräume für die weitere Entwicklung offenhält, also am wenigstens präjudiziert.

1.3.5 Konfrontation des Lösungssystems mit dem Problemfeld

Schließlich soll auch noch auf die gemeinsame Betrachtung von Lösung und Problemfeld mit der Absicht hingewiesen werden, die Lösung besser zu Ende zu denken.

Diese Betrachtung, die wiederholt durchgeführt werden sollte, soll auffordern und helfen, zu überprüfen und abzuschätzen:
- ob die Schnittstellen, d.h. die Verbindungen zwischen Lösungssystem und Problemfeld, sauber gestaltet sind

- ob das Lösungssystem, eingebettet ins Problemfeld, jene Veränderungen bewirkt, die ursprünglich angestrebt worden sind
- ob im Problemfeld unerwünschte Nebenwirkungen eintreten könnten, an die man bisher nicht dachte, um so möglichst «überraschungsfreie» Lösungen zu erhalten.

1.3.6 Systemorientiertes Denken und Teamarbeit

Gerade bei Problemen, die nicht routinemäßig analysiert und bearbeitet werden können, hat die Arbeit im Team eine große Bedeutung. Es ist nicht nur der Arbeitsumfang, der Teamarbeit notwendig macht, sondern auch das Wissen darum, daß sowohl bei der Problembestimmung als auch bei der Lösungssuche Situationskenntnis, Fachwissen und Kreativität erforderlich sind. Vor allem im Team realisieren sich die in der Regel erforderlichen und erwünschten Synergieeffekte.

Die gemeinsame Erarbeitung der wichtigsten Strukturmodelle d.h. die Anwendung der hier dargestellten Begriffe und Vorstellungen auf das reale Problem durch jene Personen, die an der Problembearbeitung beteiligt sind, bringt einerseits eine gewisse Systematik und bietet darüber hinaus eine größere Gewähr dafür, daß nichts vergessen wird und unterschiedliche Betrachtungsstandpunkte erkennbar werden. Zudem entsteht auf diese Weise erfahrungsgemäß ein besseres gemeinsames Problemverständnis. Alle diese Faktoren sind selbst wieder gute Voraussetzungen für gute Lösungen.

In diesem Zusammenhang soll auf die Zweckmäßigkeit graphischer Systemdarstellungen (Bubble Charts z.B. an Flip-Charts oder Pin-Wänden) hingewiesen werden. Dadurch können anschauliche «Landkarten» des Problemfeldes bzw. Lösungssysteme entworfen werden, die besser diskutiert, analysiert, erweitert bzw. reduziert werden können.

1.3.7 Systemdenken und Projektmanagement

Je umfangreicher das Projekt ist und je mehr sich das Projekt der Realisierung nähert, desto wichtiger und komplizierter wird die institutionelle Aufgaben- und Verantwortungsverteilung für die Projektbetreuung. Es müssen Unteraufträge vergeben werden, die Aufgaben sind zu umschreiben. Eine undeutliche Aufgabenformulierung führt zu Überschneidungen und Lücken. Um diese Schwierigkeiten zu vermeiden, werden Arbeitspakete häufig mit Hilfe von → Projektstrukturplänen definiert. Die Projektstrukturplanung greift wiederum auf den Systemansatz zurück. So liegt es nahe, z.B. Unterprojektleiter für die Konstruktion und Realisierung von Baugruppen (= Untersysteme) zu bestimmen. Zusätzlich ist es aber auch sinnvoll, Verantwortliche für das Zusammenspiel der Baugruppen zu bestimmen, diese betreuen also die übergreifenden «Systemaspekte».

Beispiel:

In einem großen betriebsorganisatorischen Projekt gibt es Zuständigkeiten für funktionale Untersysteme, wie z.B. Verkauf, Einkauf, Fabrikation, aber auch solche für die Systemaspekte, z. B. Logistik/Materialfluß, Informationswesen etc. Dies kann z. B. durch die Wahl der Matrixorganisation für ein Projekt verdeutlicht werden (siehe Teil III, Abschnitt 1.3.1.3).

1.4 Zusammenfassung

- Das systemorientierte Denken sollte dann angewendet werden, wenn komplexe Erscheinungen, die man als System bezeichnen und verstehen kann, analysiert oder gestaltet werden sollen. Die hier gezeigten Ansätze stellen einerseits die Optik dar, mit der Systeme betrachtet werden sollten, andererseits sind sie Basis für Darstellung von Systemmodellen. Dadurch verringert sich die Gefahr, daß Wichtiges vergessen oder nicht beachtet wird.
- Im SE-Konzept wird der Systemansatz bei der Analyse bestehender Systeme (Problemfeld) und bei der Gestaltung von Lösungen angewendet.
- Das Systemdenken läßt sich insbesondere durch folgende Betrachtungsweisen charakterisieren:
  - Die umgebungsorientierte Betrachtung, die dazu dient, die auf das System einwirkenden und die vom System auf die Umgebung ausgehenden Faktoren zu identifizieren.
  - Die wirkungsorientierte (Black-Box) Betrachtungsweise bei der zunächst nur die Eingangs- und die Ausgangsgrößen, nicht aber der innere Aufbau interessieren.
  - Die strukturorientierte Betrachtung, bei der der innere Aufbau eines Systems identifiziert, verstanden bzw. festgelegt werden soll. Die dynamischen Aspekte, wie Flüsse, Prozesse und innere Wirkmechanismen sind dabei von besonderer Bedeutung.
  - Die Vorstellung von der Existenz verschiedener Systemaspekte:
    Damit wird darauf hingewiesen, daß sich verschiedene Strukturen innerhalb eines Systems überlagern und aufeinander einwirken. Daraus ergibt sich, daß ein System immer auch mit mehreren Strukturmodellen charakterisiert werden muß, wenn man nicht unzulässig vereinfachen will.
  - Die hierarchische Optik mit dem «Blick nach oben»:
    Diese Betrachtung führt zu Systemmodellen des oder der Übersysteme. Dadurch werden Alternativen für andere umfassendere Systemabgrenzungen sichtbar. Diese Betrachtungsweise ist im besonderen Maße geeignet, ein umfassenderes, gesamtheitlicheres Denken zu fördern.
  - Die Betrachtung des Systems als hierarchisch aufgebautes Gebilde («Blick nach unten»):
    Jedes System kann über eine Reihe von Stufen immer detaillierter beschrieben werden. Auf der Basis dieser Sichtweise entstehen dann Modelle von Untersystemen 1., 2., 3. usw. Ordnung.
  - Die Idee des vernetzten Denkens soll helfen, Ursachen-Wirkungsketten bzw. Schwachstellen und Eingriffsmöglichkeiten leichter zu identifizieren.
- Die Problematik der Abgrenzung des Problemfeldes besteht darin, daß eine umfassendere Sicht den Aufwand für die Analyse erhöht, aber auch die Chance für eine gute Lösung.

- Die Darlegung genereller Konstruktionsprinzipien soll Anhaltspunkte für den Aufbau von Lösungen liefern.
- Überlegungen des Systemdenkens sind sowohl im Zusammenhang mit der Teamarbeit als auch mit dem Projekt-Management von Bedeutung.

1.5 Literatur zum Systemdenken

Ackoff, R.L.:	Toward a System
Beer, S.:	Kybernetik
Büchel, A.:	Systems Engineering
Checkland, P.:	Systemdenken
Checkland, P.:	Systems Thinking
Chestnut, H.:	Methoden
Churchman, C.W.	Systemansatz
Churchman, C.W.:	Einführung
Czayka, L.:	Systemwissenschaft
Dörner, D.:	Lohhausen
Dörner, D.:	Problemlösen
Forrester, J.W.:	Grundsätze
Gomez, P.:	Modelle
Gomez, P. u.a.:	Grundlagen
Haberfellner, R.:	Unternehmung
Hall, A.D.:	Methodology
Hartmann, N.:	Aufbau
Jensen, S.:	Systemtheorie
Meadows, D.:	Grenzen
Popper, K.R.:	Erkenntnis
Probst, G. u.a.:	Vernetztes Denken
Ulrich, H. u.a.:	Anleitung
Vester, F.:	Leitmotiv
Vester, F.:	Unsere Welt

Vollständige Literaturangaben im Literaturverzeichnis.

Teil I: SE-Philosophie

2.	**Das SE-Vorgehensmodell**	29
2.1	Die Komponenten des SE-Vorgehensmodells	29
2.2	**Das Vorgehensprinzip «Vom Groben zum Detail» (Top down)**	30
2.2.1	Grundidee	30
2.2.2	Anwendung auf Problemstrukturierung und Lösungsentwurf	30
2.2.3	Alternativen zum Vorgehensprinzip «Vom Groben zum Detail»	32
2.2.4	Zusammenfassung	32
2.3	**Das Prinzip der Variantenbildung**	33
2.3.1	Grundidee	33
2.3.2	Prinzipvarianten vs. Detailvarianten	35
2.3.3	Alternativen zum Prinzip der Variantenbildung	36
2.3.4	Zusammenfassung	36
2.4	**Das Prinzip der Phasengliederung als Makro-Logik**	37
2.4.1	Grundidee	37
2.4.2	Die einzelnen Phasen	37
2.4.3	Andere Phasenmodelle	45
2.4.4	Alternativen zum Prinzip der Phasengliederung	45
2.4.5	Zusammenfassung	47
2.5	**Der Problemlösungszyklus als Mikro-Logik**	47
2.5.1	Grundidee	47
2.5.2	Die einzelnen Schritte	47
2.5.3	Alternativen zum Problemlösungszyklus	55
2.5.4	Zusammenfassung	58
2.6	**Die Zusammenhänge zwischen den einzelnen Komponenten des SE-Vorgehensmodells**	58
2.7	**Andere Vorgehensmodelle**	60
2.7.1	Die REFA-6-Stufen-Methode	60
2.7.2	Der Wertanalysen-Arbeitsplan	62
2.7.3	Die VDI-Richtlinie 2221	63
2.7.4	Der Prototyping-Ansatz	63
2.7.5	Das Versionenkonzept	67
2.7.6	Das Konzept des Simultaneous Engineerings	68
2.7.7	Das Konzept des systemisch-evolutionären Projekt-Managements	71

2.8 Zusammenfassung und Abrundung 73
2.8.1 Zusammenfassung 73
2.8.2 Abrundung 75

2.9 Literatur 76

2. Das SE-Vorgehensmodell

Das in der Folge beschriebene Vorgehensmodell enthält eine Reihe von Vorgehensrichtlinien, die sich in der Praxis bewährt haben und einen wesentlichen Bestandteil der SE-Methodik darstellen. Seine Einordnung in das SE-Konzept ist aus Abb. 1.21 ersichtlich.

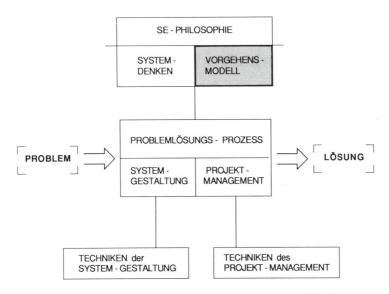

Abb. 1.21   Das Vorgehensmodell im Rahmen des SE-Konzepts

2.1 Die Komponenten des SE-Vorgehensmodells

Dem Vorgehensmodell liegen *4 Grundgedanken* zugrunde, die als kombiniert zu verwendende Komponenten betrachtet werden sollen. Es sind dies die Vorstellungen, daß es zweckmäßig ist

- vom *Groben zum Detail* vorzugehen und nicht umgekehrt
- das Prinzip des Denkens in *Varianten* zu beachten, d.h. sich grundsätzlich nicht mit einer einzigen Variante (in der Regel der «erstbesten») zufriedenzugeben, sondern nach Alternativen dazu zu fragen
- den Prozeß der Systementwicklung und -realisierung nach zeitlichen Gesichtspunkten zu gliedern (*Phasen*ablauf)
- bei der Lösung von Problemen, gleichgültig welcher Art sie sind und in welcher Phase sie auftreten, eine Art Arbeitslogik als formalen Vorgehensleitfaden anzuwenden (*Problemlösungszyklus*).

Diese 4 Komponenten bilden ein sinnvolles Ganzes, da sie miteinander verbunden werden können.

Wir wollen sie zunächst einzeln und getrennt voneinander beschreiben, um ihre Grundidee leichter verständlich zu machen. Davon abweichende Vorstellungen, Modifikationen, Erweiterungen und Einschränkungen bringen wir aus didaktischen Gründen erst im Anschluß daran.

Die Ausführungen in den Teilen II bis V dieses Buchs enthalten konkretere Aussagen und Handlungsempfehlungen, die davon abzuleiten sind, sowie beispielhafte Erläuterungen anhand von Fallbeispielen.

2.2 Das Vorgehensprinzip «Vom Groben zum Detail» (Top down)

2.2.1 Grundidee

Häufig gelten jene Planer als besonders tüchtig, die nicht lange über Fragen grundsätzlicher Natur diskutieren, sondern möglichst rasch konkrete Lösungsvorschläge vorlegen können. Damit schaffen sie nämlich die Voraussetzungen dafür, sich schon bald den allseits beliebten Detailfragen zuwenden zu können, in denen bekanntlich der Teufel steckt. Es soll hier keiner großen Diskussion auf allgemeiner, wenig konkreter Ebene das Wort geredet werden. Doch halten wir es für wenig sinnvoll, den Teufel sofort im Detail bewältigen zu wollen – und seine Großeltern zu ignorieren, die möglicherweise in einem unzweckmäßigen, verfehlten oder gar nicht vorhandenen Gesamtkonzept stecken.

Die sofortige Beschäftigung mit Detailfragen mag dort zweckmäßig und zulässig sein, wo es um kleine Probleme, um Detailverbesserungen einer funktionierenden Lösung oder um die routinemäßige Lösung von Problemen geht, die in ähnlicher Form schon früher aufgetreten sind und bewältigt werden konnten. Dafür ist die Methodik des Systems Engineerings aber nicht unbedingt erforderlich. Mit den Methoden des SE sollen Probleme gelöst werden, die schwer faßbar sind, weil sie in sich komplex sind und/oder eine relativ starke Verflechtung mit der Umwelt aufweisen und nicht solche, bei denen die gegenseitige Beeinflussung offensichtlich ist und daher keiner näheren Untersuchungen und Überlegungen mehr bedarf.

Die Grundidee des Vorgehens «Vom Groben zum Detail» wurde bereits im Zusammenhang mit der Erläuterung des systemhierarchischen Denkens (Abb. 1.11) dargelegt. Es geht vom Blackbox-Prinzip aus und bringt die schrittweise Auflösung einer Blackbox in Greyboxes mit unterschiedlichen «Graustufen» zum Ausdruck (Abb. 1.22).

2.2.2 Anwendung auf Problemstrukturierung und Lösungsentwurf

Zu Beginn eines Projekts ist zunächst jener Bereich herauszuarbeiten und abzugrenzen, der einer näheren Untersuchung bedarf bzw. innerhalb dessen Veränderungen

2. Das SE-Vorgehensmodell

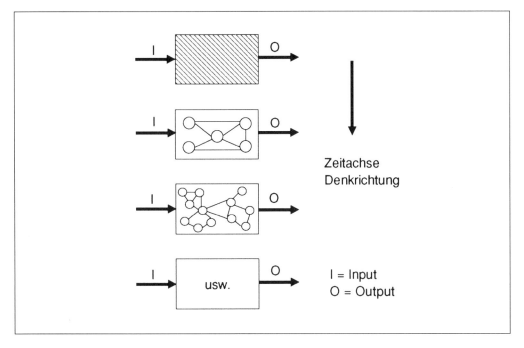

Abb. 1.22 Vorgehensprinzip «Vom Groben zum Detail» (Top-down)

vorgenommen werden sollen und dürfen. Wichtige Bausteine bzw. Bereiche des Problemfeldes und die sie beeinflussenden Faktoren sollen erkannt und in ihren Abhängigkeiten dargestellt werden. In Begriffen des *Systemdenkens* (siehe Teil I, Kapitel 1) sind dies die Elemente eines Systems und deren Beziehungen, ebenso wie wichtige Umweltelemente und deren Beziehungen. Erst wenn das Problemfeld für die Planenden, aber auch deren Auftraggeber klar genug strukturiert und auch abgegrenzt ist, ist es sinnvoll, sich der qualitativen und quantitativen Untersuchung der Details zuzuwenden bzw. den Gestaltungsbereich abzugrenzen und für diesen systematisch Lösungsentwürfe zu erarbeiten.

Die Grundidee dieser Überlegung ist in *Abb. 1.23* dargestellt und soll die Einengung des Betrachtungshorizonts mit zunehmendem Projektfortschritt zum Ausdruck bringen. Untersuchungs- und Gestaltungsbereich müssen dabei nicht identisch sein. Der äußere Kreis auf Ebene A markiert die Grenzen des Untersuchungsbereichs, der innere, durchbrochene jene des Gestaltungsbereichs, also jenes Bereiches, innerhalb dessen Veränderungen vorgenommen werden können und sollen. Auf Ebene B ist der Prozeß der zunehmenden Konkretisierung und Detaillierung angedeutet.

Mit dieser Überlegung soll einem nicht zu unterschätzenden Risiko der Anwendung des Systemdenkens begegnet werden: Das durchaus erwünschte und empfohlene Denken in Wirkungszusammenhängen soll nicht dazu verführen, aus kleinen Problemen ohne Not große zu machen. Die Empfehlung nach einer Ausweitung des Betrachtungshorizonts, vor allem zu Beginn eines Projekts, wird deshalb konsequenterweise mit der Forderung nach einer Einengung, d.h. einer gekonnten und bewußten Abgrenzung, verbunden.

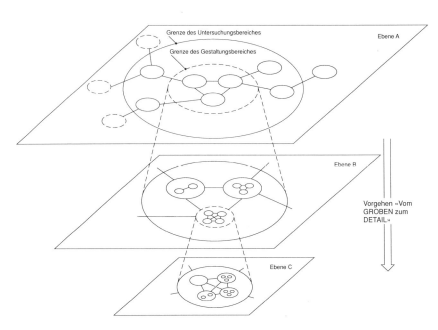

Abb. 1.23   Einengen des Betrachtungsfeldes

2.2.3 Alternativen zum Vorgehensprinzip «Vom Groben zum Detail»

Eine prinzipielle Alternative zum «Top down»-Prinzip, wäre seine Umkehrung: «Bottom up». Dies würde heißen, daß man vom Detail ausgeht und das Ganze sich aus der Addition der Einzelmaßnahmen ergeben läßt.

Wir halten dieses Prinzip nur unter speziellen Bedingungen für geeignet, beispielsweise dann, wenn es sich um Verbesserungen einer vorhandenen und funktionierenden Lösung handelt (= Meliorationsvorhaben). Dabei ist die baldige Kenntnis der Details wichtig, da meist auch rasche Maßnahmen mit bewußt begrenzter Wirksamkeit das Hauptziel sind.

Bei Neugestaltungen und Umgestaltungen größeren Ausmaßes halten wir jedoch die Erarbeitung eines Gesamtkonzepts für vordringlich, das den Orientierungsrahmen für die Durchführung von Teilschritten darstellt.

2.2.4 Zusammenfassung

Mit dem Vorgehensprinzip «Vom Groben zum Detail» soll zum Ausdruck gebracht werden, daß

- das Betrachtungsfeld *zunächst weiter* zu fassen und hierauf schrittweise und «gekonnt» *einzuengen* ist. Dies betrifft sowohl die Untersuchung des Problemfeldes als auch den Entwurf von Lösungen.
- bei der Untersuchung des Problemfeldes nicht mit detaillierten Erhebungen begonnen werden soll, bevor das *Problemfeld* grob *strukturiert*, in seine Umwelt eingebettet bzw. gegen sie *abgegrenzt* ist und die Schnittstellen definiert sind (oft auch nur im Sinne einer Arbeitshypothese).
- bei der Gestaltung der Lösung zuerst generelle Ziele und ein genereller Lösungsrahmen festgelegt werden sollen, deren Detaillierungs- und Konkretisierungsgrad im Verlauf der weiteren Projektarbeit schrittweise vertieft wird (dies schließt eine spätere Modifikation, Korrektur und evtl. sogar Verwerfung eines gewählten Rahmens allerdings nicht aus).
  Konzepte auf höheren Ebenen dienen dabei gewissermaßen als *Orientierungshilfen* für die detaillierte Ausgestaltung der Lösung.

Ergänzende Überlegungen, Modifikationen des «Top down»-Prinzips und Anwendungshinweise findet man in Teil II, Abschnitte 1 und 3.

2.3 Das Prinzip der Variantenbildung

2.3.1 Grundidee

Für praktisch jedes Problem gibt es mehrere Möglichkeiten der Lösung. Ein weiteres Vorgehensprinzip des SE besteht deshalb darin, sich nicht mit der erstbesten Lösungsidee zufriedenzugeben, sondern sich einen möglichst umfassenden Überblick über Lösungsmöglichkeiten zu verschaffen, die auf einer bestimmten Betrachtungsstufe denkbar sind. Bevor man also darangeht, eine Lösungsidee detailliert auszuarbeiten, sollte man versuchen, sich auf einer eher abstrakten Stufe der Grundidee bewußt zu werden, auf der diese Lösungsidee beruht. Dies hilft, sich den Zusammenhang mit dem Problem in Erinnerung zu rufen und den Blick auf andere, denkbare Lösungsprinzipien zu lenken.

Unter Beachtung des Vorgehensprinzips «Vom Groben zum Detail» gilt das Prinzip der Variantenbildung natürlich auch für die nächsttieferen Systemstufen. Die Variantenvielfalt würde bei einem solchen Vorgehen derartig rasch wachsen, daß sie praktisch nicht mehr bewältigt werden könnte, sofern mit der stufenweisen Variantengenerierung nicht gleichzeitig auch eine stufenweise Reduktion der entstehenden Variantenvielfalt verbunden wäre.

Um hier eine Auswahl treffen zu können, muß man sich natürlich ein grobes Bild über die Konsequenzen machen können, die mit der Wahl einer bestimmten Lösung verbunden sind. Man sollte also mehr oder weniger konkrete Vorstellungen darüber haben, wie die einzelnen Lösungen aussehen, wie sie wirken, wie hoch die zu erwartenden Kosten sind, welche Vor- und Nachteile im Sinne von erwünschten bzw. unerwünschten Outputs oder Nebenerscheinungen sie mit sich bringen usw. Dies wird durch die detailliertere Strukturierung auf den verschiedenen Ebenen in Abb. 1.24 angedeutet:

Ausgehend von einem konkreten Problem sollte man sich verschiedene grundsätzlich denkbare Lösungsprinzipien überlegen, sie so weit strukturieren, daß man sich ein grobes Bild über die Wirkungen, die Voraussetzungen und Konsequenzen machen kann und dann eine Entscheidung für die erfolgversprechendste Variante treffen. Für ein bestimmtes Lösungsprinzip sind auf der nächsttieferen Konkretisierungsebene wiederum verschiedene Ausgestaltungsvarianten möglich (Varianten von Gesamtkonzepten), die herausgearbeitet werden müssen und zwischen denen wiederum eine Entscheidung zu treffen ist usw.

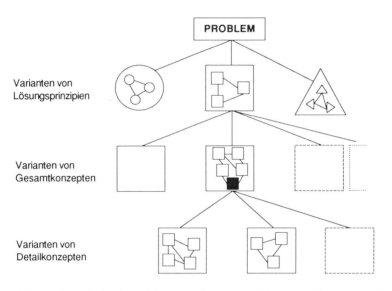

Abb. 1.24 Stufenweise Variantenbildung und Ausscheidung, verbunden mit dem Vorgehensprinzip «Vom Groben zum Detail»

Die wirkungsbezogene und die strukturbezogene Betrachtungsweise kommen bei diesem stufenweisen Vorgehen abwechselnd zum Zug: Auf einer bestimmten Ebene steht vor allem die Frage im Vordergrund, welche Wirkung die verschiedenen Elemente des Systems erbringen sollen (= *wirkungsbezogene Betrachtungsweise* oder *Blackbox-Prinzip*). Auf der jeweils nächsttieferen Ebene muß diese Betrachtungsweise aufgegeben und überlegt werden, wie Elemente zu strukturieren sind, d.h. die Lösung konkret zu gestalten ist, damit die gewünschte Wirkung zustande kommt (*strukturbezogene Betrachtungsweise*).

Die Notwendigkeit dieser stufenweisen Weichenstellungen bringt es allerdings mit sich, daß Entscheidungen aufgrund unvollständiger Einsicht in Detailprobleme und oft auch mangelhafter Information zu treffen sind. Dabei kann sich ergeben, daß man nicht auf Anhieb den richtigen Weg findet oder sogar an einen Punkt gelangt, an dem sich der eingeschlagene Weg als nicht gangbar erweist. Es bleibt dann nichts anderes übrig, als im Planungsablauf auf eine höhere Stufe zurückzukehren und die Lösung in einer anderen Richtung zu suchen – und dies trotz bester Qualifikation der an der Planung Beteiligten.

Dieses Risiko könnte umgangen werden, wenn man prinzipiell auf eine «voreilige» Wahl verzichtete und erst dann entschiede, wenn alle Lösungsmöglichkeiten über alle Konkretisierungsstufen in allen Varianten ausgearbeitet wären. Wegen des damit verbundenen Arbeits- und Zeitaufwandes ist dieser Weg aber ohne jede praktische Bedeutung. Auftraggeber und Planer sollten sich dies vor Augen halten, wenn sich ein eingeschlagener Lösungsweg einmal nachträglich als nicht gangbar erweist.

Unter besonderen Voraussetzungen kann es allerdings zweckmäßig oder sogar notwendig sein, mehrere Lösungsprinzipien gleichzeitig zu verfolgen. Vor allem dann, wenn das mit der Festlegung auf ein bestimmtes Lösungsprinzip verbundene Risiko relativ groß ist und der zusätzliche Aufwand für die gleichzeitige Verfolgung mehrerer Lösungsprinzipien im Verhältnis dazu noch tragbar erscheint.

Die Bedeutung der erwähnten *Zwischenentscheidungen* zu erkennen, ist vor allem für den Auftraggeber wichtig, damit er sich nicht der Illusion hingibt, er könne bei der Entscheidung über die Freigabe zur Realisierung noch folgenlos eingreifen und die Lösung nach seinen Vorstellungen beeinflussen. Die Variantenwahl wurde an den Übergängen zwischen den einzelnen hierarchischen Stufen bereits derart eingeschränkt, daß die Lösung zu diesem Zeitpunkt praktisch kaum mehr beeinflußt, sondern nur noch akzeptiert oder abgelehnt werden kann (vgl. dazu E. Witte).

2.3.2 Prinzipvarianten vs. Detailvarianten

Als Prinzipvarianten sollen solche bezeichnet werden, die sich in ihrer Grundidee deutlich von anderen unterscheiden. Detailvarianten sind demgegenüber solche, die auf der gleichen Grundidee beruhen, diese aber im Detail anders ausgestalten.

Planungs- und Entscheidungssituationen sind bisweilen dadurch gekennzeichnet, daß zwar Varianten zur Entscheidung vorgelegt werden, diese sich aber nicht im Prinzip, sondern nur in Details unterscheiden. Dies deutet darauf hin, daß Weichenstellungen entweder bereits bewußt vorgenommen wurden oder man gerade aufgefordert wird, dies unbewußt zu tun.

Der erste Fall ist methodisch unbedenklich, er tritt bei konsequenter Beachtung der bisher erläuterten Vorgehensprinzipien unausweichlich ein.

Wenn letzteres der Fall ist, sollte dies allerdings als Warnsignal gelten: Vorsicht, wir sind dabei, Zeit und Energie in die Auswahl von Varianten zu stecken, die sich prinzipiell nur wenig unterscheiden! Gibt es wirklich keine grundsätzliche(n) Alternative(n)?

Einen Sonderfall stellen die sog. *Meliorationsvorhaben* (im Sinne der Verbesserung vorhandener Lösungen) dar. Dort gibt es scheinbar oft keine wirklich klar unterscheidbaren Alternativen, da die Verbesserungen aus vielen Einzelmaßnahmen bestehen können, die oft vielfach kombinierbar sind. Grundsätzlich kann man dann aber den Umfang der Aufwendungen bzw. Maßnahmen (große – mittlere – kleine Melioration) als Kriterium nehmen. In inhaltlicher Hinsicht wird es für jede Variante einen Katalog von Verbesserungsmaßnahmen geben, die wenig Bezug zueinander haben und sogar in verschiedenen Varianten enthalten sein können (z.B. in dem Sinn, daß eine größere Melioration alle Maßnahmen der mittleren und diese alle der kleinen beinhaltet).

Als Beispiele denke man an die Sanierung oder den Umbau eines Gebäudes, an Varianten zur Verbesserung der Logistik, des Materialflusses einer Unternehmung, an die Verbesserung eines Gesetzeswerkes u.a.m.

2.3.3 Alternativen zum Prinzip der «Variantenbildung»

In methodischer Hinsicht sehen wir keine Alternative zum Prinzip der Variantenbildung.

Obwohl in der Praxis häufig dagegen verstoßen wird – oft auch aus Zeitmangel – würden wir dieses Prinzip als besonderes Merkmal guter Planung betrachten. Und was den Zeitmangel betrifft: Oft wird – auch unter Zeitdruck – viel Energie in die Variation von Details investiert, die man besser in die Diskussion von grundsätzlich verschiedenen Varianten stecken würde. Dies ist aber nicht nur eine Frage der Methodik, sondern auch eine der Mentalität und geistigen Beweglichkeit. Sollte – was in der Praxis tatsächlich selten der Fall ist – eine Alternative zu einer bestimmten Lösung – trotz Anstrengung – nicht einmal denkbar sein, hätte man sich mit der vergeblichen Suche nach Alternativen nicht nur Nachteile, sondern auch einen Vorteil erkauft: mehr Sicherheit hinsichtlich der Richtigkeit des eingeschlagenen Weges.

Ein praktisch beobachtbares Phänomen besteht auch darin, daß bisweilen grundsätzlich andere Varianten erst zu einem Zeitpunkt auftauchen, in dem es aufgrund der bisherigen Arbeiten eigentlich schon Zeit zur Realisierung wäre: Dies kann ein Zeichen geänderter Wertvorstellungen sein, die Lösungsideen möglich erscheinen läßt, welche früher nicht denkbar waren (z. B. bei Planungen im öffentlichen Bereich unter starker politischer Einflußnahme). Es kann aber ein Zeichen methodischer Schwächen sein, indem man sich – aus Bequemlichkeit, Mangel an Inspiration oder anderen Gründen – frühzeitig und unnötigerweise auf eine bestimmte Lösungsrichtung festgelegt hat.

2.3.4 Zusammenfassung

Das Prinzip der Variantenbildung, des Denkens in Alternativen, halten wir für einen unverzichtbaren Bestandteil guter Planung. Dies ist eine methodische Grundhaltung und muß – bei Beachtung des Vorgehensprinzips «Vom Groben zum Detail» – *nicht* zu einem nennenswerten zusätzlichen Planungsaufwand führen.

Bei Nichtbeachtung dieses Prinzips besteht ein größeres Risiko dafür, daß grundsätzlich andere Lösungsansätze erst in einem fortgeschrittenen Planungsstadium in die Diskussion eingebracht werden. Mögliche Konsequenzen wären:

– Abwürgen der Diskussion
– Planungsstop und Rücksprung auf eine höhere Ebene.

Beide sind unbefriedigend: Der Verzicht auf eine bessere Lösung aufgrund des fortgeschrittenen Planungsstadiums (meist auch mit Zeitdruck verbunden) ebenso wie der Verzicht auf einen Teil der bisherigen Planungsleistungen.

Weitere Anwendungshinweise findet man in Teil II, Abschnitt 1.2.

2.4 Das Prinzip der Phasengliederung als Makro-Logik

2.4.1 Grundidee

Die Idee, die Entwicklung und Realisierung einer Lösung in einzelne Phasen zu untergliedern, die logisch und zeitlich voneinander getrennt werden können, stellt eine Konkretisierung und Erweiterung der erläuterten Vorgehenskomponenten «Vom Groben zum Detail» und «Variantenbildung» dar. Sie hat den Zweck, den Werdegang einer Lösung in überschaubare Teiletappen zu gliedern und ermöglicht damit einen stufenweisen Planungs-, Entscheidungs- und Konkretisierungsprozeß mit vordefinierten Marschhalten bzw. Korrekturpunkten.

Dabei ist einerseits zwischen den *Lebensphasen* eines *Systems* bzw. einer Lösung und andererseits zwischen den *Projektphasen* zu unterscheiden, die der Entwicklung und Realisierung der Lösung dienen. Dies ist in Abb. 1.25 dargestellt, wobei die jeweils charakteristischen Ergebnisse der einzelnen Projektphasen in der Mitte der Darstellung angeführt sind.

Die Anzahl der Projektphasen und auch der Formalismus, mit dem sie abgewickelt werden, sind ohne Zweifel von Art, Umfang und Bedeutung eines Projektes abhängig. Kleinere Projekte können in der Regel ohne Nachteil mit einer geringeren Anzahl von Phasen und weniger Formalismus abgewickelt werden.

Die Bezeichnung der einzelnen Phasen ist außerdem von sekundärer Bedeutung, da sie von der Branche, der Aufgabenstellung, den in einer Firma verwendeten Begriffen u.a.m. beeinflußt wird (siehe dazu auch die Fallbeispiele im Teil V). Wichtig ist, daß die Komplexität einer Problemstellung und das Risiko einer Fehlentscheidung durch die gezielte Gliederung in einzelne Planungs- und Realisierungsetappen reduziert werden können.

Das Phasenmodell wird zunächst in seiner einfachsten Form beschrieben, indem Zweck und Inhalt der einzelnen Phasen erläutert werden. Im Anschluß daran gehen wir auf andere Phasenmodelle (Abschnitt 2.4.3), auf Alternativen (Abschnitt 2.4.4) bzw. auf Ergänzungen (Teil II, Abschnitt 1.3) ein.

2.4.2 Die einzelnen Phasen

Bei der Beschreibung des Vorgehens haben wir die Projektphasen im Blickfeld, die sich aber an den Lebensphasen im Sinne verschiedener Detaillierungs-, Konkretisierungs- oder auch Aggregatzustände der Lösungen orientieren.

Der Umfang der Behandlung der einzelnen Phasen im Rahmen der folgenden Ausführungen ist dabei nicht gleichgewichtig: Die frühen Phasen (Vor- und Hauptstudie) werden ausführlicher behandelt als die späteren. Dies hat seinen Grund vor allem darin, daß die methodischen Aspekte in den frühen Phasen von besonderer Bedeutung sind, während in den ausführungsnahen Phasen spezielle Fachkenntnisse und Vorgehensweisen dominieren, die nicht generell gültig sind und deshalb auch nicht generell beschrieben werden können.

Hinsichtlich des Aufwandes bei der praktischen Durchführung ist eine umgekehrte Tendenz charakteristisch. Dieser nimmt mit zunehmendem Projektfortschritt deutlich zu, die frühen Phasen sind also in der Regel vergleichsweise weniger aufwendig.

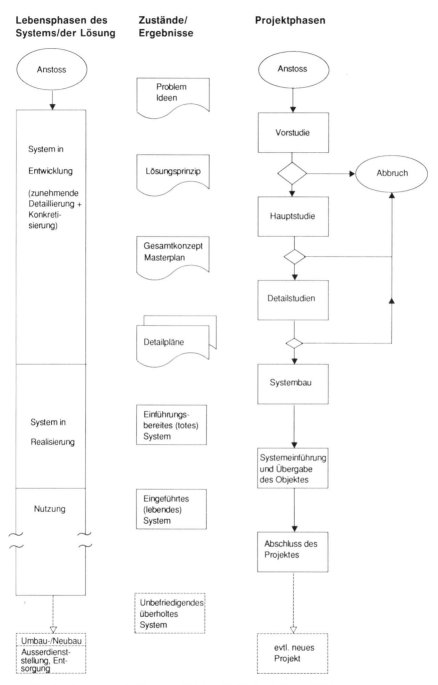

Abb. 1.25 Phasenkonzept – Grundversion

1. Anstoß

Diese eher unstrukturierte Phase umfaßt die Zeitspanne zwischen einerseits dem Empfinden eines Problems (Unbehagen mit der dzt. Situation, Vermuten einer Chance, dem Auftauchen von mehr oder weniger vagen Lösungsideen u.ä.) und andererseits dem Entschluß, etwas Konkretes zu unternehmen, d.h. eine geordnete Untersuchung in Form z.B. einer Vorstudie in Gang zu setzen. Die Problemstellung kann dabei entweder schon relativ konkret formuliert sein oder aber lediglich aus vagen Vermutungen über Probleme und deren Ursachen bestehen. Dabei ist hier belanglos, woher der Anstoß für die Um- oder Neugestaltung kommt. Maßgebend ist vielmehr, daß er von den zuständigen Stellen akzeptiert wird, die auch für die Zuteilung der erforderlichen Mittel (personeller, finanzieller, informationeller, organisatorischer u.ä. Art) zu sorgen haben und autorisiert sind, einen Projektauftrag zu erteilen.

Die Phase Anstoß wird kurz sein, wenn ausreichendes Problembewußtsein (Leidensdruck), Chancenbewußtsein, Handlungsbereitschaft, geeignetes Personal und auch die Mittel für die Durchführung wenigstens einer Vorstudie verfügbar sind bzw. verfügbar gemacht werden können. Sie wird lange sein, wenn diese – vor allem seitens der auftraggebenden bzw. auftragsberechtigten Instanzen – nicht sehr ausgeprägt sind. Ungünstige Voraussetzungen für den Ablauf eines Projektes bestehen besonders dann, wenn große Versprechungen über den Nutzen einer späteren Lösung bereits in einem Frühstadium gemacht werden müssen, nur um überhaupt beginnen zu dürfen. Derartige Versprechungen reduzieren natürlich die später bewußt vorgesehenen Möglichkeiten der Korrektur, Modifikation oder auch des Abbruchs einer unnötigen oder nicht seriös zu rechtfertigenden Entwicklung aufgrund emotionaler bzw. Prestigebarrieren.

Wichtig ist also, daß zu Beginn nicht über die Realisierung einer Lösung entschieden werden muß, sondern lediglich darüber, ob eine Vorstudie in Gang gesetzt werden soll oder nicht. Hinsichtlich der dazu erforderlichen Vorarbeiten (z.B. Vereinbarung eines Projektauftrages, Bilden einer Projektgruppe etc.) sei auf Teil III, Abschnitt 1.2.1 «Ingangsetzen von Projekten» verwiesen.

2. Die Vorstudie

Der Zweck der Vorstudie besteht darin, mit vertretbarem Aufwand abzuklären bzw. sich zu vergewissern,

- wie weit der Untersuchungsbereich gefaßt werden soll (Grenzen des Problemfeldes)
- welche Mechanismen im Problemfeld wirken
- ob das richtige Problem angegangen wird
- in welcher Art und in welchem Umfang ein Bedürfnis nach einer neuen oder geänderten Lösung besteht
- welchen Bereich eine neue oder geänderte Lösung umfassen sollte (wo also die Grenzen des Gestaltungsbereiches liegen sollen)
- welchen Anforderungen die Lösung genügen sollte (System- bzw. Gestaltungsziele)

- welche Lösungsprinzipien grundsätzlich denkbar sind (Varianten) und ob sie in technischer, wirtschaftlicher, politischer, sozialer, psychologischer, zeitlicher, ökologischer u.ä. Hinsicht realisierbar erscheinen
- welches Lösungsprinzip das erfolgversprechendste ist, wobei die diesbezüglichen Beurteilungskriterien in der Vorstudie herauszuarbeiten sind.

Stellt man eine Beziehung zwischen den Projektphasen und dem Prinzip der stufenweisen Variantenbildung (Abb. 1.24) her, so würde die Vorstudie die oberste Stufe umfassen, also das Herausarbeiten des Problems und der in Frage kommenden Lösungsprinzipien inkl. der erforderlichen Entscheidungsgrundlagen für die erfolgversprechendste Variante. Die Vorstudie beschränkt sich entsprechend der hier vertretenen Auffassung ausdrücklich nicht auf eine Istzustandsaufnahme (obwohl diese natürlich Bestandteil einer Vorstudie ist), sondern geht deutlich darüber hinaus, indem sie auch Lösungsmöglichkeiten anbieten muß.

In der Vorstudie soll man den Untersuchungsbereich (siehe Abb. 1.23) zunächst bewußt weiter fassen und auch die Umwelt, in der die Lösung später funktionieren soll und mit der sie in wechselseitiger Beziehung steht, gebührend berücksichtigen.

Weil zu Beginn eines Projekts Art und Umfang der Bedürfnisse nach einer neuen oder geänderten Lösung durchaus nicht immer klar sind, ist die Vorstudie von ganz besonderer Bedeutung. Häufig sind anfänglich nur ein paar Symptome einer unbefriedigenden Situation, einer möglichen Gefahr bzw. Anhaltspunkte für eine Chance bekannt, und es existieren lediglich vage Zielvorstellungen. Die Symptome müssen auf ihre Ursachen und mögliche Wege zu ihrer Beseitigung untersucht werden, die Chancen und Risiken müssen klarer herausgearbeitet werden, bevor die Weichen für die Entwicklung von Lösungen gestellt werden können.

Eng verknüpft mit den Bedürfnissen ist die Frage der Abgrenzung des Untersuchungs- und des späteren Gestaltungsbereichs. Dem Systemansatz, der für diese Abgrenzung sehr hilfreich sein kann, wohnt eine gewisse Tendenz inne, die ursprüngliche Aufgabenstellung auszuweiten. Es ist aber keineswegs gesagt, daß dies immer zweckmäßig ist. Obwohl durch ein umfassenderes Systemkonzept in den meisten Fällen eine bessere gegenseitige Abstimmung der verschiedenen Untersysteme bzw. Systemaspekte erreicht werden kann, steht dem die Tatsache entgegen, daß der Aufwand an Zeit und Geld dafür beträchtlich steigt, die verfügbaren Mittel und die verfügbare Zeit aber in der Regel beschränkt sind (siehe Teil I, Kapitel 1 «Systemdenken»).

Die Beachtung dieser Überlegung erhöht die Wahrscheinlichkeit, wenig aussichtsreiche Projekte möglichst frühzeitig, wenn also noch kein großer Planungsaufwand entstanden ist, auf geordnete Art abzubrechen (Abb. 1.25).

Die Vorstudie ist damit ein *Klärungsprozeß*, dem eine grundsätzliche Entscheidung einer hier nicht näher spezifizierten Entscheidungsinstanz (siehe Teil III, «Projekt-Management») folgen soll. Der Systemgestalter soll die Möglichkeiten der Problemlösung, die sich daraus ergebenden Konsequenzen und die erforderlichen Voraussetzungen herausarbeiten; er hat in der Regel jedoch keine Kompetenz, über die Art der Fortführung eines Projektes zu entscheiden.

Der Abbruch eines Projekts am Ende der Vorstudie ist damit kein Makel oder gar als Eingeständnis einer falschen Überlegung zu werten. Es handelt sich vielmehr um eine vorgeplante Weichenstellung, die sinnvollerweise auch zu einem Abbruch führen kann. Der Aufwand für eine Vorstudie kann damit auch mit einer Versicherungsprämie verglichen werden, die das Risiko einer Fehlentwicklung reduzieren soll.

Wenn entschieden wird, daß das Projekt – evtl. mit geänderten Zielsetzungen – weitergeführt werden soll, so wird damit zwar die Wahrscheinlichkeit eines späteren Abbruchs geringer, nicht aber gleich Null. Auch während der Hauptstudie und u.U. sogar erst nach Durchführung verschiedener Detailstudien kann es sich – aufgrund besserer Einsichten in die Problemzusammenhänge und Lösungsmöglichkeiten – als notwendig erweisen, die Entwicklung abzubrechen und auf die Realisierung zu verzichten (siehe Abb. 1.25).

Als Checkfragen zur abschließenden Beurteilung der Qualität einer Vorstudie können gelten:
– Ist das Problem klar genug bekannt?
  • Wissen wir, welches Problem wir überhaupt lösen wollen?
  • Ist es ausreichend abgegrenzt?
  • Ist sein Zusammenhang mit der Umwelt klar?
– Ist der Gestaltungsbereich ausreichend definiert und bekannt?
– Besteht darüber Einigkeit mit dem Auftraggeber?
– Sind die Ziele im Sinne der Anforderungen an die Lösung klar (welche Funktionen sollen erfüllt werden, wirtschaftliche Ziele, personelle/soziale Ziele, zeitliche, ökologische Ziele etc.)?
– Besteht eine ausreichende Übersicht über grundsätzlich denkbare Varianten (Lösungsprinzipien)?
– Können diese Varianten hinsichtlich ihrer Eignung (inkl. Voraussetzungen und Konsequenzen) beurteilt werden?
– Ist damit die Entscheidung für ein bestimmtes Lösungsprinzip möglich? Kann dieses logisch nachvollziehbar begründet werden?
– Sind die kritischen Annahmen bzw. Komponenten bekannt?

Achtung: Diese Checkliste soll nicht dazu verwendet werden, Vorstudien künstlich zu verlängern. Es geht hier um grundsätzliche und nicht um Detailbeurteilungen.

3. Die Hauptstudie

Der Zweck der Hauptstudie besteht darin, auf der Basis des gewählten Lösungsprinzips (Lösungsprinzip bzw. Rahmenkonzept aus Vorstudie) die Struktur des Gesamtsystems zu verfeinern. Es entstehen Gesamtkonzepte (Varianten), die eine fundiertere Beurteilung der Funktionstüchtigkeit, Zweckmäßigkeit und Wirtschaftlichkeit, etwaiger negativer Auswirkungen der geplanten Lösung u.ä. ermöglichen sollen.

Das Betrachtungsfeld wird in der Hauptstudie eingeengt, man konzentriert sich auf den konkreten Aufbau der Lösung selbst. Die Umwelt ist vor allem in dem Ausmaß von Bedeutung, als sie Auswirkungen auf die weitere Ausgestaltung der Konzeptentwürfe hat bzw. durch diese in positiver oder negativer Hinsicht beeinflußt wird (Beachtung von Schnittstellen). Kritische Systemkomponenten, also solche, die besonders wichtig sind und bei denen Anlaß zur Vermutung besteht, daß sie später Schwierigkeiten bei der detaillierten Bearbeitung bereiten könnten, sollen zeitlich vorgezogen werden. Detaillierte Untersuchungen und Konzeptionen können also durchaus in Form abgegrenzter Detailstudien im Rahmen der Hauptstudie (im Extremfall sogar während der Vorstudie) erarbeitet werden. Sollte sich daraus die Notwendigkeit für den Abbruch der Entwicklung ergeben, hat dieses Vorgehen den Vorteil, daß kein oder nur wenig überflüssiger Planungsaufwand geleistet wurde.

Der Detaillierungsgrad und die grundsätzliche Betrachtungsebene (Gesamtsystem vs. Unter- bzw. Aspektsysteme) werden dadurch bisweilen *schwer voneinander abgrenzbar*. Darauf kommen wir später, bei der Behandlung der Anwendungsaspekte, noch ausführlicher zurück (Teil II, Abschnitt 1.3).

Ergebnis der Hauptstudie ist die Entscheidung für ein *Gesamtkonzept,* das es ermöglichen soll, die weitere Entwicklung und Realisierung in einen geordneten Rahmen zu stellen. (Anmerkung: Der Begriff Konzept ist hier extensiv zu verstehen. Es kann sich dabei – je nach dem Stand der Entwicklungsphase – um eine verbale Umschreibung, einen graphischen Plan, eine Konstruktionsskizze, Tabellen u.ä. bzw. um Kombinationen dieser Darstellungsformen handeln.)

Ein derartiges Gesamtkonzept soll

- einen Rahmenplan (Masterplan) für die nächsten Phasen darstellen und damit
- Investitionsentscheidungen und
- die Definition von Teilprojekten ermöglichen.

In der Hauptstudie sollen außerdem die Prioritäten für die Durchführung von weiteren Detailstudien und des Systembaus festgelegt werden – siehe dazu Teil II, Abschnitt 1.3.

Als *Checkfragen* zur abschließenden Beurteilung der Qualität einer Hauptstudie können gelten:

- Ist das vorgeschlagene Gesamtkonzept überzeugend und realisierbar (funktionell, wirtschaftlich, personell, organisatorisch,...)?
- Besteht eine Übersicht über denkbare Alternativen?
- Sind die kritischen Komponenten bekannt?
- Ist die Situation entscheidungsreif?
  Ist die Entscheidung – gesamthaft gesehen – zu befürworten? Ist sie nach innen und außen vertretbar bzw. verkraftbar?
- Sind die Prioritäten für die weitere Detaillierung bzw. Realisierung klar?

4. Die Detailstudien

In dieser Phase behandelte Objekte sind einzelne *Untersysteme* bzw. *Systemaspekte,* die aus dem Gesamtkonzept zur zeitweilig isolierten Behandlung herausgegriffen werden.

Die Abgrenzung des jeweiligen Problemfeldes bzw. Gestaltungsbereiches wird zunehmend einfacher, da die Anforderungen an die Teillösungen in der Regel aus dem Gesamtkonzept ableitbar sind.

Das Betrachtungsfeld wird nun radikal eingeengt. Zweck von Detailstudien ist es,

- detaillierte Lösungskonzepte zu erarbeiten und Entscheidungen über entsprechende Gestaltungsvarianten zu treffen
- die einzelnen Teillösungen so weit zu konkretisieren, daß sie anschließend möglichst reibungslos «gebaut» und eingeführt werden können. Das Abklären wichtiger Teilprobleme, die aufgrund eines bestimmten Detailkonzeptes in den folgenden Realisierungsphasen zu erwarten sind, gehört deshalb in den Aufgabenbereich der entsprechenden Detailstudien.

Hinsichtlich des Zusammenwirkens und der Integration von Teillösungen sei auf Teil II, Abschnitt 1.3 verwiesen.

Als *Checkfragen* zur abschließenden Beurteilung der Qualität jeder *Detailstudie* können gelten:

– Sind die sich aus dem Gesamtkonzept ergebenden Anforderungen an die Detailkonzepte erfüllt?
– Kann das Detailkonzept in den Rahmen des Gesamtkonzepts eingeordnet werden, ist es integrierbar? Erfüllt es die ihm zugedachten Funktionen? Weist es Eigenschaften auf, die aus der Sicht des Gesamtkonzepts unerwünscht sind?
– Ist es so konkretisiert, daß es in der Folge gebaut werden kann?

Anmerkung: Hier können die in Teil II, Abschnitt 2.3 erläuterten Analysekriterien verwendet werden.

5. Systembau und Tests

Zweck des Systembaus ist der «Bau» von Lösungen im weitesten Sinn, z. B.:

- das Herstellen von Anlagen oder Geräten (evtl. Prototypen, Nullserie)
- die Erstellung von EDV-Software inkl. EDV-Dokumentation, verbunden mit der detaillierten Vorbereitung organisatorischer Maßnahmen
- die Erstellung einer benützerorientierten Dokumentation bzw. von Bedienungsanweisungen
- das Festlegen von Anforderungen organisatorischer Art an Benützer
- die Organisation der Informationswege
- das Festlegen organisatorischer Regelungen, die bei Störung oder Ausfall gelten sollen u.a.m.
- eine entsprechende Schulung und Instruktion der Benützer sowie des Bedienungspersonals usw. (evtl. überlappend mit der nächsten Phase)
- das Festlegen von Wartungs- bzw. Instandhaltungsprozeduren und -intervallen u.a.m.

Behandelte Objekte sind dabei Teil- oder Gesamtlösungen, die einführungsreif gemacht werden sollen.

Von besonderer Bedeutung können dabei Tests bzw. Erprobungen vor der Einführung sein. Dabei ist zwischen Einzeltests, welche die Erprobung von Einzelkomponenten zum Inhalt haben, und Systemtests zu unterscheiden, bei denen das ordnungsgemäße Funktionieren des Gesamtsystems geprüft werden muß.

Das Festlegen von Abnahme- und Prüfverfahren kann dabei von besonderer Bedeutung sein. Es ist bisweilen sogar üblich, für die Durchführung von Systemtests eigene Projektphasen vorzusehen.

6. Die Systemeinführung

Nur relativ kleine und einfache Lösungen können – nach entsprechender Vorbereitung – ohne großes Risiko als Ganzes eingeführt werden. Bei großen und komplexeren Systemen ist wegen der Vielzahl von nicht kalkulierbaren Nebenerscheinungen eine schlagartige Einführung nicht sinnvoll, sondern soll stufenweise vor sich gehen. Man geht in derartigen Fällen zwar von einem Gesamtkonzept aus, macht aber die detaillierte Einführung weiterer Stufen von den ersten Einführungserfahrungen abhängig. Dies ist insbesondere bei Organisationsprojekten möglich, bei Bau-, Maschinen- und Anlagenprojekten naturgemäß schwieriger.

Von besonderer Bedeutung ist eine ausreichende Schulung der Anwender, Betreiber bzw. Benutzer im Sinne eines Know-how-Transfers. Diese sind als «Empfänger» des Systems so kompetent zu machen, daß das Entwicklungs- und Realisierungsteam möglichst rasch überflüssig wird.

Mit der Prüfung der Erfüllung von Zielen, Spezifikationen bzw. Gewährleistungen sind die Voraussetzungen zur Übernahme des Systems durch den Auftraggeber, Bauherrn bzw. Betreiber erfüllt.

Eine formelle Übergabe durch den Ersteller evtl. verbunden mit einem «Abschlußfest» beenden diese Phase.

7. Abschluß des Projekts

Mit der ordnungsgemäßen Übernahme einer Lösung durch den Auftraggeber ist auch das Projekt abgeschlossen. Es sind nun eine Reihe von Abschlußarbeiten durchzuführen, wie z.B. Abrechnung, Manöverkritik (als Lernchance für die Durchführung ähnlicher weiterer Projekte), Auflösen der Projektgruppe etc.

8. Nutzung und Instandhaltung

Das Projekt ist nun abgeschlossen, die Lebensphase der Nutzung beginnt. Es sind Betriebserfahrungen zu sammeln, die für die Verbesserung der vorliegenden Lösung oder die Gestaltung ähnlicher Systeme genutzt werden sollen. Die Lösung ist zu konsolidieren, zu warten, ggf. zu verbessern.

9. Um- oder Neugestaltung, Außerdienststellung

Sofern sich im Laufe der Systembenützung herausstellt, daß eine Umgestaltung größeren Ausmaßes oder sogar eine Neugestaltung der Lösung erforderlich ist, erfolgt der Anstoß zu einer neuen Vorstudie, und der gesamte Ablauf beginnt an dieser Stelle von neuem (Abb. 1.25). Dies kann dann der Fall sein, wenn die weitere Nutzung nicht mehr erlaubt, gerechtfertigt oder (wirtschaftlich) sinnvoll ist.

Änderungen kleineren Ausmaßes bedürfen keines formalen Entwicklungsablaufes. Sie werden während der Benützungsphase durchgeführt, ohne daß hier ebenfalls verschiedene Projektphasen unterschieden werden. Eine formale Behandlung von Änderungsanträgen kann helfen, Änderungswünsche gezielt zu sammeln und dadurch eine geordnete und koordinierte Umgestaltung erleichtern (siehe dazu die Ausführung über Konfigurations-Management, Teil III, Abschnitt 1.5.2.2).

Mit der Neugestaltung eines Systems ist häufig die Außerdienststellung eines bestehenden verbunden. Um den Vorgang der Ablösung reibungslos vollziehen zu können, muß auch die Außerdienststellung Gegenstand planerischer Überlegungen sein. Bei Systemen, deren Außerdienststellung schwierig werden kann, muß diese Problematik («Entsorgung») zunehmend bereits im Entwurfsprozeß berücksichtigt werden. Die Entsorgung kann sogar zu einem eigenen Projekt werden.

2.4.3 Andere Phasenmodelle

Der hier dargestellte Phasenablauf ist stellvertretend für eine Vielzahl *projektorientierter* Vorgehensdarstellungen zu verstehen. Auch wenn die Anzahl und die Bezeichnung der Phasen unterschiedlich ist, bleibt die Grundidee der Untergliederung eines Projekts in zeitlich voneinander abgegrenzten Phasen. Dies ist aus der beispielhaften Gegenüberstellung 16 verschiedener Modelle deutlich ersichtlich (Abb. 1.26).

Darüber hinaus sind verschiedene *Modifikationen* und *Abwandlungen* des Phasenkonzepts möglich, welche dieses in Teilbereichen verändern bzw. anders interpretieren, ohne es grundsätzlich in Frage zu stellen:

1) Es steht dem Planer natürlich frei, je nach Umfang und Komplexität eines Projekts mehr oder auch weniger Phasen vorzusehen.
   - Ein *Zusammenlegen* der Phasen Vor-, Haupt- und eventuell auch Detailstudien zu einer einzigen Entwicklungsphase bei kleinen und überblickbaren Projekten ist ebenso denkbar wie
   - eine *Erweiterung* z.B. durch Einführen einer Pre-Feasibility-Study (vor einer Vorstudie) bzw. einer eigenen Test- und Abnahmephase.
2) Auf die Möglichkeiten eines (teilweisen) Verzichts auf eine klare zeitliche Abgrenzung von Phasen im Sinne eines *überlappten Vorgehens* gehen wir später ein (Teil II, Abschnitte 1.3.5 (Dynamik der Gesamtkonzeption) und 1.3.6 (Überlapptes Vorgehen).

2.4.4 Alternativen zum Prinzip der sequentiellen Phasengliederung

Eine Alternative besteht darin, auf eine Phasengliederung zu verzichten. Dies kann bei kleinen Vorhaben durchaus sinnvoll sein. Auf Ansätze, die dem Phasenkonzept kritisch gegenüberstehen, wie z.B. Prototyping, Versionenkonzept und Simultaneous

Generelles Phasenschema Produktentwicklung für Serie (dieser Beitrag)	Beispiel Produktentwicklung für Serie	Generelles Phasenschema Bauprojekte	Beispiel Bauprojekt	Generelles Phasenschema Anlagenbau	Beispiel Anlagenbau	Beispiel Anlagenbau	Generelles Phasenschema Organisationsprojekte	Beispiel Organisationsprojekt	Generelles Phasenschema EDV-Projekte	Beispiel EDV-Projekt	Generelles Phasenschema Wehrtechnik	Beispiel Wehrtechnik	Generelles Phasenschema	Generelles Phasenschema	Generelles Phasenschema
	(MAN)	(HOAI)	(Itten)	(Rüsberg)	(Hartmann)	(May)	(AfürO)	(Bölsterli)	(Rosove)	(BIFOA)	(BWB)	(Heuer)	(Frese)	(Haberfellner)	(AKM)
Problemanalyse	Planungsphase	Grundlerm. Vorplanung	Voruntersuchung	Konzeption	Ideenphase	Diskussionsphase	Vorstudie	Vorstudie	Formulierg. d.Anford.	Vorstudien	Phasenvorlauf	Einleitung Probl.phase	Projektidee	Vorstudie	Projektvorbereitung
Konzeptfindung	Konzeptionsphase	Entwurfsplanung	Vorprojekt	Vorplanung und Feasibilitystudy	Projektierungsphase	Vorentwurf	Hauptstudie	Grundsatzstudie	Entwurf	Gesamtkonzeption Grobplanung	Konzeptphase	Konzeptphase	Projektplanung	Hauptstudie	Konzeption Durchf.planung Auswahl HAN
Definition	Konstruktionsphase	Genehmigungsplg. Ausf.planung	Bauprojekt	Hauptplanung		Entwurf	Teilstudien	Detailstudie		Feinplanung Teilsysteme	Definitionsphase	Definitionsphase		Detailstudien	Definition Entwicklung + Detailkonstruktion
Entwicklung	Erprobungsphase	Vorb. Vergabe Mitwirkung Vergabe	Detailprojekt	Durchführung		Ausführungsplanung					Entwicklungsphase	Entwicklungsphase			Prototypen
Realisierung	Freig.phase Produktionsvorbereitungsphase	Objektüberwachung (Bauausführung)	Ausführung Betriebsaufnahme		Verkaufsphase Ausführungsphase	Produktion	Systembau	Realisierung	Produktion	Programmierung	Fertigungs- und Beschaffungsphase	Beschaffungsphase	Projektrealisation	Systembau	Serienreifmachung Nullserie Vorserie Erprobung im System Vorber. Fert. Hauptserie Fertigung Hauptserie
Nutzung	Serienphase	Objektbetreuung + Dokumentation			Servicephase		Einführung Erhaltung	Einführung	Installation Operation	Implementierung und Integration	Nutzungsphase	Verwendungsphase	Projektbetreuung und/oder -nutzung	Systemeinführung Systembenutzung	Einsatz, Betrieb, Logistik
Ausserdienststellung															Anstoss zur Um-/Neugestaltung, oder Ausserdienstsetzung

Quelle: Reschke, H., Svoboda, M.: Projektmanagement. Konzeptionelle Grundlagen, München 1984
* entsprechend Daenzer, W.: Systems Engineering

Abb. 1.26 Übersicht über verschiedene Phasengliederungen

2. Das SE-Vorgehensmodell   47

Engineering, gehen wir in Abschnitt 2.7 (Andere Vorgehensmodelle) näher ein, da wir sie als Alternativen bzw. Ergänzung des SE-Vorgehensmodells als Ganzes und nicht nur des Phasenmodells betrachten.

2.4.5 Zusammenfassung

Das Phasenkonzept stellt die logische Erweiterung der Vorgehensprinzipien «Vom Groben zum Detail» und «Variantenbildung» dar. Es bietet einen nach zeitlichen Gesichtspunkten gegliederten Raster an, der helfen soll, den Werdegang einer Lösung in überschaubare Teiletappen zu gliedern. Dies ist sowohl für die Planenden und Durchführenden als auch für den Auftraggeber von Vorteil, da ein stufenweiser Planungs-, Entscheidungs- und Realisierungsprozeß mit vordefinierten Marschhalten bzw. Korrekturpunkten die Komplexität der Projektabwicklung reduziert und beiderseitige Lernchancen schafft.

Weitere Anwendungshinweise findet man in Teil II, Abschnitt 1.3.

2.5 Der Problemlösungszyklus als Mikro-Logik

2.5.1 Grundidee

Der nachstehend erläuterte Problemlösungszyklus baut auf der Deweyschen Problemlösungslogik auf (siehe Hall, A.D.). Im Rahmen des SE-Konzepts stellt er eine Art *Mikro-Logik* (im Gegensatz zur Makro-Logik des Phasenablaufs) dar, die bei Auftreten jeder Art von Problemen in *jeder Projektphase* angewendet werden soll.

Als *Schwerpunkte* einer derartigen Mikro-Logik gelten die folgenden einfachen Teilschritte:

- Zielsuche bzw. Zielkonkretisierung: Wo stehen wir? Was wollen/brauchen wir? Warum?
- Lösungssuche: Welche Möglichkeiten gibt es?
- Auswahl: Welche ist die beste/zweckmäßigste?

Der Stand der Entwicklungs- bzw. Realisierungsarbeiten (Projektphase) hat dabei einen wesentlichen Einfluß auf den Inhalt und Detaillierungsgrad dieser Schritte.

Zunächst interessiert der Problemlösungszyklus aus der Sicht der Logik des Ablaufs. In Abb. 1.27 werden deshalb vor allem der Inhalt («Was») der einzelnen Vorgehensschritte und deren logische Folgen hervorgehoben. In Teil II, Abschnitt 2 werden diese Hinweise detailliert («Wie»); man findet auch Anhaltspunkte über den konkreten Ablauf und anwendungsbedingte Erweiterungen bzw. Einschränkungen.

2.5.2 Die einzelnen Schritte

1. Anstoß

Der Anstoß ist gewissermaßen als «Auslöser» zu verstehen, der die Arbeitslogik in Gang setzt.

Teil I: SE-Philosphie

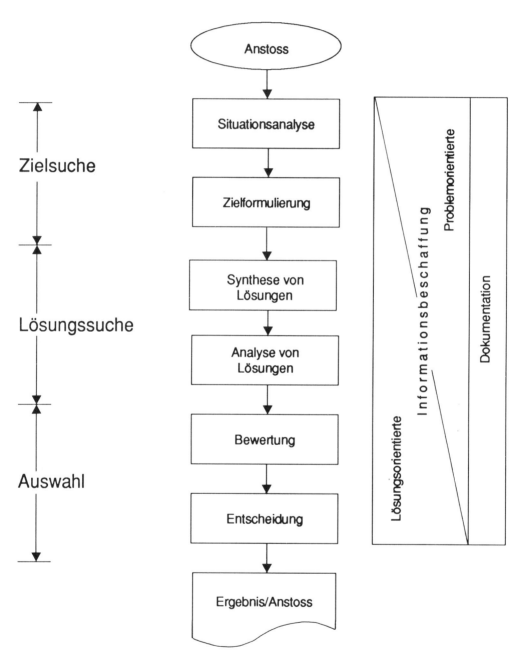

Abb. 1.27 Problemlösungszyklus – Grundmodell

Wenn man sich zu Beginn einer Vorstudie befindet, ist der Anstoß als Initialzündung zu verstehen und mit jenem Anstoß identisch, der auch die Vorstudie in Gang bringt (siehe Abb. 1.25).

Der Anstoß kann aber auch einen anderen Inhalt haben: Er kann darin bestehen, daß man in früheren Planungsschritten bereits zu einem *Ergebnis* gelangt ist (z.B. Entscheidung für ein bestimmtes Lösungsprinzip nach der Vorstudie) und es nun darum geht, dieses Ergebnis auf der nächsttieferen Planungsstufe zu konkretisieren. Dies heißt in der Regel, daß Teile eines Konzepts herausgegriffen und detailliert werden. In diesem Fall hätte der Anstoß den Charakter eines konkreten Auftrags.

Die Grundstruktur des Problemlösungszyklus wäre in beiden Fällen ein geeigneter Leitfaden für das Vorgehen (Abb. 1.27).

2. Situationsanalyse

Der *Zweck* der Situationsanalyse (Lagebeurteilung) besteht darin, sich mit der Ausgangssituation und der Aufgabenstellung vertraut zu machen bzw. sie überhaupt erst zu klären und die Basis für die Formulierung konkreter Ziele zu schaffen.

In einem Frühstadium (z.B. Vorstudie) kann es z.B. darum gehen, die Symptome einer unbefriedigenden Situation (im Sinne eines besseren Problemverständnisses), mögliche Chancen und Gefahren bzw. deren Ursachen näher zu untersuchen. In einem späteren Stadium des Projektablaufes (z.B. Detailstudien) steht die Beschäftigung mit der Ausgangssituation (z.B. beschlossenes Gesamtkonzept, besondere Bedingungen inkl. der Nahtstellen zu benachbarten Elementen u.ä.) im Vordergrund.

Dabei können in der Situationsanalyse *vier charakteristische Betrachtungsweisen* unterschieden werden, die zueinander in enger Beziehung stehen und wechselweise bzw. simultan zur Anwendung kommen:

1) Die *systemorientierte Betrachtung*, die vom Systemdenken ausgeht und helfen soll, die Ausgangssituation vor allem hinsichtlich der Funktionsweise zu strukturieren.
   - Mit Hilfe der Begriffe Element, Beziehung, Blackbox, Über-, Untersystem, Umwelt usw. kann das Problemfeld transparent gemacht, d.h. aufbereitet und eingegrenzt werden.
   - Mit Hilfe des Begriffes Systemaspekt (= «Filter» oder «Brille») können unterschiedliche Betrachtungsaspekte derselben Situation auseinandergehalten werden.
   - Eine Einflußgrößenanalyse ermöglicht es, z.B. Quelle, Art und Umfang einer möglichen Einflußnahme auf ein bestimmtes Vorhaben herauszuarbeiten.
   - Dynamische, ablauforientierte Betrachtungen lassen Prozeßabläufe und Verhaltenseigenschaften im Problemfeld in den Vordergrund treten.
   - etc.

   Die systemorientierte Betrachtung verschafft vertiefte Einsichten in die Situation und bereitet die folgenden Betrachtungen vor:

2) Die *ursachenorientierte* (diagnostische) Betrachtung bezweckt, Symptome einer unbefriedigenden Situation, einer möglichen Chance oder Gefahr zu beschreiben, den «richtigen» Elementen einer Situationsdarstellung zuzuordnen und schließlich mögliche Ursachen herauszuarbeiten.

3) Die *lösungsorientierte* (therapeutische) Betrachtung soll den Blick auf Lösungsideen und Eingriffsmöglichkeiten (Mittelkatalog, «state of the art», Vorbilder etc.) richten und ist vielfach nötig, um das Problem besser verstehen, den Eingriffsbereich abgrenzen und realistische Ziele erarbeiten zu können (Problem als Differenz zwischen IST und SOLL). Lösungsorientierte Überlegungen sollen allerdings in der Situationsanalyse nicht ausufern, da die eigentliche Lösungserarbeitung erst später erfolgt (Synthese/Analyse).

4) Diesen Betrachtungsweisen ist die *zukunftsorientierte* Betrachtung überlagert, die den Blick von der Gegenwart in die Zukunft lenken soll und beispielsweise aus folgenden Fragestellungen besteht:
- Wie wird sich die Situation in Zukunft (kurz-, mittel-, langfristig) entwickeln, wenn heute nicht eingegriffen wird? (Entwicklung des Problemfeldes)
- Welche wichtigen Entwicklungen sind im Lösungsfeld zu erkennen?
- Welche Wirkungen können mögliche Eingriffe hervorrufen; in welcher Richtung werden bzw. können sie Veränderungen einleiten?

In der Situationsanalyse sollen außerdem wichtige *Randbedingungen* für die Lösungssuche herausgearbeitet und festgehalten werden, die als Bestimmungsgrößen aus

- der Umwelt des Systems (natürlicher, wirtschaftlicher, technischer, personeller, sozialer, gesetzlicher evtl. auch emotionaler, u.a. Art)
- früheren Entscheidungen, die vorläufig nicht beeinflußt werden können oder sollen
- den Vorstellungen des Auftraggebers, wie z.B. Kostenlimiten, Terminvorstellungen etc. oder
- den als (evtl. nur vorläufig) unveränderlich angesehenen Teilen des Ist-Zustandes

zu verstehen sind.

Als Ergebnis der Situationsanalyse liegen sowohl *qualitative* als auch *quantitative* Informationen vor, die eine verbesserte Problemsicht bzw. ein verbessertes Problemverständnis vermitteln. Die vorgefundene Situation kann damit kritisch gewürdigt werden. Alle dabei angestellten Überlegungen sind natürlich nicht rein objektiver Art, beinhalten also nicht nur objektive Fakten, sondern wählen diese aus, verbinden sie mit Meinungen, Einstellungen, individuellen Beurteilungen. Kennzeichen einer guten Situationsanalyse ist, daß sie Fakten und deren Interpretation möglichst deutlich zu trennen versucht.

Aufgrund der Situationsanalyse kann es sich als notwendig erweisen, etwaige mit der Problemstellung geäußerte Zielvorstellungen abzuändern. Dies gilt vor allem im Frühstadium der Entwicklung eines Systems (Vorstudie). In fortgeschrittenen Phasen (Entwicklung von Detailkonzepten) wird der Anstoß eher den Charakter eines konkreten Auftrags annehmen, die Situationsanalyse wird entsprechend kürzer sein können, weil Inhalt und Rahmen der weiteren Aktivitäten durch frühere Entscheidungen bereits stark eingeengt wurden. – Näheres zur Situationsanalyse siehe Teil II, Abschnitt 2.1

3. Zielformulierung

In der Regel werden bereits mit dem Anstoß bzw. dem Projektauftrag Vorstellungen und Erwartungen darüber geäußert, was durch die Um- bzw. Neugestaltung eines

Systems erreicht bzw. vermieden werden soll (z.B. Anforderungen hinsichtlich Leistung und Leistungsumfang, Kosten, Zeitpunkt der Verfügbarkeit u.ä.). Speziell in frühen Phasen eines Projekts besteht aber die Schwierigkeit, daß diese Vorstellungen bzw. Erwartungen auf einer relativ unsicheren Informationsbasis aufbauen: vielfach sind weder das Problem noch das Lösungsfeld (z.B. Stand der Technik) genauer bekannt. Damit wird eine konkrete und realistische Zielformulierung natürlich schwierig und ist deshalb häufig nur als erste Arbeitshypothese zu verstehen.

Entsprechend dem hier dargestellten Problemlösungszyklus ist die Zielformulierung deshalb am Ende der Zielsuche, also nach der Situationsanalyse, angeordnet. Die Ergebnisse der Situationsanalyse sollen dabei als Informationsquelle für die Konkretisierung allgemeiner Zielvorstellungen bzw. für deren Korrektur verwendet werden.

Diese, auf ein bestimmtes Projekt bezogenen Ziele sollten mit übergeordneten Zielen, z.B. den Unternehmungszielen, ausreichend abgestimmt sein bzw. sich möglichst auf diese abstützen können.

Zweck der Zielformulierung ist die systematische Zusammenfassung der Absichten, die der Lösungssuche zugrunde gelegt werden sollen. Dabei ist es sinnvoll, sich an gewissen *Grundregeln* zu orientieren. Insbesondere sollen Zielformulierungen

- lösungsneutral sein, d.h. die Funktionen bzw. Wirkungen («was») von Lösungen und nicht die Lösungen selbst («wie») beschreiben
- vollständig sein, d.h. alle wichtigen Anforderungen an die gewünschte Lösung beinhalten
- möglichst präzise und verständlich sein (operational)
- realistisch sein, d.h. die sachlichen Gegebenheiten der Situation, aber auch die sozialen Gegebenheiten und die subjektiven Wertvorstellungen insbesondere der Entscheidungsträger, Meinungsbildner bzw. Betroffenen berücksichtigen. Dabei kann es natürlich zu Widersprüchen bzw. Konflikten kommen.

Um Prioritäten hinsichtlich der Wichtigkeit von Zielen setzen zu können, hat sich die Unterscheidung von Muß-, Soll- bzw. Wunschzielen als zweckmäßig erwiesen:
Mußziele sind solche, deren Erreichung zwingend vorgeschrieben wird, *Soll-* bzw. *Wunschziele* jene, deren möglichst gute Erreichung angestrebt werden soll. Sollzielen kommt dabei eine höhere Bedeutung hinsichtlich der Beurteilung ihrer Eignung als Wunschzielen zu.

Die Soll- bzw. Wunschziele bilden den Ansatzpunkt zu einem Kriterienplan für die spätere Bewertung, mit dessen Erstellung im Schritt Zielformulierung begonnen werden kann. Es ist darunter eine Liste von operationalen Teilzielen zu verstehen, mit deren Hilfe die Güte der später erarbeiteten Lösungskonzepte «gemessen» wird. Diese Liste wird im Verlauf der Lösungssuche – wenn die konkreten Voraussetzungen für bestimmte Lösungen und deren mutmaßliche Konsequenzen bekannt sind – noch ergänzt werden.

Den Abschluß des Schrittes Zielformulierung bildet die *Zielentscheidung*. Damit sollen die bis dahin erarbeiteten Ziele zur verbindlichen Grundlage für die weiteren Planungsarbeiten deklariert werden. Es ist jedoch zu berücksichtigen, daß es gegebenenfalls später berechtigte Änderungswünsche geben kann, die zu nachträglichen

Anpassungen führen können. Diese sollen wieder möglichst klar und transparent gemacht werden.

Der Konkretisierungs- und Detaillierungsgrad der Ziele wird natürlich von der Projektphase abhängig sein, in der man sich befindet. In frühen Phasen werden die Ziele globaler, teilweise evtl. nur qualitativ und auf die Gesamtlösung bezogen, in späteren Phasen detaillierter, überwiegend quantitativ untermauert und auf Teillösungen konzentriert sein.

Zum Vorgehen bei der Zielformulierung, siehe Teil II, Abschnitt 2.2.

Hinsichtlich der Zusammenarbeit zwischen Auftraggeber und Projektgruppe bei der Zielformulierung sei auf Teil II, Abschnitt 1.4.4 verwiesen.

4. Synthese von Lösungen

Synthese = Zusammenfügung, Verknüpfung einzelner Teile zu einem höheren Ganzen.

Die Synthese von Lösungen ist der konstruktive, kreative Schritt im Problemlösungszyklus. *Zweck* der Synthese ist es, auf den Ergebnissen der Situationsanalyse (vor allem Situationskenntnis, Problemverständnis) und der Zielformulierung (vereinbarter Anforderungskatalog) aufbauend, Lösungsvarianten zu erarbeiten, die dem Konkretisierungsniveau der jeweils gerade bearbeiteten Phase entsprechen. Dabei kann es sich um Entwürfe, Konzepte, Konstruktionen, Handlungsalternativen für die Einführung, Detailvorgaben, für die Realisierung u.a.m. handeln. Das Konkretisierungsniveau der einzelnen Varianten sollte ausreichend sein, um die einzelnen Varianten einander gegenüberstellen und die geeignetste auswählen zu können.

In diesem Schritt sind vor allem → Kreativitäts-Techniken von Bedeutung. Näheres zur Synthese siehe Teil II, Abschnitt 2.3.

5. Analyse von Lösungen

Während die Synthese als aufbauend-«konstruktiver» Schritt im Problemlösungszyklus bezeichnet werden kann, ist die (Lösungs)-Analyse der kritische, analytisch-«destruktive» Schritt. *Zweck* der Analyse ist es, zu prüfen, ob ein Konzept den gestellten Anforderungen entspricht bzw. ob es wesentliche Schwachstellen aufweist, die naturgemäß leichter zu «reparieren» sind, solange eine Lösung erst auf dem Papier existiert.

Insbesondere geht es darum, festzustellen, ob

- formale Aspekte, wie z.B. die vereinbarten Mußziele, erfüllt werden können
- die einzelnen Lösungsentwürfe auf dem für die entsprechende Phase «richtigen» Konkretisierungs-Niveau stehen, oder ob unwichtige Teile zu detailliert sind und wesentliche Teile noch nicht einmal «angedacht» wurden
- eine Lösung integrationsfähig ist («Blick nach außen»)
- die Funktionsweise einer Lösung erkennbar ist und sie damit beurteilt werden kann («Blick nach innen»)
- Fragen der Betriebstüchtigkeit (wie z.B. Sicherheit, Zuverlässigkeit, Bedienbarkeit, Wartbarkeit etc.) beantwortet werden können

- die Voraussetzungen und Konsequenzen der Wahl der gerade analysierten Lösung in wirtschaftlicher, technischer, personeller, sozialer, emotionaler, ökologischer u.ä. Hinsicht beurteilt werden können.

Dieser Analyseschritt wird mit zunehmender Konkretisierung einer Lösung aufwendiger, konkreter und detaillierter.

Damit schafft die Analyse die Grundlage für die folgende Bewertung, von der sie gedanklich allerdings deutlich zu trennen ist: Bei der Analyse geht es um eine Prüfung jeder einzelnen Lösung hinsichtlich ihrer Zweckmäßigkeit und Tauglichkeit. Sie dient damit einerseits der Vorselektierung, indem untaugliche oder offensichtlich weniger gute Lösungen bereits ausgeschieden werden können und andererseits als Anstoß zu einer gezielten Verbesserung von Lösungsentwürfen (zurück zur Synthese). Bei der Bewertung geht es schließlich um den systematischen Vergleich der verbleibenden, prinzipiell als tauglich erachteten Varianten.

Es ist durchaus möglich, daß man im Verlauf der Analyse auf wesentliche Eigenschaften einer Lösung stößt, die man ursprünglich weder gefordert noch erwartet hat, die aber dennoch auftreten und erwünscht oder auch unerwünscht sein können. Dies sollte die Ergänzung des bereits in der Zielformulierung begonnenen Kriterienplans zur Folge haben.

Synthese und Analyse lassen sich häufig zeitlich nicht sauber voneinander trennen, da im Moment des Auftauchens einer Lösungsidee meist sofort auch die kritische Auseinandersetzung damit beginnt (Analyse). Damit ist eine eher *intuitive Analyse* angesprochen, die wenig planbar ist und deren Vermeidung von den meisten → Kreativitäts-Techniken gefordert wird («Prinzip des aufgeschobenen Urteils», Ideen nicht vorschnell zu Tode kritisieren).

Hier ist vor allem eine *systematische Analyse* gemeint, die bei Vorliegen wesentlicher Planungsresultate formal und bewußt angewendet werden soll und evtl. sogar von anderen Personen oder mit deren Unterstützung durchgeführt wird.

Unter Bezugnahme auf die hierarchische Darstellung des Vorgehensprinzips Vom Groben zum Detail (Abb. 1.22 und 1.24) kann eine bestimmte Schrittfolge Synthese/Analyse auch mehrere Detaillierungs- und Konkretisierungsschritte beinhalten, wobei die Variantenvielfalt mit zunehmender Detaillierung mehrmals aufgesplittet und reduziert wird. Erst bei Erreichen konkreter Ergebnisse geht man zum nächsten Schritt über und führt eine formale Bewertung und Auswahl durch. Diese Variantenreduktion im Rahmen der Analyse kann als Zwischenentscheidung betrachtet werden, die häufig mit relativ geringem formalem Aufwand durchgeführt werden kann.

Näheres zu Synthese/Analyse siehe Teil II, Abschnitt 2.3.

6. Bewertung

Der *Zweck* der Bewertung besteht darin, taugliche Varianten einander systematisch gegenüberzustellen, um die am besten geeignete herauszufinden.

Zur Bewertung werden also nur solche Varianten zugelassen, die alle Mußziele erfüllen. Eine diesbezügliche Ausscheidung wurde in der Lösungs-Analyse vorgenommen.

Eine formale Bewertung von Varianten ist dann sinnvoll, wenn die «beste» Variante nicht unmittelbar ersichtlich ist. Die Schwierigkeit liegt darin, daß bisweilen Lösungen mit sehr unterschiedlichen Merkmalen und deren Ausprägungen auf irgendeine Art vergleichbar gemacht werden müssen.

Aus den im Rahmen der Zielformulierung erarbeiteten Soll- bzw. Wunschzielen und den in der Synthese/Analyse evtl. zusätzlich festgestellten Eigenschaften, Bedingungen und Konsequenzen der einzelnen Lösungen werden die zur Bewertung erforderlichen Kriterien endgültig festgelegt. Es handelt sich dabei um eine Liste von Teilaspekten, die als wesentlich für die Beurteilung der Güte der einzelnen Lösungsentwürfe betrachtet werden. Es existieren hier eine Reihe von Methoden und Techniken, deren man sich in der Bewertungsphase bedienen kann (z.B. → Argumenten-Bilanz, → Nutzwertanalyse, → Kosten-Nutzen-Rechnung, → Kosten/Wirksamkeits-Analyse → Wirtschaftlichkeitsrechnung).

Derartige Methoden dürfen jedoch nicht als Instrumente betrachtet werden, welche die Entscheidung ersetzen. Sie machen lediglich die Entscheidungssituation transparent, da sie den Entscheider zwingen, sich über seine Wertmaßstäbe Gedanken zu machen und sie zu strukturieren. Durch die Reduktion von Irrationalität und Willkür bzw. Intuition als alleiniger Maßstab können sie helfen, die Qualität von Entscheidungen zu verbessern. – Näheres zur Bewertung siehe Teil II, Abschnitt 2.4.

7. Entscheidung/Auswahl

Zweck dieses Schrittes ist es, auf den Bewertungsergebnissen aufbauend, die weiter zu bearbeitende Lösungsvariante festzulegen. Hinsichtlich des «Wie» der Durchführung von Bewertung und Entscheidung sei auf Teil II, Abschnitt 2.4 verwiesen. Bezüglich der Aufgabenverteilung zwischen Auftraggeber und Projektteam siehe Teil II, Abschnitt 1.4.4.

8. Ergebnis

Das Ergebnis der Planungsaktivitäten kann darin bestehen, daß eine zufriedenstellende Lösung gefunden werden konnte, die entweder als *Anstoß* für die nächste Projektphase dienen (z.B. Hauptstudie oder Detailstudien) oder nun realisiert werden kann (Systembau).

Es kann aber auch sein, daß keine befriedigende Lösung gefunden wurde oder sich herausstellt, daß das Problem, z.B. mit den derzeit vorhandenen Mitteln personeller, finanzieller oder materieller Art in der beabsichtigten Zeit u.ä., nicht gelöst werden kann.

Folgende Handlungsmöglichkeiten wären in diesem Fall z.B. denkbar:

- Die Systemgestaltung wird abgebrochen, der bestehende Zustand wird nicht oder nur unwesentlich verändert.
- Die Ansprüche an die Lösung werden zurückgeschraubt (Zielreduktion).
- Man kehrt auf eine höhere Systemebene zurück, um die auftretenden Probleme auf der Basis eines anderen Konzepts evtl. umgehen zu können.
- Das Problem wird überhaupt neu umschrieben.

9. Informationsbeschaffung

Informationen werden während aller Schritte im Problemlösungszyklus benötigt: für die Zielsuche, die Lösungssuche und die Auswahl. Art und Umfang der Informationsbeschaffung sollten dabei den unterschiedlichen Bedürfnissen der einzelnen Schritte Rechnung tragen (Abb. 1.27).

Bei der *Zielsuche* soll die Informationsbeschaffung vorwiegend problemorientiert sein, d.h.

- dem Erkennen und Abgrenzen des Problems
- dem Erarbeiten realistischer Zielsetzungen für die zu erarbeitende Lösung, aber auch bereits
- der grundsätzlichen Abklärung über Eingriffs- und Lösungsmöglichkeiten

dienen.

Bei der *Lösungssuche* und *Auswahl* muß die Informationsbeschaffung verstärkt lösungsorientiert werden, d.h. auf die Entwicklung und Beurteilung bestimmter funktionaler und instrumentaler Lösungskonzepte ausgerichtet sein.

Eine Kurzbeschreibung verschiedener Verfahren der Informationsbeschaffung bzw. -aufbereitung findet man in Teil II, Abschnitt 2.1.4 bzw. im Teil VI (Enzyklopädie).

10. Dokumentation

Die Ergebnisse und Zwischenergebnisse der einzelnen Schritte sollen auf saubere und nachvollziehbare Art dokumentiert werden. Dies erhöht einerseits die Glaubwürdigkeit, indem es Begründungen für die Ergebnisse liefert, und erleichtert bzw. ermöglicht dadurch erst spätere Detaillierungen und Modifikationen.

2.5.3 Alternativen zum Problemlösungszyklus

Eine Reihe von Vorgehensmodellen gehen (ebenso wie der Problemlösungszyklus des SE) vom Deweyschen Problemlösungsmodell aus, weshalb Ähnlichkeiten unverkennbar sind. Insbesondere zählen dazu jene Modelle, die Managemententscheidungen beschreiben und von verschiedenen Beratungsinstitutionen propagiert werden (z.B. Kepner-Tregoe-Methode).

Darüber hinaus gibt es aber Vorgehensmodelle, die deutliche Akzente hinsichtlich der Reihenfolge des Vorgehens setzen – wobei dies insbesondere die Schrittfolge des Problemlösungszyklus betrifft. Wir wollen sie in

- Istzustands-orientierte und
- Sollzustands-orientierte Modelle

gliedern und in der Folge kurz analysieren.

1. Istzustands-orientierte Vorgehensmodelle

Dazu zählt vor allem die weitverbreitete, «klassische» Organisationsmethodik, die durch folgende Vorgehensschritte gekennzeichnet ist:
- Aufnahme des Istzustandes
- Kritik am Istzustand
- Erarbeitung des Sollzustandes.

Die nachstehenden kritischen Argumente beziehen sich weniger darauf, was die Methode aussagt, als darauf, worüber sie *keine* Aussagen macht und auch auf eine vielfach unkritische praktische Handhabung:

1) Die Bezeichnung Ist-Aufnahme lenkt den Blick fast zwangsläufig in die Gegenwart bzw. Vergangenheit; bezüglich der Abschätzung von Entwicklungstendenzen im Problem- und Lösungsbereich macht die Methodik keine Aussagen.
2) Eine Ist-Aufnahme kann für unerfahrene Planer zur Beschäftigungstherapie in Phasen der Ratlosigkeit werden. Es werden u.U. umfangreiche Erhebungen eingeleitet und Informationen gesammelt, von denen niemand so recht weiß, ob man sie überhaupt bzw. wozu man sie braucht, und ob der Detaillierungsgrad der Erhebung und Auswertung der Fragestellung auch angepaßt ist. Je mehr Zeit derartige Erhebungen beanspruchen, desto größer ist zudem die Wahrscheinlichkeit, daß der Untersuchungsbereich sich verändert bzw. durch zwischenzeitlich eingeleitete Maßnahmen verändert wird und die bisherigen Ergebnisse dadurch ganz erheblich entwertet werden.
3) Darüber hinaus kann eine, vor allem anfänglich allzu detaillierte Beschäftigung mit den bestehenden Zuständen den Blick für die Zusammenhänge und das Wesentliche stark trüben.
4) Es stellt sich außerdem die grundsätzliche Frage, ob die Logik dieses Vorgehens überhaupt stimmt: Kann man einen Istzustand überhaupt sinnvoll kritisieren, ohne eine Bezugsbasis für diese Kritik definiert zu haben? Oder anders formuliert: Womit wird der Istzustand bei dieser Kritik überhaupt verglichen? Der Sollzustand ist es nicht und kann es auch nicht sein, da er ja erst im nächsten Schritt erarbeitet wird. Aber wenigstens die Anforderungen an den Sollzustand sollten im Zusammenhang mit dieser Kritik definiert oder wenigstens gleichzeitig damit herausgearbeitet werden. Wenn dies nicht geschieht, ist eine Beurteilung des Istzustands eigentlich nur aufgrund von «Vorurteilen» möglich. Dies ist nicht prinzipiell negativ, wir alle arbeiten mit Vorurteilen und sind ohne diese gar nicht urteils- und handlungsfähig. Negativ ist lediglich, daß die Methodik keine Strukturierung der «Vorurteile» und damit der Denkrichtungen (z.B. analog zum Schritt «Zielformulierung» im Problemlösungszyklus) empfiehlt.

Aufgrund dieser Überlegungen halten wir diese Vorgehensmethodik zwar für ein brauchbares grobes Gliederungsschema für die Abfassung eines Berichtes. Eine erarbeitete Lösung kann aufgrund dieser Gliederung sicherlich gut «verkauft» werden (Istzustand: Wie ist es heute? Kritik: Was ist daran unbefriedigend? Sollzustand: Wie soll es in Zukunft sein?). Für eine Vorgehensempfehlung ist sie u.E. aber zu lückenhaft und unpräzise.

2. Sollzustands-orientierte Vorgehensmodelle

Derartige Methodiken (z.B. das «*IDEALS Concept*» von G. Nadler) stellen eine radikale Abwendung von der oben beschriebenen Vorgehensweise dar: Der Ist-Zustand ist für die Erarbeitung einer Lösung zunächst nur von untergeordneter Bedeutung. Es wird ein (auf einer kurzen Funktionsfestlegung basierendes) *Idealkonzept* entworfen, und erst im Anschluß daran werden die näheren Bedingungen erarbeitet (Ist-Zustand). Es werden nun so lange Abstriche am Idealkonzept vorgenommen bzw. Alternativen zum Idealkonzept erarbeitet, bis ein brauchbarer Kompromiß zwischen den Erfordernissen des Ist-Zustands und den Möglichkeiten für die Realisierung der Ideallösung gefunden ist.

Die Ideal-Lösung liefert dabei die Struktur für die Untersuchung des Ist-Zustandes. Dies ist ein *Vorteil*, weil damit eine Bezugsbasis für die Ist-Aufnahme existiert. Man weiß, welchen Fragen man in der Ist-Aufnahme primär nachgehen muß: jenen die helfen, die Brauchbarkeit, Eignung bzw. Zweckmäßigkeit des Idealkonzepts zu beurteilen. Die Ist-Aufnahme erfolgt dabei zwangsläufig strukturiert und zielgerichtet.

Es kann aber ein Nachteil sein, die Bedürfnisse und Probleme des Ist-Zustands und deren Ursachen primär aus der Sicht einer evtl. voreilig gewählten Lösung zu ergründen. Wesentliche Probleme bleiben dadurch evtl. unentdeckt.

Überdies kann das Denken in Idealkonzepten und die erst nachträgliche Entdeckung jener Faktoren, welche deren Realisierung behindern oder verunmöglichen, ein erhebliches Frustrationspotential beinhalten.

3. Einordnung des SE-Konzepts

Die Logik des Problemlösungszyklus liegt zwischen den beiden skizzierten Extremformen. Welcher der Vorzug zu geben ist, ist abhängig vom gestellten Problem und weitgehend auch eine Geschmackssache, d.h. eine solche des persönlichen Denk- und Arbeitsstils:

In Routinesituationen, die für den Planer aufgrund seiner Erfahrung ausreichend strukturiert sind und die einen für ihn vorgezeichneten Entwicklungsablauf haben, mag die klassische Vorgehensmethodik ausreichend sein.

In Situationen, in denen tatsächliche oder vermeintliche Schwierigkeiten und Beschränkungen des Ist-Zustands derart dominieren, daß die Tendenz besteht, diesen schlußendlich als besten Kompromiß zu akzeptieren, mag die radikale Abwendung vom Ist-Zustand im Sinne des «IDEALS Concept» angebracht sein.

Für die überwiegende Anzahl der Fälle eignet sich jedoch die Logik des Problemlösungszyklus, die hinsichtlich der Informationsbeschaffung wie folgt charakterisiert werden kann:

- die Definition der Anforderungen an eine Lösung ist nötig und nicht ohne Kenntnisse der bestehenden unbefriedigenden Situation und deren Umfeld möglich;
- auch bei Neuentwicklungen ist eine Situationsanalyse erforderlich, um die Bedürfnisse bzw. die Chancen zu erhellen, die zu ihrem Anstoß geführt haben;
- die Informationsbeschaffung soll der jeweiligen Detaillierungsphase entsprechen und in dosierten Schritten (vom Groben zum Detail) erfolgen;

- sie soll zunächst problemorientiert sein, d.h. der Strukturierung und Abgrenzung des Problems, der Definition der Anforderungen, dem Abschätzen von Entwicklungs- und Eingriffsmöglichkeiten dienen;
- die gezielte Erhebung quantitativer Informationen soll erst im Anschluß an eine qualitative Problemstrukturierung erfolgen;
- die Informationsbeschaffung wird im Entwicklungsablauf zunehmend lösungsorientiert, d.h. auf die Erarbeitung und Beurteilung konkreter Lösungsentwürfe ausgerichtet sein.

2.5.4 Zusammenfassung

Der *Problemlösungszyklus* stellt als vierter Baustein des Vorgehensmodells eine Art Mikro-Logik dar, die als Leitfaden zur Behandlung von Problemen oder Aufgabenstellungen in jeder Phase eines Projekts zur Anwendung kommen kann.

Diese Logik läßt sich vereinfacht wie folgt zusammenfassen:

1. *Zielsuche* bzw. *Zielkonkretisierung* (bestehend aus den Schritten Situationsanalyse und Zielformulierung), die das Augenmerk auf folgende Fragen richten soll:
   – Wo stehen wir?
   – Was/wohin wollen wir?
   – Warum?
2. *Lösungssuche* (bestehend aus Lösungs-Synthese und -Analyse):
   – Welche Möglichkeiten gibt es, um dorthin zu kommen?
3. *Auswahl* (bestehend aus Bewertung und Entscheidung):
   – Welche Möglichkeit ist die beste oder zweckmäßigste?

Bei einer durchaus zulässigen Reduktion auf diese Grundschritte glauben wir, daß der Problemlösungszyklus als universelles Denkschema sowohl für einfache als auch für hochkomplexe Probleme gelten kann.

2.6 Zusammenhänge zwischen den einzelnen Komponenten des Vorgehensmodells

Die einzelnen Komponenten des Vorgehensmodells (Vom Groben zum Detail, Prinzip der Variantenbildung, Projektphasen und Problemlösungszyklus) stellen Bausteine einer gesamthaften Methodik dar, zwischen denen sinnvolle Beziehungen existieren bzw. hergestellt werden können. Die in Abb. 1.28 dargestellte Zuordnung sollte dabei lediglich als Grundtendenz verstanden werden.

Diesen modularen Aufbau halten wir für besonders charakteristisch und für eine besondere Stärke des SE-Konzepts:

1) Die *Projektphasen* konkretisieren das allgemeine Vorgehensprinzip «*Vom Groben zum Detail*», indem sie einen zeitlichen Raster anbieten. In Abb. 1.28 umfassen z.B.
   - die *Vorstudie* das Herausarbeiten des *Problems* und die Erarbeitung verschiedener *Lösungsprinzipien*

2. Das SE-Vorgehensmodell

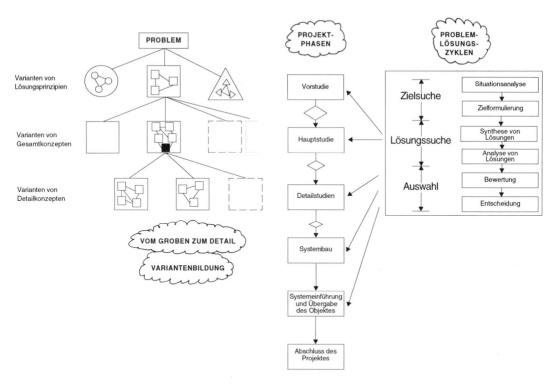

Abb. 1.28 Zusammenhänge zwischen den verschiedenen Komponenten des SE-Vorgehensmodells (tendenzielle Zordnung)

- die *Hauptstudie* die Erarbeitung verschiedener Varianten von *Gesamtkonzepten* und
- die *Detailstudien* jene von *Detailkonzepten*

2) Das Prinzip der Variantenbildung kommt in der graphischen Darstellung des Vorgehensprinzips «Vom Groben zum Detail» deutlich zum Ausdruck und ist natürlich auch wesentlicher Bestandteil der Lösungssuche (Synthese/Analyse) im Problemlösungszyklus.

3) Der *Problemlösungszyklus* ist die Mikro-Logik, nach der jedes Problem in Angriff genommen werden kann. Die größte Bedeutung kommt ihm zweifellos in den Entwicklungsphasen (Vor-, Haupt- und Detailstudien) zu, weil die meisten hier auftretenden Probleme zweckmäßigerweise methodisch gelöst werden. In den Realisierungsphasen (Systembau und Systemeinführung) dagegen gewinnen Routineprozesse und eine situationsbedingte Improvisation zunehmend an Bedeutung. Der Problemlösungszyklus kann prinzipiell aber auch bei jedem in der Realisierung auftretendem Problem zur Anwendung kommen.

Aber nicht nur die Bedeutung des Problemlösungszyklus als Ganzes verändert sich im Verlauf der Projektphasen, sondern auch die Bedeutung der einzelnen Vorgehensschritte (Abb. 1.29):

Die Zielsuche (Situationsanalyse und Zielformulierung) ist in den Problemlösungszyklen der Vorstudie wegen der grundsätzlichen Weichenstellungen von besonderer Bedeutung, die in der Hauptstudie und in den Detailstudien tendenziell abnimmt.

Die Lösungssuche (Synthese und Analyse) ist in der Vorstudie, der Hauptstudie und in den Detailstudien wichtig. Im einen Fall geht es um grundsätzliche Lösungsansätze, in den anderen um deren Ausgestaltung.

Dasselbe gilt für die Auswahl (Bewertung und Entscheidung).

2.7 Andere Vorgehensmodelle

Alternativen zu den einzelnen *Komponenten* des SE-Vorgehensmodells wurden jeweils bei der Behandlung der einzelnen Komponenten in den vorangehenden Abschnitten skizziert.

In der Folge wollen wir uns Alternativen zum SE-Vorgehensmodell als *Ganzes* zuwenden, und dabei vor allem jene kurz beleuchten, die größere Verbreitung gefunden haben bzw. mehr oder weniger deutlich abweichende Akzente dazu setzen.

Dabei handelt es sich um

- die REFA-6-Stufen-Methode
- den Wertanalyse-Arbeitsplan
- das Vorgehen nach VDI-Richtlinie 2221
- den «Prototyping-Ansatz»
- das sog. «Versionen-Konzept» und
- das sog. «Simultaneous Engineering»
- das sog. «systemisch-evolutionäre Projekt-Management»

Wir glauben, dabei zeigen zu können, daß das SE-Vorgehensmodell ein umfassender Ansatz ist, der sowohl hilft, seine Alternativen zu interpretieren, als auch offen für die situationsbedingte Übernahme guter Ideen ist.

Die Auseinandersetzung mit anderen Ansätzen hilft außerdem, den eigenen Standpunkt klarer zu sehen, ihn zu betonen bzw. zu relativieren.

2.7.1 Die 6-Stufen-Methode der Systemgestaltung nach REFA

Die 6-Stufen-Methode nach REFA (Methodenlehre des Arbeitsstudiums) baut auf dem bereits erwähnten Soll-Zustands-orientierten IDEALS Concept von G. Nadler auf (siehe Abschnitt 2.5.3).

Die einzelnen Stufen und die annähernd korrespondierenden Schritte des SE-Vorgehensmodells sind in Abb. 1.30 dargestellt.

U.E. bestehen 2 charakteristische Unterschiede zum SE-Vorgehensmodell:

- Die 6-Stufen-Methode geht in Anlehnung an Nadler tendenziell von einem Idealkonzept aus – mit den bereits früher beschriebenen Vor- und Nachteilen und

2. Das SE-Vorgehensmodell

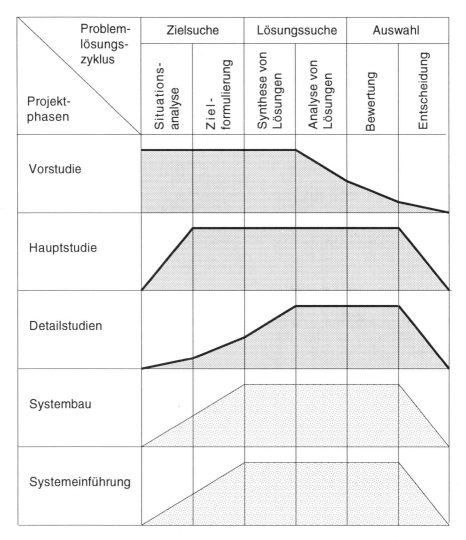

Abb. 1.29 Die Bedeutung der einzelnen Schritte des Problemlösungszyklus während der verschiedenen Projektphasen (nach Büchel, A.: Lehrschrift)

- sie verdichtet alle Vorgehensaussagen zu einem einzigen Ablaufmodell. Es gibt also z. B. keine Unterscheidung verschiedener Entwicklungsphasen mit unterschiedlichem Detaillierungsgrad.

Damit mag es für kleinere Problemstellungen durchaus angemessen sein, kann aber den SE-Ansprüchen u.E. ebenfalls nicht genügen.

Teil I: SE-Philosphie

REFA-6-Stufen-Methode	etwa korrespondierender Schritt im SE-Konzept
1. Ziele setzen	Zielformulierung
2. Aufgabe abgrenzen	Projektauftrag (Teil III, Abschnitt 1.2.1) evtl. tw. Situationsanalyse
3. Ideale Lösungen suchen	Synthese von Lösungen
4. Daten sammeln und praktikable Lösungen entwickeln	Situationsanalyse Synthese von Lösungen Analyse von Lösungen
5. Optimale Lösung auswählen	Analyse von Lösungen Bewertung
6. Lösungen einführen und Zielerfüllung kontrollieren	Phasen: Systembau, Einführung, Abschluß, inkl. Projekt-Management

Abb. 1.30   Gegenüberstellung der REFA-6-Stufen-Methode und des SE-Konzepts

2.7.2 Der Wertanalyse-Arbeitsplan

Der Wertanalyse-Arbeitsplan nach DIN 69 910 ist in Abb. 1.31 in vereinfachter Form dargestellt, wobei die annähernd korrespondierenden Schritte des SE-Konzepts jeweils gegenübergestellt werden.

Schritt im WA-Arbeitsplan nch DIN 69 910	etwa korrespondierender Schritt im SE-Konzept	
1. Projekt vorbereiten	Projektplanung (Teil III, Abschnitt 1.2.1)	
2. Objektsituation analysieren	Situationsanalyse	
3. Soll-Zustand beschreiben	Zielformulierung	1mal durch-
4. Lösungsideen entwickeln	Konzept-Synthese	laufender Problem-
5. Lösungen festlegen	Konzept-Analyse (evtl. zusätzliche Synthese-Schritte), Bewertung, Entscheidung	lösungszyklus
6. Lösungen verwirklichen	*Phasen:* Systembau, Einführung, Abschluß, inkl. Projekt-Management	

Abb. 1.31   Gegenüberstellung von Wertanalyse-Arbeitsplan und SE-Konzept

Der charakteristische Unterschied zum SE-Vorgehensmodell besteht darin, daß dabei nicht zwischen verschiedenen Moduln (Vom Groben zum Detail, Variantenbildung, Phasenablauf, Problemlösungszyklus) unterschieden wird, sondern – ebenso wie bei der REFA-6-Stufen-Methode – alle Aussagen zu einem einzigen Ablaufmodell verdichtet werden.

Damit wird implizit angenommen, daß Konzepte in einem einzigen Entwicklungsschritt, d.h. ohne Unterscheidung verschiedener phasenorientierter Konkretisierungsstufen (Vor-, Haupt-, Detailstudien) realisierungsreif gemacht werden können. Dies mag für spezielle Anwendungsfälle möglich sein – z.B. für wenig umfangreiche Projekte – kann aber u.E. den generellen Ansprüchen, die das SE-Modell erhebt, nicht genügen.

Im übrigen scheint uns die zentrale und generelle Bedeutung der Wertanalyse-Methodik in der starken Betonung des *Denkens in Funktionen* zu liegen – dem wir uns gerne anschließen – und weniger im WA-Arbeitsplan.

2.7.3 Das Vorgehen bei der Konstruktion von Maschinensystemen nach VDI-Richtlinie 2221 (Konstruktionsmethodik)

Das Vorgehen ähnelt dem SE-Konzept sehr stark. Es wurde im Hinblick auf eine geschlossene Systematik der Entwicklung/Gestaltung von Maschinensystemen als Gemeinschaftsarbeit der VDI-Gesellschaft Entwicklung, Konstruktion, Vertrieb erarbeitet (Konstruktionsmethodik).

Es beinhaltet ein *stufen- und phasenweises Vorgehen* vom *Abstrakten zum Konkreten* und vom Entwurf zu den Ausführungszeichnungen, das *Erarbeiten und Ausscheiden von Varianten* und einen hier nicht dargestellten *Mikrozyklus* mit Festlegung der Anforderungen, Erarbeiten von Lösungen und Bewertung.

Die VDI-Richtlinie und die korrespondierenden Teile des SE-Konzeptes sind einander in Abb. 1.32 gegenübergestellt.

Den wesentlichen Unterschied zum SE-Konzept sehen wir in der Beschränkung auf die Konstruktion von Systemen des Maschinenbaus und der Verfahrenstechnik einschl. der Software-Entwicklung.

Ein weiterer Unterschied zum SE-Konzept liegt in der nicht explizit definierten Abgrenzung der Lösungs-Analyse von der Bewertung.

2.7.4 Der Prototyping-Ansatz

Der Begriff Prototyping als Vorgehensprinzip ist in der Datenverarbeitung ca. Mitte der 70er-Jahre aufgetaucht. Auslöser waren (vgl. Selig und Mertens):

- der als schwerfällig empfundene Phasenablauf mit relativ vielen Formalismen (Projektaufträge, Entscheidungsberichte, Dokumentationen etc.), der mitverantwortlich für den sog. «Anwenderrückstau» gemacht wurde;
- die Schwierigkeiten der Anwender, in einem Frühstadium konkrete Anforderungen spezifizieren zu müssen, ohne sich wirklich vorstellen zu können, was letzten Endes dabei herauskommt. Oft wird dem Benutzer erst bei Inbetriebnahme klar, was er eigentlich hätte wünschen sollen. Jede Abweichung der tatsächlich entwickelten Lösungen von den Erwartungen wird als Enttäuschung empfunden – sowohl auf Seiten der Entwickler als auch auf Seiten der Anwender.

Teil I: SE-Philosphie

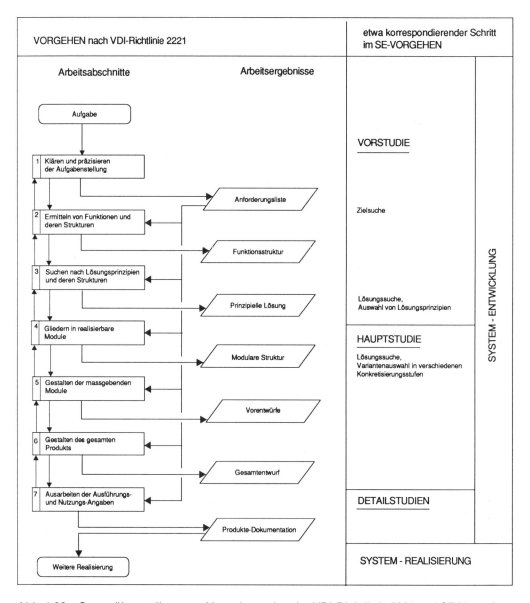

Abb. 1.32 Gegenüberstellung von Vorgehensplan der VDI-Richtlinie 2221 und SE-Vorgehen

1. Grundidee

Die Idee, vor der Entwicklung des endgültigen «Produkts» zunächst mit relativ geringem Aufwand eine Art «Prototyp» zu entwerfen, der die wesentlichen Merkmale des Produkts erkennen und beurteilen läßt, wurde im Maschinen- und Apparatebau bzw. im Bauwesen schon lange aufgegriffen. Dort ist es durchaus üblich, Lösungsentwürfe in verschiedenen Phasen auch körperlich zu realisieren, bevor das endgültige (Serien-)Produkt hergestellt wird: z.B. in Form von Funktions- oder Labormustern, Prototypen, Nullserien-Modellen etc. Damit wird allerdings nicht die Erwartung verbunden, daß der Prototyp vom Auftraggeber/Anwender auch verwendet werden kann. Er soll eine bessere Beurteilung des bisher verfolgten Konzepts erlauben und dient evtl. auch der Erprobung unter betrieblichen Bedingungen.

Im Bauwesen bzw. im Anlagenbau arbeitet man mit körperlichen Modellen, die eine bessere Vorstellung von der späteren Lösung geben sollen. Moderne Entwurfshilfen können dabei die Herstellung körperlicher Modelle wenigstens teilweise ersetzen und damit Zeit und Geld sparen (z.B. 3-dimensionale Modelle mit Hilfe von CAD-Systemen).

Die Grundidee des Prototyping besteht nun darin, abstrakte Lösungen schneller zu konkretisieren, um damit eine effizientere Kommunikation zwischen Entwicklern und z.B. Anwendern zu erreichen. In diesem Sinne dient Prototyping als *Entwurfshilfe* (= exploratives Prototyping, vgl. Selig), indem es hilft, rascher an die Bedürfnisse der Anwender heranzukommen. Wenn diese klar sind, wird der Prototyp «perfektioniert» und erst dann liegt eine einführungsreife Lösung vor.

Prototyping hat in der EDV aber auch eine davon abweichende Bedeutung: Es wird eine *rasche Lösung* angestrebt, auch wenn sie nicht vollständig und perfekt ist. Diese Lösung («quick and dirty») wird dem Benützer übergeben (z.B. Pilotbetrieb) und in der Betriebsphase verändert, angepaßt bzw. perfektioniert (= Versionen-Konzept oder evolutionäres Prototyping, vgl. Selig). Diese Vorgehensweise mag im Frühstadium für alle Beteiligten reizvoll sein. Man sollte sich jedoch der Gefahr bewußt sein, daß der Hang zur Improvisation dabei zunimmt und Lösungen «quick and dirty» bleiben.

Unterstützt wird die Vorgehensweise im Bereich der Datenverarbeitung durch sog. Software-Tools, «Very High Level Languages» u.a., die aufgrund mächtiger Befehle ein sehr schnelles und für den Entwickler effizientes Vorgehen ermöglichen.

2. Vergleich mit SE-Konzept

Prototyping ist als *Entwurfshilfe* uneingeschränkt zu begrüßen. Es steht u.E. in keinem Gegensatz zum Phasenmodell, sondern kann es sogar wirkungsvoll unterstützen, vor allem in den realisierungsnahen Phasen. Prototyping sollte allerdings eine Vor- oder Hauptstudie nicht ersetzen, da beide als Orientierungshilfen für die detaillierte Ausarbeitung erforderlich sind. Es könnte jedoch die Abwicklung der Phasen Detailstudien und Realisierung in dem Sinn verändern, als eine klare Trennung nicht mehr nötig ist (siehe Abb. 1.33).

Ein Prototyping-Vorgehen, das nicht den Charakter einer Entwurfshilfe, sondern primär jenen der Erarbeitung und Implementierung einer *raschen Lösung* hat («quick

Teil I: SE-Philosphie

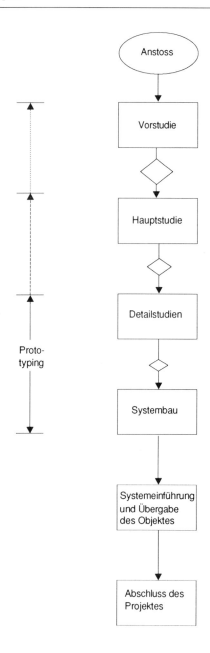

◇ = Entscheidung über Fortführung des Projektes (Modifikation der Ziele möglich), Grösse des Rhombus ist Maß für die Wahrscheinlichkeit des Abbruchs bzw. der Modifikation

Abb. 1.33 Prototyping als Entwurfshilfe im Phasenablauf

and dirty»), mag bei relativ kleinen Lösungen angebracht sein, die man evtl. auch nur für kurze Zeit oder einen speziellen Einsatzweck benötigt. Neben den unbestreitbaren Vorteilen einer raschen Verfügbarkeit kann diese Art des Vorgehens aber sowohl für die Anwender als auch für die Entwickler nachteilig sein:

Einerseits geht Schnelligkeit häufig auf Kosten der Qualität und mangelnde Qualität kann die Freude an einer schnellen Lösung rasch dämpfen. Und andererseits fällt es den Entwicklern oft schwer, die Benutzer bzw. die Entscheidungsorgane (Management) vom Aufwand zu überzeugen, der nötig ist, um einen bereits funktionierenden Prototyp zu einer ausgereiften Lösung zu machen (vgl. Mertens).

Und nicht zuletzt halten wir einen generellen Verzicht auf konzeptionelle Phasen und eine ausschließlich benutzernahe Entwicklung von Anwendungssoftware für kurzsichtig und aus EDV-strategischer Sicht sogar für gefährlich: Denn wie sollen auf diese Art entwickelte Programme bzw. Programmsysteme nachträglich miteinander verbunden werden können, wenn die Schnittstellen mangels Überblick nicht vorher geplant wurden? Und wie sollen sie gewartet werden, wenn aus Gründen der Schnelligkeit nicht oder nicht ausreichend sorgfältig dokumentiert wurde?

Prototypen sollen also im ursprünglichen Sinn des Wortes «Wegwerfprodukte» sein dürfen, die temporär durchaus wichtige Funktionen erfüllen. Damit zeichnet sich bereits der Übergang zum sog. «Versionenkonzept» ab, das nachstehend beschrieben wird.

2.7.5 Das Versionenkonzept

Das sog. Versionenkonzept weist Ähnlichkeiten mit dem Prototyping-Ansatz «rasche Lösung» auf und ist bei Entwicklungen beliebiger Art (Maschinen, Geräte, Anlagen) einsetzbar bzw. ergibt sich sogar notgedrungen.

1. Grundidee

Die Grundidee besteht darin, eine Lösung nicht in einem Wurf perfektionieren zu wollen, sondern eine 1. Version zu entwickeln und zu realisieren, die dem Benutzer zur Verfügung gestellt wird. Davon ausgehend finden dann von einer Version zur anderen Verbesserungen der Leistungsfähigkeit statt («slowly growing systems»), die aufgrund der Betriebserfahrungen möglich werden. Dabei erfolgt eine Verlagerung von der Planungsorientierung des Phasenkonzepts auf die Realisierungsorientierung (Krüger). Die Absicht und die Ähnlichkeiten mit dem Prototyping-Ansatz sind demnach unverkennbar.

Neben der Attraktivität, die eine derartige Vorgehensweise ohne Zweifel hat, insbesondere hinsichtlich des Entwicklungstempos und der dabei erzielbaren sichtbaren Fortschritte, scheinen u.E. doch einige Einschränkungen angebracht zu sein:

- Diese Vorgehensweise kann dazu verführen, weniger sorgfältig zu planen – Probleme bzw. Verbesserungen können einfacher auf die nächste Version verschoben werden.
- Das Versionenkonzept stellt hohe Anforderungen an die Dokumentation und Projektadministration, da zu jedem Zeitpunkt nachvollziehbar sein muß, wo wel-

che Version gerade gültig ist, wie die einzelnen Komponenten einer Lösung realisiert wurden bzw. voneinander abhängig sind. Das später erläuterte «Konfigurations-Management» ist wohl unerläßliche Voraussetzung (siehe Teil III, Abschnitt 1.5.2.2).

2. Vergleich mit dem SE-Konzept

Bei undogmatischer Betrachtung halten wir die beiden Auffassungen für durchaus verträglich, und zwar dann, wenn sich das Versionenkonzept auf eine Gewichtsverlagerung innerhalb der Phasen beschränkt und nicht die vollständige Abschaffung des Phasenkonzepts beabsichtigt. Die Entwicklungsphasen (Vor-, Haupt-, Detailstudien) werden bewußt gestrafft. Der Planungshorizont für die Nutzungsphase ist eher kurz, da ja bereits zu Beginn mit später veränderten Versionen gerechnet wird.

Das Phasenmodell, das Versionenkonzept und der Prototyping-Ansatz könnten auf diese Art sogar sehr sinnvoll miteinander verbunden werden: Die Entwicklung der 1. Version vollzieht sich nach einem (abgekürzten) Phasenmodell (unter Beachtung des Vorgehensprinzips «vom Groben zum Detail» und des Prinzips der Variantenbildung). Für ausgewählte Konzeptbausteine wird der Prototyping-Ansatz gewählt (Detailstudien, Systembau). Die Erstellung einer 2. oder 3. Version erfolgt nicht mehr nach vorgegebenen Regeln – es sei denn, es handle sich um umfassende Änderungen, für die sich wieder ein (reduzierter) Phasenablauf anbieten könnte.

2.7.6 Das Konzept des Simultaneous Engineering

Simultaneous Engineering hat seinen Ursprung in der *Produktentwicklung*. Auslöser dieser Idee ist die Forderung nach kürzeren Entwicklungszeiten, die sich in frühen Markteintrittseffekten äußern, wie z.B. höhere Preise am Beginn, höhere Marktanteile und damit «economies of scale», Positionierung als Marktführer, höhere kumulierte Gewinne etc.

1. Grundidee

Das Konzept ist in der Grundabsicht ähnlich jenem des Versionenkonzepts: Die Beschleunigung des Entwicklungsprozesses steht auch hier im Vordergrund. Allerdings nicht durch eine bewußte Reduktion der Anforderungen, wie dies im Versionenkonzept zum Ausdruck kommt, sondern durch eine möglichst weitgehende *Parallelisierung* von Abläufen.

Belange der Produktion, der Herstellung von Produktionsmitteln, der Zulieferbetriebe u.ä. sollen möglichst frühzeitig in die Produktentwicklung einbezogen und mit dieser weitgehend simultan bearbeitet werden können.

Die Idee des *Beschleunigens* erfordert:
1) Ein *Neuüberdenken der traditionellen Ablauflogik* von Entwicklungsprojekten mit der Absicht, Teilschritte möglichst parallel und nicht sequentiell durchzuführen:

Im Vordergrund stehen dabei vor allem die zeitkritischen und die voneinander unabhängigen Teilschritte. Die Hauptmaxime ist: **Kritisches bzw. Konzeptbestimmendes zuerst**, damit die Folgeaktivitäten unverzüglich beginnen können.

2) Einen *ganzheitlichen Arbeitsansatz*, indem die später betroffenen Fachbereiche (Produktion, Materialwirtschaft, Logistik, Kostenrechnung, evtl. externe Zulieferer etc.) möglichst frühzeitig in den Entwicklungsprozeß eingebunden werden. Dabei können einerseits frühzeitig Fehler vermieden bzw. zusätzliche Möglichkeiten genutzt und andererseits die Folgeaktivitäten frühzeitiger, d.h. «simultan» begonnen werden. In diesem Team-orientierten Ansatz sehen viele Befürworter des «Simultaneous Engineering» ein wesentliches Potential, um Veränderungen und Innovationen in Gang setzen zu können.

3) Mit zunehmender Tendenz auch den *Einbezug von CIM-Technologien* und damit die Beschleunigung oder sogar den Verzicht auf ganze Schritte oder Schrittfolgen. Beispielsweise kann der Einsatz von CAD-Technologien im Zusammenhang mit Design, Berechnung, Stücklistenwesen, Werkstoffinformation, rechnerischen oder bildhaften Simulationen u.ä., eine zeitraubende köperliche Erstellung von Prototypen oder Laborexperimente und tatsächliche Erprobungen überflüssig machen oder wenigstens stark reduzieren.

2. Vergleich mit dem SE-Konzept

Das Konzept des Simultaneous Engineering steht u.E. nicht in einem Widerspruch zum SE-Konzept. Es kann als anwendungsorientierte Interpretation des Phasenkonzepts verstanden werden (vgl. Abb. 1.34).

Das Phasenkonzept darf dabei nicht stur linear in dem Sinne gesehen werden, daß die Produktentwicklung im Detail und vollständig abgeschlossen sein muß, bevor mit der Entwicklung der Produktionsmittel begonnen werden kann. Und nicht erst, wenn diese abgeschlossen ist, soll deren Beschaffung eingeleitet werden – wie es im linken Teil der Abb. 1.34 zum Ausdruck kommt.

Eine teil-simultane Bearbeitung wird durch eine gezielt überlappte Anordnung der Phasen möglich.

Diese Neustrukturierung der Ablauflogik kann dazu zwingen, zentrale Details schon in sehr frühen Phasen festzulegen, damit die Folgeaktivitäten rasch in Angriff genommen werden können. Dies kann Auswirkungen auf den Inhalt der frühen Phasen der Produktentwicklung haben.

Ein Mindestmaß an Vorlauf im Sinne einer zeitlichen Staffelung sollte aber gegeben sein. Denn es ist nicht ungefährlich, z.B. schon *vor* der Auswahl eines Lösungsprinzips allzu intensive Diskussionen mit den «Realisierern» zu führen bzw. sie allzu frühzeitig starten zu lassen.

Die Bau- und Anlagenindustrie mögen hier als warnendes Beispiel dienen. Dort ist eine eher gegenläufige Tendenz zu beobachten: Einer sorgfältigen und detaillierten Planung des Objekts wird vor Beginn der Realisierung eindeutig der Vorzug gegeben. Ein schnellerer und vor allem kostensicherer Bauablauf aufgrund weniger häufiger nachträglicher Änderungen wird dort als wesentliches Argument gesehen.

Mit der simultanen Bearbeitung der Detailentwicklung des Produkts und der Produktionsvorbereitung oder gar externen Beschaffung sind ohne Zweifel Vorteile

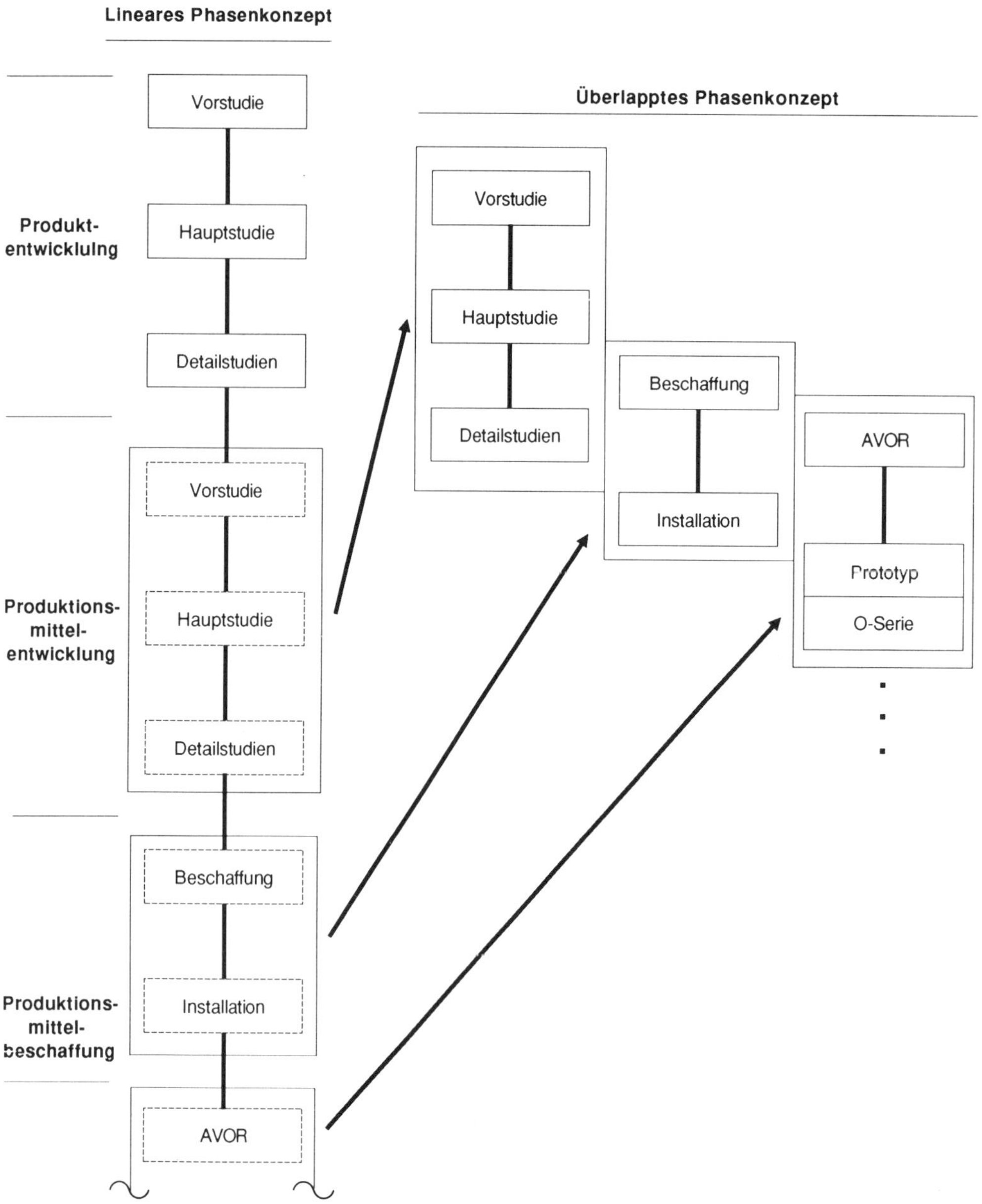

Teil I: SE-Philosphie

Lineares Phasenkonzept

Produktentwicklulng:
- Vorstudie
- Hauptstudie
- Detailstudien

Produktionsmittelentwicklung:
- Vorstudie
- Hauptstudie
- Detailstudien

Produktionsmittelbeschaffung:
- Beschaffung
- Installation
- AVOR

Überlapptes Phasenkonzept

- Vorstudie
- Hauptstudie
- Detailstudien

- Beschaffung
- Installation

- AVOR
- Prototyp
- O-Serie

Abb. 1.34 Simultaneous Engineering als überlapptes Phasenkonzept

aber auch *Risiken* verbunden – z. B. bei nachträglichen unvorhergesehenen Änderungen des Produkts und den damit verbundenen Auswirkungen auf evtl. bereits bestellte Produktionseinrichtungen oder Beschaffungsvereinbarungen für Fremdteile.

Dieses Risiko wird aber im Interesse einer Ablaufbeschleunigung bewußt in Kauf genommen. Eine gute Projektorganisation und insbesondere eine gute Koordination und Kommunikation zwischen den Beteiligten im Projektablauf sind unerläßliche Voraussetzungen.

Eine andere Überlegung bietet sich hier im Vergleich mit dem SE-Konzept noch an: Je stärker verschiedene Themenkreise überlappt bearbeitet werden, desto schneller verliert man naturgemäß an Wahlmöglichkeiten. Dies betrifft sowohl die detaillierte Gestaltung des Produkts als auch evtl. die Wahl der Produktionsverfahren und der externen Zulieferer.

Dieser Verlust an Optionen ist weniger riskant, wenn man schon über Erfahrungen mit einem Produkt verfügt, es sich also um die Überarbeitung eines bereits vorhandenen Produkt- und/oder Produktionskonzepts handelt. Von der Anwendung des Konzepts des Simultaneous Engineering für die völlige Neuentwicklung und Lancierung eines Produkts muß eher abgeraten werden.

2.7.7 Das Konzept des systemisch-evolutionären Projekt-Managements (sePM)

Es sei vorausgeschickt, daß es sich dabei (noch) nicht um eine geschlossene und mit dem SE-Konzept vergleichbare Konzeption handelt. Als Vertreter dieser Konzeption seien z. B. Balck und Doujak u.a. genannt.

1. Begriffe und Grundidee

Die Komponente *systemisch* braucht nicht näher behandelt zu werden, da sie mit den in Abschnitt 1 (Systemdenken) angeführten Überlegungen weitgehend konform geht. Eine zusätzliche Facette des Begriffs «systemisch» als «weiches Systemdenken» wird in Teil III, Kap. 2 beschrieben (Psychologische Aspekte der Projektarbeit).

Neu ist der Begriff *evolutionär*, der das Zulassen eines sich allmählich und stufenweise entwickelnden Prozesses verdeutlichen soll. Er drückt eine «Aufgeschlossenheit für das Werden, Entstehen und Vergehen aus und strebt somit eine Auflösung dauerhaft festgelegter Abläufe und der damit verbundenen starren Hierarchien zugunsten beweglicher, anpassungsfähiger Organisationen an. Die für diese Wandlungsfähigkeit und die Befähigung zur Weiterentwicklung notwendige Voraussetzung ist die Flexibilität» (nach Balck).

Das *systemisch-evolutionäre Projektmanagement* versteht Organisationen als soziale Systeme, die komplexe innere und äußere Beziehungen aufweisen, und die einem ständigen Entwicklungs- und Veränderungsprozeß unterworfen sind.

Die wesentliche *Grundidee* besteht in der Forderung nach einem «neuen Denken, das sich durch eine Hinwendung zu ganzheitlichen Konzepten, einen offenen Umgang mit Komplexität und eine Bereitschaft zu Wandel, Umbruch und Erneuerung auszeichnet» (nach Balck).

Die folgenden *Thesen* verdeutlichen die Grundidee (Doujak):

- Der Erfolg von Projekten wird wesentlich durch die Erwartungen der relevanten Umwelten an das Projekt bestimmt. Dem Management der Umweltbeziehungen kommt daher in jeder Projektphase hoher Stellenwert zu.
- Wandel in Projekten und Abweichungen von Plänen müssen als normal angesehen werden. Das Management muß sich auf Wandel einstellen können, Abweichungen müssen auf ihren Sinn und ihre Funktion für das Gesamtsystem untersucht werden.
- Selbstorganisierte, autonome Projektteams bieten die Chance zu organisatorischer Flexibilität und Kreativität.
- Ein systemisch-evolutionärer Projektmanagementansatz eröffnet die Gelegenheit zur Organisations- und Personalentwicklung.
- Ein systemisch-evolutionärer Projektmanagementansatz ermöglicht die Bewältigung der Projektkomplexität.

2. Vergleich mit dem SE-Konzept

Das SE-Konzept bietet durchaus Ansatzpunkte zu einer evolutionären Systementwicklung.

- Das Vorgehensprinzip vom Groben zum Detail läßt ausdrücklich die spätere Rückkehr auf eine bereits als erledigt betrachtete Systemebene zu (Abschnitt 2.2), sofern sich dies als notwendig bzw. sehr vorteilhaft erweist. Aus Gründen der Arbeitsökonomie wird aber auf eine ausdrückliche Aufforderung dazu verzichtet.
- Das Phasenkonzept wird als Lernprozeß verstanden. Die Entscheidungen am Ende der einzelnen Phasen werden ausdrücklich als Besinnungs- und Korrekturpunkte deklariert. Allerdings sollten Veränderungen und Anpassung der ursprünglichen Konzeption mit zunehmendem Projektfortschritt seltener werden.
- Ein in der Hauptstudie festgelegtes Gesamtkonzept wird ausdrücklich als dynamisch in dem Sinn bezeichnet, daß es spätere Veränderungen bzw. Anpassungen aufgrund besserer Einsichten in die Problemzusammenhänge und Lösungsmöglichkeiten zuläßt. (Damit relativieren wir das Vorgehensprinzip «vom Groben zum Detail» in dem Sinn, als es dann heißen muß «vom Groben zum Detail – und wieder zurück».)
Auch externe Einflüsse, welche den Umfang und die Gestalt eines Gesamtkonzepts in Frage stellen, werden ausdrücklich akzeptiert – allerdings wiederum nicht als Normal-, sondern als explizit zu begründende Sonderfälle (vgl. Teil II, Abschnitte 1.3.3 und 1.3.5).
- Der Problemlösungszyklus strukturiert den vorher bereits erwähnten Lernprozeß besonders deutlich. Hier ist von einem Zielsuche-, Lösungssuche- und Auswahlprozeß in jeder Entwicklungsphase die Rede. Dabei werden auch innerhalb einer Phase Rückwirkungen von der Lösungssuche auf die Zielsuche bzw. von der Auswahl auf die Lösungssuche (und auch Zielsuche) ausdrücklich vorgesehen (vgl. die späteren Abbildungen 2.9 und 2.10). Gedankliche Vorgriffe und Wiederholungszyklen sind erklärter Bestandteil der Methodik (vgl. Teil II, Abschnitt 1.4.3).

Aufgrund dieser Überlegungen betrachten wir die Konzeption des sePM nicht als eigenständige Vorgehensüberlegung, sondern als Denkhaltung, die existierende Vorgehensmodelle kritisch hinterfragt. In diesem Sinne glauben wir, daß sich der SE-Ansatz und jener des sePM, gerade wenn es um die Gestaltung von Systemen geht, die eine stark personenbezogene und soziale Komponente haben oder haben sollen, sehr sinnvoll ergänzen können:

Die relativ klare Systematik des SE-Vorgehenmodells schafft Strukturen und damit Orientierungspunkte. Der evolutionäre Ansatz des sePM gibt die Freiheit zur situationsbedingten Interpretation und damit Flexibilität.

Die ausdrückliche Betonung des Projekt-Marketings finden wir sehr wertvoll und haben sie als echte Bereicherung aufgegriffen (siehe Teil III, Abschnitt 1.5.3).

Hinsichtlich der «evolutionären Systementwicklung» sei außerdem auf Teil II, Abschnitt 3.7 verwiesen.

2.8 Zusammenfassung und Abrundung

2.8.1 Zusammenfassung

1) Das Vorgehensmodell des Systems Engineering ist als eine generell anwendbare Vorgehenssystematik zu verstehen, die aus vier Komponenten besteht, die *modular* miteinander kombiniert werden können.
   - Vom Groben zum Detail
   - Prinzip der Variantenbildung
   - phasenweises Vorgehen (Projektphasen)
   - Problemlösungszyklus
2) Das Vorgehensprinzip «*Vom Groben zum Detail*» soll zum Ausdruck bringen, daß
   - das Betrachtungsfeld zunächst weiter zu fassen und hierauf schrittweise einzuengen ist und
   - zuerst generelle Ziele und ein genereller Lösungsrahmen festgelegt werden sollen, deren Detaillierungs- und Konkretisierungsgrad schrittweise vertieft wird.
3) Das Prinzip der *Variantenbildung* soll darauf hinweisen, daß man sich prinzipiell nicht mit der erstbesten Lösung zufrieden geben, sondern immer in Varianten bzw. Alternativen denken soll. Besonders wichtig ist dies in frühen Phasen eines Projekts.
4) Das *Phasenmodell* (Projektphasen) konkretisiert und ergänzt diese allgemeinen Überlegungen. Es stellt in Verbindung mit dem Vorgehensprinzip «Vom Groben zum Detail» eine Art Makro-Strategie dar und soll einen stufenweisen Planungs-, Entscheidungs- und Realisierungsprozeß mit vordefinierten Marschhalten, Entscheidungs- bzw. Korrekturpunkten anregen. Es soll dabei nicht als Hilfsmittel betrachtet werden, um rückblickend die Chronik der Entwicklung und Realisierung einer Lösung zu beschreiben. Vielmehr soll es Planungsinstrument sein, das den Blick zunächst auf die Ergebnisse richtet, die man am Ende der jeweiligen Phasen erreichen möchte oder muß. Daraus kann dann ein Katalog von Tätigkeiten abgeleitet werden, die dazu durchzuführen sind.

Teil I: SE-Philosphie 74

5) Der *Problemlösungszyklus* ist als Mikro-Strategie zu verstehen, welche die oben charakterisierte Makro-Strategie ergänzt.
   - Er besteht aus der Schrittfolge *Zielsuche* bzw. *-konkretisierung* (Situationsanalyse und Zielformulierung), *Lösungssuche* (Lösungs-Synthese und -analyse) und *Auswahl* (Bewertung und Entscheidung).
   - Er soll bei jeder Art von Problemen, gleichgültig welcher Art sie sind und in welcher Projektphase sie auftreten, zur Anwendung kommen – wenn auch mit unterschiedlicher Gewichtung der Schritte.
6) Phasenmodell und Problemlösungszyklus werden als wesentliche und gedanklich voneinander zu trennende Bausteine des Vorgehensmodells betrachtet. Es wird also keine neue oder noch stärker strukturierte Schrittfolge daraus abgeleitet (wie z.B. beim Wertanalyse-Arbeitsplan oder bei der 6-Stufen-Methode nach REFA). Die situationsbedingte Kombination der Bausteine bleibt dem konkreten Anwendungsfall überlassen.
7) Es bleibt dem Anwender also freigestellt und wird ihm sogar ausdrücklich empfohlen, aus diesen Bausteinen jene Komponenten auszuwählen, die seinen Problemen am ehesten angemessen sind und sie bei Bedarf zu modifizieren:
Die Veränderung (Erweiterung oder Reduktion) der Anzahl der Phasen ist dabei ebenso zulässig wie eine überlappte Bearbeitung bzw. gedankliche Vor- oder Rückgriffe und Wiederholungszyklen. Die Grundlogik der Überlegungen sollte aber erhalten bleiben und erkennbar sein.
8) Die einzelnen Komponenten des Vorgehensmodells finden sich in ähnlicher Form auch anderweitig:
   - Praktisch alle projektorientierten Vorgehensmodelle betonen den Phasenablauf.
   - Jene Modelle, die sich an der Theorie der Management-Entscheidungen orientieren, weisen Vorgehensschritte auf, die jenen des Problemlösungszyklus ähnlich sind.
Originell und charakteristisch für das SE-Konzept ist die bausteinartige Kombination.
9) Von den anderen hier dargestellten Vorgehensmodellen halten wir die Konstruktionsmethodik nach VDI 2221, das «Ideals Concept», das «Prototyping-Konzept», das «Versionen-Konzept», sowie das Konzept des sog. «Simultaneous Engineering» für erwähnenswert.
   - Die *Konstruktionsmethodik* der *VDI-Richtlinie 2221* ähnelt in ihren Denkansätzen dem SE-Konzept. Sie beinhaltet die Vorgehensweisen vom Abstrakten zum Konkreten, das Erarbeiten und Ausscheiden von Varianten, sowie einen Mikrozyklus mit Festlegen der Anforderungen, Erarbeiten von Lösungen und Bewertung. Die Terminologie ist auf die Entwicklung von Maschinensystemen ausgerichtet.
   - Das *«Ideals Concept»* stellt nicht die dzt. Situation, sondern eine Ideallösung in den Vordergrund und analysiert dann den Istzustand im Hinblick auf die Eignung dieser Ideallösung. Dies hat Vorteile, z.B. in der Art, daß traditionelle Denkbarrieren leichter übersprungen werden können und die Untersuchung des Istzustands einfach zu strukturieren ist. Es kann von Nachteil sein, den Istzustand ausschließlich aus der Sicht einer evtl. voreilig gewählten Lösung zu untersuchen.

- Das Konzept des sog. «*Prototyping*» bietet Vorteile, z. B. im Sinne einer **Entwurfshilfe** (rasche Konkretisierung ermöglicht schnellere und fundiertere Beurteilung z. B. durch Anwender). Es kann das Phasenmodell dadurch wirkungsvoll unterstützen.
  Prototyping als Vorgehen, um rasch Lösungen erarbeiten und implementieren zu können, wird eher skeptisch beurteilt.
- Das *Versionenkonzept* hat Ähnlichkeiten mit dem Prototyping-Konzept der «raschen Lösung». Die Idee der schrittweisen Verbesserung in mehreren Versionen wird dabei Bestandteil des Planungskonzepts und äußert sich in einer bewußten Reduktion des Planungsaufwandes bzw. einer Beschleunigung des Planungsprozesses zugunsten einer raschen Realisierung. Dies mag bei verschiedenen Problemstellungen sinnvoll bzw. sogar notwendig sein, sollte aber nicht zu einer vollständigen Abkehr vom Phasenkonzept führen.
  Als mögliche Stolpersteine werden die **Anreize** zu einer eher unsorgfältigen **Planung** und die Tendenz zum Verschieben von Problemen auf spätere Versionen betrachtet. Eine computerunterstützte Dokumentation der einzelnen Versionen, z. B. im Sinne des «Konfigurations-Managements» wird in den meisten Fällen unumgänglich sein.
- Das Konzept des «*Simultaneous Engineering*» beruht ebenfalls auf der Idee der Beschleunigung der Produktentwicklung bis zur Markteinführung. Im Gegensatz zum Versionenkonzept setzt es aber nicht bei der bewußten Beschränkung der Anforderungen, sondern bei der zeitlichen Anordnung der Projektphasen an. Produktentwicklung, Produktionsmittelentwicklung, Beschaffung von Produktionsmitteln und Bauteilen sollen nicht starr sequentiell, sondern überlappt (teilsimultan) durchgeführt werden. Ein gesamtheitlicher Arbeitsansatz im Sinne des Teamwork-Konzepts soll die für die spätere Ausführung Zuständigen frühzeitig in den Entwicklungsprozeß einbinden.

2.8.2 Abrundung

Wir sind der Überzeugung, daß das SE-Vorgehenskonzept als tragfähige Basis für die Gestaltung eines problemangepaßten Vorgehens gelten kann. Es bietet einen weiten Rahmen für Veränderungen bzw. Vereinfachungen – ohne in seiner Grundaussage dadurch in Frage gestellt werden zu müssen.

Im Sinne einer durchaus kritischen Einschränkung sollen abschließend einige *Leitsätze zur Anwendung* formuliert werden (vgl. Büchel: Lehrschrift). Die hier dargestellte **Methodik**

- ist *nicht Selbstzweck,* sondern muß der Erarbeitung guter Lösungen dienen (Methodik soll nicht Probleme und Ideen «erschlagen»)
- bedeutet *nicht* (einfach zu befolgende) *Rezepte,* sondern ist Leitfaden, der kreativ und intelligent anzuwenden ist
- ist *kein Ersatz* für Begabung, erworbene Fähigkeiten, Situationskenntnis, Fachwissen, Auseinandersetzung mit der konkreten Situation, Teamfähigkeit u.ä., sondern setzt diese voraus bzw. soll sie in einem gewissen Umfang lenken
- ergibt also nur einen *formalen Rahmen,* wobei sich der Nutzeffekt der Anwendung aus dem eingebrachten geistigen und charakterlichen Potential ergibt

- sollte hinsichtlich des zu treibenden *Aufwandes* auf den zu erwartenden *Nutzeffekt* ausgerichtet sein.

Und nicht zuletzt: Systeme und Lösungen werden von Menschen für Menschen gemacht bzw. verändert. Diese Aussage sollte als Mahnfinger sowohl für die Gestaltung von Lösungen als auch für jene des Prozesses verstanden werden, der diese Ergebnisse zustande bringen soll.

Hinweis: Eine anwendungsorientierte Interpretation, sowie Vertiefungen zu einzelnen Komponenten, Schritten und Abhängigkeiten des Vorgehensmodells findet man in den Teilen II (Systemgestaltung), IV (Flughafenfall) und V (SE in der Praxis).

2.9 Literatur zum Vorgehensmodell

Balck, H.:	Neuorientierung
Becker, M. u.a.:	EDV-Wissen
Blass, E.:	Entwicklung
Büchel, A.:	Betriebswissenschaftliche Methodik
Büchel, A.:	Systems Engineering
Chestnut, H.:	Prinzipien
DIN 69 910 E (8.87):	Wertanalyse
Doujak, A. u.a.:	Thesen
Eversheim, W.:	Simultaneous Engineering
Haberfellner, R.:	Organisationsmethodik
Hall, A.D.:	Methodology
Kepner, C.H. u.a.:	Managemententscheidungen
Krüger, W.:	Problemangepaßtes Management
Mertens, P.:	Lexikon
Nadler, G.:	Arbeitsgestaltung
Pantele, E.F. u.a:	Simultaneous Engineering
	REFA-Methodenlehre
Reschke, H. u.a.:	Projektmanagement
Selig, J.:	EDV-Management
VDI-2221:	Methodik
Witte, E.:	Phasen-Theorem

Vollständige Literaturangaben im Literaturverzeichnis.

Teil II: Systemgestaltung

1. Anwendungsaspekte des
   Vorgehensmodells 79

2. Vertiefung der Teilschritte
   im Problemlösungszyklus 105

3. Situationsbedingte Interpretation
   des Vorgehens 221

> Sechs Knechte hab'ich, bieder und
> brav, die lehrten mich alles, was
> ich kann. Sie heissen das Was,
> das Wie und das Wo, Warum und Wer
> und Wann
>
> (Kipling)

Teil II: Systemgestaltung

1.	**Anwendungsaspekte des Vorgehensmodells**	81
1.1	Zur Anwendung des Vorgehensprinzips «vom Groben zum Detail»	81
1.2	Zur Anwendung des Prinzips der Variantenbildung	82
1.3	**Anwendungsaspekte des Phasenmodells**	83
1.3.1	Konzeptentscheidungen	83
1.3.2	Verlauf des Aufwands während der verschiedenen Projektphasen ...	86
1.3.3.	Integration von Teillösungen	86
1.3.4	Tendenziell abnehmender Innovationsgrad	89
1.3.5	Dynamik der Gesamtkonzeption	89
1.3.6	Überlapptes Vorgehen	91
1.3.7	Sofortmassnahmen	92
1.4	**Anwendungsaspekte des Problemlösungszyklus**	94
1.4.1	Generelle Schwerpunkte	94
1.4.2	Informationsfluß zwischen den einzelnen Schritten	95
1.4.3	Gedankliche Vor- und Rückgriffe	96
1.4.3.1	Gedankliche Vorgriffe	97
1.4.3.2	Rückgriffe und Wiederholungszyklen	97
1.4.4	Erweiterter Problemlösungszyklus	99

Teil II: Systemgestaltung

In den folgenden Abschnitten greifen wir das in Teil I, Kapitel 2 beschriebene Vorgehensmodell und seine Komponenten noch einmal auf und konzentrieren uns auf die Anwendungsaspekte bzw. auf vertiefte und situationsbedingte Überlegungen.
Wir haben diese geteilte Behandlung aus 2 Gründen gewählt:

- einerseits wollten wir die Behandlung des Modells selbst nicht unnötig aufblähen. Wir glauben, daß eine frühere Behandlung von Einschränkungen und Anwendungshinweisen dem Verständnis des Modells eher hinderlich gewesen wären, und
- andererseits setzen die folgenden Ausführungen die Kenntnis des Gesamtmodells, also Hintergrundwissen über den Inhalt der einzelnen Komponenten voraus.

In diesem Sinne werden die folgenden Ausführungen als anwendungsorientierte Vertiefung des Moduls «Vorgehensmodell» für die «Systemgestaltung», d.h. den Vorgang des konkreten Aufbaus einer Lösung, betrachtet (siehe Abb. 2.1).

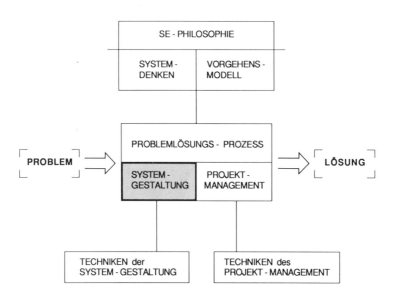

Abb. 2.1 Die Systemgestaltung im Rahmen des SE-Konzepts

1. Anwendungsaspekte des Vorgehensmodells

Die Logik der Gliederung des folgenden Kapitels orientiert sich an den Komponenten des Vorgehensmodells.

1.1 Zur Anwendung des Vorgehensprinzips «vom Groben zum Detail»

Die Grundidee dieses Vorgehensmoduls wurde bereits in Teil I, Abschnitt 2.2 erläutert. Sie besteht darin, daß man vor der detaillierten Analyse des Problemfeldes dieses grob strukturieren sollte und auch bei der Gestaltung von Lösungen zunächst von generellen Überlegungen, Strukturen bzw. Lösungskonzepten ausgehen soll, die im weiteren Ablauf zu detaillieren und zu konkretisieren sind. Dies wird als Hilfsmittel zur Bewältigung der Komplexität betrachtet.

Das Vorgehensprinzip «vom Groben zum Detail» kann damit auch mit anderen Schlagworten beschrieben werden, welche die gleiche Grundidee mit anderen Nuancen charakterisieren:

- Top-down
- vom Groben zum Feinen
- vom Ganzen zum Detail
- vom Abstrakten zum Konkreten
- vom Unvollständigen zum Kompletten
- vom Gerüst zur Gestalt u.a.m.

Dieses Grundprinzip stimuliert eine Denkrichtung «*von Außen nach Innen*». Seine Zweckmäßigkeit kann bei der Neugestaltung von Lösungen bzw. bei Umgestaltungen größeren Ausmaßes wohl kaum in Frage gestellt werden.

Modifikationen und Ergänzungen dieses Prinzips, etwa im Sinne des Prototyping-Ansatzes oder des Versionenkonzepts, wurden bereits früher erwähnt (Teil I, Abschnitte 2.7.4 und 2.7.5).

In besonderen Situationen, etwa dann, wenn es um die *Melioration* (Verbesserung) vorhandener Lösungen geht, die nicht grundsätzlich verändert oder in Frage gestellt werden sollen, kann eine Umkehrung sinnvoll sein. Die Denkrichtung wäre dann «von innen nach außen», «bottom-up», bzw. «vom Detail zu einem (verbesserten) Ganzen». In derartigen Situationen sind die Kenntnis der Details bzw. das Verbessern und Optimieren in Teilbereichen von besonderer Bedeutung. Das verbesserte Ganze gibt sich als Konsequenz davon.

Auf Teilaspekte dieser Überlegung kommen wir in Teil II in den Abschnitten 2.3 (Synthese) und 3. (Situationsbedingte Interpretation) noch einmal zurück.

1.2 Zur Anwendung des Prinzips der Variantenbildung

Das Prinzip der Variantenbildung wurde bereits in Teil I, Abschnitt 2.3 als unverzichtbarer Bestandteil der SE-Methodik bezeichnet. In der praktischen Anwendung wird gegen dieses Prinzip allerdings vielfach verstoßen. Dies soll anhand einiger typischer Fälle skizziert werden.

Fall 1: Es werden keine Varianten gebildet, man wählt die erstbeste Möglichkeit. Vielfach wird dies mit Zeitmangel begründet.
Die Risiken, die man damit eingeht, sind 2facher Art:
- man verzichtet auf die Chance zu einer (noch) besseren Lösung
- man riskiert, daß grundsätzliche Alternativen zu einem Zeitpunkt in die Diskussion eingebracht werden, in dem bereits viel Detailarbeit geleistet wurde und es bereits Zeit wäre, mit der Realisierung zu beginnen. Der Zeitdruck wird dadurch noch verschärft, Terminverschiebungen sind vielfach die unausweichliche Folge.

Fall 2: Man behauptet, es gäbe keine Alternative zur derzeit vorliegenden Lösungsidee.
Dieser Tatbestand dürfte in der Realität objektiv allerdings selten auftreten. Es ist kaum ein Problem denkbar, für das es wirklich nur eine einzige Lösung gibt. Die Lösungen mögen unterschiedlich gut geeignet bzw. realisierbar sein. Für begrenzte Zeit denkbar sollten sie trotzdem sein. Eine derartige Behauptung ist übrigens auch mit einem Risiko verbunden, jenem des «Gesichtsverlusts»: wenn nämlich von jemandem außerhalb der Planungsgruppe (Auftraggeber, Entscheider, Betroffene etc.) unerwartet eine durchaus sinnvolle Alternative in die Diskussion gebracht wird und man derartiges vorher für ausgeschlossen erklärt hat.

Fall 3: Es werden «Schein-Varianten» gebildet:
- die sich nicht grundsätzlich, sondern nur in Details unterscheiden (siehe Teil I, Abschnitt 2.3.2) oder
- es wird einem «Favoriten» eine, ohne Anstrengung ermittelte, evtl. sogar eine bewußt schlechtere Alternative gegenübergestellt.

Die Methodik wird in diesem Fall zwar vordergründig eingehalten, ohne allerdings inhaltlich etwas zu bringen. Prinzipiell gelten dabei die gleichen Risiken wie in den Fällen 1 und 2 erwähnt. Außerdem berührt ein derartiges Vorgehen auch Fragen der Fairness bzw. der Handlungsethik.

Die hier skizzenhaft dargelegten Fälle sollen in Erinnerung rufen, daß Methodik nur einen formalen Rahmen darstellt und der Nutzeffekt sich aus dem persönlichen Potential ergibt, das die Beteiligten einbringen.
  Das Prinzip der Variantenbildung sollte dabei weder verkrampfte Situationen noch unnötigen Zeitverzug bringen. Es sollte vielmehr Ausdruck einer geistigen Offenheit und Unvoreingenommenheit sein.

1.3 Anwendungsaspekte des Phasenmodells

Im folgenden Abschnitt werden wichtige Teilaspekte des in Teil I, Abschnitt 2.4 beschriebenen Phasenmodells herausgegriffen und vertieft behandelt.
Insbesonders sind dies:

- die Problematik der *Konzeptentscheidungen* im Anschluß an wichtige Phasen und die damit zwangsläufig verbundenen *Aufwands-* bzw. *Nutzenüberlegungen*
- die Frage der *Aufwandsanteile*, welche für die einzelnen Phasen vorzusehen sind
- die Frage der *Integration* von *Teillösungen* in den Rahmen eines Gesamtkonzepts
- die *Dynamik eines Gesamtkonzepts* im Sinne einer zeitlichen Veränderung sowie
- die häufige Notwendigkeit eines *überlappten Vorgehens*.
- die Rolle, welche *Sofortmaßnahmen* spielen können.

1.3.1 Konzeptentscheidungen

Jeweils am Ende einer wichtigen Entwicklungsphase (Vor-, Haupt-, wichtige Detailstudien) sind formale Konzeptentscheidungen zu fällen, welche die Richtung bestimmen, in der die weiteren Entwicklungs- bzw. Realisierungsschritte laufen sollen (siehe Abb. 2.2). Bereits früher wurde darauf hingewiesen, daß es für den Auftraggeber wichtig ist, sich der Bedeutung dieser Entscheidungen bewußt zu werden (Teil I, Abschnitt 2.3, Prinzip der Variantenbildung).

Dem gezielten Hinarbeiten auf diese Entscheidungspunkte wird bisweilen weder seitens der Projektgruppe, noch seitens des Auftraggebers bzw. der von ihm eingesetzten Entscheidungsinstanz (siehe Teil III, Abschnitt 1 Projekt-Management) die nötige Beachtung geschenkt. Dies ist ein Versäumnis, da man in diesen Entscheidungen vor allem auch eine «Lernchance» für beide Seiten sehen sollte: Die Auftraggeberschaft wird zwischendurch gezwungen, den Projektfortschritt zur Kenntnis zu nehmen, sich mit verschiedenen Möglichkeiten auseinanderzusetzen, sich seiner evtl. nicht einheitlichen Wertvorstellungen stärker bewußt zu werden, sie zu klären und bekanntzugeben, sich mit der bevorstehenden Änderung vertraut zu machen u.a.m.

Und die Projektgruppe wird dazu angehalten, sich wenigstens am Übergang von einer Phase zur nächsten, der Optik der Lösung aus der Sicht der Auftraggeberschaft bewußt zu werden. Die Details treten temporär zurück, die Gesamtzusammenhänge werden in den Vordergrund gerückt. Dies kann der Brauchbarkeit und der Akzeptanz von Lösungen durchaus förderlich sein. Konzeptentscheidungen sind also eine große Chance, so etwas wie «Projekt-Marketing» zu betreiben (siehe Teil III, Abschnitt 1.5.3).

Und ein zusätzlicher Gedanke: Neben Funktions- bzw. Zweckmäßigkeitsüberlegungen spielen bei diesen Konzeptentscheidungen vor allem auch Aufwands- und Nutzenüberlegungen eine wesentliche Rolle.

Beim **Aufwand** sind dabei zwei Komponenten zu unterscheiden:

- der weitgehend einmalige *Entwicklungs-* und *Realisierungsaufwand* (inkl. Aufwand für das Projekt-Management) und

Teil II: Systemgestaltung

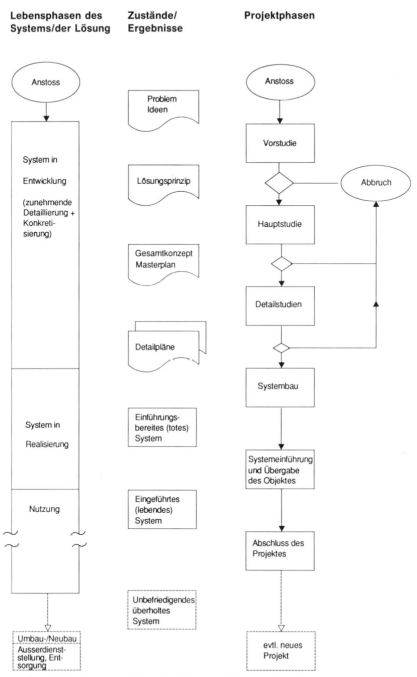

Abb. 2.2 Phasenkonzept – Grundversion

- der wiederkehrende *Betriebsaufwand*, der neben der Umlage des Investitionsaufwandes (via Nutzungsdauer und Abschreibung) vor allem auch den Personal- und Sachaufwand in der Betriebsphase enthält.

Die **Nutzenseite** enthält ebenfalls zwei Komponenten:

- den *Betriebsnutzen*, der dann erwartet werden kann, wenn eine Lösung, oder auch nur einzelne Teile, zur Nutzung bereit sind
- den *Planungsnutzen*, der – im Sinne eines Zuwachses an Know-how – bisweilen auch dann gegeben sein kann, wenn die Entwicklung abgebrochen und auf die Realisierung verzichtet wird.

Der Aufwand wird sich in vielen Fällen quantitativ und in Geldeinheiten meßbar ausdrücken lassen. Beim Nutzen spielen neben quantitativen oft auch qualitative Aspekte eine Rolle. Deren Gewichtung ist vielfach eine Ermessensangelegenheit (siehe Teil II, Abschnitt 2.4, Bewertung und Entscheidung).

Jede Entscheidungssituation ist nun dadurch charakterisiert, daß einem zu erwartenden Aufwand auch ein entsprechender Nutzen gegenüberstehen muß. Bei jeder Art von Entwicklungsvorhaben ist aber zwangsläufig ein Zeitverzug hinsichtlich der Verfügbarkeit von Informationen gegeben: Der Entwicklungsaufwand muß jeweils zu *Beginn* einer Entwicklungsphase (Vor-, Haupt-, Detailstudien) ermittelt bzw. budgetiert werden, wogegen der voraussichtliche Nutzen erst dann abgeschätzt werden kann, wenn Planungsresultate in Form von mehr oder weniger detaillierten Konzeptentwürfen vorliegen – also jeweils erst gegen *Ende* der Phasen. (Anmerkung: Der tatsächliche Nutzen läßt sich erst nach erfolgter Realisierung oder überhaupt nicht seriös feststellen.)

Damit läßt sich die Zweckmäßigkeit des Phasenmodells mit seinem stufenweisen Planungs- und Entscheidungsprozeß sehr einleuchtend begründen: Aufgrund der ausdrücklichen Forderung, sich jeweils am Ende wichtiger Phasen Gedanken über den künftigen Aufwand und Nutzen zu machen, wächst die Chance, wenig erfolgversprechende Projekte zeitgerecht abbrechen zu können, also dann, wenn der bisherige Entwicklungsaufwand sich noch in tragbaren Grenzen bewegt. Eine davon abweichende und nicht zu empfehlende Vorgehensweise würde darin bestehen, den Entwicklungsprozeß nicht in zeitlicher Hinsicht zu strukturieren und die Gegenüberstellung von Aufwands-/Nutzenüberlegungen nicht phasenweise, sondern erst am Ende des Entwicklungsvorganges vorzusehen.

Eine weitere Überlegung ist in diesem Zusammenhang von Bedeutung: Wird von der Voraussetzung ausgegangen, daß der Zuwachs an relevantem Wissen – im Zusammenhang mit der Problemlösung – nicht linear zunimmt, sondern sich eher abflacht (siehe Abb. 2.4), kann die Frage nach dem Grenznutzen des Entwicklungsaufwandes gestellt werden. Denn die Empfehlung für eine stufenweise Variantenbildung auf jeder Systemebene darf nicht zu einem endlosen Entwicklungsprozeß führen, weshalb auf jeder Ebene zu überlegen ist, ob ein zusätzlicher Nutzen, der möglicherweise durch weitere Entwicklungsanstrengungen erreicht werden kann, nicht durch den damit verbundenen Aufwand bereits überkompensiert wird.

1.3.2 Die Verteilung des Aufwands während der verschiedenen Phasen eines Projekts

Es ist zwar nicht möglich, generell gültige Kennzahlen über den Verlauf des Aufwands während der einzelnen Projektphasen anzugeben, doch halten wir den in Abb. 2.3 dargestellten Verlauf für charakteristisch:
Daraus ist ersichtlich, daß der Aufwand für die Durchführung einer Vorstudie bzw. einer Hauptstudie im Verhältnis zu den folgenden Aufwendungen noch relativ bescheiden ist. Der Aufwand für eine Vorstudie wird selten mehr als 2–5%, jener für die Hauptstudie 10 bis max. 20 % des Gesamtaufwands betragen. Die konkreten Werte werden stark vom vorhandenen Vorwissen abhängig sein.
Der Verlauf der Aufwendungen in den folgenden Phasen wird maßgeblich beeinflußt vom Umfang der Investitionen, die in der Phase Systembau zu tätigen sind: Wenn es, wie z.B. bei Software-Projekten, primär um den Arbeitseinsatz und die Beanspruchung von EDV-Ressourcen für die Programmierung geht, wird der Aufwandsanteil für den Systembau vergleichsweise niedrig gegenüber einem Projekt im Bauwesen oder im Maschinen- bzw. Anlagenbau sein. Dies wird durch den unterschiedlichen Verlauf der beiden in Abb. 2.3 dargestellten Kurven zum Ausdruck gebracht.
Ohne auf diese Unterschiede näher einzugehen, können daraus zwei generell gültige Schlußfolgerungen gezogen werden.

- Vor- und Hauptstudie reduzieren bei geringem Aufwand das Risiko eines Projektes. Sie sollen deshalb nicht allzu stiefmütterlich budgetiert bzw. überhastet abgewickelt werden.
- Bei Projekten, welche große und teure Investitionen in der Phase Systembau zur Folge haben werden, ist der Planungs- und Entwicklungsanteil an der Gesamtsumme naturgemäß geringer. Gerade deshalb gibt es wenig Sinn, bei der Planung sparsam sein zu wollen.

Auf die Tatsache, daß der Aufwand für die Nachbesserung bzw. Reparatur oder Wartung von Lösungen bei unsorgfältiger oder inkompetenter Planung rasch zunehmen, sei hier nur am Rande hingewiesen.

1.3.3 Integration von Teillösungen

Die folgenden Überlegungen gehen davon aus, daß die im Verlauf der Detailstudien entwickelten Detailkonzepte in das Gesamtkonzept passen und deshalb gedanklich in seinen Rahmen eingebettet werden sollen. Man kann dies als sukzessiven Integrationsvorgang bezeichnen.
Die in der Hauptstudie durchgeführte Abgrenzung von Untersystemen Aufgabenbereichen bzw. Systemaspekten, hatte ja vor allem den Zweck, überschaubare und operable Einheiten zu schaffen, wobei immer klar sein mußte, daß diese gedankliche Loslösung nur während beschränkter Zeit aufrechterhalten werden kann. Besonderes Augenmerk mußte dabei den Beziehungen und Schnittstellen mit dem Umsystem geschenkt werden; dabei stand vor allem eine wirkungsbezogene Betrachtungsweise

1. Anwendungsaspekte des Vorgehensmodells

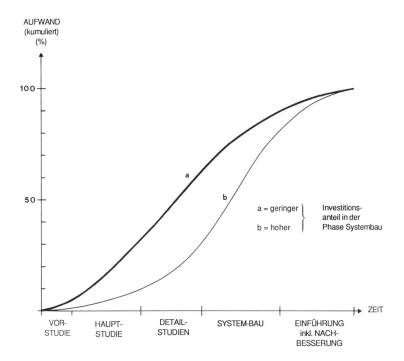

Abb. 2.3 Verlauf des Aufwands in den Projektphasen

im Vordergrund. Beim stufenweisen Übergang auf eine strukturbezogene Betrachtungsweise, im Sinne einer immer konkreter werdenden Ausgestaltung eines Gesamtkonzepts, werden auch Art und Umfang der Beziehungen zu anderen Teilkonzepten bzw. mit der Umwelt konkreter definiert. Durch den hier angesprochenen Integrationsvorgang soll sichergestellt werden, daß die verschiedenen Detailkonzepte kein unkontrolliertes Eigenleben zu führen beginnen, sondern planmäßig in den Rahmen eines Gesamtkonzeptes gestellt werden. Anpassungen des Gesamtkonzepts können sich dabei als notwendig erweisen.

Aufgrund dieser Auffassung wird das generelle Vorgehensmodell «Vom Groben zum Detail» insofern relativiert, als es jetzt heißen muß **«Vom Groben (bzw. Ganzen) zum Detail und wieder zurück»**.

Im Verlauf der genannten Entwicklungsphasen (Vor-, Haupt-, Detailstudien) kann es sich nämlich herausstellen, daß

- die bestehenden Probleme durch eine Lösung, die auf den ursprünglichen Zielvorstellungen basiert, gar nicht bewältigt werden können. Dies kann dann der Fall sein, wenn sich wesentliche Einflußfaktoren im Verlauf des Projekts geändert haben, zu Beginn nicht bekannt waren oder einfach ignoriert wurden.
- bei der detaillierteren Bearbeitung Schnittstellen, Abhängigkeiten bzw. Zusammenhänge entdeckt werden, die man früher nicht gekannt oder bedacht hat.

Teil II: Systemgestaltung

- die ursprünglichen Zielvorstellungen zwar als grundsätzlich berechtigt betrachtet werden, ihre Realisierung aber in wirtschaftlicher, psychologischer, technischer, politischer, sozialer, ökologischer u.ä. Hinsicht nicht gelingt und sie deshalb geändert werden müssen.

Die diesbezüglichen Informationen können im Verlauf der Vorstudie, der Hauptstudie, der Detailstudien oder im Extremfall erst während des Systembaus entstehen und zu Korrekturen bzw. Modifikationen führen – entsprechend dem Verlauf der Kenntnisse über ein System (Abb. 2.4).

Dabei ist zu beachten, daß die Kenntnisse über ein System einerseits zu Beginn eines Projekts nicht gleich Null sind (Benützer kennt die heutige Situation, Systemgestalter verfügt über fachliches und methodisches Wissen), andererseits aber auch niemals vollständiges Wissen über das entstehende System erlangt werden kann, weil sich dieses im Regelfall selbst, ebenso wie die gestellten Ansprüche in einer «lebenden», d.h. sich verändernden Umwelt ändern. Der zulässige Grad der Unkenntnis geht demzufolge nicht auf Null zurück.

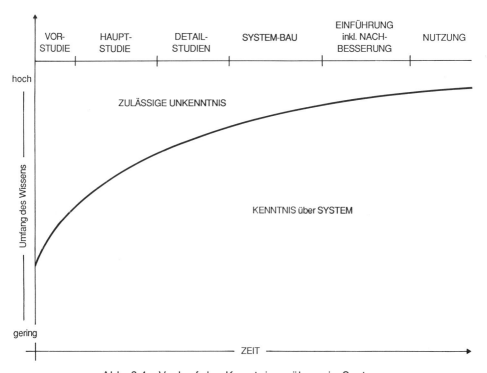

Abb. 2.4 Verlauf der Kenntnisse über ein System

1.3.4 Tendenziell abnehmender Innovationsgrad

Der Neuigkeitscharakter (Innovationsgrad) einer Lösung sollte im Verlauf der Phasen sukzessive abnehmen, und bekannte Lösungselemente bzw. eingeübte Handlungsweisen sollten in zunehmendem Ausmaß zum Einsatz kommen. Diese Überlegung sei etwas näher erläutert.

Der Innovationsgrad einer Lösung beinhaltet in der Regel zwei gedanklich voneinander abgrenzbare Komponenten:

Einerseits jene, die sich daraus ergibt, daß man vorhandene und bewährte Lösungselemente, deren Charakteristik man kennt oder sich beschaffen kann, zu einem neuartigen oder als neuartig empfundenen Ganzen (Gesamtkonzept) zusammensetzt. Und andererseits jene Innovationskomponente, die sich zusätzlich daraus ergeben kann, daß einzelne Lösungselemente erst neu zu entwickeln sind (zusätzliche Detailstudien).

Je größer die zweitgenannte Komponente ist, desto weniger kann das Ergebnis, das die mit der Lösungsfindung beauftragte Arbeitsgruppe liefern soll, zum voraus abgeschätzt werden; desto größer werden die Koordinationsschwierigkeiten zwischen den verschiedenen Arbeitsgruppen sein und desto größere Aufmerksamkeit ist deshalb dem → Koordinationsinstrumentarium zu schenken, um eine zweckmäßige Abstimmung in sachlicher und terminlicher Hinsicht zu gewährleisten.

Es ist deshalb zweckmäßig, sich – soweit dies aus der Sicht der angestrebten Gesamtlösung vertretbar ist – möglichst auf bekannte und bewährte Lösungselemente abzustützen und im Zweifelsfall weniger ehrgeizige Lösungen anzustreben. Es besteht dabei jedoch trotzdem kein Grund zur Hoffnung, daß damit alle Koordinationsprobleme aus der Welt geschafft werden könnten, denn zusätzliche Anpassungsarbeiten bzw. Entwicklungsaufwände für Zwischenglieder sind in der Praxis fast durchwegs erforderlich.

Außerdem steigt der Gesamtaufwand wegen des Umfangs der Aktivitäten im Zusammenhang mit der Entwicklung und Realisierung von Teilkonzepten trotzdem stark (siehe Abb. 2.3).

1.3.5 Dynamik der Gesamtkonzeption

Die folgende Überlegung steht in unmittelbarer Beziehung zur vorher angestellten.

Bei der Entwicklung komplexer Lösungen vollzieht sich der Ablauf häufig nicht in der Form, daß ein Gesamtkonzept «eingefroren» wird und dann sukzessive Detailkonzepte entwickelt werden.

In der Regel wird der Ablauf ähnlich der in Abb. 2.5 dargestellten Form erfolgen: Aufgrund des in der Zeitperiode 2 entworfenen Gesamtkonzepts werden Detailkonzepte erarbeitet, im Anschluß daran oder parallel dazu werden etwaige Auswirkungen auf die ursprüngliche Gesamtkonzeption überprüft (Integration, siehe Abschnitt 1.3.3) und hierauf die Detailkonzepte 3 und 4 entwickelt usw.

Dabei können sich Anpassungen des Gesamtkonzepts als notwendig oder wünschbar erweisen, beispielsweise aus folgenden Gründen:
- Einflüsse von außen, d.h. unvorhergesehene Entwicklungen im Projekt-Umfeld, wie z.B. veränderte Finanz- und Ertragslage, Änderungen in den Absatz-, Beschaf-

fungs- und Personalmärkten, verbesserte technologische Möglichkeiten, unerwartete Schwierigkeiten mit der bestehenden Technologie, neue gesetzliche Vorschriften, personelle Veränderungen im Führungsbereich u.a.m.
• Einflüsse von innen, wie z.B. eine bessere Einsicht in Problemzusammenhänge und Lösungsmöglichkeiten.

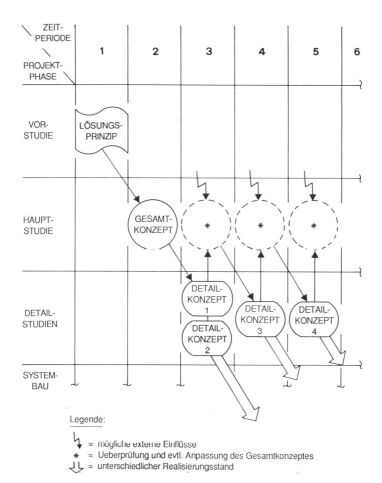

Abb. 2.5 Dynamik der Gesamtkonzeption

Es ist einleuchtend, daß dabei neue Einflüsse, Möglichkeiten, Forderungen oder Wünsche früher beschlossene Gesamtkonzepte überholungsbedürftig erscheinen lassen können. Die Wahrscheinlichkeit dafür wächst mit dem Umfang und der Dauer eines Projekts.

Dabei kann das folgende *Trilemma* entstehen:
- Gesamtkonzepte basieren auf dem Wissensstand jenes Zeitpunkts, an dem man sich für sie entschieden hat. Sie unterliegen prinzipiell einem Veralterungsrisiko (bessere Detaileinsichten, externe Veränderungen verschiedenster Art)
- Der für die Detailentwicklung und Realisierung benötigte Zeitaufwand ist eine der Ursachen für diese «Alterung». Gleichzeitig beruhen diese Schritte aber auf einem Gesamtkonzept als Orientierungsrahmen, wodurch sich das Problem aufschaukelt.
- Die Beeinflussungsmöglichkeiten des Gesamtkonzepts werden mit zunehmendem Projektfortschritt geringer, da man aus ökonomischen Gründen bestrebt sein wird, erreichte Entwicklungsergebnisse (Detailkonzepte) bzw. zwischenzeitliche eingeleitete Realisierungsschritte zu sichern, d.h. möglichst nicht mehr zu verändern (siehe dazu «überlapptes Vorgehen», nächster Abschnitt).

Dieses Trilemma kann nicht grundsätzlich gelöst werden, es lassen sich aber generelle *Verhaltensempfehlungen* daraus ableiten.
- Vorsicht vor großen Lösungen, die eine mehrjährige Realisierungsdauer haben – vor allem dann, wenn sie sich in einer dynamischen Umwelt und unter unsicheren Voraussetzungen bewegen. Im Zweifelsfall lieber zu «kleineren» Lösungen tendieren, die rascheren Nutzen ermöglichen.
- Flexibilität in Gesamtkonzepte installieren: Optionen offenhalten, modulartige Bausteine vorsehen, die durch bessere oder leistungsfähigere ersetzt werden können. Erweiterungs- bzw. Reduktionsmöglichkeiten offenlassen bzw. einplanen.
- Tendenzieller Verzicht auf hochkomplexe, «superintegrierte» Lösungen.
- Teileinführungen und damit zwischenzeitliche Nutzeffekte bewußt vorsehen.
- Verzicht auf Optimierung unergiebiger Details.
- Entscheidungen, die auf unsicheren Annahmen beruhen, sollten möglichst spät getroffen werden – sofern dies mit dem logischen Ablauf vereinbar ist.

Dies kann letzten Endes dazu führen, daß man Gedankengut des «Versionenkonzepts» (Teil I, Abschnitt 2.7.5) akzeptiert, also auf weitere Anpassungen des Gesamtkonzepts verzichtet bzw. diese auf spätere Versionen vertagt.

Dies wird ein Zustand sein, in dem man bei praktisch jedem Projekt einmal kommen wird. Wir vertreten allerdings die Überzeugung, daß ein «Einfrieren» des Gesamtkonzepts sukzessive in einem späteren Projektstadium und nicht sofort nach der Entscheidung dafür erfolgen sollte.

1.3.6 Überlapptes Vorgehen

Die bei der Erläuterung des Phasenkonzepts (Abb. 2.2) dargestellte Sequenz: Detailstudie–Systembau–Systemeinführung muß sich nicht auf die Gesamtlösung, sondern kann sich durchaus auf einzelne Teillösungen beziehen, die überlappt erarbeitet und realisiert werden.

Es ist also ohne weiteres denkbar, daß bestimmte Teillösungen eingeführt werden – u.U. bereits in Betrieb sind –, währenddem andere sich noch in der Detailstudienphase befinden. Mit dem Systembau sollte aber keinesfalls begonnen werden, bevor ein Gesamtkonzept vorliegt, in dem die Funktionsweise und das Realisierungsprinzip der wichtigsten Unter- oder Teilsysteme abgeklärt sind (Hauptstudie).

Mehrere Ursachenkomplexe lassen es sogar zweckmäßig erscheinen, die Entwicklung von Detailkonzepten gestaffelt und nicht auf breiter Front voranzutreiben:

- Die normalerweise beschränkte Kapazität der Projektgruppe, aber auch des späteren Benützers hinsichtlich seiner Aufnahmefähigkeit für Neuerungen.
- Limitierte Budgets, die keine großen Entwicklungs- bzw. Realisierungsschübe erlauben.
- Methodische und sachlogische Überlegungen, die dazu führen, daß besonders wichtige Lösungsteile zuerst festgelegt werden und die übrigen sich daran auszurichten haben. Die damit verbundene bewußte Einschränkung der Freiheitsgrade in der Gestaltung der übrigen Lösungsteile kann die Komplexität des Entwicklungsprozesses ganz erheblich reduzieren.
- Die Möglichkeit, damit zwischenzeitliche Nutzeffekte zu erzielen, indem einzelne Lösungsbausteine (Teillösungen) bereits in Betrieb genommen werden, während andere erst im Detail ausgearbeitet werden.

Diese Art des Vorgehens hat natürlich Rückwirkungen auf die vorher dargelegten Überlegungen bezüglich der Dynamik des Gesamtkonzeptes (Abb. 2.5): Je mehr Detailkonzepte sich bereits im Stadium der Realisierung bzw. Nutzung befinden, desto geringer sind naturgemäß die Möglichkeiten der nachträglichen Beeinflussung bzw. Veränderung. Dies ist vom Standpunkt der Arbeitsökonomie und des Projektfortschritts von Vorteil, kann aber auch nachteilig im Sinne des Verzichts auf eine bessere Lösung empfunden werden.

Abb. 2.6 zeigt ein sich aus dieser Überlegung ergebendes, modifiziertes Phasenschema. Die bei den Projektphasen durchbrochen und als «Anhängsel» dargestellten Felder sollen, ebenso wie die gleitenden Übergänge bei den Lebensphasen, diesen Überlappungsprozeß zum Ausdruck bringen. Im Gegensatz zu verschiedenen Kritikern des Phasenkonzepts betrachten wir derartige Modifikationen als sinnvoll und zulässig und nicht als Anlaß dafür, es als ungeeignet über Bord zu werfen – ohne eine brauchbare Alternative anzubieten.

1.3.7 Sofortmaßnahmen

Bei vielen Projekten organisatorischen und/oder technischen Inhalts spielen Sofortmaßnahmen eine wichtige Rolle. Sie stellen bereits in einem frühen Stadium – oft schon während der Vorstudie – Handlungsmöglichkeiten und damit Chancen, aber auch Risiken dar.

Die *Chancen* sind vor allem darin zu sehen, daß eine problematische Situation evtl. schnell entschärft werden kann. Dies kann sowohl in psychologischer als auch in sachlicher Hinsicht vorteilhaft sein: In psychologischer Hinsicht schafft es good will und Zutrauen in die Effizienz des Projektteams. Und in sachlicher Hinsicht gewinnt man evtl. erst dadurch die nötige Zeit für die «ordentliche» und systematische Bewältigung der Situation.

Risiken können z.B. darin bestehen, daß die spätere Lösung durch die getroffenen Sofortmaßnahmen ungünstig präjudiziert wird, d.h. voreilige Weichenstellungen vorgenommen bzw. Optionen verbaut werden. Es sind außerdem auch Situationen

1. Anwendungsaspekte des Vorgehensmodells

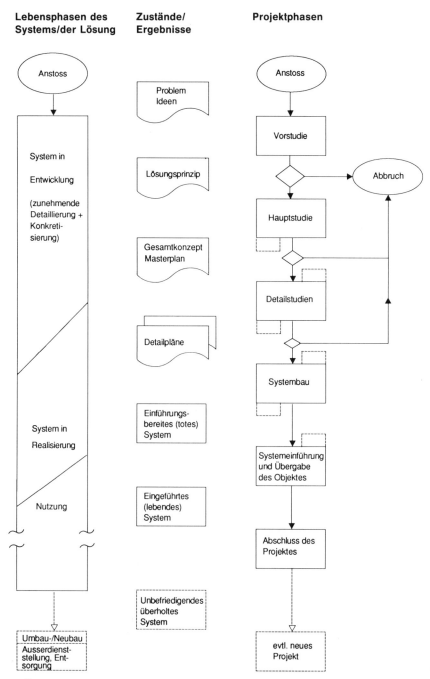

Abb. 2.6   Phasenkonzept – modifizierte Grundversion (vgl. Abb. 2.2)

vorstellbar, daß man sich mit den «schnellen» Ergebnissen zufriedengibt und eine grundsätzliche Verbesserung aufschiebt oder überhaupt darauf verzichtet. Außerdem kann die Beschäftigung mit der Realisierung von Sofortmaßnahmen die Arbeit der Projektgruppe behindern bzw. deutlich in Verzug bringen.

Deshalb sollte man folgende *Empfehlungen* beachten:

- primär jene Sofortmaßnahmen realisieren, die
  - wenig Aufwand
  - möglichst sichtbare und spürbare Wirkung bei
  - möglichst keiner oder nur geringer Präjudizierung für spätere Lösungen bringen
- die Realisierung von Sofortmaßnahmen evtl. anderen Personen überlassen, zu diesen aber Kontakte halten (am zwischenzeitlichen Erfolg teilhaben, die Wirkungsmechanismen und die Reaktion des Systems besser kennenlernen, u.a.)

1.4 Anwendungsaspekte des Problemlösungszyklus

Die folgenden Abschnitte beschäftigen sich primär mit den Anwendungsaspekten des Problemlösungszyklus als Ganzem. Dabei steht vor allem das Zusammenspiel der Teilschritte im Vordergrund. Im darauffolgenden Abschnitt 2 gehen wir vertieft auf die einzelnen Schritte des Problemlösungszyklus ein.

1.4.1 Generelle Schwerpunkte der einzelnen Teilschritte

In Abb. 2.7 sind die Schwerpunkte der einzelnen Teilschritte des Problemlösungszyklus, gegliedert nach verschiedenen Denkebenen, dargestellt:

Die *Situationsanalyse* umfaßt dabei schwergewichtig die Analyse der Funktionen des IST (Was?) und davon ausgehend die Beurteilung der heutigen Hilfsmittel bzw. Instrumente (Wie, Womit?). Im Hintergrund und über allem befindet sich die Sinn- bzw. Begründungsebene (Warum?). Im Sinne unseres Problembegriffs (Differenz zwischen IST und SOLL), wird sich die Situationsanalyse aber nicht mit dem IST allein zufrieden geben dürfen, sondern hat alle drei Ebenen des SOLL wenigstens zu berühren.

Die *Zielformulierung* hat sich auf die funktionale Ebene zu konzentrieren (primär SOLL) sowie natürlich auf die Sinn- bzw. Begründungsebene, vor allem bezüglich des SOLL.

Die *Lösungssuche* (Synthese/Analyse) hat vor allem die Suche nach instrumentalen Lösungen (Wie, Womit?) für definierte Funktionen zum Inhalt.

In Abb. 2.7 werden Zustände (1–6) durch Ziffern und Denk- bzw. Arbeitsschritte durch Buchstaben (a–f) dargestellt. Es bedeuten darin:

1 = Heutiger Zustand mit heutigen Hilfsmitteln bzw. technischen Verfahren (= Instrumentale oder «Wie»- bzw. «Womit»-Ebene)

2 = Heutiger Zustand, gedanklich auf die funktionale, aufgabenorientierte («Was?»-)Ebene angehoben und funktional dargestellt. Ermöglicht Überden-

1. Anwendungsaspekte des Vorgehensmodells

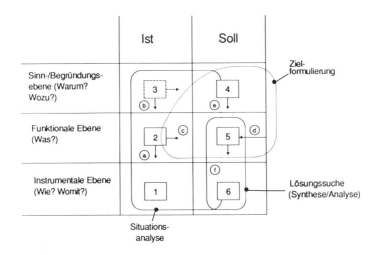

Abb. 2.7 Verschiedene Denkebenen bei der Problemlösung

    ken und Beurteilung des Zustandes 1, z. B. hinsichtlich der Zweckmäßigkeit der heute eingesetzten Arbeitsmittel im Hinblick auf die heutigen Aufgaben
3 = Sinn- bzw. Begründungsebene für den Istzustand. Welchen Sinn haben die heutigen Aufgaben bzw. Funktionen (Warum?)
4 = Sinn- bzw. Begründungsebene für den Sollzustand.
5 = Anforderungen an das SOLL in funktionaler Hinsicht. (Verzicht auf Aufgaben, oder zusätzliche). Quelle: Istzustand und zusätzlichen Forderungen. Zentraler Punkt der Zielformulierung.
6 = Mögliche Erfüllung (Wie? Womit?) der im Sollzustand erwünschten Funktionen.

a   Heutige Hilfsmittel aufgrund der funktionalen Anforderungen beurteilen
b   Heutige Funktionen begründen. Bisweilen nicht sehr ergiebig (lenkt Blick zu sehr in Vergangenheit)
c   Heutige Funktionen als Quelle für künftige funktionale Anforderungen verwenden. Evtl. auch Wegfall von Funktionen.
d   Zusätzliche funktionale Forderungen, die mit Istzustand nichts zu tun haben
e   Begründung für künftige Funktionen
f   Neue Funktionen mit neuen Mitteln erfüllen.

Die Schwerpunkte der Überlegungen für Situationsanalyse, Zielformulierung und Lösungssuche werden durch die in Abb. 2.7 eingegrenzten Flächen dargestellt.

1.4.2 Informationsfluß zwischen den Teilschritten

Die zwischen den einzelnen Teilschritten des Problemlösungszyklus zu übermittelnden Informationen sind aus Abb. 2.8 ersichtlich. Die Verbindungspfeile sollen zum

Ausdruck bringen, welche Informationen als Basis für die jeweils folgenden Schritte aufbereitet werden sollen.

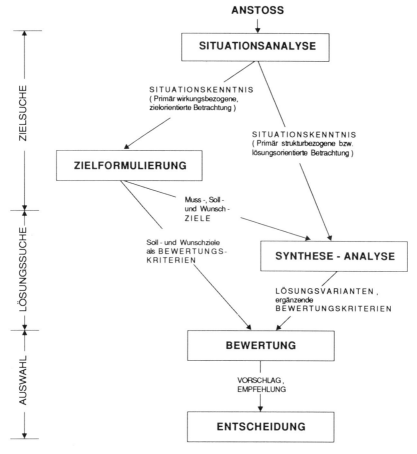

Abb. 2.8   Zusammenhänge zwischen den Teilschritten des Problemlösungszyklus

1.4.3 Gedankliche Vor- bzw. Rückgriffe (Wiederholzyklen)

Die bisherige Schilderung des Problemlösungszyklus könnte den irreführenden Eindruck erwecken, es handle sich dabei um einen linearen Ablauf, der exakt in der angegebenen Schrittfolge abgewickelt werden müsse und schließlich zum optimalen Ergebnis führe.

Dieser Eindruck wäre nicht beabsichtigt und unrealistisch, und deshalb sind einige Ergänzungen und Einschränkungen angebracht. Einerseits sind gedankliche *Vorgriffe* notwendig und wünschenswert; andererseits ist eine echte Problemlösung in Form eines linearen Ablaufs nicht erzielbar; vielfach sind *Wiederholungszyklen* notwendig.

Der Problemlösungszyklus soll also weder das tatsächliche Vorgehen exakt beschreiben noch als zwingende Handlungsanleitung gelten. Er soll vielmehr eine *Orien-*

tierungshilfe sein und einen vernünftigen Kompromiß zwischen einer idealisierten linearen Folge (übersichtlich) und einem realistischen universellen Verhaltensprogramm (komplex) darstellen.

1.4.3.1 Gedankliche Vorgriffe

Die einzelnen Schritte des Problemlösungszyklus sind nicht als zeitliche zwingende Schrittfolge aufzufassen, sondern als Folge von Tätigkeiten unterschiedlichen Zwecks und Inhalts. Es handelt sich dabei um unterschiedliche Einzelaspekte, die zwar temporär in den Vordergrund treten, aber zulassen, daß man bereits auf den nächsten und übernächsten Schritt «zielt».

Eine zielgerichtete und angemessene Situationsanalyse ist z. B. nur möglich, wenn sich der Planer bewußt ist, daß er damit die Grundlagen für die Zielformulierung zu schaffen hat und sich im Zusammenhang damit auch Anhaltspunkte über Eingriffs- bzw. Lösungsmöglichkeiten verschaffen muß, die eigentlich erst dem Vorgehensschritt Synthese/Analyse zuzuordnen wären.

Diese pragmatische Auffassung soll aber keineswegs dazu verleiten, einzelne Vorgehensschritte ganz zu überspringen bzw. grob zu vernachlässigen oder die Reihenfolge allzu willkürlich zu verändern.

1.4.3.2 Rückgriffe und Wiederholungszyklen

Häufig muß zu früheren Schritten zurückgekehrt und müssen deren Ergebnisse modifiziert werden. Auf die wichtigsten Wiederholungszyklen im Problemlösungszyklus soll nachstehend eingegangen werden (siehe dazu Abb. 2.9).

Dabei wird eine Unterscheidung zwischen Grob- und Feinzyklen vorgenommen:

- Grobzyklen: Der Rücksprung überschreitet die Abschnitte Zielsuche, Lösungssuche bzw. Auswahl.
- Feinzyklen: Der Zyklus spielt sich innerhalb der Abschnitte Zielsuche, Lösungssuche bzw. Auswahl ab.

Grobzyklen

a) Von der Lösungssuche zurück zur Zielsuche (①):
   Eines oder mehrere der ursprünglich festgelegten Mußziele (z. B. Leistung, Kosten, Terminvorgaben) können sich als derart einschränkend erweisen, daß keine brauchbaren Lösungen gefunden bzw. gebildet werden können. Die Ansprüche müssen dort angepaßt werden, wo dies am ehesten möglich ist. Vielfach muß dazu die Situation zusätzlich und ergänzend analysiert werden.
b) Von der Auswahl zurück zur Lösungssuche (②):
   Bei der Bewertung kann sich herausstellen, daß Lösungsvarianten noch ungenügend ausgearbeitet oder hinsichtlich bestimmter Kriterien (noch) nicht ausreichend untersucht wurden. Bei der Entscheidung können neue Wünsche des Auftrag-

Teil II: Systemgestaltung

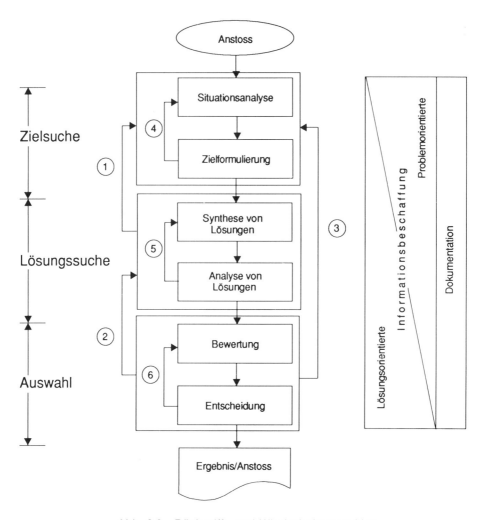

Abb. 2.9 Rückgriffe und Wiederholungszyklen

gebers hinsichtlich der Gestaltung von Varianten auftauchen, z.B. Bildung neuer Varianten durch Kombination von Elementen aus vorliegenden Varianten o.ä.
c) Von der Auswahl zurück zur Zielsuche (③):
Dies ist dann nötig, wenn der Auftraggeber bei der Entscheidung von den vorhandenen Lösungen nicht befriedigt ist oder neue Gesichtspunkte hinsichtlich Systemabgrenzung, Zielsetzungen usw. ins Spiel bringt. Diese sind durch einen nochmaligen gedanklichen Durchlauf des Problemlösungszyklus in die bisherigen Lösungsvorschläge einzuarbeiten.

Feinzyklen

d) Innerhalb der Zielsuche (④):
Neu auftauchende Zielvorstellungen können zusätzliche Situationsanalysen erforderlich machen. Das Problemverständnis muß noch detailliert oder verbessert werden (Istzustand und/oder «Vorbilder» genauer anschauen).
e) Innerhalb der Lösungssuche (⑤):
Im Wechsel von Synthese und Analyse der Konzeptvarianten vollzieht sich die iterative Lösungssuche.
f) Innerhalb der Auswahl (⑥):
Im Entscheidungsschritt können sich Rückwirkungen auf die Bewertungsphase z.B. durch Modifikation der Gewichte und Kriterien, Aufnahme neuer Kriterien etc. ergeben.

Die hier dargelegten Wiederholungszyklen und gedanklichen Rückgriffe sind auf einen bestimmten Problembereich innerhalb einer bestimmten Projektphase und damit auf einen definierten Problemlösungszyklus beschränkt. Es gibt aber auch Zyklen übergeordneter Art, die auf höhere Systemebenen (im Sinne einer Anpassung übergeordneter Konzepte) und damit u.U. auf frühere Projektphasen verweisen. Darauf wurde bereits in den Abschnitten 1.3.3 (Integration) und 1.3.5 (Dynamik der Gesamtkonzeption) hingewiesen.

1.4.4 Erweiterter Problemlösungszyklus

Nachstehend wird der Problemlösungszyklus dahingehend erweitert, daß eine Aufgabentrennung zwischen Auftraggeber und Projektgruppe vorgenommen und graphisch sichtbar gemacht wird. Dadurch wird eine Beziehung zwischen dem Vorgehensmodell und dem institutionellen Projekt-Management (Projektorganisation) hergestellt. Der Problemlösungszyklus wird außerdem durch Komponenten des funktionalen Projekt-Managements – insbesondere die Projektplanung – angereichert. Dies findet seinen Niederschlag in einem zusätzlichen Vorgehenselement, der sog. «Vorgehensplanung», die an 2 Stellen des Problemlösungszyklus zum Tragen kommen kann (siehe Abb. 2.10).

Es werden nachstehend lediglich jene Elemente des Problemlösungszyklus beschrieben, die gegenüber Teil I, Abschnitt 2.5 neu sind.

Auftraggeber

Als Auftraggeber gilt jeweils die für die übergeordnete Systemebene zuständige Instanz: bei sehr wichtigen Projekten in der Industrie wird für das Gesamtkonzept z.B. die Geschäftsleitung Auftraggeber und Entscheidungsinstanz sein, für Detailkonzepte können hierfür aber irgendwelche anderen Gremien zuständig sein (beispielsweise kann das für das Gesamtkonzept zuständige Projekt-Management Auftraggeber und Entscheidungsinstanz bei der Entwicklung von Detailkonzepten sein).

Teil II: Systemgestaltung

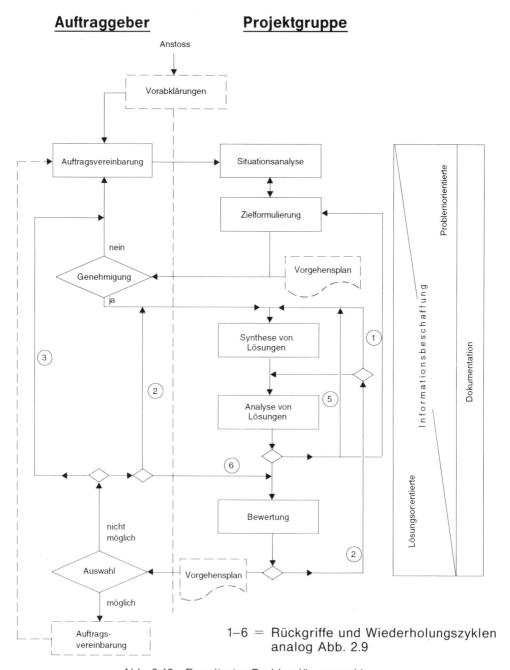

Abb. 2.10   Erweiterter Problemlösungszyklus

Aufgabe des jeweiligen Auftraggeber ist es,

- bei Abgrenzung des Problemfeldes und des Gestaltungsbereichs, sowie der Zielformulierung, willensbildend und entscheidend mitzuwirken
- für die Zuteilung der benötigten Mittel an die Projektgruppe zu sorgen
- die Entscheidung über die zu wählende Lösungsvariante zu treffen bzw. eine entsprechende Entscheidungsinstanz zu bestimmen.

Schwierigkeiten hinsichtlich einer speditiven Projektabwicklung ergeben sich vielfach dann, wenn der Auftraggeber nicht gleichzeitig auch Entscheidungsinstanz ist. Denn dann besteht die Gefahr, daß die Entscheidungsinstanz, die zu Beginn der Planungsarbeiten nicht identifiziert wurde oder werden konnte, im Zeitpunkt der Entscheidung von anderen Vorstellungen über eine zweckmäßige Systemabgrenzung, anderen Zielen und Wertvorstellungen ausgeht.

Besonders deutlich ausgeprägt sind derartige Situationen bei Projekten im öffentlichen Bereich. In derartigen Fällen ist es besonders wichtig, in der Situationsanalyse eine sorgfältige Einflußgrößenanalyse durchzuführen und sich dabei zu überlegen, ob die Zusammensetzung des Entscheidungsgremiums abhängig ist von der Art der vorgeschlagenen Lösungen. Wenn dies der Fall ist, sollte man versuchen, sich während der Synthese/Analyse das potentielle Entscheidungsgremium zu vergegenwärtigen. Dadurch verringert sich das Risiko, daß an der Realität vorbeigeplant wird. Eine zyklische Ablauffolge, im Sinne einer – u.U. mehrmaligen – Wiederholung einzelner Tätigkeitsschritte bzw. -folgen, wird aber trotzdem manchmal unumgänglich sein. Wenn sie einen Fortschritt in dem Sinn bedeuten, daß sie letztendlich zu «besseren» Lösungen führen und nicht nur zusätzliche Kosten bzw. unnötige Verzögerungen verursachen, ist dies im Sinne eines Lernprozesses wohl zu akzeptieren.

Projektgruppe

Die Projektgruppe soll

- in Zusammenarbeit mit dem jeweiligen Auftraggeber zweckmäßige Systemgrenzen, Systemziele und Vorgehensziele finden
- darauf aufbauend funktionstüchtige Lösungsentwürfe erarbeiten
- diese Entwürfe so weit analysieren, daß eine Bewertung und rational begründbare Auswahl möglich ist.

Vorabklärungen

Bevor ein Auftrag (Projektauftrag) vereinbart werden kann, ist es in der Regel nötig, gewisse Vorabklärungen durchzuführen. Diese dienen der groben Klärung der Ausgangssituation, der Absichten, des Problemumfangs u.a.m. und sind nötig, um den Umfang bzw. den Aufwand für die Durchführung abschätzen zu können. Dies gilt vor allem für die frühen Phasen (Vorstudie). In späteren Phasen kann der Auftrag i.d.R. auf der Basis bereits vorhandener Informationen abgeleitet werden. Vorabklärungen können dann entfallen oder kurz gefaßt werden.

Auftragsvereinbarung

Dabei handelt es sich um eine (möglichst schriftliche) Vereinbarung zwischen Auftraggeber einerseits und Projektgruppe andererseits.

Je unklarer die Ausgangssituation und die Absichten sind, desto zweckmäßiger ist es, einen Projektauftrag nur für die jeweils folgende Phase zu vereinbaren. Das Risiko kann damit reduziert werden (siehe dazu Teil III, Abschnitt 1.2.1).

Je weiter man im Projektablauf vorangeschritten ist, desto konkreter und detaillierter kann und muß der Projektauftrag sein (z.B. Auftrag zur Erarbeitung eines Lösungsbausteins im Rahmen des Gesamtkonzepts).

Genehmigung

Die der Systementwicklung zugrunde gelegten Zielsetzungen und Kriterien sollen vom Auftraggeber genehmigt werden, evtl. in Verbindung mit einem groben *Vorgehensplan* (Projektplanung, siehe Teil III, Abschnitt 1.2.1). Damit soll eine gegenseitige Abstimmung der Ziel- und Wertvorstellungen zwischen Projektgruppe und Entscheidungsinstanz erreicht werden.

Die in dieser Phase als gültig erklärten Zielsetzungen und Bewertungskriterien sind damit aber nicht als ein für allemal fix anzusehen. Projektgruppe und Auftraggeber durchlaufen einen Lernprozeß; sie erhalten einen besseren Einblick in die Problemzusammenhänge und Lösungsmöglichkeiten, der es als notwendig erscheinen lassen kann, Zielsetzungen und Kriterien im Laufe der Systementwicklung zu ergänzen, zu modifizieren, zu konkretisieren und unter Umständen auch für gegenstandslos zu erklären. Auf keinen Fall dürfen Änderungen einseitig erfolgen, d.h. ohne die übrigen Beteiligten zu informieren. Eine gut funktionierende Kommunikation ist daher unabdingbare Voraussetzung.

Der geschlossene Linienzug zwischen Auftragserteilung, Situationsanalyse, Zielsetzung und Genehmigung (siehe Abb. 2.10) stellt den Prozeß der Zielsuche (bzw. Zielkonkretisierung in späteren Phasen) dar, an dem Projektgruppe und Auftraggeber gleichermaßen beteiligt sind.

Auswahl

Die Systemwahl, d.h. die Entscheidung über die zu wählende und evtl. weiter zu bearbeitende Lösungsvariante, kann und soll nicht durch die Projektgruppe allein erfolgen. Überläßt der Auftraggeber die Entscheidung und Auswahl der Projektgruppe, so muß vorausgesetzt werden, daß es ihm gelungen wäre, seine Zielvorstellungen, Randbedingungen und subjektiven Wertmaßstäbe in vollkommener Art zu übermitteln.

Gerade bei komplexen Systemen ist diese Voraussetzung aber in der Regel nicht gegeben, und es hieße, den Auftraggeber zu überfordern, wollte man von ihm die Fähigkeit verlangen, im Schritt Zielformulierung die Anforderungen an eine ihm unbekannte Lösung derart zu formulieren, daß jemand anderer für ihn die Auswahl treffen kann.

Bei der Entwicklung komplexer Systeme scheint es daher praktikabler zu sein, wenn der Auftraggeber

- versucht, in einem Zielsucheprozeß die Anforderungen an die Lösung gemeinsam mit der Projektgruppe möglichst klar zu definieren und zu formulieren
- imstande ist, seine Ziele und Wertvorstellungen gegebenenfalls im Verlauf der Entwicklung anzupassen (Lernprozeß) und der Projektgruppe mitzuteilen, und wenn er schließlich
- aus einer Anzahl konkreter Lösungsvarianten diejenige auswählt, die seinen Vorstellungen am nächsten kommt. Damit ist die Möglichkeit gegeben, Argumente und Wertvorstellungen, die im Laufe der Systementwicklung nicht (explizit) beachtet wurden (weil man sie vergessen hat oder weil sie nicht formulierbar waren), in der Entscheidungsphase zu berücksichtigen.

Vielfach wird die Entscheidungsinstanz ihre Entscheidung von den Maßnahmen und Vorgehensschritten abhängig machen, die daraufhin ausgelöst werden müssen. Variantenspezifische Vorgehenspläne, die im Rahmen der Projektplanung erarbeitet werden, müssen in derartigen Fällen die Bewertungsergebnisse ergänzen.

Durch die *Entscheidung* wird die weiter zu verfolgende Variante legitimiert.

Hinsichtlich der *Zusammenarbeit von Auftraggeber und Projektgruppe* sind folgende Aspekte wichtig:

- Weder Auftraggeber noch Projektgruppe verfügen – sofern es sich um die Entwicklung komplexer Systeme handelt – über exakte Vorstellungen, wie das Ergebnis aussehen wird und wie man im Detail dazu kommt; beides ist Gegenstand einer schrittweisen Erarbeitung
- Der Auftraggeber kann die Entwicklung durch eine wohldosierte Mitarbeit sehr erleichtern. Diese soll dann einsetzen, wenn wichtige Weichen gestellt werden müssen, die nicht auf rein sachlicher Ebene liegen müssen. Sinnvolle Zwischenentscheidungen sind imstande, die Variantenvielfalt erheblich einzuschränken und den Entwicklungsaufwand entsprechend zu reduzieren
- Damit der Auftraggeber diese Zwischenentscheidungen und die im Anschluß an den Bewertungsprozeß stattfindende Auswahl treffen kann, ohne von den Spezialisten «überrollt» zu werden, muß er sich gedanklich laufend mit der entstehenden Lösung auseinandersetzen. Dies setzt einen entsprechenden gegenseitigen Informationsaustausch voraus, der sich nicht auf die Bekanntgabe von Zielen und die abschließende Übermittlung von Planungsresultaten beschränken darf.

Rückgriffe und Wiederholungszyklen

Die in Abb. 2.10 dargestellten Rückgriffe und Wiederholungszyklen (1–6) entsprechen den in Abb. 2.9 angeführten und wurden bereits in Abschnitt 1.4.3.2 erläutert.

Teil II: Systemgestaltung

2.	**Vertiefung der Teilschritte im Problemlösungszyklus**	109
2.1	**Situationsanalyse**	**109**
2.1.1	Zweck und Terminologie	109
2.1.2	Leitideen und Grundsätze zur Analyse von Situationen	111
2.1.2.1	Einflußfaktoren auf das Problemverständnis	111
2.1.2.2	Handlungsrelevante Problembetrachtung	112
2.1.2.3	Betrachtungsweisen in der Situationsanalyse	112
	• Systemorientierte Betrachtungsweise	112
	• Ursachenorientierte Betrachtungsweise	117
	• Lösungsorientierte Betrachtungsweise	118
	• Zukunftsorientierte Betrachtungsweise	119
2.1.2.4	Zur Abgrenzung von Problemfeld, Lösungsfeld und Eingriffsbereich	120
2.1.2.5	Randbedingungen und Einschränkungen der gestalterischen Freiräume	121
2.1.2.6	Zieloffenheit, Lösungsneutralität und Nachvollziehbarkeit	122
2.1.3	Techniken für die Situationsanalyse	123
2.1.3.1	Techniken zur Informationsbeschaffung	123
2.1.3.2	Techniken zur Informationsaufbereitung und -darstellung	124
2.1.3.3	Vorgehensaspekte bei der Informationsbeschaffung	125
	• Detaillierungsgrad	125
	• Primär- oder Sekundärquellen?	125
2.1.4	Vorgehensschritte bei der Situationsanalyse	126
2.1.4.1	Verwendung von Arbeitshypothesen	126
2.1.4.2	Die Vorgehensschritte	128
	• Analyse der Problem- und Aufgabenstellung	128
	• Grobstrukturierung und Abgrenzung des Problemfeldes	128
	• Vertiefende Analyse	130
	• Abgrenzung des Eingriffsbereichs	130
	• Verdichten der Ergebnisse	130
	• Iteratives Vorgehen	130
2.1.4.3	Dokumentation	130
2.1.5	Unterschiedlicher Stellenwert der Situationsanalyse im Verlauf der Systementwicklung	131
2.1.6	Zusammenfassung	133
2.1.7	Literaturverzeichnis	134
2.2	**Zielformulierung**	**135**
2.2.1	Zweck und Terminologie	135
2.2.1.1	Zielbegriff	135
2.2.1.2	Stellung im Problemlösungszyklus	135
2.2.1.3	Zielformulierung auf verschiedenen Lösungsebenen	137

2.2.2	Denkansätze und Leitideen für eine handlungsorientierte (operationale) Zielformulierung	137
2.2.2.1	Merkmale einer operationalen Zielformulierung	138
2.2.2.2	Formulierung von erwünschten oder ausdrücklich unerwünschten Wirkungen	138
2.2.2.3	Systemziele und Projektablauf (Vorgehens-)ziele	139
2.2.2.4	Struktur eines Zielkatalogs	139
2.2.2.5	Anwendung des Ziel–Mittel-Denkens	139
2.2.3	Anforderungen an die Zielformulierung	142
2.2.3.1	Prinzip der Orientierung von Zielen an Wertvorstellungen	142
2.2.3.2	Prinzip der Lösungsneutralität	144
2.2.3.3	Prinzip der Vollständigkeit hinsichtlich der Zielinhalte	145
2.2.3.4	Prinzip der Berücksichtigung aller wichtiger Informationen und Interessenslagen	146
2.2.3.5	Prinzip der Feststellbarkeit der Zielerfüllung	147
2.2.3.6	Prinzip der Prioritätensetzung bei der Zielerfüllung	148
2.2.3.7	Prinzip der Widerspruchsfreiheit von Teilzielen	149
2.2.3.8	Prinzip der Überblickbarkeit und Bewältigbarkeit eines Zielkatalogs	152
2.2.4	Techniken und Hilfsmittel für die Zielformulierung	152
2.2.5	Vorgehen	153
2.2.6	Einschränkungen	155
2.2.7	Zusammenfassung	155
2.2.8	Literaturverzeichnis	156

2.3	**Synthese-Analyse**	**157**
2.3.1	Zweck und Terminologie	157
2.3.2	Denkansätze und Leitideen	158
2.3.2.1	Die Bedeutung der Kreativität	158
2.3.2.2	Die Bedeutung der Modellbildung	159
2.3.2.3	Generelle Entwurfsprinzipien	159
2.3.2.4	Varianten-Kreation und -Reduktion	161
	• Das Denken in Varianten	161
	• Vermeidung unechter Alternativen	162
	• Verkleinerung des Lösungsspektrums	162
2.3.2.5	Bedeutung und Zusammenwirken von Synthese und Analyse im Verlauf der Systementwicklung	163
	• Abnehmender Innovationscharakter	163
	• Mehrere Konkretisierungsstufen in einem Problemlösungszyklus	164
2.3.3	Strategien zur Lösungsfindung (Synthese)	164
2.3.3.1	Begrenzung des Lösungsfeldes	165
2.3.3.2	System-Melioration	166
2.3.3.3	Unterschiedliche Ausgangspunkte für die Lösungssuche	166
	• «Von-außen-nach-innen»-Strategie	167
	• «Von-innen-nach-außen»-Strategie	167
	• Vorgehen mit wechselndem Ausgangspunkt	168

Inhaltsverzeichnis

2.3.3.4	Suchstrategien	168
	• Lineare Strategien	168
	• Zyklische Strategie	171
	• Kombinierte Strategien	172
	• Verbesserung der Suchprozesse	173
2.3.3.5	Heuristiken als Strategien zur Lösungsfindung	173
2.3.4	Grundsätze zur Analyse von Lösungen	174
2.3.4.1	Intuitive vs. systematische Analyse	174
2.3.4.2	Inhalte der systematischen Analyse	174
	• Analyse formaler Aspekte	175
	• Analyse der Integrierbarkeit	175
	• Analyse der Funktionen und Abläufe	176
	• Analyse der Betriebstüchtigkeit	176
	• Analyse von Voraussetzungen und Bedingungen	177
	• Analyse der Konsequenzen	177
2.3.5	Techniken für die Synthese-Analyse	178
2.3.5.1	Kreativitäts-Techniken	178
2.3.5.2	Modellierungs- und Darstellungstechniken	180
2.3.5.3	Analyse-Techniken	180
2.3.6	Vorgehen bei der Synthese-Analyse	181
2.3.6.1	Das Vorgehen im Überblick	181
2.3.6.2	Die Vorgehensschritte	181
	• Analyse der Gestaltungsaufgaben	181
	• Generieren und Sammeln von Lösungsideen	182
	• Systematisches Ordnen von Ideen	185
	• Erarbeiten (Entwerfen) von Lösungen	185
	• Systematische Analysen von Lösungen	185
	• Um- bzw. Weiterbearbeitung	185
	• Hinweise zur Abwicklung	185
2.3.6.3	Dokumentation	186
	• Dokumentation der Lösungen	186
	• Dokumentation der Unterlagen	186
2.3.7	Unterschiedliche Schwerpunkte in der Synthese-Analyse im Verlauf der Systementwicklung	187
2.3.8	Zusammenfassung	188
2.3.9	Literaturverzeichnis	189
2.4	**Bewertung und Entscheidung**	**190**
2.4.1	Zweck, Terminologie, Grundlagen	191
2.4.1.1	Verschiedene Entscheidungsarten	191
2.4.1.2	Die methodisch unterstützte Entscheidung	193
2.4.1.3	Ablauf von Entscheidungsvorbereitung und Entschluß	194
2.4.2	Bewertungsmethoden	196
2.4.2.1	Die Argumentenbilanz	196
2.4.2.2	Die Bewertungsmatrix als Basis für den Variantenvergleich	197
2.4.2.3	Nutzwertanalyse	198

2.4.2.4	Kosten-Wirksamkeits-Analyse	200
2.4.2.5	Andere Bewertungsmethoden	202
2.4.3	Vorgehen bei der Bewertung	203
2.4.3.1	Teilnehmerkreis bestimmen	204
2.4.3.2	Definition der Kriterien	204
2.4.3.3	Behandlung von Mußzielen	205
2.4.3.4	Anzahl Teilziele	206
2.4.3.5	Gewichtung der Teilziele	207
2.4.3.6	Ermittlung der Teilzielerfüllung	208
2.4.3.7	Plausibilitätsüberlegungen	212
2.4.3.8	Sensibilitätsanalysen	214
2.4.3.9	Analyse des Risikos und potentieller Probleme	215
2.4.3.10	Objektivität des Verfahrens?	216
2.4.3.11	Die Wirtschaftlichkeitsberechnung als Ergänzung des Entscheidungsvorbereitungsschrittes	217
2.4.3.12	Dokumentation des Bewertungsschrittes	217
2.4.4	Entscheidung	218
2.4.5	Zusammenfassung	218
2.4.6	Literaturverzeichnis	219

2. Vertiefung der Teilschritte im Problemlösungszyklus

Im folgenden Abschnitt werden die Schritte des Problemlösungszyklus (Situationsanalyse, Zielformulierung, Synthese/Analyse und Bewertung/Auswahl) einzeln herausgegriffen und vertieft behandelt.

2.1 Situationsanalyse

Die Situationsanalyse ist der erste Schritt im Problemlösungszyklus, dem ein – aus welchen Gründen auch immer initialisierter – Anstoß vorausgehen muß (Abb. 2.21). Dieser kann mehr oder weniger konkret sein: Zu Beginn einer Vorstudie kann es eine bruchstückhafte, vielleicht auch widersprüchliche Schilderung einer als problematisch (d.h. unzweckmäßig, nicht optimal, gefährlich) oder als wünschenswert empfundenen Situation sein. Zu Beginn einer Detailstudie kann es die klare Aufgabenstellung sein, einen hinsichtlich seiner Funktion, seiner Leistungsmerkmale und seiner Schnittstellen definierten Lösungsbaustein zu entwickeln.

Die in Situationsanalysen erarbeiteten Einsichten und Resultate sollen

– das Problemverständnis für alle Beteiligten erhöhen bzw. Bedürfnisse klären helfen
– der Zielfindung und -formulierung dienen und
– die Lösungserarbeitung vorbereiten.

2.1.1 Zweck und Terminologie

Der *Zweck* der Situationsanalyse besteht darin,
– die Situation, vor der man steht, «begreifbar» zu machen, d.h.
  - Probleme und deren Erscheinungsformen zu verstehen und Ursachen sowie deren Zusammenhänge zu ergründen
  - die Absicht bzw. die Aufgabenstellung und deren Ausgangssituation zu erkennen, d.h. Bedürfnis und Denkrichtung für die Art und das Ausmaß der erwünschten bzw. erforderlichen Entwicklungen oder Änderungen abzuklären
– das Problem- bzw. Untersuchungsfeld zu strukturieren und abzugrenzen
– den Eingriffs- bzw. Gestaltungsbereich für die Lösungssuche abzustecken
– die Informationsbasis für die folgenden Schritte «Zielformulierung» und «Lösungssuche» zu schaffen.

Der *Begriff* Situationsanalyse ist verwandt mit «Lagebeurteilung» aus dem militärischen Vokabular und «Diagnose» aus dem medizinischen Sprachgebrauch.
  Lagebeurteilung besteht im gedanklichen Zerlegen (Analyse) von Sachverhalten (Lage, Situation), im Erarbeiten und Gliedern der Zusammenhänge und im Ermitteln

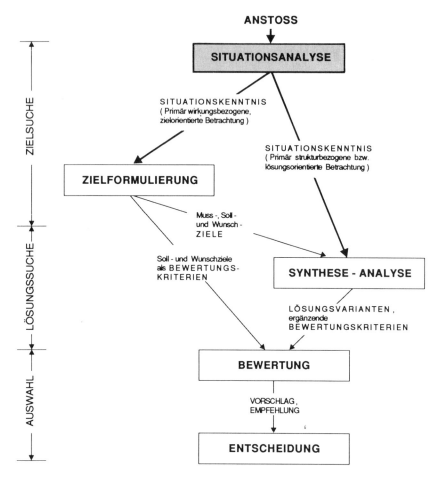

Abb. 2.21   Die Situationsanalyse als Informationslieferant im Problemlösungszyklus

von Ursachen mit der Absicht, die notwendigen Informationen für das eigene Vorgehen, d.h. über erwünschte alternative Zustände und über mögliche Wege dahin, zu gewinnen.

Aufgrund vorliegender Symptome werden in der Medizin Symptom-Kombinationen (Syndrome) gesucht, aus denen die Diagnose abgeleitet wird. Diese bildet die Grundlage für mögliche Therapien. Für betriebliche Probleme entspricht dies der Situationsanalyse[1].

---

1   Die Verwendung des Begriffes «Analyse» für eine doch im wesentlichen diagnostische Tätigkeit ist historisch bedingt. Betriebs-Analyse und Istzustands-Analyse wurden als Begriffe für die Bezeichnung betriebswirtschaftlicher und arbeitswissenschaftlicher Ursachenforschung vor mehr als 50 Jahren eingeführt. Durch die Verwendung des Attributes «Situation» statt «Ist» soll auf den um den Einbezug von Umwelt- und Zukunfts-Aspekten erweiterten Betrachtungs-Bereich hingewiesen werden – vgl. Schmaltz, K.

Sachverhalte, deren sich Planer und Entscheidungsträger anzunehmen haben, zeichnen sich meist durch mehr oder weniger hohe Grade an Komplexität, Dynamik, Vernetztheit und Intransparenz aus und die Handlungsmöglichkeiten durch mehr oder weniger große Bekanntheit von Vorgehensweisen und Mitteln.

Wie schon früher erwähnt (Teil I, Kap. 2.1.1), trennt man zweckmäßigerweise gedanklich den Untersuchungsbereich vom Eingriffs- bzw. Gestaltungsbereich. Beide sind in der Situationsanalyse herauszuarbeiten, wobei man sich der Denkansätze, Modellüberlegungen und Darstellungstechniken des Systemdenkens (Teil I, Kap. 1) bedient.

Der Untersuchungsbereich muß zwangsläufig größer sein, um die Bedürfnisse, Möglichkeiten und Beschränkungen der Einbindung der späteren Lösung beurteilen zu können. Die Definition des Gestaltungsbereiches ist das Ergebnis der «gekonnten» Einengung auf das Zweckmäßige, Notwendige und Machbare.

2.1.2 Leitideen und Grundsätze zur Analyse von Situationen

2.1.2.1 Einflußfaktoren auf das Problemverständnis

Als Problem wurde bereits früher die Differenz zwischen dem IST und einer Vorstellung von einem SOLL bezeichnet, so vage diese auch sein mag. Ohne Vorwissen, Ahnung oder Vision von einem SOLL besteht selten Anlaß dazu, mit dem bestehenden Zustand unzufrieden zu sein. Es existiert kein Problembewußtsein und damit auch kein Handlungsbedarf. Mit diesem Gedanken ist der Begriff des Problem- sowie des Lösungsfeldes verbunden. Er soll an dieser Stelle noch einmal aufgegriffen und vertieft werden.

Das Problemfeld umfaßt den in seine Umwelt eingebetteten Ist-Zustand, das Lösungsfeld, den – häufig noch unbekannten – Soll-Zustand. Auch das Lösungsfeld weist ein Umfeld auf: Dieses besteht aus dem technischen, wirtschaftlichen, organisatorischen, sozialen, ökologischen etc. Rahmen, in dem die Lösung zu suchen und zu realisieren ist, aber meist auch aus dem weiter entwickelten Umfeld, das den Ist-Zustand jetzt umgibt.

Subjektive Eindrücke, Einschätzungen und Vorstellungen spielen dabei sowohl bei der Beurteilung des Ist-Zustandes als auch bei jener der Soll-Vorstellungen eine Rolle.

Bei der Entwicklung der Lösung, d.h. der Umwandlung des Istzustandes in den Sollzustand bzw. der Beseitigung der Differenzen zwischen ihnen können Barrieren auftreten, die neben rein emotionalen oder persönlichen Gründen, sowie Scheu vor dem notwendigen Engagement (Zeit, Arbeit, Geld, Risiko), in erster Linie als Informationsdefizite zu verstehen sind:

– Zu wenig Durchblick im Problemfeld und seinen Randbedingungen
– Zu wenig Vertrautheit mit dem Lösungsfeld und seinen Randbedingungen (vages oder bedrohliches Unbekanntes).

Die Schwerpunkte der Aktivitäten in einer Situationsanalyse müssen darauf ausgerichtet werden.

2.1.2.2 Handlungsrelevante Problembetrachtung

Das Verstehen-Wollen von Systemen im Hinblick auf das Entwickeln von Handlungsansätzen verlangt eine Untersuchung

- des Anstoßes zum Handeln-Wollen, zur Befassung mit einem Sachverhalt und mit den Erwartungen an eine neue oder verbesserte Lösung
- der Funktionsweise des relevanten Systems mit den wesentlichen Einflußfaktoren
- der relevanten Teile der Systemumgebung
- von Schwächen und Stärken des Systems
- der Ursachen dieser Schwächen und Stärken
- der Gefahren und Chancen für das System in der Zukunft

Das Erkennen von Schwächen und Stärken bzw. Chancen und Gefahren setzt dabei ein «Vorwissen» über durchschnittliche, normale oder erreichbare Zustände voraus. Weitere Quellen für Soll- oder Wunsch-Vorstellungen können sein:

- Leitbilder (Visionen),
- Vorbilder irgendwelcher Art
- Zielsetzungen übergeordneter Stellen
- Vorgaben aus vorangegangenen Untersuchungen
- Vergleiche mit verwandten Sachverhalten oder Systemen
- Analogie-Schlüsse
- theoretisch gestützte Erwartungen
- intuitive Erwartungen u.a.m.

2.1.2.3 Betrachtungsweisen in der Situationsanalyse

Bei der Erläuterung des Systemdenkens wurde darauf hingewiesen, daß komplexe Situationen mit eindimensionalen Betrachtungen und Darstellungen nicht ausreichend erfaßt werden können. Diese Aussage gilt vor allem im Zusammenhang mit der Situationsanalyse. Hinsichtlich der Durchführung von Situationsanalysen sollen 4 verschiedene Betrachtungsweisen besonders hervorgehoben werden: Die Gliederung und Untersuchung des Betrachtungsobjekts unter

- systemorientierten,
- ursachenorientierten,
- lösungsorientierten oder
- zeit- bzw. zukunftsorientierten Aspekten.

Systemorientierte Betrachtungsweise

Konkret handelt es sich um folgende systemorientierte Denk- und Arbeitsschritte im Zusammenhang mit der Analyse des Problemfeldes:

- System und Umgebung herausarbeiten und voneinander, sowie von nicht relevanten Bereichen abgrenzen (tendenziell eher weiterfassen)

- Strukturmodelle für Systeme, Systemteile und relevante Teile der Umgebung erarbeiten
- aufbauorientierte Betrachtung (Gebilde-Strukturen)

Diese werden ergänzt durch Denk- und Arbeitsschritte, die man als funktionsorientiert bezeichnen kann

- Blackbox-Betrachtung
- ablauforientierte Betrachtung (Prozeß-Strukturen)
- Elementeigenschaften feststellen
- derzeitige und ggf. frühere Einflußgrößen ermitteln
- Funktionsmodelle erarbeiten: Anheben von der instrumentalen (konkreten) auf die funktionale (abstrakte) Betrachtungsebene
- größere Zusammenhänge und Wechselwirkungen zwischen System und Umgebung identifizieren

Die vom Systemdenken ausgehenden Betrachtungen dienen zur Strukturierung der Ausgangslage. Dazu einige Beispiele:

1) *Wirkungs-Analysen* gehen von einer sehr groben Sicht des Systems aus und sollen einen raschen Einstieg in die Problemsituation ermöglichen. Dabei interessiert vor allem die Wirkung eines Systems als Ganzes und die Art von Input und Output (Blackbox-Betrachtung), aber nicht die innere Struktur (siehe Teil I, Abschnitt 1.2.3).

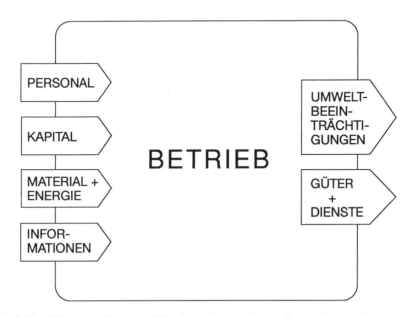

Abb. 2.22 Wirkungs-Analyse (Blackbox-Betrachtung, Input–Output-Betrachtung)

Teil II: Systemgestaltung 114

2) *Struktur-Analysen*

Mit Hilfe der Begriffe Element, Beziehung, Über-, Unter-System, Umgebung usw. werden der innere Aufbau oder die Abläufe und Prozesse aufbereitet und eingegrenzt und damit transparent gemacht.

Dabei kann eine gedankliche Unterscheidung in eine Gebilde- und eine Prozeßstruktur vorgenommen werden:

Bei der *Gebildestruktur* interessiert vor allem der (statische) Aufbau des Systems im Sinne seiner funktionellen oder räumlichen Anordnung, mit dessen Darstellung bzw. Analyse man sich eine erste Übersicht verschaffen will.

Beispiele:

— Organisationsschaubilder (Organigramme), welche die Strukturierungsmerkmale und den hierarchischen Aufbau einer Unternehmung/Behörde etc. erkennen lassen.
— Layout-Darstellungen oder Lagepläne, welche Art, Größe und Anordnung verschiedener Funktionsbereiche und Abteilungen wiedergeben (Anordnungsstruktur).
— Stücklisten oder Explosionszeichnungen, die den Aufbau eines Produkts erkennen lassen.
— Darstellung einer Maschinen- oder Anlagenkonfiguration.
— Thematische Landkarten u.v.a.m.

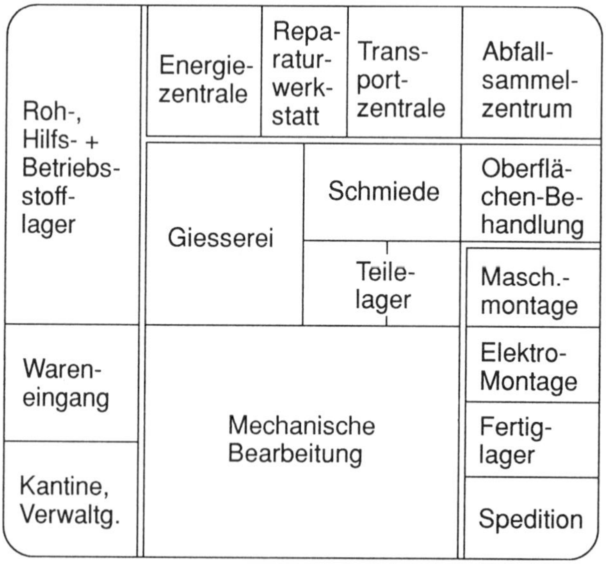

Abb. 2.23 Struktur-Analyse (Anordnungs-Struktur, Layout)

Die *Prozeßstruktur* liefert demgegenüber Einblicke in die (dynamischen) Abläufe in einem System. Die Funktionsmechanismen werden dadurch leichter erkennbar. Probleme und deren Ursachen können leichter lokalisiert werden.

Beispiele:

- Materialflußdarstellungen (mit Angabe von Mengen und Häufigkeiten)
- Arbeitsablaufdiagramme u.ä.

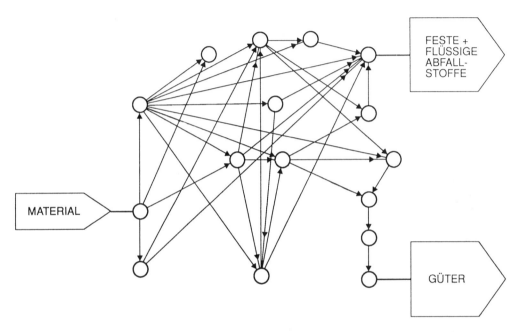

Abb. 2.24   Strukturanalyse (Prozeßstruktur, Systemaspekt Materialfluß)

3) Mittels *Einflußgrößen-Analysen* (= umgebungsorientierte Betrachtungsweise) können Quellen, Art und Umfang der äußeren Einflüsse auf Systeme bzw. auf Vorhaben (Vorstellungen und Anforderungen von Beteiligten und Betroffenen hinsichtlich Wirkungen, Verhalten, Leistungen von Systemen), aber auch gegenseitige Beeinflussung von Systemen und Umgebungs-Elementen und gegebenenfalls Auswirkungen auf Dritte ermittelt und herausgearbeitet werden.

Einflußfaktoren können je nach Art und Situation natürlicher, juristischer, politischer, volks-(gesamt-)wirtschaftlicher, finanzieller, personeller, sozialer, technischer und ökologischer Natur sein. Dies ist in Abb. 2.25 anhand eines Beispiels aus dem Gesundheitswesen verdeutlicht.

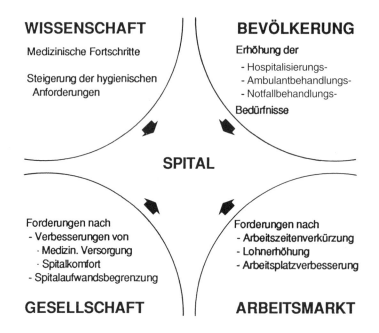

Abb. 2.25   Einflußgrößen-Analyse (Einflüsse und Einflußbereiche)

In eine Umgebung mit derartigen Einflußfaktoren ist jedes System eingebettet. Eingebettet sein bedeutet aber nicht beziehungsloses Darinliegen, sondern Funktionieren aufgrund und/oder trotz dieser Faktoren und resultierenden Beziehungen.

Die Einflußfaktoren sind daraufhin zu untersuchen, ob sie

– passiver oder aktiver
– fördernder, verstärkender oder hindernder, vermindernder
– quantitativer oder qualitativer

Art sind und ob sie

– direkt oder indirekt
– einzeln oder gemeinsam (vereint, synergetisch)
– linear oder vernetzt (drittbeeinflussend, neutralisierend)

wirken.

Einflußfaktoren liegen selten offen. Ihr Vorhandensein und Wirken ist vielfach nur an Symptomen zu erkennen.

Zusätzlich ist zu beachten, daß sie normalerweise nicht auf einen einmal festgestellten Zustand fixiert bleiben, sondern sich eigengesetzlich oder fremdbestimmt weiterentwickeln.

Die Umgebung ist ferner eine Quelle von Erkenntnissen für die Um- bzw. Neugestaltung von Systemen. Ihre Einflüsse geben Ideen zur Systemveränderung, weisen auf Möglichkeiten und Beschränkungen für neue Strukturen hin, zeigen Mittel zur Realisierung von Lösungen, aber auch Fakten zur Bewertung und Entscheidung auf.

In der Situationsanalyse behandelte Einflußfaktoren von System und Umfeld müssen relevant für Problemerkenntnis und Problemlösung sein.

4) Durch Hervorhebung verschiedener *Systemaspekte* können unterschiedliche Betrachtungen desselben Systems vorgenommen werden.

Beispiel (Spital):
- die Materialflüsse im Zusammenhang mit der medizinischen Versorgung (Medikamente, Geräte, Befunde etc.)
- die leibliche Versorgung (Nahrung, Wäsche etc.)
- der Personal- und Besucherverkehr
- die Disposition der Behandlungsräume, Geräte und Personalkapazitäten u.a.m.

Die systemorientierte Betrachtung dient dabei zur Vorbereitung oder Unterstützung einer ursachenorientierten Betrachtung.

Ursachenorientierte Betrachtungsweise

Die ursachenorientierte (diagnostische) Betrachtung bezweckt,
- offenliegende Symptome einer unbefriedigenden Situation, einer sich abzeichnenden Gefahr oder Chance zu identifizieren und zu beschreiben,
- diese Symptome zu sammeln und zu gliedern, auf Vollständigkeit, Doppelspurigkeit, Widersprüchlichkeit zu prüfen,
- sie den entsprechenden Elementen einer Sachverhalts-Darstellung zuzuordnen, dabei verborgene Elemente aufzuspüren und sie in Verbindung zu bringen sowie
- Hintergründe bloßzulegen,

um schließlich mögliche Ursachen, Ursachen-Ketten und -Vernetzungen herauszuarbeiten. Dabei sind vor allem jene Ursachen interessant die Möglichkeiten zum Handeln aufzeigen.

Eher selten hängen Ursachen und Wirkungen ausschließlich linear und einstufig (direkt) zusammen (Schema 1 in Abb. 2.26). Auch in vergleichsweise einfachen Sachverhalten haben einige Wirkungen mehrere Ursachen, während einige Ursachen sich mehrfach auswirken (Schema 2). Häufig sind die direkten Ursachen selbst wieder nur Wirkungen von Ursachen, deren Veränderung für eine Verbesserung der Situation erforderlich erscheint – mehrstufiger vernetzter Zusammenhang (Schema 3). Rückkopplungen sind wesentliche Wirkmechanismen komplexer Systeme (Schema 4). Eine Form gedanklicher Systematisierung der Zuordnung von Ursachen ist das Fischgrat-Diagramm (fish-bone oder Ishikawa-Diagramm). Für eine Qualitätsuntersuchung werden die Hauptkomponenten (Ursachen 1. Ordnung) z.B. eines Herstellungsprozesses fischgratartig an der Prozeß-Achse aufgetragen (Bediener, Material, Maschine, Meßgerät etc.) und für jede dieser Komponenten, die sie beeinflussen, Faktoren (Ursachen 2. Ordnung), wie z.B. Typ, Zustand, Wartung, Voroperation etc. dargestellt (Schema 5).

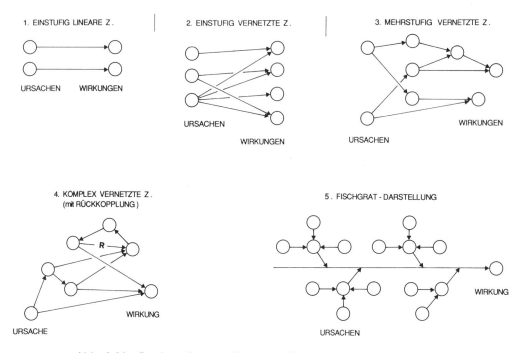

Abb. 2.26   Denkansätze zu Ursache–Wirkungs-Zusammenhängen

Lösungsorientierte Betrachtungsweise

Die lösungsorientierte (therapeutische) Betrachtung soll den Blick auf Eingriffs- und Gestaltungs-Möglichkeiten und deren Abgrenzung richten und ist vielfach schon nötig, um überhaupt das Problem zu verstehen und zu realistischen Zielvorstellungen zu gelangen (Problem als Differenz zwischen IST- und SOLL-Vorstellungen). Lösungsorientierte Betrachtungen dürfen allerdings in der Situationsanalyse nicht ausufern, sondern sollen stets berücksichtigen, daß die eigentliche Lösungssuche erst in den späteren Synthese-Analyse-Schritten erfolgen soll.

Vielfach geht es hierbei auch nur darum, einen Raster vorzubereiten, der eine zielorientierte Informationsbeschaffung und -auswahl während der Entwicklungstätigkeit erleichtert. Bei der lösungsorientierten Betrachtung kann auch zwischen einer funktionalen (Was?) und einer instrumentalen Betrachtung (Wie?, Womit?) unterschieden werden.

1) *Funktions-Analysen* haben die funktionale, d.h. die «WAS-wird-ausgeführt»-Betrachtung von Elementen eines Systems bzw. von Ablaufschritten eines Prozesses zum Gegenstand. Sowohl der «WIE»- als auch der «WOMIT»-Aspekt, d.h. die Art der z.B. angewandten physikalischen, chemischen, biologischen Transformations-Prinzipien und der technischen Grundoperationen wie der technischen Gestaltung von Bauelementen, stehen dabei noch im Hintergrund.

2) *Mittelkataloge* sind Zusammenstellungen von Mitteln bzw. Maßnahmen, die zur Erfüllung der gewünschten Funktionen in Frage kommen.

Zukunftsorientierte Betrachtungsweise

Da es bei der Erarbeitung von Lösungen primär nicht um eine Sanierung der Vergangenheit, sondern um eine bewußte Gestaltung der Zukunft geht, ist die zukünftige Entwicklung abzuschätzen.

Der system- wie der ursachenorientierten Betrachtung ist also eine vom gegenwärtigen Zustand ausgehende, entwicklungsorientierte Betrachtung von Problem und Umfeld bzw. Lösungsfeld zu überlagern. Sie soll folgende Fragestellungen untersuchen:

– Wie wird sich die Situation kurz-, mittel- und langfristig entwickeln, wenn nicht eingegriffen wird (Entwicklung des Problemfeldes)?
– Welche Entwicklungen sind im Umfeld zu erwarten? Was resultiert daraus für das Lösungs- und Eingriffsfeld?
– Was bedeutet dies für die Dringlichkeit einer Lösung?
– Welche Wirkungen haben mögliche Eingriffe und Lösungen des Untersuchungsbereichs, in welche Richtung und auf welche Art wirken sie?

Mit diesen Untersuchungen wird beabsichtigt, die Ungewißheit über künftige Entwicklungen im Problem- und Lösungsfeld sowie in deren Umgebung zu reduzieren oder zumindest besser faßbar zu machen. Entsprechende Aussagen lassen sich bisweilen in Form von Prognosen, aus vergangenen oder gegenwärtigen Entwicklungen und Tatbeständen gewinnen, weil viele Veränderungen nicht sprunghaft oder gar chaotisch, sondern allmählich und teilweise sogar regelmäßig eintreten.

Prognosen liefern natürlich keine deterministischen Ergebnisse. Je größer der Prognosezeitraum ist, um so geringer ist dabei die Genauigkeit. Sie schärfen aber den Blick für mögliche zukünftige Entwicklungen.

Die gedankliche Auseinandersetzung mit der zukünftigen Entwicklung soll

– dem besseren Verständnis des Problems und seiner Dringlichkeit
– als Basis für die Zielsetzung
– zur «richtigen» Dimensionierung der späteren Lösung

dienen.

2.1.2.4 Zur Abgrenzung von Problemfeld, Lösungsfeld und Eingriffsbereich

Wie bereits früher erwähnt (Teil I, Abschnitt 2.2.2) ist es nötig, zwischen einer Abgrenzung des Problemfeldes einerseits und jener des Lösungsfeldes mit dem Eingriffsbereich andererseits zu unterscheiden:

Die Grenzen des *Problemfeldes* sollen so gezogen werden, daß man sowohl jene Bereiche, in denen Probleme auftreten (erkennbar sind), als auch die sie primär verursachenden Faktoren im Blickfeld hat. Dies kann eine unerwartet große Ausdehnung des *Untersuchungsbereiches* zur Folge haben (siehe Abb. 2.27).

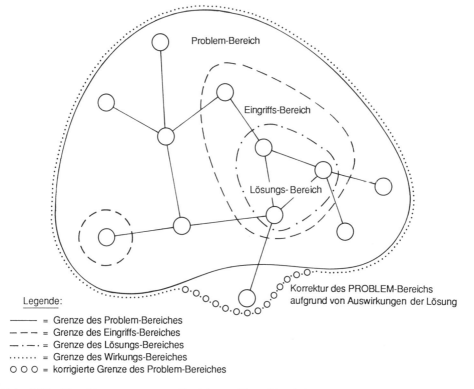

Abb. 2.27 Zur Abgrenzung von Problem-, Eingriffs-, Lösungs- und Wirkungsbereich

Der *Problembereich* (das Problemfeld, der Untersuchungsbereich), ist dabei jener Bereich, innerhalb dessen Problemzusammenhänge vermutet und – je nach Betrachtungsstufe unterschiedlich genau – untersucht werden.

Die Grenzen problembehafteter Systeme liegen dabei in der Regel nicht klar und eindeutig vor, man muß sich an sie herantasten. Sie brauchen keineswegs mit physischen, organisatorischen oder ähnlichen Grenzen eines Objekts zusammenfallen. In vielen Fällen kann es jedoch von Vorteil sein, derartige empirische Grenzen zunächst als Arbeitshypothese zu übernehmen, um den in Frage kommenden Bereich überhaupt kennzeichnen zu können. Die nähere Untersuchung der Umgebungsbeziehungen kann dann jedoch zu einer nachträglichen Veränderung der Grenzen des Untersuchungsbereichs führen (Einengung oder Ausdehnung).

Der *Eingriffsbereich* ist jener Bereich des Problemfeldes, innerhalb dessen in der vorher erwähnten lösungsorientierten Betrachtung Eingriffsmöglichkeiten zur Lösung der Probleme festgestellt oder vermutet werden. Hier ist ein «gekonntes» Einengen wichtig.

Der Eingriffsbereich wird z.B. durch folgende Überlegungen abgegrenzt:
– Wo kann man eingreifen, weil man Einfluß hat?
– Wo gibt es technische und organisatorische Lösungsmöglichkeiten?
– Wie dringlich ist es, eine Lösung zu realisieren?
– Wo läßt sich ein gutes Aufwands-/Nutzenverhältnis erwarten?

Art und Ausmaß der festgestellten Probleme einerseits und der zur Verfügung stehenden Handlungsrahmen andererseits (Eingriffskompetenz, sachliche, personelle, finanzielle Mittel, Zeit) werden also wesentliche Abgrenzungskriterien sein.

Daraus können sich unterschiedliche Veränderungsstrategien ergeben.

– Melioration: punktuelle Verbesserungen
– Umgestaltung: mehr oder weniger große Veränderungen
– Neugestaltung: Ersatz der alten Lösung durch eine neue.

Im Zweifelsfall sollte das Subsidiaritätsprinzip gelten, demzufolge Eingriffe auf der tiefstmöglichen Ebene vorgenommen werden, auf der sie noch ausreichende Wirkungen ohne wesentliche Nachteile versprechen.

Der *Lösungsbereich* ist in der Regel noch enger abgegrenzt, da er sich im Zusammenhang mit der Konzipierung bzw. Festlegung der effektiven Lösung ergibt. Im Eingriffsbereich sind gewissermaßen alle sinnvollen Lösungen noch offen. Im Lösungsbereich ist lediglich die später zu entwickelnde Lösung effektiv angesiedelt.

Der *Wirkungsbereich* umfaßt jenen Teil des Problemfeldes, in welchem nach Implementierung der Lösung Auswirkungen zu erwarten sind. Dieser Bereich geht in der Regel über den Lösungsbereich hinaus. Es kann sogar dazu führen, daß die Abgrenzung des Problembereichs neu überdacht werden muß, da zu Beginn z.B. potentielle negative Wirkungen noch nicht vorausgesehen werden konnten – siehe Abb. 2.27. Man sollte jedoch versuchen, bereits während der Situationsanalyse den Problembereich so abzugrenzen, daß er den potentiellen Wirkungsbereich mit einschließt, um unkontrollierte Eingriffe zu vermeiden und ungewollte Nebenerscheinungen möglichst frühzeitig zu entdecken – siehe dazu die Ausführungen zur Konzept-Analyse (Teil II, Abschnitt 2.3.4).

2.1.2.5 Herausfinden von Randbedingungen und Einschränkungen der gestalterischen Freiräume

Der Eingriffsbereich wird zusätzlich zu organisatorischen, räumlichen etc. Systemgrenzen auch durch die Existenz von Randbedingungen beeinflußt.

Unter Randbedingungen werden dabei Bestimmungsgrößen – meist aus der Umwelt – verstanden, die durch die Planung nicht oder nicht mehr beeinflußbar sind, wie z.B.

- Staatliche Vorschriften, Regelwerke, vertragliche Vereinbarungen
- vorangegangene Entscheidungen inhaltlicher Art, aber auch hinsichtlich des Zeitrahmens und der finanziellen Mittel
- Planungsergebnisse für relevante Teile von System und Umgebung
- nicht veränderbare Gegebenheiten des IST-Zustandes mit Bestand für den SOLL-Zustand
- zu beachtende physikalische Erscheinungen u.a.m.

Randbedingungen können sich also aus dem Umfeld, aus übergeordneten Systemen, aus vorgelagerten Projektphasen oder aus der laufenden Studie ergeben. Sie werden häufig von außen an die Planer herangetragen.

Gewisse Tatbestände sind im voraus zwingend als nicht veränderbare Randbedingungen erkennbar, andere ergeben sich aus Entscheidungen. Diese zweite Art von Randbedingungen unterliegt (wie die Festlegung der organisatorischen, räumlichen etc. Systemgrenzen) dem Gebot der Zweckmäßigkeit. Sie müssen einerseits aufgrund einer logischen Argumentation begründbar sein und ihre Auswirkungen bei der Systemgestaltung dürfen andererseits dem Systemzweck nicht zuwiderlaufen. Gegebenenfalls sind vorgegebene Festlegungen des Auftraggebers in Frage zu stellen, wenn eine wirklich befriedigende Lösung anders nicht erreicht werden kann (vgl. dazu Teil II, Abschnitt 2.4 – Synthese-Analyse).

Gewisse Randbedingungen haben einen Einfluß auf die Abgrenzung des Problemfeldes, andere kommen als Einschränkungen des Lösungsraumes bei der Lösungssuche zum Tragen.

Daneben gibt es eine Reihe von Einschränkungen bzw. Gegebenheiten weniger zwingenden Charakters, die bei der späteren Zielformulierung und Lösungssuche zu beachten und damit in der Situationsanalyse zu erfassen und dokumentieren sind, z.B.

- zu beachtende institutionelle Regeln
  - Organisationsrichtlinien
  - Richtlinien für Projektabwicklung
  - Verfahren der Kreditbewilligung
- verfügbare personelle Mittel
- einzuhaltende betriebliche Normen u.a.

Darüber hinaus beeinflussen natürlich auch selbstgewählte Beschränkungen z.B. hinsichtlich des Ausmaßes der anzustrebenden Veränderungen, der anzuwendenden Gestaltungsprinzipien sowie das verfügbare fachliche und methodische Know-how und die ethische Einstellung der Planer, Konstrukteure und Problembefasser den vermeintlich oder effektiv vorhandenen gestalterischen Freiraum.

2.1.2.6 Zieloffenheit, Lösungsneutralität und Nachvollziehbarkeit

Leitidee für die Ausführung einer Situationsanalyse ist die möglichst sachliche, von Fakten unterlegte, zieloffene und lösungsneutrale Interpretation der Situation und ihre transparente Darstellung. Spätere Entscheidungen, besonders jene grundsätzlicher Natur (am Ende der Vorstudie, evtl. auch Hauptstudie), erfordern diese solide Basis.

Bei einer fixierten Problemsicht oder bei Voreingenommenheit des Auftraggebers oder Planers können Situationsanalysen diesen Anforderungen häufig nicht entsprechen. Der Auftragnehmer läuft Gefahr, unter dem Leitbild einer vorgegebenen, häufig ungeprüft übernommenen Problemsicht, die Weichen für eine rein instrumentelle Mängelbehebung zu stellen.

Ein unter diesen Umständen erarbeiteter, womöglich gar unter Verwendung vorgegebener Mittel gestalteter Lösungsvorschlag wird deshalb häufig nur Rechtfertigungshilfe liefern. Die erarbeiteten Lösungen sind oft schlecht, da die Problemdefinitionen, auf denen sie aufbauen, unzureichend sind.

Da die Resultate von Situationsanalysen insbesondere bei Vorhaben mit großem Beeinträchtigungs-Potential wegen ihrer Relevanz für Zielformulierung und Lösungsentwicklung mit den Beteiligten und Betroffenen zu diskutieren sind, erfordert dies große Transparenz hinsichtlich der Informationsquellen und deren Aufbereitung sowie der Nachvollziehbarkeit und Glaubwürdigkeit der Schlußfolgerungen und Begründungen.

2.1.3 Techniken für die Situationsanalyse

Dabei ist insbesondere zu unterscheiden zwischen Techniken der

- *Informationsbeschaffung* über derzeitige, vergangene bzw. künftig zu erwartende Zustände, der
- *Informationsaufbereitung* sowie der
- *Informationsdarstellung*.

Insbesondere die Techniken der Informationsdarstellung dienen mit der Transparentmachung von Sachverhalten, Hypothesen, Lösungsansätzen etc. der Beurteilung von gegenwärtigen, vergangenen oder zukünftigen Situationen.

Die Techniken sind sehr vielfältiger Natur und oftmals für verschiedene Schritte im Problemlösungszyklus anwendbar. Sie sollen hier vor allem hinsichtlich ihrer Relevanz im Zusammenhang mit der Situationsanalyse kurz skizziert werden. Hinsichtlich weiterführender Darstellungen sei auf die Enzyklopädie im Teil VI verwiesen.

2.1.3.1 Techniken zur Informationsbeschaffung

Dazu zählen insbesondere → *Interviews*, bei denen Personen mündlich befragt werden, von denen man meint, daß sie Informationen über gegenwärtige Zustände, Wünsche oder künftige Entwicklungen geben können. Je nach Art der Fragestellung unterscheidet man standardisierte, nicht- oder halb-standardisierte Interviews.

Ähnliche Funktionen erfüllt ein → *Fragebogen*, der den Vorteil hat, bei umfangreichen Erhebungen weniger aufwendig zu sein. Andererseits erhält man dabei in der Regel weniger differenzierte und subtile Informationen.

Sogenannte → *Beobachtungsmethoden* sind anwendbar, wenn Zustände durch Augenschein besser erfaßt bzw. beurteilt werden können. Die → *Multimoment-Aufnahme* ist ein wenig aufwendiges Beobachtungsverfahren, das auf einer statistischen Stichprobenerhebung beruht.

Eine Gesprächsrunde, z.B. in Form eines → *Brainstormings* kann Äußerungen und Ideen mehrerer Personen gleichzeitig vermitteln. Dabei sind wechselseitige Hinweise und Anregungen besonders positiv zu bewerten.

Ähnliches ermöglicht die sogenannte → *Kärtchentechnik*.

Sogenannte → *Panelbefragungen* bzw. → *Delphi-Umfragen* ermöglichen es, Informationen über erwartete zukünftige Zustände oder Entwicklungen durch Befragung verschiedener Experten zu erhalten. Die → *Scenario-Technik* verfolgt eine ähnliche Zielsetzung.

→ *Hochrechnungsprognosen* z.B. auch mit Hilfe von → *Korrelations-* oder → *Regressionsrechnungen* können die quantitative Abschätzung möglicher künftiger Entwicklungen unterstützen, sofern das entsprechende Datenmaterial verfügbar ist.

Die → *Analogiemethode* ermöglicht die Übertragung von Einsichten und Erkenntnissen aus anderen Bereichen.

Zunehmend gewinnen → *Datenbankabfragen* an Bedeutung, die heute schon weltweit möglich sind.

→ *Checklisten* können die Informationsbeschaffung unterstützen bzw. steuern.

Vielfach können Informationen aus vorhandenen Unterlagen und Aufzeichnungen abgeleitet werden. Man spricht in diesem Fall von → *Sekundärerhebungen*.

Da die Informationsbeschaffung sehr aufwendig und bisweilen wenig ergiebig sein kann, ist es sinnvoll, jeweils einen, dem Problem angepaßten → *Informationsbeschaffungsplan* zu erarbeiten.

2.1.3.2 Techniken zur Informationsaufbereitung und -darstellung

Hier sind zunächst natürlich alle im Zusammenhang mit dem Systemdenken genannten und beschriebenen Methoden und Techniken zu nennen, wie z.B.

- *Blackbox-Darstellung* im Sinne der vorläufigen Beschränkung auf Inputs und Outputs zur Reduktion der Komplexität
- die *Systemdarstellung* (Elemente, Beziehungen, Grenzen, Umwelt etc.), z.B. in Form von Bubble-Charts
- *systemhierarchische* Darstellungen im Sinne der Anwendung des Über- bzw. Untersystembegriffes
- die Anwendung der Idee der verschiedenen Systemaspekte (Betrachtung durch «verschiedene Brillen»).

Darüber hinaus existiert eine Vielzahl von Methoden und Techniken, die aus verschiedenen Fachbereichen entlehnt sind und vertiefte Einsichten ermöglichen können:

Sogenannte → *ABC-Analysen* ermöglichen eine gezielte Schwerpunktbildung im Sinne der 90:10-Regel (z.B. 90% der Schwierigkeiten durch 10% der Fälle verursacht).

→ *Ablaufdiagramme*, → *Blockschaltbilder* oder → *Flußdiagramme* schaffen Einblicke in konkrete Abläufe und mit ihnen evtl. verbundene Schwachstellen bzw. Flaschenhälse.

Matrizendarstellungen, z.B. in Form von → *Ursachen-* bzw. *Beeinflussungsmatrizen* oder → *Zuordnungsmatrizen*, ermöglichen es, Sachverhalte auf übersichtliche Art zuzuordnen bzw. miteinander in Beziehung zu setzen.

Darüber hinaus ist natürlich auch jede Art von *Plan, Zeichnung, Diagramm* oder *Tabelle* eine Form der Darstellung von Informationen und unterstützt damit die Analyse.

→ *Tabellenkalkulationsprogramme* vereinfachen dabei die Manipulation von Tabellen (Korrektur, Ergänzung, Erweiterung, Reduktion u.a.m.) auf komfortable Art.

→ *Kennziffern* verschiedenster Art beschreiben vorhandene bzw. erwünschte Zustände auf kompakte Art.

→ *Polaritätsprofile* können zur Charakterisierung von Situationen hinsichtlich der Erfüllung bzw. Ausprägung wichtiger Merkmale verwendet werden.

Sogenannte → *Sicherheits-* bzw. → *Risikoanalysen* können nicht nur zur Beurteilung von Lösungen, sondern auch auf bestehende Zustände angewendet werden.

Die Methoden der → *Korrelations-* und → *Regressionsrechnung* dienen nicht nur der Beschaffung von Informationen, sondern stellen diese auch dar, indem sie die effektive bzw. mutmaßliche Entwicklung charakterisieren.

2.1.3.3 Vorgehensaspekte bei der Informationsbeschaffung

Im folgenden Abschnitt sollen einige praktische Hinweise formuliert werden.

Detaillierungsgrad

Das Phasenmodell empfiehlt ein Vorgehen «Vom Groben zum Detail». Dies bezieht sich natürlich auch auf die Informationsbeschaffung. In der Praxis ist es nun nicht ganz einfach, den «richtigen» Detaillierungsgrad zu finden:

Umfang und Detaillierungsgrad der zu beschaffenden Informationen und der dafür erforderliche Aufwand sind nämlich korrelierende Größen. Deshalb sollte als Leitidee das Motto beherzigt werden: «So wenig bzw. so detailliert wie *nötig*, statt so viel bzw. so detailliert wie *möglich*».

Dies kann im Widerspruch zur folgenden Überlegung stehen:
Wenn man sich z.B. in der Vorstudie (sinnvollerweise) damit begnügt, mit relativ globalen Informationen zu arbeiten, so kann dies zur Folge haben, daß man die gleichen Inhalte in den späteren Phasen, vertiefter und detaillierter, noch einmal erheben muß. Dies kann einerseits einen unnötigen Mehraufwand verursachen und andererseits die Geduld jener Personen strapazieren, welche als Informationsquellen dienen (müssen). Es kann deshalb in Einzelfällen durchaus sinnvoll sein, die benötigten Informationen über einen Sachverhalt möglichst nur einmal und da gleich detailliert zu erfassen.

Primär- oder Sekundärquellen?

Informationen bzw. Unterlagen aus *Primärquellen* sind solche, die im Rahmen von Befragungen (mündlich, schriftlich), Beobachtungen oder gezielten Erhebungen im

Hinblick auf eine konkrete Untersuchung bzw. Studie entstehen. Sie ermöglichen es i.d.R. präzisere Antworten auf die gestellten Fragen zu erhalten. Der Nachteil besteht darin, daß sie aufwendig sind.

Deshalb ist es durchaus empfehlenswert – vor dem Start einer größeren Erhebung – zunächst zu klären, ob die gewünschten Antworten nicht wenigstens teilweise aus vorhandenen Unterlagen abgeleitet werden können. Diese können aus irgendwelchen Gründen und völlig losgelöst vom derzeitigen Zweck entstanden sein und werden als *Sekundärmaterial* bezeichnet.

Generell ist es also nötig, sich neben der Frage, welche Informationen man in welchem Detaillierungsgrad benötigt, auch mit der Frage zu beschäftigen, wie man an diese mit möglichst geringem Aufwand – und trotzdem akzeptabler Zuverlässigkeit – am besten herankommt. Es lohnt sich in der Regel, vor dem Start umfangreicherer Erhebungen, Sondierungsgespräche mit jenen Personen zu führen, die mit dem Problem- und evtl. auch mit dem Lösungsfeld vertraut sind und bei der Erstellung eines → Informationsbeschaffungsplans helfen können.

Dazu sollte man natürlich begründen können, warum und wozu man die Informationen benötigt, die Bereitschaft zur Mitarbeit ist dann größer.

Die Erschließung von Informationsquellen kann als Vollerhebung (z. B. über einen bestimmten Zeitraum) oder mit Stichproben erfolgen. Vollerhebungen kommen aus Aufwandgründen im allgemeinen nur in Frage, wenn die Unterlagen EDV-mäßig gespeichert sind. Andernfalls wird man sich mit Stichproben begnügen müssen, wobei eine zufällige Auswahl gewährleistet sein muß.

Bei den heute gegebenen Auswertungsmöglichkeiten mit PC-Software (z. B. Tabellenkalkulationsprogramme mit Graphik) empfiehlt es sich, soweit wie möglich originäre Größen zu erfassen (z. B. Jahresverbrauch, Preis, Lagerbestand usw. pro Artikel) und erst in einem 2. Schritt daraus abgeleitete Werte zu berechnen (z. B. Umsatz pro Artikel, Reichweite der Lagerbestände usw.). Einerseits ergeben sich differenziertere Auswertungsmöglichkeiten, andererseits können die originären Größen Korrelationen aufweisen, die aus den abgeleiteten Werten nicht mehr rekonstruiert werden können. Ganz allgemein erbringen mehrdimensionale Auswertungen und Darstellungen vertiefte Einblicke.

2.1.4 Vorgehensschritte bei der Situationsanalyse

Die bisherigen Überlegungen werden nun einer vereinfachten Schrittfolge zugeordnet. Natürlich können einzelne Schritte im konkreten Fall übersprungen werden, wenn sie sich als unnötig erweisen, weil die Situation klar ist oder wenigstens zu Beginn so zu sein scheint.

2.1.4.1 Verwendung von Arbeitshypothesen

Der Arbeitsstil wird – wenigstens zu Beginn – sehr stark auf die Formulierung von Arbeitshypothesen ausgerichtet sein, die sich auf ein Vorwissen abstützen – siehe

2. Vertiefung der Teilschritte im Problemlösungszyklus

Abb. 2.28. Elemente und deren Beziehungen, Ursache–Wirkungs-Zusammenhänge, Umgebungseinflüsse etc. können häufig zunächst nur qualitativ (z.B. graphisch, durch Pfeile) dargestellt und selten bewiesen werden.

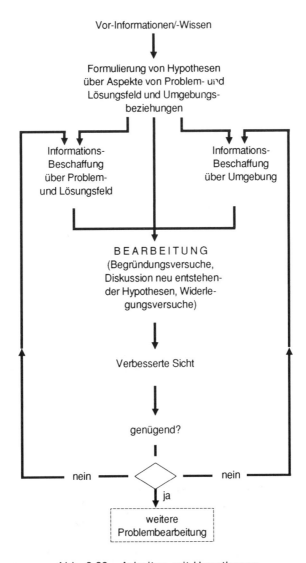

Abb. 2.28 Arbeiten mit Hypothesen

Wenn man dabei 2 Prinzipien beachtet, ist dies effektiver, als es zunächst scheinen mag:
- Die Anfertigung von graphischen Darstellungen zwingt dazu, die eigene Meinung über Problemfelder, deren Elemente und Zusammenhänge sichtbar und damit diskutierbar zu machen. Es kann dafür oder dagegen argumentiert werden, die Suche nach Fakten wird angeregt.
- Die Grundeinstellung muß undogmatisch sein: Es geht nicht darum, die Hypothesen zu beweisen, sondern darum, sie als eine Möglichkeit anzusehen, zu begründen und dabei zu prüfen. Wenn sich aufgrund neuer Informationen andere Strukturen (Faktoren und Zusammenhänge) als plausibler erweisen und durch Daten und Fakten besser belegt werden können, sind die ursprünglichen Hypothesen zurückzuziehen bzw. zu korrigieren.

2.1.4.2 Die Vorgehensschritte

In der Folge werden die wesentlichen Vorgehensschritte kurz beschrieben (vgl. dazu Abb. 2.29).

Analyse der Problem- und Aufgabenstellung

Zunächst wird herauszuarbeiten sein, wie Veranlasser bzw. Auftraggeber das Problem beurteilen und welche Erwartungen an eine Problemlösung gestellt werden. Es ist insbesondere davon auszugehen, daß die anvisierten Probleme lediglich Symptome in einem umfassenderen Problemfeld sind, was zu einer Ausweitung der Aufgabenstellung führen kann. Im einzelnen handelt es sich um folgende Arbeiten:
- wichtige Problemaspekte (Schwierigkeiten, Mißstände, Chancen…) herausschälen
- Anstoß zur Problembefassung ergründen
- nach Vorbildern bzw. Idealvorstellungen fragen
- unklare Begriffe klären
- Freiräume für die Aufgaben-Behandlung ermitteln
- Vorgehen zur Informationsbeschaffung planen, Kontaktpersonen identifizieren u.a.m.
- Widersprüchlichkeiten erkennbar?

Grobstrukturierung und Abgrenzung des Problemfeldes

In Vorerhebungen sind Informationen zu sammeln, die es ermöglichen, das Problemfeld und seine Umgebung grob zu strukturieren. Die Diskussionen werden durch diese Vorerhebungen vom Auftraggeber auf die Betroffenen und Beteiligten ausgedehnt. Sofern dabei schon quantitative Daten auf einfache Art erhältlich sind, ist dies von Vorteil.

Ergebnis kann eine Problem-Landkarte sein, die das Problemfeld, seine systembildenden Elemente und Beziehungen, die relevante Umgebung und deren Abgrenzung im Sinne einer Arbeitshypothese sichtbar macht und damit den Untersuchungsbereich definiert.

«Problem-Landkarte» und -Abgrenzung werden zweckmäßigerweise mit dem Auftraggeber besprochen.

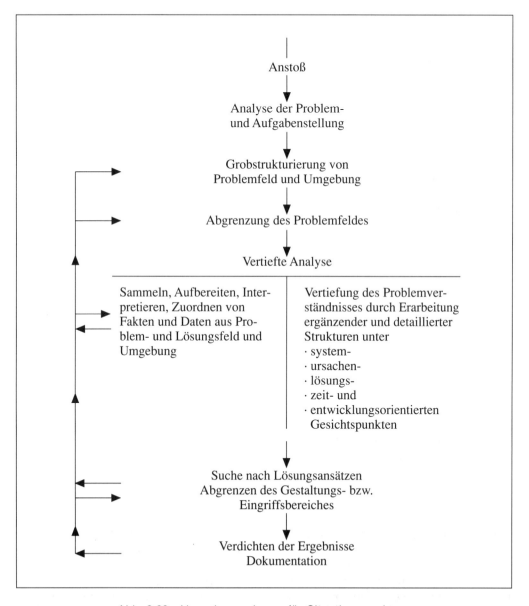

Abb. 2.29 Vorgehensschema für Situationsanalysen

Vertiefende Analyse

Im darauffolgenden Schritt werden 2 Aktivitäten parallel verfolgt.

- Einmal geht es um das Sammeln und Strukturieren konkreter Fakten und Daten, wobei verschiedene Techniken der Informationsbeschaffung, -aufbereitung und -darstellung zur Anwendung kommen.
- Damit wird nicht nur eine Informationsbasis geschaffen, die eine quantitative Abschätzung der Situation ermöglicht. Es wird gleichzeitig die Grundlage für die Korrektur bzw. die Verfeinerung der bisherigen Arbeitshypothese(n) gelegt. Durch die bereits genannten Betrachtungsweisen (system-, ursachen-, lösungs-, zeit- und entwicklungsorientiert) entstehen ein vertieftes Problemverständnis und verfeinerte und aussagefähigere Strukturen.

Abgrenzung des Eingriffsbereichs

Damit ist die Basis geschaffen, um den Eingriffs- bzw. Gestaltungsbereich zu definieren. Welche Teile des Problemfeldes sollen verändert werden? Mit welcher Absicht? Welche Wirkungen verspricht man sich davon? Welche Ansätze für Lösungen gibt es? Es ist sinnvoll, auch diesen Schritt wieder mit dem Auftraggeber in einem Zwischengespräch abzustimmen.

Verdichten der Ergebnisse

Die wesentlichen Kernaussagen, wie z.B. Feststellungen des Ist-Zustandes, erwartete Entwicklung und deren Begründung, Tendenzen im Lösungsfeld etc. sollen, unterstützt durch graphische Darstellungen, Tabellen u.ä., zusammengefaßt werden.

Damit schaffen sie die Basis für Zielformulierung und Lösungssuche.

Iteratives Vorgehen

Es versteht sich von selbst, daß die Schritte nicht in einer streng linearen Folge, sondern je nach Erfordernis in entsprechenden Feedback- und Wiederholungszyklen durchlaufen werden.

2.1.4.3 Dokumentation

Auf die Grundlagen der Aussagen, die als Ergebnisse der Situationsanalyse der Informations-Input der nächsten Schrittfolgen im Problemlösungszyklus sind, muß für die verschiedenen Zwecke zurückgegriffen werden können.

Sie müssen dokumentiert sein, um anderen Planern, Auftraggebern und Beteiligten und Betroffenen den Nachvollzug von Hypothesen, Schlüssen, Berechnungen etc. zu ermöglichen. Dem Planer selbst erleichtern sie die Arbeit bei einem erneuten Aufrollen von Sachverhalten. Für das Monitoring der Entwicklung wesentlicher Faktoren für die Beurteilung von Problem- und Lösungsfeld ist die Dokumentation die Basis. Durch Festhalten der Arbeitsergebnisse der Mitarbeiter sind personelle Wechsel im Bearbeiter-Team leichter verkraftbar.

Der Zwang zur Dokumentation erfordert schriftliches Festhalten von Sachverhalten und deckt damit Lücken auf. Dies fördert auch die Vereinheitlichung des verwendeten Vokabulars und dient damit der Verständlichkeit.

Deshalb sollen sowohl die erhaltenen Informationen und ihre Herkunft als auch die Art und Weise ihrer Aufbereitung, das Entstehen von Hypothesen und ihre Verifikation oder Widerlegung, Gründe für Abgrenzungen und Ausweitungen von Problem- und Lösungsfeld, Randbedingungen und vorgenommene Einschränkungen sowie wichtige Zwischenergebnisse der Arbeit an der Situationsanalyse schriftlich festgehalten und geordnet aufbewahrt werden.

2.1.5 Unterschiedlicher Stellenwert der Situationsanalyse im Verlauf der Systementwicklung

Das geschilderte Vorgehen ist – wie auch andere Empfehlungen des Systems Engineering – von genereller Art und kann für eine große Variationsbreite von Problemen angewendet werden. Es stellt aber nur einen Leitfaden dar. Um in einer konkreten Problemsituation effizient und zielgerichtet arbeiten zu können, muß ein detaillierter Vorgehensplan erstellt werden, der auf das jeweilige Problem zugeschnitten ist.

Aufgrund unterschiedlicher Aufgabeninhalte der verschiedenen Projektphasen ändern sich sowohl der Umfang des betrachteten Bereichs als auch der Detaillierungsgrad, in dem das vorhandene bzw. beschaffbare Informationspotential ausgeschöpft und aufbereitet werden muß. Hauptzweck, Umfang und Detaillierungsgrad der Situationsanalysen unterscheiden sich daher in den verschiedenen Projektphasen stark.

In einer Vorstudie sind die Grenzen von Problem- und Lösungsfeld sowie Eingriffsbereich meist noch freier wählbar, in einer Hauptstudie bestehen bereits Einschränkungen durch das gewählte Lösungsprinzip, und in Detailstudien sind die Grenzen meist schon relativ präzise definiert (Gesamtkonzept bereits festgelegt).

Diese sukzessive Einengung einerseits ist mit einer Ausdehnung andererseits verbunden: Zunehmen werden i.d.R. die Problemkenntnis, die Kenntnis der Lösungsmöglichkeiten und jene der Eingriffsmöglichkeiten (siehe Abb. 2.30).

Der Zuwachs wird besonders groß in der Vorstudie sein und muß sich in den späteren Phasen abflachen. Die Vorstudie ist deshalb ausschlaggebend für Systemabgrenzung, Zielsetzung, Wahl der Lösungsrichtung und für die Umgebungskompatibilität der Lösung. Die Situationsanalyse ist in dieser Phase deshalb von besonderer Bedeutung.

In späteren Phasen liegt ihr Schwerpunkt dann auf der Verfolgung (Monitoring) der Entwicklung der aus der Vorstudie resultierenden Annahmen für die Systemgestaltung und in der erforderlichenfalls vertiefenden Informationsbeschaffung und -aufbereitung für die jeweils folgenden Schritte des Problemlösungszyklus.

Die Kurve der Eingriffsmöglichkeiten liegt unterhalb jener der erkannten Problemlösungsmöglichkeiten, da in einem konkreten Fall in der Regel nicht alle Lösungsmöglichkeiten anwendbar bzw. durchsetzbar sind.

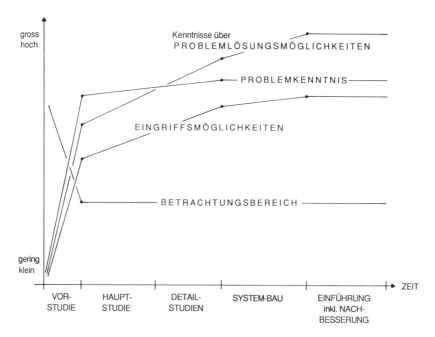

Abb. 2.30 Veränderung von Betrachtungsbereich und Wissensumfang im Verlauf der Systementwicklung

Während in Vorstudien eine sehr starke Orientierung auf
- externe Information hinsichtlich Problemfeld, Lösungsfeld und Umgebung
- Zukunftserwartungen und -aussichten hinsichtlich Chancen und Gefahren

erfolgt, wird in Haupt- und Detailstudien die dann stärker lösungs- und mittelorientierte Informationsbeschaffung weitgehend auf im System bzw. bei den Planern vorhandene Informationen zielen. Viele dieser Informationen müssen aber zweckspezifisch zusammengetragen und aufbereitet sowie ergänzt werden.

In der Vor- und Hauptstudie hat auch die grundsätzlich anzuwendende Lösungsstrategie einen Einfluß auf die Untersuchungsbereiche der Situationsanalyse. Bei einer *System-Neukonzeption* hat eine detaillierte Auseinandersetzung mit den strukturellen Aspekten des Ist-Zustandes wenig Sinn, da diese Struktur ja grundlegend verändert werden soll. Was besonders interessiert, sind die gesamthaften Wirkungen des bestehenden Systems nach außen. Hingegen muß für eine *System-Melioration* viel stärker auf die derzeitigen inneren Wirkungsmechanismen eingegangen werden, da eine Reihe von ihnen unverändert bleibt.

Bei Problemen, die in ähnlicher Art schon mehrfach gelöst wurden und bei denen deshalb eigene, veröffentlichte oder durch extern beigezogene Experten zugängliche Erfahrungen vorliegen, kann auf Checklisten, Informationsbeschaffungspläne und andere Unterlagen zurückgegriffen werden, um die Art der zu erhebenden Informationen und die Vorgehensweise zu bestimmen. In solchen Fällen ist es auch denkbar, daß die problem- und die lösungsorientierte Informationssammlung im Interesse einer effizienten Arbeitsweise teilweise kombiniert werden können.

Falls es sich nicht um reine Routineprobleme handelt (für welche das Systems Engineering weniger gedacht ist), empfiehlt es sich, unabhängig von vorhandenen Unterlagen eigenständige Überlegungen zur Situationsanalyse anzustellen. Vorhandene Vorbilder sind auf alle Fälle kritisch zu durchleuchten, bevor sie auf das eigene Problem angepaßt werden. Dies trifft auch auf die Informationsbeschaffung zu.

Situationsanalysen werden in den Entwicklungsphasen (Vor-, Haupt- und Detailstudien) den größten Umfang aufweisen. Bei hohem Neuigkeitscharakter eines Vorhabens können aber auch in der Realisierungsphase (Systembau, -einführung) noch Probleme auftreten, die die Anwendung des Problemlösungszyklus sinnvoll erscheinen lassen (vgl. dazu Teil II, Kapitel 3).

2.1.6 Zusammenfassung

1) Die Situationsanalyse besteht in einem systematischen Durchleuchten und Darstellen einer intuitiv als problematisch empfundenen Erscheinung oder eines im Auftrag angegebenen Sachverhaltes. Hierbei reicht das Spektrum von einem diffusen Unbehagen bis hin zu einer konkreten Problemdefinition.
2) Sie ist nicht nur Istzustandsaufnahme (z.B. im Sinne einer Beschäftigungstherapie in Phasen der Ratlosigkeit). Eine unstrukturierte, ziellose und allzu detaillierte Beschäftigung mit bestehenden bzw. sogar vergangenen Verhältnissen wirkt sich auf Problemerkenntnis und Lösungssuche meist eher hindernd als fördernd aus.
3) Die Situationsanalyse hat zunächst die Erarbeitung von Aussagen zum heutigen Zustand zum Gegenstand, mit der Absicht, Differenzen zwischen Istzustand, voraussichtlicher Entwicklung und hypothetischem Sollzustand zu erkennen und dadurch die Definition des Problems zu ermöglichen.
4) Zweck der Situations-Analyse ist das
   – Strukturieren und Untersuchen des problembehafteten Bereiches (System und Umgebung), mit dem Ziel, das «richtige» Problem erkennen, besser verstehen und behandeln zu können
   – Abgrenzen des Eingriffsbereiches für Maßnahmen
   – Schaffen einer Informationsbasis für die nachfolgenden Schritte Zielformulierung und Lösungsentwicklung sowie zur Überprüfung evtl. vorgegebener Problem- oder Aufgabenstellungen und zur Revision etwaiger bereits fixierter Sollvorstellungen.
5) Die Situationsanalyse soll dazu
   – zukunftsbezogen und umgebungsorientiert sein
   – offen in bezug auf Ziele, Lösungen und einsetzbare Mittel sein und
   – Dienstleistungscharakter für die nachfolgenden Vorgehensschritte Zielformulierung und Lösungsentwicklung haben.
   – Fakten und Meinungen trennen und nachvollziehbar bzw. genügend abgesichert sein hinsichtlich Informationsquellen, -verarbeitung und Schlußfolgerungen.
6) Die Situationsanalyse enthält Beschreibungen und Darstellungen mit ausreichenden Informationen hinsichtlich

- der Abgrenzung von System und Umgebung (bezogen auf Problemfeld, Lösungsfeld und Eingriffsbereich)
- der Strukturen und Abläufe, Funktionsweisen, Beziehungen, Elementeigenschaften
- der Mängel, Schwierigkeiten, Ursachen und Einflußfaktoren (z. B. in Form eines plausiblen und nachvollziehbaren Schwächen-Stärken-Kataloges).
- der Entwicklungs-Tendenzen der relevanten Einflußfaktoren in Problem- und Lösungsfeld
- des quantitativen Ausmaßes der problembehafteten Sachverhalte und über ihre Entwicklung bei Unterlassung von Eingriffen
- der Gefahren und Chancen (in Form eines Kataloges analog zum Schwächen-Stärken-Katalog)
- von Eingriffsmöglichkeiten
- der zu beachtenden Randbedingungen, der gestalterischen Freiräume und sonstiger Gegebenheiten
- evtl. Denkansätze für Lösungen mit ihren gewollten Wirkungen sowie Nachteilen und Nebenwirkungen
- der Beurteilung von Situation und evtl. Lösungsideen durch Beteiligte und Betroffene (als Basis für ein gemeinsames Problemverständnis).

7) Sie enthält abschließend eine zusammenfassende Problemdarstellung und Hinweise
   - auf Informations-Lücken
   - für die Verwendung der Situationsanalyse bei Zielformulierung und bei der
   - Lösungsentwicklung und
   - auf die Aspekte in System und Umfeld, die einem Monitoring während der weiteren Phasen der Bearbeitung unterworfen werden sollen.

2.1.7 Literatur zu Situationsanalyse

Bamm, P.:	Ex Ovo
Blum, E.:	Betriebsorganisation
Büchel, A.:	Betriebswissenschaftliche Methodik
Checkland, P.:	Systems Thinking
Dörner, D.:	Lohhausen
Dörner, D.:	Problemlösen
Hall, A.D.:	Methodology
Joedicke, J.:	Nutzerbeteiligung
Lockemann, P.:	System-Analyse
Patzak, G.:	Systemtechnik
Schmaltz, K.:	Betriebsanalyse
Schmidt, G.:	Methoden
Siemens AG:	Organisationsplanung
Vester, F.:	Neuland
Wilson, B.:	Systems

Vollständige Literaturangaben im Literaturverzeichnis.

2.2 Zielformulierung

2.2.1 Zweck und Terminologie

Eine erste Zielformulierung wird durch die Fragestellung «Was soll erreicht bzw. vermieden werden» initiiert. Die Antworten die man dabei erhält, wie z.B.: «Die Wirtschaftlichkeit oder die Leistung sollen erhöht werden, der Schadstoffausstoß soll reduziert werden etc.» werden als Ziele bezeichnet.

2.2.1.1 Zielbegriff

Der Zielbegriff soll deshalb wie folgt definiert werden:
Ziele sind Aussagen darüber, was mit einer zu gestaltenden Lösung und was auf dem Weg zu dieser Lösung erreicht bzw. vermieden werden soll.

Der Zielformulierung kommt eine große Bedeutung im Problemlösungsprozeß zu: Ziele sollen die Lösungssuche steuern, und nicht – wie man das zuweilen antrifft – nachträglich erfunden werden, um irgendwelche Maßnahmen zu rechtfertigen. Dazu müssen sie formuliert, allen am Problemlösungsprozeß Beteiligten bekannt und von ihnen akzeptiert sein.

Ziele liegen nicht auf der Hand, sondern müssen – bezogen auf ein zu lösendes Problem – erarbeitet werden. Es liegt deshalb nahe, Hilfstechniken anzuwenden, die den Zielfindungs- und -formulierungsprozeß unterstützen. Um eine sinnvolle, das Projekt steuernde Wirkung zu erreichen, sollten auch bestimmte Bedingungen bei der Zielformulierung beachtet werden.

Die folgenden Abschnitte beschäftigen sich vor allem mit den Anforderungen an die Zielformulierung und praktischen Hinweisen.

2.2.1.2 Stellung im Problemlösungszyklus

Die Abb 2.41 zeigt die Stellung und die Zusammenhänge der Zielformulierung mit anderen Schritten im Problemlösungszyklus.

a) Zusammenhang mit der Situationsanalyse:

Zielvorstellungen ergeben sich meistens bereits im Zusammenhang mit dem Anstoß und sind deshalb auch schon grob und global in einem Auftrag enthalten. Wichtige Impulse ergeben sich vor allem während der Situationsanalyse: Mit erkannten Mängeln, Schwierigkeiten oder Chancen entstehen bei den Beteiligten auch präzise Vorstellungen über mögliche und gewünschte Veränderungen.

Außerdem liefert eine lösungsorientierte Betrachtung in der Situationsanalyse Hinweise auf Vorbilder bzw. den Stand der Technik, welche die Zielinhalte beeinflussen können und auch sollen.

b) Zusammenhang mit der Lösungssuche:

Im Problemlösungsprozeß arbeiten in der Regel mehrere Personen zusammen. Die generelle Ausrichtung ihrer Aktivitäten geschieht mit Vorteil durch explizit formu-

Teil II: Systemgestaltung

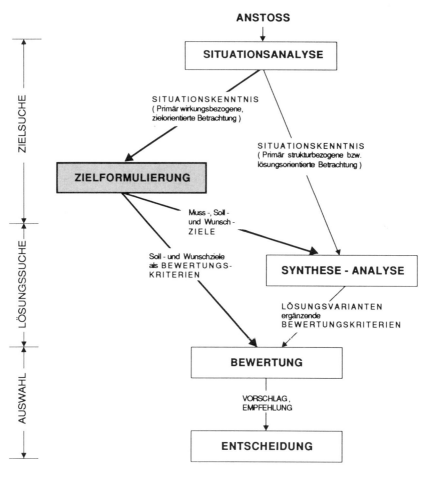

Abb. 2.41 Die Zielformulierung im Rahmen des Problemlösungszyklus

lierte und akzeptierte Ziele. Man denke dabei an das bekannte Führungsprinzip «Management by Objectives» (= Management durch Zielvereinbarung).

Bei der Erarbeitung von Lösungen werden verschiedene Interessenkreise betroffen. Das «Grundsätzliche» auszuhandeln, ehe detailliert geplant oder womöglich realisiert wird, ist sicher sinnvoller, als ausgearbeitete Lösungen schließlich zu verwerfen, weil man sich nicht die Zeit genommen hat, in einem Zielformulierungsprozeß die Interessenlagen im Vorfeld der Lösungssuche zu diskutieren und auszugleichen. In diesem Sinne ist Zielformulierung Kommunikationshilfe und Basis für die Suche nach Konsens. (Man denke an eine Umgestaltung einer Unternehmung und die Interessenlagen von Arbeitnehmer- und Arbeitgeberseite.)

c) Zusammenhang mit den Schritten «Bewertung und Entscheidung»

Während des Problemlösungsprozesses muß über mögliche Lösungsvarianten entschieden werden. Ziele stellen die Basis zur Erarbeitung von Beurteilungsmaßstäben (Kriterien) dar, um verschiedene Varianten zu vergleichen und zu bewerten. Denn es kann als ein wichtiges Prinzip des rationalen Entscheidens angesehen werden, solche Lösungen zu bevorzugen, die ein möglichst hohes Ausmaß an Zielerfüllung erbringen. (Marc Aurel: «Wer seinen Hafen nicht kennt, für den ist kein Wind ein günstiger».)

Eine wichtige Aufgabe des Zielformulierungsschritts besteht darin, vorhandene Zielvorstellungen systematisch zusammenzufassen sowie etwaige unpräzise, unklare oder widersprüchliche Zielvorstellungen systematisch zu bearbeiten, d.h. zu strukturieren, auf Vollständigkeit zu prüfen, Ergänzungen vorzunehmen, Widersprüche zu beseitigen und sich schließlich darum zu bemühen, daß sie als verbindliche Basis für das weitere Vorgehen deklariert werden können.

2.2.1.3 Zielformulierung auf verschiedenen Lösungsebenen

Da der Problemlösungsprozeß entsprechend dem SE-Vorgehensprinzip mehrfach durchlaufen wird, bedeutet das, daß auch die Ziele mehrfach bearbeitet werden müssen. Der Hauptgrund besteht darin, daß die Lösungen über mehrere Systemebenen entwickelt werden und für jedes Untersystem oder jeden Systemaspekt spezifische Ziele festgelegt werden können, die aus den jeweils übergeordneten Konzepten abgeleitet bzw. durch zusätzliche Überlegungen ergänzt werden. Die Ziele werden dabei zusehends konkreter bzw. beziehen sich zunehmend auf Lösungsbausteine im Rahmen eines Gesamtkonzepts.

2.2.2 Denkansätze und Leitideen für eine handlungsorientierte (operationale) Zielformulierung

Der Zielbegriff ist im allgemeinen Sprachgebrauch mehrdeutig. Einerseits wird er verwendet, um Vorstellungen wie: Gleichberechtigung, soziale Anerkennung, Fortschritt, Glück etc. zu charakterisieren. Wir wollen dies eher als individuelle Wertvorstellungen, Leitideen, Interessen, Visionen oder Utopien bezeichnen.

Andererseits spricht man von Zielen, wenn die Vorstellung über das, was angestrebt wird, in viel stärkerem Maße handlungsrelevant (operational) formuliert ist und im Zusammenhang mit konkreten Problemen und deren Lösung steht (Wir wollen innerhalb von drei Jahren an den Verkehrsknoten der Stadt y eine Reduktion der Schadstoffbelastung um mindestens 25% im Durchschnitt erreichen).

Die hier angesprochenen Ebenen hängen miteinander zusammen, denn auch bei der operationalen Formulierung werden die am Zielformulierungsprozeß Beteiligten ihre Utopien, Interessen bzw. Leitideen einbringen.

2.2.2.1 Merkmale einer operationalen Zielformulierung

Eine operationale Zielformulierung weist folgende Merkmale auf:
- Es wird ein **Zielobjekt** benannt, das neu gestaltet bzw. verändert werden soll. Zu Beginn der Vorstudie wird häufig lediglich von «Lösung» oder vom «System» gesprochen.
- Es werden **Zieleigenschaften** bzw. **Zielinhalte** formuliert, die für das Objekt zutreffen sollen (...Reduktion der Schadstoffbelastung).
- Es wird etwas über das **Ausmaß** der Erreichung dieser Eigenschaften ausgesagt (um mind. 25% im Durchschnitt).
- Es sollen der **Zeitaspekt** (...innerhalb von 3 Jahren) sowie
- eine **Ortsbezeichnung** im Sinne einer Wirkungsrichtung angesprochen werden. (Wo soll sich die gewünschte Wirkung bemerkbar machen? Innerhalb des zu gestaltenden Systems, außerhalb, beides.)

Es soll erwähnt werden, daß nicht alle dieser Komponenten immer vorhanden sein müssen.

Bestandteile der Zielformulierung können also sein:

- Zielobjekt: WORAN sind die Ziele gebunden?
- Zieleigenschaft
  bzw. Zielinhalt: WAS soll erreicht werden?
- Zielausmaß: WIEVIEL soll erreicht werden?
- Zeitbezug: WANN soll es erreicht werden?
- Ort der Wirkung: WO soll es wirksam werden?

2.2.2.2 Formulierung von erwünschten oder ausdrücklich unerwünschten Wirkungen

Ziele können sowohl die Erreichung erwünschter als auch die Vermeidung unerwünschter Wirkungen zum Inhalt haben.

Erwünschte Wirkungen wären z.B.

- hohe Leistung
- hohe Flexibilität
- lange Lebensdauer
- hohe Benutzerfreundlichkeit und Akzeptanz
- hohe Wirtschaftlichkeit etc.

Unerwünschte (negative) Wirkungen wären z.B.

- große Kapitalbindung
- hohe Betriebskosten
- große Lärmbeeinträchtigung
- schlechte Umweltverträglichkeit
- Einschränkung der Mobilität etc.

Unerwünschte Wirkungen lassen sich meist ebenso wenig vermeiden, wie die maximale Erreichung erwünschter Wirkungen möglich ist.

Man behilft sich in der Art, daß Toleranzgrenzen vorgegeben werden, die nicht über- bzw. unterschritten werden dürfen (z.B. Betriebskosten max. ... Fr./DM, Leistung min. ... kW etc.) – siehe dazu auch Abschnitt 2.2.3.7 (Widerspruchsfreiheit).

2.2.2.3 Systemziele und Projektablauf-(Vorgehens-)ziele

Die Antworten, die sich auf die Frage «Was soll erreicht bzw. vermieden werden?» ergeben, betreffen natürlich vor allem das, was mit dem neuen System während der Nutzung bewirkt bzw. vermieden werden soll. Wir sprechen deshalb von *Systemzielen* bzw. Gestaltungszielen.

Es ist aber ebenso einleuchtend, mögliche wichtige Zieleigenschaften zu formulieren, die den «Weg» beeinflussen sollen und so Grundlage für die Festlegung eines Handlungsprogrammes oder -ablaufs sind. Wir sprechen hier von Projektablauf- bzw. *Vorgehenszielen*. Diese Zielformulierungen betreffen einzuhaltende Etappenziele (z.B. Termin für die Fertigstellung der Hauptstudie), einzusetzende Mittel finanzieller Art (z.B. das einzuhaltende Projektbudget) und personeller Art (z.B. unbedingt zu beteiligende Personen).

2.2.2.4 Struktur eines Zielkatalogs

Weil ein Zielobjekt in den meisten Fällen mehrere geforderte Eigenschaften (Wirkungen/Anforderungen/Merkmale) haben soll, ergibt sich deshalb eine Gruppe von Aussagen (hier noch nicht operationalisiert):

- Reduktion des Schadstoffgehaltes
- keine untragbaren wirtschaftlichen Auswirkungen
- keine nennenswerten Einschränkungen der Mobilität
- etc.

Man spricht in diesem Falle zuweilen auch von verschiedenen Teilzielen, die sogar in mancherlei Hinsicht nicht oder nur bedingt miteinander verträglich sind. Die gegliederte Zusammenstellung bezeichnet man als Zielbündel oder Zielkatalog. (Im Beispiel der Abb. 2.42 ist ein Ausschnitt aus einem Zielkatalog für ein EDV-Projekt dargestellt.)

2.2.2.5 Anwendung des Ziel–Mittel-Denkens

Handlungsrelevante Sollaussagen lassen sich mit Hilfe mehrstufiger hierarchischer Strukturen darstellen. Die Abb. 2.43 zeigt ein Beispiel. Die Mittel sind hier mögliche Lösungen, die zueinander in einer «Und»- oder einer «Oder»-Relation stehen können. Betrachtet man zwei aufeinanderfolgende Ebenen, so werden die Aussagen auf der oberen Ebene als Ziele bezeichnet, die Aussagen auf der unteren Ebene als Mittel oder Maßnahmen. Man erkennt dabei, daß der Zielbegriff relativ zu einer bestimmten Ebene verwendet wird, eine Aussage also nicht Ziel oder Mittel schlechthin ist,

Firma: ABC	ZIELKATALOG		Dok.Nr.:
	Projekt/Systemkomponente: **RATIONALISIERUNG IM EINKAUFSBEREICH**	Kurzz.:	Datum:
	Phase: **DETAILSTUDIEN**		Sachb.:
	Zielobjekt: **BESTELLWESEN**		Seite Nr.
	Allgemeine Zielformulierung **RATIONELLES BESTELLWESEN**		

ZIELKLASSE Zielunterklasse (s. Checkliste)	ZIELFORMULIERUNG UNTER VERWENDUNG DER MASSSTÄBE	BEDING./ RESTRIK- TION	PRIO- RITÄT *)	BEI- LAGE
Finanzziele:				
Wirtschaftlichkeit	Kosteneinsparungen im Einkaufsbereich möglichst hoch		S	
		mind. 10 %	S	
Belastung der Liquidität	Zusatzinvestitionen (Fr/DM) möglichst klein		S	
		höchstens Fr/DM 200'000	S	
Funktionsziele:				
Leistung/Funktionalität	Hohe Reduktion der Durchlaufzeit für die Bestell- abwicklung (in Tagen)		S	
		um mind. 2 Tage	M	
Sicherheit/Zuverlässig- keit	Fehler in der Bestellungsbearbeitung sollen erheblich reduziert werden in % gegenüber Ist		S	
		um mind. 50 %	S	
Belastbarkeit/ Flexibilität	Die Kapazität soll kurzfristig auch ein hohes Be- stellvolumen verkraften. Anzahl Bestellungen/Tag		S	
		mind. 400	S	
Ausbaubarkeit	Ausbaubarkeit der Lösung soll möglich sein bzgl. der Anzahl tägl. Bestellungen		W	
		auf mind. 600	W	
Schnittstellen- erfordernisse	Eine Verknüpfung mit der Kreditorenbuchhaltung muß möglich sein		M	
Servicefreundlichkeit/ Wartbarkeit	Bei Hard- und Softwarefehlern soll eine kurzfristige Instandsetzung möglich sein ; innerhalb von ... Stunden		S	
		höchstens 5	S	
Personalziele:				
Anforderungen betr. Personalqualifikation	keine speziellen Anforderungen an das Bedienungspersonal		W	

Legende: M: Mußziel; die Bedingung bzw. Restriktion muß zwingend eingehalten werden
S: Sollziel; das Ziel ist wichtig/bzw. die Bedingung oder die Restriktion soll eingehalten werden
W: Wunschziel; das Ziel ist zu beachten/die Einhaltung der Bedingung bzw. Restriktion ist erwünscht

Abb. 2.42   Beispiel eines Zielkataloges

sondern – je nach Betrachtungsebene – sowohl Ziel als auch Mittel sein kann. Zuweilen wird auch noch der Begriff Zweck verwendet, um drei hierarchische Ebenen zu charakterisieren.

Dieser Denkansatz ist in folgender Hinsicht von Bedeutung:

- Eine Darstellung über mehrere Ebenen liefert Begründungszusammenhänge vor allem für untergeordnete Sollaussagen, und stellt diese in einen größeren Gesamtzusammenhang.
- Hat man sich einmal auf einer Ebene für ein Mittel entschieden, so kann seine Realisierung zum Ziel erklärt werden, und es genügt, sich bei der Erarbeitung von Lösungen auf diese Ebene zu beziehen. Man kann den Gesamtbegründungszusammenhang – im Sinne der Komplexitätsreduktion – vorübergehend vergessen.

Zur Auslotung des momentanen Standorts können 2 einfache Fragen verwendet werden.

- Die Frage WARUM? oder WOZU? weist in der Ziel–Mittel-Hierarchie nach *oben* (d.h. zum Ziel).
- Die Frage WOMIT? weist nach unten (d.h. zum Mittel bzw. zur Maßnahme).

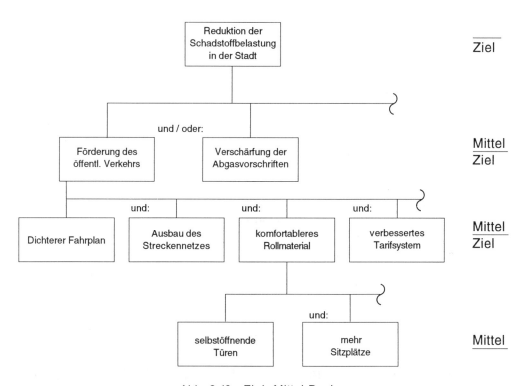

Abb. 2.43   Ziel–Mittel-Denken

Diese wichtige Aussage soll anhand des Phasenkonzepts noch weiter ausgeführt werden, wobei wir uns hier auf die Begriffe Zielobjekt und Zieleigenschaft beschränken. Wenn man die Zusammenhänge in Abb. 2.44 betrachtet, so erkennt man folgendes:

Das Zielobjekt der Vorstudie ist der Stein des Anstoßes (hier: schlechte Luft). Zieleigenschaften sind die geforderten Wirkungen der noch unbekannten Lösung.

Im Rahmen der Vorstudie werden alternative Lösungsprinzipien erdacht; die Varianten von Lösungsprinzipien sind jetzt benennbar; es kann und muß entschieden werden.

Das in der Vorstudie gewählte Lösungsprinzip wird dann zum Zielobjekt der Hauptstudie. Die Zieleigenschaften sind – so gut es geht – wirkungsorientierte Anforderungen an dieses benannte Objekt. Wegen der Benennbarkeit lassen sich die Anforderungen meistens genauer, präziser und vollständiger formulieren als für die Vorstudie. Jetzt können z.B. auch vermutete negative Auswirkungen in entsprechenden Zieleigenschaften berücksichtigt werden.

Während der Hauptstudie wird die Lösung dadurch beschrieben, daß man Lösungskomponenten und Beziehungen benennt. Die Lösungskomponenten und die Zusammenhänge sind jeweils die Zielobjekte für die diversen Detailausarbeitungen. Die Zieleigenschaften sind die geforderten Eigenschaften der Komponenten bzw. der Beziehungen.

Die Ziel–Mittel-Hierarchie eignet sich also als Modell zur Verknüpfung von Sollaussagen auf den verschiedensten Planungsebenen.

2.2.3 Anforderungen an die Zielformulierung

Die in der Folge beschriebenen Anforderungen haben den Charakter von Prinzipien, die bei der Zielformulierung beachtet werden sollen. Sie können auch als Qualitätskriterien einer guten Zielformulierung betrachtet werden, wobei naturgemäß nicht die inhaltliche, sondern nur die formale Qualität generell beurteilt werden kann.

Insbesondere handelt es sich um folgende *Prinzipien:*
– Wertorientierung
– Lösungsneutralität
– Operationalität
– Vollständigkeit hinsichtlich der Zielinhalte
– Berücksichtigung aller wichtigen Informationsquellen und Interessenslagen
– Feststellbarkeit der Zielerfüllung
– Prioritätensetzung
– Widerspruchsfreiheit von Teilzielen
– Überblickbarkeit und Bewältigbarkeit eines Zielkatalogs

2.2.3.1 Prinzip der Orientierung von Zielen an Wertvorstellungen

Dieses Prinzip, das man auch als Prinzip der eingeschränkten Objektivität bezeichnen könnte, soll zum Ausdruck bringen, daß Ziele sich immer aus einer Kombination von

2. Vertiefung der Teilschritte im Problemlösungszyklus 143

PHASE	Zielobjekt	Zieleigenschaften Zielinhalte (Anforderungen an das Zielobjekt)	Mittel/ Lösungsvarianten (Benennung der Lösungsvarianten)	Bemerkungen
VOR-STUDIE	Schadstoffbelastung der Luft (Lösung ist noch unbekannt)	Reduktion der Schadstoffbelastung um 50 %	Förderung des öffentlichen Verkehrs oder Verschärfung der Abgasvorschriften oder	die Variante "Förderung des öffentlichen Verkehrs" wurde gewählt
HAUPT-STUDIE	öffentlicher Verkehr	Erweiterung der Leistungsfähigkeit um 50 % Zusatzbelastung des jährl. städtischen Budgets höchstens ...sFr./DM.	Gesamtkonzept; grob mit den Komponenten: - Ausbau des Streckennetzes - neues Tarifsystem - neues Rollmaterial	es wurde ein bestimmtes Gesamtkonzept gewählt. Ein Baustein davon ist .... neues Rollmaterial
DETAIL-STUDIE	neues Rollmaterial neues Tarifsystem	mehr Sitzplätze geringere Lärmbeeinträchtigung der Fahrgäste		

Abb. 2.44 Ziel–Mittel-Denken und Phasenablauf

Fakten (objektiv) und deren Wertung (subjektiv) zusammensetzen – siehe Abbildung 2.45.

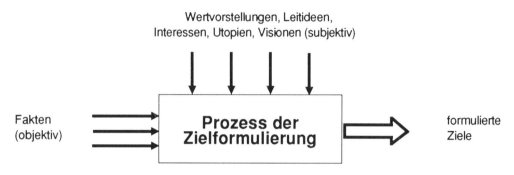

Abb. 2.45 Orientierung von Zielen an Wertvorstellungen

Fakten können sich auf Ergebnisse der Situationsanalyse, darin festgestellte Mängel und deren offensichtliche Ursachen, mögliche Bedrohungen, aber auch Chancen u.ä. beziehen (z.B. Fakten über Vorbildlösungen, den Stand der Technik u.ä.).

Diese Fakten sind allerdings bestenfalls Anhaltspunkte für die Zielformulierung, aber noch keine Ziele. Es muß noch festgelegt werden, in welchem Umfang man die derzeitige Situation verändern, von den realisierbaren Möglichkeiten Gebrauch machen will, wieviel Geld und Zeit man für die Realisierung vorsehen kann und will u.v.a.m. Diese Einflüsse sind natürlich in hohem Maß wertbehaftet und damit subjektiv.

Der Vorgang des Vereinigens von Fakten und Werten (siehe Abb. 2.45) ist unerhört komplex und entzieht sich einer vollständigen analytischen Durchdringung. Wir geben uns deshalb mit einer Minimalbedingung zufrieden: Wenn schon der Prozeß Zielformulierung nicht ausreichend transparent gemacht werden kann, soll dies wenigstens für das Ergebnis, die «formulierten Ziele», versucht werden.

Die Beachtung der nachstehend dargelegten Prinzipien machen also Diskussionen, die aufgrund unterschiedlicher Einschätzungen und Wertvorstellungen entstehen, nicht gegenstandslos; sie sollen lediglich eine präzisere Kommunikation ermöglichen.

2.2.3.2 Prinzip der Lösungsneutralität

Ziele sollen nicht die Lösung – das WIE – beschreiben, sondern das WAS, d.h. die erwünschten und/oder unerwünschten Wirkungen der noch unbekannten Lösung bezeichnen.

Die folgende Zielformulierung entspricht diesem Prinzip:

- Reduktion der Schadstoffbelastung
- keine unzumutbare Einschränkung der Mobilität
- Reduktion der Lärmbelastung

– möglichst geringe finanzielle Belastung des städtischen Haushaltes
– usw.

Diese Zielformulierung läßt verschiedene Lösungen zu, wie z.B.

– Förderung des innerstädtischen öffentlichen Verkehrs
– steuerliche Begünstigung von Elektrofahrzeugen
– gesetzliche Vorschriften zur Reduktion der Luftbelastung durch Industrie, Gewerbe und Haushalte
– usw.

In derselben Planungssituation wäre die folgende Formulierung nicht lösungsneutral: «Ziel des Projektes ist es, den privaten Automobilverkehr durch steuerliche Maßnahmen einzuschränken.» Es handelt sich dabei um eine von mehreren möglichen Lösungsvarianten. Man erkennt daraus, daß die schon früher dargestellte Ziel–Mittel-Überlegung hier eine wichtige Rolle spielt.

Sofern also der Verdacht entsteht, daß eine Zielformulierung den Lösungsbereich unzulässig einschränkt, soll sie kritisch hinterfragt und durch eine neutralere, auf die Wirkung ausgerichtete Formulierung ersetzt werden. Zuweilen ist dies mit einer gedanklichen Anhebung der Überlegungen auf die nächsthöhere Ebene in der Ziel–Mittel-Hierarchie verbunden (siehe 2.2.2.5).

Da auch eine lösungsneutralere Formulierung hinterfragt werden kann («Wozu Reduktion der Schadstoffbelastung?» Mögliche Antwort: «Vermeidung von Gesundheitsschäden») stellt sich die Frage, wann das Hinterfragen abzubrechen ist.

Es gibt dafür keine objektiven Kriterien. Als Anhaltspunkt könnte gelten, daß der Prozeß der Hinterfragung seinen Abschluß finden soll, wenn die am Zielformulierungsprozeß Beteiligten der Meinung sind, daß ein ausreichender Konsens besteht und keine weiteren Begründungen nötig seien, bzw. daß keine intuitiv in Frage kommende Lösung durch die Zielformulierung unberechtigt ausgeschlossen wird.

2.2.3.3 Prinzip der Vollständigkeit hinsichtlich der Zielinhalte

Lösungen, die mit den methodischen Prinzipien des Systems Engineering erarbeitet werden, basieren in der Regel auf einer ganzen Anzahl von verschiedenen Zielinhalten (Zielbündel/Teilziele).

Der folgende Katalog soll als Checkliste für Klassen möglicher Zielinhalte und deren Gliederung verstanden werden:

a) *Finanziell* relevante Zielinhalte

– *Wirtschaftlichkeit*serfordernisse.
  Ziele, welche die Kosten und die finanziell meßbaren Erträge beinhalten. Sie werden z.B. ausgedrückt in Kennziffern wie: laufende Kosten, Kosteneinsparungen, Return on Investment, Pay-Back-Periode u.a.
– Beanspruchung der *Liquidität* (z.B. Investitionsbetrag).

b) *Funktionell* relevante Zielinhalte

– *Leistung* bzw. Funktionalität eines Systems
– *Sicherheit*saspekte

- *Qualitäts*aspekte
- *Flexibilität* hinsichtlich der
  - Bewältigung kurzfristiger Belastungsspitzen oder
  - mittel- oder langfristiger Ausbau- bzw. Abbaumöglichkeiten, der Anpassung an unvorhersehbare Veränderungen u.a.
- *Schnittstellen*gestaltung, um ein System mit einem oder mehreren anderen verbinden zu können
- *Service-* und *Unterhaltsaspekte*
- *Autonomie-* bzw. *Abhängigkeitsaspekte* u.a.m.

c) *Personalrelevante* Zielinhalte

Alle Ziele, welche gewünschte oder unerwünschte personelle Auswirkungen zum Inhalt haben, wie z.B.

- *Personalunabhängigkeit*
- *Bedienungsfreundlichkeit*, Ergonomie, Arbeitsbedingungen
- *Personalqualifikation*

d) *Soziale und gesellschaftliche Zielinhalte*

- Ziele, die sich auf die Beachtung *ökologischer* Auswirkungen richten (Umweltbelastung, Entsorgungsfreundlichkeit)
- Ziele, welche die *Akzeptanz* von Lösungen betreffen, sowie
- Ziele *allgemeiner sozialer* Natur u.a.

Diese Aufzählung zeigt deutlich, daß das wiederholt betonte Prinzip des gesamtheitlichen Denkens auch bei der Zielformulierung seinen Niederschlag finden sollte.

2.2.3.4 Prinzip der Berücksichtigung aller wichtiger Informationen und Interessenslagen

Hinsichtlich der *Informationen* ist hier vor allem gedacht an solche über

- Mängel, Schwierigkeiten, Gefahren im Problemfeld
- vermutete Chancen und Möglichkeiten
- übergeordnete Ziele (z.B. übergeordnete Konzepte, Unternehmensziele)

Hinsichtlich der *Interessenslage* ist folgendes zu bedenken:
Es entspricht dem Gebot der Fairness und der Klugheit, jene Personen, die von einer Lösung positiv oder negativ betroffen sind, in die Überlegungen bezüglich der Erzielung positiver bzw. der Vermeidung negativer Wirkungen mit einzubeziehen. Eine Lösung, die sehr einseitig auf die Interessenslagen bestimmter Gruppen – unter Vernachlässigung anderer – abgestimmt ist, wird selten eine gute Lösung sein. Neben einem «ethischen» Aspekt ist dabei auch eine durchaus pragmatische Komponente von Bedeutung: Je größer und einflußreicher der Personenkreis ist, dessen Zielvorstel-

lungen tangiert bzw. vernachlässigt werden, desto größer ist auch das Risiko, daß sie die spätere Lösung nicht akzeptieren, ihr die Unterstützung verweigern, sie boykottieren oder sogar bekämpfen.

Als Interessensgruppen, die ihre Wünsche entweder selber artikulieren bzw. deren Interessen von anderen Personen eingebracht werden können, gelten

– Management
– Kunden (intern/extern)
– verschiedene Abteilungen bzw. deren Mitarbeiter (Anwender, Realisierer)
– Lieferanten
– Gesellschaft, Öffentlichkeit, Staat
– u.v.a.m.

Am Ende des Zielformulierungsschrittes soll ein auf das Zielobjekt bezogener, möglichst vollständiger Zielkatalog vorliegen. Darin sind all jene Zieleigenschaften aufzuführen, gegenüber denen sich die für die Zielformulierung verantwortlichen Personen nicht wertneutral verhalten wollen.

2.2.3.5 Prinzip der Feststellbarkeit der Zielerfüllung

Schon früher wurde darauf hingewiesen, daß Ziele möglichst konkret formuliert sein sollen.

Unpräzise Vorgaben, wie z.B. «Personalsituation verbessern» oder «Betriebsablauf vereinfachen» sollten lediglich als Impulse aufgefaßt werden und bedürfen einer konkreteren Spezifikation. Denn was bedeutet «Personalsituation», was «verbessern» oder «vereinfachen»?

Man erreicht eine hohe Genauigkeit und Handlungsorientierung, wenn man folgendes beachtet:

– Die Ziele sollen für die beteiligten Personen verständlich sein und eine eindeutige Kommunikation zulassen.
– Für die ausgearbeiteten Konzepte soll mit hoher Eintreffenswahrscheinlichkeit prognostiziert werden können, ob und in welchem Ausmaß die Ziele erreicht werden (wichtig für den Bewertungsschritt).
– Die Zielerreichung soll – nach der Realisierung – eindeutig feststellbar sein.

Neben den bereits früher angeführten Merkmalen einer operationalen Zielformulierung, wie Angabe von Zielobjekt, Zieleigenschaften, Ausmaß, Zeitaspekt und Ortsbezeichnung soll hier besonders auf die Formulierung des *Ausmaßes der Zielerreichung* eingegangen werden. Folgende Möglichkeiten bieten sich an:

1) Vorgabe einer eindeutig feststellbaren Bedingung

   Man formuliert eine eindeutig feststellbare Wirkung oder Eigenschaft als Bedingung. Wenn die Lösung die Eigenschaft besitzt, gilt das Teilziel als erfüllt, wenn nicht, gilt es als nicht erfüllt.

   Beispiele:
   «Die Lösung soll keine baulichen Veränderungen bedingen.»
   «Die Lösung soll keine Gesetzesänderungen erforderlich machen.»

2) Vorgabe der Zielrichtung, ohne Restriktion (offene Zielformulierung)
Beispiele:
«Die Rentabilität (ROI) soll möglichst hoch sein.»
«Die Investitionen in Fr./DM sollen möglichst klein sein.»

Es wird lediglich eine Zielrichtung angegeben und die Meßzahl zur Erfüllung definiert.

3) Vorgabe einer Zielrichtung ergänzt um eine Restriktion (restriktive Formulierung)
Beispiel:
Der Investitionsbetrag soll möglichst gering sein, höchstens jedoch xxx Fr./DM.

Dabei wird

- eine Skala verwendet (hier eine Währungsskala)
- eine Zielrichtung angegeben (...möglichst gering)
- ein Grenzwert (eine Restriktion) formuliert (hier ein Höchstbetrag).

Natürlich gibt es Fälle, in denen die Zielerfüllung nicht so ohne weiteres feststellbar oder gar meßbar ist, wie in den oben genannten Fällen. Man ist dann bisweilen versucht, diese Forderung überhaupt wegzulassen. Wir halten dies weder für notwendig noch für zweckmäßig, weil vielfach die Möglichkeit besteht, *Ersatzgrößen* oder Indikatoren zu definieren, welche das Ausmaß der Zielerfüllung feststellbar machen.

Die Erfüllung der Forderung nach einer kundenfreundlichen Lösung für eine Werkzeugmaschine könnte z.B. durch die Ersatzgröße «Anzahl benötigter Spezialwerkzeuge für den Unterhalt» festgestellt werden.

Im Übrigen halten wir es für sinnvoller, eine wichtige Zielformulierung eher vage zu lassen, als sie aus formalistischen Gründen zu eliminieren.

2.2.3.6 Prinzip der Prioritätensetzung bei der Zielformulierung

Die Prioritäten sollen die relative Wichtigkeit und Strenge zum Ausdruck bringen, mit der die Ziele beachtet bzw. eingehalten werden müssen. Im Bewertungsschritt wird diese Überlegung nochmals bedeutsam sein.

Hier könnte man folgende Klassen verwenden:

1) *Muß-Ziele:* Der Begriff Mußziel wird verwendet, wenn eine Bedingung zwingend eingehalten werden muß.
Eine Lösung, die eine vorgeschriebene Bedingung oder Restriktion nicht erfüllt, gilt als unbrauchbar. Es genügt, wenn ein Mußziel in einem Zielbündel nicht erfüllt ist, um die ganze Lösung zu verwerfen.
Beispiel: «Die Lösung MUSS ohne Gesetzesänderung realisierbar sein»
Analog gilt dies für den Fall, daß eine Meßskala verwendet wird:
Beispiele:
«Die jährliche Budgetbelastung darf xxx Fr./DM nicht überschreiten.»
«Die SO_2-Konzentration muß um mindestens 25% gegenüber dem Ist-Zustand reduziert werden.»

2) *Sollziele/Hauptziele:* Ziele mit hoher Bedeutung für die Entwicklung und spätere Bewertung von Lösungen.
Dem Planer wird so signalisiert, daß auf diese Eigenschaft bei der Lösungsentwicklung besonders zu achten ist.
Beispiel: «Die Lösung SOLLTE ohne Gesetzesänderung gefunden werden»
Lösungen, die diese Zieleigenschaft nicht besitzen, werden nicht als ungeeignet angesehen, jedoch schlechter beurteilt als solche, die dies tun.
Steht eine Skala zur Verfügung, so kann die restriktive oder auch die offene Formulierung verwendet werden. Bei der Verwendung einer Restriktion ist der vorgegebene Wert auf der Skala eine wichtige Orientierungsgröße für die Lösungssuche, ohne daß die Einhaltung unabdingbare Voraussetzung für die Eignung einer Lösung ist.

3) *Wunschziele/Nebenziele:* Wunschziele können auf dieselbe Art formuliert werden wie Sollziele. Ihre Einhaltung ist jedoch weniger verbindlich vorgeschrieben («nice to have»-Ziele).

Die beim Prinzip der Feststellbarkeit dargestellten Möglichkeiten zur Formulierung des Zielausmaßes sind mit den verschiedenen Prioritätsbezeichnungen kombinierbar.
Da die Verwendung von Mußzielen den Spielraum für die Lösungssuche stark einengen kann, wird empfohlen, diese zurückhaltend und nur dann zu verwenden, wenn sie zweifelsfrei berechtigt sind.

2.2.3.7 Prinzip der Widerspruchsfreiheit von Teilzielen

Die in einem Zielkatalog enthaltenen Teilziele können in sehr unterschiedlicher Beziehung zueinander stehen.

1) Gegenseitige *Unterstützung*

   Die Erreichung des Teilziels A unterstützt die Erreichung des Teilziels B.

   Beispiel: – kurze Antwortzeiten
   – hohe Benutzerfreundlichkeit

   Dieser Fall ist angenehm.

2) *Unabhängigkeit* (Indifferenz)

   Die Erreichung des Teilziels A kann unabhängig von jener des Teilziels B sein.

   Beispiel: – niedrige Betriebskosten
   – ästhetisch ansprechend

   Dieser Fall ist problemlos.

3) *Zielkonkurrenz* (Gegenläufigkeit)

Teilziel A und Teilziel B behindern sich gegenseitig. Je stärker A erreicht wird, desto weniger ist dies bei B der Fall. Dies ist häufig in Zusammenhang mit Kostenzielen der Fall.

Beispiel: – niedrige Kosten
 – hohe Qualität oder Leistung

In diesem Fall sind Kompromisse anzustreben.

4) *Zielkonflikt* (Widerspruch)

Teilziel A und Teilziel B stehen entweder logisch oder aufgrund der derzeitigen Situation derart in Widerspruch zueinander, daß sie nicht gleichzeitig und nebeneinander existieren können.

Beispiel:
a) logischer Widerspruch
 – Forcieren des Marktes X und
 – Aufgabe des Produkts Z mit Schwerpunkt im Markt X

b) Situationsbedingter Widerspruch
 – Heimisches Produkt und
 – Funktionsanforderungen, die bei heimischen Produkten derzeit nicht erfüllt sind

oder:
 – zwingende Funktionsanforderungen einerseits und
 – unrealistische Kostenbeschränkung andererseits.

Es sei hier allerdings ausdrücklich darauf hingewiesen, daß intelligente Lösungssucher traditionelle Konflikt- oder Konkurrenzsituationen unerwartet zu entschärfen oder gar aufzuheben imstande sind. Das sind dann die großen Innovationsschübe.

Beispiele:
– gewünschte Funktionalität kann durch eine andere Technologie oder einfachere Denkansätze kostengünstiger erfüllt werden, oder
– hohe Qualität und niedriger Preis galten lange Zeit als widersprüchliche Forderungen. Die Japaner haben diesen Widerspruch in Teilbereichen aufgehoben
– dasselbe gilt für kostengünstige und flexible Produktion. Auch das müssen keine unüberwindbaren Widersprüche sein.

Zur Bewältigung von Konkurrenz- bzw. Konfliktsituationen sind folgende Strategien möglich:

a) Prioritätensetzung z.B. in der Art, daß von der Möglichkeit der Deklarierung als Muß-, Soll- oder Wunschziel Gebrauch gemacht wird, bzw. eine bestehende Prioritätensetzung verändert wird (z.B. Umwandlung eines Mußziels in ein Soll- oder Wunschziel).

b) Einführen von Mindest- oder Höchstwerten:

Beispiele:
- Mindestleistung ..., diese aber zu möglichst geringen Kosten oder
- Kosten max. ..., dafür aber möglichst viel Leistung.

c) Streichen eines Konfliktverursachers.

Während die Möglichkeiten a und b Kompromisse ermöglichen, ist dies bei c nicht der Fall.
 Hier ist evtl. das Anheben der Überlegungen auf die nächsthöhere Ebene (Ziel–Mittel-Denken) hilfreich. Z.B. Warum Rückzug aus Markt X? Antwort: Risiko zu hoch. Neue Frage: Andere Möglichkeiten der Risikobeschränkung?
 Abb. 2.46 zeigt eine Zielrelationen-Matrix mit den unterschiedlichen Möglichkeiten. Die Widersprüche sind hier nicht logischer Natur, sondern ausschließlich situationsbedingt (vorhandenes Angebot bzw. dessen persönliche Einschätzung).

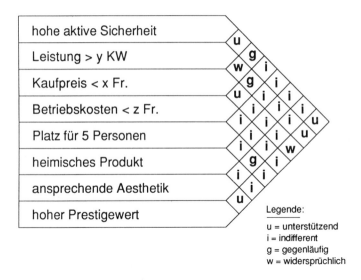

Abb. 2.46 Zielrelationen-Matrix für die Einschätzung von Autos (subjektiv)

In vielen Fällen ist der Zielwiderspruch erst dann erkennbar, wenn keine Lösung gefunden wird, die mit allen Mußzielen in Übereinstimmung zu bringen ist.
 Wenn es um die Beurteilung von Lösungen geht, die extern fertig gekauft werden, bleibt nichts anderes übrig, als die Ziele nachträglich zu korrigieren. Bei selbst zu entwickelnden Lösungen sollte man die Zielanpassung nicht vorschnell vornehmen – insbesondere wenn es um wichtige Forderungen geht und noch Zeit zur Verfügung steht. Möglicherweise mangelt es den bisher vorliegenden Lösungen an Inspiration.
 Zielkonflikte sind dann besonders schwierig zu bewältigen, wenn *Interessenswidersprüche* bestehen. Wir könnten in diesem Zusammenhang von Interessenskonflikten sprechen.

Obwohl Machtworte hier klärend wirken können, ist es ein fragwürdiger Projektmanagement-Stil, Zielkonflikte voreilig durch Machtworte zu bewältigen, da die Gefahr besteht, daß das Projekt gewissermaßen aus dem Untergrund sabotiert wird. Und denkt man an den Zweck der Zielformulierung – nämlich Konsens zu erreichen –, so wäre eine derartige Verhaltensweise im wahrsten Sinne des Wortes unzweckmäßig.

Es wird deshalb sinnvoll sein, einen Ausgleich der Interessen zu suchen und diesen in einer gemeinsam akzeptierten Zielformulierung niederzuschreiben. Dieser Konsensfindungsprozeß nimmt erfahrungsgemäß Zeit in Anspruch und ist nicht ohne «Zielkompromisse» erreichbar. Man kann jedoch davon ausgehen, daß ein so begründeter Zeitverzug durch eine beschleunigte Planung und Realisierung (mit weniger Umwegen und größerer Zielsicherheit) überkompensiert wird.

Ein negativer Aspekt derartiger Kompromisse kann darin bestehen, daß die Lösung unattraktiv wird und niemand mehr so richtig daran interessiert ist.

2.2.3.8 Prinzip der Überblickbarkeit und Bewältigbarkeit eines Zielkatalogs

Je stärker die Prinzipien der Vollständigkeit sowie der Berücksichtigung aller wichtigen Informationen und Interessenslagen berücksichtigt werden, desto größer ist die Gefahr, daß die Fülle der Forderungen nicht nur die Überblickbarkeit beeinträchtigt, sondern die Realisierung überhaupt gefährdet. Deshalb sind Selektions- und Reduktionsmechanismen vorzusehen. Diese wurden überwiegend bereits erläutert und sollen hier nur zusammenfassend erwähnt werden:

- Die Strukturierung eines Zielkatalogs (2.2.2.4) schafft Übersicht und Ordnung.
- Das Prinzip der Prioritätensetzung hilft Wichtiges von weniger Wichtigem zu unterscheiden (z.B. Muß-, Soll-, Wunschziele, siehe 2.2.3.6).
- Das Prinzip der Widerspruchsfreiheit kann helfen, Ziele zu eliminieren.
- Das Prinzip der Feststellbarkeit der Zielerfüllung ermöglicht es, etwaige banale Forderungen bzw. solche, die mit unterschiedlichen Worten das gleiche aussagen, zu eliminieren (2.2.3.5).

Darüber hinaus sollte man sich natürlich immer wieder fragen, ob alle geforderten Wirkungen wirklich relevant sind bzw. alle Forderungen nach Vermeidung gewisser negativer Auswirkungen wirklich so wichtig sind und sie nicht eher auf einer Scheu vor Veränderungen beruhen.

Damit soll auch zum Ausdruck gebracht werden, daß Zielformulierung stark auf sozialen Interaktionen beruht, die auf Faktoren wie gegenseitiges Vertrauen, Lernfähigkeit, Änderungsbereitschaft, Eingehen auf andere, aber auch auf Faktoren, wie z.B. Entschlossenheit, eine Grenze zu ziehen, u.v.a.m. beruhen.

2.2.4 Techniken für die Zielformulierung

Bei der Zielformulierung lassen sich Techniken anwenden, die auch bereits aus anderen Zusammenhängen bekannt sind. Die Strukturierungshilfen wurden als Bei-

spiele bereits erwähnt. Abb. 2.47 stellt diese Techniken und Hilfsmittel im Überblick dar.
(Soweit diese Techniken nicht bereits erläutert wurden, sei auf die Enzyklopädie verwiesen.)

2.2.5 Vorgehen

Die folgende Vorgehensempfehlung zeigt, in welchen Schritten die bisher dargelegten Überlegungen zu bearbeiten sind, ohne daß damit eine zwingende Reihenfolge verbunden wäre.

1. Benennen des Zielobjektes.
   Zu Beginn der Vorstudie sollte man mit der konkreten Benennung des Zielobjektes zurückhaltend sein. Man spricht besser von der «Lösung» oder dem «System» (Lösungsneutralität). Die Abgrenzung des Zielobjekts kann dabei mit Hilfe des Systemansatzes erfolgen.
   Befindet man sich in der Hauptstudie, so wäre das Zielobjekt jene Lösung, für die man sich nach der Vorstudie entschieden hat.
2. Zusammenstellen bzw. Sammeln von *Zielideen.*
   Welche Schwierigkeiten/Chancen sind bei der Situationsanalyse zutage getreten und sollten deshalb als Zieleigenschaften, die das Zielobjekt charakterisieren, berücksichtigt werden?
   Welche davon unabhängigen weiteren Zieleigenschaften sollen formuliert werden? Von welchen Beispielen bzw. Vorbildern lassen wir uns dabei leiten? Ist es sinnvoll, in diese Richtung zu denken?
   Welche potentiellen Nachteile sollten im Sinne der Formulierung «was soll vermieden werden» in den Zielkatalog aufgenommen werden?
   Welches sind Projektablaufziele?
3. Entwurf einer sinnvollen *Klassifikation* für einen *Zielkatalog.* Welches sind die wesentlichen Überbegriffe bzw. Schwerpunkte?
4. Erstellen eines provisorischen *Zielkataloges,* Einordnen und Ergänzen der vorhandenen Zielideen. Ergänzen bzw. Modifizieren der Klassifikation, sofern wichtige Zielideen nicht eingeordnet werden können.
5. *Systematische Analyse*
   Überprüfung auf Einhaltung der erwähnten Prinzipien, insbesondere
   – Lösungsneutralität
   – Vollständigkeit bezüglich Zielinhalten, Informationen, Interessenslagen
   – Feststellbarkeit (des Ausmaßes) der Zielerfüllung und Operationalität
   – Prioritätensetzung (Muß-, Soll-, Wunschziele)
   – Widerspruchsfreiheit (Bereinigung von Zielkonflikten).
6. *Ergänzen, Umstrukturieren* und *Straffen* des Zielkatalogs.
7. *Verabschiedung* und *Genehmigung* des Zielkatalogs als gemeinsam akzeptierte Arbeitshypothese.
   Dabei sind evtl. Begründungszusammenhänge darzulegen, wie z.B.
   – Rückgriff auf Ergebnisse und Erkenntnisse aus der Situationsanalyse

Technik	Anwendung
KREATIVE TECHNIKEN (INSBES. PINWANDTECHNIK, BRAINSTORMING)	Geeignet für das erste Zusammentragen von Ideen zur Zielsetzung für ein bestimmtes Zielobjekt (Ausgangsfrage z.B. für ein Brainstorming: Welche positiven Wirkungen erwarten wir von der Lösung, welche negativen Wirkungen sollen begrenzt werden ?)
INPUT - OUTPUT - MODELLE	Gute Basis zur Formulierung von Zieleigenschaften z.B. Mithilfe von Kennzahlen.
KENNZAHLEN	Kennzahlen können in vielfacher Form zur Zielformulierung verwendet werden.
- INPUT-/OUTPUT-KENNZAHLEN	z.B. Kosten pro Einheit, KWh pro Tonne
- WIRTSCHAFTLICHKEITS-KENNZAHLEN	z.B. Return on Investment (ROI), Pay-back-Periode, Amortisationszeitraum
- SONSTIGE KENNZAHLEN	z.B. Ausschuß zu Gesamtproduktion, Umsatz pro Geschäftsstelle, Transaktionen pro Zeiteinheit u.a.m.
POLARITÄTSPROFILE	Zur grafischen Veranschaulichung z.B. der derzeitigen und der anzustrebenden Situation.
HIERARCHISCHE DARSTELLUNGEN Z.B. DER ZIELE IM SINNE DES ZIEL - MITTEL - DENKENS	Veranschaulichung der Gesamtzusammenhänge in einem Projekt. (Evtl. als Hilfsmittel zur Lösung von Ziel- und Interessenkonflikten)
ZIELKATALOGE	Darstellungs- und Strukturierungshilfe aller Zielaspekte für z.B. ein Projekt oder Teilprojekt.
ZIELRELATIONEN - MATRIZEN	Zur systematischen Überprüfung und Darstellung von Verträglichkeiten und Unverträglichkeiten von Zielen.

Abb. 2.47   Einsatz von Techniken bei der Zielformulierung

- Ziel-Mittel-Überlegungen
- subjektive Werturteile u.a.

Dabei sollten alle Betroffenen und Beteiligten vor Augen haben, daß Situationen, Möglichkeiten und Wertvorstellungen bzw. deren Ansichten darüber nichts Endgültiges sein können und sollen. Wenn vernünftig argumentierbare Änderungsvorschläge auftauchen bzw. sich sogar als zwingend notwendig erweisen, wird man erneut darüber reden müssen, so unangenehm dies im Einzelfall sein mag.

Eine spätere Änderung ursprünglicher Zielvorstellungen, aus welchen Gründen immer diese erfolgen mag, sollte aber besprochen, begründet und gemeinsam neu vereinbart werden.

Für den Fall von Zieländerungen sollten deshalb Vorgehensprozeduren skizziert werden.

2.2.6 Einschränkungen

Die hier dargelegten Überlegungen sind dosiert zu beachten. In welchem Umfang sie von Bedeutung sind, hängt z.B. von folgenden Faktoren ab:

- In welcher Phase befindet sich das Projekt?
- Wie umfangreich und riskant ist es?
- Wie groß ist der Aufgabenanteil, der durch externe Unternehmer zu erbringen ist?

Für den Gesamterfolg eines Projektes ist die «richtige» Zielformulierung der Vor- oder Hauptstudienphase in der Regel von größerer Bedeutung als jene für die Datailstudien, da die Weichen für den Projekterfolg vor allem in den frühen Phasen gestellt werden.

Eine gut überlegte Zielformulierung ist dann besonders wichtig, wenn es sich um große und riskante Projekte handelt, da die Kostenfolgen, wenn das Falsche getan wird, entsprechend gravierend sein können.

Wenn das Projekt zu einem großen Teil «im Hause» bearbeitet wird, dann wissen die Projektmitarbeiter häufig, worum es geht und worauf es ankommt. Etwaige nachträgliche Änderungen sind auch leichter durchführbar – was allerdings nicht ohne Risiko ist und durchaus auch negativ gesehen werden kann. Werden jedoch große Teile des Projektes «außerhalb des Hauses» bearbeitet, dann ist eine sehr exakte Zielformulierung z.B. im Sinne eines Pflichtenheftes unerläßlich.

2.2.7 Zusammenfassung

1) Die Zielformulierung ist wichtiger Denk- und Arbeitsschritt im gesamten Problemlösungsprozeß.
   In diesem Schritt sollen die Ziele als wichtige Steuerungsimpulse für die Lösungssuche erarbeitet werden. Gleichzeitig soll der Schritt aber auch der Aufdeckung und Bereinigung von Konflikten dienen.
2) Einen sinnvollen Start für die Zielformulierung bilden die folgenden Fragestellungen:

- Was soll mit einer Lösung erreicht werden, was soll vermieden werden? (Systemziele)
- Was ist auf dem Weg zur Lösung zu beachten? (Vorgehensziele)
3) Es ist zweckmäßig zwischen Zielen zu unterscheiden, welche die Lösung selbst und ihre Eigenschaften betreffen (= Systemziele) und solchen, welche das Vorgehen beschreiben (Vorgehens- bzw. Projektablaufziele). Beide sind wichtig.
4) Die Ziel–Mittel-Hierarchie weist darauf hin, daß Lösungen einerseits als Mittel zur Erreichung von Zielen betrachtet werden können, ihre Realisierung aber auch zum Ziel weiterer Anstrengungen erklärt werden kann.
5) Der Zweck, Steuerungsimpuls für die Lösungssuche zu sein, wird am besten erreicht, wenn einige wichtige *Prinzipien* bei der Formulierung beachtet werden:
   - Ziele sind nicht nur sachlich begründbar, sie enthalten auch Wertvorstellungen.
   - Die Ziele sollen bewußt lösungsneutral, d.h. wirkungsorientiert formuliert werden, um zu vermeiden, daß Lösungsideen aufgrund von Vorurteilen ausgeschlossen werden (Prinzip der Lösungsneutralität).
   - Die Ziele sollen problem- und handlungsorientiert formuliert werden.
   - In einer Zielformulierung sollten alle wichtigen Wirkungen und evtl. Eigenschaften einer potentiellen Lösung aufgeführt sein, denen sich die am Zielformulierungsprozeß Beteiligten nicht wertneutral gegenüber verhalten wollen (Prinzip der Vollständigkeit).
   - Die Ziele sollen möglichst präzis – unter Verwendung von feststellbaren Merkmalen und unter Verwendung von Meßskalen – formuliert werden.
   - In der Zielformulierung sollten Prioritäten zum Ausdruck gebracht werden (Muß-, Soll-, Wunschziele).
   - Im Rahmen des Zielformulierungsschrittes sollen Widersprüche und Interessengegensätze, die verhindern, daß Lösungen gefunden werden, ausgeräumt werden (Prinzip der Widerspruchsfreiheit).
   - Ein Zielkatalog soll überblickbar und bewältigbar sein.
6) Für die Bearbeitung der Zielformulierung stehen einige methodische Hilfsmittel zur Verfügung, z.B. der Zielkatalog, Polaritätsprofile etc.

2.2.8 Literatur zur Zielformulierung

Autorenkollektiv:	Zielplanung
Berthel, J.:	Operationalisierung
Berthel, J.:	Zielorientierte Unternehmenssteuerung
Dörner, D. u.a:	Lohhausen
Gäfgen, G.:	Theorie
Haberfellner, R.:	Unternehmung
Hall, A.D.:	Methodology
Hauschildt, J.:	Entscheidungsziele
Heinen, E.:	Zielsystem
Hill, W. u.a.:	Organisationslehre
Koelle, H.H.:	Ansätze
Kuhlmann, J.:	Zielsystem
Nagel, P.:	Zielsetzung
Ropohl, G.:	Systemtheorie
Zangemeister, Ch.:	Nutzwertanalyse

Vollständige Literaturangaben im Literaturverzeichnis.

2.3 Synthese-Analyse

Die Schrittfolge Synthese-Analyse ist der zentrale kreative Teil im Problemlösungszyklus: Sie soll Lösungsvarianten erbringen, deren prinzipielle Tauglichkeit geprüft wurde und über deren Vorzugswürdigkeit in der nächsten Schrittfolge (Bewertung und Entscheidung) entschieden werden wird.

2.3.1 Zweck und Terminologie

Die Synthese-Analyse baut auf den Ergebnissen der Situationsanalyse und der Zielformulierung auf (Abb. 2.51):

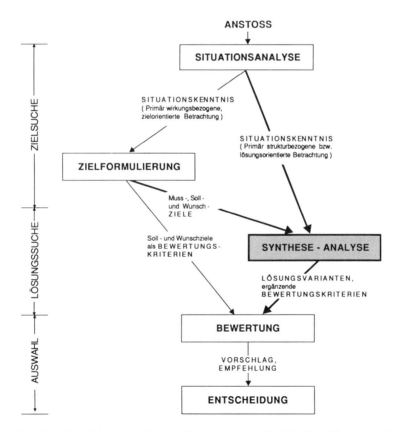

Abb. 2.51 Der Standort der Synthese-Analyse im Problemlösungszyklus

Aus der *Situationsanalyse* resultieren Kenntnis der Situation im Problemfeld und evtl. auch schon Einsichten in das Lösungsfeld und Vorstellungen über Eingriffsmöglichkeiten.

Der Schritt *Zielformulierung* liefert Informationen über die Ziele im Sinne der Wirkungen oder Eigenschaften, die von den Lösungen erwartet bzw. über die Maßstäbe (Kriterien), mit denen die Tauglichkeit von Lösungen beurteilt werden (Mußziele, Soll- bzw. Wunschziele).

Die Lösungssuche besteht aus 2 Schritten

- der *(Konzept- bzw. Lösungs-) Synthese*, als konstruktiv, kreativem Schritt, der den Zweck hat, Lösungen zu finden und zu gestalten, d.h. zu konzipieren, zu entwerfen, zu konstruieren
- der *(Konzept- bzw. Lösungs-) Analyse*, als kritischem Schritt mit dem Zweck, Lösungen systematisch zu prüfen, um sie zu verbessern oder ggf. zu verwerfen.

Als Resultat dieser Schrittfolge sollen Lösungskonzepte vorliegen, die prinzipiell als tauglich gelten (also beispielsweise gegen kein Muß-Ziel verstoßen), die aber trotzdem unterschiedlich gut bzw. vorzugswürdig sein können. Dies klarer herauszuarbeiten, ist der Zweck der später folgenden Bewertung und Entscheidung.

Der Prozeß der Lösungssuche und -findung wird durch das wechselseitige Zusammenspiel der Vorgehensschritte Synthese und Analyse geprägt, auf das später noch eingegangen wird.

2.3.2 Wichtige Denkansätze, Prinzipien und Leitideen

Bei der Synthese geht es um 3 Dinge, um

- die «Erahnung» eines Ganzen, eines Lösungskonzepts,
- das Erkennen bzw. «Finden» der dazu erforderlichen Lösungselemente und
- das gedankliche, modellhafte Zusammenfügen und Verbinden dieser Elemente zu einem tauglichen Ganzen

Dies sind in hohem Maß kreative Akte. Die Synthese ist somit der «konstruktive», aufbauende Schritt.

2.3.2.1 Die Bedeutung der Kreativität

Die Suche nach Lösungen für ein Problem oder eine Aufgabe setzt Sachkenntnis im Problem- und im Lösungsfeld voraus. Ferner ist die Kenntnis von spezifischen Techniken hilfreich. Entscheidend für das Finden von neuen, tauglichen Lösungsansätzen ist jedoch die Kreativität der Gestalter, Entwerfer, Konstrukteure etc. als einzelne oder im Team.

«Kreativität ist die Fähigkeit von Menschen, Ideen, Konzepte, Kompositionen oder Produkte gleich welcher Art hervorzubringen, die in wesentlichen Merkmalen neu sind und dem Schöpfer vorher unbekannt waren. Sie kann in vorstellungshaftem Denken bestehen oder in der Zusammenfügung von Gedanken, wobei das Ergebnis mehr als eine reine Aufsummierung des bereits Bekannten darstellt. Kreativität kann das Bilden neuer Muster und Kombinationen aus Erfahrungswissen, die Übertragung bekannter Zusammenhänge auf neue Situationen, ebenso wie die Entdeckung neuer Beziehungen einschließen.» (vgl. Drevdahl).

Kreative Menschen zeichnen sich u.a. durch schöpferische Neugier, kritische Phantasie und kombinatorisches Denken aus. Sie sind in der Lage, sich von konventionellen und traditionellen Anschauungen zu lösen und besitzen die Fähigkeit, Problem- und Lösungsfelder unter verschiedenen Gesichtspunkten zu betrachten. Sie sind i.d.R. ausdauernde Optimisten.

Für die praktische Projektarbeit bedeutet dies

- Kreativität ist unterschiedlich vorhanden und ausgebildet. Die obige Aufzählung der Eigenschaften kreativer Menschen zeigt aber Ansätze zur systematischen Förderung kreativen Handelns. Mittels → kreativer Techniken kann es zudem stimuliert werden.
- bewußter Einsatz kreativer, originell denkender Menschen.
- Schaffung einer stimulierenden Atmosphäre, die der Kreativität förderlich ist (Distanz zum Tagesgeschehen, Zeitdruck reduzieren u.a.m.).

2.3.2.2 Die Bedeutung der Modellbildung

Die Behandlung komplexer Probleme erfordert die Abstraktion von konkreten Sachverhalten. Diese Abstraktion findet vorerst im Problemfeld statt und führt häufig von graphisch-anschaulichen Abbildungen der Realität zu quantifizierten graphischen Strukturmodellen und ggf. bis zur mathematischen Abstraktion. Dann soll man sich dem Lösungsfeld zuwenden und dort – ebenfalls auf der abstrakten Ebene beginnend – Lösungen entwerfen.

In Abb. 2.52 ist dieser Vorgang vereinfacht dargestellt: Durch Abstraktion entsteht ein Abbild des Problems. Dieses wird mit einem Vorbild konfrontiert, aus dem im Sinne fortschreitender Konkretisierung ein Lösungskonzept entsteht. Der Vorgang ist erfolgreich abgeschlossen, wenn das schließlich vorliegende Lösungskonzept das Problem auf zufriedenstellende Art zu lösen scheint.

Der Übergang von solchen abstrakten Modellformulierungen zu einer konkreten Lösung erfolgt in mehreren Stufen fortschreitender Konkretisierung, wobei in jeder Stufe das Prinzip der Varianten-Kreation und Reduktion angewendet wird.

Innerhalb jeder Konkretisierungsstufe sollen möglichst verschiedenartige Varianten entwickelt und die erfolgversprechendsten Lösungen durch iterative Verbesserung, Verfeinerung und Vervollständigung ausgearbeitet werden.

Als Modelle kommen dabei alle in den Abschnitten Systemdenken und Situationsanalyse erläuterten in Frage.

2.3.2.3 Generelle Entwurfsprinzipien

Bei der Ausarbeitung von Lösungskonzepten ist die Berücksichtigung der folgenden Entwurfsprinzipien angebracht:

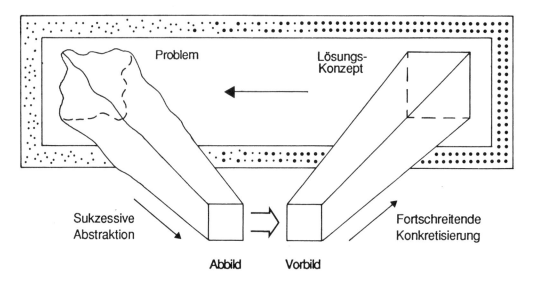

Abb. 2.52   Abstraktion und Konkretisierung (nach Büchel)

- Prinzip der minimalen Präjudizierung
- Prinzip der Minimierung von Schnittstellen
- Prinzip des modularen Aufbaus.

Minimale Präjudizierung heißt, Lösungen bevorzugen, die weiteren Entwicklungen, Veränderungen, Detaillierungen, Auswechslungen von Lösungsbausteinen die größten Freiräume offenhalten, d.h. sie am wenigsten präjudizieren.

Minimierung von Schnittstellen heißt, bei der Strukturierung eines Systems möglichst wenige, einfach und eindeutig definierte Schnittstellen zwischen Baugruppen (Lösungsbausteinen) oder organisatorischen Einheiten, Systemaspekten etc. zu schaffen.

Hierbei ist zu bedenken, daß bei komplexen Systemen die Strukturierung häufig nicht analog zu fachtechnischen oder Hersteller-Grenzen erfolgen kann.

Modularer Aufbau heißt, daß die Lösungsbausteine so gestaltet sind, daß sie Funktionen erfüllen, die mehrfach und auch in anderen Systemen verwendet werden können, bzw. daß handelsübliche Bausteine oder gängige organisatorische Regelungen eingesetzt werden.

Die drei Prinzipien hängen insofern zusammen, als modulare Lösungen mit hierarchisch aufgebauten Schnittstellenstrukturen sich i.d.R. positiv auf die Präjudizierung auswirken.

2.3.2.4 Varianten-Kreation und -Reduktion

Das Prinzip der Varianten-Kreation und -Reduktion wurde bereits im Zusammenhang mit dem Vorgehensmodell (Teil I, Abschnitt 2.3) erwähnt. Es wird hier noch einmal aufgegriffen und vertieft. Die Zusammenhänge sind in Abb. 2.53 dargestellt.

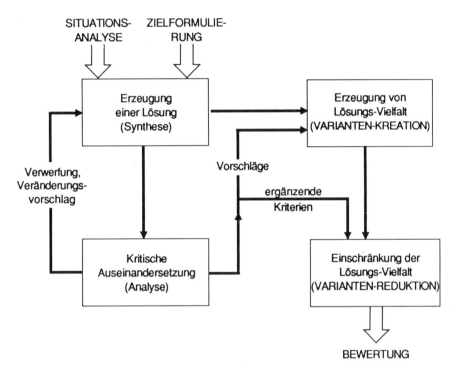

Abb. 2.53 Varianten-Kreation und -Reduktion

1) Das Denken in Varianten

Ein wesentliches Merkmal methodischen Vorgehens besteht darin, daß man sich nicht mit der ersten Lösung, die die Mußziele erfüllt, zufrieden gibt, sondern versucht, sich jeweils einen möglichst umfassenden Überblick über Lösungsmöglichkeiten zu verschaffen, die auf einer bestimmten Betrachtungs- bzw. Konkretisierungsstufe denkbar sind (funktionale, naturwissenschaftlich-technische bzw. strukturelle, modulare Lösungen) und dann einen ausgewählten Teil des Lösungsspektrums bearbeitet.

Der Grund für dieses Vorgehen ist der Wunsch nach einer optimalen Lösung. Bei praktischen Problemen existiert aber i.d.R. kein absoluter Maßstab, um die Güte einer Lösung festzustellen. Diese ist lediglich aus dem Vergleich mit anderen Lösungen erkennbar.

Wenn also eine Lösung gefunden worden ist, die alle Mußziele erfüllt, dann bedeutet dies noch nicht, daß sie die bestmögliche ist. Sie ist nur eine, die den

Mindestanforderungen genügt. Die Aufforderung zur Suche nach Varianten, Alternativen soll einerseits ggf. vorhandene Verbesserungspotentiale aufzeigen und andererseits zur Verfolgung anderer Lösungsansätze anregen und dadurch mehr Vertrauen in die Güte der gefundenen Lösung sowie mehr Sicherheit hinsichtlich des weiteren Verlaufs der Systementwicklung vermitteln. («Eine [einzige] Lösung ist keine Lösung», und «nicht die erstbeste, sondern die beste Lösung zählt».)

Auch wenn sich die zuerst gefundene Lösung letztlich als die beste erweist, besteht die Chance, Teilansätze bzw. gute Lösungselemente aus anderen Varianten zu übernehmen und dadurch ein insgesamt besseres Ergebnis zu erhalten.

Dabei sollte man sich bemühen, zunächst möglichst grundsätzlich zu denken, d.h. Alternativen nicht dadurch zu suchen, daß man Details variiert – das kann auf der nächsttieferen Konkretisierungsstufe erfolgen.

2) Vermeidung unechter Alternativen

Die in einer Synthese-Analyse-Folge erarbeiteten Varianten (Alternativen), sollen auf der gleichen logischen Ebene stehen und damit echte Alternativen sein.

Dies sei an einem Beispiel erläutert (siehe Abb. 2.54).

Stehen z.B. mehreren Lösungen zur Erweiterung der Fertigungsanlagen (E1, E2, E3), ein Vorschlag über die Vergabe von Arbeiten an Dritte (F) oder einer für die Aufgabe eines Produktes gegenüber (A), so handelt es sich bei den beiden letztgenannten um sog. unechte Alternativen im Vergleich zu E1 bis E3.

Jeweils echte Alternativen wären A, F und E bzw. E1, E2 und E3. Ein direkter Vergleich von E1, E2, E3 mit F oder A wäre unzweckmäßig, da zunächst eine grundsätzliche Entscheidung zu treffen wäre. Ein grobes Abklären der Möglichkeiten und Konsequenzen der Alternative E (im Sinne einer Grobstrukturierung von E1, E2 und E3) kann aber durchaus sinnvoll sein. Der Vergleich und damit die Entscheidung wäre aber in 2 Teilentscheidungen zu zerlegen: Erweitern? Wenn ja, welche Variante?

Diese Betrachtungsweise ist eine konsequente Anwendung des Ziel–Mittel-Denkens (siehe Teil II, Abschnitt 2.2.2.5).

3) Verkleinerung des Lösungsspektrums

Die bei der Lösungssuche entstehende Variantenvielfalt ist zwar temporär erwünscht, darf aber aus Zeit- und Aufwands-Gründen nicht allzuweit über die folgenden Konkretisierungsstufen weitergezogen werden. Sie muß deshalb reduziert werden.

Jene Varianten, welche ein Mußziel nicht, oder Soll- bzw. Wunschziele im Gegensatz zu anderen nicht oder eindeutig schlechter erfüllen, können ohne formale Analyse bzw. aufgrund einer stark eingeschränkten Zahl von Kriterien ausgeschieden werden. Die anderen, bei denen die Beurteilung nicht so einfach erfolgen kann, gehen in die nächste Konkretisierungsstufe der Synthese-Analyse bzw. in die Schrittfolge Bewertung und Entscheidung. Bei Bedarf sollen Zwischenentscheidungen gemeinsam mit dem Auftraggeber herbeigeführt werden.

Ein Urteil, ob die auf einer relativ abstrakten Betrachtungsstufe gewählte Lösungsvariante optimal ist, kann i.d.R. bei innovativen komplexen Systemen erst auf der relativ konkreten Ebene der strukturellen, modularen Lösungen getroffen werden.

2. Vertiefung der Teilschritte im Problemlösungszyklus

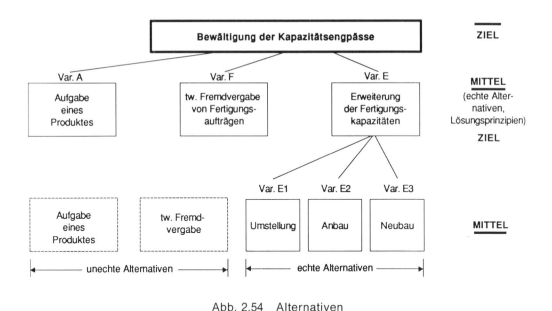

Abb. 2.54 Alternativen

Für die Wahl der Strategie zur Verfolgung von Lösungen über eine oder mehrere Konkretisierungsstufen hinweg ist Erfahrung und Intuition ausschlaggebend. Teamarbeit statt isoliertes Einzelkämpfertum ist deshalb zweckmäßig.

2.3.2.5 Bedeutung und Zusammenwirken von Synthese und Analyse im Verlauf der Systementwicklung

Hier interessieren 2 Fragen. Einerseits jene nach der Veränderung des Innovationscharakters im Verlauf der Systementwicklung und andererseits jene nach der Zahl der Konkretisierungsstufen innerhalb eines Problemlösungszyklus.

1) Abnehmender Innovationscharakter

Es ist zweckmäßig, gedanklich eine Unterscheidung zwischen Innovationsprozessen und Routineprozessen vorzunehmen. Erstere sind dadurch gekennzeichnet, daß sie für die daran Beteiligten einen relativ hohen Neuigkeitswert in dem Sinn aufweisen, also über die Art des Vorgehens und das spätere Ergebnis nur relativ vage Vorstellungen bestehen. Dies im Gegensatz zu Routineprozessen, bei denen man sich auf bekannte und hinsichtlich ihrer Ergebnisse abschätzbare Handlungs- und Verhaltensweisen abstützen kann.

Mit fortschreitendem Verlauf der Systementwicklung wird und muß der Routineanteil zunehmen und der Innovationsanteil zurückgehen. Wenn dies nicht der Fall ist, ist das Projekt zunehmend schwieriger zu bewältigen. Dies sei anhand eines einfachen Beispiels erläutert: Ein Bauprojekt wird dann hinsichtlich seines Erfolgs besonders gefährdet sein, wenn der Architekt bisher nicht verwendete Materialien für Tragkonstruktion und Hülle vorsieht, die besondere (d.h. deutlich überdurchschnittliche) Fertigkeiten hinsichtlich ihrer Verarbeitung und Montage erfordern. Je stärker er auf eingeübte und vertraute Routinen abstellt, desto geringer wird das Risiko sein.

Dieser Rückgang des Innovationsanteils ist natürlich nicht ohne Auswirkungen auf die Synthese-Analyse. In dem Ausmaß, in dem auf bekannte und bewährte Lösungsbausteine zurückgegriffen werden kann, wird der Aufwand für die Synthese und in diesem Zusammenhang auch für die Analyse – auf ein einzelnes Konzept bezogen – zurückgehen.

Dies ist allerdings nicht gleichbedeutend mit einem Abnehmen des Planungsaufwandes in der Phase der Detailstudien. Wegen der Vielzahl der zu bearbeitenden und miteinander abzustimmenden Detailkonzepte kann der gesamte Aufwand in dieser Phase sogar wesentlich größer sein als jener für die Vor- oder Hauptstudie.

2) Mehrere Konkretisierungsstufen in einem Problemlösungszyklus

Es wurde bereits mehrfach auf den Vorgang der zunehmenden Konkretisierung im Verlauf der Systementwicklung hingewiesen, z. B. im Zusammenhang mit der Erläuterung des Vorgehensprinzips «Vom Groben zum Detail», hier spezifischer vom Abstrakten zum Konkreten.

Diese Überlegung ist nun nicht zwangsläufig mit der Vorstellung verbunden, daß der Übergang von einer Konkretisierungsstufe zur anderen jeweils auch mit dem Übergang zur nächsten Phase verbunden sein müsse.

So wie eine Phase durchaus mehrere Problemlösungszyklen enthalten kann, so kann jeder Problemlösungszyklus durchaus mehrere Konkretisierungsstufen beinhalten.

In Abb. 2.55 ist dieser Gedanke verdeutlicht. Für einen bestimmten Lösungsansatz werden auf der 1. Konkretisierungsstufe 2 funktionale Varianten (A und B) erwogen, für die in einer 2. Konkretisierungsstufe verfahrenstechnische Lösungsmöglichkeiten entwickelt werden.

Die folgende 3. Konkretisierungsstufe mit der apparatetechnischen Konzeption erlaubt dann eine Bewertung und damit den Übergang zur nächsten Schrittfolge im Problemlösungszyklus.

2.3.3 Strategien zur Lösungsfindung (Synthese)

Wege zu besseren Lösungen, zu innovativen Produkten und Prozessen, zur Wahrnehmung neuartiger Chancen und zur Behandlung bisher unbekannter Gefährdungen können selten über eingefahrene, vertraute Routinen gefunden werden.

Zwar ergeben sich viele ausgereifte Lösungen gerade aus der routinierten und professionellen Verbesserung in Details, indem an diesen «gefeilt» wird. Eine derartige Strategie der scheibchenweisen (inkrementalen) Verbesserung kann für begrenzte Zeit durchaus sinnvoll sein. Irgendwann einmal wird sie aber unergiebig sein und ein grundsätzliches Überdenken des Lösungskonzepts, d.h. neue Lösungswege mit stärkerem Pioniercharakter, erforderlich machen.

Für derartige Situationen kann man natürlich nicht auf eingefahrene Routinen zurückgreifen, doch existieren verschiedenartige Suchverfahren und Heuristiken zur Erschließung des Lösungsfeldes und zum effizienten Lösungssuchen.

2. Vertiefung der Teilschritte im Problemlösungszyklus

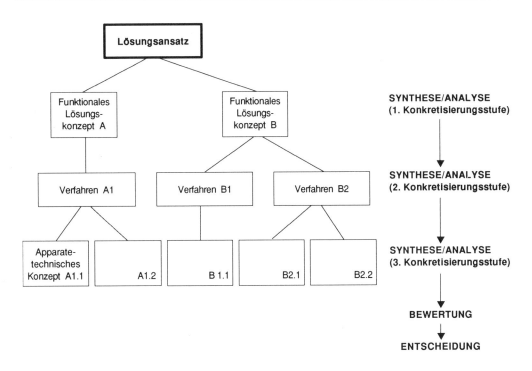

Abb. 2.55 Mehrfache Synthese–Analyse-Schritte mit zunehmender Konkretisierung innerhalb eines Problemlösungszyklus

Die folgenden Überlegungen sollen dazu Anregungen und Hinweise liefern.

2.3.3.1 Begrenzung des Lösungsfeldes

Der Eingriffsbereich für die Problemlösung, d.h. das Feld, in dem die Lösung des Problems bzw. die Erfüllung der Aufgabe möglich ist, ist der Wirkungsbereich von Gestaltern, Entwerfern, Konstrukteuren.
Es wird durch drei Gruppen von Einflußfaktoren definiert (vgl. Rittel).

– Randbedingungen und Beschränkungen, die sich aus der Situation ergeben und deren Beeinflussung vom Gestalter, Entwerfer, Konstrukteur bzw. von der auftraggebenden oder zielsetzenden Instanz aus als nicht möglich bzw. wünschbar bezeichnet wurde (sog. Context-Variablen)
– Funktions- und Leistungsgrößen, die als Muß-, Soll- bzw. Wunschziele vorgegeben wurden (sog. Performance-Variablen), und schließlich
– Entwurfsparameter (sog. Design-Variablen), durch die der eigentliche Freiheitsraum charakterisiert ist, innerhalb dessen Lösungen geschaffen werden können.

Die Context-Variablen werden in der Situationsanalyse herausgearbeitet, die Performance-Variablen in der Zielformulierung festgelegt, die Entwurfsparameter charakterisieren – auch wenn sie in der Regel zumindest teilweise undefiniert bleiben – den eigentlichen Lösungsspielraum. Dessen Nutzung und Ausschöpfung hängt natürlich stark von den individuellen Fähigkeiten der Gestalter, Entwerfer, Konstrukteure ab.

Ein Beispiel aus dem Industriebau mag dies verdeutlichen:

Zu den *Randbedingungen und Beschränkungen* (Context-Variablen) für die Nutzung eines Grundstückes für einen Fertigungsbetrieb gehören die Bauordnung mit Ausnutzungsziffern, Grenz- und Gebäudeabständen, Giebelhöhen, Fluchtlinien und die gewerbepolizeilichen Verordnungen über Arbeitnehmerschutz, betriebliche Emissionen und Sicherheitsvorkehrungen gegen Risiken etc.

Die *Funktions- und Leistungsgrößen* (Performance-Variablen) betreffen hier z. B. die Maschinen- und Anlagenspezifikationen, die betrieblichen Abläufe und Mengendurchsätze, betriebliche Nebenfunktionen und Arbeitsplatzanzahl, Verkehrsanbindungen etc.

Zu ihnen gehören auch Forderungen nach Erweiterbarkeit, Umwandelbarkeit, Nachrüstbarkeit oder auch Demolierbarkeit sowie solche nach Berücksichtigung ästhetischer Gesichtspunkte und Aspekten der Corporate Identity, ferner nach Verwendung bestimmter Materialien sowie an die Instandhaltbarkeit.

Zum eigentlichen *Gestaltungsfreiraum* (Design-Variablen) gehören die Art der Nutzung und Gliederung von Boden, Raum und Natur, die Zuordnung von betrieblichen Funktionen und Abläufen zum räumlichen Potential, die Verteilung des Bauvolumens auf einzelne Kuben und deren innere und äußere Gestaltung etc.

2.3.3.2 System-Melioration

In sehr vielen Fällen besteht bereits ein funktionierendes System. Der Anlaß zur Befassung mit der Problematik ist die Unzufriedenheit z. B. mit Funktionen oder Leistungen des Systems. In diesem Fall liegt die Suchrichtung «Verbesserung des Ist-Zustandes» sozusagen auf der Hand. Gemeint ist, daß man die bestehenden Funktionen, Abläufe, evtl. auch den Sachmitteleinsatz etc. nicht grundsätzlich in Frage stellt, sondern diese partiell und graduell im Hinblick auf die formulierten Ziele zu verbessern sucht (System-Melioration).

Diese naheliegende Vorgehensweise mag zwar weniger aufwendig und «schneller» sein, ist aber keineswegs immer das optimale Prozedere. Einerseits besteht dabei die Gefahr, daß man lokale Symptomtherapie betreibt und übersieht, daß Gegebenheiten außerhalb dieses lokalen Bereiches miteinbezogen werden müssen, um ein Problem richtig zu lösen. Dieser Gefahr sucht das SE mit der Forderung zu begegnen, in der Situationsanalyse die Grenzen eher weit zu fassen. Eine weitere Gefahr besteht darin, daß man die Möglichkeiten neuer Organisationsformen, Technologien und Werkstoffe übersieht. Es ist deshalb häufig zweckmäßiger, das bestehende Lösungskonzept generell in Frage zu stellen.

2.3.3.3 Unterschiedliche Ausgangspunkte für die Lösungssuche

Diese Überlegung steht im Zusammenhang mit der vorher dargelegten System-Melioration.

Man unterscheidet dabei:

- die «Von-außen-nach-innen»-Strategie, die einem Vorgehen «Vom Groben zum Detail» entspricht und
- die «Von-innen-nach-außen»-Strategie, die unmittelbar mit Verbesserungen im Kern des Problems beginnt.

1) «Von-außen-nach-innen»-Strategie

Bei der «Von-außen-nach-innen»-Strategie wird von den gewollten Wirkungen einer Lösung und deren Beziehungen zur Umgebung ausgegangen, auf deren Basis die erforderlichen Bestandteile der Lösung erarbeitet werden.

Da Entscheidungen über Lösungsprinzipien und Konzepte vielfach aufgrund unvollständiger Einsicht in die Problemzusammenhänge und Lösungsmöglichkeiten getroffen werden müssen, ist eine gewisse Zuversicht hinsichtlich der späteren «Machbarkeit» unerläßlich. Diese kann auf Erfahrung, Vertrauen in die Fähigkeiten der Problemlöser, Optimismus, Mut zum begrenzten Risiko und der Fähigkeit zur nachträglichen Korrektur u.ä. beruhen bzw. durch möglichst langes Offenhalten verschiedener Optionen unterstützt werden.

Bei dieser Strategie besteht eine relativ hohe Gewähr für die Umgebungsverträglichkeit einer Lösung. Sollte die Machbarkeit jedoch nicht realistisch genug eingeschätzt worden sein, kann dies unangenehme Auswirkungen auf den Entwicklungsaufwand und im Extremfall einen Abbruch der Entwicklung zur Folge haben.

Diese Strategie bietet sich für die Konzeption von neuen Systemen an. Sie entspricht dem Vorgehensprinzip «Vom Groben (Ganzen) zum Detail» und kann durch Elemente der in der Folge beschriebenen «Von-innen-nach-außen»-Strategie verbessert werden.

2) «Von-innen-nach-außen»-Strategie

Bei der «Von-innen-nach-außen»-Strategie wird vorerst auf ein in die Umgebung eingebettetes Gesamtkonzept verzichtet. Man beginnt mit dem Zusammenfügen bekannter und vorhandener Lösungskomponenten, gestaltet sie nach den funktionellen und leistungsmäßigen Erfordernissen und versucht, sie nachträglich den Umgebungs-Bedingungen anzupassen. Mit dieser Strategie wird man zwar schneller zu einer fertigen Lösung gelangen, die Frage nach ihrer Brauchbarkeit, d.h. Umgebungsverträglichkeit, ihrer Güte und zeitlichen Tauglichkeitsdauer bleibt aber weitgehend offen.

Diese Strategie widerspricht im Prinzip der Vorgehensmethodik des SE und sollte bei der Neukonzeption von Systemen keine Anwendung finden. Sie ist brauchbar bei der schrittweisen Verbesserung von bekannten Lösungen, da die Veränderung einzelner Komponenten i.d.R. keine allzu großen Einflüsse auf die Außenwirkung des Systems als Ganzes hat. Sie bietet sich an, wenn eine Lösung unter Zeitdruck erarbeitet werden muß (Notlösung) und eine gesamthafte Überarbeitung oder Neugestaltung eines Systems zu lange dauert oder erst für einen späteren Zeitpunkt vorgesehen ist.

Bei der Veränderung von Systemen vor allem im sozialen Bereich durch schritt- oder scheibchenweise Verbesserung (K. Poppers inkrementales «piecemeal engineering») bietet die «Von-innen-nach-außen»-Strategie Vorteile. Außerdem kann es erforderlich oder zweckmäßig sein, einen Teilschritt zu planen und anschließend sofort zu realisieren. Die Auswirkungen dieses Schrittes können bei der Planung und Realisierung des nächsten berücksichtigt werden. Da man von Veränderungen in großen Bereichen absieht, besteht nur geringe Gefahr, daß die Umgebungsverträglichkeit in einer nicht mehr rückgängig zu machenden Art beeinträchtigt wird.

3) Vorgehen mit wechselndem Ausgangspunkt

Die Anwendbarkeit der «Von-innen-nach-außen»-Strategie im Sinne des «piecemeal engineering» ist dann in Frage gestellt, wenn sich eine umfassende Veränderung als notwendig erweist und diese schnell zu geschehen hat, «planning under pressure» (siehe Friend, Hickling). Um die Teilschritte sinnvoll zueinander in Beziehung setzen zu können, ist es in diesem Fall zweckmäßig, wenigstens ein rudimentäres Rahmenkonzept zu erarbeiten, das als Koordinationsmittel verwendet werden kann. Damit fließen Elemente der «Von-außen-nach-innen»-Strategie ein.

Bei der Neukonzeption von Systemen soll grundsätzlich die «Von-außen-nach-innen»-Strategie gewählt werden. Sie kann aber mit Vorteilen der «Von-innen-nach-außen»-Strategie angereichert werden.

Kritische Systemelemente, also solche, die besonders wichtig sind und von denen erwartet werden muß, daß ihre detaillierte Ausgestaltung Anlaß zu Schwierigkeiten geben kann, sind im Entwicklungsprozeß mit Priorität zu bearbeiten. Sollte sich dabei die Notwendigkeit des Abbruchs der Entwicklung dieser Elemente ergeben, hat dieses Vorgehen den Vorteil, daß frühzeitig nach Alternativen gesucht werden kann bzw. daß nur wenig Planungsaufwand vergeblich getrieben wurde.

2.3.3.4 Suchstrategien

Trial und Error als individuelle Lösungsstrategie im Sinne der Synthese-Analyse und → Brainstorming als kooperative Lösungs-Strategie mit strikter Trennung von Synthese (Ideenproduktion) und Analyse (Kritik, Auswertung) kann man als Absuchvorgänge des Lösungsfeldes mit Probiercharakter bezeichnen.

Die Absuchvorgänge bestehen aus einer schrittweisen Synthese-und-Analyse-Folge, mit der das Lösungsfeld in linearer oder in zyklischer Weise abgetastet wird.

1) Lineare Strategien

Lineares Vorgehen zeichnet sich durch sequentielle Lösungssuche ohne Möglichkeit und Notwendigkeit der Rückkehr auf frühere Entscheidungsstufen aus.

Routinevorgehen

Dieses Vorgehen ist dadurch gekennzeichnet, daß ein Vorgehensschritt bei der Lösungssuche routinemäßig auf den anderen folgt. Es wird dabei angenommen, daß Lösungen leicht zu finden sind und spezielle Auswahlprobleme entweder nicht auftreten oder als bedeutungslos betrachtet werden können bzw. daß es sich beim Anwendenden um einen Fachmann handelt (Abb. 2.56). Bei einer Formulargestaltung sind die Vorgehensschritte z. B. Formularinhalt festlegen, Schriftgröße bestimmen, Feldgrößen abschätzen, Anordnung entwerfen, Papierformat bestimmen.

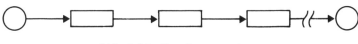

Abb. 2.56 Routinevorgehen

Dieses Vorgehensprinzip kann im Rahmen des SE bei Teilproblemen Anwendung finden, die einen relativ geringen Innovationsgrad aufweisen. Dies ist häufig der Fall, wenn man in der Systementwicklung bereits relativ weit fortgeschritten ist (insbesondere Detailstudien, evtl. Systembau) und die routinemäßige Umsetzung zunehmend an Bedeutung gewinnt. Hier spielt der bewußte Einsatz sog. → Kreativitäts-Techniken keine wesentliche Rolle.

Nicht-optimierende Suchstrategie

Die Lösungen auf den einzelnen Stufen liegen nicht auf der Hand, sondern müssen erst gesucht werden. Man bricht die Lösungssuche aber jeweils ab, sobald eine Lösung gefunden ist, die man für funktionstüchtig hält und geht anschließend zur nächsten Konkretisierungsstufe über (Abb. 2.57).

Entsprechend würde bei einem Vorhaben zur Behebung der Platzknappheit in der Fertigung (1) dem Erweiterungsentscheid (2) mit einem weiteren Gebäude (3) entsprochen, das im Nordteil des Betriebsgeländes (4) plaziert und zweistöckig (5) vorgesehen würde.

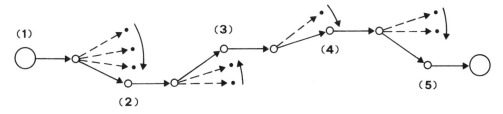

Legende:

• = nicht funktionstüchtige Lösung   ○ = funktionstüchtige Lösung

Abb. 2.57 Nicht-optimierende Suchstrategie

Auch bei dieser Strategie wird auf die Suche nach Lösungsvarianten verzichtet und damit ein wesentliches Vorgehensprinzip des SE außer acht gelassen. Sie sollte bei einem solchen Vorhaben nicht angewendet werden, sondern nur bei relativ unbedeutenden Aspekten, die keinen wesentlichen Einfluß auf das Konzept haben und wo innovative Absichten im Hintergrund stehen. Dies wird gegen Ende der Lösungssuche der Fall sein, bei der Auswahl konventioneller Lösungsbausteine oder Elemente bzw. bei Sachverhalten, die sich relativ nahe der Ausführungsstufe befinden.

Einstufig-optimierende Suchstrategie

Diese Strategie ist durch eine Variantenbildung auf allen Stufen gekennzeichnet. Aufgrund festzulegender Kriterien wird jeweils jene Variante zur weiteren Bearbeitung gewählt, welche die größten Erfolgschancen verspricht (Abb. 2.58).

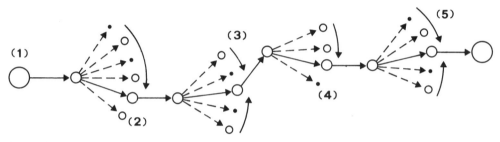

Legende:

• = nicht funktionstüchtige Lösung   O = funktionstüchtige Lösung

◯ = optimale Lösung

Abb. 2.58   Einstufig-optimierende Suchstrategie

Beim geschilderten Vorhaben zur Behebung der Platzknappheit in der Fertigung (1) würde dem Entscheid Umorganisation und Aufstellungsänderungen (2) statt Erweiterung (wie oben) mit einer Umstellung der Beschaffung von Fremdteilen auf fertigungssynchrone Zulieferung (3) statt z.B. Verkleinerung der Lagergrundfläche durch Einbau einer 2. Ebene entsprochen.

Die resultierende Forderung nach verbesserter Anlieferbarkeit (4) wird nicht separat erfüllt, sondern gesamthaft für Anlieferung und Versand optimiert.

Dies ist das Vorgehen, wie es im Rahmen des SE vor allem für die Vor- und Hauptstudie vorgeschlagen wird (Abb. 2.58).

Mehrstufig-optimierende Suchstrategie

Die bisher erläuterten linearen Strategien gehen davon aus, daß es zweckmäßig ist, jeweils nur den nächsten Schritt zu planen, dann eine Entscheidung zu treffen und erst anschließend den übernächsten Schritt zu planen usw.

Die mehrstufig-optimierende Suchstrategie geht von dieser Vorstellung ab. Sie ist dadurch gekennzeichnet, daß die Variantenvielfalt nicht stufenweise eingeengt, sondern über eine oder mehrere weitere Stufen weiter aufgefächert wird. Erst nachdem man Gewißheit bezüglich der Eignung einer bestimmten Idee erreicht zu haben glaubt, wird eine Entscheidung getroffen (→ Problemlösungsbaum, → Entscheidungsbaum) – siehe Abb. 2.59.

Wegen des damit verbundenen Aufwands (Variantenexplosion) sollte diese Strategie mit Vorsicht angewendet werden. Ein wichtiger Grund wäre, wenn das mit der Festlegung auf ein bestimmtes Lösungsprinzip verbundene Risiko relativ groß ist und der zusätzliche Aufwand für die Entwicklung von Alternativlösungen auf tieferen Ebenen im Verhältnis zum Risiko noch tragbar erscheint.

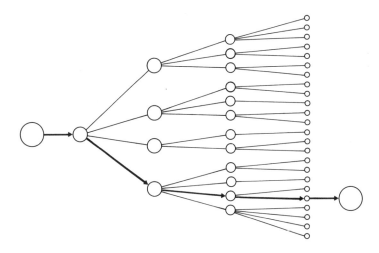

Abb. 2.59 Mehrstufig-optimierende Suchstrategie

2) Zyklische Strategie

Die Anwendung einer linearen Strategie ist normalerweise nur über wenige Stufen möglich. Häufig kommt man dabei an einen Punkt, an dem sich der eingeschlagene Weg als überhaupt nicht oder nur mit Modifikationen gangbar erweist. Dann wird ein Rückgriff auf eine frühere Entscheidung nötig und der Ablauf von dort ausgehend in modifizierter Form wiederholt (Abb. 2.60).

Das Vorgehen soll anhand der Untersuchung eines Grundstückes für die Überbauung mit einem Produktionsbetrieb erläutert werden. Die Suche beginnt mit einer ersten Anordnungskombination der Betriebseinheiten (A). Die möglich erscheinende Plazierung (a) wird näher untersucht (A'), aber wegen Schwierigkeiten mit dem Bahnanschluß abgebrochen (b). Ein Rückgriff im Sinne eines Zyklus wird notwendig. Mit einer zweiten Anordnungskombination der Betriebseinheiten (B) beginnt die

Suche von neuem; für die Möglichkeit (c) ergibt sich bei den Konkretisierungsbemühungen (B') eine Lösung (d).

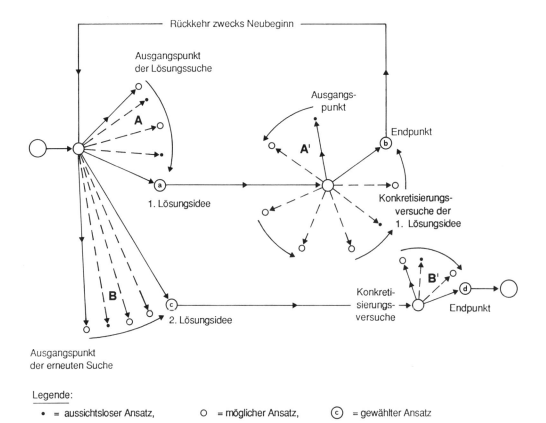

Abb. 2.60 Zyklische Suchstrategie (nach Rittel)

3) Kombinierte Strategien

Keine der genannten Suchprinzipien kann für sich in Anspruch nehmen, als Strategie prinzipiell besser oder brauchbarer zu sein als die anderen. Eine praktikable Vorgehensweise darf daher auch nicht in der ausschließlichen Verwendung einer dieser Prinzipien bestehen, sondern kann Elemente aller Strategien aufweisen, wobei sich die Schwerpunkte mit zunehmendem Planungsfortschritt verlagern werden.

Je grundsätzlicher die Entscheidungen sind, die aufgrund eines Planungsschrittes getroffen werden müssen (Vorstudie, Hauptstudie), desto eher sollte in Richtung einer Mischung zwischen der zyklischen und der einstufig-optimierenden Strategie tendiert werden. Unter bestimmten Voraussetzungen (großes Risiko, tragbarer Aufwand) ist dabei auch die lineare mehrstufig-optimierende Strategie geeignet. Die «Optimie-

rungsspanne» sollte sich dabei jedoch aus Aufwandsgründen über möglichst wenige Stufen erstrecken.
Mit abnehmendem Innovationsgrad gewinnen die nicht-optimierende Strategie und das Routinevorgehen an Bedeutung (Detailstudien, Systembau).

4) Verbesserung der Suchprozesse

Auf relativ vage begrenzten Lösungsfeldern und bei relativ großen Lösungsspielräumen besteht die Gefahr, daß zu viele erfolglose Suchvorgänge gestartet werden, und daß die erfolgreichen zu viele konventionelle oder gar bekannte Ergebnisse erbringen. Die individuelle Suchstrategie nach dem Trial und Error-Prinzip muß deshalb als relativ ineffektiv angesehen werden. Der Grund dafür liegt einmal darin, daß der Entwerfer i.d.R. ausgehend vom Gegebenen zuerst in Richtung bekannter und konventioneller Lösungselemente sucht und zum anderen in der Furcht, sich in unbekannte Bereiche vorzuwagen oder sich mit unkonventionellen Vorschlägen lächerlich zu machen. Dieser psychologische «Trägheitsvektor» behindert das Finden neuartiger Lösungen (siehe Zobel).

Durch Zusammenführen mehrerer Entwerfer zu einer Ideenkonferenz mit der Hauptregel einer strikten Trennung von Lösungsfindung (Synthese) und Überprüfung (Analyse) und das bewußte Anwenden von → Kreativitäts-Techniken kann dieses Hindernis reduziert werden.

Siehe dazu auch die Überlegungen zur kreativen Ausweitung und rationalen Verdichtung im Teil III, Kapitel 2 (Psychologische Aspekte der Projektarbeit).

2.3.3.5 Heuristiken als Strategien zur Lösungsfindung

Einige Mängel der obigen Suchprozesse können durch Unterstützung des intuitiven Arbeitens mit methodischen Komponenten behoben werden.

Die methodischen Komponenten basieren auf der bewußten Übertragung von Analogien und Gegensätzlichkeiten (u.a. → Analogiemethode, Bionik, → Synektik), sind logisch-rational anwendbar (u.a. → Morphologie, → Problemlösungsbaum, → Simulationstechnik) oder sind entweder mathematisch ableitbar (u.a. lineare Programmierung, → Branch and Bound, Kombinatorik).

Den gesamten Synthese-Analyse-Prozeß abzudecken versuchen die sog. systematische Heuristik und der Erfinde-Algorithmus:

In der systematischen Heuristik sind erprobte Methoden der Lösungsfindung für Bereiche wie Entwicklung und Konstruktion im Maschinenbau in einem «Baukasten» zusammengefaßt. Er enthält in einem anwendungsbezogenen Rahmen neben Methoden zum Suchen lösungsorientierter Aufgabenformulierungen, zu ihrer Präzisierung, zum Planen von Vorgehensweisen, zum Suchen und Bewerten von Lösungen auch Methoden zur Bestimmung des Informationsbedarfs, sowie zum Auswerten der gemachten Erfahrungen auch im Hinblick auf die Verbesserung der eingesetzten Methoden (siehe dazu Müller, J.).

Beim «Erfinde-Algorithmus» wird eine bestimmte Abfolge von Arbeitsschritten ähnlich dem Problemlösungs-Zyklus durchlaufen. Für das operative Stadium der Lösungsfindung in technischen Systemen sind Tabellen entwickelt worden. Diese basieren auf der Erkenntnis, daß einerseits Gruppen von geforderten Eigenschaften und Wirkungen bestimmte naturwissenschaftliche Erscheinungen, Effekte etc. zuordenbar sind und andererseits es zur Aufhebung technischer Widersprüche, d.h. zwischen Soll und Ist nur eine begrenzte Zahl von Verfahrens-Prinzipien gibt (siehe dazu Altschuler).

Allerdings fragt sich, in welchem Umfang derartige «Algorithmen» originelle Ideen nicht u.U. sogar erschweren.

2.3.4 Grundsätze zur Analyse von Lösungen

Bereits eingangs wurde darauf hingewiesen, daß die Analyse als kritischer Schritt zu verstehen ist, der den Zweck hat, Lösungen systematisch zu prüfen, d.h. Ansatzpunkte zur Verbesserung oder Argumente für ihr Ausscheiden zu liefern.

(Anmerkung: Dabei geht es ausdrücklich (noch) nicht um eine vergleichende Bewertung von Varianten, sondern um die kritische Durchleuchtung der Tauglichkeit jeder Variante für sich.)

2.3.4.1 Intuitive vs. systematische Analyse

Dieses kritische Prüfen ist in zweierlei Hinsicht möglich:
- im Sinne einer intuitiven Verkoppelung in der Art, daß im Moment des Auftretens einer Idee für eine Lösung oder ein Lösungselement (Synthese) in der Regel auch sofort die kritische Auseinandersetzung (Analyse) mit Art und Umfang ihrer Eignung erfolgt;
- im Sinne einer formalen Aufeinanderfolge in der Art, daß wichtige Planungsergebnisse vorliegen, die hinsichtlich konkreter Fragestellungen systematisch und kritisch analysiert werden.

Die erstgenannte intuitive Verkoppelung der Schritte, d.h. die analytische, wenig planbare Reaktion auf eine kreative Aktion hat eine positive und eine negative Komponente. Die positive besteht darin, daß sie befruchtend wirken und zu Verbesserungen bzw. zu ganz neuen Ideen führen kann. Die negative ist darin zu sehen, daß Lösungsideen ohne nähere Auseinandersetzung als ungeeignet oder unbrauchbar abqualifiziert werden.

Im zweitgenannten Fall ist die Analyse ein eigenständiger, formaler Vorgang, der inhaltlich strukturiert und organisatorisch vorbereitet werden soll. Dies wird insbesondere bei Vorliegen wichtiger Planungsergebnisse bzw. vor wichtigen Entscheidungen sinnvoll sein.

In der Folge wollen wir uns nur mehr mit der formalen, systematischen Analyse beschäftigen.

2.3.4.2 Inhalte der systematischen Analyse

Die Inhalte der Analyse können zu folgenden 6 Fragegruppen zusammengefaßt werden, die – je nach Art des Projektes und Phase, in der man sich befindet – unterschiedlich wichtig sein können:

1. Analyse formaler Aspekte (Beurteilbarkeit, Erfüllung der Mußziele)
2. Analyse der Integrierbarkeit (wirkungsbezogene Betrachtung, Blick nach außen)
3. Analyse der Funktionen und Abläufe (Blick nach innen)
4. Analyse der Betriebstüchtigkeit (Benutzer-, Bedienungs-, Wartungsfreundlichkeit, Sicherheit und Zuverlässigkeit)
5. Analyse der Voraussetzungen und Bedingungen
6. Analyse der Konsequenzen

1) Analyse formaler Aspekte

Hier sind zwei Gesichtspunkte von Bedeutung:

- die Beurteilbarkeit der Lösung
- die Erfüllung der formulierten Ziele.

Mit *Beurteilbarkeit* einer Lösung ist die Möglichkeit gemeint, begründete Aussagen über das Funktionieren einer Lösung im Rahmen der Vorgaben (Funktions- und Leistungsgrößen, sowie Randbedingungen und Beschränkungen) zu machen. Deren Detaillierungsgrad ist natürlich von der jeweiligen Projektphase abhängig. Es soll damit keineswegs eine sofortige weitere Detaillierung eines Konzepts angeregt werden. Es soll vielmehr geprüft werden, ob ein Konzept – im augenblicklichen Konkretisierungsgrad – in dem Sinne vollständig ist, daß eine Beurteilung der Lösung möglich ist. Nur Varianten, die ausreichend beurteilbar sind, können in der Folge bewertet werden.

Hierauf ist abzuschätzen, ob die vorgegebenen *Mußziele* eingehalten wurden bzw. im weiteren Verlauf der Entwicklung eingehalten werden können, und in welchem Ausmaß wesentliche Sollziele durch die betrachtete Variante erfüllt bzw. nicht erfüllt werden können.

Ausgangsbasis ist dabei das Zielsystem, das im Vorgehensschritt Zielformulierung erarbeitet wurde, das sich aber aufgrund veränderter Situationen, Kenntnisse oder Wertvorstellungen mittlerweile geändert und erweitert haben kann.

Varianten, die gegen gültige Mußziele verstoßen, müssen ausgeschieden werden, oder – sofern dies als zweckmäßig erachtet wird – in einem weiteren Syntheseschritt umgearbeitet werden. Ansonsten ist das entsprechende Mußziel zu eliminieren.

2) Analyse der Integrierbarkeit

Dabei soll die Integrationsfähigkeit und das Umweltverhalten der erarbeiteten Lösung überprüft werden. Die wirkungsbezogene Betrachtung, der «Blick nach außen» steht im Vordergrund. Der Wirkungsweise der Lösung aus der Sicht ihrer Umwelt, inkl. eines ggf. übergeordneten Systems soll bei dieser Frage besondere Aufmerksamkeit gewidmet werden. Im Hinblick auf die wirkungsbezogene Betrachtung ist auch die Stimmigkeit der Input–Output-Verhältnisse zu prüfen. Dies kann z.B. in der Art erfolgen, daß die Relationen zwischen Output und Input bilanziert werden bzw. im System vorhandene Ressourcen den gewünschten Output bei gegebenem Input überhaupt plausibel erscheinen lassen.

Die Nahtstellen zwischen System und Umwelt, der Input und Output, seine Herkunft bzw. Verwendung und die Art der Übernahme und Übergabe stehen im Vordergrund.

In zunehmendem Umfang wird die Prüfung der Möglichkeiten und Auswirkungen einer späteren Umwidmung, besonders aber der Außerdienststellung, d.h. Herauslösung des Systems aus der Umgebung sinnvoll und nötig sein (z.B. Abriß von Hochhäusern in Innenstädten, von Kernkraftwerken, Ersatz von Brücken etc.).

3) Analyse der Funktionen und Abläufe (Blick nach innen)

Der Blick soll bei diesem Schritt nach innen gerichtet sein.

Input, der aus Informationen, Material, Energie u.a. bestehen kann, sowie dessen Träger sollen auf ihrem Weg durch das System von einem Element zum anderen verfolgt werden. Die gedankliche Verfolgung dieser Abläufe ist beendet, wenn die Umwandlung des Input in den Output vollzogen ist, die Umsetzungsbilanz stimmt und der Output übernahmereif für das nächste System ist. Die Erstellung einer vollständigen Output-Liste, nicht als theoretische Ableitung der geplanten Input-Transformationen, dient dem Zweck, eine detaillierte Mengenbilanz erstellen zu können und damit ungewollte «Input-Deponien» oder ungeplante «Output-Generatoren» festzustellen. Falls nämlich Outputs existieren, deren Herkunft sich nicht aus der Verfolgung des Input erklären läßt oder wenn Input verschwindet, ohne Output zur Folge zu haben, kann dies als Anzeichen dafür genommen werden, daß zusätzlich Funktionen und Abläufe geplant werden müssen, die bisher noch nicht vorgesehen waren oder daß diese zwar im Konzept vorgesehen sind, sich bisher aber einer kritischen Analyse entzogen haben.

Bei der nach innen gerichteten Betrachtung entstehen Ablaufdarstellungen, die für die nächsten Schritte von Bedeutung sind.

4) Analyse der Betriebstüchtigkeit

Hier geht es um Fragen, wie z.B.

– Benutzer- und Bedienungsfreundlichkeit
– Wartungs- und Instandhaltungsfreundlichkeit
– Zuverlässigkeit und Sicherheit.

Bei der Verfolgung dieser Analysefrage sollte man versuchen, sich sukzessive in die Rollen der Betreiber und Benutzer, der Lieferanten und Abnehmer im weitesten Sinn (Information, Material, Energie u.a.), des Bedienungspersonals usw. zu versetzen und die Planungsergebnisse aus dieser Sicht zu betrachten. Ein weiterer Gesichtspunkt, dem dabei Beachtung zu schenken ist, ist jener der Wartung und Instandhaltbarkeit, sowie der Systempflege und der Nachrüstbarkeit.

Derartige Fragen sind besonders in den realisierungsnahen Phasen von Bedeutung.

Es ist außerdem zweckmäßig, nicht nur Normalfälle, sondern auch Überlast- bzw. Teillastzustände und extreme Input- oder Outputzustände in Betracht zu ziehen, um das Systemverhalten unter diesen Bedingungen und die Eingriffsmöglichkeiten beurteilen zu können.

Bei der Analyse der Zuverlässigkeit und Sicherheit betrachtet man Element für Element, stellt ihre Funktionen fest und überlegt sich

– wie groß die Wahrscheinlichkeit für ihr Ausfallen ist (anfänglich genügen häufig qualitative Überlegungen wie «groß», «gering» usw.)

- in welcher Form sie nicht funktionieren oder falsch reagieren können
- welche Folgen ein Ausfall bzw. eine Fehlfunktion hat
- welche Beziehungen gestört oder unterbrochen sein könnten
- was in diesen Fällen zu tun ist.

Auf den Ergebnissen dieser Fragestellungen basierend, müssen Maßnahmen erarbeitet werden, die zur Verhinderung von Störungen oder, wenn diese als zu aufwendig oder unmöglich eingeschätzt werden, zu ihrer Behebung bzw. Bewältigung geeignet sind (Ausfallorganisation).

Hilfsmittel für Zuverlässigkeits- und Sicherheitsüberlegungen sind die Ausfallarten- und -wirkungs-Analyse und ihre Erweiterung zur Ausfallarten-, -wirkungs- und -bedeutungs-Analyse, sowie die Schleichpfad- und die Fehlerbaum-Analyse (siehe → Sicherheitsanalyse).

5) Analyse von Voraussetzungen und Bedingungen

Diese Analysefrage soll die Voraussetzungen und Bedingungen, unter denen die Lösung realisiert werden und funktionieren kann, möglichst klar herausarbeiten. Insbesondere sind jene Voraussetzungen festzuhalten, die für das Funktionieren der betrachteten Lösung unerläßlich sind und bei deren Nichterfüllung ihre Realisierungsberechtigung in Frage gestellt werden muß.

Beispiele für derartige Voraussetzungen könnten z.B. sein:

- die Verfügbarkeit von Nachbarlösungen, mit denen die betrachtete Lösung essentiell verbunden ist, z.B. Up- bzw. Down-Stream-Produktionsbetriebe;
- die Schaffung personeller oder infrastruktureller Voraussetzungen, die ausdrücklich nicht Gegenstand des betrachteten, sondern anderer, parallel laufender Projekte sind, z.B. Personalausbildung, Energiezuführung u.a.m.

Der Entwicklung solcher Voraussetzungen ist im Verlauf der weiteren Systementwicklung und Realisierung besondere Aufmerksamkeit zu schenken.

6) Analyse der Konsequenzen

Hier geht es darum, sich die positiven und negativen Konsequenzen finanzieller, personeller, organisatorischer u.a. Art zu überlegen, die mit der Wahl eines bestimmten Konzepts bzw. dem späteren Betrieb eines Systems verbunden wären. Bei den negativen Konsequenzen interessieren insbesondere die Maßnahmen, die zu ihrer Vermeidung, Begrenzung oder Milderung zu treffen wären.

Insbesondere wären dazu auch Fragen nach den Herstellerfordernissen, der Herstellbarkeit, Errichtbarkeit bzw. Implementierbarkeit einer Lösung und der Akzeptanz bei den Betroffenen zu stellen. Wie bereits früher erwähnt, spielt auch die Frage des späteren Abbruchs bzw. der Außerdienststellung einer Lösung zunehmend eine wichtige Rolle. Hinsichtlich der Analyse der Herstellerfordernisse gewinnt das Konzept des «Simultaneous Engineering» zunehmend an Bedeutung (siehe Teil I, Abschnitt 2.7.6).

Aus wichtigen positiven oder negativen Konsequenzen müssen evtl. zusätzliche Kriterien zur anschließend folgenden Bewertung von Varianten abgeleitet werden. Ggf. folgen aus diesen Konsequenzen auch Einschränkungen oder Ergänzungen bei den Mußzielen oder Umwandlungen von Mußzielen in Soll- oder Wunschziele.

Teil II: Systemgestaltung   178

2.3.5 Techniken für die Synthese-Analyse

Zur Kreation von Lösungsansätzen und zu ihrer Weiterentwicklung, zur Generierung von Varianten und zur Modellierung von Sachverhalten, zur Analyse von Lösungen im Hinblick auf die verschiedenen Anforderungen und zur Simulation des Systemverhaltens, sowie zur Darstellung stehen eine große Anzahl von Techniken zur Verfügung.
Sie lassen sich in 3 Gruppen gliedern:

– Kreativitäts-Techniken,
– Modellierungs- und Darstellungs-Techniken und
– Analyse-Techniken.

In der Folge werden die einzelnen Techniken nur kurz charakterisiert. Detailliertere Ausführungen findet man in der Enzyklopädie.

2.3.5.1 Kreativitäts-Techniken

Kreative Techniken bezwecken das Überwinden des passiven Wartens auf Einfälle und die Erhöhung der Wahrscheinlichkeit, schnell gute Lösungen zu finden.

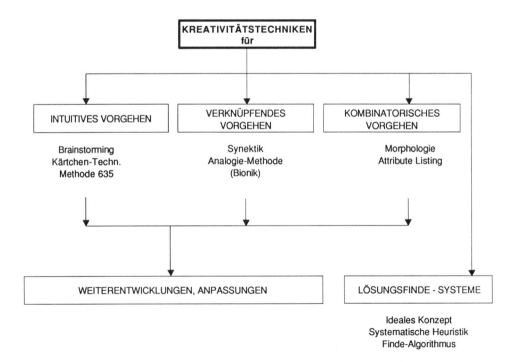

Abb. 2.61   Kreativitäts-Techniken

2. Vertiefung der Teilschritte im Problemlösungszyklus

Sie können entsprechend ihrem Anwendungszweck gegliedert werden in solche, die (vgl. Abb. 2.61)

- der Kategorie des rein *intuitiven* Vorgehens zuzurechnen sind
- analoge oder/und gegensätzliche *Verknüpfungen* von Ideen fördern (Umstrukturierung des Lösungsfeldes) und
- durch *kombinatorisches* Vorgehen zu Lösungsvielfalt führen sollen.

Dabei können einzelne Techniken durchaus auch mehreren Kategorien zugeordnet werden.

Beim → Brainstorming ist die Menge der Ideen von Bedeutung, die im Hinblick auf eine konkrete Fragestellung in einer Gruppe geäußert werden sollen. Die Ideen sind öffentlich zu protokollieren (z.B. auf Flip-Charts).

Auf einer ähnlichen Grundidee beruht die → *Kärtchentechnik*. Dabei werden die Ideen auf Kärtchen geschrieben und z.B. an einer Pinwand befestigt. Sie können durch Gruppieren und Umstecken leichter ausgewertet werden, benötigen aber (einfache) Sachmittel (wie z.B. eine Pinwand).

Die → *Methode 635*, auch Brainwriting genannt, besteht darin, daß 6 Personen jeweils 3 Ideen in 5 Minuten auf ein Blatt schreiben und dann an die nächste Person weitergeben, die angeregt durch diese Ideen drei neue niederschreibt usw.

Die Charakteristik aller genannten Techniken beruht darauf, daß Kritik und Diskussionen über die Sinnhaftigkeit und Brauchbarkeit einer Idee zunächst nicht erlaubt sind. Hingegen sind Aufgreifen, Abwandeln oder Ins-Gegenteil-verkehren von geäußerten Ideen zulässig bzw. sogar erwünscht.

Problemstellungen und Lösungen aus verwandten oder fremden Bereichen sollen durch verknüpfende Assoziationen analoger oder gegensätzlicher Art zu einer neuen Sicht des Problems und zur Lösungsfindung beitragen (→ Analogiemethoden, → *Synektik*). Die *Bionik* hat die Übertragung von Konstruktionsprinzipien der Natur auf technische Aufgabenstellungen zum Inhalt.

Die → *Morphologie* ist eine kombinatorische Methode, bei der ein Problem oder das Lösungsfeld durch charakteristische Parameter (Merkmale, Funktionseinheiten, Ablaufschritte etc.) beschrieben werden. Für jeden dieser Parameter werden mögliche Erscheinungs- bzw. Lösungsformen (Ausprägungen) gesucht und in ein Schema eingetragen. Jede Kombination einer Ausprägung eines Parameters mit je einem der anderen Parameter stellt eine – wenigstens theoretisch – denkbare Lösung dar. Die Methode soll zur systematischen Beschreibung des Problems und zur Bildung ungewöhnlicher Lösungskombinationen anregen.

Das → *Attribute Listing* sucht von den Eigenschaften, Funktionen und Wirkungen (Merkmalen) der bestehenden oder einer gefundenen Lösung ausgehend für jedes Merkmal weitere Ausprägungen. Der Anwendungsschwerpunkt des Attribute Listing liegt in der Melioration.

Darüber hinaus gibt es umfassendere Lösungsfinde-Systeme wie das «Ideals Concept» von G. Nadler (Teil I, Abschnitt 2.5.3), die systematische Heuristik von J. Müller und die Lehre vom idealen Endergebnis ((Er-)Finde-Algorithmus) von G. Altschuller (→ sonstige Kreativitäts-Techniken).

Die genannten Techniken eignen sich in der Mehrzahl sowohl für Einzel- als auch für Gruppenarbeit. Meist sind erfahrene Moderatoren und Übung bei den Gruppenmitgliedern Voraussetzung für gutes und zügiges Arbeiten.

Die Protokollierung der Ergebnisse von Gruppenarbeit erfordert bei vielen Techniken besondere Sorgfalt und vielfach auch Fingerspitzengefühl (z. B. wenn bei mehreren inhaltlich gleichen Äußerungen der «besseren» Formulierung der Vorzug gegeben werden soll).

Im Verlaufe der Bearbeitung eines Problems werden sich Phasen der Einzel- und Gruppenarbeit ebenso ablösen, wie unterschiedliche Techniken zur Anwendung kommen. Um z. B. die von der Morphologie erstrebte breite Feldabdeckung zu erreichen, ist es zweckmäßig, vorher mittels intuitiver Techniken eine Vielfalt von Lösungsideen zu generieren.

2.3.5.2 Modellierungs- und Darstellungstechniken

Für die Modellierung und Darstellung der Ergebnisse der Synthese, d.h. von Lösungen, kommen prinzipiell auch alle jene Techniken in Frage, die im Zusammenhang mit dem Systemdenken und der Situationsanalyse bereits beschrieben wurden. Insbesondere sind es:

- *Systemdarstellungen* jeglicher Art, wie z.B. *Bubble Charts, systemhierarchische* Darstellungen, *Wirkungsnetze* bzw. *Beziehungsstrukturen* verschiedenster Art, die Anwendung der Idee der *Systemaspekte*, *Blackbox*-Darstellungen u.v.a.m.
- Darüber hinaus → *Ursache–Wirkungs*-Matrizen, → *Beeinflussungs*-Matrizen, → *Zuordnungs*-Matrizen
- → *Ablaufdiagramme*, → *Blockschaltbilder*, → *Flußdiagramme*
- jede Art von *Plan, Zeichnung, Skizze, Tabelle, Diagramm*, sowie die
- *physische Modellierung* (verkleinerte körperliche Modelle) oder die
- abstrakte, *EDV-unterstützte Modellierung* (3D-Modelle). Letztere erlaubt durch Simulation von Abläufen und Prozessen unter Veränderung z.B. von Parametern einfache Lösungsänderungen, eine anschauliche Darstellung und eine schnellere Beurteilung.

2.3.5.3 Analyse-Techniken

Techniken, wie sie in der Situationsanalyse zur gegenwarts- und zukunftsorientierten Informationsbeschaffung angewandt werden, eignen sich prinzipiell auch zur Analyse gefundener Lösungen.

Die Untersuchungen von Zuständen, Abläufen, Wirkeigenschaften und Verhalten von Lösungsvorschlägen haben den Zweck, Leistungen, Verfügbarkeiten, Auswirkungen und Folgen des bestimmungsgemäßen Funktionierens und bei Abweichungen davon einschließlich des Risikos zu ermitteln.

Mathematische Methoden, Simulationen, Plausibilitäts-Tests, Destruktions-Analysen unterstützen das dabei angewandte Vorgehen, das entsprechend dem jeweiligen Analysezweck benannt ist (→ Zuverlässigkeits-Analyse, → Sicherheits-Analyse,

→ Katastrophen-Analyse, Verträglichkeits-Analyse, Akzeptanz-Analyse, Konsequenz-Analyse, → Risiko-Analyse etc.).

Im Gegensatz zu diesen «Ex-ante»-Untersuchungen am gedanklichen Modell, stehen die «Ex-post»-Untersuchungen am Objekt. Trotz allen Fortschritten in der mathematisch-naturwissenschaftlichen Modellbildung einschließlich der Leistungsfähigkeit von Computern, und trotz aufwendiger Simulation des Verhaltens von Systemen bleibt zum Abklären der Funktionstüchtigkeit von Wirkungsprinzipien und Lösungsideen häufig nur der Bau und die Analyse eines realen funktionierenden Systems. Bei verfahrenstechnischen Prozessen baut man Anlagen im «Technikums»-Maßstab oder als Pilotanlage. Bei Maschinen und Geräten spricht man etwa von Funktionsmodell, Versuchsmuster oder Prototyp. Bei der Serien- und Massenfertigung geht man häufig noch einen Schritt weiter und testet mit der sogenannten Null-Serie auch die Fertigungsverfahren und -mittel.

Vor allem bei ablauforganisatorischen Lösungen werden Probeläufe unterschiedlichen Umfanges bis zum Parallelbetrieb des alten und neuen Systems durchgeführt (z.B. für ein betriebliches Kostenrechnungssystem, eine Prozeßsteuerungseinrichtung etc.).

2.3.6 Vorgehen bei der Synthese-Analyse

Die verschiedenen früher behandelten Ansätze im Sinne der Synthese-Strategien und Analyse-Prinzipien – hatten den Charakter genereller Denkprinzipien, die in den nachstehend skizzierten Vorgehensschritten zur Anwendung kommen sollen.

2.3.6.1 Das Vorgehen im Überblick

Das Vorgehen kann grob in 6 Schritte gegliedert werden, die eine tendenzielle Folge beschreiben (Abb. 2.62):

1. Analyse der Gestaltungsaufgabe
2. Generieren und Sammeln von Lösungsideen
3. Systematisches Ordnen tauglich erscheinender Lösungsideen
4. Erarbeiten von Lösungsvorschlägen
5. Systematische Analyse der Lösungsvorschläge
6. Um- bzw. Weiterbearbeitung der Lösungen,

Die Reihenfolge der Bearbeitung ist nicht streng linear. In der praktischen Arbeit wird die Abfolge oft unterbrochen und die Schritte aus vielerlei Gründen zyklisch und damit wiederholt durchlaufen. Darüber hinaus ergeben sich auch je nach Situation unterschiedliche Schwerpunkte bei der Bearbeitung der einzelnen Schritte. Team- und Einzelarbeit wechseln einander ab.

2.3.6.2 Die Vorgehensschritte

1) Analyse der Gestaltungsaufgaben

Hier ist es sinnvoll, sich die Ergebnisse der Situationsanalyse und der Zielformulierung ins Bewußtsein zu rufen und die «Entwurfs- oder Konstruktionsfrage» zu klären,

Teil II: Systemgestaltung 182

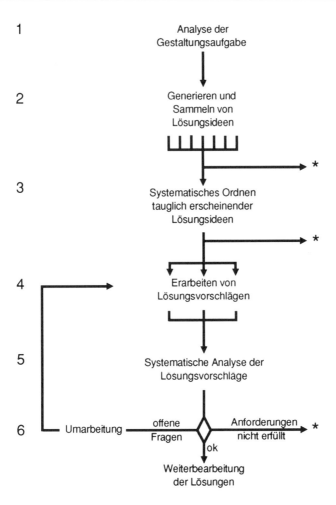

Abb. 2.62 Vorgehensschema Synthese-Analyse (* = ausgeschiedene Lösungsideen)

auf die in der Folge eine Antwort zu suchen ist. Evtl. sollte man sich dabei auch auf die Suchstrategie einigen (Routinevorgehen, optimierende Suchstrategie u.ä. entsprechend 2.3.3.4).

2) Generieren und Sammeln von Lösungsideen

Der kreative Prozeß entzieht sich einer vollständigen gedanklichen Durchdringung und Beschreibung und ist zudem stark abhängig von individuellen Fähigkeiten und Neigungen. Die Synthese ist zunächst eine kreative Angelegenheit, die durch detaillierte Vorgehensanleitungen nicht eingeengt werden soll. Gezielte Denkanstöße sind aber dann wertvoll, wenn der kreative Prozeß zum Stillstand gekommen ist, bzw. wenn eine Lösungsidee bereits gefunden ist und nach Ergänzung oder Alternativen gesucht werden soll.

Die folgenden Ausführungen beziehen sich primär auf derartige Situationen zur Unterstützung des kreativen Prozesses.

Arbeitshypothesen

Zu Beginn der Lösungssuche soll man versuchen, einige Lösungsprinzipien, die möglichst unterschiedlich sind, zu formulieren. Solche Prinzipien sind allerdings nicht als starre Leitlinien, sondern eher als Arbeitshypothesen aufzufassen, die mit fortschreitender Erkenntnis zu modifizieren sind. Sie müssen sich aus Fachwissen und Situationskenntnis ergeben.

Bevorzugung wichtiger Ziele

Je schwieriger ein Problem ist bzw. je umfangreicher ein Zielsystem ist, desto eher wird man bei der Lösungssuche geneigt sein, eine häufig unbewußte bzw. willkürliche Auswahl unter den verschiedenen Zielen zu treffen. Man wird sich dabei also auf ein Ziel oder auf einige wenige konzentrieren und – lediglich auf diese bezogen – Lösungen suchen. Wesentlich ist hier, daß die Zielauswahl geordnet erfolgt. Dies kann insbesondere dadurch geschehen, daß man sich bei der Lösungssuche bewußt vor allem auf die Mußziele bzw. die wichtigen Sollziele konzentriert. Dadurch kann man zwar keine diesbezüglichen Lösungsideen erzwingen, man kann aber die eigene Bereitschaft zur Aufnahme geeigneter Ideen erhöhen. Lösungselemente für die anderen, weniger wichtigen Ziele werden nachher «einzuarbeiten» versucht.

Wenn man bereits brauchbare Lösungen gefunden hat und es um die Erarbeitung von Alternativen geht, kann dasselbe Vorgehen zweckmäßig sein. Man sollte sich nun primär auf Soll- bzw. Wunschziele konzentrieren, die man eigentlich für weniger wichtig hält, und vor allem im Hinblick darauf Lösungen suchen. Sofern diese Absicht erfolgreich ist, wird sie zwar keine echten «Konkurrenten» zu den ursprünglichen Lösungen schaffen, es können sich aber zusätzliche Lösungsansätze ergeben, die zu deren Verbesserung verwendet werden können.

Hypothetische Aufhebung von Beschränkungen

In der Situationsanalyse und Zielformulierung werden Randbedingungen und Mußziele festgelegt – häufig notgedrungen ohne nähere Kenntnis konkreter Lösungsmöglichkeiten – und dies kann sich nachträglich als allzu einschränkend für die Lösungssuche erweisen. Hier kann es zweckmäßig sein, eine – zunächst hypothetische – schrittweise Aufhebung besonders hinderlicher Einschränkungen vorzunehmen, wodurch der Blick auf neue Lösungsdimensionen eröffnet werden soll. Wenn sich dadurch tatsächlich neue und erfolgversprechende Möglichkeiten ergeben, wäre zu erwägen, ob die vorher angenommenen Randbedingungen bzw. formulierten Mußziele nicht abgeändert werden könnten (Feedback zu Zielformulierung, evtl. zusätzliche Situationsanalysen, Rücksprache mit Auftraggeber, wobei die mit der Aufhebung verbundenen Vorteile zu begründen sind).

Diese Anregung soll aber nicht so verstanden werden, daß – unter Verzicht auf jegliche Beschränkungen – immer zunächst «Idealkonzepte» erarbeitet werden, die man später durch Einführung von Randbedingungen und Mußziele auf den Boden der Realität zurückbringt (siehe «Ideals Concept» – Teil I, Abschnitt 2.5.3).

Die folgenden Fragen können neue Denkdimensionen eröffnen:
- Welche Randbedingungen bzw. Mußziele werden als besonders einschränkend für die Lösungssuche empfunden?
- Welche zusätzlichen Lösungen könnte ihre Beseitigung ermöglichen?
- Welche Konsequenzen hätte eine Beseitigung außerdem? (evtl. sind zusätzliche Situationsanalysen zur Beantwortung dieser Frage nötig)
- Ist es zweckmäßig, die Einschränkungen aufgrund derartiger Überlegungen aufzuheben?

Mittel als Lösungsstimulans

Ein weiterer Zugang zur Lösungsfindung kann darin bestehen, daß man in der Situationsanalyse genannte Mittel und dort bereits entdeckte Eingriffsmöglichkeiten aufgreift, ggf. ergänzt und dann versucht, Lösungen auf der Basis alternativer Mittel zu finden. Das Hilfsmittel sollte dabei also als Anregung zur Lösungssuche dienen.

Dieses Vorgehen wird mit Vorteil in Verbindung mit einer lösungsneutralen Zielformulierung angewendet, da dadurch ein unnötiges Sich-voreilig-Festlegen auf ein bestimmtes Mittel erschwert wird.

Lösungsbasis als Variantengenerator

Gelegentlich werden Lösungen gefunden und man ist sich des Prinzips oder der Grundidee, auf der sie beruhen, nicht bewußt. Das Herausarbeiten dieser Basis kann zu neuen Lösungen führen. Zum Finden der Basis kann es zweckmäßig sein, einen Dritten zuzuziehen, der, unbelastet von Details, diese Basis evtl. leichter erkennt oder den Entwerfer durch Fragen zu ihr hinführt.

Die genannten Ansätze können auf Gesamtlösungen ebenso angewendet werden wie auf Teillösungen und prinzipiell auf jeder Konkretisierungsstufe. Sie erheben weder Anspruch auf Vollständigkeit noch auf allseitige Verwendbarkeit und lassen sich wie folgt zusammenfassen:

- Anwendung intuitiver Ansätze vor systematischen.
- Anwendung des Prinzips der fortschreitenden Konkretisierung bei der Modellbildung.
- Bildung von Arbeitshypothesen.
- Die gedankliche Ausrichtung auf besonders wichtige Ziele schafft bessere Voraussetzungen für gute Lösungen.
- Die gedankliche Ausrichtung auf weniger wichtige Ziele kann Lösungsansätze zur Verbesserung von guten Lösungen liefern.
- Das Infragestellen einzelner Randbedingungen bzw. Mußziele kann neue Lösungsdimensionen eröffnen.
- Der Mittelkatalog kann als Anregung zur Lösungssuche dienen.
- Das Herausschälen der Grundidee, auf der eine bestimmte Lösung beruht, kann als Anregung zur Suche alternativer Grundideen dienen.

3) Systematisches Ordnen von Ideen

Tauglich erscheinende Lösungsideen sollen schrittweise und wiederholt geordnet werden. Dies hat den Vorteil, daß relevantes, brauchbares, realisierbar bzw. erfolgversprechend Erscheinendes besser erkannt, verbessert bzw. durch weitere Möglichkeiten ergänzt und ggf. aufgefächert werden kann (erneute Variantenkreation).

Hier spielt die bereits früher angesprochene intuitive Analyse eine wichtige Rolle. Auf die Gefahr, ungewöhnlich erscheinende Ideen voreilig auszuschließen, wurde bereits hingewiesen.

4) Erarbeiten (Entwerfen) von Lösungsvorschlägen

Hier geht es um die konkretere Umsetzung von Ideen in Lösungsvorschläge – entsprechend dem Konkretisierungsniveau, das der gerade bearbeiteten Entwicklungsphase entspricht. Dies ist ein wichtiger kreativer Sprung, der konzeptuelle Fähigkeiten, d.h. eine mehr oder weniger «kritische Masse» an Ideen und Erfahrungen erfordert.

5) Systematische Analyse der Lösungsvorschläge

Jeder der einigermaßen attraktiv und brauchbar erscheinenden Lösungsvorschläge soll nun systematisch analysiert werden. Hier kommen die in Abschnitt 2.3.4.2 erläuterten Analysegrundsätze zur Anwendung.

6) Um- bzw. Weiterbearbeitung der Lösungen

Sofern die Analyse konkrete Ansatzpunkte für Schwachstellen, Unvollständigkeiten bzw. Verbesserungen ergibt, ist die Bearbeitung (Schritt 4) wieder aufzunehmen (Abb. 2.62). Wenn befriedigende Ergebnisse vorliegen, kann die gerade analysierte Lösung als geeignet für den nächsten Schritt betrachtet werden. Dabei kann es sich um die Umarbeitung bzw. Weiterbearbeitung in der nächsten Konkretisierungsstufe oder um die Bewertung handeln. Letztere kann beginnen, sofern eine ausreichende Übersicht über die möglichen Lösungsvarianten besteht und wichtige Weichenstellungen im Sinne von Entscheidungen nötig sind.

7) Hinweise zur Abwicklung

Für die *Ideensuche* und den Entwurfsschritt sind kreative Mitarbeiter erforderlich. Besonders für Gruppenarbeit ist eine kreativitätsförderliche Umgebung notwendig. Ziel ist das Finden sehr unterschiedlicher Lösungsprinzipien und Grundideen. Auch vorerst abwegig oder nur originell erscheinende Ideen soll man gelten lassen. Das Führen eines Ideenkataloges ermöglicht, verlorene Ideen wieder aufzugreifen.

Die Konsequenz, mit der die obigen Empfehlungen angewendet werden, wird von der Situation, den Mentalitäten und auch dem Zeitdruck abhängig sein.

Zur systematischen *Analyse* sind kritische Mitarbeiter erforderlich (Analytiker, Anzweifler, Destrukteure, Neugierige, Karikateure). Allerdings kann allzu vehemente und wenig aufbauende Kritik personelle Spannungen verursachen. Die Kritik ist deshalb möglichst positiv zu unterlegen. Mildernd kann allein schon der Hinweis wirken, man wisse auch nicht, wie man das lösen könne – die Lösung sei aber in der jetzigen Art noch verbesserungsbedürftig.

Insgesamt sollte dieser Schritt von der Einsicht geprägt sein, daß Änderungen von Lösungskonzepten (im Sinne der Beseitigung von wesentlichen Schwachstellen bzw. erhebliche Verbesserungen) in einem Stadium, in dem sich Lösungen erst als Entwürfe präsentieren, noch relativ einfach zu bewerkstelligen sind. Nach erfolgter Detailplanung und begonnener Realisierung zu «reparieren» ist in der Regel sehr viel aufwendiger, wenn nicht gar unmöglich.

2.3.6.3 Dokumentation

1) Dokumentation der Lösungen

Am Schluß der Lösungssuche, erforderlichenfalls auch am Ende von vorgelagerten Stufen, sind im Hinblick auf die Bewertung durch die verschiedenen Beteiligten und Betroffenen die Lösungen zu dokumentieren. Dabei sind wenigstens vier Empfänger-Kategorien zu unterscheiden, die unterschiedliche Bedürfnisse haben:

– Der *Auftraggeber* muß die Lösungen so verstehen, daß er eine Auswahl zwischen Varianten vornehmen kann. Die wichtigsten Charakteristiken im Vergleich sind dabei von Bedeutung.
– Der *System-Realisator* muß jene Lösung, für die man sich entschieden hat, detaillieren und umsetzen können.
– Die zukünftigen *Benutzer, Betreiber* und *Instandhalter* müssen Art und Umstände ihrer Tätigkeit erkennen können.
– *Betroffene* von Auswirkungen der Realisation des Systems oder/und seiner Nutzung müssen diese abschätzen können.

Für die erste und letzte Empfängerkategorie sind vielfach auch Informationen über ausgeschiedene Lösungsansätze und die Gründe für das Ausscheiden von Interesse.

Die Bedürfnisse können i.d.R. nicht mit ein und derselben Beschreibung erfüllt werden.

2) Dokumentation der Unterlagen

Auf die Aussagen, die als Ergebnisse der Synthese-Analyse Grundlagen der nächsten Schrittfolgen im Problemlösungszyklus sind, muß für die verschiedenen Zwecke zurückgegriffen werden können.

Sie müssen einschließlich ihrer Grundlagen dokumentiert sein, um anderen Planern, Auftraggebern und Beteiligten und Betroffenen den Nachvollzug der Erarbeitung der Lösungen zu ermöglichen. Dem Planer selbst erleichtern sie die Arbeit bei einem erneuten Aufrollen von Sachverhalten. Für das Monitoring der Entwicklung wesentlicher Voraussetzungen, für die Betriebstüchtigkeit etc. der Lösungen ist die Dokumentation die Basis. Durch Festhalten der Arbeitsergebnisse der Mitarbeiter sind personelle Wechsel im Bearbeiter-Team leichter verkraftbar.

Der Zwang zur Dokumentation erfordert schriftliches Festhalten von Sachverhalten und deckt damit Lücken auf. Dies fördert die Vereinheitlichung des verwendeten Vokabulars und dient damit der Verständlichkeit.

Deshalb sollen sowohl die wesentlichen Unterlagen über den Ablauf, sowie wichtige Zwischenergebnisse der Arbeit schriftlich festgehalten und geordnet aufbewahrt werden.

2.3.7 Unterschiedliche Schwerpunkte in der Synthese-Analyse im Verlauf der Systementwicklung

Das geschilderte Vorgehen ist – wie auch andere Empfehlungen des Systems Engineering – von genereller Art und kann für eine große Variantenbreite von Lösungssuche-Prozessen angewendet werden. Es stellt aber nur einen Leitfaden dar. Um in einer konkreten Situation effizient und zielgerichtet arbeiten zu können, muß ein Vorgehensplan erstellt werden, der auf die jeweilige Art der Lösungssuche zugeschnitten ist.

Aufgrund unterschiedlicher Aufgabeninhalte der verschiedenen Lebensphasen und Konkretisierungsstufen ändern sich sowohl der Umfang des ausschöpfbaren Lösungsfeldes als auch der Detaillierungsgrad, in dem das vorhandene bzw. beschaffbare Lösungspotential bearbeitet werden muß.

Hauptzweck, Umfang und Detaillierungsgrad der Lösungssuche unterscheiden sich daher in den verschiedenen Stadien der Bearbeitung stark und erfordern unterschiedliche Ansätze und Techniken.

Im Anfangsstadium liegt der Schwerpunkt auf intuitivem Abtasten des Lösungsfeldes, bei der Suche nach unterschiedlichen Lösungsprinzipien und nach potentiellen Lösungsansätzen. Später bestimmt die systematische Suche nach Ausprägungen von Lösungsbausteinen und nach der Synthese von Varianten die Tätigkeit der Systementwickler.

Über die Lösungsprinzipien wird relativ früh entschieden, während für Lösungsmöglichkeiten und Eingriffsmöglichkeiten sich auch in späteren Phasen noch Zusatzinformationen ergeben können.

Anfänglich wird eine Vielzahl unterschiedlicher Ansätze bearbeitet, die auf eine geringe Zahl von Systemen zur Weiterbearbeitung reduziert werden, bevor schließlich nur noch ein Objekt zur realisierungsreifen Detailplanung verbleibt.

Zu Beginn der Tätigkeit ist das Gesamtsystem, einschließlich seiner Übersystem- und Umgebungs-Beziehungen, Gegenstand der Bearbeitung, später eher Untersysteme und Elemente, andererseits aber auch Querschnittsfunktionen (Aspektsysteme) im Gesamtsystem.

Für Planung und Ablauf des Lösungssuche-Prozesses wesentlich ist die Tatsache, ob es sich um die Melioration eines Systems oder um die Neugestaltung eines Systems an einem neuen Ort handelt. Während bei letzterem das gesamte Lösungsfinde-Instrumentarium potentiell zur Anwendung kommen kann, liegt es in ersterem bei «Piecemeal engineering»-Ansatz-ähnlichem Vorgehen. (Siehe dazu auch Teil II, Abschnitt 3.5.) Im Verlaufe der Einengung des Lösungsspektrums für ein neues System gleichen sich die bei der Neugestaltung und der Melioration verwendeten Instrumentarien einander an.

Die Planung muß sich dabei auch auf die Mitarbeiter-Auswahl erstrecken. Liegt der Schwerpunkt zu Beginn beim Einsatz von kreativer Lösungssuche und von systematisch-analytischen Mitarbeitern (Strukturierung von Komplexität), so arbeiten in späteren Phasen eher Routiniers.

Bei Lösungsaufgaben, die in ähnlicher Art schon mehrfach gestellt waren und bei denen dementsprechend Erfahrungen aus der Literatur oder aus früher selbst durchgeführten Projekten vorliegen, kann auf Checklisten, Konstruktionskataloge etc. zurückgegriffen werden.

2.3.8 Zusammenfassung

1) Die Lösungssuche besteht aus der Schrittfolge Synthese-Analyse und ist der zentrale kreative Teil im Problemlösungszyklus. Sie soll Lösungsvarianten hervorbringen, deren prinzipielle Tauglichkeit geprüft wurde und die im nächsten Schritt (Bewertung) einander systematisch gegenübergestellt werden können.
2) Die Lösungssuche wird durch die Situationsanalyse und die Zielformulierung vorbereitet, aber auch eingeschränkt.
   • Aus der Situationsanalyse resultiert Situationskenntnis (Problemfeld und Einsichten in das Lösungsfeld).
   • Die Zielformulierung enthält eine strukturierte Zusammenfassung der sanktionierten Anforderungen an die Lösung und damit Einsichten in den Beurteilungsmaßstab.
3) Die Lösungssuche besteht aus einem kreativ-konstruktiven und einem kritisch-analytischen Schritt. Der konstruktive wird als Synthese, der kritische als Analyse bezeichnet.
4) Die Synthese hat 3 Aufgaben:
   • die «Erahnung» eines Ganzen, eines Lösungskonzepts
   • das Erkennen bzw. Finden der dazu erforderlichen Lösungselemente, und
   • das gedankliche, modellhafte Zusammenfügen und Verbinden dieser Elemente zu einem tauglichen Ganzen.
   Kreativität spielt hier eine wesentliche Rolle.
5) Bei der Analyse ist zwischen einer intuitiven und einer formalen, systematischen zu unterscheiden:
   • Die intuitive erfolgt spontan und ungeplant, sie ist die spontane kritische Reaktion auf eine kreative Aktion und bringt Vorteile und Nachteile (Verbesserungshinweise bzw. vorzeitiges Verwerfen von Lösungen aufgrund von Vorurteilen).
   • Die formale Analyse soll dann vorgesehen werden, wenn wichtige Planungsresultate in Form von Lösungen vorliegen, die vor der Weiterbearbeitung einer kritischen Prüfung unterzogen werden sollen. Sie erfolgt systematisch anhand von Analysegrundsätzen, die jeweils einen anderen wichtigen Gesichtspunkt in den Vordergrund stellen (Beurteilbarkeit, Mußziele, Integrierbarkeit, Funktionen und Abläufe, Betriebstüchtigkeit, Voraussetzungen und Bedingungen, Konsequenzen). Dabei kann es zweckmäßig sein, dazu andere Personen beizuziehen bzw. zu beauftragen.
6) Modelle spielen sowohl beim Entwurf von Lösungen als auch bei deren kritischer Analyse (z.B. durch Simulation) eine Rolle.
7) Das Prinzip der Varianten-Kreation und -Reduktion ist wichtiger Bestandteil der Methodik.
8) Der Innovationscharakter soll im Projektablauf sukzessive abnehmen. Bei der Ausarbeitung von Teillösungen und bei der Realisierung sollen zunehmend Routineabläufe Platz greifen.

9) Für die Lösungssuche gibt es verschiedene Strategien:
   - Die «von-innen-nach-außen»-Strategie hat besondere Bedeutung bei der System-Melioration.
   - Die «von-außen-nach-innen»-Strategie bietet mehr Möglichkeiten der grundsätzlichen Veränderungen.
   - Mischstrategien sind häufig angebracht.
10) Eine Reihe von Techniken (z.B. Kreativitäts-Techniken, Modellierungs- und Darstellungstechniken, Analysetechniken) unterstützen die Lösungssuche und -auswahl.

2.3.9 Literatur zu Synthese-Analyse

Altschuler, G.:	Erfinden
Büchel, A.:	Betriebswissenschaftliche Methodik
Debono, E.:	Laterales Denken
Drevdahl, J.:	Factors
Friend, J. u.a.:	Planning
Goode, H.H. u.a.:	Systems
Müller, J.:	Systematische Heuristik
Pahl, G. u.a.:	Konstruktionslehre
Rittel, H.:	Planungsprozeß
Schregenberger, J.W.:	Methodenbewußtes Problemlösen
Zobel, D.:	Erfinderfibel

Vollständige Literaturangaben im Literaturverzeichnis.

2.4 Bewertung und Entscheidung

Wir wenden uns nun dem Auswahlprozeß zu, der aus den Schritten Bewertung und Entscheidung besteht.

Die Stellung der Bewertung und Entscheidung im Problemlösungszyklus ist aus Abbildung 2.71 ersichtlich.

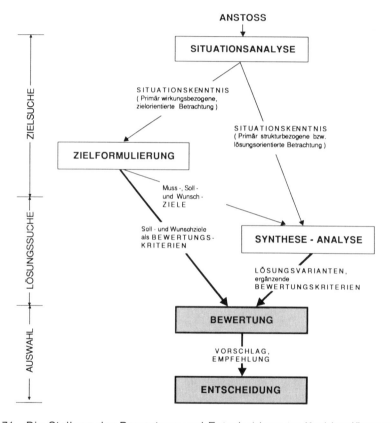

Abb. 2.71 Die Stellung der Bewertung und Entscheidung im Problemlösungszyklus

Grob charakterisiert, hat der Bewertungsschritt die Aufgabe, die Entscheidung vorzubereiten. Dazu müssen 3 Bedingungen erfüllt sein:

– Es müssen unterscheidbare Lösungsvarianten bekannt sein, zwischen denen gewählt werden soll.
– Es sind Bewertungskriterien nötig, die zum Ausdruck bringen, welche Eigenschaften oder Wirkungen als wesentlich erachtet werden.
– Es ist die Fähigkeit erforderlich, die zu beurteilenden Varianten hinsichtlich der Erfüllung der Kriterien einzustufen.

Lösungsvarianten werden in der Synthese erarbeitet und in der Analyse hinsichtlich der Einhaltung der zuletzt gültigen Mußziele, ihrer Funktionstüchtigkeit (Ablauflogik, Integrationsfähigkeit, Sicherheit und Zuverlässigkeit, Vollständigkeit), der Vergleichbarkeit, der erforderlichen Bedingungen und der zu erwartenden Konsequenzen kritisch überprüft. Ungeeignete Varianten sind zu überarbeiten oder auszuscheiden. Sie gelangen nicht mehr in die Bewertung.

Als *Bewertungskriterien* sind besonders jene operativ formulierten Teilziele geeignet, die bei der Zielformulierung als Soll- oder Wunschziele bezeichnet wurden. Die dabei entstehende Liste von Kriterien (Kriterienplan) muß jedoch bisweilen durch Zusatzkriterien ergänzt werden, die sich erst aus der Kenntnis von Lösungskonzepten (Synthese/Analyse) ergeben. Diese Aussage ist nicht unproblematisch, weil damit Kriterien bzw. Teilziele (nachträglich) zur Bewertung zugelassen werden, deren Berücksichtigung in der Zielformulierung nicht gefordert war. Es ist dies allerdings Ausdruck eines Lernprozesses mit der Chance, zu einer besseren Lösung auf der Basis ergänzter oder veränderter Zielvorstellungen zu gelangen.

Die *Fähigkeit* zur Beurteilung von Varianten umfaßt sowohl Situationskenntnis als auch Fachwissen im Sinne der Kenntnis der Wirkungen, der Eigenschaften bzw. Einsatzbedingungen von Varianten, aber auch Argumentations- und Urteilsfähigkeit.

Die Entscheidung folgt der Bewertung. Sie soll mit dem Entschluß verbunden sein, die ausgewählte Lösungsvariante je nach Phase im Detail weiter zu planen, oder mit der Realisierung zu beginnen, oder eventuell das Projekt abzubrechen.

2.4.1 Zweck, Terminologie, Grundlagen

Bevor wir auf das Vorgehen und die Verfahren näher eingehen, wollen wir den Betrachtungsstandpunkt etwas verlagern und uns zunächst dem Entscheidungsproblem generell zuwenden: Entscheidungen sind zwar besonders wichtig am Ende eines Problemlösungszyklus, sie sind aber auch im Rahmen der Zielsuche, der Lösungssuche (Synthese/Analyse) und des Projekt-Managements von Bedeutung.

Eine Entscheidungssituation liegt dann vor, wenn mehrere Handlungsalternativen zur Verfügung stehen, zwischen denen man wählen kann oder muß. Die Wahl wird weitgehend bestimmt durch die erwarteten Auswirkungen, die bestimmte Handlungsweisen zur Folge haben. Die Vorbereitung der Entscheidung muß deshalb vor allem darauf gerichtet sein, Informationen über die Folgen der Wahl zu beschaffen.

2.4.1.1 Verschiedene Entscheidungsarten

Die Entscheidungssituation stellt vom Handlungsablauf her eine Barriere dar. Sie wird durch den *Entschluß* überwunden, die künftigen Handlungen im Hinblick auf die getroffene Wahl durchzuführen. Vielfach wird diese Barriere gar nicht zur Kenntnis genommen und eine Entscheidung unbewußt getroffen (Abb. 2.72).

Erst wenn die subjektiv empfundene Barriere eine bestimmte Höhe überschreitet, wird sich das Individuum (der Handelnde) der Entscheidungssituation bewußt, es trifft eine bewußte Entscheidung. Sofern derartige Entscheidungssituationen in gleicher oder ähnlicher Form häufig auftreten, ist es zweckmäßig, Entscheidungsroutinen bzw. -regeln zu erarbeiten, die eine routinemäßige und damit effizientere Abwicklung des Bewertungs- und Entscheidungsvorgangs ermöglichen (z.B. Losgrößenbestimmung in der Fertigung, Regeln für Rabatt-Gewährung im Verkauf, Behandlung von Anträgen in der öffentlichen Verwaltung usw.).

Wenn keine Entscheidungsroutinen zur Verfügung stehen, gibt es zwei Möglichkeiten, die Entscheidungssituation zu bewältigen: Improvisation oder methodische Unterstützung.

Improvisierte Entscheidungen sind solche, die – häufig unter Zeitdruck – aufgrund weniger Kriterien und einer nicht sehr tiefschürfenden Analyse der Ausgangssituation und der Konsequenzen getroffen werden. Sie sind berechtigt, wenn

– die Konsequenzen der Entscheidung relativ unbedeutend sind
– der durch die Entscheidung eingeleitete Handlungsablauf nachträglich noch relativ leicht beeinflußt werden kann
– die «Qualitätsunterschiede» der vorliegenden Handlungsalternativen sehr groß sind, eine bestimmte Lösung also deutliche Vorteile gegenüber den anderen aufweist, wodurch die Entscheidung erheblich vereinfacht wird
– die «Qualitätsunterschiede» unbedeutend sind.

Bei dieser Art der Entscheidung muß man sich jedoch bewußt sein, daß die Güte der Entscheidung stark von der in ähnlichen Situationen gewonnenen Erfahrung der entscheidenden Person abhängig ist.

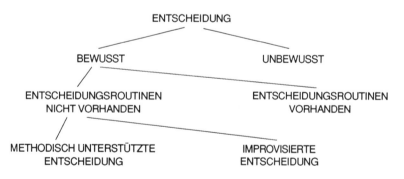

Abb. 2.72 Entscheidung und Entscheidungssituation

Wenn diese Bedingungen nicht erfüllt sind, soll der Entscheidungsvorgang *methodisch unterstützt* werden, wobei es zweckmäßig ist, zwischen Abschluß- und Zwischenentscheidungen zu unterscheiden:

Zwischenentscheidungen sind im Rahmen des SE solche, die während der Synthese/Analyse getroffen werden. Auch wenn hier häufig nicht ausdrücklich von Entscheidungen gesprochen wird, wird der weitere Handlungsablauf durch die Verfolgung einer bestimmten Lösungsidee (Synthese) bzw. deren kritische Prüfung (Analyse) doch maßgeblich beeinflußt, so daß diese bewußte oder unbewußte Auswahl Entscheidungscharakter hat.

Abschlußentscheidungen sind vielfach formeller Natur in dem Sinn, daß eine Willensäußerung mehrere Personen (vielfach unter Einbezug des Auftraggebers) eingeholt werden soll und muß, bevor der Handlungsablauf fortgesetzt werden kann.

Abschlußentscheidungen werden jeweils am Ende wesentlicher Planungstätigkeiten getroffen, vor allem im Anschluß an die Synthese/Analyse. Sie können beispielsweise alternative Lösungsprinzipien, alternative Gesamt- oder Detailkonzepte, alternative Vorgehensweisen oder Mittelzuteilungen u.ä. zum Gegenstand haben.

Eine gewisse Sonderstellung nehmen die sog. Zielentscheidungen ein, die bei Zielkonflikten getroffen werden müssen (siehe Abschnitt 2.2.3.7).

Damit läßt sich folgende tendenziell gültige Zuordnung vornehmen:

Abschlußentscheidungen sollen möglichst methodisch unterstützt werden; Zwischenentscheidungen können auch improvisiert erfolgen. Wenn die Tragweite einzelner Zwischenentscheidungen groß ist, empfiehlt es sich allerdings auch hier, Verfahren zu Hilfe zu nehmen, die eine methodisch unterstützte Entscheidung ermöglichen.

Wir wollen hier bewußt zwischen Improvisation und Intuition unterscheiden: Improvisation bezieht sich auf das Vorgehen bzw. den (geringen) zeitlichen Aufwand, der bei der Entscheidungsvorbereitung getrieben wird. Intuition nimmt Bezug auf die unterbewußte Beurteilung von Einflußfaktoren und Konsequenzen bei der Entscheidung, die auf subjektiven Faktoren beruht, wie z.B. Erfahrung, «Riecher», Fähigkeit, komplexe Situationen auch dann «richtig» einzuschätzen, wenn nur wenige Informationen zur Verfügung stehen. Intuition spielt deshalb sowohl bei improvisierten als auch bei methodisch unterstützten Entscheidungen eine wesentliche Rolle.

2.4.1.2 Die methodisch unterstützte Entscheidung

Bei der methodisch unterstützten Entscheidung wird von der Annahme ausgegangen, daß die Qualität der Entscheidung in dem Maße wächst, in dem das Wissen über die Konsequenzen möglicher Entscheidungen zunimmt. Deshalb ist hier eine intensive Informationsbeschaffung besonders wichtig. Zusätzlich werden formale Verfahren angewendet, die es erlauben, die entscheidungsrelevanten Informationen so zu verarbeiten, daß sich ein Entscheidungsvorschlag logisch, häufig auch rechnerisch unterstützt, ableiten läßt.

Bei Entscheidungsproblemen, die im Zusammenhang mit der Planung großer Projekte auftreten, sind so → Bewertungsmethoden und die → Wirtschaftlichkeitsrechnung von großer Bedeutung.

Darüber hinaus existieren eine Reihe weiterer methodischer Ansätze zur Bearbeitung von Teilaspekten. Sie beziehen sich vor allem auf die Darstellung von Entscheidungsproblemen und -strukturen (→ Entscheidungsbaum, → Polaritätsprofil). Ebenfalls zu erwähnen sind Ansätze des → Operations-Research zur Vorbereitung von Teilentscheidungen und für die Informationsbeschaffung.

2.4.1.3 Ablauf von Entscheidungsvorbereitung und Entschluß

Bei Auftreten einer bewußt empfundenen Entscheidungssituation, die nicht mit Hilfe bereits vorhandener Entscheidungsroutinen bewältigt werden kann, ist es zweckmäßig, den in Abb. 2.73 dargestellten Ablauf vor Augen zu haben.
Dazu einige Erläuterungen:

1) Die Wahl eines *methodisch unterstützten* Verfahrens wird sich insbesondere dann anbieten, wenn
   - die Entscheidung als wichtig und bedeutend betrachtet wird, was insbesondere dann der Fall sein wird, wenn nachhaltige Konsequenzen damit verbunden sind (Weichenstellungen für den weiteren Ablauf),
   - bei verschiedenen Varianten hinsichtlich wesentlicher Wirkungen bzw. Eigenschaften kein offensichtlicher Favorit erkennbar ist,
   - die Meinungen und Auffassungen jener Personen, welche die Entscheidung zu treffen haben, deutlich voneinander abweichen (z.B. hinsichtlich der zu berücksichtigenden Kriterien, ihrer Bedeutung etc.). Ein methodisch unterstütztes Verfahren hilft dabei auch, sich der Wertvorstellungen stärker bewußt zu werden,
   - nicht überhastet entschieden werden muß, also ausreichend Zeit für die Entscheidungsvorbereitung zur Verfügung steht. Dies ist allerdings durch eine gute Planung und ein gutes Projekt-Management beeinflußbar.
2) Hinsichtlich der *Festlegung des Bewertungsverfahrens* stehen verschiedene Grundmodelle als Bausteine zur Verfügung:
   - Die Modelle und Methoden der traditionellen → Wirtschaftlichkeits- und Investitionsrechnung gehen von der Annahme aus, daß die wesentlichen Eigenschaften und Wirkungen von Lösungen in Geldeinheiten ausdrückbar sind. Allerdings können viele Entscheidungssituationen damit nicht ausreichend abgebildet werden.
   - Die im folgenden Abschnitt erläuterten Verfahren der Nutzwert-Analyse bzw. Kosten-Wirksamkeits-Analyse lassen demgegenüber ein breites Spektrum von Kriterien unterschiedlichster Art zu.
3) Die *Informationsbeschaffung* und -aufbereitung dient dazu, Lösungsvarianten und Entscheidungssituationen so aufzubereiten, daß sie in das Bewertungsverfahren einfließen können. Wenn die in der Analyse beschafften und aufbereiteten Informationen nicht ausreichen, sind zusätzliche Analysen durchzuführen.
4) Ergebnis der Entscheidungsvorbereitung ist ein *Entscheidungsvorschlag*. Es ist Aufgabe der Entscheidenden, einen Entschluß zu fassen, der festlegt, in welcher Richtung weiter gehandelt werden soll.
5) Selbst bei gut vorbereiteten Entscheidungen kann der *Entschluß* vom Entscheidungsvorschlag abweichen, wofür es eine Reihe mehr oder weniger leicht akzeptabler Begründungen gibt:
   - die Intuition der Entscheidenden, welche die Ergebnisse der Entscheidungsvorbereitung nicht akzeptieren
   - mittlerweile geänderte Sachverhalte, Situationen und Wertvorstellungen.

2. Vertiefung der Teilschritte im Problemlösungszyklus

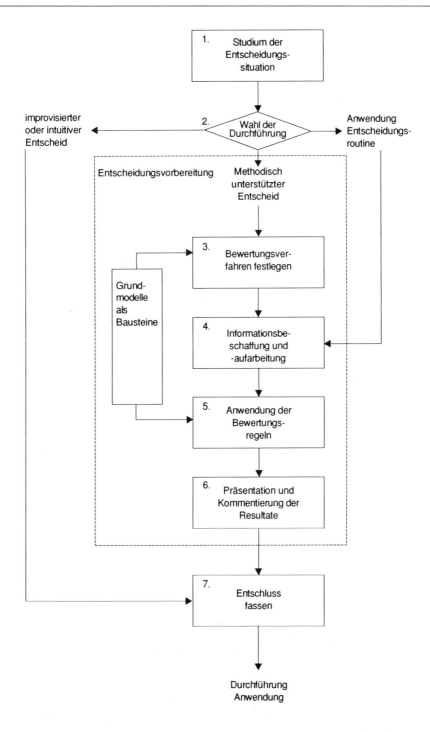

Abb. 2.73 Ablauf von Entscheidungsvorbereitung und Entschluß

Dadurch können zusätzliche Abklärungen, neue Bewertungsschritte u.ä. erforderlich werden.

Wie aus Abb. 2.73 zu ersehen ist, stellt der Entschluß ebenfalls den Abschluß der *improvisierten Entscheidung* dar. Der Unterschied zwischen den beiden betrachteten Entscheidungsarten besteht also darin, daß bei improvisierten Entscheidungen kein erkennbares Entscheidungsvorbereitungsverfahren angewendet wird.

2.4.2 Bewertungsmethoden

Bei der Darstellung der Methoden beschränken wir uns auf einige wenige, die wir als besonders charakteristisch bzw. universell für die Bewertung beim Variantenvergleich einsetzbar betrachten.
Es sind dies

- die Argumentenbilanz
- die Nutzwertanalyse (Punktbewertung) und
- die Kosten-Wirksamkeits-Rechnung (Cost-Effectiveness-Analysis).

2.4.2.1 Die Argumentenbilanz

Die Grundidee dieses sehr einfachen Verfahrens besteht darin, die Vorteile und Nachteile einzelner Varianten in Form verbaler Argumente aufzulisten. Damit schaffen sie eine gewisse Übersicht über die Entscheidungssituation – obwohl die Methodik nicht besonders leistungsfähig und transparent ist. Wir beschreiben dieses Verfahren aus 2 Gründen: weil es für einfache Entscheidungssituationen oft ausreicht und weil die Charakteristiken der weiteren Verfahren damit gut dargestellt werden können.

Zur Verdeutlichung wird die Bewertung und Auswahl einer Wohnung herangezogen. Obwohl die Problemstellung nicht besonders anspruchsvoll ist, hat sie den Vorteil, allgemein leicht verständlich zu sein (siehe Abb. 2.74).

Die Vor- und Nachteile der Argumentenbilanz sind offensichtlich.

Vorteil:

- eine gewisse Ordnung der Argumente (besser als sie nur im Kopf kreisen zu lassen)

Nachteile:

- unvollständige Argumentation (nicht alle Argumente auf alle Varianten angewendet)
- unklar, was wichtig ist und was nicht
- unklar, womit jeweils verglichen wird (Vorteile bzw. Nachteile gegenüber welcher Variante?)

Die Argumenten-Bilanz eignet sich deshalb lediglich für relativ einfache Entscheidungssituationen, also solche, die intuitiv eigentlich schon klar sind, aber mit wenig Aufwand doch noch geprüft werden sollen. Sie bietet gute Erweiterungsmöglichkeiten, die in der Folge dargestellt werden.

2. Vertiefung der Teilschritte im Problemlösungszyklus 197

	Vorteile	Nachteile
Wohnung A	– kurzer Schul- und Arbeitsweg – oberstes Stockwerk, freier Blick – gute Isolation – Freunde der Eltern in der Nähe – große Wohnung, guter Grundriß	– relativ laut (Straßenlärm) – Deckenheizung – weniger sympathische Nachbarn – teuerste Wohnung
Wohnung B	– attraktive Umgebung – gute Einkaufsmöglichkeiten – Fernwärmeanschluß – sehr sympathische Nachbarn – Großmutter in der Nähe – günstige Miete	– umständlicherer Arbeitsweg – keine Bekannten in der Nähe – kleinste Wohnung, wenig Raumreserven
Wohnung C	– gute Einkaufsmöglichkeiten – wenig Straßenlärm – größte Wohnung – günstige Miete	– unattraktive Wohngegend – langer Schul- und Arbeitsweg – schlechte Isolation – unzweckmäßiger Grundriß

Abb. 2.74 Argumentenbilanz (Beispiel)

2.4.2.2 Die Bewertungsmatrix als Basis für den Variantenvergleich

Die nachstehend beschriebene Bewertungsmatrix ist Kernstück einer Reihe von Bewertungsmethoden (Punktbewertung/Multikriterienmethode/Nutzwertanalyse), die unter verschiedenen Bezeichnungen das gleiche meinen. Diese Matrix stellt die Bewertungsproblematik, so wie sie am Ende des Analyseschrittes auftritt, gut dar (Abb. 2.75).

(1) Zu bewerten sind verschiedene, prinzipiell als brauchbar erachtete Lösungsvarianten, die aber unterschiedlich ausgeprägte Vor- und Nachteile aufweisen.

(2) Bei der Beurteilung dieser Varianten sind sehr unterschiedliche Teilziele bzw. Kriterien (wie z.B. Leistung, Investitionsbeträge, Betriebskosten, Personal, Flexibilität etc.) zu berücksichtigen. Das zentrale Problem der Bewertung besteht darin, die Zielerfüllung, gemessen mit unterschiedlichen Maßstäben, zu einer einzigen Kennziffer zu aggregieren.

Die in der Abb. 2.75 verwendeten Symbole haben folgende Bedeutung:

V1, V2, ..:   Bezeichnung der zur Auswahl stehenden Varianten

Z1, Z2, ..:   Meßgrößen (Kriterien, Teilziele) hinsichtlich der die Varianten beurteilt werden und die Ziele repräsentieren

n11, n12, ..:   Beurteilungsnoten, die zum Ausdruck bringen, in welchem Ausmaß die einzelnen Teilziele durch die Varianten erfüllt werden.
Hierbei werden folgende Konventionen empfohlen:
– sehr gute Lösungen erhalten die Note 10

Ziele	Gewicht Σ = 100	Varianten					
		V_1		V_2		V_3	
		n	g*n	n	g*n	n	g*n
Z_1	(g_1) 50	(n_{11}) 5	$(g_1{}^*n_{11})$ 250	(n_{12}) 8	$(g_1{}^*n_{12})$ 400	(n_{13}) 6	... 300
Z_2	(g_2) 40	(n_{21}) 3	$(g_2{}^*n_{21})$ 120	(n_{22}) 2	$(g_2{}^*n_{22})$ 80	3	120
Z_3	(g_3) 10	(n_{31}) 10	100	(n_{23}) 7	$(g_3{}^*n_{23})$ 70	8	80
Gesamtzielerfüllung ZE_1 ZE_2 ZE_3			470		550		500

Abb. 2.75 Bewertungsmatrix

- gerade genügende Lösungen erhalten die Note 1
- für ungenügend oder gar nicht erfüllte Kriterien wird Note 0 gegeben
- die übrigen Noten dienen zur graduellen Abstufung

g1, g2, ..: die Bedeutung eines Teilzieles im Verhältnis zu anderen Teilzielen wird durch eine Gewichtung ausgedrückt. Dabei wird als Konvention empfohlen, die Summe der Gewichte = 100 zu setzen (Prozentdenken).

g1*n11, g2*n21, ..: gewichtete Teilzielerfüllung der Lösungsvarianten

ZE1, ZE2, ..: Kennziffern je Variante, welche die Gesamtzielerfüllung repräsentieren. Sie ergeben sich aus:

ZE1 = g1 * n11 + g2 * n21 + g3 * n31 usw.
ZE2 = g2 * n12 + g2 * n22 + g3 * n32 usw.

Als Bewertungsregel gilt, daß jene Variante als die beste anzusehen ist, welche die größte Gesamtzielerfüllung erreicht (max. ZEi).

2.4.2.3 Nutzwertanalyse

Die Nutzwertanalyse ist eine anwendungsorientierte Interpretation der vorher dargestellten Bewertungsmatrix. Die einzige, hier dargestellte Erweiterung besteht darin, daß die Kriterien strukturiert, d.h. zu logisch einsichtigen Gruppen zusammengefaßt werden.

Ein Beispiel für eine ausgefüllte Tabelle findet man in Abb. 2.76, in der die Problematik der Wohnungsauswahl wieder aufgegriffen wird. Natürlich ist das Verfahren auch bei beliebigen anderen und wesentlich komplexeren Bewertungssituationen anwendbar, wie z. B. Bewertung von Konzeptvarianten, Computerevaluationen, Softwarebewertung usw.

Kriterien	Gewicht (g)		Varianten					
			A		B		C	
	Gruppe	Einzel	n	g*n	n	g*n	n	g*n
1. Lage des Gebäudes	20							
– Attraktivität der Umgebung		6	6	36	10	60	2	12
– Schulweg		3	10	30	5	15	1	3
– Einkaufsmöglichkeiten		3	4	12	8	24	8	24
– Arbeitsweg		3	8	24	4	12	4	12
– Straßenlärm		5	3	15	6	30	8	40
Teilsumme 1				117		141		91
2. Gebäude	15							
– Aussehen		3	4	12	6	18	4	12
– Lage der Wohnung		6	10	60	8	48	6	36
– Isolation (Schall, Wärme)		3	8	24	6	18	2	6
– Heizung		3	4	12	10	30	6	18
Teilsumme 2				108		114		72
3. Soziales Umfeld	15							
– Nachbarschaft		10	4	40	10	100	6	60
– Freunde der Eltern		2	8	16	4	8	4	8
– Freunde der Kinder		3	6	18	8	24	6	18
Teilsumme 3				74		132		86
4. Wohnung	30							
– Größe		20	8	160	4	80	10	200
– Grundriß		10	8	80	6	60	4	40
Teilsumme 4				240		140		240
5. Kosten	20							
– erforderliche Investitionen		2	8	16	8	16	1	2
– Miete + Betriebskosten		18	3	54	8	144	7	126
Teilsumme 5				70		160		128
Total:	100	100		609		687		617

n = Note (Skala 0–10)
g = Gewicht

Abb. 2.76   Nutzwertanalyse (Beispiel)

Der Vorteil der Nutzwert-Analyse gegenüber der Argumenten-Bilanz besteht darin, daß
- die Beurteilungsmatrix dazu zwingt, *alle* Varianten mit *gleichen* Maßstäben (Kriterien) zu messen
- die Kriterien *gegliedert* sind, so daß Teilergebnisse zur Beurteilung der Plausibilität herangezogen werden können
- den Kriterien eine unterschiedliche Bedeutung gegeben werden kann (*Gewichtung*), die transparent gemacht werden muß.

Auf Vorgehens-, Sonderfragen und Teilprobleme bei der Anwendung gehen wir in Abschnitt 2.4.3 näher ein.

2.4.2.4 Kosten-Wirksamkeits-Analyse

Dieses Verfahren (engl. Cost-Effectiveness-Analysis) unterscheidet sich von der Nutzwert-Analyse dadurch, daß die Kostenkriterien zunächst getrennt von den übrigen betrachtet werden (vgl. Abb. 2.77).

In der Tabelle links oben wird eine Wirksamkeitskennzahl je Variante in der gleichen Art errechnet, wie dies bei der Nutzwertanalyse geschieht. Nach Kostenkriterien wird getrennt davon, in der rechten oberen Tabelle bewertet. Die Kostenkriterien brauchen dabei nicht gewichtet zu werden. Als Ergebnis erhält man Gesamtkosten je Variante (z.B. auf 1 Jahr bezogen).

Im Gegensatz zur Nutzwert-Analyse werden Wirksamkeitszahlen und Kostenbeurteilung nun nicht addiert, sondern durch Division ins Verhältnis zueinander gesetzt. Als Ergebnis erhält man in Form des Kosten–Wirksamkeits-Index eine Kennzahl, die ausdrückt, wieviel ein Punkt auf der Wirksamkeitsskala kostet. Als Entscheidungsregel gilt, daß jene Variante zu bevorzugen ist, welche den geringsten Wert aufweist, hier also V3.

Eine unangenehme Eigenschaft des K/W-Index besteht darin, daß er – sofern er als alleiniges Entscheidungskriterium verwendet wird – nicht ausreichend differenziert: Für 2 Varianten, von denen die eine bei z.B. doppelten Kosten die doppelte Wirksamkeit gegenüber der anderen erbringt, erhält man identische Verhältniszahlen. Hier können Mußziele, z.B. im Sinne einer Limitierung der Gesamtkosten, oder der Wirksamkeitskennzahl bzw. einzelner seiner wesentlichen Komponenten selektiv wirken und die Entscheidung vereinfachen.

Die Ergebnisse können auch *graphisch* dargestellt werden (siehe Abb. 2.78). Eine hohe Wirksamkeit bei geringen Kosten fällt dabei in den positiven Bereich und umgekehrt. Allerdings ist zu beachten, daß durch die Anordnung der Skalen (Wahl des Nullpunkts) sehr leicht eine verzerrte, d.h. «überhöhte» Darstellung der Ergebnisse möglich wird und die Unterschiede nicht so eindeutig sein müssen, wie sie in der graphischen Darstellung zum Ausdruck kommen. Wenn also die Gefahr besteht, daß bei einer verzerrten Darstellung die Ergebnisse falsch interpretiert werden, sollten die Skalen auf den Koordinatenachsen bei 0 beginnend eingetragen werden.

Die Kosten-Wirksamkeits-Betrachtung eignet sich besonders für jene Bewertungs- und Entscheidungssituationen, bei denen die Kosten eine wichtige Rolle spielen und man Wert darauf legt, sie getrennt ausweisen zu können.

2. Vertiefung der Teilschritte im Problemlösungszyklus

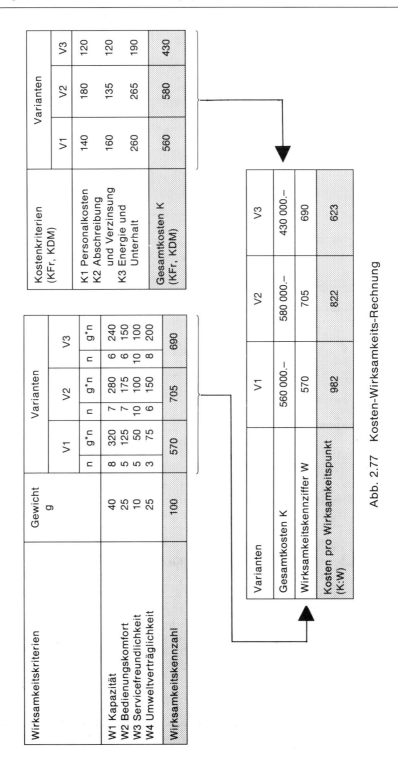

Abb. 2.77 Kosten-Wirksamkeits-Rechnung

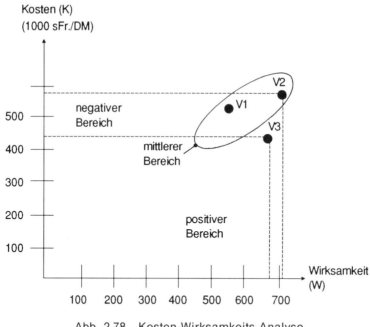

Abb. 2.78   Kosten-Wirksamkeits-Analyse

2.4.2.5 Andere Bewertungsmethoden

Wirtschaftlichkeits- und Investitionsrechnung

Weitere Bewertungstechniken sind die Wirtschaftlichkeits- und die Investitionsrechnung. Bei diesen Techniken werden mit Hilfe von Geldeinheiten die negativen (aufwandsmäßigen) und positiven (ertragsmäßigen) Auswirkungen von Lösungen ermittelt. In vielen Fällen des Variantenvergleichs ist diese Dimension zu eingeschränkt, weswegen die Wirtschaftlichkeit insbesondere die Kostenbetrachtung (Mehrkosten minus Einsparungen) und die Investitionshöhe lediglich ein Kriterium im Rahmen der bisher erwähnten Methoden darstellen.

Eine andere Bedeutung haben diese Methoden am Ende der Vorstudie und der Hauptstudie, wo über Gesamtkonzeptvarianten entschieden werden muß und gleichzeitig die Frage gestellt wird: können wir uns die Lösung – auch die bestmögliche – überhaupt finanziell leisten.

Zur Beantwortung dieser Frage sind natürlich genaue, damit aufwendige und übergreifende Wirtschaftlichkeitsberechnungen notwendig (→ Wirtschaftlichkeitsrechnung, → Cost-Benefit-Analyse).

Mathematische Methoden des Operations-Research

Die in der Enzyklopädie unter dem Stichwort → Operations-Research aufgeführten Methoden können teilweise und unter bestimmten Umständen auch als Bewertungstechniken angesehen werden. Um diese Techniken einzusetzen, ist es jedoch notwendig, entsprechende mathematische Modelle zu erarbeiten.

Kann ausnahmsweise eine optimale Lösung aufgrund eines bekannten mathematischen Rechenmodells ermittelt werden – z.B. mit dem Ansatz der → Linearen Optimierung (Optimaler Standort, optimales Fertigungsprogramm) – dann ist der Bewertungsvorgang nicht mehr nötig, weil die Bewertung direkt im Rahmen der mathematischen Lösungsermittlung erfolgt.

In diesem Fall wird mit Hilfe der mathematischen Methode direkt die bestmögliche Lösung ermittelt. Ein Variantenvergleich im Sinne der bisher erwähnten Methoden erübrigt sich. (Er steckt im Algorithmus selbst.)

Bei typischen Systems-Engineering-Objekten kommt dieser Ansatz jedoch nur in Teilbereichen zur Anwendung.

Im übrigen gilt, daß bei der Bewertung in der Praxis natürlich die verschiedensten Elemente der verschiedenen Methoden situativ und je nach Bedarf eingesetzt werden können.

2.4.3 Vorgehen bei der Bewertung

Die folgenden Vorgehenshinweise beziehen sich generell auf das Vorgehen, ohne daß an eine spezielle Technik gedacht wird.

Es ist dabei zweckmäßig, wie folgt vorzugehen:

1. *Teilnehmerkreis* für die Bewertung bestimmen.
2. *Kurzbezeichnung* für jede Variante wählen, die bewertet werden soll. Die gewählte Bezeichnung soll die entsprechende Variante eindeutig charakterisieren und für alle am Bewertungsprozeß Beteiligten verständlich sein. Es ist sinnvoll, die Varianten vor der Bewertung noch einmal in ihren Grundcharakteristiken in Erinnerung zu rufen.
3. *Kriterienplan* endgültig festlegen. Dieser kann sich, wie bereits erwähnt, aus Teilzielen zusammensetzen, die bereits in der Zielformulierung festgehalten wurden und solchen, die sich erst bei der Lösungssuche herauskristallisiert haben. Wir halten es also für zulässig, sowohl neue Kriterien aufzunehmen, als auch ursprünglich festgelegte Kriterien wegzulassen, soferne sie sich als voreilig oder irrelevant herausstellen. Im letztgenannten Fall ist allerdings zu prüfen, ob nicht gerade aufgrund dieser Kriterien bereits Varianten ausgeschieden wurden. Diese wären dann zu «rehabilitieren», d.h. fairerweise wieder aufzugreifen.
4. *Gewichte* je Teilziel festlegen.
5. Ausmaß der *Erfüllung der Teilziele* ermitteln.
6. Gewichtete *Teilzielerfüllung* und *Gesamtnutzen* rechnerisch ermitteln.
7. *Plausibilitätsprüfung:* Sind die Ergebnisse plausibel oder stehen sie im Widerspruch zur intuitiven Erwartung? Wenn ja, warum?
8. *Sensibilitätsanalyse:* In diesem Schritt soll festgestellt werden, wie sich das Ergebnis der Bewertung verändert, wenn die Zuteilung der Gewichte bzw. Noten in einem vertretbaren Rahmen variiert wird.
9. *Analyse des Risikos und potentieller Probleme.*
10. Eventuell Ermittlung der *Wirtschaftlichkeit* der Gesamtlösung (wichtig in Vorstudie und Hauptstudie).

In der Folge werden Sonderfragen und Teilprobleme behandelt, die sich bei der Anwendung der Nutzwert- bzw. der Kosten–Wirksamkeits-Analyse ergeben. Die Reihenfolge ihrer Behandlung orientiert sich an den oben angeführten Vorgehensschritten.

2.4.3.1 Teilnehmerkreis bestimmen

Es ist durchaus zweckmäßig, einzelne oder mehrere Vertreter des späteren Entscheidungsgremiums zur Bewertung beizuziehen. Dies hat mehrere Vorteile:
- die Willensbildung wird klarer, insbesondere was die Bedeutung (Gewichtung) der Kriterien betrifft
- seitens der Entscheider ist eine vertiefte Auseinandersetzung mit den Eigenschaften bzw. Wirkungen der einzelnen Varianten erforderlich
- der Entscheidungsprozeß wird insgesamt transparenter, da ja die in den Bewertungstabellen enthaltenen Ergebnisse vielfach interpretationsbedürftig sind
- gemeinsam erarbeitete Ergebnisse sind in der Regel tragfähiger als solche, die lediglich zustimmend zur Kenntnis genommen werden.

Dabei kann eine tendenzielle Arbeitsteilung in der Art vorgenommen werden, daß die Entscheider primär die Kriterien und deren Gewichte festlegen und die Mitglieder des Projektteams stärker bei der Beurteilung der Varianten (Notengebung) in den Vordergrund treten.

2.4.3.2 Definition der Kriterien

Bei der Formulierung des Kriterienplans ist besonders darauf zu achten, daß bestimmte Eigenschaften bzw. Wirkungen von Lösungen nicht mehrfach erfaßt werden. Dies soll anhand eines Beispiels erläutert werden:
    Wenn beispielsweise sowohl die Betriebskosten als auch die Investitionsbeträge bei der Feststellung der Zielerfüllung berücksichtigt werden sollen, ist zu beachten, daß die Investitionskosten in der Regel – via Abschreibung – in den Betriebskosten enthalten sind.
    Man muß sich dann darüber klar werden, was man mit einem bestimmten Kriterium wirklich bewerten will. Im vorliegenden Fall wäre es sinnvoll, bei der Investitionssumme nur die Schwierigkeit der Kapitalbeschaffung, Liquididäts-, Risikoaspekte u.ä. im Auge zu haben und die Abschreibung bzw. Verzinsung des eingesetzten Kapitals den Betriebskosten zuzuschlagen, die entsprechend höher zu gewichten wären.
    Ein anderes Problem kann darin bestehen, daß einzelne Eigenschaften unterschiedliche Wirkungen haben können. Die Motorleistung eines Autos kann positiv hinsichtlich der Beschleunigung, aber negativ hinsichtlich des Verbrauchs bzw. der Versicherungsprämie sein. Das Gewicht eines Fahrzeugs kann sich positiv hinsichtlich der Bequemlichkeit und Sicherheit, aber negativ hinsichtlich des Verbrauches auswirken. PS und Gewicht wären also nicht die eigentlichen Bewertungskriterien, sie wären

lediglich *Indikatoren,* die Anhaltspunkte dafür liefern, wie gut bzw. schlecht eine Variante hinsichtlich des Verbrauches, der Sicherheit bzw. Bequemlichkeit abschneidet (siehe Abb. 2.79).

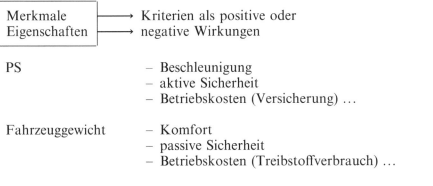

Abb. 2.79 Ableitung von Kriterien aus Merkmalen bzw. Eigenschaften

Diese Überlegung ist bei der Beurteilung bekannter bzw. bereits existierender Lösungen relativ einfach. Sie wird schwierig bei Lösungen, die nur in Entwürfen vorliegen und für die deshalb keine Betriebserfahrungen vorliegen.

Beispiel: bei einer industriellen Anlage wäre die Lärmbeeinträchtigung der Umgebung ein wichtiges Kriterium. Nun wären 2 Möglichkeiten denkbar: eine Abkapselung lediglich des Antriebsaggregats als Hauptlärmverursacher oder eine Lärmschutzeinrichtung um die ganze Anlage. Es wird schwierig sein, die quantitativen Auswirkungen dieser beiden Maßnahmen bereits im Entwurfsstadium zuverlässig abzuschätzen.

Hier können u.U. zusätzliche Analysen oder gar prototypenhafte Versuchsanordnungen nötig sein. Der Rat von Fachleuten, Analogieschlüsse aufgrund vergleichbarer Vorbilder u.ä. könnten evtl. helfen.

2.4.3.3 Behandlung von Mußzielen

Hier sind 3 Teilfragen von Interesse:

a) Welche Rolle spielen Mußziele im Rahmen der Bewertung?
b) Darf man Mußziele in Frage stellen?
c) Unter welchen Umständen ist es sinnvoll, nachträglich zusätzliche Mußziele zu formulieren?

zu a)
Es ist zweckmäßig, hier 2 Kategorien von Mußzielen zu unterscheiden: solche, deren Erfüllung lediglich mit ja oder nein zu beantworten ist und solche, die zusätzlich noch unterschiedlich stark ausgeprägt sein können. Die erstgenannte Kategorie dient zwar dazu, Varianten zu eliminieren, die ihnen nicht entsprechen, sie ermöglicht aber keine

Differenzierung zwischen verbleibenden Varianten und ist für die weitere Bewertung irrelevant.

Beispiel: «Stromversorgung von 240 V auf 120 V umschaltbar» als Mußziel.

Varianten, welche diese Bedingung nicht erfüllen, werden zur Bewertung nicht zugelassen. Das Mußziel wird nicht weiter benötigt.

Zur zweitgenannten Kategorie zählen jene, die Beschränkungen darstellen, darüber hinaus aber weiterhin interessant bleiben.

Beispiel: Betriebskosten pro Jahr max. Fr./DM 50 000.–

Alle Varianten, welche diese Obergrenze nicht einhalten, sind auszuscheiden. Die Betriebskosten stellen aber sinnvollerweise auch weiterhin ein Bewertungskriterium dar. Man sollte in derartigen Fällen allerdings keine hohe Gewichtung vorsehen, da ja kostspielige Varianten schon ausgeschieden wurden und nur mehr die Differenz auf Fr./DM 50 000.– zu beurteilen ist.

zu b)
Auf eine andere Überlegung im Zusammenhang mit Mußzielen wurde bereits hingewiesen: Bisweilen liegen Lösungsideen oder -varianten vor, die in vielen Belangen sehr vorteilhaft wären. Sie werden aber nicht zur Bewertung zugelassen, weil sie gegen ein Mußziel verstoßen. Wenn durch die Zurücknahme oder Veränderung des Mußziels große und einleuchtende Vorteile möglich wären, sollte man diese Frage nicht aus formalen Gründen zum Tabu erklären. Das Einverständnis mit dem Auftraggeber ist selbstverständlich einzuholen.

zu c)
Die Frage, ob ein Mußziel zusätzlich während des Bewertungsvorganges zu formulieren ist, drängt sich dann auf, wenn bei der Bewertung hinsichtlich eines Kriteriums bei einer Variante eine völlig unerwartete schlechte Beurteilung notwendig wird und die Variante dennoch insgesamt gut abschneidet. Eine entsprechende Restriktion, die zum Ausscheiden dieser Variante führt, wäre in diesem Fall gerechtfertigt.

Wie auch im vorhergehenden Fall handelt es sich hier um eine Zielkorrektur im Sinne des Lernprozesses.

2.4.3.4 Anzahl Teilziele

Die Frage nach der «richtigen» Zahl der zu berücksichtigenden Teilziele ist schwer zu beantworten, da sie stark von der Art des vorliegenden Bewertungsproblems abhängt.

Generell kann gesagt werden: Je umfangreicher ein Kriterienplan ist, desto

- differenzierter können verschiedene Varianten beurteilt werden
- schwieriger ist es aber auch, die relative Bedeutung eines Teilzieles festzulegen (Gewichtsverteilung)
- größer ist der Aufwand, der mit der Bewertung verbunden ist.

Die Bewertungsergebnisse werden mit zunehmender Anzahl der Teilziele nicht zwangsläufig «objektiver», da die Tabellen unübersichtlicher werden und die Möglichkeiten einer gezielten Manipulation sogar zunehmen.

Als brauchbare max. Größenordnung hat sich eine Anzahl von ca. 20–25 Teilzielen erwiesen.

2.4.3.5 Gewichtung der Teilziele

a) Grundsätzliches

Sowohl bei der Festlegung des Kriterienplans als auch bei der Gewichtszuteilung handelt es sich vielfach um ein Jonglieren und Abwägen von Ansichten und Wertvorstellungen, so daß eine Einigung häufig nicht auf Anhieb gelingt und mehrere Durchläufe nötig sind. Um unnötige Wiederholungen des Bewertungsprozesses und eine möglichst gute Übereinstimmung des Entscheidungsvorschlags mit den Ansichten der Entscheidungsinstanz zu erreichen, ist es, wie bereits erwähnt, zweckmäßig, deren Stellungnahme bezüglich der Festlegung der Teilziele und der Zuteilung der Gewichte einzuholen, bzw. sie sogar aktiv daran zu beteiligen.

b) Begrenzung des Gewichtsvorrates

Erfahrungsgemäß wird mit begrenzten Vorräten sorgfältiger umgegangen als mit unbegrenzten. Dies gilt auch bei den Gewichtsvorräten. Die Begrenzung des Gewichtsvorrats (z.B. auf eine Gewichtssumme von 100 oder 1000) hat eine aufmerksamere Gewichtszuteilung zur Folge und ist außerdem im Hinblick auf eine nachträgliche Veränderung der Gewichte zweckmäßig (Gewichtsverlagerung, Neuaufnahme oder Elimination von Teilzielen).

Wäre die Gewichtssumme nicht begrenzt, was verfahrenstechnisch ohne weiteres möglich ist und – z.B. bei nachträglichen Änderungen – sogar wesentliche Erleichterungen bringen würde, so könnte ein neu aufgenommenes Teilziel ein bestimmtes Gewicht erhalten, ohne daß die Gewichte der übrigen Teilziele verändert werden müßten. Da sich die Gewichtssumme im selben Ausmaß erhöhen würde, wäre damit zwangsläufig eine anteilmäßig gleiche Abwertung aller übrigen Teilziele verbunden (Inflation). Es wäre nicht notwendig, die Auswirkungen auf alle anderen Kriterien zu prüfen. Die Sorgfalt und die Bemühungen um Seriosität könnten darunter leiden.

Es wird deshalb empfohlen, die Gewichtssumme sowohl bei Aufnahme neuer, als auch bei Elimination vorhandener Kriterien wieder auf einen fixierten Betrag (z.B. 100) zu normieren. Dies zwingt dazu, die Gesamtrelationen zu prüfen. Der damit ohne Zweifel verbundene Nachteil, das Bewertungsschema neu durchrechnen zu müssen, wiegt mit zunehmender PC-Durchdringung und dem Einsatz von Tabellenkalkulationsprogrammen nicht so schwer.

c) Vorgehen bei der Gewichtszuteilung

Die Zuteilung der Gewichte kann besonders gut vollzogen werden, wenn vom Groben zum Detail vorgegangen wird. Auf die in Abschnitt 2.2.2.4 vorgeschlagene Zielstruktur bezogen, würde das heißen, daß zunächst eine Grobverteilung der Gewichte auf der Ebene Zielklassen (Finanz-, Funktions- und Soziale Ziele) vorzunehmen wäre. Innerhalb dieser Zielklassen erfolgte dann die Feinverteilung auf die Zielunterklassen und von dort die Feinstverteilung auf die operationale Ebene – siehe Abb. 2.80.

Teil II: Systemgestaltung

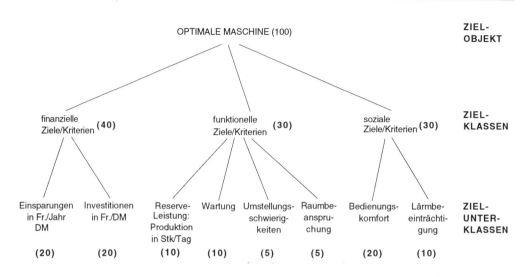

Abb. 2.80 Gewichtsverteilung nach dem Prinzip der Knotengewichtung

Dieses Vorgehen weist folgende Vorteile auf:
- die Grobverteilung ermöglicht, die Gewichte ganzer Gruppen zueinander ins Verhältnis zu setzen:
  - der Vorgang wird dadurch transparenter. Für Einzelziele steht nicht mehr der ganze Gewichtsvorrat, sondern ein bewußt begrenzter zur Verfügung
  - der Abstimmungsvorgang wird einfacher. Nachträgliche Gewichtsverlagerungen bleiben häufig auf den Bereich einer bestimmten Zielklasse beschränkt
- die Bedeutung, die einer Zielklasse insgesamt beigemessen wird, ist nicht mehr abhängig von der mehr oder weniger zufälligen Anzahl von Kriterien, die in diese Klasse fallen.
Beginnt man nämlich mit der Gewichtszuteilung auf der untersten Ebene, werden Zielklassen, die viele Kriterien beinhalten, tendenziell überbewertet, auch wenn jedes Einzelkriterium nur relativ wenig Gewicht erhält.

(Die in der Literatur zuweilen erwähnte Methode des → «Paarweisen Vergleichs» zur Ermittlung von Gewichten wird in der Enzyklopädie dargestellt.)

2.4.3.6 Ermittlung der Teilzielerfüllung

Bei der Punktbewertung verwendet man Noten, um auszudrücken, in welchem Ausmaß ein bestimmtes Teilziel durch eine Variante erfüllt wird.

Es ist zweckmäßig, von folgender Notenskala auszugehen 0, 1, 2 ... 9, 10. Varianten, die hinsichtlich eines bestimmten Kriteriums hervorragend abschneiden, erhalten Note 10; solche, die absolut ungenügend sind, Note 0 (z. B. dann, wenn sie eine, durch die Zielsetzung gewünschte Eigenschaft oder Wirkung gar nicht aufweisen). Durch-

2. Vertiefung der Teilschritte im Problemlösungszyklus

schnittliche Erfüllung gibt Note 5. Die übrigen Ziffern werden verwendet, um graduelle Abstufungen anzugeben.

Beliebige andere Skalen (3-er, 5-er, 6-er u.a.) sind natürlich ebenfalls denkbar und werden auch praktisch angewendet.

Nachstehend werden einige Sonderfragen behandelt.

a) Objektive Maßstäbe als Ausgangspunkt

Häufig werden die Noten von den bewertenden Personen allein durch grobe Beurteilung festgelegt, ohne daß ein besonderes Ermittlungsverfahren erkennbar ist. Diese Art der Bestimmung ist jedoch oft unbefriedigend und kann dann verbessert werden, wenn die Erfüllung der Teilziele auf der Basis von Meßwerten feststellbar ist. Es wurde auf diesen Aspekt im Zusammenhang mit der Forderung nach einer operationalen Zielformulierung bereits hingewiesen.

Hier geht man also davon aus, daß die Erfüllung von Teilzielen zunächst mit Hilfe von Maßskalen dargestellt werden soll (z.B. Fr./DM, kW, km/h, Anzahl; vgl. Abb. 2.81). Die Umwandlung in Noten erfolgt erst in einem nächsten Schritt.

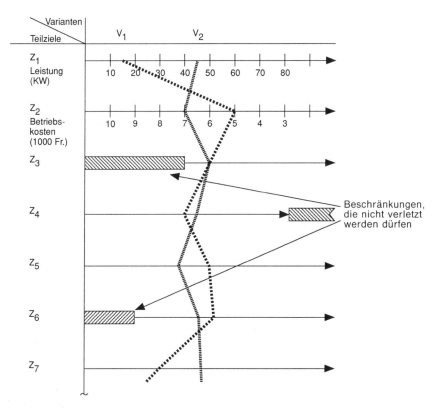

Abb. 2.81 Polaritätsprofil zur Darstellung der Zielerfüllung

b) Transformierung der Ausprägung auf Notenskala

Hier erhebt sich insbesondere die Frage, ob bei der Zuteilung der Noten jeweils der gesamte zur Verfügung stehende Spielraum ausgeschöpft werden soll, also die – hinsichtlich eines bestimmten Teilzieles beste Variante – in jedem Fall mit Note 10 zu bewerten sei und die schlechteste mit Note 1 (oder sogar 0).

Diese Frage ist gleichbedeutend mit derjenigen nach dem Orientierungspunkt, welcher der Bewertung zugrunde gelegt werden soll: ob es ein Bezugspunkt ist, der sich aus den zu bewertenden Varianten selbst ergibt (relativer Maßstab), oder einer, der außerhalb gesucht wird (absoluter Maßstab).

Ein relativer Maßstab ist einfacher zu handhaben, da aus den vorliegenden Varianten lediglich die beste und die schlechteste zu suchen sind, denen man die Noten 10 bzw. 1 (oder 0) zuteilt, worauf die übrigen Resultate interpoliert werden können. Er weist aber wesentliche Nachteile auf, da z. B. Varianten, die nachträglich noch in die Bewertung aufgenommen werden, eine Veränderung der Bezugsbasis erforderlich machen. Er verzerrt außerdem die Proportionen, wenn die Meßergebnisse bei verschiedenen Varianten sehr knapp nebeneinander liegen.

Wenn z. B. die jährlichen Betriebskosten verschiedener zu bewertender Maschinen zwischen 5000.– und 5500.– Fr./DM betragen, wäre es sicherlich unsinnig, der besten Variante die Note 10 und der schlechtesten die Note 1 zu geben.

Folgende Möglichkeiten sind denkbar, um dieses Problem zu lösen:

– man eliminiert dieses Kriterium, wenn sich die Varianten zu wenig unterscheiden
– man gibt einer «mittleren» Variante (die gar nicht wirklich zu existieren braucht) Note 5 und berücksichtigt Abweichungen nach oben oder unten durch Zu- bzw. Abschläge. Vernünftige Noten würden sich in diesem Fall etwa zwischen 4 und 6 bewegen.

Wird der Verlauf dieser Kurve graphisch dargestellt, ergibt sich die sogenannte Nutzenfunktion.

c) Nutzenfunktion als Hilfsmittel zur Notenfestlegung

Die Empfehlung, den Verlauf einer Nutzenfunktion graphisch darzustellen, bezweckt, die eigenen Wertvorstellungen für sich und andere transparent und damit diskutierbar zu machen. Wenn also hinsichtlich der Zuteilung von Noten, bzw. der Umrechnung von Maß-Skalen in Noten-Skalen Unsicherheit herrscht, sollte man versuchen, dieses Problem graphisch in den Griff zu bekommen.

In Abb. 2.82 ist der Verlauf verschiedener Nutzenfunktionen beispielhaft dargestellt.

Bild a) zeigt einen linearen Verlauf mit einer oberen und unteren Schranke (Varianten mit weniger als 100 und mehr als 200 kW sind hier nicht zugelassen (kein Schnittpunkt im Diagramm möglich).

Bild b) zeigt den Verlauf einer progressiven Nutzenabnahme, mit dem man zum Ausdruck bringen möchte, daß eine geringere Lärmbeeinträchtigung im oberen Bereich mehr Notengewinn bringt als im unteren Bereich. Das umgekehrte gilt für Bild d), in dem der Zusatznutzen einer höheren Leistung zunehmend weniger honoriert wird. Eine Leistung von mehr als 200 kW wird zwar akzeptiert, bringt aber keinen Punktegewinn, da die Maximalnote 10 bereits ab 200 kW vergeben wird.

2. Vertiefung der Teilschritte im Problemlösungszyklus

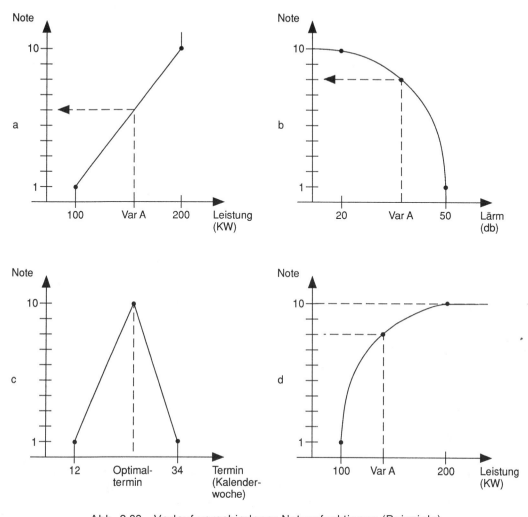

Abb. 2.82   Verlauf verschiedener Nutzenfunktionen (Beispiele)

Bild c) zeigt einen optimalen Termin, bei dem sowohl eine Über- als auch eine Unterschreitung in begrenztem Umfang akzeptiert wird, aber Notenabzüge bringt.

Der Versuch, Wertvorstellungen in graphischer Form darzustellen, ist auch deshalb besonders nützlich, weil er den Blick zunächst von den konkreten Lösungen ablenkt und zwingt, die Aufmerksamkeit den eigenen Wertvorstellungen zuzuwenden.

Beim Aufbau einer derartigen Nutzenfunktion ist es sinnvoll, bei den Extremwerten zu beginnen und sich beispielsweise zu fragen: Ab wann würde ich eine Leistung oder einen Preis als sehr gut mit Note 10 bewerten? Ab wann wird es unannehmbar (Note 0) bzw. gerade akzeptabel (Note 1). Damit hätte man 2 Stützpunkte gefunden, zwischen denen man nach einer beliebigen Funktion interpolieren kann (linear, progressiv, degressiv, S-Kurve etc.).

Mit diesem Hilfsmittel kann sich die Projektgruppe ein transparentes und nachvollziehbares Beurteilungsschema erarbeiten, das Zufall, Irrtümer und etwaige Willkür bei der Vergabe der Noten reduziert.

d) Verschiedene Skalen

Derartige Nutzenfunktionen können allerdings nur dann dargestellt werden, wenn die Wirkungen hinsichtlich ihrer Ausprägungen meßbar und in sog. *Kardinalskalen* darstellbar sind, z. B. Preis, Kosten, KW, m^2, sec etc.

Es gibt aber auch Wirkungen bzw. Eigenschaften von Lösungen, bei denen dies nicht möglich ist und nur nominale Angaben vorliegen, wie z.B. bei

– Vertrauen in den Hersteller: sehr hoch, hoch, weniger hoch etc.
– Design: hervorragend, sehr gut, gefällig, gewöhnungsbedürftig etc.
– Flexibilität z.B. hinsichtlich der Verwendung anderer Ausgangsmaterialien: hoch, mittel, gering.

Man spricht in diesem Fall von *Nominalskalen*, die natürlich ebenfalls in eine Notenskala transformiert werden können (siehe Abb. 2.83).

Analoges gilt für sog. *Ordinalskalen*, bei denen lediglich eine Rangordnung der einzelnen Varianten hinsichtlich eines bestimmten Kriteriums festgestellt wird, die Abstände aber nicht zusätzlich quantifiziert werden, wie z.B.

– Verträglichkeit mit dem Zonenplan
– Design
– Akzeptanz durch das Personal usw.

In diesen Fällen werden die Varianten nach einer Rangfolge gereiht (1., 2., 3. Rang usw.), woraus dann die Noten zu ermitteln sind.

e) Matrix der Skalen (Skalierungsmatrix)

Als Hilfsmittel zur Transformation von Nominal- und Ordinalskalen in Noten kann man eine *Skalierungsmatrix* erstellen. Natürlich kann sie auch Kriterien enthalten, die einer kardinalen Messung zugänglich sind. In diesem Fall ersetzt die Skalierungsmatrix eine graphisch dargestellte Nutzenfunktion (Abb. 2.83).

2.4.3.7 Plausibilitätsüberlegungen

Wenn die Bewertungsergebnisse nach einer ersten Durchrechnung vorliegen, sollen sie einer Plausibilitätsprüfung unterzogen werden. Diese wird relativ schnell abgewickelt werden können, wenn die Entscheidungssituation eindeutig ist, d.h. die intuitiv erwarteten Ergebnisse mit dem rechnerisch ermittelten übereinstimmen und sich ein eindeutiger und allseits anerkannter Favorit herauskristallisiert hat.

Je weniger dies der Fall ist, desto wichtiger werden die darauf folgenden Schritte. Hier sind folgende Maßnahmen empfehlenswert:

– Überprüfen der Bewertungstabelle auf *Rechenfehler*.
– Überprüfung des *Kriterienplans* auf *Vollständigkeit:* Vielfach enthält die intuitive Erwartung unterbewußte Teilziele, die im Kriterienplan aus irgendwelchen Grün-

2. Vertiefung der Teilschritte im Problemlösungszyklus

	0	1	2	3	4	5	6	7	8	9	10	Noten
	sehr schlecht		schlecht			mittel		gut		sehr gut		allgemeine Nominalskala
Vertrauen in Hersteller	gering		geht			mittel		hoch		sehr hoch		Nominalskala
Design	völlig unbefriedigend		na ja		geht		gefällig		sehr gut		hervorragend	Nominalskala oder
	6.		5.		4.		3.		2.		1.	Ordinalskala
Platzbedarf (m²)	>26	26	25	24	23	22	20	19–15		14–10		Kardinalskala[1]

[1] Auch als Nutzenfunktion darstellbar (graphisch)

Abb. 2.83   Skalierungsmatrix

den nicht enthalten sind. Um sich dieser Teilziele im Kriterienplan bewußt werden zu können, ist es zweckmäßig, nach Begründungen zu suchen, warum man eine andere Variante für besser oder schlechter hält, als es im Bewertungsergebnis zum Ausdruck kommt. Dabei kann es sich als notwendig erweisen, den Kriterienplan zu ergänzen und das Bewertungsprozedere neu durchzuführen.

– Überprüfung der *Nutzenäquivalente:* Diesem Schritt liegt die Überlegung zugrunde, daß es bei der Ermittlung der Teilnutzen (Note mal Gewicht) zu Konstellationen kommen kann, die nicht gerechtfertigt erscheinen. Dies soll am folgenden Beispiel erläutert werden. Die im Zusammenhang mit einer Maschinenanschaffung erstellte Skalierungsmatrix hätte folgendes erbracht (Abb. 2.84).

Aus dieser Darstellung läßt sich ableiten, daß eine Differenz der Betriebskosten von 1000.– Fr./DM (8000.– auf 7000.–) gleichviel an Nutzen erbringt wie eine Leistungsdifferenz von 4 kW.

$$\text{Formel:} \quad \frac{\text{Diff. kW}}{\text{Diff. g} * \text{n (kW)}} * \text{Diff. g} * \text{n (Fr.)} = \frac{110-100}{150-120} * (60-48) = 4$$

Man kann nun die Frage stellen: Wollen wir das wirklich zum Ausdruck bringen?

Wenn nein: In welche Richtung wäre zu korrigieren? Sind uns zusätzliche 4 kW mehr oder weniger als 1000.– Fr./DM pro Jahr wert? Je nachdem, zu welchem Ergebnis man kommt, wäre die Nutzenfunktion oder die Gewichtung beim Kriterium Leistung zu verändern.

– *Sensibilitätsanalyse:* Überprüfung der Gewichts- und Notenzuteilungen (evtl. Veränderung des Verlaufs der Nutzenfunktion) innerhalb eines, als zulässig betrachte-

Kriterien	Gew. g	Var. A			Var. B		
		quant. Wert	n	g * n	quant. Wert	n	g * n
Leistung (kW)	30	100 kW	4	120	110 kW	5	150
Betriebskosten (Fr./DM) pro Jahr	12	8 000.–	4	48	7 000.–	5	60
			↑			↑	

Abb. 2.84   Nutzenäquivalente

ten Rahmens (siehe nächster Abschnitt). Dies ist insbesondere dann angebracht und notwendig, wenn im Bewertungsverfahren bereits Meinungsverschiedenheiten bzw. Konsensprobleme bei der Wahl der Kriterien und/oder ihrer Gewichtung, der Notenzuteilung an die Varianten, oder generelle Beurteilungsunsicherheiten aufgetreten sind.

Alle diese Maßnahmen dürfen aber nicht dahingehend interpretiert werden, daß nun an der Bewertungstabelle so lange zu manipulieren sei, bis das intuitive Resultat rechnerisch bestätigt werden kann. Es soll dadurch lediglich ermöglicht werden, unterbewußte Wertvorstellungen und evtl. treffsicherere Globalurteile zu erfassen, hinsichtlich ihrer Berechtigung zu prüfen und bei Eignung in den Bewertungsvorgang einfließen zu lassen.

Vielfach wird sich dabei nämlich auch eine Korrektur der intuitiven Vorstellungen als notwendig erweisen, insbesondere dann, wenn diese auf einer unbewußten Überbewertung einzelner Teilziele beruhen, deren Bedeutung nun in geordneter Form überdacht werden kann.

Systematik und Intuition sollen also nicht als feindliche Geschwister, sondern als zwei sich gegenseitig ergänzende, kontrollierende und gegebenenfalls auch korrigierende Ansätze betrachtet werden.

2.4.3.8 Sensibilitätsanalysen

Mit Hilfe einer Sensibilitätsanalyse soll festgestellt werden, ob sich die Vorzugswürdigkeit der Varianten ändert, wenn sich die Voraussetzungen ändern, auf der die Bewertung basiert.

Wie bereits vorher erwähnt, kann dies die verwendeten Kriterien, ihre Gewichte, aber auch die Notenzuteilung betreffen.

Folgende Möglichkeiten sind denkbar:

- Überprüfung der *Zwischenergebnisse:*
  Im Bewertungsbeispiel der Abb. 2.76 wären also die Teilsummen hinsichtlich ihrer Plausibilität zu hinterfragen: Glauben wir wirklich, daß Variante B hinsichtlich der Kriteriengruppe 1, 2 und 3 die beste ist?

– Überprüfung der *Gewichte:*
  • Sollte die Kriteriengruppe 4 (Wohnung selbst) nicht ein höheres Gewicht als 30 haben? Sind uns die anderen Kriterien wirklich so wichtig?
  • Ist die Aufteilung der Gewichte zwischen Größe und Grundriß (20:10) sinnvoll?
  • Ist der Straßenlärm mit 5 Gewichtspunkten nicht unterbewertet?
  • Wie ändert sich das Ergebnis, wenn wir die Gewichte in einem als zulässig erachteten Rahmen verändern?
– Wo erhält welche Variante besonders viel oder besonders wenig Punkte (g * n)? Ist dies wirklich gerechtfertigt? Wie ändert sich das Ergebnis, wenn sich die *Noten* innerhalb eines gerechtfertigt erscheinenden Rahmens verändern?

Die Durchführung von Sensibilitätsanalysen ist mit Hilfe eines Personal Computers auf der Basis eines Tabellenkalkulationsprogramms besonders einfach. Nur sollte man sich auf wirklich grundlegende Variationen beschränken, weil man sonst leicht die Übersicht darüber verliert, was eigentlich verändert wurde und warum.

Vielfach ist es so, daß die Zahlen sich zwar verändern, die Ergebnisse aber in den entscheidenden Rängen stabil bleiben. Es kann auch sein, daß sich die Unterschiede und damit der Vorsprung eines «Favoriten» sogar vergrößern. Dies entschärft das Entscheidungsproblem. Schwierig wird es, wenn die Ergebnisse der Sensibilitätsanalyse zu einer Veränderung der Rangfolge führen.

Neben der Durchführung weiterer Abklärungen und Untersuchungen, die ein beliebtes Patentrezept in derartigen Fällen sind, kann man auch einen anderen Ansatz wählen und die Fragestellung umdrehen:

– Wenn die Ergebnisse so knapp beieinander liegen, ist es womöglich gar nicht so bedeutend, welcher Variante nun der Vorzug gegeben wird. Lassen wir den Vorsitzenden entscheiden, oder sonst jemanden, der den Mut hat, die Last dieser Entscheidung zu tragen.
– Oder: Was ist das Risiko, bei dieser oder jener Variante. Wenn wir schon hinsichtlich der Vorteile nicht einig sind, können wir uns hinsichtlich des Risikos vielleicht rascher einigen und jene Variante vorschlagen, bei der es geringer ist.

2.4.3.9 Analyse des Risikos und potentieller Probleme

Dort wo bei den verschiedenen Lösungsvarianten mit unterschiedlichen Risiken oder unterschiedlichen Folgeproblemen gerechnet werden muß, empfiehlt es sich, zusätzlich eine spezielle Risikoanalyse durchzuführen.

Man könnte in diesem Falle ein Verfahren verwenden, daß ebenfalls eine Bewertungsmatrix verwendet.

Die Kriterien, die je Variante zu beurteilen sind, sind in diesem Fall die möglichen Risiken bzw. die potentiellen Probleme.

Bewertet wird je Variante und Risiko die Wahrscheinlichkeit des Eintretens des Risikofalles. Zur Benotung der *Wahrscheinlichkeit* (W) kann eine Skala von 0 bis 10 verwendet werden.

0 bedeutet: der Risikofall tritt nicht ein
5 bedeutet: das Risiko ist mittelgroß
10 bedeutet: der Risikofall tritt mit sehr hoher Wahrscheinlichkeit ein.

Die *Tragweite* (T) mit der im Falle des Eintritts gerechnet werden muß, könnte mit Hilfe einer Skala von 0 bis 10 ausgedrückt werden.

0 bedeutet: keine Auswirkung
5 bedeutet: mittlere Auswirkung = Störfall
10 bedeutet: große Auswirkung = Katastrophe

Je Risiko und Variante wird nun der Wert W * T errechnet und die Summe je Lösungsvariante gebildet, so daß der Summenwert als Kennziffer für das Gesamtrisiko einer Lösungsvariante angesehen werden kann (Abb. 2.85).

Risiken	Variante A			Variante B		
	T	W	W * T	T	W	W * T
Lieferschwierigkeit von Unterlieferanten	4	3	12	2	4	8
Risiko der Terminverzögerung	1	6	6	3	2	6
Gesamtrisikobewertung			18			14

Abb. 2.85 Matrix für die Risikoanalyse

Bei der Anwendung der Risikoanalyse ist allerdings darauf zu achten, daß die Risiken nicht bereits bei der Bewertung der Nutzen berücksichtigt wurden, da in einem solchen Falle das Ergebnis verfälscht würde.

Siehe dazu auch → Risikoanalyse, → Sicherheitsanalyse.

2.4.3.10 Objektivität des Verfahrens?

Im Zusammenhang mit der Durchführung von Plausibilitäts- und Sensibilitätsanalysen kann man sich fragen, was denn an diesen Verfahren eigentlich objektiv sei.

Die Antwort kann kurz und klar gegeben werden: fast nichts. Betrachten wir dazu die einzelnen Vorgehensschritte:
Subjektiv, und damit anfechtbar ist

– die Auswahl der Varianten, die in die Bewertung gelangen
– die Auswahl der Teilziele für den Kriterienplan
– die Gewichtung der Teilziele
– die Zuteilung der Noten

Objektiv sind lediglich einige Rechenoperationen:

– die Ermittlung der Teilnutzen (Gewichte × Noten)
– die Ermittlung des Gesamtnutzens (Summe der Teilnutzen je Variante).

Wenn, aufgrund dieser geringen Ausbeute, der Manipulation nun ganz offensichtlich Tür und Tor geöffnet sind, muß man sich folgerichtig fragen, warum denn ein derartiges Verfahren überhaupt propagiert wird.

Zwei Gründe sind dafür maßgebend:

- Es gibt kein Verfahren, das die Subjektivität ausschließt, und zwar deshalb, weil es überhaupt keinen objektiv feststellbaren Wert einer Lösung gibt. Der Wert einer Lösung wird maßgeblich bestimmt durch die subjektive Einschätzung der Problemsituation, alle subjektiven Einflüsse, die bei der Zielformulierung und Lösungssuche mitspielen und schließlich die ebenfalls subjektiven Einflüsse bei der Einschätzung der Lösung.
- Dieses Verfahren ist ein ausgezeichnetes Hilfsmittel, um die Entscheidungssituation transparent zu machen. Es zwingt dazu, sich über Wertvorstellungen Gedanken zu machen und sie zu strukturieren. Damit hilft es, rein intuitive und sehr willkürliche Entscheidungen zu verhindern. Es läßt aber, wie zu sehen war, der Intuition trotzdem breiten Spielraum.

2.4.3.11 Die Wirtschaftlichkeitsrechnung als Ergänzung des Entscheidungsvorbereitungsschrittes

Wie bereits erwähnt, dienen die Bewertungstechniken nicht dazu, die Sinnhaftigkeit einer Lösung für sich alleine zu prüfen, sondern den Vergleich mit anderen Varianten zu ermöglichen.

Gerade im Laufe der frühen Phasen des Problemlösungsprozesses stellt sich jedoch häufig die Frage, ob es unter wirtschaftlichen Gesichtspunkten überhaupt lohnt, etwas zu unternehmen bzw. ob es besser wäre das Projekt abzubrechen.

Solche Fragestellungen sollten mit → Wirtschaftlichkeitsrechnungen angegangen werden.

Mit einer Wirtschaftlichkeitsanalyse werden die durch die Nutzwertanalyse favorisierten Varianten hinsichtlich der möglichst umfassenden wirtschaftlichen Auswirkung beurteilt. Dabei könnten die im Variantenvergleich verwendeten Ziele auch für diese Berechnung die Ausgangsbasis sein. Unter dem Stichwort → Kosten–Nutzen-Rechnung sind in der Enzyklopädie ergänzende Hinweise zu finden.

2.4.3.12 Dokumentation des Bewertungsschrittes

Um den Bewertungsschritt als tragfähige Grundlagen für den Entscheidungsvorgang sehen zu können, ist es zweckmäßig, die Überlegungen und Ergebnisse angemessen zu dokumentieren und vor der Entscheidungsinstanz zu präsentieren. Neben der Darstellung der Bewertungsschemata sind darunter insbesondere zu verstehen

- die Begründung der Kriterien und ihrer Gewichte
- die Begründung der Noten (aufgrund welcher Merkmale und Indikatoren). Dies kann z.B. in Form von Fußnoten erfolgen, die dem Bewertungsschema beigelegt werden
- der Verlauf der Nutzenfunktionen bzw. Zuordnungen in der Skalierungsmatrix
- die durchgeführten Plausibilitäts- und Sensibilitätsanalysen
- die Empfehlung und deren zusammenfassende Begründung

- evtl. Schwachstellen bzw. Risikofaktoren und Maßnahmen, um sie unter Kontrolle halten zu können
- welche Mußziele wurden berücksichtigt und welche Varianten wurden deshalb bereits im Vorfeld der Bewertung ausgeschieden
- die Wirtschaftlichkeit der favorisierten Varianten.

2.4.4 Entscheidung

Auf den Ergebnissen der Bewertung aufbauend, soll nun jene Variante gewählt werden, die weiter zu detaillieren oder zu realisieren ist. Je stärker Vertreter der Entscheidungsinstanz am Bewertungsprozeß (evtl. sogar am Prozeß der Lösungssuche) beteiligt waren, desto geringer werden ihre Schwierigkeiten in der Entscheidungsphase sein. Sie sind dann nämlich mit den, den einzelnen Lösungen zugrundeliegenden Sachverhalten besser vertraut und haben zudem mehr Möglichkeiten gehabt, ihre subjektiven Wertvorstellungen, intuitiven Ansichten und Erwartungen in den Prozeß der Lösungssuche und Bewertung einfließen zu lassen.

Hinsichtlich der Rückwirkungen, die sich von der Entscheidungsphase auf die Bewertung und Lösungssuche ergeben können, sei auf Abschnitt 1.4.3 (Wiederholungszyklen) verwiesen, hinsichtlich der Zusammenarbeit zwischen Auftraggeber/Entscheidungsinstanz und Planungsgruppe bei der Zielsuche, der Lösungssuche und der Auswahl auf Abschnitt 1.4.4.

2.4.5 Zusammenfassung und Abrundung

1) Die Bewertung hat nicht den Zweck, die Eignung einer einzelnen Lösung zu beurteilen (dies ist Aufgabe der Analyse), sie soll vielmehr feststellen helfen, welche von mehreren in Frage kommenden Varianten die beste, zweitbeste usw. ist.
2) Wichtige Entscheidungen, die von großer Tragweite sind und von mehreren Personen zu verantworten sind, sollen methodisch unterstützt werden.
3) Dazu gibt es verschiedene Bewertungsverfahren, wie z.B.
   - die Argumentenbilanz
   - die Nutzwertanalyse
   - die Kosten–Wirksamkeits-Rechnung.
4) Das Einbeziehen einzelner Vertreter des Entscheidungsgremiums in den Bewertungsprozeß schafft i.d.R. tragfähigere Entscheidungsgrundlagen.
5) Verschiedene Hilfsmittel, wie z.B. die graphische Darstellung des Verlaufs der Nutzenfunktion bzw. die Erstellung von Skalierungsmatrixen unterstützen den Bewertungsprozeß, indem sie ihn transparent machen.
6) Die Gewichtszuteilung zu den Kriterien ist eine stark subjektiv geprägte, wertende Aufgabe, die primär von den Entscheidern getragen werden soll.
7) Dies gilt ebenso für die Festlegung des prinzipiellen Verlaufs von Nutzenfunktionen.
8) Die Zuteilung der Noten, d.h. die Beurteilung, wie gut oder schlecht die einzelnen Varianten im Hinblick auf bestimmte Kriterien sind, erfordert in der Regel

vertiefte Sach- und Situationskenntnis. Sie soll primär von den Spezialisten der Projektgruppe getragen werden.
9) Die Ergebnisse eines Bewertungsschrittes sollen durch Plausibilitäts- und Sensibilitätsüberlegungen geprüft werden.
10) Keine Bewertung ist objektiv in dem Sinn, daß sie eine durchgehend beweisbare beste Lösung liefert. Jeder Bewertung liegt eine Vielzahl von subjektiven Wertvorstellungen und Einschätzung von Sachverhalten zugrunde.
11) Intuition und Methodik (Systematik) sind keine Gegensätze, sondern unterschiedliche Ansätze, die sich gegenseitig unterstützen und kontrollieren sollen.
12) Die Ergebnisse der Bewertung und die dabei angestellten Überlegungen sollen im Sinne einer transparenten Nachvollziehbarkeit angemessen dokumentiert werden.
13) Die abschließende und zusammenfassende Prüfung der Sinnhaftigkeit eines Entscheidungsvorschlags unter besonderer Berücksichtigung der Wirtschaftlichkeit soll helfen, mehr Sicherheit zu gewinnen bzw. jene Schwachpunkte und Risikofaktoren zu identifizieren, die nach der Entscheidung sorgfältiger im Auge behalten werden sollen.
14) Eine Bewertung ersetzt den Willensakt der Entscheidung nicht. Sie macht jedoch die Entscheidungssituation transparent, da sie die an der Entscheidung beteiligten Personen zwingt, sich über ihre Wertmaßstäbe, aber auch über Funktionsweise und Wirkungen verschiedener Varianten vertiefte Gedanken zu machen und sie zu strukturieren.

2.4.6 Literatur zu Bewertung und Entscheidung

Baeuml, J. u.a.:	EDV-gestützte Entscheidungstechniken
Bechmann, A.:	Nutzwertanalyse
Gäfgen, G.:	Theorie
Heinen, E.:	Zielsystem
Kepner-Tregoe:	Handbuch
Laager, F.:	Entscheidungsmodelle
Lembke, H.H.:	Projektbewertungsmethoden
Musto, S.A.:	Analyse
Pfohl, H.-Chr. u.a.:	Wirtschaftliche Meßprobleme
Rinza, P. u.a.:	Nutzwert–Kosten-Analyse
Saaty, T.L.:	Analytic Hierarchy Process
Schirmeister, R.:	Modelle
Viehfhues, D.:	Mehrzielorientierte Projektplanung
Weber, M.:	Entscheidungen
Zangemeister, Ch.:	Nutzwertanalyse

Vollständige Literaturangaben im Literaturverzeichnis.

Teil II: Systemgestaltung

3. Situationsbedingte Interpretation des Vorgehens 222

3.1 Umbauten am «lebenden Objekt».......................... 222

3.2 Vorhaben beschränkten Umfanges 223

3.3 Vorhaben außergewöhnlich großen Umfanges 223

3.4 Programme 224

3.5 Meliorations-Vorhaben 225

3.6 Gestaffelte Realisierung von Vorhaben 227

3.7 Auf Dauer angelegte Vorhaben.......................... 228

3.8 Hoher Innovationsgehalt der angestrebten Lösung 229

3.9 Relative Unerfahrenheit der Beteiligten aufgrund von Pioniersituationen . 229

3.10 Dynamische Umwelt mit Tendenz zum Offenhalten von Optionen 230

3.11 Einstieg in ungeordnet verlaufende Problemlösungsprozesse 232

3.12 Stillegungen und Abbrüche 233

3.13 Anwendung des SE bei der Realisierung 233

3. Situationsbedingte Interpretation

An mehreren Stellen wurde bereits darauf hingewiesen, daß die SE-Vorgehens-Methodik kein Patentrezept darstellen will, dessen strikte Anwendung den Erfolg garantieren könne. Es handelt sich vielmehr um eine eher allgemein gehaltene Handlungsanleitung, die eine intelligente und situationsbedingte Interpretation erfordert. Wir meinen damit die Fähigkeit, jene Elemente der Methodik gezielt herauszugreifen, die dem Zweck entsprechen, die man für sinnvoll hält und deshalb auch anzuwenden, d.h. durchzusetzen bereit ist. Und umgekehrt natürlich auch jene Elemente wegzulassen oder zu modifizieren, bei denen das nicht der Fall ist.

In der Folge werden Anwendungsfälle betrachtet, die typisch sind für die Notwendigkeit einer situationsbedingten Interpretation.

Es handelt sich dabei um unterschiedliche Situationen des Systems wie

- Veränderungen am «lebenden Objekt» (3.1)
- Vorhaben beschränkten Umfanges (3.2)
- Vorhaben außergewöhnlich großen Umfangs (3.3)
- Programme (3.4)
- Meliorationsvorhaben (3.5)
- gestaffelte Realisierung (3.6)
- Auf Dauer angelegte Vorhaben (3.7)

aber auch um besondere Situationen, denen Entwerfer, Gestalter, Planer bzw. Realisierer unterworfen sind, wie

- hoher Innovationsgehalt der angestrebten Lösung (3.8)
- relative Unerfahrenheit der Beteiligten (3.9)
- Offenhalten von Optionen (3.10)
- Einstieg in ungeordnet ablaufende Problemlösungsprozesse (3.11) und
- Abgrenzung separater Vorhaben für die Realisierung und evtl. auch Inbetriebnahme (3.12)
- Anwendung des SE bei der Realisierung (3.13)

3.1 Umbauten am «lebenden Objekt»

Häufig geht es bei Vorhaben nicht um eine Neuplanung (quasi auf der «grünen Wiese»), sondern um eine Veränderung am Ort, um einen Umbau bzw. eine Erweiterung, aber auch um eine Redimensionierung oder Sanierung einer bestehenden Lösung. Vielfach kommt dazu, daß das alte System während der Umbauzeit möglichst ungestört weiter betrieben werden soll. Die besonderen Anforderungen, die sich daraus ergeben, sind:

1) Intensive Situationsanalyse, die ein fundiertes Verstehen der derzeitigen Funktionen, Abläufe und Zusammenhänge vermittelt. Denn diese werden in der Regel

auch dann beeinflußt und beeinträchtigt, wenn sie selbst gar nicht Gegenstand des Umbaus sind.
2) Minutiöse Realisierungsplanung, die zwei Bedingungen zu genügen hat. Jeder Realisierungsschritt soll
   – einen Fortschritt in Richtung der neuen Lösung darstellen, aber auch
   – einen stabilen Zustand schaffen, der ein – wenn auch manchmal eingeschränktes – Funktionieren erlaubt.

Dies ist oft nur unter besonderen Schwierigkeiten bzw. mit zusätzlichem Aufwand, wie z. B. Entlastungs- bzw. Zwischenschritten möglich, welche die Lösung selbst nicht weiterbringen, aber im Interesse der Aufrechterhaltung der Funktionstüchtigkeit erforderlich sind (z. B. provisorische Verkehrs- oder Transportwege und Arbeitsplätze, Standortverlagerungen einzelner Funktionseinheiten u.a.m.).

Dem Projekt-Management kommt im Sinne einer exakten Ablaufplanung und -steuerung, sowie der laufenden und rechtzeitigen Information und Koordination aller Beteiligten und Betroffenen besondere Bedeutung zu.

3.2 Vorhaben beschränkten Umfanges

Das SE-Vorgehensmodell als Ganzes ist auf die Abwicklung komplexer Vorhaben ausgerichtet. Für Vorhaben beschränkten Umfanges sind Vereinfachungen angebracht. Da diese i.d.R. überschaubar sind, der Innovationsgehalt möglicher Lösungen eher gering ist und die Lösungen sich auf wenige und ähnliche Varianten beschränken, deren Auswahl kaum Schwierigkeiten bereitet, benötigen solche Vorhaben meist auch keine eigentliche Projekt-Organisation. Der Kreis der beteiligten Personen ist klein (evtl. bearbeitet sogar eine Einzelperson das Problem). Die Hierarchisierung beschränkt sich auf wenige, meist nur 1 bis 2 Ebenen. Aufgaben beider Ebenen werden vom selben Team behandelt. In solchen Fällen werden Aspekte des Phasenmodells und des Problemlösungszyklus zweckmäßigerweise in einem einzigen Vorgehensplan kombiniert. Die Überschaubarkeit des Vorhabens erlaubt, Modifikationen, die im Verlaufe der Arbeit dank zunehmender Erkenntnis erforderlich sind, laufend einzubringen.

Die Zweckmäßigkeit solcher Beschränkungen hinsichtlich Bearbeitungsumfang und -tiefe ist zu Beginn der Bearbeitung allerdings zu klären, um zu vermeiden, daß eine Lösung erarbeitet wird, die sich auf ein unvollständig erfaßtes Problem bezieht.

3.3 Vorhaben außergewöhnlich großen Umfangs

Vorhaben zur Lösung gesellschaftlicher Zukunftsaufgaben wie z. B. neue Verkehrs- oder Energiekonzepte sind meist von außergewöhnlich großem Umfang. Sie sind i.d.R. auf zeitlich weit entfernte Zielhorizonte bezüglich der Anwendbarkeit der Ergebnisse ausgerichtet, durchlaufen viele Stufen der Abklärung ihrer technischen, wirtschaftlichen und ökologischen Machbarkeit und gesellschaftlichen Akzeptanz, sind häufig abhängig von anderen großen Vorhaben oder von F&E-Programmen und sind gekennzeichnet durch z. B.

- einen großen Kreis von Beteiligten und Betroffenen mit nicht selten wechselnden Intentionen und Präferenzen
- wechselnde Untersuchungs- und Planungsteams in den einzelnen Stufen und Phasen der Entwicklung
- hohe Innovationsgehalte und Ungewißheitsgrade
- ständige Änderungen in den System- und Umweltanforderungen.

In solchen Vorhaben ist nur die nicht vorhersehbare Veränderung beständig. Für ihre Beherrschung ist zur Abdeckung der ausgedehnten Problem- und Lösungsfelder eine besonders vielstufige und breitangelegte «Vorstudienphase» mit umfangreichen Untersuchungs- und Studienprogrammen erforderlich, sowie von Anbeginn eine starke Projektorganisation mit Schwerpunkten auf dem Gebiet des Konfigurations- und des Schnittstellen-Managements sowie der Dokumentation.

Für derartige Vorhaben gelten auch die Erläuterungen über die situationsbedingte Interpretation des SE-Vorgehensmodells in Programmen (Abschnitt 3.4), in Vorhaben mit hohem Innovationsgehalt der angestrebten Lösung (Abschnitt 3.8), für Fälle relativer Unerfahrenheit der Beteiligten (Abschnitt 3.9) bzw. für das Offenhalten von Optionen (Abschnitt 3.10).

3.4 Programme

Mit Programmen, die häufig im öffentlichen oder halböffentlichen Bereich angesiedelt sind, werden Mengen von Vorhaben bezeichnet, die einem ähnlichen Ziel dienen, sei es, daß sie als Forschungs- und Entwicklungsvorhaben eine Chance nutzen (z. B. Solarenergiegewinnung, Anwendung der Mikroelektronik in Maschinenbaubetrieben) oder eine Gefahr abwenden sollen (z. B. Verminderung der Schadstoffbelastung der Atmosphäre, Humanisierung der Arbeitswelt), sei es, daß sie als konzertiertes Maßnahmenbündel zur Verringerung des individuellen motorisierten Verkehrs in den Innenstädten, zur Senkung der Kosten des Gesundheitswesens oder zur Senkung der Gemeinkosten in einer Unternehmung beitragen sollen.

Jedes einzelne Vorhaben kann prinzipiell unabhängig von den anderen und entsprechend dem SE-Vorgehensmodell bearbeitet werden. Wegen der relativ großen Freiräume, die F&E-Vorhaben notwendigerweise besonders in frühen Phasen besitzen, besteht eine hohe Wahrscheinlichkeit unerkannter Intrusionen in Problem- und Lösungsfelder anderer Vorhaben bzw. des latenten Auftretens positiver wie negativer Nebenwirkungen in Nachbarbereichen. Bei der Durchsetzung von Maßnahmen besteht die Gefahr der ungewollten Kumulation, aber auch der Aufhebung von beabsichtigten Wirkungen.

Es ist deshalb zweckmäßig, die Vorhaben eines Programmes als interaktive Teile zu definieren und zu initiieren und ihre Abwicklung in Form eines Programm-Controllings oder -Managements zu überwachen bzw. zu steuern.

Das Phasen-Modell wird hierzu zweckmäßigerweise derart interpretiert, daß nach einer breit angelegten Vorstudienphase über Ziele sowie Art und Umfang der Problem- und Lösungsfelder des Programmes und über die Definition seiner Teile, der einzelnen Vorhaben bzw. Maßnahmen, keine weitere Bearbeitung auf Programm-Ebene, z.B. in Form einer Hauptstudie, erfolgt. Die Teile des Programmes werden vielmehr als separate Vorhaben angesehen und abgewickelt. Vgl. dazu auch die Erläuterungen zu Meliorations-Vorhaben (Abschnitt 3.5).

3.5 Meliorations-Vorhaben

Meliorations-Vorhaben sind dadurch gekennzeichnet, daß trotz erkannter großer Probleme wesentliche Sachverhalte des Ist-Zustandes nicht geändert werden sollen, sondern nur Verbesserungen vorgenommen werden sollen.

Der Grund für eine Melioration kann auch darin liegen, daß Randbedingungen eine grundlegende oder gesamthafte Änderung oder eine optimale Lösung derzeit nicht oder noch nicht erlauben. Bei Meliorationen kann es sich um ersetzende oder ergänzende Maßnahmen, aber auch um Redimensionierungen und Sanierungen handeln.

Eine Systemmelioration setzt zwar eine grundlegende Problemdefinition voraus, ist aber die Folge eines Entscheides darüber, welche Einzelprobleme wie angepackt werden sollen.

- Es existiert eine Vielzahl von Einzelproblemen, die in einem recht losen Zusammenhang miteinander stehen können.
- Die Gesamtlösung ergibt sich als Summe von Einzellösungen, die aber nicht unbedingt unabhängig voneinander gewählt werden können.

Viele Aufgabenstellungen in der Wirtschaft wie auch im öffentlichen Bereich stellen Meliorationsvorhaben dar. Deren Besonderheiten führen zu Anforderungen an das Vorgehen, die im folgenden anhand der Schritte des Problemlösungszyklus behandelt werden.

Situationsanalyse

Die Ausgangslage ist häufig verworren und eine Auseinandersetzung mit vielen Details ist erforderlich, weil man das Bestehende nicht grundsätzlich in Frage stellt. Es besteht eine große Gefahr, vor allem bei geringer Situationskenntnis und/oder Erfahrung mit derartigen Vorhaben, daß eine recht umfangreiche und aufwendige Analyse durchgeführt wird, die sich dann nicht in entsprechend nutzbaren Erkenntnissen niederschlägt.

Es empfiehlt sich dabei, die Schritte eines Problemlösungszyklus zunächst im «Schnellgang» durchzugehen, wobei unter Inkaufnahme der Vernachlässigung gewisser Sachverhalte versucht wird, einen Überblick zu gewinnen, die Kernpunkte der Teilprobleme herauszuschälen, zugehörige Ursachenbereiche zu eruieren und im

Sinne von ‹Arbeitshypothesen› mögliche Lösungsansätze zu formulieren. Daraufhin kann man die für die Definition der Einzelprobleme erforderlichen Analysen gezielter angehen. (Es handelt sich bei diesem Vorgehen um eine abgewandelte Anwendung des Prinzips ‹Vom Groben zum Detail›.)

Zielformulierung

Für ein Meliorationsvorhaben als Ganzes lassen sich oft nur recht vage Ziele formulieren, die für die Suche nach Lösungen (und auch für die Variantenbewertung) der Einzelprobleme kaum hilfreich sind. Auf dem Niveau der Einzelprobleme ist die Abgrenzung von Zielen und Maßnahmen (= Lösungsideen) oft nicht von vornherein klar und man muß sich besonders um Lösungsneutralität der Ziele bemühen.

Lösungssuche

Obwohl sich eine System-Melioration mit Lösungen für mehrere Einzelprobleme befaßt, ist es zweckmäßig zu versuchen (anstelle eines Gesamtkonzeptes), gemeinsame Leitideen und Grundsätze für die Lösungen zu formulieren. Damit erhöht sich die Chance, miteinander harmonierende Einzellösungen zu finden.

Für jedes Einzelproblem werden verschiedene Lösungsvarianten entworfen und beurteilt. Sofern Problem- und Lösungsfelder voneinander unabhängig sind, kann die individuell jeweils beste Variante gewählt werden. Häufig ist dies jedoch nicht der Fall und dann erhält die Konzept-Integration eine besondere Bedeutung. In diesem Fall ist etwa folgendes Vorgehen sinnvoll:

– Man erarbeitet für jedes Einzelproblem mehrere, eigenständig brauchbare Lösungsvarianten.
– Die Einzelprobleme werden dann als Parameter, deren Lösungsvarianten als Ausprägungen einer → Morphologischen Matrix interpretiert.
– Durch paarweise Kombination der Ausprägungen von Parametern (mit Elimination nicht kompatibler oder eindeutig weniger geeigneter Paarungen) können in Form eines morphologischen Schemas brauchbare Gesamtlösungen konstruiert und bewertet werden.

Bei der Vielfalt von Einzelproblemen und deren Verflechtungen empfiehlt es sich, bei Meliorationsproblemen zum Abschluß der Lösungssuche die Zusammenhänge zwischen Schwachstellen, Ursachen, Ziele und Lösungsmaßnahmen geordnet aufzuzeigen (z. B. als Verknüpfungsmatrizen) und darauf aufbauend das Lösungsbündel zu analysieren (Wirkungsanalyse).

Bewertung

Bei Meliorationsvorhaben sollte auch der Ist-Zustand in die Bewertung einbezogen werden, damit nicht nur die einzelnen Lösungsvarianten und -komponenten relativ zueinander beurteilt werden können, sondern auch das absolute Maß der Auswirkungen irgendwelcher Veränderungen ersichtlich ist. Gegebenenfalls drängt sich aus einer solchen Übersicht der Schluß auf, daß gewisse Teile des Verbesserungsvorschlages die Umtriebe einer Realisierung nicht lohnen.

Bei Organisationsvorhaben ergibt sich häufig die Situation, daß nicht eine beste Variante schlechthin zu suchen ist, sondern die jeweils beste Lösung für eine vorkommende Klasse von Fällen. Die Konzeptanalyse muß die ausgearbeiteten Varianten hinsichtlich mehrerer Anwendungsfälle untersuchen und in einer Art Konzeptintegration muß dann versucht werden, alle auftretenden Fälle mit einem möglichst kleinen Arsenal unterschiedlicher Lösungen abzudecken.

3.6 Gestaffelte Realisierung von Vorhaben

Bei komplexen Systemen, insbesondere im betrieblich-organisatorischen Bereich sind Systembau und -einführung in einem Zuge von den verfügbaren Ressourcen her häufig nicht durchführbar und/oder oft auch mit zu großen Risiken verbunden. Systembau und -einführung erfolgen deshalb in vielen Fällen in mehreren Etappen. Falls sich solche Etappen über längere Zeit erstrecken, besteht aber die Gefahr, daß sich die Systemumwelt und/oder die Erwartungen an das System in der Zwischenzeit so stark verändern, so daß die erarbeiteten Konzepte nicht mehr tauglich sind (siehe dazu auch Teil II, Abschnitte 1.3.5 bis 1.3.7).

Diesem Umstand sucht man durch ein Vorgehen nach folgenden Leitideen zu begegnen:

- In der Hauptstudie wird ein Gesamtkonzept erstellt, das die Funktionsweise und das Realisierungsprinzip der wichtigsten Unter- und Aspektsysteme enthält, aber auf eine etappenweise Realisierung ausgerichtet ist.
- Detailkonzepte werden gestaffelt erarbeitet und unmittelbar nach ihrer jeweiligen Ausarbeitung realisiert.
- Vor Inangriffnahme einer weiteren Etappe wird das Gesamtkonzept geprüft und ggf. angepaßt, wobei sowohl Erkenntnisse aus den bisherigen Detailstudien und deren Realisierung als auch neue Umweltgegebenheiten und Anforderungen einfließen.

Dieses Vorgehen hat eine Reihe von Vorteilen:

- Es nimmt besser Rücksicht auf die beschränkte Kapazität qualifizierter Mitarbeiter und der Benutzer wie auch auf die Aufnahmefähigkeit letzterer.
- Erfahrungen der Systemgestalter wie der Systemanwender aus Systembau, -einführung und -benutzung können besser verwertet werden.
- Die Risiken werden geringer gehalten, es besteht auch eine größere Flexibilität in der Anpassung von Zielen an neue Gegebenheiten.
- Das Vorhaben bringt früher einen Anwendungsnutzen.
- Wenn zentrale Systemteile zuerst realisiert werden, reduzieren sich in erwünschter Weise Freiheitsgrade, aber auch Unsicherheiten bei der Gestaltung weiterer Systemteile.

Ein derartiges Vorgehen stellt eine Differenzierung des Phasenmodells dar. Die Abfolge der Phasen nach der Hauptstudie gilt nur noch für die einzelnen Etappen, weshalb sich verschiedene Untersysteme zur selben Zeit in sehr unterschiedlichen Stadien befinden können.

Eine erfolgreiche Anwendung dieser Leitideen setzt eine geschickte Wahl der Reihenfolge der Bearbeitung der verschiedenen Systemteile voraus. Dabei gibt es meist gegenläufige Gesichtspunkte für die Festlegung von Prioritäten:

– Forderungen aus Sicht des Systems:
  • Logische Reihenfolge für Nutzung
  • Konzeptionelle Bedeutung von Aspektsystemen
– Einarbeitung des Systemteams (Einfaches zuerst)
– Dringlichkeit der Behebung gewisser Mängel (oder der Nutzung von Chancen)
– Wunsch nach raschem finanziellem Nutzen.

Gegebenenfalls müssen gewisse Teile in einer provisorischen Version eingeführt und später überarbeitet oder ersetzt werden.

Die Projektleitung wird aufwendiger und es ist eine intensivere Mitarbeit des Auftraggebers für die Freigabe der Etappen erforderlich.

Diese Vorgehensweise kann auch für die Situation «Veränderung am lebenden Objekt» sinnvoll angewendet werden.

3.7 Auf Dauer angelegte Vorhaben

Sowohl im Bereich der betrieblichen Organisation, aber auch bei der Öffentlichen Hand gibt es Vorhaben, die kein absehbares Ende aufweisen, da die Realisierung des ursprünglich geplanten gesamten Systems so lange dauert, daß bereits eingeführte Teile wieder überarbeitet werden müssen, weil betriebliche Anforderungen sowie die Hardware- und Software-Umgebung, aber auch die Umwelt sich entscheidend verändert haben. Damit entsteht eine Art ‹permanente› Projektorganisation auf Stufe Gesamtvorhaben. Wirklichen Projektcharakter haben nur noch die Teillösungen.

Verschiedene Unternehmungen und öffentliche Institutionen haben Mißerfolge mit Versuchen erlitten, umfassende Konzepte von Informationssystemen in relativ kurzer Zeit einzuführen und haben diese Erfahrungen teuer bezahlt. Nebst zu knappen personellen Kapazitäten, ungenügenden Hardware-Voraussetzungen und unzureichendem Projekt-Management haben vor allem die laufenden Veränderungen im organisatorischen Umfeld zu diesen Mißerfolgen geführt.

Dies hat zu neuen Überlegungen hinsichtlich der Zweckmäßigkeit des klassischen Phasenmodells geführt. Man ist sich bewußt geworden, daß eine Unternehmung ein sich dauernd evolutionär veränderndes Gebilde ist, dessen Informationssystem sich dem Evolutionsrhythmus nicht nur anpassen, sondern die Veränderungen aktiv unterstützen muß. Daraus ist das Konzept der «Evolutionären Systementwicklung» entstanden, das die (Weiter-)Entwicklung und Anpassung z.B. zentraler Informations- und Infrastruktur-Systeme als permanente Aufgabe ansieht. Der Gesamtverantwortliche ist dann eher eine Art System- oder Produktmanager als ein Projekt-manager. Hingegen werden größere Um- oder Neugestaltungsaktivitäten nach wie vor zweckmäßigerweise als Vorhaben mit Hilfe des SE-Gedankengutes abgewickelt.

3.8 Hoher Innovationsgehalt der angestrebten Lösung

Sowohl die Lösungen für ein Problem als auch die Entwicklungs- und Realisierungsweisen können einen hohen Anteil an Innovationen enthalten. Aber auch die schiere Größe eines neuen Systems kann den Innovationscharakter ausmachen.

In solchen Fällen kommt der Situationsanalyse und der Suche nach Lösungsansätzen für die Funktion des Systems und die Gestaltung bzw. Realisierung außerordentliche Bedeutung zu. Dabei geht es sowohl um die Identifikation und die Eingrenzung der die innovativen Lösungen erfordernden Sachverhalte, sowie möglicherweise auftretender Schwierigkeiten bei ihrer Bearbeitung als auch um realistische Kostenschätzungen für das Gesamtsystem und wesentliche Teile in sehr frühen Phasen des Vorhabens.

Dies kann erhebliche Unsicherheiten und Risiken hinsichtlich der Einschätzung der Wirkungen, aber auch der Kosten- und Terminsituation mit sich bringen. Die im folgenden Abschnitt beschriebenen risikomindernden Maßnahmen sind auch hier geeignet.

3.9 Relative Unerfahrenheit der Beteiligten aufgrund von Pioniersituationen

Pioniersituationen können auf seiten der Entwickler bzw. Planer, auf seiten der Auftraggeberschaft und auch gleichzeitig auf beiden Seiten auftreten.

Pioniersituation seitens der Entwickler und Planer sind auch dann gegeben, wenn Problemlösung und Weg dahin zwar objektiv bekannt sind (Stand der Wissenschaft, der Technik), aber keine eigenen Erfahrungen vorliegen oder wenn eine Adaption vorhandenen Wissens in einen mehr oder minder verwandten Bereich verlangt ist. Der Pioniercharakter kann dabei das System, neuere Komponenten für althergebrachte Funktionen (z.B. in der Steuerungstechnik), neue Materialien und ihre Verarbeitungsweise, potentiell anwendbare Produktionstechniken, aber auch Methoden des Lösungsfindens und Konstruierens betreffen.

In solchen Fällen scheint es angebracht, anderenorts bereits gemachte Erfahrungen zu nutzen: sei es, daß man die dort realisierten Lösungen studiert oder sich externes Know-How durch Beizug von Experten sichert.

Pioniersituationen seitens der Auftraggeberschaft kommen dadurch zustande, daß der Auftraggeber bzw. die von ihm eingesetzten Personen oder Gremien die Komplexität der Probleme, die Ausdehnung von Lösungsfeldern oder die Implikationen von Lösungsvarianten einerseits oder die Notwendigkeit einer formellen Projektorganisation und die Mechanismen einer Projektabwicklung andererseits nicht oder zu wenig verstehen.

Dies kann sich in einer laufenden Veränderung der Anforderungen, ungelösten Zielkonflikten, Verschleppung von Entscheidungen u.v.a.m. äußern. Gemeinsame Projektstart-up-Veranstaltungen, in denen nicht nur die Probleme und die Erwartungen an Lösungen, sowie die Randbedingungen, sondern auch die Logik und Methodik der Abwicklung besprochen werden, können hier hilfreich sein.

Sollte die *Pioniersituation auf beiden Seiten* stark ausgeprägt sein, besteht die Notwendigkeit, sich intensiv mit Möglichkeiten der Risikominderung zu beschäftigen. Dazu gehören insbesondere

– Aufteilung auf kleinere Vorhaben, lernen in kleineren Dimensionen
– Beizug erfahrener Externer
– bewußte Phasengliederung mit der Möglichkeit des Ausstiegs bzw. der Korrektur
– Forcieren von prototypenhaften Ansätzen schon in frühen Phasen, experimentelle Einstellung, Schaffung von beherrschbaren Pilotsituationen mit der Möglichkeit der späteren Entscheidung für Ausstieg, Korrektur, aber auch der Ausdehnung auf weitere Vorhaben.

3.10 Dynamische Umwelt mit Tendenz zum Offenhalten von Optionen

Die im SE-Vorgehensmodell installierte Entscheidungslogik sieht vor, daß wichtige Entscheidungen jeweils am Ende charakteristischer Phasen getroffen werden und darauf aufbauend detaillierter geplant wird (Entscheidung für Rahmenkonzept am Ende der Vorstudie, für Gesamtkonzept am Ende der Hauptstudie etc.).

Nun gibt es Planungssituationen, die es sehr riskant oder gar unmöglich erscheinen lassen, sich auf eine Variante festzulegen (z.B. bei sehr dynamischen Umweltentwicklungen im Bereich Markt, Technologie o.ä.).

Die einfachste Lösung dieses Dilemmas würde darin bestehen, die Planung zu stoppen, bis sich die Situation geklärt hat. In vielen Fällen kann oder will man dies nicht tun, um nicht unzulässig in Zeitverzug zu kommen, oder weil man fürchten muß, das Vorhaben zu einem späteren Zeitpunkt nicht mehr fortsetzen zu können (Zugpferde und Schlüsselpersonen verlassen den Betrieb bzw. wenden sich anderen Aufgaben zu).

In derartigen Fällen gibt es eigentlich nur zwei Möglichkeiten:

a) Man wählt jene Variante, die man unter den gegebenen Voraussetzungen für die zweckmäßigste hält und geht weiter – mit der erklärten Absicht, auf eine andere Variante umzuschwenken, sobald sich dies als nötig oder zweckmäßig erweist.

b) Man vermeidet eine Festlegung solange dies möglich ist, geht aber trotzdem im Planungsablauf weiter, indem man bewußt Optionen offenhält.

Die zweitgenannte Variante soll in der Folge näher skizziert werden. Sie beruht auf folgender Überlegung, die anhand der Abb. 2.90 beschrieben wird:

1. Es wird eine (beschränkte) Anzahl von Lösungskonzepten erarbeitet (L1 bis L4), die man alle für sinnvoll und brauchbar hält, zwischen denen man aber aufgrund der unsicheren Situation (noch) keine Entscheidung treffen kann.

3. Situationsbedingte Interpretation

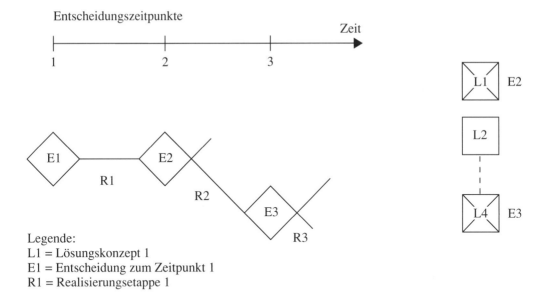

Abb. 2.90   Offenhalten von Optionen

2. Man entwirft für jedes Lösungskonzept einen Realisierungsplan bzw. untersucht die Lösungsvarianten auf identische Bausteine.
3. Es werden jene Realisierungsschritte gezielt herausgearbeitet, die für mehrere (möglichst alle) Lösungskonzepte gleich sind. Sofern dies der Fall ist, hätte man Ansatzpunkte zur Flexibilität.
4. Diese Realisierungsschritte werden zeitlich vorgezogen, da sie den größten Spielraum und die meisten Optionen offen lassen.
5. Zunächst wird also nicht über Konzeptvarianten, sondern über Realisierungsschritte entschieden. In Abb. 2.90 wäre dies die Entscheidung E1 über Realisierungsschritt R1. Der «Point of no Return» kann damit aufgeschoben werden. Es wird angenommen, daß zunächst noch alle 4 Lösungskonzepte L1 bis L4 als Optionen offenbleiben.
6. Sobald Realisierungsschritte eingeleitet werden müssen, welche nur mehr eine beschränkte Anzahl von Lösungskonzepten zulassen bzw. eine Ausscheidung einzelner Lösungskonzepte erfordern, sind natürlich Entscheidungen nötig. Diese können aber u.U. nun leichter gefällt werden, weil Entwicklungen zu diesem (späteren) Zeitpunkt besser abgeschätzt werden können. Dies wäre in Abb. 2.90 z.B. zum Zeitpunkt 2 der Fall. Die Entscheidung E2 für Realisierungsschritt R2 schließt Lösungsprinzip L1 aus.
7. Analoges gilt für Entscheidung E3 und Lösungsprinzip L4. Von diesem Zeitpunkt an steuert man auf ein (evtl. modifiziertes) Lösungskonzept L2 zu.

Diese Vorgehensweise hat folgende *Konsequenzen:*
- Der «Point of no Return» kann aufgeschoben werden.
- Es ergibt sich daraus eine Realisierungsfolge, die aus der Sicht des letztendlich gewählten Lösungskonzeptes möglicherweise nicht optimal ist. Dies wird im Interesse an einer möglichst hohen Flexibilität aber in Kauf genommen.
- Man darf die gewonnene Zeit nicht ungenützt verstreichen lassen, sondern muß sich sehr auf die gezielte Beschaffung von Informationen konzentrieren, welche die schließlich doch zu treffenden Entscheidungen ermöglichen. Dazu ist es sinnvoll, Indikatoren im Sinne von Beobachtungsgrößen zu definieren, welche sowohl die Sinnhaftigkeit der Lösungskonzepte als auch der Realisierungsetappen beurteilen lassen.
- Die Grundidee des SE, vor der detaillierten Ausarbeitung von Lösungen zunächst einen konzeptionellen Rahmen zu schaffen, wird dadurch nicht gegenstandslos, sondern sogar intensiviert.

Abschließend sei allerdings vor einer extensiven Anwendung dieser Grundidee gewarnt: Sie ist verführerisch für entscheidungsschwache Auftraggeber, die möglicherweise bereitwillig darauf eingehen, weil sie zunächst weniger gefordert werden. Der Vorteil des Offenhaltens von Optionen ist aber mit dem unleugbaren Nachteil des erhöhten Planungsaufwandes, eines evtl. suboptimalen Ablaufs bzw. mit dem sukzessiven und unbewußten Verlust an Handlungsmöglichkeiten seitens der Entscheider verbunden. Die sachliche Schwierigkeit der Entscheidungssituation und nicht mangelnde Entschlußkraft sollten also für die Wahl eines derartigen Vorgehens ausschlaggebend sein.

3.11 Einstieg in ungeordnet verlaufende Problemlösungsprozesse

Bisweilen wird die Notwendigkeit des zielgerichteten Zusammenwirkens in einem organisatorischen Rahmen und der Anwendung gemeinsamer Vorgehensinstrumentarien erst erkannt, wenn Fehlergebnisse in der Entwicklung der Lösung sowie Termin- und Kostenüberschreitungen aufgetreten sind und die Erreichung der Projektziele fraglich geworden ist.

Bei «Null» anzufangen mit Abklärungen über eine Vorstudie und über den zweckmäßigsten Aktivitätsrahmen für die Beteiligten ist wegen des damit verbundenen Aufwandes fast stets ausgeschlossen. Es verbietet sich aber auch wegen der damit meist einhergehenden Schuldzuweisungen im Hinblick auf das erforderliche Arbeitsklima für den angestrebten erfolgreichen Abschluß des Vorhabens.

Stattdessen sollte das SE-Vorgehensmodell vor allem als Unite de Doctrine im Zusammenhang mit dem Aufarbeiten des Status-quo, d.h. der bisher erbrachten Leistungen und der verbleibenden Aktivitäten und deren Zeit- und Mittelbedarf, eingeführt werden.

Besondere Beachtung verdienen die Prüfung der Plausibilität des verfolgten Gesamtkonzepts, die Einbindung der Detailstudien in das Gesamtkonzept und die Definition der Schnittstellen.

Der organisatorische Rahmen für die Zusammenarbeit aller Beteiligten sollte unter weitgehender Nutzung der bisherigen informellen Kanäle neu- bzw. wiederdefiniert werden.

Im Zuge der Ablaufplanung für die Erfüllung der Systemspezifikation, d.h. zur Erbringung des vereinbarten Leistungs- und Qualitätsumfanges, sollten auch Überlegungen über

- erreichbare Fertigstellungsgrade bei Budget- und Termineinhaltung
- Termineinhaltung mit einem unvollständigen, jedoch betriebsfähigen System einschließlich des anschließend noch erforderlichen Aufwandes, sowie
- über die Abmagerung von Spezifikationen (Zielreduktion)

angestellt werden.

Damit soll eine akzeptable Basis für die Fortführung bzw. weitere Realisierung des Projektes gesucht werden. Eine Neuvereinbarung des Projektauftrages und der Spezifikationen kann damit verbunden sein.

3.12 Stillegungen und Abbrüche

Auch die Beendigung der Nutzungsphase eines Systems, z.B. nachdem es obsolet geworden ist, kann in manchen Fällen als Vorhaben gesehen werden, das im Einklang zumindest mit Anforderungen der Umwelt, häufig aber auch von weiterbetriebenen Systemteilen geschehen muß.

Gegen Ende der ursprünglichen Nutzungsphase von Systemen werden Überlegungen angestellt, die entweder

- eine Umwidmung eines obsolet gewordenen Systems, mit Erhalt bzw. Wieder- oder Weiterverwendung wesentlicher Bestandteile zum Ziel haben oder
- eine Herstellung des ursprünglichen Zustandes (sog. «Grüne Wiese») anstreben, wobei z.B. mit dem Abbruch der Anlagen im Falle von Kernkraftwerken und Chemieanlagen Entsorgungsprobleme verbunden sind.

Unter planungsmethodischen Gesichtspunkten handelt es sich dabei um unabhängige neue Vorhaben. Andererseits ist es Aufgabe der ursprünglichen Planung gewesen, für das nun obsolet gewordene System Anforderungen aus der Umwidmung bzw. für die Wiederherstellung der «grünen Wiese» gedanklich vorwegzunehmen, d.h. in die planerischen Überlegungen miteinzubeziehen, um die neuen Vorhaben nicht unnötig zu erschweren.

3.13 Anwendung des SE bei der Realisierung

In den auf die Systementwicklung folgenden Realisierungsphasen (Systembau und -einführung) geht es darum, die erarbeiteten Lösungen in die Realität umzusetzen.

Dabei gibt es einerseits Situationen, in denen die Realisierung weitgehend als Routineangelegenheit betrachtet werden kann, weil die Systeme zur «Produktion» der

Lösung vorhanden und eingespielt sind bzw. nur geringfügig ergänzt oder modifiziert werden müssen. Dies ist z.B. häufig bei der Neuentwicklung bzw. Verbesserung von Produkten bzw. bei der Realisierung von EDV-Lösungen (Programmierung) der Fall. Andererseits gibt es aber auch Fälle, in denen die zur Realisierung erforderlichen Systeme erst geschaffen werden müssen (z.B. Bau einer Zellstoff-Fabrik, Tunnelbauwerk u.ä.). Die Planung und Errichtung derartiger Realisierungs-Systeme kann dabei als eigenes Projekt betrachtet werden, für das die Prinzipien des SE weitgehend Geltung haben (Systemdenken, Vorgehensmodell, Projekt-Management).

In Abb. 2.91 ist diese Grundsituation anhand verschiedener Fälle dargestellt.

Beispiele für zu gestaltende Systeme/Objekte	Projektumfang		Für die Realisierung erforderliche Systeme (Beispiele)			
				neu zu schaffen (temporäre Systeme)		
	Planung/ Entwicklung	Realisierung	vorhanden (Dauersysteme)	Baustelleneinrichtung	Aushub, -bruch, Transport, Deponie	Inbetriebsetzung	...
A Interner Transport	x	x	– Beschaffungsabt. – Lieferanten			
B EDV-Anwendungssoftware	x	x	– EDV-Abteilung			
C Neue Verpackungsmaschine	x	x	– Produktion – Montage – Verkaufs-Abt.			
D Tunnelbauwerk	x	x	– Behörden – Ausführende Firmen	x	x	
E Zellstoff-Fabrik	x	x	– Behörden – Ausführende Firmen	x	x	x

Abb. 2.91 Verschiedene Projektsituationen hinsichtlich der Realisierung

Die *Fälle A und B* betreffen dabei Situationen, bei denen das Vorhaben sowohl die Entwicklung als auch die Realisierung umfaßt und meist gemeinsam und unter enger personeller Verzahnung zwischen Entwicklern und Realisierern abgewickelt wird.

In Situationen wie z.B. *Fall C* (Entwicklung einer Verpackungsmaschine) sind meist unterschiedliche Zuständigkeiten für die Entwicklung und Realisierung vorhanden. Die Realisierung erfolgt in einem Dauersystem (hier: Produktionsabteilung bzw. Verkaufsabteilung zur Markteinführung), das meist bereits existiert, d.h. nicht erst eingerichtet werden muß.

Das Projekt-Management hat die Aufgabe, die Entwicklung intensiv zu betreiben und die spätere Realisierung zu überwachen und zu koordinieren. In den Fällen A bis C wird es sich meist um ein einziges Projekt handeln, das sowohl die Entwicklung als auch die Realisierung gesamthaft im Auge behält.

Die *Fälle D und E* sind dadurch charakterisiert, daß eine Reihe von Realisierungssystemen temporärer Art sind und erst im Hinblick auf eine bestimmte Aufgabenstellung geschaffen werden muß.

Es kann sich dabei als zweckmäßig erweisen, die Realisierung und evtl. sogar die Inbetriebnahme als eigenständige Vorhaben zu behandeln. Ihre Planung und Ausführung wird sich sinngemäß an den Prinzipien des SE orientieren (Systemdenken, vom Groben zum Detail, Variantenbildung, Phasengliederung, Problemlösungszyklus etc.).

Eine gemeinsame Grobplanung des gesamten Vorhabens und eine gute Zusammenarbeit und Koordination zwischen den verschiedenen Vorhaben kann das Risiko von Einzeloptimierungen im Interesse eines guten Gesamtergebnisses reduzieren. Die Prinzipien des «Simultaneous Engineering» (siehe Teil I, Abschnitt 2.7.6) können hier sinngemäß angewendet werden.

Teil III: Projekt-Management

1. Projekt-Management 239
2. Psychologische Aspekte der Projektarbeit 281

«Nichts ist schwieriger als Planung, nichts weniger gesichert oder gefährlicher als ein System zu schaffen. Sein Schöpfer muß den Haß derer überwinden, die ein überliefertes Interesse am alten System haben und die Gleichgültigkeit der anderen, denen das Neue von Nutzen sein wird.»

(Machiavelli)

Teil III: Projekt-Management

1.	**Projekt-Management**	240
1.1	**Begriff und Übersicht**	240
1.1.1	Begriffe	241
1.1.2	Übersichtsmodell	243
1.1.3	Die Zusammenhänge zwischen Vorgehensmodell, Systemgestaltung und Projekt-Management	244
1.1.4	Mißerfolgskomponenten für Projekte	246
1.2	**Funktionales Projekt-Management**	246
1.2.1	Ingangsetzen von Projekten (Projektplanung)	246
1.2.2	Inganghalten von Projekten (Projektsteuerung und -kontrolle)	250
1.2.2.1	Projekt-Management-Systeme (PMS)	251
1.2.2.2	Entscheidungsberichte	252
1.2.2.3	Fortschrittsberichte	252
1.2.3	Abschlußarbeiten	253
1.3	**Projektorganisation (institutionelle Betrachtung)**	254
1.3.1	Charakteristische Organisationsformen	255
1.3.1.1	Reine Projektorganisation (Task Force)	256
1.3.1.2	Einfluß-Projektorganisation	257
1.3.1.3	Matrix-Projektorganisation	259
1.3.2	Ausgewählte Zuordnungsmerkmale für verschiedene Organisationsformen	261
1.3.3	Eignungsbereiche der Organisationsformen	262
1.3.4	Mischformen	262
1.3.5	Gremien und Instanzen	265
1.3.6	Verschiedene Funktionsebenen in einem Projekt	269
1.3.6.1	Funktionendiagramme	269
1.3.6.2	Stellenbeschreibung	269
1.4	**Personelle Betrachtung**	269
1.4.1	Zur Person des Projektleiters	270
1.4.2	Zur Teamarbeit	272
1.5	**Instrumentelle Betrachtung**	273
1.5.1	Methoden und Techniken	273
1.5.2	Projekt-Informationssysteme	273
1.5.2.1	PIS allgemein	273
1.5.2.2	Konfigurations-Management	276
1.5.3	Projekt-Marketing	277
1.6	**Zusammenfassung**	278
1.7	**Literatur**	280

1. Projekt-Management

Das Thema Projekt-Management wird hier bewußt knapp dargestellt, da es durch andere Veröffentlichungen abgedeckt ist.

1.1 Begriff und Übersicht

Organisationen (Unternehmungen, Dienstleistungsbetriebe, Verwaltungen) sind üblicherweise so strukturiert, daß das «Tagesgeschäft läuft» und damit eine möglichst effiziente Abwicklung von Routineprozessen gewährleistet werden kann. Im Rahmen des SE geht es aber nicht um das routinemäßige Betreiben von Systemen, sondern um deren Um- oder Neugestaltung (Innovationsprozesse), und diese erfolgt zweckmäßigerweise in Projektform.

Die Erfahrung lehrt, daß umfangreiche und komplexe Vorhaben (= Projekte) nur dann erfolgreich durchgeführt werden können, wenn dafür entsprechende *organisatorische Vorkehrungen* getroffen werden. Dies bedeutet in der Regel, daß die Abwicklung von Innovationsprozessen von jener der Routineprozesse organisatorisch getrennt wird, schließt aber eine personelle Verflechtung in dem Sinne nicht aus, daß identische Personen sowohl mit Projekt- als auch mit Routineaufgaben beschäftigt sein können.

In diesem Sinne ist Projekt-Management als Überbegriff für alle planenden, überwachenden, koordinierenden und steuernden Maßnahmen zu verstehen, die – über die Problemlösung im eigentlichen Sinn (Systemgestaltung) hinaus – bei der Um- oder Neugestaltung von Systemen erforderlich sind. Dabei steht nicht das System (die Lösung) selbst im Vordergrund, sondern das Vorgehen (die Teilschritte) zur Erreichung der Lösung, die dazu erforderlichen Personen und Mittel, deren Einsatz und Koordinierung. Die gedankliche Abgrenzung zwischen Systemgestaltung und Projekt-Management geht aus der Abb. 3.1 hervor:

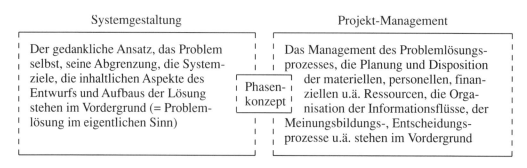

Abb. 3.1 Abgrenzung von Systemgestaltung und Projekt-Management

Dabei handelt es sich allerdings keineswegs um unterschiedliche Personengruppen, denen die Aufgaben der Systemgestaltung bzw. des Projekt-Managements zuzuteilen wären. Die vorgenommene Abgrenzung ist rein gedanklicher Natur, Systemgestaltung und Projekt-Management sind in der Realität auf vielfältige Art miteinander verflochten. Das Phasenkonzept in der Mitte verbindet die beiden Ansätze, indem es sowohl den Prozeß der Systemgestaltung als auch das Management des Problemlösungsprozesses steuert und unterstützt.

Die Eingliederung des Projekt-Managements in das SE-Konzept zeigt Abb. 3.2.

1.1.1 Begriffe

Projekt

Unter einem *Projekt* ist ein Vorhaben zu verstehen, für dessen Durchführung besondere *organisatorische Vorkehrungen* getroffen werden und das folgende *Charakteristiken* aufweist:

– zeitlich begrenzt (Beginn, Abschluß)
– definiertes bzw. zu definierendes Ziel (Aufgabe, Ergebnis)
– es hat für die betroffene Organisation (Unternehmung, Verwaltung, Behörde) eine gewisse Einmaligkeit bzw. Besonderheit, wird also in derselben oder einer direkt vergleichbaren Form nicht laufend durchgeführt (keine reine Routineangelegenheit)
– es weist einen Umfang auf, der eine Unterteilung in verschiedenartige, untereinander verbundene und wechselseitig voneinander abhängige Teilaufgaben erforderlich macht

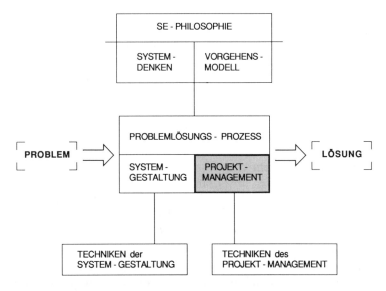

Abb. 3.2 Projekt-Management im Rahmen des SE-Konzepts

- an der Durchführung sind meist mehrere Personen, Stellen bzw. Abteilungen innerhalb und häufig auch außerhalb der eigenen Organisation beteiligt
- die durchzuführenden Teilaufgaben können sowohl untereinander als auch mit anderen (projektfremden) Aufgaben hinsichtlich der Zuteilung verschiedener Ressourcen (personeller, finanzieller, materieller u.a. Art) konkurrieren
- es ist vielfach – vor allem in den Frühphasen – mit Unsicherheit bzw. Risiko hinsichtlich der Erreichung der Projektziele, der Einhaltung von Kosten- bzw. Terminlimiten u.ä. behaftet

Mit diesen Einschränkungen fallen Bagatellaufgaben bzw. sehr kleine und kurzfristig zu erledigende Vorhaben für unsere Überlegungen außer Betracht.

Typische Beispiele für Projekte, die den oben erwähnten Charakteristiken entsprechen, sind:

- Bauprojekte: Fabrikhallen, Bürogebäude, Wohnhäuser, Straßen, Brücken, Staudämme etc.
- Entwicklung neuer Produkte: digitales IFS, Meßgerät, Maschine inkl. Software etc.
- Neu- und Anpassungskonstruktionen von Maschinen und Anlagen: Werkzeugmaschine, Turbine, LKW, Dieselmotor
- Organisationsprojekte: Aufbauorganisation, Auftragsablauf, Flexible Arbeitszeit, Qualitätssicherung etc.
- Informationssysteme: EDV-Einführung, EDV-Anwendungssysteme, PPS, CAD
- Neustrukturierung von Produktionsbereichen: Einführung flexibler Fertigungssysteme, CIM-Konzepte u.a.m.

Management

Unter *Management* ist generell der Vorgang der Willensbildung und Willensdurchsetzung zu verstehen, der sich weiter gliedern läßt in die Teilfunktionen: Planen (Vorausdenken), Entscheiden (Wahl zwischen verschiedenen Handlungsmöglichkeiten), Anordnen und Kontrollieren, Organisieren (Strukturen, Zuständigkeiten und Abläufe klären) und «Staffing» (richtige Person an die richtige Stelle).

Projekt-Management

Der Begriff *Projekt-Management* kann damit als Überbegriff für alle willensbildenden und -durchsetzenden Aktivitäten im Zusammenhang mit der Abwicklung von Projekten definiert werden. Dabei handelt es sich inhaltlich nicht um Aktivitäten, die das zu lösende Problem selbst betreffen, insbes. nicht um die fachlichen Beiträge zur Problemlösung, sondern um das *Management des Problemlösungsprozesses*, wie z.B.

- die Abgrenzung des Problems und der Aufgabenstellung
- die Vereinbarung der Ziele und der Logik des Ablaufs bzw. Vorgehens
- den Einsatz und die zielgerichtete Disposition und Koordination von personellen, finanziellen und sachlichen Ressourcen

- die Führung der Projektgruppe nach innen und die Verzahnung ihrer Aktivitäten nach außen
- die Überwachung und Steuerung des Projektablaufs in inhaltlicher, terminlicher und kostenmäßiger Hinsicht u.a.

Projekt-Manager sollen sich dabei der Philosophie des SE bedienen (Systemdenken, Vorgehensmodell).

1.1.2 Übersichtsmodell

Um die Thematik strukturierter beschreiben zu können, wird zwischen einer funktionalen, einer institutionellen, einer personellen und einer instrumentellen Dimension des Projekt-Managements unterschieden, die simultan zusammenwirken müssen (vgl. Abb. 3.3).

1) Die *funktionale Dimension* (WAS) stellt folgende Teilaspekte in den Vordergrund
   - *Ingangsetzen* (Vorbereitungsarbeiten im Sinne einer Projektplanung) mit den beispielhaften Aktivitäten
     - Projektauftrag vereinbaren (inkl. Ziele, Budget, Termine etc.)
     - Projektleiter (Zugpferd) bestimmen
     - Projektorganisation festlegen (Einbettung in Hierarchie, innere Organisation)
     - Projektgruppe und Entscheidungsgremien personell konfigurieren
     - Objektstruktur erarbeiten *
     - Projektstruktur und sich daraus ergebende Aufgaben ableiten *
     - Projektablauf strukturieren *
     - Projekttätigkeiten planen (Termine, Kosten, Personaleinsatz) *
     - Informations- und Dokumentationswesen organisieren für Auftraggeber, Betroffene, Beteiligte *
     - Ressourcen freimachen u.a.m.
     (Anmerkung: Diese Ingangsetzungsarbeiten sind prinzipiell für den Start jeder neuen Phase denkbar. Von besonderer Bedeutung sind sie allerdings zu Beginn eines Projekts. Die mit * gekennzeichneten Aktivitäten sollen zunächst nur grob, später aber detaillierter durchgeführt werden.)
   - *Inganghalten*, im Sinne z.B. folgender Aktivitäten
     - Aufgaben, Tätigkeiten, Zuständigkeiten ad hoc disponieren
     - detaillierter planen
     - Projektkontrolle und -steuerung (Termine, Inhalte, Kosten überwachen, Korrekturmaßnahmen planen und einleiten)
     - Koordination und Führung nach innen
     - Koordination und Berichterstattung nach außen bzw. oben
     - das Festhalten und Übermitteln von Ideen und Ergebnissen
     - Konflikte klären
     - Entscheidungen vorbereiten und herbeiführen
     - Entscheidungen treffen u.a.m.

- *Abschließen* von Projekten.
  - Abnahme, Übergabe organisieren
  - evtl. Nachbessern
  - Schulung, Instruktion, Dokumentation vervollständigen und übergeben
  - Abrechnung
  - Manöverkritik
2) Die *institutionelle Dimension* hat vor allem die projektorientierte Aufbauorganisation (Projektorganisation) und deren Verzahnung mit der Mutterorganisation zum Inhalt. Sie beschäftigt sich mit Fragen, wie z.B.
   - Wahl des geeigneten Organisationsmodells
   - Einbindung der Projektorganisation in die Hierarchie der Mutterorganisation (z.B. Unternehmung)
   - Kompetenzen des Projektleiters
   - Definition der benötigten Entscheidungs-, Beratungs- und Unterstützungsinstanzen, ihrer institutionellen und personellen Zusammensetzung.
3) Die *personelle Dimension* ist eng damit verzahnt, da Institutionen ja nur mehr oder weniger gute Voraussetzungen schaffen können, aber nicht von selbst agieren. Dabei richtet sich das Augenmerk auf die handelnden Personen, deren Anforderungs- und Eignungsprofile (Projektleiter, Team-Mitglieder und Teamarbeit, Entscheidungsträger und deren Interessenslagen etc.).
4) Die *psychologische Dimension,* die zwar primär die Personen betrifft, wegen ihrer unlösbaren Verbindung zur funktionalen, institutionellen und instrumentellen Dimension aber getrennt dargestellt wurde. Insbesondere geht es darum, daß die Ziele, Vorgehensweisen, Methoden und Verfahren von den handelnden Personen akzeptiert, getragen, mit Inhalt ausgefüllt werden müssen (siehe dazu Teil III, Abschnitt 2).
5) Darüber hinaus ist natürlich die *instrumentelle Dimension* von Bedeutung. Diese hat das WIE im Sinne der handwerklichen Durchführung zum Inhalt, wie z.B. Planungs- und Kontrolltechniken (z.B. → Netzplantechnik), Techniken der Moderation, Sitzungsführung, Zielformulierung, Bewertung, Darstellung, Entscheidung, Strukturierung (z.B. → Projektstrukturplan) u.v.a.m.

Diese fünf Dimensionen sind in der Praxis auf vielfältige Art miteinander verbunden: so ist z.B. der Projektleiter sowohl eine Institution als auch eine Person, er erfüllt Aufgaben (Funktionen) und sollte sich geeigneter Instrumente (Techniken) bedienen. Die hier vorgenommene Abgrenzung ist also lediglich in analytischer Hinsicht zweckdienlich.

1.1.3 Die Zusammenhänge zwischen Vorgehensmodell, Systemgestaltung und Projekt-Management

Die Übersichtsdarstellung in Abb. 3.3 ist wie folgt zu interpretieren:

1) *Systemdenken, Vorgehensprinzipien, Techniken* und *Werkzeuge* verschiedenster Art sollen sowohl den Prozeß der Systemgestaltung als auch das Projekt-Management auf erkennbare Art beeinflussen.

1. Projekt-Management

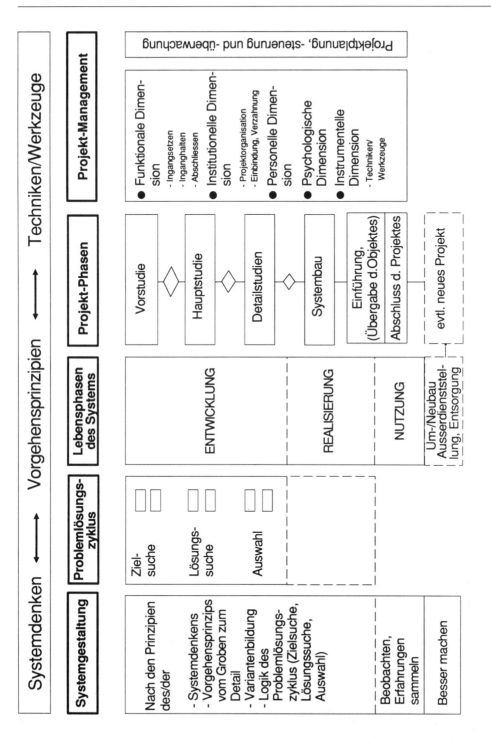

Abb. 3.3 Systemgestaltung – Projekt-Management

2) Die Idee der Untergliederung eines Projekts in verschiedene *Phasen* und die Bearbeitung auftretender Probleme und Fragen umfangreicherer Art nach der Logik des *Problemlösungszyklus* stehen im Mittelpunkt der Darstellung und strahlen nach links und rechts aus.
3) Bei der *Systemgestaltung* sollen die Prinzipien des Systemdenkens und die Vorgehensprinzipien in den *Lebensphasen* der Entwicklung und Realisierung angewendet werden. Sie beeinflussen dabei sowohl die Aufgaben von Projektteams als auch jene von Entscheidungsinstanzen. In der Nutzungsphase geht es um das Beobachten und die Erfahrungssammlung, im Stadium des Um- oder Neubaus bzw. der Außerdienststellung um die Fähigkeit, es besser zu machen.
4) *Die Problemlösungszyklen* stellen die Logik dar, nach der Problemlösungsprozesse abgewickelt werden sollen. Den Schwerpunkt der Anwendung haben sie ohne Zweifel in den Entwicklungsphasen (Vor-, Haupt-, Detailstudien). Die Aufteilung der Zuständigkeiten zwischen Auftraggeber und Projektteam wurde bereits im Teil II, Abschnitt 1.4.4 behandelt (erweiterter Problemlösungszyklus).
5) Die Strukturierung des Themenblocks Projekt-Management wurde schon erläutert. Die einzelnen Aufgaben sind jeweils im Hinblick auf die jeweilige Projektphase zu interpretieren.

1.1.4 Mißerfolgskomponenten für Projekte

Auf der Basis praktischer Projekterfahrung wird in der Folge eine Art «Sündenregister» dargelegt, das beispielhaft typische Probleme und deren Ursachen bzw. Ausprägungen aufzeigen soll (siehe Abb. 3.4).

Das Ergebnis derart charakterisierter Projekte können Lösungen sein, die niemand braucht oder will, deren Verbesserung aufwendiger ist, als deren Entwicklung bzw. Realisierung war oder die überhaupt irreparabel sind, die mit großer Verspätung und/oder zu teuer realisiert wurden u.v.a.m. (vgl. Krüger).

Ein erfolgreiches Projekt-Management sollte diese Schwachstellen vermeiden.

1.2 Funktionales Projekt-Management

1.2.1 Ingangsetzen von Projekten

Ingangsetzungsarbeiten sind nicht nur zu Beginn eines Projekts, sondern in modifizierter Form auch im Rahmen der Fortsetzung eines Projektes erforderlich (Beginn einer neuen Phase, Beginn der Realisierung oder Einführung etc.).

Vereinfacht geht es darum, folgende *Aufgaben* zu erledigen:

- Beschaffung wichtiger Informationen, um einen Projektauftrag oder eine Projektvereinbarung formulieren zu können
- Projektleiter suchen bzw. benennen (als Zugpferd, das die Ingangsetzungsarbeiten maßgeblich tragen sollte)
- Formulierung des Projektauftrags bzw. des Auftrags für die nächste(n) Phase(n)

Themenschwerpunkt	Beispielhafte Schwachstellen und Unzulänglichkeiten
Projektziele:	– Ziele unklar oder sich laufend ändernd – Uneinigkeit in wesentlichen Belangen – von maßgeblichen Stellen bzw. deren Vertretern nicht oder zwar theoretisch akzeptiert, aber praktisch nicht unterstützt – als überspitzt, unrealistisch evtl. sogar unnötig betrachtet – Projekt nicht «verkauft» bzw. nicht verkaufbar
Vorgehen:	– keine erkennbare Logik des Vorgehens, wie z. B. Untergliederung in Projektphasen mit klar herausgearbeiteten Zwischenergebnissen und Entscheidungssituationen – zu starres bzw. zu bürokratisches Vorgehen (Methodik erschlägt Probleme und Lösungsideen) – keine vernünftige Arbeitstechnik hinsichtlich der Leitung und Organisation von Sitzungen, des Festhaltens von Ergebnissen und Vereinbarungen sowie deren Durchsetzung – kein Projekt-Marketing
Instrumente/ Methoden/ Werkzeuge	Unzureichende, evtl. auch übertriebene (unintelligente) Verwendung, z. B. hinsichtlich: Projektstrukturierung, Informationsbeschaffung, Strukturierung von Entscheidungssituationen (Varianten und deren Vor- und Nachteile), Projektplanung (Ablauflogik, Aufwand, Termine), Projektverfolgung, Risikoabschätzung, Projektinformationswesen u.v.a.m.
Organisation:	– unzweckmäßige Einbindung der Projektgruppe in die Unternehmungshierarchie – unklare, nicht ausreichende Regelungen und Kompetenzen (Unterorganisation) – kein (funktionierender) Projektausschuß – unzureichende Einbindung bzw. Verankerung der Anwender in der Projektgruppe bzw. im Projektausschuß. – Überorganisation
Personelles/ Menschliches:	– kein (erkennbarer) Projektleiter (kann nicht «ziehen», will nicht, darf nicht) – ungeeigneter, falscher Projektleiter – nicht bewältigte Doppelbelastung des Projektleiters bzw. von Mitgliedern der Projektgruppe (Alltagsgeschäft vs. Projektarbeit) – nicht bewältigte Konflikte zwischen Projekt- und Fachbereichsinteressen – Überforderung hinsichtlich Qualifikation (fachlich, Teamfähigkeit, Führungsfähigkeit) – unzureichende Kommunikation nach innen und außen – Angst vor Neuerungen bzw. Mitverantwortung seitens der Anwender.

Abb. 3.4 Typische Schwachstellen in Projekten und deren thematische Gliederung (beispielhaft und vereinfacht)

- Personal- und Organisationsplanung (Aufbauorganisation des Projekts): personelle Konfiguration der Projektgruppe, organisatorische Eingliederung in die Mutterorganisation, Wahl des Organisationsmodells, Konfiguration der Entscheidungsinstanzen (Projektausschuß o.ä.) festlegen
- Einsetzen des Projekt-Managements, Freigabe des Projektauftrages, Freimachen der Projektbearbeiter
- Projekt-Kick-off (Startsitzung)

- Arbeitsstil und innere Organisation der Projektgruppe vereinbaren
- Planung der zu erledigenden Teilaufgaben, Festlegung der Ablauflogik und der Aufgabenverteilung (Ablauforganisation des Projekts)
- Aufwandsplanung und Budgetierung
- Terminfestlegung (Endtermin, wichtige Zwischentermine)
- Planung und Vereinbarung des Informations-, Dokumentations- und Berichtswesens u.a.m.

Projektauftrag

Diese beispielhaft angeführten Aktivitäten, die nicht exakt in dieser Reihenfolge behandelt werden müssen, sollen ihren Niederschlag in einem möglichst prägnanten und schriftlich formulierten *Projektauftrag* finden. Der Projektauftrag ist damit ein wichtiger Bestandteil der Ingangsetzungsarbeiten. Er kann phasenweise oder für das Gesamtprojekt vereinbart werden. Je geringer der Informationsstand über die Problemsituation und die Lösungsmöglichkeiten ist, desto eher bewährt sich ein nur phasenweise vereinbarter Projektauftrag. So könnte sich beispielsweise ein Projektauftrag zu Beginn eines Projektes lediglich auf die Durchführung einer Vorstudie beziehen, nach der am Ende der Vorstudie getroffenen Grundsatzentscheidung für die Wahl eines bestimmten Lösungsprinzips aber auf alle weiteren Phasen des Projekts also inkl. Realisierung. (Anmerkung: eine phasenweise Freigabe kann trotz dieses Grundsatzbeschlusses vereinbart werden).

Inhaltlich sollte der *Projektauftrag* Angaben zu folgenden Punkten enthalten:

1. *Ausgangssituation:* Kurzbeschreibung des Problems bzw. der Startposition. Warum befassen wir uns mit dieser Angelegenheit bzw. auf welchen Entscheidungen bauen wir auf? u.ä.
2. *Gestaltungsziele (Systemziele):* Welchen Nutzen erwartet man von der beabsichtigten Lösung? Wo soll dieser auftreten, welcher Art soll er sein? Welche Anforderungen werden an die Lösung gestellt?
3. *Projektablaufziele (Etappenziele):* Welche Art von Entscheidung ist am Ende der gerade geplanten Phase zu treffen? Auf welche Fragen soll die Projektgruppe Antworten liefern? Welche konkrete Aufgabenstellung liegt den folgenden Aktivitäten zugrunde?
4. *Projektabgrenzung:* (Grob)-Beschreibung des Untersuchungs- bzw. Gestaltungsbereiches: Womit wird sich die Projektgruppe beschäftigen? (evtl. auch womit nicht?)
5. Wichtige Einflußgrößen bzw. *Randbedingungen:* Welche Auflagen sind ggf. zu beachten? Welche benachbarten Gebiete oder parallel laufenden Projekte? Welche Schnittstellen?
6. *Projektleiter* und *Projektgruppe:* Name und Herkunft der Personen, Umfang des erwarteten Arbeitseinsatzes.
7. *Termine:* Starttermin, Zwischentermine (Meilensteine, Projektphasen), Abschlußtermin (Einführungs- bzw. Übergabetermin der Lösung).
8. *Aufwand* in Arbeitstagen und/oder Geldbeträgen, sonstige Aufwendungen.
9. Zusammensetzung des *Projektausschusses* (Entscheidungsausschuß) als das der Projektgruppe übergeordnete Organ.

10. Art und Form der zu liefernden *Ergebnisse* (z. B. Entscheidungsbericht, Übergabe einer fertigen Lösung, etwaige Abnahmevereinbarungen etc.).
11. *Sonstiges:* notwendige Voraussetzungen für eine erfolgreiche Abwicklung u.ä.

Bei der Formulierung des Projektauftrages sollte der Projektleiter wenigstens beigezogen werden. Wir halten es sogar für zweckmäßig, wenn der Projektleiter einen Formulierungsvorschlag vorlegt, dem natürlich gewisse Vorabklärungen zugrunde liegen müssen, in die er eingeschaltet sein soll bzw. die er maßgeblich tragen soll. Der Projektauftrag hat damit den Charakter eines (auch innerbetrieblich zu erstellenden) «Angebots», das durch seine Annahme verbindlich wird. Einen entsprechenden Formularentwurf für einen Projektauftrag findet man in Teil VI.

Natürlich wird der Aufwand, der für die Ausarbeitung eines Projektauftrags (und damit für die Ingangsetzungsarbeiten) getrieben wird, vom Umfang und von der Bedeutung des Projektes abhängen. Ein minimaler Formalismus ist aber auch bei kleinen Projekten zweckmäßig, da dadurch Mißverständnisse bzw. unterschiedliche Auffassungen mit größerer Wahrscheinlichkeit frühzeitig entdeckt und geklärt werden können (siehe dazu Abb. 3.5). Hier sollte ein ausgewogenes Gleichgewicht zwischen dem Aufwand, den eine Formalistik ohne Zweifel erfordert, und dem damit verbundenen Nutzen bzw. den Kosten gesucht werden, die eine mangelnde Formalistik mit sich bringt.

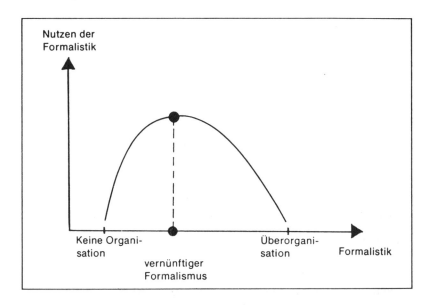

Abb. 3.5 Zur Formalistik (nach Becker u.a.)

Die Ergebnisse dieses «Vorausdenkens» bilden den Orientierungsrahmen, der nach Start der Projektarbeit im Team zu detaillieren, mit Inhalt auszufüllen und ggf. zu modifizieren ist. Damit besteht die Möglichkeit, «weiche», personenbezogene Vorstellungen über Vorgehen, Lösungsansätze und Zusammenarbeit einfließen zu lassen.

Ein Projektauftrag sollte so formuliert sein, daß er möglichst zweifelsfrei zu interpretieren ist. Er wird in vielen Fällen ein hohes Maß an Verbindlichkeit aufweisen (z. B. bei einem mit einem externen Kunden vereinbarten Vertrag).

1.2.2 Inganghalten von Projekten

Darunter ist die Projektlenkung im Sinne einer *Projektsteuerung und -kontrolle* mit folgenden Teilaufgaben für den Projektleiter zu verstehen:

- Detaillierte Aufgabenzuordnung bzw. deren Vereinbarung innerhalb des Projekts, die in den Projektsitzungen vorzunehmen sind.
- Auswahl und Einigung auf einzusetzende Methoden und Werkzeuge.
- Leiten, Vorantreiben des Projekts.
- Motivieren von Mitarbeitern (Fortschritt erkennen lassen), evtl. auch Abschirmen von Mitarbeitern (manchmal sogar gegen deren eigene Fachbereichs-Vorgesetzte).
- Konflikte klären und lösen, innerhalb der Projektgruppe, mit Auftraggeber, Anwendern etc.
- Kontakt mit der Umgebung halten, insbes. mit den Entscheidungsinstanzen, späteren Anwendern bzw. Betroffenen.
- Koordination der Projektarbeit innerhalb der Projektgruppe (evtl. zwischen Projektgruppen) und über verschiedene Projektphasen hinweg (z. B. auf Einhaltung getroffener Vereinbarungen achten usw.).

Als Hilfsmittel für die konkrete Arbeitsabwicklung können sog. *Arbeitsaufträge* gelten, mit deren Hilfe projektinterne Vereinbarungen zur Durchführung abgegrenzter Aufgaben(pakete) getroffen werden. Ein Muster für ein entsprechendes Formular findet man in Teil VI.

Ein wesentlicher Bestandteil des Inganghaltens ist die *Projektkontrolle*, vor allem hinsichtlich

- des Arbeitsfortschritts und der Terminsituation
- der Qualität der erbrachten Leistungen und
- des Aufwandes.

Die Projektkontrolle liefert die Grundlage für korrigierende weitere Maßnahmen. Sie soll nicht nachträgliche Ergebnisfeststellung, sondern fortlaufende Beobachtung der Entwicklung und Realisierung sein (vgl. Zogg) und kann zu einer Korrektur der vereinbarten *Ziele* (nicht zweckmäßig, nicht erreichbar) bzw. des geplanten *Weges* führen.

Das sog. «Teufelsquadrat» soll auf die engen Zusammenhänge zwischen Kosten, Terminen, Qualität und Leistungsumfang hinweisen (Abb. 3.6).

Eine (nachträgliche) Erhöhung des Leistungsumfangs ist also in der Regel mit einer Reduktion der Qualität und/oder einer Verzögerung, d.h. Verlängerung der Projektdauer und/oder einer Erhöhung des Aufwandes verbunden (Fall a in Abb. 3.6).

Andererseits kann der Wunsch nach einer Reduktion des Aufwands zwar die Dauer verkürzen (Fall b in Abb. 3.6), ist aber normalerweise auch mit Abstrichen hinsichtlich der Qualität bzw. des Leistungsumfangs verbunden.

1. Projekt-Management

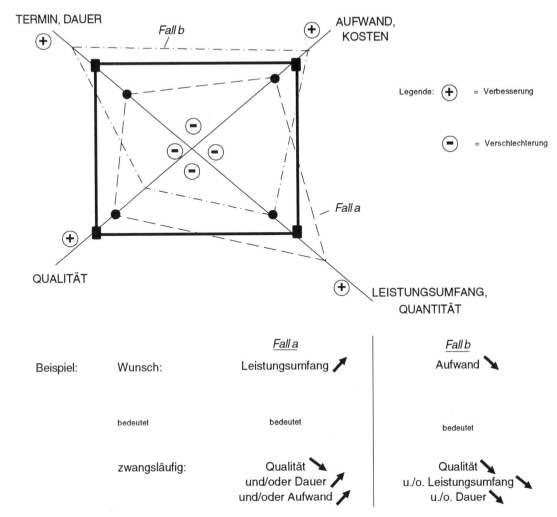

Abb. 3.6 Das «Teufelsquadrat» (Zusammenhänge von Quantität, Qualität, Dauer und Aufwand in einem Projekt)

1.2.2.1 Projekt-Management-Systeme (PMS)

Es gibt heute eine Reihe von EDV-gestützten «Projekt-Management-Systemen» (PMS) – auch auf PC-Basis und überwiegend dialogorientiert, was ein großer Fortschritt ist –, welche neben der Projektplanung vor allem die Projektkontrolle und -steuerung unterstützen sollen. Dabei zeigt die Erfahrung allerdings, daß

– die Ergebnisse, die derartige Systeme liefern, naturgemäß nicht besser als die Inputdaten sein können, also ein entsprechender Aufwand für die Erfassung von Daten getrieben werden muß, die möglicherweise bisher nicht erfaßt wurden

– die Anforderungen, die bei der Auswahl derartiger Systeme gestellt werden, oft deutlich von dem abweichen, was man später braucht bzw. tatsächlich verwendet.

Siehe dazu → Projekt-Management-Systeme.

Nach *außen* sichtbare und wirksame Ergebnisse des Inganghaltens sind Entscheidungs- bzw. Fortschrittsberichte.

1.2.2.2 Entscheidungsberichte

Diese sollen die Entscheidungsinstanz(en) jeweils nach Abschluß wichtiger Entwicklungsschritte (bei Phasenkonzepten z. B. nach der Vor-, Haupt- und nach wichtigen Detailstudien) in die Lage versetzen, Entscheidungen zu treffen und damit Weichenstellungen vorzunehmen.

Die folgende Gliederung von Entscheidungsberichten hat sich bewährt:

– *Aufgabenstellung* und *Zusammenfassung* der Ergebnisse.
– Ergebnisse der *Situationsanalyse:* Darstellung und Beurteilung der vorgefundenen Situation. Welche Mängel und welche Ursachen hat die Projektgruppe festgestellt? Welche Randbedingungen gelten bzw. müssen beachtet werden? Welche Vorbilder? Qualitative und quantitative Darstellungen der Situation inkl. der Mengengerüste und deren erwartete Entwicklung für den Planungshorizont.
– *Ziele:* Welche konkreten Anforderungen ergeben sich daraus an die zu erarbeitende(n) Lösung(en)? – Hier geht es vor allem auch um die Detaillierung und Konkretisierung der im Projektauftrag meist nur grob skizzierten Gestaltungsziele.
– *Lösungen:* Welche Lösungen sind denkbar und wie gut/schlecht erfüllen sie die vereinbarten Ziele? Was sind die Voraussetzungen und die Konsequenzen?
– *Bewertung* und *Vorschlag:* Welche Variante wird von der Projektgruppe favorisiert und warum? (Bewertung z. B. mit Hilfe der → Nutzwertanalyse)
– Weiteres *Vorgehen:* Was wären die nächsten Schritte, wenn die vorgeschlagene Lösung akzeptiert wird?

1.2.2.3 Fortschrittsberichte

Fortschrittsberichte sollen dem Projektausschuß in regelmäßigen Zeitabständen (ein-, zwei- oder dreimonatlich) in kurzer und prägnanter Art Informationen über den aktuellen Stand vermitteln. Insbesondere geht es dabei um

– den Stand der Arbeiten
– den bisherigen Aufwand (Arbeitstage, Geldbeträge) im Vergleich zum geplanten
– etwaige Schwierigkeiten und
– erforderliche Maßnahmen, insbesondere solche, deren Behebung externer Unterstützung bedarf
– weiteres Vorgehen

Überschreitungen von Terminen und/oder Aufwandslimiten werden in der Regel um so eher bewältigt bzw. um so leichter akzeptiert, je frühzeitiger sie erkannt bzw. je plausibler sie begründet werden.

Regelmäßige Fortschrittsberichte, die sich auf das für den Projektausschuß Wesentliche beschränken, schaffen auch Zutrauen in die Qualität des Projekt-Managements.

Als Hilfsmittel zur kompakten Darstellung des Arbeitsfortschritts bzw. der Kostenentwicklung können sog. → Termintrenddiagramme bzw. → Zeit/Kosten/Fortschrittsdiagramme verwendet werden. Siehe dazu auch die Formularentwürfe in Teil VI.

Nach *innen* wirksame Ergebnisse im Rahmen des «Inganghaltens» sind vor allem:
- Protokolle der Projektbesprechungen (ergebnis- bzw. handlungsorientiert): Was wurde erledigt? Welche Unklarheiten wurden auf welche Art bereinigt? Was ist offen, wo bestehen Probleme? Was ist zu tun? Wer macht es? Bis wann? Wann ist die nächste Sitzung?
- Mitlaufende Dokumentationen für die Projektgruppe bzw. die späteren Anwender.

1.2.3 Abschlußarbeiten

Nach dem (hoffentlich) erfolgreichen Abschluß eines Projektes und etwaigen «Nachbesserungen» beginnt die Nutzungsphase.

Es ist zweckmäßig, klare Übergabezeitpunkte und -prozeduren zu planen und einzuhalten. Dies liegt durchaus auch im Interesse der Projektgruppe, die sich damit vor (evtl. überbordenden) Zusatzwünschen ein wenig schützen kann. Außerdem zwingt das Wissen um einen klaren Übergabezeitpunkt und damit um einen Wechsel hinsichtlich der weiteren Verantwortlichkeit zu einem sorgfältigeren Abschluß der Arbeiten. Je mehr Möglichkeiten zur nachträglichen Korrektur bestehen, desto geringer ist dieser Zwang naturgemäß.

Die klare – auch vertragliche – Vereinbarung derartiger Übergabemodalitäten ist bei Projekten, die für externe Kunden z.B. im Maschinen- und Anlagenbau oder im Bauwesen durchgeführt werden, unabdingbar. Weniger genau wird dieser Aspekt üblicherweise bei internen Projekten (z.B. Entwicklung von Anwendungssoftware, konventionelle Organisationsprojekte etc.) genommen. Bei derartigen Projekten hat man sich offensichtlich an Termin- und Kostenüberschreitungen schon gewöhnt und ist zufrieden, wenn die eingeführte Lösung die Anforderungen an ihre Funktionstüchtigkeit annähernd erfüllt (vgl. Selig).

Aus der Sicht des Projekt-Managements ist eine *abschließende Kontrolle* im Sinne einer *Manöverkritik* zweckmäßig, die insbesondere folgende Fragestellungen umfassen sollte:

- In welchem Umfang wurden die ursprünglich vereinbarten Projektziele erreicht, nicht erreicht bzw. übertroffen (Kosten/Nutzen)?
- Was können wir aus den Erfahrungen lernen? Für die detaillierte Planung von Wartung und Unterhalt, für etwaige ähnliche Projekte (Zielerwartungen, Kosten-, Zeitschätzungen).

Systematische Manöverkritiken finden in der Praxis – trotz ihrer unbestrittenen Zweckmäßigkeit – selten statt. Dafür gibt es plausible Erklärungen:
Bei erfolgreich verlaufenden Projekten – bei denen ein derartiger Abschluß durchaus im Interesse des Projektteams liegt, da es daraus Lob und Anerkennung schöpfen

könnte – wird dies oft als unnötige «Profilierungsübung» betrachtet. Die Inszenierung eines kleinen «Übergabefestes» mit einem kurzen Abschlußbericht könnte hier entkrampfend wirken und der Sache trotzdem dienen.

Bei weniger erfolgreich verlaufenen Projekten würde eine von außen nicht verlangte Manöverkritik eine sehr große Souveränität des Projektteams oder sogar einen gewissen Hang zum Masochismus voraussetzen – insbesondere dann, wenn die Gefahr der Schuldzuweisung an die Projektgruppe und deren Leiter besteht.

Unabhängig davon ist die Durchführung einer Manöverkritik um so unwahrscheinlicher, je geringer das Verlangen des Managements danach ist, je geringer die Wahrscheinlichkeit für die Durchführung ähnlicher Projekte in naher Zukunft ist und je größer der Termindruck ist, dem Projektleiter und Mitarbeiter ausgesetzt sind (z. B. Erledigung bisher aufgeschobener anderer dringender Arbeiten).

Die Beurteilung von Projekten nicht unmittelbar nach Abschluß, sondern z. B. 1 Jahr später wird immer wieder gefordert, meist aber nicht konsequent durchgeführt (Motto: wenn es läuft, merken wir das ohnehin, wenn nicht, auch. Wozu also eine «hochnotpeinliche» Untersuchung?). Diese Frage kann außerdem sicherlich nicht losgelöst von der Arbeitsbelastung, von evtl. wartenden anderen Projekten bzw. auch etwaigen bindenden vertraglichen Vereinbarungen gesehen werden.

1.3 Projektorganisation (institutionelle Betrachtung)

Verlagert man den Betrachtungsstandpunkt auf die institutionelle Sicht des Projekt-Managements, so tritt die Projektorganisation in den Vordergrund und damit die Art und die organisatorische Einordnung von Arbeitsgruppen, Steuerungs- und Entscheidungsgremien sowie deren Aufgaben, Kompetenzen und gegenseitigen Beziehungen.

Das institutionelle Projekt-Management ist also charakterisiert durch die problemorientierte Bildung von Arbeitsgruppen (teilweise oder vollständige Herauslösung von Mitarbeitern aus ihrer Stammorganisation) und deren organisatorische Institutionalisierung. Ihre Aufgabe ist die zielgerichtete Durchführung des Projekts im Rahmen der ihnen übertragenen Kompetenzen, der zugeteilten Mittel und der maßgebenden Randbedingungen. Der Aufbau der Arbeitsgruppen und ihre Zusammensetzung können sich – den jeweiligen Anforderungen entsprechend – von Phase zu Phase ändern. Nach erfolgter Problemlösung bzw. bei Erreichen bestimmter Limiten (Zeit, Geld, Geduld des Auftraggebers) wird die Projektorganisation aufgelöst (Organisation mit Wegwerf-Struktur).

Im folgenden Abschnitt werden tendenziell gültige Eignungsbereiche für verschiedene Formen der Projektorganisation aufgezeigt.

Dies erfolgt in drei Schritten:

1. Beschreibung charakteristischer Formen der Projektorganisation
2. Beschreibung ausgewählter Zuordnungsmerkmale (Art des Projektes, Art des erforderlichen Einsatzes von Mitarbeitern, Merkmale der Mutterorganisation)
3. Zuordnung von Organisationsformen

Im Anschluß daran werden zusätzlich erforderliche Gremien (wie z. B. Steuerungsausschuß etc.) und ihre Funktionen beschrieben (Abschnitt 1.3.5).

1.3.1 Charakteristische Organisationsformen

Es werden 3 besonders typische Formen der Projektorganisation dargestellt, die sich in einem sehr wichtigen Punkt voneinander unterscheiden, nämlich im Ausmaß der Weisungs- und Entscheidungsbefugnisse der Projektleitung. Dabei werden 2 Extremfälle (Reine Projektorganisation und Einfluß-Projektorganisation) behandelt, zwischen denen starke Kompetenzunterschiede bestehen, sowie eine Mischform (Matrix-Projektorganisation), die den Versuch darstellt, die Vorteile der beiden anderen zu vereinigen. Daß dies nicht ganz ohne Nachteile möglich ist, wird sich zeigen.

Bevor wir allerdings näher auf die einzelnen Organisationsformen eingehen, soll der Begriff der Entscheidungs- und Weisungsbefugnis besser faßbar gemacht werden. Diese können hinsichtlich folgender Aspekte gegliedert werden (vgl. Zogg):

- WAS   Aufgabeninhalt qualitativ und quantitativ
- WANN   Zeitfolgen, -dauern, -punkte
- WER   personelle Arbeitszuordnung
- WIE   Verfahren
- WO   Ort
- WOMIT   Sachmittel, Art und Menge
- WOHER   Beschaffung von Personen und Mitteln
- WOHIN   Verwendung von Personen und Mitteln nach erfolgtem Leistungsvollzug.

Hinsichtlich der Zuteilung dieser Entscheidungs- und Weisungsbefugnis – auch über die im Projektauftrag vereinbarten Festlegungen hinaus – lassen sich zwei prinzipielle Fälle unterscheiden:

- die Projektleitung besitzt relativ weitgehende Befugnis in Projektbelangen, d.h. Kompetenzen über WAS, WANN, WER, WIE, WO und WOMIT
- die Entscheidungs- und Weisungsbefugnisse der Projektleitung sind mehr oder weniger stark eingeschränkt hinsichtlich des WAS, WANN, WER, WIE, WO und WOMIT.

Die Befugnisse hinsichtlich des WOHER und WOHIN verbleiben meist grundsätzlich bei der Primärorganisation (Mutterorganisation). Die Projektleitung kann Wünsche äußern oder Forderungen stellen, aber keine Entscheidungen oder Anordnungen in dieser Hinsicht treffen.

Zur ersten Gruppe gehört die sog. Reine Projektorganisation (Parallel-Linienorganisation), zur zweiten die Einfluß-Projektorganisation. Die Matrix-Projektorganisation steht dazwischen.

Dabei handelt es sich durchwegs um Organisationsformen, die eine mehr oder weniger stark ausgeprägte hierarchische Struktur aufweisen, d.h. die Existenz einer Einzelperson (Projektleiter) oder einer kleinen Personengruppe vorsehen, die mehr Kompetenzen und Verantwortung haben als das Gros der Projektgruppe – und sei es nur die Verantwortung zur Initiative, d.h. dafür, daß zeitgerecht etwas passiert und das Projekt nicht einschläft. Bisweilen findet man in der Literatur Hinweise darauf, daß es praktisch möglich sei, Probleme in hierarchiefreien Teams zu bearbeiten, wenn gewisse Regeln der Zusammenarbeit akzeptiert und eingehalten werden. Auf diese

Organisationsformen soll hier jedoch nicht näher eingegangen werden. Einschränkend sei jedoch hinzugefügt, daß mögliche Anwendungsbereiche für derartige Organisationsformen vor allem in den Planungsphasen (Vorstudie, Hauptstudie, evtl. auch Detailstudien) liegen, also dort, wo der Innovationsanteil überwiegt, der Umfang der Projektgruppe noch relativ klein ist und sofern es sich um relativ homogene Gruppen (hinsichtlich Denkweise, Bildungsstand u.a.) handelt.

1.3.1.1 Reine Projektorganisation (Task Force)

Charakteristik

Die Projektbearbeiter werden aus ihren Stamm-Abteilungen herausgelöst und zu einer neuen Organisationseinheit unter der Leitung des Projektmanagers zusammengefaßt, der damit – temporär – ihr Linienvorgesetzter wird (Abb. 3.7). Deshalb wird diese Organisationsform bisweilen auch «Parallel-Linienorganisation» genannt.

Das Projektteam arbeitet vollamtlich an diesem Projekt, sonst hätte das Herauslösen ja keinen Sinn.

Aufgrund der – im Vergleich zu den anderen Organisationsformen – sehr weitgehenden Kompetenzen (insbes. Zugriff zu Mitarbeitern), hat der Projektleiter ein hohes Maß an Verantwortung für die Zielerreichung in sachlicher (inhaltlicher), terminlicher und kostenmäßiger Hinsicht.

(Anmerkung: «Projektleiter» wird hier geschlechtsneutral verwendet, es kann sich selbstverständlich auch um einen weiblichen Projektleiter handeln.)

Vorteile

- Einheitlichkeit des Willens durch umfassende Kompetenzen des Projekt-Managers.
- Schnelle Reaktion bei unvorgesehenen Situationen möglich.
- Starkes Bedürfnis, auftretende Schwierigkeiten zu meistern: die Projektgruppe kann lediglich im Zusammenhang mit einem bestimmten Projekt Erfolg haben; dies schafft gute Voraussetzungen für eine starke Identifikation mit dem Projekt.

Nachteile

- Verlockung zu autoritärem Führungsstil und damit ein gewisses Risiko, daß die positiven Aspekte der Teamarbeit nicht wirksam werden können.
- Schwierigkeiten bei der Rekrutierung und Wiedereingliederung von Mitarbeitern, die vollständig aus ihrer Stammorganisation herausgelöst werden müssen. Woher kommen sie bei Projektbeginn, wohin gehen sie, wenn sie nicht mehr oder nur noch sporadisch benötigt werden?
- An der fachlichen Weiterbildung von Mitarbeitern ist die Projektleitung nur in dem Ausmaß interessiert, als sie «ihrem» Projekt zugute kommt (Tendenz zur «fachlichen Verarmung» in interdisziplinären Arbeitsgruppen).

1. Projekt-Management

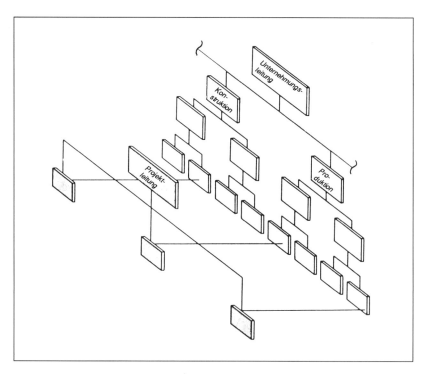

Abb. 3.7   Reine Projektorganisation (nach Zogg)

- Regelung des Einsatzes lediglich zeitweise benötigter Spezialisten bzw. Hilfsmittel evtl. schwierig. Deshalb vielfach Mischformen nötig (siehe Abschnitt 1.3.4).

Genereller Anwendungsbereich: große Projekte, die relativ lang dauern bzw. kritisch (geworden) sind.

1.3.1.2 Einfluß-Projektorganisation (Stabs-Projektorganisation)

Charakteristik

Innerhalb der durchführenden Organisation (Unternehmung, Behörde usw.) bleibt die Hierarchie unverändert weiter bestehen, sie wird lediglich durch die Existenz eines sog. «Projektkoordinators» (Stabskoordinators u.ä.) ergänzt, siehe Abbildung 3.8. Es ist dabei von sekundärer Bedeutung, ob der Projektkoordinator seine Aufgabe vollamtlich wahrnimmt oder nicht und wo er in seiner ursprünglichen Funktion organisatorisch angesiedelt ist. Für die Dauer des Projekts und in seiner Funktion als «Projektleiter» wird er jener Führungsebene zugeteilt, die dem Inhalt und Umfang bzw. der Bedeutung des Projekts angemessen ist.

Charakteristisch für diese Organisationsform ist, daß der Projektkoordinator – seiner Stabsfunktion entsprechend – über *keine Weisungsbefugnisse* verfügt. Er verfolgt den Projektablauf in sachlicher, terminlicher und kostenmäßiger Hinsicht und schlägt im Bedarfsfall den entsprechenden Linieninstanzen evtl. durchzuführende Maßnahmen vor. Einem bewährten organisatorischen Grundsatz folgend, demzufolge jemand nur in dem Umfang Verantwortung übernehmen kann und soll, in dem er die Kompetenz hat, den Gang der Dinge zu beeinflussen, kann er eigentlich weder für die sachliche, terminliche noch kostenmäßige Erreichung bzw. Nichterreichung der Projektziele verantwortlich gemacht werden. (Anmerkung: Dies schließt nicht aus, daß sich Personen glücklicherweise häufig weit über ihren Verantwortungs- und Kompetenzrahmen für Projektbelange engagieren.) Er ist lediglich verantwortlich für die rechtzeitige Informierung der entsprechenden Linieninstanzen, evtl. auch für die Güte der von ihm vorgeschlagenen Maßnahmen. Kompetenzmäßig ist ihm der ungehinderte Zugang zu allen Informationen einzuräumen, die das Projekt betreffen.

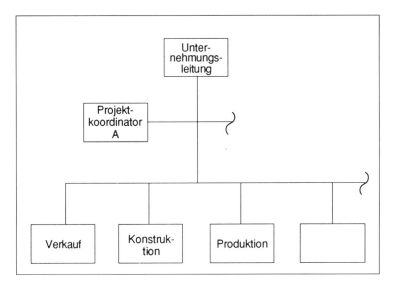

Abb. 3.8   Einfluß-Projektorganisation

Vorteile

- Hohes Maß an Flexibilität hinsichtlich des Personaleinsatzes
  - dieselben Personen können ohne organisatorische Schwierigkeiten gleichzeitig für verschiedene Aufgaben (evtl. in verschiedenen Projekten) eingesetzt werden.
  - Erfahrungssammlung und -austausch über verschiedene Projekte hinweg ist relativ einfach (Projektdurchführung innerhalb der Linie).
- Keine organisatorischen Umstellungen erforderlich; die bestehende Hierarchie wird lediglich ergänzt, bleibt aber prinzipiell unverändert erhalten.

Nachteile

- Geringere Gewähr dafür, daß sich jemand für das Gesamtprojekt verantwortlich fühlt und stark engagiert.
- Dies kann ein geringes Bedürfnis, Schwierigkeiten über die Abteilungsgrenzen hinweg gemeinsam zu überwinden, zur Folge haben (Abschieben der Verantwortung auf andere Abteilungen, Abteilungsegoismus).
- Nachteilig wirkt sich außerdem eine geringere Reaktionsgeschwindigkeit bei Störungen aus. Für Entscheidungen sind die Linieninstanzen zuständig, die sich vielfach nur am Rande und nebenbei mit dem Projekt beschäftigen. In diesen Fällen kommt dem Projektausschuß eine wichtige Rolle zu.

Anwendungen: Kleine Projekte sowie Projekte, an denen mehrere Firmen beteiligt sind (z.B. Ingenieurbüros als Arbeitsgemeinschaften u.ä.).

1.3.1.3 Matrix-Projektorganisation

Charakteristik

Bei der Matrix-Projektorganisation handelt es sich um eine Kombination von Reiner Projektorganisation und Einfluß-Projektorganisation. Dies wird dadurch erreicht, daß die herkömmliche Linienorganisation um eine zusätzliche Dimension erweitert wird (Abb. 3.9).

Im Sinne einer Matrix-Unterstellung bleiben Mitarbeiter in administrativer Hinsicht (Lohn/Gehalt, Urlaub, berufliche Förderung etc.) sowie in jenen Belangen, die nicht projektbezogen sind (z.B. Alltags-Geschäft) den Linien-Vorgesetzten unterstellt. In Projektbelangen (= 2. Dimension der Matrix) hat der Projektleiter aber ein zu vereinbarendes Zugriffsrecht auf die einzelnen Mitarbeiter. Die beiden dadurch entstehenden Kompetenzlinien kreuzen sich bei den jeweiligen Mitarbeitern, und dabei kann es zu Konflikten kommen.

Wir halten es weder für möglich noch für sinnvoll, hier generelle «Vortrittsregeln» zu definieren und wollen uns deshalb mit wenigen Hinweisen begnügen:

Eine sehr einfache, aber immerhin schon hilfreiche Regelung könnte darin bestehen, daß die Projektleiter mit den jeweiligen Linienvorgesetzten «Kapazitätskontingente» vereinbaren, die regeln sollen, in welchem zeitlichen Umfang sie Zugriff zu den einzelnen Mitarbeitern haben. (Aber: keine bürokratische Handhabung dieser Vereinbarungen!).

Weitere Regelungen können z.B. darin bestehen, daß die Linie für die fachtechnische Qualität der Beiträge ihrer Projektbearbeiter verantwortlich ist, da diese durch den Projektleiter mangels technischer Detailkenntnisse vielfach gar nicht beurteilt werden kann.

Trotz dieser Regelungen und auch hinsichtlich ihrer konkreten Interpretation kann es zu Schwierigkeiten und Konflikten zwischen Linienautorität und Projektautorität kommen. Je angespannter die Situation und je geringer die konstruktive Gesprächsbereitschaft sind, desto mehr Konfliktpotential bietet diese Organisationsform.

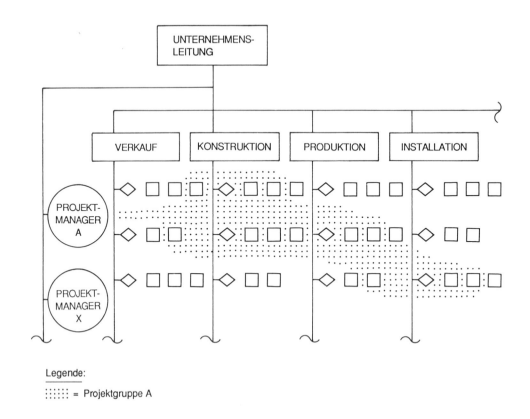

Abb. 3.9   Matrix-Projektorganisation

Vorteile

- Die Projektleitung fühlt sich für das Projekt verantwortlich.
- Der weiter bestehende «funktionale Heimathafen» der Mitarbeiter ist positiv zu beurteilen:
  - flexible Personalverwendung möglich (was allerdings hinsichtlich der Termindisposition zusätzliche Komplikationen verursachen kann)
  - Spezialwissen und besondere Erfahrungen können gezielt auch in anderen Projekten verwertet werden
  - die Kontinuität der fachlichen Weiterbildung ist eher gewährleistet, da sie Aufgabe der Linieninstanzen und nicht der Projektleitung ist
  - größeres persönliches Sicherheitsgefühl der Mitarbeiter, die nicht vollständig aus ihrer Stammorganisation herausgelöst werden.
- Zielgerichtete Koordination verschiedener Interessen möglich.
- Ganzheitliche Betrachtung wird gefördert.

Nachteile

- Relativ großer Aufwand für Kompetenzabgrenzung erforderlich.
- Risiko von Kompetenzkonflikten zwischen Linien- und Projekt-Autorität bleibt trotzdem bestehen.
- Verunsicherung von Vorgesetzten (Verzicht auf Ausschließlichkeitsanspruch) und Mitarbeitern («Diener zweier Herren») kann zu großen persönlichen Belastungen führen.
- Hohe Anforderungen an Kommunikations- und Informationsbereitschaft sowohl seitens der Vorgesetzten als auch seitens der Mitarbeiter.

Anwendung: breit gestreuter Anwendungsbereich, sofern die Problematik der Kompetenzkonflikte bewältigt werden kann.

Anmerkung: Bisweilen wird die Einfluß-Projektorganisation als Sonderfall der Matrix-Projektorganisation bezeichnet, bei der die Projekt-Autorität eben nur schwach ausgeprägt ist. Obwohl diese Überlegung durchaus etwas für sich hat, soll hier doch ein Unterschied gemacht werden. Als Unterscheidungskriterium könnten dabei in vereinfachter Form die formellen Zugriffsmöglichkeiten des Projektleiters auf Projektmitarbeiter (z.B. im Sinne vereinbarter Zeitkontingente) gelten, die bei der Matrix-Organisation bestehen, nicht aber bei der Einfluß-Projektorganisation.

1.3.2 Ausgewählte Zuordnungsmerkmale für verschiedene Organisationsformen

Entsprechend dem einleitend skizzierten Vorgehen erfolgt nun der zweite Schritt, die Beschreibung ausgewählter Zuordnungsmerkmale.

Bei der Auswahl wurden drei Merkmalgruppen als relevant betrachtet:

1. Merkmale, die das *Projekt* selbst betreffen.
2. Merkmale, die sich auf den *Einsatz von Mitarbeitern* beziehen.
3. Merkmale, welche die *Stammorganisation* charakterisieren (Unternehmung, Behörde usw.), innerhalb der das Projekt abgewickelt werden soll.

1. Gruppe: Projekte können durch folgende Beschreibungsmerkmale charakterisiert werden (vgl. Schröder):
   a) *Umfang:* Anzahl Einzelaufgaben, jeweils relativ zur Größe der Organisation, die vom jeweiligen Projekt berührt wird
   b) *Dauer:* Zeitspanne, die für die Abwicklung des Projekts benötigt wird
   c) *Zeitdruck:* Wie schnell müssen Ergebnisse erreicht werden?
   d) *Besonderheit:* Maß der Vertrautheit der an der Projektdurchführung beteiligten Mitarbeiter mit den, dem jeweiligen Projektgegenstand angemessenen Gedankengängen und Techniken bzw. Technologien
   e) *Komplexität:* Art und Ausmaß der sachlogischen Zusammenhänge und Abhängigkeiten der Teilaufgaben innerhalb eines Projekts
   f) *Schwierigkeit:* Maß für die Wahrscheinlichkeit der Nichterreichung der Projektziele (beeinflußt durch: große Besonderheit, knappe Termine, knappes Kostenbudget u.a.)

g) *Bedeutung:* Stellenwert des Projektes im Rahmen der Zielsetzungen der Stammorganisation (z.B. große unternehmungspolitische Bedeutung, Referenzprojekt u.a.m.)
h) *Risiko:* Maß für die Höhe des Schadens, der der Stammorganisation bei Nichterreichung der Projektziele erwachsen kann (Korrelation mit g und i)
i) *Kosten* des Projektes

2. *Gruppe:* hinsichtlich des Einsatzes von Mitarbeitern sind folgende Merkmale von Bedeutung:
j) Kontinuität der Beanspruchung von Mitarbeitern: kontinuierliche – intermittierende – sporadische Beanspruchung
k) Intensität der Beanspruchung von Mitarbeitern: vollständige (100%) – teilweise Beanspruchung.

3. *Gruppe:* Als Merkmale, welche die Stammorganisation (Unternehmung, Behörde) betreffen, in die eine Projektorganisation eingebettet werden soll, wurden gewählt:
l) *Anzahl* gleichzeitig durchgeführter Projekte: gering (1 Projekt) – groß (viele Projekte)
m) *Organisations-* und *Führungsverständnis, Mitarbeiterverhalten:* traditionell (bürokratisch, abteilungsorientiert) – aufgeschlossen für lockere Formen der Zusammenarbeit (fluktuierende Arbeitsgruppen, Mehrfachunterstellung, unbürokratisch, teamorientiert).

1.3.3 Eignungsbereich der Organisationsformen

Anhand der vorgängig erläuterten Beschreibungsmerkmale sollen nun jene Bereiche abgesteckt werden, innerhalb derer die einzelnen Organisationsformen geeignet erscheinen.

Der Abb. 3.10 ist zu entnehmen, daß die Reine Projektorganisation sich vor allem für Großprojekte, die Einfluß-Projektorganisation dagegen eher für kleinere Projekte eignet. Die Matrix-Projektorganisation weist zwar den umfassendsten Eignungsbereich auf, stellt aber hohe Anforderungen hinsichtlich eines kooperativen und unkomplizierten Klimas und erfordert «Vortrittsregeln» an den Kreuzungen zwischen fachlicher und Projekt-Autorität.

Die dargestellten Eignungsbereiche sollen eine generelle Tendenz aufzeigen und keineswegs als absolut gültig betrachtet werden.

1.3.4 Mischformen

Über die skizzierten idealtypischen Organisationsformen hinaus gibt es natürlich eine Vielzahl von Mischformen und Kombinationen:

1) Die Reine Projektorganisation erfordert eindeutige Unterstellungsverhältnisse und damit einen vollzeitlichen Einsatz aller Mitarbeiter. Bei lediglich temporär benötigten Mitarbeitern (eventuell auch Hilfsmitteln) kann es zu Schwierigkeiten hinsicht-

1. Projekt-Management

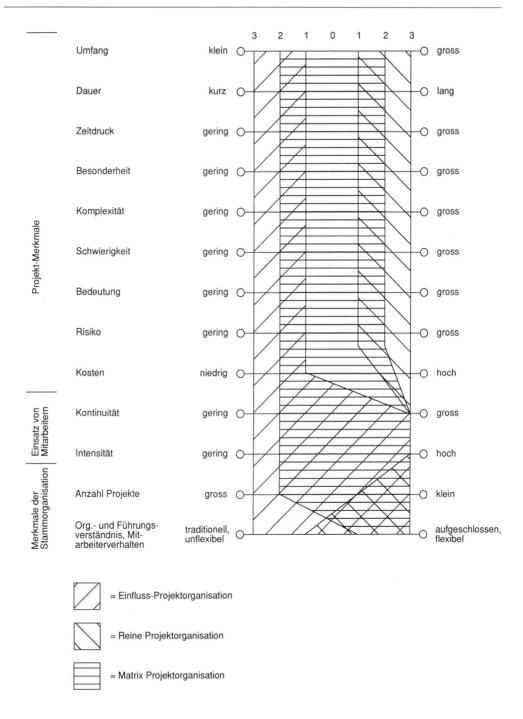

Abb. 3.10 Eignungsbereiche der Organisationsformen

lich der Zuteilung kommen. Deshalb ist es durchaus sinnvoll, die Reine Projektorganisation z.B. nur auf eine *Kerngruppe* von Mitarbeitern zu beziehen und die übrigen nach dem Einfluß- bzw. Matrix-Prinzip zuzuordnen.

2) Eine ähnliche Situation entsteht automatisch dann, wenn z.B. der Projektleiter bereits Linienvorgesetzter einiger Projekt-Mitarbeiter ist (z.B. Abteilungsleiter übernimmt Projektleitung und setzt einige seiner Mitarbeiter ein). Diesen Mitarbeitern gegenüber hätte er dann eigentlich die Befugnisse des Leiters einer Reinen Projektorganisation, auch wenn offiziell das Einfluß- oder Matrixmodell gewählt wurde.

3) Oder: Eine Projektorganisation nach dem Einfluß-Prinzip, bei dem für den Einsatz von Mitarbeitern keine Zeitanteile zwischen Projektleiter und Linieninstanzen vereinbart wurden, kann durch derartige nachträgliche Vereinbarungen in eine Matrix-Projektorganisation «umfunktioniert» werden, ohne daß dies so bezeichnet und wahrgenommen wird.

4) Eine einmal gewählte Organisationsform braucht auch nicht über alle Projektphasen gültig zu sein. In den einzelnen Projektphasen ändern sich die Bearbeitungsschwerpunkte und damit auch der Bedarf an Fachwissen und erforderlichen Qualifikationen. Damit kann sich der Umfang der Projektgruppe und der beteiligte bzw. betroffene Personenkreis ändern, und dies kann wiederum die Anpassung der Organisationsform zweckmäßig erscheinen lassen.

So ist es beispielsweise durchaus möglich, daß während der Entwicklungsphase die Reine Projektorganisation oder die Matrix-Form gewählt und in den Realisierungsphasen auf die Einfluß-Projektorganisation hinübergewechselt wird.

Dies wird z.B. meist bei Projekten des Maschinen- oder Anlagenbaus der Fall sein, sobald der Systembau beginnt. Denn dann übernimmt ein etablierter Organisationsbereich (Produktion bzw. Montage) die weitere Ausführung, und der Projektleiter wird vielfach lediglich koordinierend und überwachend tätig sein.

5) Auch die Umkehrung im Sinne einer immer straffer werdenden Projektorganisation ist denkbar: z.B. in der Art, daß die Entwicklungsphasen auf breiterer Basis unter Einschaltung der Anwender im Sinne des Einfluß- oder Matrix-Modells strukturiert sind und die Realisierung in straffer Form durch vollzeitlich eingesetzte Spezialisten erfolgt.

Dies wäre z.B. speziell dann der Fall, wenn ein Projekt kritisch wird (vereinbarte Leistungen, Termine, Kosten gefährdet) und man es durch eine straffe Task-Force-Organisation mit weitgehenden Kompetenzen noch «retten» will.

6) Mit oder ohne Änderung der Organisationsform kann auch ein Wechsel der Person des Projektleiters vorgesehen werden. Natürlich ist es nicht sinnvoll, wenn der Projektleiter sich mit zunehmender Konkretisierung einfach «verabschiedet» und die Bewältigung von Detailproblemen bzw. das Ausbügeln von Konzeptschwächen anderen überläßt. Diese Lernchance sollte man ihm durchaus gönnen.

Andererseits gibt es aber durchaus Menschen, deren Persönlichkeitsstrukturen für die Entwicklungsphasen besonders geeignet sind, die also gute Konzepte unter starker Einbindung der späteren Anwender in die Wege leiten können. Diese Personen sind dann bisweilen weniger interessiert und auch geeignet, die Realisierung straff und konsequent durchzuziehen und das Projekt im Griff zu behalten.

Eine Übergabe der Projektleitung kann also durchaus zweckmäßig sein. Allerdings sollte dies schon frühzeitig vorgesehen werden und der neue Projektleiter bereits Mitglied des Projektteams sein. Dann «versteht» und «trägt» er die Konzepte besser und kann sie kompetenter realisieren.

Abschließend sei noch darauf hingewiesen, daß die Wahl einer geeigneten Organisationsform zwar bessere Voraussetzungen für die erfolgreiche Abwicklung eines Projekts schafft, aber noch keinerlei Garantie dafür gibt. Denn die Organisationsform kann nur als genereller Rahmen angesehen werden, der von den am Projekt beteiligten Mitarbeitern ausgefüllt werden muß.

1.3.5 Gremien und Instanzen

Die in den vorangehenden Abschnitten beschriebenen Organisationsformen hatten vor allem die Einbindung der Projektgruppen in die Unternehmungshierarchie zum Inhalt. Darüber hinaus sind – unabhängig von der gewählten Organisationsform – weitere Gremien und Instanzen erforderlich (siehe Abb. 3.11).

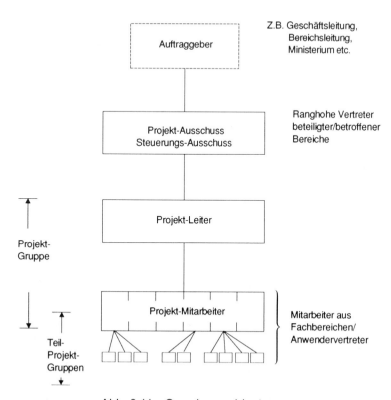

Abb. 3.11 Gremien und Instanzen

Teil III: Projekt-Management

Die folgenden Ausführungen haben vor allem Projekte vor Augen, für die es einen internen Auftraggeber gibt. Dies ist z.B. bei Entwicklungsprojekten, Organisations- oder EDV-Projekten der Fall. Bei externen Projekten (z.B. Lieferung einer Maschine oder Anlage für Kunden) wären die Ausführungen entsprechend anders zu interpretieren.

Je geringer Umfang und Bedeutung eines Projektes sind, desto eher können verschiedene Funktionen entfallen bzw. eher informell wahrgenommen werden.

Nun zu den Instanzen bzw. Gremien im einzelnen (vgl. auch Abb. 3.12).

	Auftraggeber	Projekt-Ausschuß (Gesamtprojekt)	Projektleitung (Gesamtprojekt)	Projektgruppe (Gesamtkonzept)	Teilprojekt-Ausschüsse	Teilprojekt-Leitung	Teilprojekt-Gruppen	Systembenützer	Gruppe Systembau	Systembetreiber	Sonstige (z.B. ext. Spezialisten, Berater)
Vorstudie	AU (EN)	EN KO	OL	AA				BI	BI		B AA
Hauptstudie	AU (EN)	EN KO	OL	AA				BI	BI		B AA
Detailstudien	(EN) (KO)	AU KO EN	sukzessive aufgelöst	EN	OL	AA	BI	BI		B AA
Systembau	(EN) (KO)	AU KO EN	sukzessive aufgelöst	(EN)	AU KO EN	sukzessive aufgelöst	BI	AA		B AA
System-Einführung	(EN) (KO)	OL*	sukzessive aufgelöst	(EN)	(KO) (EN)	sukzessive aufgelöst	SCH UE	AP	OL* KO EN	B
Nutzung			(KO)		(KO)		OL AP	AP	KO	

```
AU   = Auftragserteilung       OL  = Operative Leitung        UE = Übernahme
EN   = Entscheidung            AA  = Ausarbeitung             AP = Anpassung
(EN) = Ausnahme-Entscheidung   BI  = Beratung/Information     *  = Wahlweise Alternativen
KO   = Kontrolle               B   = Beratung
(KO) = Generelle Kontrolle     SCH = Schulung
```

Abb. 3.12 Funktionendiagramm für generelle Zuordnung von Aufgaben

1) *Auftraggeber*
Gibt das Projekt formell in Auftrag: Formulierung eines Projektauftrags bzw. Genehmigung eines formulierten Vorschlags. Damit ist vor allem auch die Zustimmung zu den Gestaltungs- und Vorgehenszielen und die Budget-Genehmigung verbunden.
Bei großen und bedeutenden Projekten ist vielfach die Geschäftsleitung Auftraggeber.

2) *Projekt-Ausschuß* (andere Bezeichnungen: Steuerungs-Ausschuß, Lenkungs-Ausschuß, Steering Committee u.ä.)
Vom Auftraggeber eingesetztes Gremium, das eine dreifache Aufgabe hat

– Anlaufstelle für Konzeptentscheidungen
– Überwachung des Projektablaufs (insbes. Inhalt, Termine, Kosten) aufgrund der Berichte des Projektleiters
– Verankerung des Projekts nach außen und oben

Im Sinne dieser soliden Verankerung und auch des laufenden «Projekt-Marketings» ist es wichtig, daß darin ranghohe Vertreter betroffener bzw. beteiligter Abteilungen vertreten sind.
Der Projekt-Ausschuß muß von der Zweckmäßigkeit und Notwendigkeit des Projekts überzeugt sein und soll für «Rückenwind» sorgen bzw. «Gegenwind» vermeiden. Dazu ist es notwendig, daß er vom Projektleiter sinnvoll und gezielt mit Informationen versorgt wird bzw. auf erforderliche Weichenstellungen gut vorbereitet wird.

3) *Projektleiter*
Hat die operative Leitung und damit die Aufgabe, für die Erreichung der vorher spezifizierten Projektziele im vorgegebenen Kosten- und Terminrahmen zu sorgen. Je nach gewähltem Organisationsmodell sind die Kompetenzen und damit auch die Verantwortung unterschiedlich.
Wie bereits früher mehrfach dargelegt, messen wir der Person und der Persönlichkeit des Projektleiters eine große Bedeutung bei. Damit ist über die Art des Führungsstils nichts ausgesagt, die von kooperativ über patriarchalisch bisweilen durchaus erfolgreich auch autoritär (d.h. stark bestimmend) sein kann.
Es ist damit das Thema «Führung» angesprochen, die ein Projekt zweifellos braucht: Wir meinen also, daß innerhalb eines Projekts ein definierter Ansprechpartner erforderlich ist, der Briefkasten, Verhandlungspartner und Zugpferd in Projektbelangen sein soll. Je positiver das Projekt-Klima und je engagierter die Projektgruppe ist, desto weniger ausgeprägt wird das Bedürfnis nach einem starken Projektleiter sein.
Projektleiter und -mitarbeiter bilden zusammen die Projektgruppe (Projektteam).

4) *Projekt-Mitarbeiter*
Diese machen die eigentliche Projektarbeit im Sinne der Informationsbeschaffung, Konzepterarbeitung bzw. -realisierung. Wie bereits früher erwähnt, kann die Mitarbeit dabei voll- oder teilzeitlich sein. Außerdem ist die Zusammensetzung wäh-

rend des Projektablaufs den geänderten Bedürfnissen (Detaillierungsebene, Fach- und Detailwissen etc.) anzupassen.

5) *Teilprojekt-Leiter bzw. -Gruppen, -Ausschüsse*
Analog zu 2, 3 bzw. 4 auf der Ebene von Teilkonzepten bzw. Lösungsbausteinen. Um eine gute Verzahnung mit den auf den höheren Systemebenen angesiedelten Konzepten zu erreichen, ist es sinnvoll, wenn die Leiter von Teilprojekten gleichzeitig Mitglied der Projektgruppe sind.
Die Teilprojekt-Ausschüsse erfüllen auf der Ebene Teilprojekt analoge Funktionen wie der Projekt-Ausschuß auf der Ebene Gesamtprojekt. Sie sind in Abb. 3.11 allerdings nicht graphisch dargestellt.

6) *Gruppe Systembau*
Realisiert die Lösung (Ausführungsebene). Soll möglichst frühzeitig kontaktiert werden, damit nicht unrealisierbare Konzepte entwickelt werden. Hier kann die Konzeption des sog. «Simultaneous Engineering» Anregungen liefern (siehe Teil I, Abschnitt 2.7.6).

7) *Systembenützer*
Personenkreis, dem die Lösung primär Nutzen bringen soll. Kann in der Projektgruppe (Sachebene) oder in den Projektausschüssen («politische» Ebene) vertreten sein. Die geschickte Auswahl der Benützervertreter kann ausschlaggebend für Erfolg bzw. Mißerfolg eines Projektes sein und ist im Sinne des Projekt-Marketings wichtig (siehe Teil II, Abschnitt 1.5.3).

8) *Systembetreiber*
Jene Instanz, die für die Betriebsphase verantwortlich ist, insbes. für die Systempflege (Wartung, Unterhaltung, Anpassung). Spätere Betreiber sollten in der Projektgruppe vertreten sein und könnten z.B. bereits die Einführungsphase verantwortlich leiten.
Das *Bedienungspersonal* ist dabei dem Systembetreiber zuzuordnen. Vielfach übernehmen Systembenützer Bedienungsfunktionen (z.B. bei EDV-Anwendungssystemen am Arbeitsplatz), meist ist aber noch eine zusätzliche personelle Infrastruktur vorzusehen (Dienstleistungsfunktion für Benützer).
Sowohl die Systembenutzer auf Sachbearbeitungsebene als auch das Bedienungspersonal sind zeitgerecht und ausreichend zu instruieren bzw. zu schulen.

9) *Externe Spezialisten, Berater*
Können als Mitglieder von Projektgruppen und -ausschüssen oder lediglich als temporär zugezogene Sachkundige eingesetzt werden.
Externe Berater sollen aus Gründen des Projekt-Marketings nur im Ausnahmefall mit der Projektleitung betraut werden. Wenn immer möglich, sollte man den Projektleiter intern suchen, da dadurch die interne Identifikation mit dem Projektgegenstand stärker forciert wird. Die Unterstützung eines internen Projektleiters in fachlicher und methodischer Hinsicht durch externer Berater – z.B. im Sinne eines Co-Projektleiters – hat sich aber bewährt.

1.3.6 Verschiedene Funktionsebenen in einem Projekt

Unabhängig von der Art eines Projekts und der gewählten Organisationsform können in jedem Projekt drei verschiedene Funktionsebenen voneinander abgegrenzt werden: die Entscheidungs-, die Leitungs- und die Ausführungsebene.

Der Aufgabeninhalt, der den einzelnen Funktionen zugeordnet wird, ist sehr stark abhängig von der Problemebene, auf der man sich gerade befindet. Für Entscheidungen bei Konzeptvarianten, die das Gesamtkonzept betreffen, wird in der Regel eine andere Instanz zuständig sein als für solche, die ein bestimmtes Untersystem oder einen bestimmten Systemaspekt betreffen.

Formale *Entscheidungsfunktionen* haben, allerdings mit unterschiedlichem Inhalt und Umfang der Entscheidungsbefugnisse: der Auftraggeber, der Ausschuß Gesamtprojekt und die Ausschüsse für Teilprojekte.

Leitungsfunktionen üben aus: Die Projektleitung für das Gesamtprojekt und jene für Teilprojekte.

Ausführungsfunktionen haben die Projektgruppen Gesamtprojekt und die Teilprojektgruppen.

Sonderstellungen nehmen die Systembenützer und eventuell auch externe Spezialisten ein; wenn sie in den entsprechenden Ausschüssen bzw. Arbeitsgruppen vertreten sind, können sie jede der oben genannten Funktionen ausüben.

1.3.6.1 Funktionendiagramme

Die den einzelnen Gremien zugedachten Aufgaben können in einem Funktionendiagramm (englisch «Linear Responsibility Chart» – LRC) dargestellt werden (Abb. 3.12). Das Beispiel bezieht sich auf ein größeres internes Organisationsprojekt.

1.3.6.2 Stellenbeschreibung

Es sollte nicht allein dem Geschick und der Durchsetzungskraft des zum Projektleiter ernannten Mitarbeiters überlassen bleiben, sich seine Aufgaben und notwendigen Kompetenzen zur wirksamen Projektführung zu erkämpfen. Zum einen sollte die Geschäftsführung bzw. die zuständige Instanz die Rechte und Pflichten des Projektleiters in einer Stellenbeschreibung regeln und zum anderen dies den Mitarbeitern und den anderen Führungskräften zur Kenntnis bringen.

In Abb. 3.13 ist ein Beispiel für eine Stellenbeschreibung eines mit relativ großen Kompetenzen ausgestatteten Projektleiters dargestellt (vgl. Groth).

1.4 Personelle Betrachtung

Die personelle Dimension hat vor allem die Anforderungen an die Person des Projektleiters und jene der Projektmitarbeiter zum Inhalt. Hinsichtlich der darüber hinausgehenden weiteren Aspekte sei auf Teil III, Kapitel 2 verwiesen.

Projekt: XYZ	Stellenbeschreibung für den Projektleiter
1. Stellenbezeichnung	Projektleiter
2. Inhaber (Person) Stellvertreter	Hans Maier (ma) Karl Fischer (fi)
3. Unterstellungsverhältnis	In Projektbelangen direkt der Geschäftsleitung
4. Aufgaben	– Projektauftrag durchführen und interpretieren (Verhandlungskompetenz mit Kunden) – Projektteam im Einvernehmen mit Linienvorgesetzten aufstellen – Projekt planen, überwachen und steuern hinsichtlich Einhaltung des Pflichtenhefts, der Termine und Kosten – Projektarbeit leiten und koordinieren – Informationsfluß sicherstellen (Geschäftsleitung, Kunde, betroffene Fachabteilungen) – Phasenentscheidungen vorbereiten und herbeiführen – Dokumentation sicherstellen
5. Kompetenzen	– Aufgabenverteilung an Projektmitarbeiter im Rahmen vereinbarter Zeitkontingente – Führen der Projektgruppe, Projektbesprechungen einberufen, Überwachen der Aufgabenerfüllung, Termine, Budgets – Verhandlungsrecht in Projektbelangen mit internen und externen Stellen – Verfügungsrecht über vereinbartes Projektbudget (inkl. Fr./DM 50 000.– für Unvorhergesehenes). – Genehmigung von Reisen innerhalb des vereinbarten Reisebudgets (terminlich mit Linienvorgesetzten koordinieren)
6. Verantwortung und Pflichten	– Erfüllung des Projektauftrags (inhaltlich, Termine, Kosten) – Berichtspflicht an Geschäftsleitung – regelmäßige Koordination mit Beteiligten und Betroffenen

Abb. 3.13   Beispiel für eine Projektleiter-Stellenbeschreibung

1.4.1 Zur Person des Projektleiters

Verschiedentlich findet man in der Literatur Anforderungsprofile an (ideale) *Projektleiter*. Meist bestehen sie aus einem umfangreichen Katalog an Forderungen hins. der fachlichen Qualifikation, der Führungsfähigkeit, der Erfahrung u.ä. Derartige Anforderungsprofile haben aber oft die Eigenschaft, imaginäre Bilder von Projekt-Heroen zu schaffen, die normale Menschen wegen der hohen Ansprüche eher einschüchtern oder von ihnen ohnehin nicht akzeptiert werden. Es scheint deshalb realistischer zu sein, von der Annahme auszugehen, daß es allgemein *den* idealen Patent-Projektleiter nicht gibt – und auch nicht braucht.

These 1: Die Anforderungen an den Projektleiter hängen von der Art des Projektes ab.
Es gibt Projekte, die – obwohl sie hins. ihrer Zielsetzungen durchaus anspruchsvoll sein können – kaum Führung erfordern: weil die Voraussetzungen stimmen und das

Projekt schnell als attraktiv gilt und Anhänger findet, weil die Beteiligten mit Interesse und Freude dabei sind, weil starker Rückenwind und großes Interesse von «oben» besteht usw. Derartige Projekte brauchen zwar etwas Administration, aber kaum eine starke Führung. Auftretende Probleme werden in der Regel schnell, unbürokratisch und ohne Krampf gelöst.

Und es gibt auf der Gegenseite Projekte, die von der Aufgabenstellung harmlos erscheinen, aber trotzdem kaum zu bewältigen sind: weil sie nicht als attraktiv angesehen werden, weil sich keine Schlüsselperson dafür interessiert bzw. stark machen will oder weil sich schon andere kalte Füße geholt haben. Kurz, weil die Voraussetzungen und das Umfeld ungünstig sind. Derartige Projekte müssen erst nach innen und außen verkauft und durch die Mitarbeit bzw. Unterstützung wichtiger und guter Leute attraktiv gemacht werden. Wenn niemand geeignet ist oder sich niemand findet, dem dies gelingt und der von der Sinnhaftigkeit und von der Erfolgschance überzeugt ist, ist es u.U. besser, die Finger davon zu lassen.

These 2: Die Anforderungen an den Projektleiter sind von den beteiligten Personen abhängig.

Neben den oben angeführten generellen Projektbedingungen sollen die Anforderungen an Projektleiter nun aus 2 verschiedenen Blickwinkeln beleuchtet werden: Aus der Sicht jenes Personenkreises, der den Projektleiter auswählt und aus der Sicht jener Personen, die mit ihm in der Projektgruppe zusammenarbeiten. Beide Blickwinkel sind wichtig.

Dies soll schlagwortartig und in *Checklisten-Form* beantwortet werden, wobei diese, den konkreten Projektbedürfnissen entsprechend, *situationsbedingt zu interpretieren* ist

a) Welche Eigenschaften und Fähigkeiten machen eine Person aus der Sicht des *Auswahlgremiums* als Projektleiter interessant?
   - engagiert, interessiert, bietet sich an
   - unkomplizierter Systematiker, der eine klare Linie verfolgt und dem man zutraut, das Projekt in den Griff zu kriegen bzw. im Griff zu behalten – fachlich und organisatorisch bzw. administrativ
   - in der Lage, auch mit komplizierten Menschen umgehen zu können: sachbezogen, großzügig, gesprächsbereit, kein Mensch mit Feindbildern, ausgleichend
   - belastbar, nicht mimosenhaft
   - durchsetzungsfähig, auch ohne (ausreichende) formale Kompetenz
   - fachlicher Überblick vorhanden, von fachlich erforderlichen «Fixstartern» anerkannt, lernfähig und -bereit
   - kann ausreichend Zeit für Projekt aufbringen
   - guter, fairer und überzeugender Verhandler
   - gute Gesprächsachse zu den Anwendern zu erwarten u.ä.

b) Welche Eigenschaften und Fähigkeiten machen eine Person aus der Sicht der *Team-Mitglieder* interessant
   - fachlich kompetent (braucht aber weder der beste Fachmann in allen Belangen zu sein, noch soll er es sein wollen)

- Blick für das Wesentliche, gute Urteilsfähigkeit
- klare Linie, kann klare Vereinbarungen nach außen (Projektauftrag) und innen (Projektsitzungen) herbeiführen und durchsetzen (traut sich was)
- glaubt an die Zweckmäßigkeit und die Erfolgschance des Projekts
- hoher persönlicher Einsatz, Vorbildfunktion (verlangt nicht mehr, als er selbst zu geben bereit ist)
- gute Moderation: läßt gute Leute gut sein und noch besser werden. Führt, motiviert, leitet die weniger leistungsfähigen stärker, sorgt dafür, daß sie bewältigbare Aufgaben erhalten
- bringt etwas weiter, läßt Fortschritt und Ergebnisse erkennen. Kann Stimmung und «Wir»-Gefühl vermitteln (die nicht auf Kosten anderer gehen)
- kann Projekt nach außen «verkaufen»
- ist fair und gibt Erfolge weiter u.a.m.

Natürlich kann auch dieser Katalog einschüchtern. Er kann aber auch als Anregung zu einem Versuch verstanden werden, es hier und dort ein bißchen besser zu machen.

1.4.2 Zur Teamarbeit

Die Teamarbeit und ihre Effektivität wird von einer Reihe von Faktoren beeinflußt, wie z.B.

- vom gruppendynamischen Prozeß der Teambildung (Einstellungen zu Projektgegenstand und Aufgabenstellung, zu den Team-Mitgliedern etc.)
- von den arbeitstechnischen Voraussetzungen
- vom Verhältnis Projektteam – Umwelt
- von der Moderation der Teamarbeit
- von der Fähigkeit des Teams, Konflikte zu bewältigen u.v.a.m.

In Teams sind immer unterschiedliche Persönlichkeitsstrukturen vertreten und auch erwünscht. Es muß daher gelingen

- diese Unterschiede zu akzeptieren und im Interesse an der Sache auf einen gemeinsamen Nenner zu bringen
- gemeinsame Formen der Zusammenarbeit zu finden bzw. zu entwickeln, mit denen man sich identifizieren bzw. die man akzeptieren kann.

Erfolgreiche Teams entwickeln Wir-Gefühl im Hinblick auf gemeinsame Ziele. Diese bestehen sowohl aus dem Gefühl der Zusammengehörigkeit als auch aus gemeinsamen Spielregeln.
Leistungsfähige Teams sind u.a. durch folgende *Merkmale* gekennzeichnet:

- Man erkennt sich gegenseitig als gleichwertige Partner an.
- Rollen (z.B. Moderation) sind nicht starr verteilt, sondern wechseln auf lockere Art.
- Schweigen bedeutet nicht Zustimmung. Meinungen werden geäußert und wenn nötig herausgefordert.
- Zuhören ist genauso wichtig wie reden.

- Konflikte werden nicht verschleiert, sondern aufgedeckt und besprochen.
- Meinungsverschiedenheiten werden auch als Informationsquelle und nicht nur als Störfaktor betrachtet.
- Unergiebige und haarspalterische Meinungsverschiedenheiten sind selten. Effizienzbestrebungen und das gemeinsame Ziel setzen sich durch.
- Innerhalb des Teams wird kritisiert, aber nicht getadelt (Ideen, nicht Personen in Frage gestellt).
- Entscheidungen werden nicht durch Mehrheitsbeschluß herbeigeführt. Besser: Einwilligung der Opponenten zu einer, ihren Vorstellungen auch nicht voll entsprechenden Vorgehensweise erreichen.
- Keine Geheimniskrämereien und taktische Winkelzüge, Ehrlichkeit, Fairness u.a.m.

Daraus sind auch die Anforderungen an die Persönlichkeits- und Verhaltensstruktur von Team-Mitgliedern erkennbar.

1.5 Instrumentelle Betrachtung

Hier geht es vor allem um Instrumente und Methoden, mit denen die Funktionen des Projekt-Managements unterstützt werden sollen.

1.5.1 Methoden und Techniken

Darunter ist das «Handwerkliche» zu verstehen, also jene Methoden, Techniken und Verfahren, die der Strukturierung von Projekten (→ Projektstrukturplan), der Planung und Überwachung (→ Netzplantechnik, → Balkendiagramm, → Zeit-/Kosten-/Fortschrittsdiagramme) u.ä. dienen.

Es sei hier nicht näher darauf eingegangen, sondern auf die Enzyklopädie im Anhang verwiesen.

1.5.2 Projekt-Informationssystem (PIS)

Wenn Menschen zielbewußt handeln sollen, müssen sie über entsprechende Informationen verfügen. Bei kleinen Projekten und wenigen Beteiligten ist es vielfach möglich, auf formale Regelungen des Informationsaustausches zu verzichten. Je größer die Anzahl Personen aber ist, die an einer gemeinsamen Aufgabe beteiligt sind, und je größer die Zeitspanne wird, während der sie gemeinsam tätig sind, desto schwieriger wird der informelle Informationsaustausch und um so größere Aufmerksamkeit muß einem zweckentsprechenden Dokumentations- und Berichtswesen geschenkt werden.

In der Folge werden zunächst einige allgemeine Überlegungen im Zusammenhang mit Projekt-Informationssystemen behandelt. Im Anschluß daran gehen wir auf eine spezielle Methodik, das sog. «Konfigurations-Management» ein.

1.5.2.1 PIS – allgemein

Unter einem Projekt-Informations-System wird die formale Versorgung der an einem Projekt beteiligten bzw. von einem Projekt betroffenen Personen mit den notwendigen

Informationen verstanden. Die Gestaltung solcher Projekt-Informationssysteme ist Bestandteil der Projektplanung.

Die im Projektablauf erforderlichen schriftlichen Unterlagen lassen sich grob in zwei Kategorien gliedern:
- Berichte, bei denen die Logik des Problemlösungszyklus im Vordergrund steht. Dabei geht es primär um die Nachvollziehbarkeit des Planungsprozesses und der Entscheidungsgrundlagen.
- Dokumente, die helfen sollen, erarbeitetes Wissen festzuhalten und an Projektbearbeiter der folgenden Phasen weiterzugeben bzw. für weitere Projekte zu speichern.

Es leuchtet ein, daß diese Unterlagen unterschiedlich aufgebaut sind und sich hinsichtlich ihres Detaillierungsgrads unterscheiden müssen.

Als genereller gedanklicher Ansatz zur Gestaltung derartiger Projekt-Informationssysteme kann das in Abb. 3.14 dargestellte Modell dienen.

In dem dargestellten Modell sind die wichtigsten am Projekt beteiligten Stellen bzw. sonst interessierten Gruppen aufgeführt, welche entweder Informationen liefern oder empfangen müssen. Die Verbindungslinien weisen auf Informationsbeziehungen hin, die, wenn notwendig, in formaler Form zu realisieren sind: Zum Beispiel ist es notwendig, daß der Projektleiter dem Auftraggeber in bestimmten Zeitintervallen Fortschrittsberichte zukommen läßt oder daß der System-Betreiber durch das Projektteam über Bedienungsanleitungen unterrichtet wird usw.

Das Projekt-Informationssystem kann als wichtiger unterstützender Faktor im *Projekt-Marketing* (siehe Teil III, Abschnitt 1.5.3) betrachtet werden. Man sollte dabei u.a. folgendes beachten:

- Bei der Weiterleitung von Informationen muß der verfolgte Zweck klar sein.
- Die Kenntnisse und das Wissen des Empfängers müssen bei der Abfassung der Berichte berücksichtigt werden (Vermeiden von Planungskauderwelsch).
- Ein hierarchischer Aufbau der Berichte (Vom Groben zum Detail) erleichtert das Lesen und hilft die Übersicht zu wahren. Beispielhafte Gliederungen für den Aufbau von Berichten findet man in Teil III, Abschnitt 1.2.2 (Entscheidungsberichte, Fortschrittsberichte).
- Die Art der Präsentation kann von ausschlaggebender Bedeutung sein (→ Darstellungstechniken).
- Projektgruppen, die lange Zeit nichts Schriftliches von sich geben,
  - haben ihr Berichtswesen nicht geplant,
  - tun nichts,
  - versuchen, sich Informationsmonopole aufzubauen
  - stehen unter Zeitdruck oder
  - haben ein gestörtes Verhältnis zum Auftraggeber (Auftraggeber interessiert sich zu wenig für das Projekt bzw. läßt sich ein etwaiges Interesse nicht anmerken. Projektgruppe erwartet Schwierigkeiten seitens des Auftraggebers, wenn es ihn informiert).
- Projektgruppen, die zu viel Papier produzieren, haben
  - ihr Berichtswesen nicht geplant,
  - zu wenig zu tun (personelle Überkapazität),

1. Projekt-Management

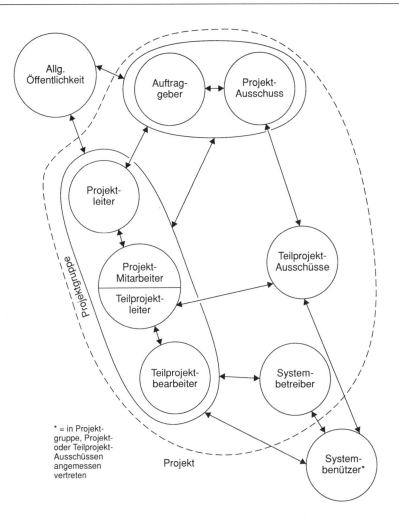

Abb. 3.14 Allgemeines Modell als Grundlage für ein Projekt-Informationssystem

- ein gestörtes Verhältnis zum Auftraggeber (glauben beweisen zu müssen, daß sie etwas tun); oder sie sind
- überängstlich und versuchen sich laufend abzusichern.
- Auftraggeber, die der Ansicht sind, sie würden nicht auf dem Laufenden gehalten, sind oft selbst daran schuld. Es besteht der Verdacht, daß sie
  - Berichte, die sie erhalten, nicht oder nicht aufmerksam genug lesen bzw. sofern sie dies tun, es nicht zu erkennen geben
  - sich zu häufig in Details einmischen
  - glauben, nur dann ernst genommen zu werden, wenn sie Kritik üben und Änderungswünsche anbringen.

1.5.2.2 Konfigurations-Management (nach Kolks und Saynisch)

Um im Zuge der Projektabwicklung nicht in einem Chaos von Änderungsanforderungen, Konzeptänderungen bzw. realisierter Produktversionen zu versinken, wurde in den USA das sog. Konfigurations-Management entwickelt. Es ist insbesondere in der Raumfahrt, aber auch im Großserienbau vertreten (Automobilindustrie, Maschinenbau), wo Konzepte aus Risikogründen nicht von Grund auf, sondern nur schleifend verändert werden.

Grundidee

Eine *Konfiguration* ist die vollständige technische bzw. fachlich-inhaltliche Beschreibung und Definition eines Konzeptes/Produktes, die in Dokumenten niedergelegt ist. Der Terminus Konfiguration kann dabei mit dem Begriff «Lösungsstufe» oder «Version» gleichgesetzt werden.

Konfigurationsmanagement ist eine Methode zur Bestimmung, Steuerung, Überwachung und Dokumentation von Konfigurationsänderungen:

Die *Konfigurationsbestimmung* erfolgt zunächst am Beginn des Projektes durch die Unterteilung des zu entwickelnden Systems in eine Anzahl von identifizierbaren Konfigurationen (Versionen) und ihrer fortan einheitlichen Bezeichnung.

Durch die in der *Änderungssteuerung* formalisierten Abläufe sollen Änderungswünsche bzw. -ideen identifiziert und bezüglich Notwendigkeit und Auswirkungen in technischer, terminlicher und finanzieller Hinsicht geprüft werden. Die Kommunikation bezüglich der Änderungsanträge ist im sogenannten Meldewesen geregelt, das Erweiterungsanforderungen, Änderungsanforderungen, Fehlermeldungen, Testmeldungen und Problemmeldungen unterscheidet.

Zur Bewertung und Entscheidung von Änderungsanträgen gibt es ein eigenes Entscheidungsgremium, das **Change Control Board.**

Die *Änderungsüberwachung* überprüft die Einhaltung der Vorgaben an die geänderten Teile und achtet darüber hinaus darauf, daß nicht ungeplante Änderungen durchgeführt werden.

Die *Dokumentation* erfaßt sämtliche Objekte und objektbezogenen Informationen, die während der Konfigurationsbestimmung, Änderungssteuerung und Änderungsüberwachung anfallen, um den Entstehungsprozeß nachvollziehbar zu machen und die notwendigen Informationen allen Beteiligten zur Verfügung stellen zu können. Zur Erfüllung dieser Funktion ist eine computergestützte Projektbibliothek praktisch unerläßlich.

Bezug zum SE-Konzept

Das Konfigurationsmanagement kann mit seiner auf Kommunikation und Dokumentation gerichteten Betrachtungsweise eine gute Ergänzung des Phasenkonzeptes (siehe dazu Teil I, Abschnitt 2.4) darstellen. Es handelt sich dabei allerdings nicht um eine eigenständige Projekt-Management-Konzeption, sondern um einen wichtigen Teilaspekt, der bestehende Konzeptionen sinnvoll ergänzen kann.

1.5.3 Projekt-Marketing

Erfolg und Mißerfolg von Projekten stehen und fallen damit, daß es gelingt, die Projektidee nachhaltig und während der ganzen Dauer des Projekts nach außen und innen zu verankern.

Dies hat nichts mit Hochglanzbroschüren und wenig mit perfekten Präsentationsfolien zu tun, sondern ist eher Ausdruck einer grundlegenden Mentalität: «Wir machen das Projekt nicht primär für uns, sondern für unsere Kunden (im weitesten Sinn)».

Wir wollen die damit verbundenen Überlegungen hier nur kurz anreißen und dabei Marketing in seiner einfachsten Definition verwenden: «Wissen, was für den Kunden wertvoll ist – und ihm das Gefühl zu vermitteln, daß er möglichst viel davon erhält».

Träger des Projekt-Marketings sind prinzipiell alle am Projekt Beteiligten. Eine zentrale Rolle kommt u.E. aber dem Projektleiter zu, der diese Mentalität bzw. deren Ergebnisse zu bündeln und dafür zu sorgen hat, daß sie auch übermittelt werden.

Der Projektleiter hat dabei wenigstens *3 Arten von Kunden* zu beachten:

a) Auftraggeber bzw. Entscheidungsinstanz (= Zahler, Entscheider)
b) Anwender, Nutzer bzw. Betreiber
c) Projektgruppe

Der *Auftraggeber* wird dann zufrieden sein, wenn

– das Projektteam effizient arbeitet, d.h.
– schnell an die Bedürfnisse bzw. Probleme herankommt und
– den Projektumfang geschickt ab- und eingrenzt
– er mit gescheiten Vorschlägen hinsichtlich der Formulierung von Projektaufträgen, Zielen etc. versorgt wird
– er klar unterscheidbare Lösungen vorgelegt erhält, die hinsichtlich ihrer positiven und negativen Auswirkungen beurteilbar sind
– er das Gefühl erhält, daß die Lösungsrichtung stimmt und die Benutzer damit zufrieden sind, d.h. die Lösung später nicht via Verordnung «verkauft» werden muß
– die vereinbarten Kosten und Termine eingehalten werden bzw. – sofern dies nicht möglich ist – rechtzeitig plausible Begründungen und ein neuer Plan vorgelegt werden
– kurz: wenn der Projektleiter das Projekt «im Griff hat», er nicht aufwendig angetrieben, überwacht oder «gerettet» werden muß

Die *Anwender/Nutzer* werden dann eher motiviert sein, wenn

– ein Vorteil für sie erkennbar ist, der möglichst nicht allzu weit in der Zukunft liegt
– sie ernst genommen werden, d.h. das Bemühen erkennbar ist, sie zu verstehen, und ihnen im Rahmen der Möglichkeiten entgegenzukommen
– sie möglichst viel von ihren Vorstellungen und Ideen in der späteren Lösung wiederfinden
– sie Vertrauen in die Qualität der Lösung haben
– sie auf kompetente Art auch Grenzen ihrer Forderungen aufgezeigt erhalten bzw. auf zusätzliche Möglichkeiten und Vorteile hingewiesen werden, die sie sich gar nicht vorgestellt haben

- sie erkennbar in den Erfolg des Projekts mit eingebunden werden.
- die spätere Lösung keine wesentlichen Nachteile für sie bringt bzw. sofern dies der Fall sein sollte, ausreichende Kompensationen angeboten werden.

Die *Projektgruppe* wird stärker motiviert sein, wenn

- sie sich auf dem Erfolgsweg fühlt, d.h. merkt, daß Fortschritte erzielt werden, der Auftraggeber und die Anwender zufrieden sind
- ihre Arbeit anerkannt wird.

Der *Projektleiter* hat eine Reihe von *Möglichkeiten,* dieses Marketing zu betreiben, bzw. gezielt zu beeinflussen, wie z. B.

- Vereinbarung eines möglichst klaren Projektauftrags,
- Einbeziehung der Anwender in die Projektgruppe und in den Entscheidungsausschuß,
- gute Moderation der Projektarbeit: Start klar definieren (z. B. Projekt-Kick-off); Rollen und Aufgaben klar machen,
- gut moderierte Projektsitzungen: wichtige Themen zur Sprache bringen, unproduktive «Schwätzer» kurz halten, Projektteam gut einsetzen, klare Vereinbarungen treffen, Fortschritt und Erfolg sichtbar machen,
- regelmäßige Information und gut dosierten Kontakt zu Auftraggeberschaft und Anwendern.
- Darüber hinaus kann die gezielte Orientierung einer breiteren «Öffentlichkeit» Goodwill und Rückenwind schaffen bzw. Gegenwind vermeiden (z. B. durch gezielte Informationsveranstaltungen, Berichte in Hauszeitschriften u.a.m.).
- Verantwortungsbewußtsein und Fairneß dem Auftraggeber, den Anwendern und der Projektgruppe gegenüber ausstrahlen u.a.m.

Natürlich wird es dem Projektleiter nicht immer gelingen, diesen hohen Ansprüchen vollumfänglich gerecht zu werden. Er sollte es aber immerhin versuchen, und sie sich von Zeit zu Zeit in Erinnerung rufen.

1.6 Zusammenfassung

1) Projekt-Management wird hier gedanklich von der Systemgestaltung getrennt – obwohl diese beiden Faktoren in der Realität natürlich nicht trennbar sind. Während die Systemgestaltung sich auf die inhaltlichen Aspekte des Entwurfs und Aufbaus einer Lösung konzentriert, hat das Projekt-Management primär das Management des Problemlösungsprozesses zum Inhalt (Planung und Einsatz von materiellen, personellen, finanziellen und zeitlichen Ressourcen). Keinesfalls betrifft es unterschiedliche Personengruppen.
2) Projekt-Management läßt eine mehrdimensionale Betrachtung zu:
    - die *funktionale Dimension* richtet sich primär auf die Aktivitäten des Ingangsetzens, Inganghaltens und Abschließens von Projekten;
    - die *institutionelle Dimension* hat die aufbauorganisatorischen Aspekte der Projektarbeit zum Inhalt, wie z. B. Wahl des Organisationsmodells, Einbin-

dung der Projektgruppe in die Mutterorganisation, Kompetenzen des Projektleiters, Definition von Projektausschüssen und Gremien verschiedenster Art;
- die *personelle Dimension* richtet das Augenmerk auf die handelnden Personen, deren Anforderungs- und Eignungsprofile (Projektleiter, Teammitglieder, Entscheidungsträger, Anwendervertreter u.a.m.);
- die *instrumentelle Dimension* beschäftigt sich mit dem Handwerkszeug, wie z.B. Planungs- und Kontrolltechniken, Moderation, Bewertung u.v.a.m.;
- die *psychologische Dimension* hat die Grundeinstellung und das Verhalten zum Inhalt.

3) Erfolg und Mißerfolg von Projekten können ihre Ursachen auf jeder dieser Betrachtungsebenen haben.

4) Wichtigstes Ergebnis der Ingangsetzungsarbeiten ist der *Projektauftrag*, der eine möglichst schriftliche Vereinbarung zwischen dem Auftraggeber und dem Projektleiter darstellt. Er kann phasenweise oder für das Gesamtprojekt vereinbart werden. Ersteres ist dann sinnvoll, wenn der Lösungsweg noch nicht klar ist und der Aufwand für Entwicklung und Realisierung deshalb noch nicht abgeschätzt werden kann.

5) Beim *Inganghalten* können EDV-gestützte Projekt-Management-Systeme die Planung und Überwachung des Projektablaufs unterstützen. Entscheidungs- und Fortschrittsberichte dienen der Information des Auftraggebers. Handlungsorientierte Protokolle (Wer hat was bis wann zu erledigen? Was wurde vereinbart bzw. kann als erledigt betrachtet werden?) und mitlaufende Projektdokumentationen dienen der Unterstützung der Projektarbeit.

6) *Abschlußarbeiten* sind zur geordneten Übergabe der Ergebnisse, der Abrechnung und der Manöverkritik erforderlich.

7) In jedem Projekt können in organisatorischer Hinsicht verschiedene Funktionsebenen voneinander abgegrenzt werden:
- die Entscheidungsebene (Projekt-Ausschuß, Steuerungsausschuß u.ä.),
- die Leitungsebene (Projektleiter) und
- die Ausführungsebene (Projektgruppe).

Die geschickte Zusammensetzung der entsprechenden Gremien oder Gruppen kann von ausschlaggebender Bedeutung sein.
Die späteren Anwender bzw. Betreiber von Lösungen sollen sowohl in den Projekt-Ausschüssen als auch in der Projektgruppe angemessen vertreten sein.

8) Hinsichtlich der organisatorischen Eingliederung der Projektgruppe und der Kompetenz des Projektleiters sind verschiedene idealtypische Möglichkeiten der *Projektorganisation* denkbar. Vereinfacht kann gesagt werden, daß die Einfluß-Projektorganisation vor allem bei kleinen und die reine Projektorganisation bei sehr großen Projekten geeignet ist. Die Matrix-Projektorganisation weist den breitesten Eignungsbereich auf, stellt aber hohe Ansprüche hinsichtlich der Konfliktbewältigung (Problem der Doppelunterstellung). Darüber hinaus sind vielfältige Mischformen denkbar und in der Praxis auch anzutreffen.

9) Dem *Projektleiter* und seinen Führungsqualitäten kommt eine entscheidende Bedeutung zu.

10) Leistungsfähige Teams sind durch charakteristische Merkmale gekennzeichnet.

11) Ein *Projekt-Informationssystem* (PIS) regelt die gezielte Versorgung verschiedener Personen bzw. Gruppen mit projektbezogenen Informationen.
12) Das sog. *«Konfigurations-Management»* kann als wichtiger Bestandteil eines PIS betrachtet werden. Es soll helfen, sich ändernde Konzepte, Produktversionen bzw. Änderungsanforderungen im Griff zu behalten.
13) *Projekt-Marketing* ist primär eine Mentalität, die darin besteht, die Projektidee nachhaltig nach außen und innen zu verankern. Obwohl alle am Projekt Beteiligten als Träger des Projekt-Marketings gelten können, kommt dem Projektleiter eine zentrale Bedeutung zu.

1.7 Literatur zum Projekt-Management

Becker, M. u.a.:	EDV-Wissen
Burghardt, M.:	Projektmanagement
Groth, R. u.a.:	Projektmanagement
Harrison, F.L.:	Advanced Project-Management
Hegi, O.:	Projekt-Management
Hirzel, M.:	Projektmanagement
Kolks, U.:	Konfigurations-Management
Krüger, W.:	Problemangepaßtes Management
Madauss, B.J.:	Projektmanagement
Saynisch, M.:	Konfigurations-Management
Schröder, H.:	Projekt-Management
Selig, J.:	EDV-Management
Thom, N.:	Projekt-Organisation
Zogg, A.:	Projekt-Management

Vollständige Literaturangaben im Literaturverzeichnis.

Teil III: Projekt-Management

2.	**Psychologische Aspekte der Projektarbeit**	282
	(Peter Müri, Dr. phil., Psychologe)	
2.1	**Die psychologische Komponente des Problemlösens**	282
2.1.1	Projekte als Subjekt-Objekt-Systeme	282
2.1.2	Erweiterung um die psychologische Denkweise	284
2.1.3	Das rational-systematische und das psychologisch-systemische Denken	285
2.1.4	Konsequenzen für die Projektarbeit	286
2.2	**Ein dreidimensionales Menschen- und Unternehmensbild**	287
2.2.1	Mensch hoch drei	287
2.2.2	Organisation hoch drei	288
2.2.3	Führen hoch drei	290
2.3	**Kreativität in der Projektarbeit**	291
2.3.1	Die «Wurst»-Methode	292
2.3.2	Beseitigung von Kreativitätskillern	293
2.4	**Die psychologische Dimension im Projektablauf**	294
2.4.1	Kernproblem erfassen (Situationsanalyse)	295
2.4.2	Visionen aufbauen (Zielformulierung)	295
2.4.3	Ressourcen öffnen (Lösungssuche)	296
2.4.4	Wertekonsens herstellen (Entscheidung)	296
2.4.5	Prozeß begleiten (Realisierung)	297
2.4.6	Ergebnis würdigen (Kontrolle)	297
2.5	**Teamförderung in der Projektarbeit**	298
2.5.1	Kommunikationspflege	298
2.5.2	Wiederholte Klärung von Ziel und Kompetenz	300
2.5.3	Das Fünf-I-Programm der Teambildung	301
2.6	**Zusammenfassung**	303
2.7	**Literatur**	304

2. Psychologische Aspekte der Projektarbeit
(Peter Müri, Dr. phil., dipl. Psychologe)

2.1 Die psychologische Komponente des Problemlösens

Bereits eingangs (siehe Abb. 0.3) wurde darauf hingewiesen, daß der Problemlösungsprozeß nur dann wirkungsvoll funktionieren kann, wenn verschiedene Komponenten auf ausgewogene Art zusammenwirken. SE repräsentiert dabei schwerpunktmäßig die methodische Komponente der Problemlösung, hier wird auf die psychologische Komponente näher eingegangen.

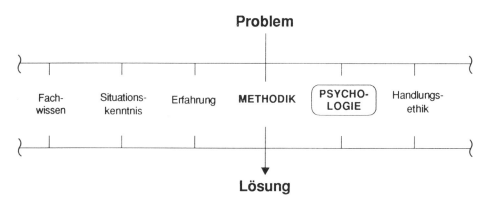

Abb. 3.20 Methodik (SE) und Psychologie als wichtige Komponenten bei der Problemlösung

2.1.1 Projekte als Subjekt-Objekt-Systeme

Der Mensch beeinflußt Projekt und Problemlösung viel mehr, als wir glauben und ahnen. Die Wissenschaft weiß heute, daß sich der Problemlöser oder Projekt-Manager nicht «objektiv» aus Forschungs- und Entwicklungs-Prozessen heraushalten und sich neutralisieren kann, selbst wenn er nur beobachtet und nicht eingreift. Als Mitgestalter wirkt der Projektmanager direkt und gewollt und dazu in weit höherem Maße noch ungewollt und indirekt über Haltung, Einstellung und Wertsetzung auf Inhalte und Methode des Prozesses ein, prägender, als er normalerweise wahrnimmt. Darüber hinaus beeinflußt natürlich auch das Umfeld mit seiner Kultur den Gang der Projektbearbeitung enorm.

2. Psychologische Aspekte der Projektarbeit

Aus psychologischer Perspektive ist es deshalb nötig, den Projektmanager und das menschliche Umfeld in die Überlegungen einzubeziehen. Das System, das der Problemgegenstand (und dazugehörige Sachzusammenhänge bzw. Projekt und Umfeld) bildet, muß deshalb um das System der Projektbeteiligten (Projektverantwortliche, Auftraggeber, Projektleiter, Mitarbeiter, Experten, Anwender) erweitert werden. Man könnte es im Gegensatz zu Objektsystem «Subjektsystem» nennen.

Das Subjektsystem darf aber ebenso wenig isoliert betrachtet werden wie das Objektsystem. Erst die Interaktion von:

- Subjektsystem (die Planer, Macher, Auftraggeber, Projektbeteiligte und -betroffene bis hin zu den Anwendern) und
- Objekt-System (Problemgegenstand, Lösung und die dazugehörigen Sachzusammenhänge)

geben ein sinnvolles Gesamtbild. Erfahrungsgemäß spart diese globale, den Menschen einbeziehende Betrachtungsweise Umwege, Zeit und Energie und verbessert das Kosten-Nutzen-Verhältnis beträchtlich, auch wenn sie anfänglich einige Anstrengungen kostet.

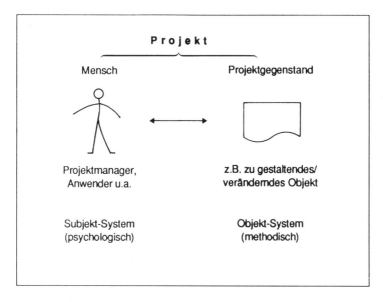

Abb. 3.21 Das Projekt als Subjekt-Objekt-System

Das Funktionieren des Systemes «Subjekt-Objekt» läßt sich an der Art und Weise beobachten, wie ein Projektbeteiligter bei der Lösung von Problemen vorgeht. Um diesen Vorgang überhaupt in seiner Fülle wahrnehmen zu können, muß der im Projekt involvierte «Mensch» als dynamisches, produktives Schöpfungs- und Steuerungs-Gebilde verstanden werden.

Dies erfordert zusätzliche Überlegungen, da sich das System «Mensch» nie nach naturwissenschaftlicher Manier objektivieren (Objektivismus) und exakt fassen (Reduktionismus) und schon gar nicht als wissenschaftlicher Gegenstand (Materialismus) festnageln läßt. Menschliche oder soziale Systeme verhalten sich also weder eindeutig berechenbar noch gradlinig steuerbar.

2.1.2 Erweiterung um die psychologische Denkweise

Eine objektivierende Betrachtungsweise nach rein rationalen, logisch-kausalen Gesetzmäßigkeiten, ist demnach für Analyse (Diagnose) und Veränderung (Therapie) in einem Projekt nicht ausreichend. Die psychologische Betrachtung hat die speziellen Bedingungen, die für menschliches Wahrnehmen, Denken und Handeln gelten, zu berücksichtigen.

Die erste Bedingung betrifft die psychologisch und biologisch begründbare Befangenheit menschlichen Wahrnehmens, Denkens und Handelns. Diese wird für jeden leicht an den Unterschieden von Denken und Fühlen, Denken und Handeln, Meinung und Einstellung, Idealität und Realität usf. empirisch feststellbar. Vereinfacht dargestellt, zensuriert das Gefühlsleben das Wahrnehmen und Denken und lenkt beide in eine bestimmte Richtung. Es übernimmt eine einengende Funktion, indem es traditionelle Denkmuster anbietet oder sogar aufdrängt, aber auch eine antreibende Funktion, indem es starke Motivation vermitteln kann.

Zweitens konstituiert sich die Projektwelt aufgrund der mehrdimensionalen Wahrnehmung als mehrschichtig. Entsprechend den drei Wahrnehmungsformen (Verstand, Gefühl und Intuition) wird ein Projekt auch dreifach erlebt: denkend, fühlend und intuitiv. Es gibt demgemäß eine gedachte, gefühlte und intuierte Projektwelt.

Drittens existieren auch in Projekten keine absoluten Wahrheiten, keine richtigen oder falschen Meinungen, keine gesicherten Fakten. Fakten sind nur vermeintlich objektiv. Sie werden immer, sobald Menschen damit zu tun haben, interpretiert und damit subjektiv. Die Gefühle bewerten unwillkürlich die reale Welt nach der persönlichen Erfahrung und färben diese zu einer subjektiven um. Auch wenn die Gefühle abgespalten oder ausgeblendet werden, hört ihre Einflußnahme auf dem Umweg über das «Unbewußte» nicht auf.

Viertens haben wir es immer mit so viel persönlichen Anschauungen, Meinungen, Erfahrungen zu tun, wie Menschen an der Projektarbeit beteiligt sind. Deshalb gehört es zur Tagesordnung, daß laufend verschiedene subjektive Wahrnehmungen aufeinanderprallen und einer Abstimmung bedürfen. Welche Interpretation als richtig gilt, ist eine Frage der sozialen Vereinbarung (Konsensfindung). Die Erklärung zum verbindlichen Faktum kann allerdings auch mit Hilfe von Überzeugung, Durchsetzung oder Machtausübung (Dogmasetzung) erfolgen.

Die Unterschiede zwischen methodischem und psychologischem Problemlösungsverständnis lassen sich sehr anschaulich an der Art der Fragestellung ablesen, mit der an ein Problem oder an ein Projekt herangegangen wird.

Nach dem methodischen Ansatz (erste Dimension) wird primär sachbezogen gefragt, im besonderen nach dem Ist, dem Soll und dem Weg:

- Worum geht es? (Situationsanalyse)
- Was soll erreicht werden? (Zielsetzung)
- Wie kann es erreicht werden? (Lösungssuche).

Der psychologische Ansatz (zweite Dimension) fragt nach dem Urheber, nach dem problemempfindenden Menschen, nach dessen Denkart und Weltanschauung:

- Wer hat das Problem? (Persönlichkeit des Problemstellers)
- Was will er? (Verständnis des Anliegens aus der Persönlichkeit)
- Warum will er? (Motivation, Antrieb, verstecktes Ziel des Problemstellers)

2.1.3 Das rational-systematische und das psychologisch-systemische Denken

Das rational-systematische Denken versucht Komplexität durch vereinfachende Denkmodelle auf verständliche Ordnungen zu reduzieren. Das Prinzip heißt Teilen, Gliedern, Strukturieren und Verbinden. Dabei spielen ursächliche Zusammenhänge und Bedingtheiten (Kausallogik) eine wichtige Rolle. Es wird davon ausgegangen, daß optimale Lösungen durch richtiges Vorgehen rational konstruierbar sind.

Die psychologische Betrachtungsweise fügt diesem Ansatz der rationalen Systematik eine weitere Dimension hinzu, die psychologisch-systemische (oder parasystematische) Betrachtungsweise. Sie entsteht durch die Einführung folgender Überlegungen:

- Systeme sind nicht absolut lenkbar. Sobald Menschen involviert sind, erhalten sie eine Eigendynamik. Sie verhalten sich teilweise nach dem Selbstorganisations-Prinzip (Autopoiese) und sind nur bedingt steuerbar.
- Die kausale Bestimmung der Fakten wird durch eine finale ergänzt, die zum Beispiel durch folgende Frage erhellt werden kann: Was will dieser oder jener Mensch mit seinem Meinen und Tun für sich und mit dem Projekt erreichen?
- Probleme oder Störungen, Aufgaben und Lösungen lassen sich nicht isoliert bearbeiten, sondern sind aus der Perspektive des ganzen Systems zu verstehen. Oft haben Projekte im ganzen Unternehmens-Umfeld-System eine psychologische Aufgabe. Außerdem sind Störungen, die am Objekt wahrgenommen werden, oft nur Symptome für «Unstimmigkeiten» im Gesamtsystem. Um die Störung an der Wurzel zu behandeln, muß die damit verbundene Kernproblematik des ganzen Systems erfaßt und geklärt werden.
- Auch nach psychologischem Verständnis gibt es nie nur eine optimale Lösung, sondern eine Vielzahl, die von den Personen rund um das Projekt abhängen. Dies wird häufig als Erschwernis empfunden und man übersieht dabei, daß diese Vielzahl von Menschen, vom Projektauslöser bis zum Anwender, auch Ressourcen sind, die – ob Experte oder nicht – als Problemlösunghelfer eingesetzt werden können. Dabei geht der psychologisch-systemische Ansatz von der Hypothese aus, daß das soziale System implizit über das Wissen verfügt, das eine Erfolgsentwicklung in Gang setzt. Es gilt, dieses in den Köpfen und Herzen «eingefaltete» bzw. versteckte Wissen ans Licht zu bringen.

Das rational-systematische Vorgehen wird auch als hartes und das in der angedeuteten Weise parasystematische oder psychologisch-systemische Vorgehen als weiches Systemdenken bezeichnet (Checkland, 1987).

Im Sinne einer vereinfachenden Gegenüberstellung könnte man zwei extreme Positionen auseinanderhalten, um das psychologische Problemverständnis zu verdeutlichen.

rationales-systematisches Problemverständnis	psychologisches-systemisches Problemverständnis
spricht von Problemen und Lösungen	spricht von Fragen und Annäherungen
gebraucht Techniken und Strukturen	bleibt in Fühlung mit humanen Dimensionen
sucht Professionalität und Expertenwissen	gibt keine endgültigen Fachantworten
nimmt an, daß Wirklichkeit mit formalen Modellen beschrieben werden kann.	nimmt an, daß Wirklichkeit mit formalen Modellen nicht endgültig beschrieben werden kann.

2.1.4 Konsequenzen für die Projektarbeit

Diese Erkenntnisse führen – auf die Projektarbeit angewandt – zu folgenden Konsequenzen:

1. Projekte funktionieren nicht rein rational wie eine Maschine. Sie sind Teile eines sozialen Systems und müssen deshalb «a-rational» verstanden und entwickelt werden, das heißt unter Berücksichtigung der persönlichen «Kultur» der Individuen und der Unternehmens- und Umfeldkultur.
2. Systems-Engineering ist eine methodische Anleitung zur Problemlösung. Ihr Erfolg hängt davon ab, ob diese von den beteiligten Personen «einverleibt» worden ist. Die Beziehung zum Instrument entscheidet über den Anwendungserfolg, ebenso die Kommunikation über das Instrument unter den Anwendern. Einstellung und Beziehung sind in einem Projekt laufend zu prüfen und zu revidieren.
3. Jede Vorgehensweise entwickelt im Verbund mit dem Umfeld eine Eigendynamik, welche oft zur Erstarrung und zum Scheitern des Projektes führt, wenn sie sich vom Ziel abkoppelt und zum Selbstzweck wird. Die Projektdynamik, wie sie sich aus dem Zusammenspiel von Sache und Mensch ergibt, muß erkannt und positiv genutzt werden. Dazu ist ein feines Ohr und scharfes Auge für unterschwellige Prozesse erforderlich.

In kurzer Fassung ergeben sich aus diesen Konsequenzen für die Projektarbeit folgende entscheidende *Kardinal-Grundsätze:*

1. Nicht nur mit dem Kopf arbeiten!
   Ergänzend zum logisch-analytischen Ansatz: kreatives Vorgehen mit Nutzung der Gefühls- und Intuitionsfunktion
2. «Hinterkopf» (d.h. persönlicher Anteil, Einstellung, Beziehung) bewußt machen!
   Zusätzlich zum Denken in Fakten: Denken in Werten
3. Systematik und Chaos sich ergänzen lassen!
   Keine starre Unterordnung unter die Systematik: Keine Panik, wenn Prozesse sich chaotisch zu entwickeln scheinen

2.2 Ein dreidimensionales Menschen- und Unternehmensbild

2.2.1 Mensch hoch drei

Damit die erwähnten Bedingungen für eine psychologisch geführte Projektarbeit in Kraft treten, braucht es einige «weltanschauliche» Revisionen. Die erste betrifft das Menschenbild, dem sich ein revidiertes Unternehmensbild und ein revidierter Führungsbegriff anschließen.

Jeder Mensch sieht die Welt mindestens durch drei Brillen: durch die Verstandes-, Gefühls- und Intuitionsbrille (Abb. 3.22).

Verstandesbrille

In der äußeren Objektwahrnehmung erscheint die Welt als eine Ansammlung von Tatsachen. Der Umgang mit diesen Tatsachen nach den Prinzipien des logisch-rationalen Denkens könnte man Faktendenken nennen (Wissenschaft von außen, Naturwissenschaften und Technik). In dieser Denkkategorie kann richtig und falsch unterschieden und gemessen werden. Es ist die Welt der Naturgesetze ($1+1=2$).

Gefühlsbrille

Der äußeren objektiven Wahrnehmung kann eine innere subjektive gegenübergestellt werden, mit der die Fakten zu Meinungen gemacht werden. Fakten werden immer aufgrund von Erfahrung subjektiv interpretiert. Diese Bedeutungsverleihung könnte man Wertedenken nennen (Wissenschaft von innen, Geisteswissenschaften). In diesen «Denkbereich» gehören alle gespeicherten Daten, die vom eigenen Denken und Glauben (beliefs) assimiliert worden sind. Ihr Merkmal ist die starke Besetzung mit Gefühlsgehalten, was sich an der Wertqualität (für mich oder für jemand anderen gut statt schlecht, wichtig statt unwichtig, mein statt dein usf.) erkennen läßt. Als Wertvorstellungen bestimmen sie Haltung und Verhalten. Es ist die Welt der Erfahrung, der Kultur und der Subjektivität oder Arationalität ($1+1=0$ oder $=3$).

Intuitionsbrille

Schließlich entstehen Gedanken nicht nur aufgrund äußerer Reize, sondern auch aus innerer Wahrnehmung. Diese Quelle wird in unserer Gesellschaft weitgehend als unwissenschaftlich disqualifiziert. Meistens werden diese Informationen als innere, kraftvolle Bilder (Visionen) empfangen oder als plötzliche Evidenz (Aha-Erlebnis) oder auch als innere Energie (Geistkraft) erfahren. Dieses Bilddenken wird Intuition oder Inspiration genannt und enthält Informationen, die nicht nur aus eigener Erfahrung stammen, sondern als Eingebung von außen (transzendentale, spirituelle Wahr-

B r i l l e :	"Verstand"	"Gefühl"	"Intuition"
Ich sehe:	*Tatsachen* (objektive äussere Wahrnehmung)	*Bedeutungen* (subjektive äussere und innere Wahrnehmung)	*Innere Bilder* ("transzendentale" innere Wahrnehmung)
	▶ stark genutzt	▶ wenig genutzt	▶ kaum genutzt
Ich leiste:	*Faktendenken* Wissen verarbeiten	*Wertedenken* Glauben bilden	*Bilddenken* Eingebung empfangen

Abb. 3.22   Wahrnehmung durch 3 Brillen

nehmung) empfangen werden. Diese Denkwelt entzieht sich unserer Einsicht und ist durch höhere geistige Ordnungen geprägt.

Die drei Denkkategorien bilden eine Einheit und potenzieren sich, so daß in Analogie zum geometrischen Raum folgende Formel aufgestellt werden kann: Verstand mal Gefühl mal Intuition = vollständiger Denkakt = ganzheitlicher Mensch oder Mensch hoch drei. Das ganzheitliche, systemische Erfassen ist also immer mehrdimensional.

$$\text{Mensch}^3 = \text{Verstand} \times \text{Gefühl} \times \text{Intuition}$$

In der Projektpraxis werden diese Dimensionen recht unterschiedlich genutzt. Aufgrund der Vorherrschaft des Verstandes in den letzten dreihundert Jahren wurde in Wissenschaft und Wirtschaft die Emotionalität und Spiritualität vernachlässigt. Diese werden aber dadurch nicht eliminiert; die Folgen sind vielmehr ein unkontrollierter Einfluß der Gefühlsebene (Werte, Haltungen, Verhalten) auf vermeintlich rational gesteuerte Planungs-Abläufe und Vernachlässigung der intuitiven Evidenz als akzeptable Entscheidungsgrundlage.

Der «dreidimensionale Mensch» oder der «Mensch hoch drei» hat eine alte Tradition in der Geistesgeschichte. In neuerer Zeit haben Neurologen die drei Funktionen im Gehirn lokalisieren können und damit den physiologischen «Nachweis» ihrer Existenz erbracht (Abb. 3.23).

2.2.2 Organisation hoch drei

Nach psychologisch-systemischer Betrachtungsweise hat jede Organisation bzw. jedes soziale Gebilde (z. B. Unternehmung, Behörde etc.) eine Eigendynamik und damit ein geistiges Entwicklungszentrum. Es funktioniert wie ein lebendiger Organismus, der seine geprägte Form und Persönlichkeit hat. In Analogie zum Lebewesen «Mensch»

Abb. 3.23 Der dreidimensionale Mensch

kann das soziale Wesen «Unternehmen» als dreimensional funktionierende «Persönlichkeit» verstanden werden (Abb. 3.24).

Eine Organisation strukturiert sich nach den Gesetzen des Verstandes in der ersten Dimension, sie hat ihr Gefühlsleben (Klima, Image, Ausstrahlung) in der zweiten Dimension und entwickelt eine Eigendynamik in der dritten Dimension.

Auch ein Projekt lebt nach den gleichen Grundsätzen. Es bildet eine Struktur, eine Kultur und eine Dynamik und bedarf der Struktur-, Kultur- und Dynamik-Pflege. Dabei ergibt sich die Pflege der Dynamik von selbst aus der Verbindung von struktureller und kultureller Führung. Intuition und Inspiration werden frei, wenn die

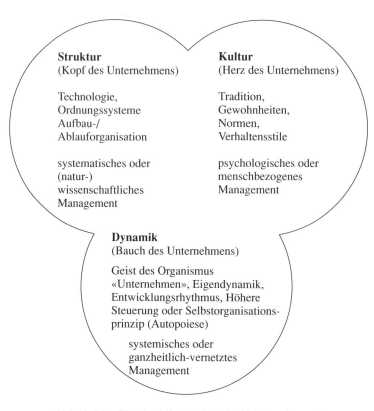

Abb. 3.24 Die dreidimensionale Unternehmung

Projektmitarbeiter das Projekt nicht nur fach- und sachgemäß abwickeln, sondern auch ihre Meinungsgegensätze, Einstellungsunterschiede und ihre Verhaltensverschiedenheiten erkennen und auf der Gefühlsebene zum Ausdruck und zur Austragung bringen.

2.2.3 Führen hoch drei

In der Führung werden Sache und Mensch verbunden. Über den Menschen wird eine Sache in Gang gesetzt. In einfachen Vorgängen genügt ein eindimensionales Vorgehen über eine klare Struktur bezüglich Ablauf und Inhalte. In komplexen Vorgängen, vor allem wenn Störungen durch menschliches Versagen auftauchen, hilft in der Regel nur der Einbezug der emotionalen und spirituellen Ebene.

Dreidimensionales Führen besteht auf der zweiten Stufe im Erkennen und Verstehen der Eigenwahrheiten und auf der dritten Stufe im Einfließenlassen von Visionen. Die individuell verschiedenen Inhalte werden anschließend zu einer «sozialen», d.h. situativen Wahrheit verbunden. Damit entstehen gemeinsame Richtwerte und eine gleiche Handlungsgrundlage. Motivation und Identifikation sind dann eher sichergestellt.

Praktisch geht die Herstellung des Einverständnisses (Konsens auf Gefühls- und Intuitionsebene) so vor sich, daß bei stark divergierenden Anschauungen und Ideen die zugrundeliegende Erfahrung analysiert werden muß. Dazu dient die **GGEEVV**-Formel, welche die Hintergründe auf allen drei Ebenen untersucht.

Auf der *rationalen Ebene* (Kontrolle der unbewußten Einflüsse der Gefühlsebene auf Verstandeskonstrukte) ist zu fragen:

1. GERÜST: Welche Theorie, welches Denkmodell, welche Lehre (der Person = des Subjektes) steht hinter dem Gedanken (oder dem Projektgegenstand = Objekt)?
2. GEWICHTUNG: Welchen Stellenwert hat der Gedanke (oder das Objekt) im Weltbild des Betreffenden (des Subjektes) und seines Umfeldes?

Auf der *emotionalen Ebene* (Kontrolle der unmittelbaren Emotionalität) ist zu fragen:

3. EINSTELLUNG: Wie ist die Beziehung zwischen Projektgegenstand (oder Idee oder Gedanke = Objekt) und Person (Subjekt) beschaffen und wie beeinflußt die Beziehung der Personen unter sich das Projekt?
4. ERFAHRUNG: Wie ist das Projekt in der Erfahrung der Personen erlebnismäßig eingebettet?

Auf der *spirituellen Ebene* (Klärung der Echtheit der inneren Bilder) ist sichtbar zu machen:

5. VISIONEN: Ist das Ego ausgeschaltet? Sind die Visionen wirklich echte Botschaften des «Selbst» oder des «Überbewußten»?
6. VERTRAUEN: Ist der Glaube an die inneren Wirkkräfte der Eingebungen vorhanden und ist dieser frei von persönlichen Missionen?

Die Abstimmung der drei Dimensionen löst bei starken Gegensätzen meistens heftige Konflikte aus. Es ist wichtig, diese auszutragen, selbst auf die Gefahr hin, daß vorübergehend Chaos entsteht. Das dreidimensionale Führen betrachtet diese Verwirrung als notwendige Stufe im Lernprozeß (Chaos-Management).

Das Entscheiden und Handeln aufgrund abgestimmten Wissens und angeglichener Werte und Visionen bedarf einer relativ raschen Realitätsprüfung. Deshalb beschränkt dreidimensionales Führen das Planen auf kleine Schritte. Nur durch rollende Planung kann die durch Konsens gewonnene Entscheidung an der Realität geprüft und daraus unmittelbar für die Fortsetzung gelernt werden.

Es ergibt sich folgendes Vorgehensmodell für das Führen hoch drei:
Value-Action-Leadership
(value = Wertfindung, action = Umsetzung, leadership = Wertfindung und Umsetzung mit Konsens, siehe Abb. 3.25).

2.3 Kreativität in der Projektarbeit

Die Grundgefahr jeder Problemlösung und Projektbearbeitung besteht darin, daß ein unbewußter Mechanismus dafür sorgt, daß alte Zielvorstellungen und Lösungsideen

Teil III: Projekt-Management

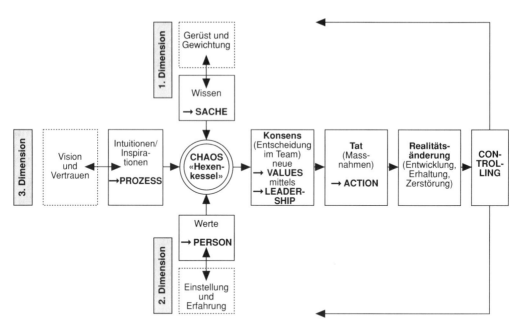

Abb. 3.25 Schema der Value-Action-Leadership (VAL) nach P. Müri

unbemerkt wieder zur Anwendung kommen und Ergebnisse entstehen, die nach näherem Zusehen «alter Wein in neuen Schläuchen» sind. Damit ein wirklicher Entwicklungsprozeß mit Veränderung in Gang kommt, muß dieser Hemm-Vorgang auf der emotionalen Ebene erkannt und müssen einengende Vorstellungen, Muster oder Erfahrungen relativiert werden. Dazu zwei Methoden:

2.3.1 Die «Wurst»-Methode

Die kreative Bearbeitung wird aus didaktischen Gründen von der rationalen *scharf* getrennt. Der kreative Prozeß wird auf zwei Arten in Gang gesetzt: Erstens mit Hilfe der Bewußtwerdung der Festgelegtheiten und zweitens dank der Ausweitung der einengenden Erfahrung durch Kreation von Alternativen.

Die Vielfalt und Fülle der ausgeweiteten Perspektiven werden anschließend durch rationale Bearbeitung verdichtet und auf den Boden der Realität geholt.

Auf diese Weise lösen sich in jeder Teilphase des Projektes eine kreative Bearbeitung auf der Gefühlsebene, die eine Anhäufung von Ideenmaterial ergibt, mit einer rationalen Bearbeitung auf der Verstandesebene ab, in der die neuen Ideen in wesentliche Kernpunkte zusammengefaßt werden.

Die Kernpunkte ergeben die Eingangsbotschaft für den nächsten Schritt, in dem wiederum zuerst ausgeweitet und anschließend verdichtet bzw. abgeschnürt wird (deshalb die Metapher: «Wurst»-Methode). Die Verdichtung enthält das Wesentliche und hat auf die Fortsetzung wegen des tiefen Gehaltes eine «explosive» Wirkung. Es

2. Psychologische Aspekte der Projektarbeit

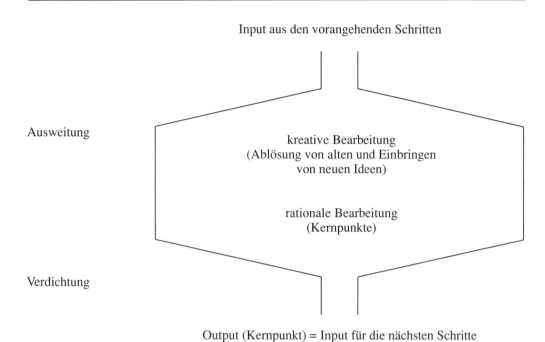

Abb. 3.26   Kreative Ausweitung und rationale Verdichtung («Wurst»-Methode)

ist allerdings darauf zu achten, daß sich mit der rationalen Verdichtung nicht wieder alte Lieblingsvorstellungen einschleichen.

2.3.2 Beseitigung von Kreativitätskillern

Die Hauptschwierigkeit in der kreativen Bearbeitung von Problemen liegt in der Ablösung von festen Meinungen, Credos (beliefs) sowie von Automatismen und Verhaltensmustern.

Die Kreativitätskiller sorgen dafür, daß die alten Einstellungen und Ideen erhalten bleiben. Sie sollten frühzeitig erkannt und durch Benennung gebannt werden.

Killer Nr. 1: Fehlhaltung «Rivalität»
  Wer gewinnt? Wer hat recht? Wer hatte die Idee? Paßt die Idee der Leitung? Was sagen die Macht- und Prestigeträger dazu?
Killer Nr. 2: Fehlhaltung «Normentreue»
  Darf das sein? Paßt das zu uns? Verlieren wir das Gesicht? Ist das anormal? Ändert es das Image?
Killer Nr. 3: Fehlhaltung «Systemtreue»
  Ist das korrekt? Entspricht das dem Plan und Ziel? Ist es methodisch richtig? Wird die Systemvorschrift befolgt?

Killer Nr. 4: Fehlhaltung «Expertenvorrang»
Ist der Experte einverstanden? Haben wir Expertenwissen? Was sagt der Spezialist oder der Lehrstuhl?
Killer Nr. 5: Fehlstrategie «Logisches Denken»
Das ist nicht logisch! Das ist nicht sauber durchdacht! Das ist nicht konsequent! Das ist dumm!
Killer Nr. 6: Fehlstrategie «Erfahrung»
Die Erfahrung beweist das Gegenteil! Das ist bereits anderswo gescheitert! Das geht erfahrungsgemäß nicht! Das haben wir xmal ausprobiert!
Killer Nr. 7: Fehlstrategie «Praxisbeweis fehlt»
Das geht nie! Das gibt es nirgends! Das ist reine Theorie! Das ist nie geprüft worden! Das ist Hirngespinst oder Schwätzerei!
Killer Nr. 8: Fehlstrategie «Vorsicht»
Das ist zu riskant! Da hat es zu viele Unsicherheitsfaktoren! Der Nutzen ist fraglich! Das ist zu teuer! Das ist nicht machbar! Das dauert zu lange!

2.4 Die psychologische Dimension im Projektablauf

Mit dem dreidimensionalen Verständnis von Mensch und Unternehmen und mit der Schaffung der kreativen Grundhaltung sind die Voraussetzungen geschaffen für eine dreidimensionale und damit methodische und psychologische Projektarbeit.

Wie oben erläutert, entsteht die dritte Dimension (Intuition) von selbst, wenn zweidimensional (nach Sache **und** Person) vorgegangen wird. Sie kann nicht willentlich produziert werden, sondern wächst aus der Auseinandersetzung zwischen Verstand und Gefühl.

Ein Leitfaden für dreidimensionale Projektarbeit muß sich deshalb auf Hinweise für die Verstandes- und Gefühlsebene beschränken, in der Hoffnung, daß sich die Intuitionsebene als schöpferisches Ergebnis von sich aus einstellt. Mehr als die Erschließung der ersten und zweiten Dimension kann für die dritte keiner tun.

Entscheidend für die Offenlegung der Intuitionsebene ist jedoch, daß die rationale und emotionale Ebene nicht in zwei Anläufen, sondern immer parallel und wenn immer möglich interaktiv (Gefühl spricht zu Verstand, Verstand spricht zu Gefühl) bearbeitet werden.

Die klassischen Schritte: Situationsanalyse, Zielformulierung, Lösungssuche, Entscheidung bzw. die Phasen Realisierung und Kontrolle erhalten durch die Dreidimensionalität eine neue Bedeutung. Dies wird im Titel des Schrittes angedeutet. Er umschreibt das Ergebnis, wenn aus der zweidimensionalen Entwicklung Dreidimensionalität entsteht: ein Ergebnis, basierend auf Verstand, Gefühl *und* Intuition.

2.4.1 Kernproblem erfassen (Situationsanalyse)

Rationale Ebene	Emotionale Ebene

– Gliederung, Strukturierung
– Abgrenzung
– Einflußgrößen
– Mängel
– Ursachen
– Prämissen
	1. Problemgeschichte (Thema: Kernproblem)
	   – Wie ist das Problem entstanden?
	   – Was wurde bereits getan?
	   – Wo liegt der wunde Punkt?
	2. Lieblingsidee (Thema: Ablösung)
	   – Wo sieht man das Problem?
	   – Was wäre die Ideallösung?
	   – Was wäre der heimliche Wunsch?
	3. Neue Problemideen (Thema: neue Perspektiven)
	   – Wo liegt das Problem noch?
	   – Wie kann man es auch sehen?
	   – Was sind andere Aspekte?

Ergebnis: Kernhypothese «Wo liegt der Hund begraben?»

2.4.2 Visionen aufbauen (Zielformulierung)

Rationale Ebene	Emotionale Ebene

– Mußziele
– Sollziele
– Wunschziele
– Maßstäbe
	1. Visionen (Thema: Energiequelle)
	   – Wofür besteht Energie?
	   – Was macht Sinn?
	   – Was ist das innere Leitbild?
	2. Leitplanken (Thema: Relativierung)
	   – Wie weit reicht das System?
	   – Sind die Mußziele zwingend?
	   – Wie können Grenzen erweitert werden?
	3. Schwergewicht (Thema: intuitive Spur)
	   – Wo liegt die Entwicklungschance?
	   – Was ist die Marschrichtung?
	   – Wo führt der rote Faden (Intuition) hin?

Ergebnis: Marschrichtung «Was sind Erfolgskriterien?»

2.4.3 Ressourcen öffnen (Lösungssuche bzw. Synthese/Analyse)

Rationale Ebene	Emotionale Ebene

– Variantenkreation
– Methoden und Techniken zur Lösungsfindung und deren kritischer Prüfung
	1. Assoziation (Thema: Tagträumen)
	   – Was fällt mir zu Stichwort xy ein?
	   – Woran erinnert mich das noch?
	   – Was kommt mir Unsinniges in den Sinn?
	2. Verfremdung (Thema: Neukalibrierung)
	   – Was wäre, wenn... (Science fiction)?
	   – Was, wenn das Problem unlösbar ist?
	   – Wie wird das Problem anderswo gelöst? (Analogie)
	3. Nichtsprachlicher Ausdruck (Thema: innere, nicht bewußte Lösung)
	   – Problem (Soll und Ist) künstlerisch, bildhaft darstellen!
	   – Lösungsstrategien zeichnen!

Ergebnis: Schlüsselstrategien «Was sind neue Ansatzpunkte?»

2.4.4 Wertekonsens herstellen (Bewertung und Entscheidung)

Rationale Ebene	Emotionale Ebene

– Bewertung nach Zielerfüllung
– positive/negative Folgen
– Realisierbarkeit
	1. Wertemuster erkennen (Thema: Widerstände der Kultur)
	   – Welche Werte stehen hinter den Bewertungskriterien?
	   – Wo engen Ziel, fixe Ideen, Prämissen ein?
	   – Welche Kulturmuster nehmen Einfluß?
	2. Ängste entlarven (Thema: Widerstände der Personen)
	   – Was macht Angst, unsicher, schwankend?
	   – Was blockiert?
	3. Intuitionen kommen lassen (Thema: Inspiration)
	   – Was sagt die innere Stimme (nicht das Ego!)?
	   – Wo liegt die innerste Sicherheit (nicht die persönliche)?
	   – Was ist ohne rationale Erklärung evident (nicht logisch und bequem)?

Ergebnis: Abwägen «Was ist intuitiv **und** rational richtig?»

Je nach Komplexität des Problems Schrittfolgen 1 bis 4 auf unterschiedlichen Konkretisierungsebenen entsprechend Phasenmodell wiederholen.

2.4.5 Prozeß begleiten (Realisierung, d.h. Systembau und -einführung)

Rationale Ebene	Emotionale Ebene

– Ausführungsplanung
– Konkrete Ausführung
– Kontrolle, Steuerung
– Information
– Einführung der Lösung
	1. Unterstützung (Thema: Potential aktivieren)
	  – Wo sind ungenützte Kräfte?
	  – Welche Mitarbeiter bedürfen der Entwicklung?
	  – Wo fehlt die Identifikation?
	2. Prozeßanalyse (Thema: positive emotionale Besetzung)
	  – Sind die Ziele, Absichten und Kompetenzen wirklich allen klar?
	  – Wird bei Störungen (auch emotionalen) sofort ein Klärungsschritt eingeschoben?
	3. Feedback (Thema: Beachtung)
	  – Ist die Rückkopplung regelmäßig?
	  – Werden Änderungen begründet?
	  – Funktioniert die Zusammenarbeit und Führung?

Ergebnis: Implementierung «Wie wird Kultur beteiligt?»

2.4.6 Ergebnis würdigen (Projektabschluß)

Rationale Ebene	Emotionale Ebene

– Ergebniskontrolle
– Soll-Ist-Vergleich
– Korrekturen
– Abschluß, Übergabe
	1. Gesamtreview (Thema: Bereinigung)
	  – Was war Gewinn und Schwäche hinsichtlich Sache, Methode, Beziehung, Kultur usf.?
	  – Was bleibt noch auszumisten?
	2. Feiern (Thema: Anerkennung)
	  – Wie läßt sich der Erfolg zeigen?
	  – Wie kann die Mannschaft belohnt werden?
	  – Wie wird Anerkennung sichtbar?
	3. Entwicklung (Thema: Lernen)
	  – Was läßt sich daraus für neue Projekte lernen?
	  – Welche personellen und organisatorischen Änderungen sind die Konsequenz?
	  – Was läßt sich sofort tun?

Ergebnis: Lerneffekte «Was ist der Lerngewinn?»

2.5 Teamförderung in der Projektarbeit

2.5.1 Kommunikationspflege

Jede Kommunikation, die von Angesicht zu Angesicht ausgetauscht wird, ist mehrdimensional:

In der *ersten Dimension* enthält die Botschaft eine *sachliche Mitteilung* (Sache), die in einer bestimmten Form übermittelt wird (Methode).

In der *zweiten Dimension* tritt die *Persönlichkeit* in Erscheinung (deshalb auch Personebene genannt). Der Persönlichkeitsanteil wird meist nonverbal (ohne Worte) übermittelt durch die Haltung, den Tonfall, die Gestik usf. und äußert sich mehrfach:

In jeder Botschaft bringt der Sender sich selbst mit seiner Wertewelt zum Ausdruck (Ausdrucksebene). Gleichzeitig vermittelt er ein Bild seiner Selbstsicherheit und seiner Grundhaltung (Befindlichkeitsebene) und richtet sich mit einem unausgesprochenen Anliegen oder Appell an den Sender (Begegnungsebene). Schließlich drückt er seine Sympathie oder das gefühlsmäßige Angesprochensein aus (Beziehungsebene) (siehe Abb. 3.27).

Alle diese Variablen können den Inhalt der Botschaft verstärken, aber ebenso leicht verzerren, so daß zwischenmenschliche Kommunikation immer zurückgekoppelt werden muß, wenn man sicher sein will, sie verstanden zu haben.

Kommunikation ist das Medium jeglicher Projektarbeit, das bewußt gepflegt werden muß, wenn man Störungen vermeiden will. Es hilft, wenn bewußt zwischen verschiedenen Kommunikationselementen unterschieden wird, wie zum Beispiel:

1. Trennen von Reden und Zuhören
2. Beim Zuhören: Trennen von Hinhören und Beurteilen
3. Beim Beurteilen: Trennen von Reaktion der Gefühle und Reaktion des Verstandes
4. Bei der Reaktion der Gefühle: Unterscheiden von Gefühlsreaktionen auf Werte, Befindlichkeit, Begegnunghaltung und Beziehung.

Ebenso hilft, wenn die Kommunikationsart angekündigt wird:

- ich informiere...
- ich weise auf etwas hin
- ich gebe meine Meinung kund
- ich habe eine Hypothese
- ich habe einen Anspruch, usf.

Wenn auf diese Weise über die Kommunikationsinhalte und -formen gesprochen wird (Meta-Kommunikation), werden Mißverständnisse vermieden sowie Sicherheit und Vertrauen vermittelt.

Dazu ist es nötig, am Anfang eines Projektes die Kommunikation zu regeln und dafür zu sorgen, daß auch die Kommunikation wiederholt einer Review unterzogen wird. Folgende Regeln haben sich dabei bewährt:

1. Kommunikationsregeln
- Spielregeln für die informelle (z.B. Projekthock) und die formelle Kommunikation (z.B. Sitzungsarten) gemeinsam festlegen, Formen und Einrichtungen sowie Rahmenbedingungen bestimmen

2. Psychologische Aspekte der Projektarbeit

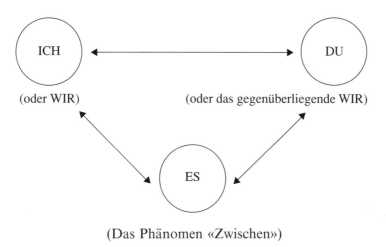

(Das Phänomen «Zwischen»)

Das «Zwischen» (oder das, was beide Seiten einbringen):

1 *Sachebene* (Inhalt) Die Sache an sich	Vorderbühne (willensgesteuert): erste Dimension
2 *Methodenebene* (Vorgehen) Die Bearbeitung einer Sache	Zwischenbühne (teilweise bewusst und gesteuert): erste Dimension
3 *Beziehungsebene* (Gefühle) Die Beziehung zu einer Sache und zum Gegenüber	Hinterbühne (meist wenig oder unreflektiert): zweite Dimension

Der Beziehungsanteil gliedert sich in:
a) Ausdrucksebene
   (Wertewelt: meine Beziehung zur Sache)
b) Befindlichkeitsebene
   (persönliche Kultur: meine Grundhaltung)
c) Begegnungsebene
   (Interaktion: Appell)
d) Beziehungsebene
   (persönliche «Chemie»: Beziehung zum Partner)	

Abb. 3.27 Modell «Kommunikation»

- Projektsitzung nach Kommunikationsart strukturieren (Information/Ideenfindung/Entscheidung) bzw. Kommunikationsform gemäß Schritt des Problemlösungszyklus festlegen
- Kommunikationsstörungen dürfen gefahrlos gemeldet werden; wenn massive Störung, mehrdimensionale Analyse des abgelaufenen Kommunikationsprozesses einschieben
- Für jede Sitzung einen Prozeßbeobachter bestimmen (Wetterfrosch für die emotionale Ebene)

2. Beziehungsregeln
- Bei Blockierungen untersuchen, ob dem Sachproblem nicht ein Beziehungsproblem zugrunde liegt
- Erkannte Beziehungsprobleme angehen, allenfalls Beziehungsstruktur der Projektgruppe erhellen
- Dem Projektleiter erlauben, bei unlösbaren Beziehungskonflikten einen Projektmitarbeiter aus dem Projekt zu entlassen
- Außenseiter, Unbeteiligte, Randfiguren, Querulanten, Vielredner, Lernunwillige und Lernunfähige ansprechen und in die Verantwortung einbinden
- Antipathie und negative Einstellungen zu anderen zulassen; wenn hilfreich, artikulieren, aber nicht den Projekterfolg damit in Zusammenhang bringen

3. Konfliktregeln
- Meinungsverschiedenheiten als Realität akzeptieren und als solche benennen
- Wenn hilfreich, Hintergründe der Unterschiede (Motive, Leitbilder, Weltanschauungen, Werte) ausleuchten, erklären und verstehen lassen
- Konfliktgespräche dürfen jederzeit ohne Gesichtsverlust angefordert werden
- Im Konfliktgespräch darf Unangenehmes ungestraft beim Namen genannt werden und muß vom Betroffenen zunächst ohne Erklärung oder Widerspruch angehört werden
- In der Ausmarchung von Interessen muß akzpetiert werden, daß nicht nur eine Ansicht möglich ist und daß eine Gegenposition nicht im voraus böswillig eingenommen wird

2.5.2 Wiederholte Klärung von Ziel und Kompetenz

Die Zusammenarbeit kann in einem Team nicht im voraus durch Regelbestimmung gesichert werden. Dazu sollte das Team wiederholt in einer kurzen Prozeßanalyse den Verlauf der Arbeit im Hinblick auf die sachliche Entwicklung, aber auch im Hinblick auf die Kommunikation und Kooperation kritisch prüfen.

Die größte Gefahr von Störungen besteht bei unbemerkten Ziel- und Rollenverschiebungen. Zielklärung und Rollenklärung gehören immer auf die Traktandenliste einer mehrdimensionalen Prozeßanalyse.

1. Zielklärung

a) gegenüber Auftraggeber und Projektleiter
- Auftrag und Pflichtenheft nach Sinn und Zusammenhang hinterfragen
- Erwartungen, Ansprüche mit vorgesetzten Stellen verifizieren

- Vision des Auftraggebers abholen und verstehen lernen
- Differenzen in den Zielvorstellungen bereinigen

b) gegenüber zusammenarbeitenden Instanzen
- Zuständige Ansprechpartner klar festlegen lassen und regelmäßig kontaktieren
- Vision und Ziel des Projektes gegenüber den zusammenarbeitenden Instanzen vermitteln, Auffassungsdifferenzen erkennen und klären

c) gegenüber Projektmitarbeitern
- Sicherstellen, daß Vision, Ziel, Konzept (immer wieder neu) richtig verstanden werden
- Gefühle, Wertvorstellungen, die dadurch ausgelöst werden, artikulieren, aufgreifen und klären
- Endprodukt oder Ergebnis visualisieren lassen, so daß Zielvorstellungen, Bedenken, Ängste, Verzerrungen usf. sichtbar werden und die Identifikation zunimmt
- Bei Teilzielen immer wieder Zielausrichtung prüfen mit Hilfe globaler Standortbestimmung; Befürchtungen bezüglich Projektfortschritt artikulieren und Motivationsstörungen zur Sprache bringen (wie z.B. Verlust an Zuversicht, von Vision und von Glauben an das Projekt)

2. Rollenklärung
- Aufgabe und Rolle in der Projektgruppe transparent darstellen (wird oft kaschiert) und Erwartungen der anderen offen entgegennehmen sowie allfällige Differenzen bereinigen bzw. Rolle anpassen
- Fach- und Führungskompetenz im Eigen- und Fremdbild im Team diskutieren; Vorbehalte äußern, unangemessene Maßstäbe revidieren und Vertrauenskredit für jedes Teammitglied sicherstellen; Veränderung in der Kompetenz wahrnehmen und anmelden
- Kompetenzlücken im Team orten und mit interner oder externer Hilfe oder mit Ausbildungsmaßnahmen schließen
- Kompetenzordnung zwischen Auftraggeber und Projektleiter sowie zwischen Projektleiter und Mitarbeitern regeln und laufend revidieren und ergänzen
- Führungskompetenz des Projektleiters durch regelmäßige Standortbestimmung über den Führungserfolg zum Thema machen
- Dem Projektleiter gestatten, Coaching durch einen Unbeteiligten anzufordern, wenn er sich unsicher fühlt, oder Anforderungsprofil vom Auftraggeber neu überprüfen lassen, gegebenenfalls für rasche Ausbildung sorgen
- Mit regelmäßigen «Entlastungsrunden» (jeder sagt offen, was ihn gedrückt und beengt hat) dafür sorgen, daß aufgestauter Ärger und Zweifel sowie Sorgen über die Weiterentwicklung auf den Tisch kommen und ernst genommen werden (aber nicht immer zu Maßnahmen führen müssen)

2.5.3 Das Fünf-I-Programm der Teambildung

Die Teamforschung und Gruppendynamik mißt die Qualität eines arbeitsfähigen und kreativen Teams an fünf Variablen (siehe Abb. 3.28).

- *Identität*
  Antwort auf Frage: Wer bin ich im Team? Bedürfnis-Äusserung, Abgrenzung, Selbstverständnis und Selbstkongruenz

- *Identifikation*
  Antwort auf Frage: Was will ich? Übereinstimmung von persönlichen und gruppenbezogenen Zielen

- *Interaktion*
  Antwort auf Frage: Wie miteinander? Form und Qualität der zwischenmenschlichen Beziehungen und des Dialoges sowie der Gruppendiskussion

- *Interdependenz*
  Antwort auf Frage: Wer führt? Machtverteilung, Steuerung, Aktivierung, Unterordnung, Zuordnung und Anerkennung von Führungskompetenz

- *Intimität*
  Antwort auf Frage: Wie persönlich oder wie nahe? Offenheit, Akzeptation, Einsteckbereitschaft, Toleranz

Abb. 3.28 Die fünf I als Qualitätsmerkmale eines Teams

Nach diesen Vorgaben braucht ein Team Selbstbewußtsein, Ausrichtung auf ein Ziel, kommunikativen Austausch, Flexibilität in der Machtverteilung sowie ein Basisvertrauen, das durch Offenheit und Nähe erreicht wird.

Es ist für den Erfolg nicht entscheidend, daß alle Variablen optimal erfüllt sind, jedoch sollte jedes «I» eine minimale Ausprägung besitzen. Wenn eines der fünf «I» fehlt, sei es die Identität mit der Rolle im Team, die Identifikation mit den Zielen, die Interaktion zwischen den Mitgliedern, das Vorhandensein von gegenseitiger Führung (Interdependenz) oder der persönliche Kitt und das Vertrauen (Intimität), beginnt die Gruppe für Störungen anfällig zu werden.

Am besten bewährt sich für die Teamförderung und Teamentwicklung ein Meeting außerhalb der laufenden Projektarbeit, an dem in einem freien Gedankenaustausch ohne Zeit- und ohne Autoritäts-Druck und ohne Leistungsbewertung zu den fünf «I» einzeln und als Gesamtgruppe Stellung genommen wird.

2.6 Zusammenfassung

1) Die psychologische Komponente erweitert die methodische (SE) durch die ausdrückliche Betonung des Phänomens «Mensch». Der Dimension Projektgegenstand (Objekt) wird die menschliche Dimension (Subjekt) hinzugefügt.
2) Die psychologische Denkweise kann durch folgende Merkmale charakterisiert werden:
   - Menschliches Denken, Fühlen und Handeln ist befangen. Das Gefühlsleben zensuriert das Wahrnehmen und Denken
   - Auch Projekte werden mehrdimensional erlebt: denkend, fühlend und intuitiv
   - In Projekten existieren keine absoluten Wahrheiten
   - Es gehört zur Tagesordnung, daß in Projekten verschiedene Wahrnehmungen aufeinanderprallen und einer Abstimmung bedürfen. Dies kann durch Überzeugung, Durchsetzung oder Machtausübung erfolgen
3) Rational-methodische und emotional-psychologische Ansätze ergänzen sich durch die Art der Fragestellungen, mit der an ein Projekt herangegangen wird.
   - Der rational-methodische Ansatz fragt nach dem Ist, dem Soll bzw. dem Weg
   - der emotional-psychologische nach dem Urheber, dem problemempfindenden Menschen, nach dessen Denkart, Weltanschauungen und Motiven.
4) Diese Erkenntnisse führen – auf die Projektarbeit angewandt – zu folgenden Grundsätzen:
   - Nicht nur mit dem Kopf arbeiten. Gefühl und Intuition nicht unterdrücken
   - Zusätzlich zum Denken in Fakten: Denken in Werten
   - Keine starre Unterordnung unter eine Systematik
5) Kreativität spielt in der Projektarbeit eine wichtige Rolle. Die emotionale Dimension soll dabei die rationale unterstützen, überwachen und ergänzen.
   - Die emotionale schafft kreativen Raum
   - Die rationale Dimension bringt Ordnung und Übersicht in den Problemlösungsprozeß
6) Die Schritte bzw. Phasen des Projektablaufes erhalten mit Wissen und Würdigung der emotionalen Ebene eine zusätzliche Bedeutung.
   - In jeder Phase müssen spezifische Zusatzfragen gestellt werden
   - Die Beantwortung dieser Fragen mit absoluter Offenheit öffnet den Zugang zur dritten Dimension: Intuition und Inspiration.
7) Kommunikation ist essentieller Bestandteil der Projektarbeit. Sie ist ebenfalls mehrschichtig.
   - Die erste Dimension konzentriert sich auf die sachliche Mitteilung und die Form bzw. Methode der Übermittlung
   - In der zweiten Dimension tritt die Persönlichkeit in Erscheinung
8) Es gibt hilfreiche Regeln für eine sinnvolle Kommunikation.
9) Die Arbeitsfähigkeit von Teams erfordert eine minimale Ausprägung folgender 5 Merkmale:
   - Identität mit der Rolle
   - Identifikation mit den Zielen
   - Interaktion zwischen den Mitgliedern

- Interdependenz (= Vorhandensein einer gegenseitigen Führung)
- Intimität im Sinne von Kitt und Vertrauen

10) Die Komponente «Mensch» kann nicht angeeignet werden, sondern ist durch Selbsterfahrung und Selbsteinsicht zu gewinnen.

2.7 Literatur

Checkland, P.: Weiches Systemdenken
Kälin, K.; Müri, P.: Führen
Kälin, K.; Müri, P.: Sich und andere führen
Müri, P.: Chaos-Management
Müri, P.: Dreidimensional führen
Müri, P.: Erfolg

Vollständige Literaturangaben im Literaturverzeichnis.

Teil IV: Fallbeispiel Flughafen

«Ich höre und vergesse;
ich sehe und erinnere mich;
ich tue selber und verstehe.»

(Konfuzius)

Teil IV: Fallbeispiel Flughafen

Die bisherigen theoretischen Ausführungen werden nun anhand eines Fallbeispieles erläutert. Es beruht auf einem tatsächlich durchgeführten Planungsauftrag. Der Fall wurde aber im Hinblick auf den Zweck, den er erfüllen soll, entsprechend aufbereitet. Insbesondere war es erforderlich, die Situation stark vereinfacht darzustellen und die Denkprinzipien bzw. methodischen Aspekte gegenüber anderen (z. B. fachlichen und vorgehensmäßigen) deutlich hervorzuheben. Außerdem waren verschiedene Diskussionen und Entscheidungsprozesse wesentlich komplizierter und emotionaler als hier dargestellt.

Zu den methodischen Aspekten, die gezeigt werden sollen, gehören insbesondere:
- das stufenweise Vorgehen vom Groben zum Detail, verbunden mit
- der Gliederung des Objektes in überblickbare Teile, die weitgehend isoliert behandelt werden können, ohne daß der Gesamtzusammenhang dabei verloren geht
- die konsequente Bildung von Lösungsvarianten auf allen betrachteten Ebenen
- die beispielhafte Erläuterung wichtiger Vorgehensschritte innerhalb der Vorstudie
- die Art der Zusammenarbeit zwischen Auftraggeber und Planer, vor allem bei der Auftragsformulierung und bei der Bewertung.

Um die unterschiedlichen Positionen und Sichtweisen von Planer und Auftraggeber besser zum Ausdruck bringen zu können und um die Darstellung des Fallbeispiels aufzulockern, wurde die Form des Gesprächs zwischen Auftraggeber und Planer gewählt. Der Auftraggeber tritt zwar als Einzelperson auf, ist aber als Sprachrohr einer Gruppe politischer Instanzen und Vertreter öffentlicher Interessen zu verstehen. Der Planer A ist in den Verhandlungen mit dem Auftraggeber Vertreter der Planungsgruppe GuM.

Methodische Hinweise und dem besseren Verständnis dienende Erläuterungen werden als Kommentare eingefügt. Diese Darstellungsform wurde auch im Hinblick auf das «Nachspielen» gewählt.

Das Fallbeispiel ist wie folgt gegliedert bzw. läuft wie folgt ab:
- Anstöße zum Projekt und zur Vorstudie
- Konkretisierung der Auftragsformulierung
- Situationsanalyse, Gliederung des Objektes, Identifikation der Einflußfaktoren, Definition des Untersuchungsbereiches
- grobe Zielformulierung
- Bildung von prinzipiellen Lösungsvarianten, Definition des Gestaltungs- bzw. Eingriffsbereiches
- Anheben der Lösungsebene, Infragestellen des Gestaltungsbereiches
- Gliederung des Projektes
- Gliederung der Vorstudie in Planungskreise
- Anwendung des Problemlösungszyklus
- Zusammenhang von Situationsanalysen in verschiedenen Planungskreisen
- Identifikation zusätzlicher Detail-Ziele
- Kreation von Lösungsvarianten

Teil IV: Fallbeispiel Flughafen 307

- Bewertung und Entscheidung
- Weiterführung der Planung

Auftraggeber:

(Der Auftraggeber schildert dem Planer die Schwierigkeiten, vor die er sich gestellt sieht)

Sie kennen die Probleme, die unser heutiger Flughafen verursacht und Sie wissen vermutlich auch, daß wir zusehends mit der Forderung nach einem neuen Flughafen für unsere Agglomeration bedrängt werden.

Von verschiedenen Seiten werden die folgenden Argumente vorgebracht:

- Der Lärm ist zu groß.
- Wirbelschleppen beschädigen die Dächer.
- Psychische Schädigungen bei Kindern im Stadtteil Krachhausen sollen vorgekommen sein.
- Der Flughafen ist zu klein.
- Die Zufahrten zum Flughafen sind ständig verstopft, obwohl er an einer Autobahn liegt.
- Benützer der Autobahn werden durch den Flugverkehr irritiert; es ist schon zu schweren Unfällen gekommen.
- Stadt Y baut ebenfalls aus (evtl. sogar neu) und wird uns bei den Direkt-Verbindungen den Rang noch vollends ablaufen.
- Bei uns können Jumbos ja nicht voll beladen starten...

Planer A:

Wenn ich Sie richtig verstanden habe, geht es eigentlich um vier Schwerpunkte:

1) Die *Lärmbelästigung* der Bevölkerung ist zu groß, weil zu tief über Wohngebiete geflogen wird. Dadurch werden sogar Schäden an Dächern verursacht.
2) Die *Kapazität* des bestehenden Flughafens ist voll ausgeschöpft. Die einzige Start/Lande-Bahn erlaubt keine weitere Steigerung der Flugzeugbewegungen in den Spitzenstunden. Weil sie zudem noch kurz ist, sind die Abfluggewichte für Großflugzeuge beschränkt.
3) Die *Verbindungen* für den individuellen Nahverkehr sind schlecht. Ein Anschluß an das Schienen-Nahverkehrsnetz besteht nicht, und es existieren auch keine Bahn-Fernverkehrsverbindungen.
4) Es besteht eine gewisse *Konkurrenzsituation* zum Flughafen von Stadt und Ballungsraum Y.

Auftraggeber:

Sie sehen das Problem richtig. Wir brauchen einen neuen Flughafen und wollen Sie beauftragen, erste planerische Konzepte zu erarbeiten. Wir haben uns schon Gedanken über den Standort gemacht und sind der Ansicht, daß die Gegend um Moorbach oder im Grootenforst gute Lösungen wären.

Kommentar:

Der Planer verläßt die Besprechung mit gemischten Gefühlen. Einerseits freut er sich über den neuen Auftrag, andererseits ist er aber von der Zweckmäßigkeit der angedeuteten Lösungsrichtung nicht ganz überzeugt und fühlt sich in die Rolle des «Erfüllungsgehilfen» gedrängt.

Der Auftrag ist mit Sicherheit nicht lösungsneutral. Denn dann hätte nicht die Lösung selbst (neuer Flughafen in der Gegend von Moorbach oder im Grootenforst) vorgegeben werden dürfen, sondern nur deren Wirkungen (z. B. weniger Lärmbelästigung, mehr Kapazität usw.). Der Planer wird deshalb prüfen müssen, ob nicht – aufgrund einer lösungsneutralen Zielformulierung – weitere Lösungen in Betracht kämen.

Planer A:

(in seinem Büro; hat die Situation seinen Kollegen erläutert)

Für das weitere Vorgehen schlage ich vor, die folgende intern geltende Auftragsformulierung zu verwenden:

«Wir wollen Lösungen suchen für die derzeitigen Flughafenprobleme:

– unzumutbare Lärmbelästigung
– mangelnde Kapazität
– unzureichende Verkehrsanschlüsse»

Die Konkurrenzsituation mit dem Flughafen von Stadt und Ballungsraum Y wollen wir vorläufig außer acht lassen.

Planer B:

Ich finde diese Formulierung gut, denn bevor wir an einen neuen Standort denken, sollten wir auch die Möglichkeit ins Auge fassen, die Situation am bestehenden Standort zu verbessern.

Planer C:

Zu allererst müssen wir uns aber einen Überblick verschaffen über das, wovon wir eigentlich reden.

Wir sollten also den Flughafen in charakteristische und überblickbare Teile gliedern, seine Umwelt miteinbeziehen und die unbefriedigende Situation, die Forderungen, Erwartungen und Hoffnungen deutlicher herausarbeiten, die seitens der Beteiligten und Betroffenen an den Flughafen gestellt werden. Dabei dürfen wir uns nicht auf die heutige Situation beschränken, sondern müssen mögliche zukünftige Entwicklungen vorausdenken.

Die Planer einigen sich darauf, daß es zweckmäßig ist, eine Arbeitsteilung vorzunehmen. Planer C wird versuchen, die Situation zu strukturieren, Planer B wird sich Lösungsmöglichkeiten für den alten Standort überlegen.

Planer C:

(zeigt das Resultat seiner Überlegungen):
 Zuerst habe ich mir Funktionen und Beziehungen am Flughafen überlegt, die ich, wie ich glaube, nicht näher erläutern muß (Abb. 4.1).

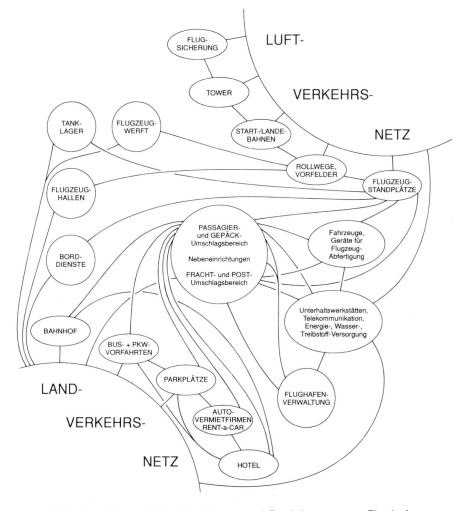

Abb. 4.1 Wesentliche Funktionen und Beziehungen am Flughafen

Wie vielschichtig die Umwelt ist, habe ich erst bemerkt, als ich versuchte, sie graphisch darzustellen. Ich bin nicht imstande gewesen, alles in eine einzige Darstellung hineinzupacken und habe deshalb zwei verschiedene Darstellungen angefertigt (siehe Abb. 4.2 und 4.3):

Um den Flughafen erstreckt sich in der Ebene die Flughafen-Region mit dem relevanten Landverkehr, darüber der Luftraum (Abb. 4.2). Der steilere Kegelstumpf stellt modellhaft den Bereich der An- und Abflugsektoren dar, der darüberliegende flachere das Luftverkehrsnetz. In die Ebene projiziert (innerer Kreisring um das System Flughafen), grenzt der steilere Kegelstumpf den Bereich des Umsystems Betroffene ab, das nach körperlich-psychischen (z.B. Lärm) und wirtschaftlichen Auswirkungen (z.B. Nutzungsbeschränkungen) gegliedert werden kann. Der Kreis der Beteiligten besteht aus den ursächlich Beteiligten (Passagieren, Fracht/Post und Luftverkehrsgesellschaften) und den abgeleiteten Sektoren (z.B. Versorgungswirtschaft, Flugsicherung), wobei die landseitig Beteiligten durch den äußeren Kreisring um den Flughafen dargestellt werden. Die Umsysteme Wirtschaft, Technik, Rechtsordnung und Gesellschaft überspannen das Ganze.

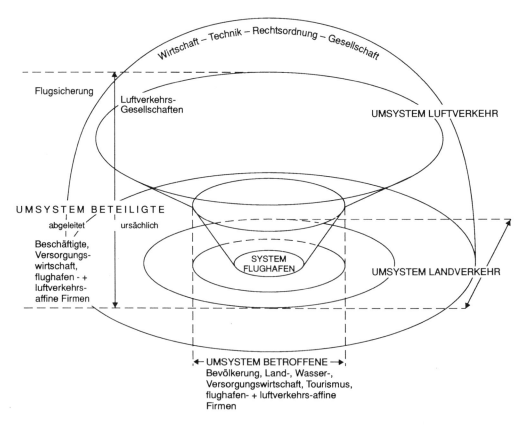

Abb. 4.2 System/Umsysteme-Darstellung des Flughafens – Darstellung des Untersuchungsbereiches

Die Betroffenen und Beteiligten habe ich folgendermaßen zu erfassen versucht (Abb. 4.3).

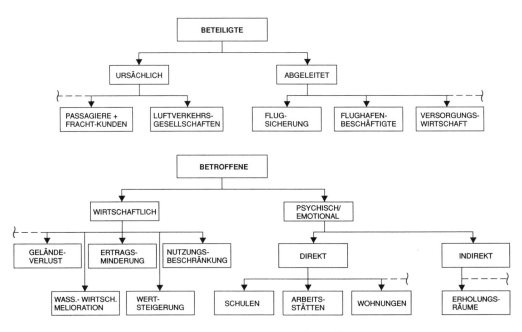

Abb. 4.3 Beteiligte und Betroffene

Und damit wir besser imstande sind, die Anforderungen, die an den Flughafen gestellt werden, zu definieren, habe ich in Form einer Einflußgrößenanalyse versucht, mögliche Personengruppen, Gremien und Institutionen und die vermutliche Art ihrer Interessenlage bezüglich des Vorhabens aufzuzeigen (Abb. 4.4).

Kommentar:

Die Planer sind sich darüber im klaren, daß sich aus diesen Darstellungen nicht unmittelbar Lösungsmöglichkeiten ableiten lassen, daß sie aber geeignet sind, die Situation und ihre Verflechtungen in einem vorläufig ausreichenden Ausmaß darzustellen und mit dem Auftraggeber sowie den Beteiligten und Betroffenen zu diskutieren.

Abb. 4.4 Einflußgrößenanalyse zur Erfassung der Interessenlage am Projekt

Planer B kommt hierauf auf Lösungsmöglichkeiten für die Flughafenprobleme zu sprechen.

Planer B:

Prinzipiell sind drei Möglichkeiten denkbar:

a) Der bestehende Flughafen bleibt wie er ist.
b) Er wird ausgebaut.
c) Wir bauen einen Flughafen an einem neuen Standort.

Ich habe versucht, die Struktur des Problems und die Bedingungen, unter denen es lösbar ist, darzustellen (Abb. 4.5). Überall dort, wo wir noch nähere Untersuchungen durchführen müssen, ist ein Feld leergelassen. Dort, wo wir eine Stellungnahme des Auftraggebers benötigen, habe ich dies durch einen Rhombus angedeutet.

Teil IV: Fallbeispiel Flughafen

Auftraggeber:

Ein paar Tage später kommt der Auftraggeber zu einem Gespräch in das Planungsbüro.

Auftraggeber:

Ich wurde da auf einen Zeitschriftenartikel aufmerksam gemacht, in dem die künftige Entwicklung des Flugverkehrs über mittlere Strecken sehr kritisch beurteilt wird. Über mittlere Distanzen – so wird behauptet – werde das Flugzeug in zunehmendem Maße durch den Hochleistungsschienenverkehr verdrängt. Wenn das stimmt, dann haben wir vielleicht in 10–15 Jahren einen wunderschönen riesigen neuen Flughafen und benötigen ihn womöglich nicht.

Planer A:

Sie haben recht. Ihr mittel- bis langfristiges Kapazitätsproblem wäre damit vermutlich weniger schwerwiegend und unter Umständen sogar gelöst. Kurzfristig würde es aber – neben dem Lärmproblem und dem der unzureichenden Verkehrsanbindung – weiterhin bestehen bleiben.

Planer C:

Unabhängig davon sind wir zu der Ansicht gekommen, daß wir die mittel- bis langfristigen Entwicklungen im Verkehrswesen noch nicht genügend untersucht haben und wir uns noch zu sehr mit Lösungen für die prekäre Situation jetzt und in naher Zukunft befassen. Diese basieren zudem auf einer Reihe von Annahmen, die noch näher untersucht werden müssen.

Auftraggeber:

Welche zum Beispiel?

Planer C:

Die erste – Wachstumsraten des Flugverkehrs über mittlere Distanzen – haben Sie bereits selbst in Frage gestellt.
 Weitere Fragen, die noch zu klären wären, sind:
– Ist Flugverkehr in Zukunft tatsächlich in dem Ausmaß mit Lärm verbunden wie heute?
– Ist in Zukunft mit ähnlichen Zuwachsraten im Passagier- und Frachtaufkommen zu rechnen?
– Sind die von Ihnen vorgeschlagenen Standorte z.B. in der Gegend von Moorbach bzw. im Grootenforst überhaupt geeignet und politisch durchsetzbar?
– Gibt es überhaupt Standorte in unserem Ballungsraum, für die dies zutrifft?

Auftraggeber:

Es ist richtig, wenn Sie diese Fragen anschneiden. Bedenken Sie aber, daß – wie auch immer die Antwort sein wird – wir mit dem heutigen Flughafen ein akutes Problem vorliegen haben und die Betroffenen sich nicht auf vage Zukunftsaussichten, beispielsweise über einen evtl. Rückgang des Flugverkehrs oder leisere Flugzeuge, vertrösten lassen, ganz abgesehen vom Wachstum des Luftverkehrs und den damit verbundenen betrieblichen Anforderungen.

Planer A:

Wenn wir diese Fragen aufwerfen, verfolgen wir damit einen zweifachen Zweck: Sie sollen uns einerseits erlauben, die evtl. Möglichkeiten zur Verbesserung der Situation am alten Standort zu beurteilen. Und wenn wir sehen, daß am jetzigen Standort nichts zu machen ist, benötigen wir sie andererseits zur Dimensionierung des neuen Flughafens und zur Abklärung der Standortfrage.

Wir haben dazu bereits verschiedene grundsätzliche, denkbare Lösungen überlegt und würden gerne Ihre Meinung hören.

Planer B:

Wenn wir die heutigen Flughafenprobleme in den Vordergrund stellen und von einer lösungsneutralen Auftragsformulierung ausgehen, so hätten wir folgende drei prinzipielle Varianten (zeigt dem Auftraggeber die Abbildung 4.5 und erläutert sie und die Annahmen zu den Kriterien Lärm, Kapazität und Verkehrsanbindung).

Teil IV: Fallbeispiel Flughafen

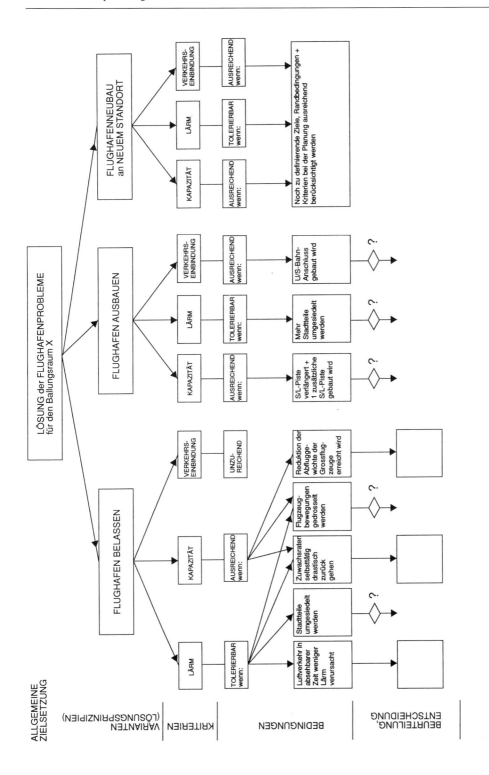

Abb. 4.5   Lösungsprinzipien für die Flughafenprobleme und ihre Beurteilungskriterien

Teil IV: Fallbeispiel Flughafen

Nach lebhafter Diskussion einigt man sich auf folgende Annahmen:
- Auch wenn eine Tendenz zu leiseren Flugzeugen besteht, ist nicht zu erwarten, daß der Flugbetrieb insgesamt in absehbarer Zeit wesentlich weniger lärmig sein wird (siehe a in Abb. 4.6).
- Ebensowenig ist ein längerfristig gültiger drastischer Rückgang der Anzahl Flugzeugbewegungen zu erwarten – (siehe c).
- Die Fluggesellschaften sind aus Gründen der Streckenführung nicht imstande, die Abfluggewichte aller Großraumflugzeuge zu reduzieren. Wenn man ihnen hier nicht entgegenkommt, werden sie unseren Flughafen weiterhin nicht mit Jumbos anfliegen – (siehe e).
- Die Möglichkeit, Stadtteile umzusiedeln, wird vom Auftraggeber «als nicht einmal diskutierbar» zurückgewiesen – (siehe b),
- ebenso die Möglichkeit, die Start- und Landehäufigkeit über Verordnungen zu reduzieren – (siehe d).

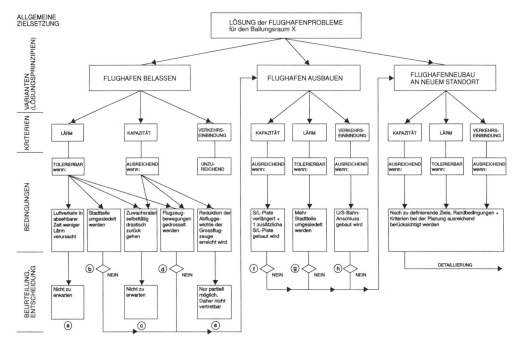

Abb. 4.6   Lösungsprinzipien für die Flughafenprobleme. Analyse und Entscheidungen

Planer B:

Unter der Voraussetzung, daß man die gegenwärtige Situation verbessern will, ist es nicht mehr zulässig bzw. möglich, den Flughafen im heutigen Zustand zu belassen.

Durch einen Ausbau könnte man zwar die Kapazitätssituation und in gewissem Ausmaß auch den ÖNV-Anschluß verbessern, würde die Lärmsituation damit aber noch mehr verschärfen. Da eine Umsiedlung von Stadtteilen bereits abgelehnt wurde, fällt auch Variante 2 weg. Damit verbleibt nur mehr die Variante 3 «Neuer Flughafen am neuen Standort» (siehe Abb. 4.6).

Kommentar:

Der Auftraggeber weist darauf hin, daß es den Planern nun gelungen sei, mit großem Aufwand das zu bestätigen, was er immer schon gewußt habe. Er nimmt jedoch seine Behauptung, man habe sich unnötigerweise im Kreise gedreht, im Verlaufe der Diskussion wieder zurück, und zwar aus folgenden Gründen:

- Es wurde eine Reihe von Fragen gestellt und Möglichkeiten erwogen, die in den Ausschüssen, denen er angehört, nie besprochen wurden (z.B. Reduktion der Flugzeugbewegungen via Verordnungen, Umsiedlung von Stadtteilen, leisere Flugzeuge, selbsttätiger Rückgang der Flugzeugbewegungen usw.).
- Er hat jetzt gut strukturierte Unterlagen, mit deren Hilfe er Argumenten entgegentreten kann, welche die Notwendigkeit eines neuen Flughafens anzweifeln.

Planer A:

Es taucht hier ein weiteres Problem auf: Wegen des großen Platzbedarfs, der starken Lärmbelästigung und der hohen Besiedlungsdichte können Flughäfen heute kaum näher als 40-60 km vom Aufkommensschwerpunkt entfernt angelegt werden. Es bedarf daher eines sehr leistungsfähigen Bodenverkehrsmittels, um den Aufkommensschwerpunkt verkehrsmäßig effizient an den Flughafen anzuschließen. Die trotzdem entstehenden relativ langen Fahrzeiten im Flughafenverkehr einerseits und die aufgrund der neuen Schienenverkehrssysteme möglichen Fahrzeitverkürzungen im Verkehr zwischen den Ballungsräumen andererseits, könnten den Flugverkehr zwischen den Ballungsräumen weitgehend ersetzen.

Den Luftverkehr auf europäischen und internationalen Strecken könnte ein *regionaler* Flughafen für zwei oder mehrere benachbarte Ballungsräume abwickeln. Derartige Überlegungen beeinflussen dann wiederum die Standortfrage und den Charakter des Flughafens.

Auftraggeber:

Die Frage lautet also, ob Sie einen Flughafen für unsere lokalen Bedürfnisse oder für uns und die benachbarten Ballungsräume planen sollen? Darüber habe ich noch nicht nachgedacht.

Planer C:

Bisher haben wir uns praktisch ausschließlich über Lösungsmöglichkeiten auf der lokalen Ebene, d.h. für unseren Ballungsraum unterhalten. Die Charakteristiken des Flugbetriebes und die Anforderungen seitens der Umsysteme wären dabei für alle Varianten gleich.

Wenn wir uns jetzt auf die nächsthöhere Betrachtungsebene – nämlich die regionale – begeben, so stellt die bisher beste Variante L3 – neuer Flughafen an neuem Standort – nur eine Teillösung dar. Eine weitere – aus regionaler Sicht betrachtet – vermutlich bessere Lösung könnte darin bestehen, für die Ballungsräume X, Y und Z einen gemeinsamen Flughafen zu bauen.

Den Verkehr zwischen den Ballungsräumen (Intercity-Verkehr) übernähme dann die Schiene mit dem geplanten Intercity-Expreß-System, so daß für den Flugverkehr nur die kontinentalen und interkontinentalen Verbindungen verblieben. (Der Inlands-Luftverkehr hat ca. 50% Anteil an der Passagierbeförderungsleistung unserer nationalen Fluggesellschaft.)

Die Konsequenzen für die Verkehrsabwicklung bezüglich Verkehrsarten und -mittel sowie die Voraussetzungen für den Einsatz dieser Mittel in planerischer, baulicher und politischer Hinsicht sind in Abb. 4.7 dargestellt.

Kommentar:

Der Auftraggeber zieht sich zurück, um diese Frage mit den dafür zuständigen Gremien und Kommissionen zu besprechen. Nach ein paar Wochen erläutert er das Ergebnis der Beratung.

Auftraggeber:

Wir sind zur Auffassung gelangt, daß wir einen internationalen Flughafen bauen sollten, der aber lediglich für die Bedürfnisse unseres Ballungsraumes konzipiert ist. Als Planungshorizont sind mindestens 50 Jahre anzunehmen. Da es mit Sicherheit der letzte Flughafen in unserem Ballungsgebiet sein wird, sollten Sie Reserven vorsehen. Ich möchte diese Entscheidung wie folgt begründen:

Der Einsatz neuartiger Bodenverkehrsmittel und deren Betrieb auf einem Netz, das es erlaubt, Reisezeiten über mittlere Distanzen zu erzielen, die mit den Flugreisezeiten vergleichbar sind, wird kaum vor Ende des nächsten Jahrzehnts möglich sein. Ein Flughafen an einem Standort zwischen den Ballungsräumen X, Y und Z wäre deshalb für ca. 20 Jahre auf die Bedienung mit herkömmlichen Bodenverkehrsmitteln – überwiegend auf den vorhandenen Trassen – angewiesen. Eine solche Einbindung wäre in mehrfacher Hinsicht unzureichend.

Unser föderativer Staats- und Verwaltungsaufbau sowie die erforderlichen internationalen Vereinbarungen erlauben es ferner nicht, wesentlich früher mit einer Inbetriebnahme eines solchen regionalen Flughafens zu rechnen. So lange können wir aber mit der Lösung der Lärm- und Kapazitätsprobleme am jetzigen Flughafen nicht warten.

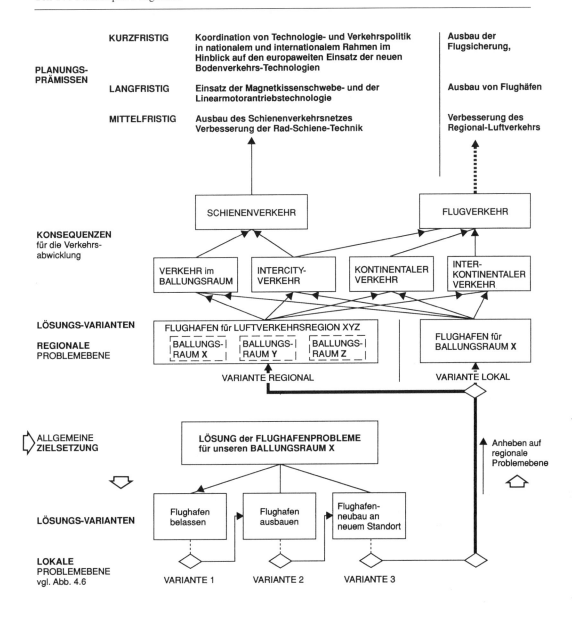

Abb. 4.7 Erweiterung der Problemsituation bei Anheben auf die regionale Ebene

Wir müssen deshalb für unseren Ballungsraum einen, den internationalen Verbindungen entsprechenden Flughafen bauen, sollten jedoch bei der Auslegung des Endausbauzustandes und der Baustufen die Möglichkeit einer Verlagerung des Mittelstreckenverkehrs auf andere Verkehrsmittel und einer regionalen Abwicklung bestimmter Flugverkehrsarten im Auge behalten.

Kommentar:

Diese Entscheidung hinterläßt bei den Planern ein gewisses Unbehagen. Sie sind der Ansicht, daß ein regionaler Flughafen im Hinblick auf die Umweltprobleme und die künftigen Verkehrsverhältnisse die eindeutig bessere Lösung wäre. Andererseits müssen sie aber zugeben, daß die Lösung der Probleme dringlich ist und eine regionale Lösung mit einer erheblichen Verzögerung verbunden wäre. Zudem fürchten sie, den Auftrag zu verlieren, wenn sie auf ihrem Standpunkt beharren. Sie akzeptieren deshalb die Entscheidung des Auftraggebers als Basis für das weitere Vorgehen.

Es muß ausdrücklich darauf hingewiesen werden, daß es sich bei der hier angeschnittenen Frage nicht um ein methodisches – und damit ein SE-Problem –, sondern um ein solches des «Planning under pressure» und der «Planungs-Ethik» handelt.

Planer A:

Darf ich der Vollständigkeit halber die ab jetzt gültige Auftragsformulierung wiederholen.

Wir sollen

– an einem neuen Standort
– einen internationalen Großflughafen
– für unseren Ballungsraum
– für die Luftverkehrsbedürfnisse der nächsten 50 Jahre mit Reserven
– mit geringerer Lärmbelastung und
– besseren Bodenverkehrsanschlüssen

planen.

Auftraggeber:

Das ist richtig. Mich würde jetzt noch interessieren, wie Sie weiter vorgehen werden.

Planer A:

Wir gehen davon aus, daß gemäß Systems Engineering ein stufenweiser Planungs- und Entscheidungsprozeß möglich sein soll. Wir haben deshalb versucht, die u.E. wichtigsten Tätigkeiten innerhalb der einzelnen Phasen anzugeben (Abb. 4.8).

Teil IV: Fallbeispiel Flughafen

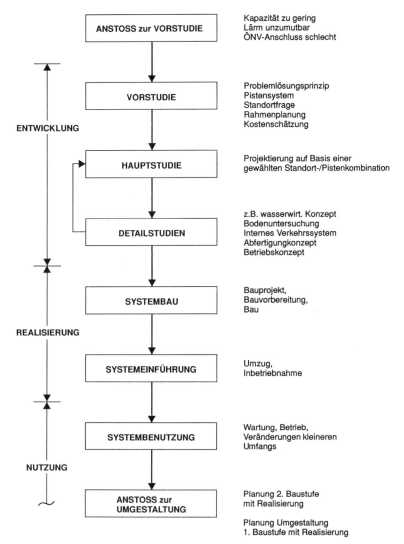

Abb. 4.8   Lebens- bzw. Projektphasen gemäß Systems-Engineering-Vorgehen (vgl. dazu Abb. 1.25)

Planer B:

Genauer überlegt haben wir uns vorläufig nur die Vorstudie, die folgendes Ergebnis bringen soll:
– Das Problemlösungsprinzip kennen wir bereits (internationaler Großflughafen für unseren Ballungsraum an neuem Standort).
– Wir wollen eine Entscheidung hinsichtlich des Standortes haben, wobei diese Frage natürlich eng verbunden ist mit der optimalen Pistenkonfiguration (Anzahl, Länge und Anordnung der Start- und Landepisten).

Teil IV: Fallbeispiel Flughafen

- Wir wollen grobe Anordnungsvarianten der wichtigsten Bereiche (Passagier-, Fracht- und Betriebsbereich, Werft, Zu- und Abfahrten) erarbeiten und eine diesbezügliche Entscheidung erreichen und schließlich
- eine grobe Kostenschätzung liefern.

Planer C:

Wir haben dabei 4 Planungskreise voneinander abgegrenzt, die wir weitgehend isoliert betrachten können. Es ist zweckmäßig, wenn wir dabei folgende Sequenzen beachten (Abb. 4.9).

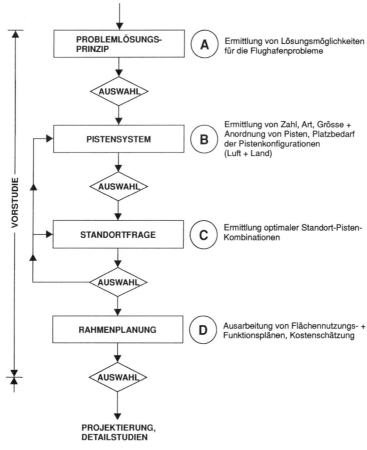

Abb. 4.9   Planungskreise innerhalb der Vorstudie

Planer A:

Für jeden dieser Planungskreise wird ein eigener Problemlösungszyklus durchlaufen. In Abb. 4.10 ist der Ablauf innerhalb der verschiedenen Planungskreise der Vorstudie dargestellt.

Teil IV: Fallbeispiel Flughafen

SCHRITTE im PROBLEM-LÖSUNGSZYKLUS	Ⓐ PROBLEM-LÖSUNGSPRINZIP	Ⓑ PISTENSYSTEM (standortneutral)	Ⓒ STANDORT-FRAGE	Ⓓ RAHMENPLANUNG
AUFTRAGS-ERTEILUNG	– neuer Flughafen – neuer Standort (Formulierung 1)	AUFTRAGSFORMULIERUNG 3		
SITUATIONSANALYSE	– System – Umsystem – Einflussgrössen-Analyse	Kapazität Flugsicherung Windverhältnisse	Lärm ÖNV Landesplanung Meteorologie Baugrund	Betriebsabläufe lokale Randbedingungen bisherige Festlegungen
ZIELSETZUNG	lösungsneutrale Formulierung (Formulierung 2)	Generelle Ziele		Detailziele
SYNTHESE/ANALYSE	Varianten von Flughafenproblemlösungen	Varianten von Pistensystemen	Übertragung von Pistensystemen auf Standorte	Layout-Varianten
BEWERTUNG	Einfach, nicht formal	(nicht gezeigt)	stufenweises eliminieren	
AUSWAHL/ENTSCHEIDUNG	– neuer Standort – Int. Grossflughafen – regional – bis > 2040 – weniger Lärm – guter ÖNV-Anschluss (Formulierung 3)	4 Varianten	Variante 3 Standort A	

Abb. 4.10   Die Anwendung des Problemlösungszyklus in den Planungskreisen

Der erste Problemlösungszyklus (Planungskreis A) ist bereits abgeschlossen, die Entscheidung liegt vor (internationaler Großflughafen für unseren Ballungsraum an neuem Standort).

Im Planungskreis B sollen – vorläufig noch standort-neutral – Varianten von Pistensystemen entwickelt werden. Auch hier wendet die Planungsgruppe den Problemlösungszyklus als Vorgehensleitfaden an. Als Auftrag gilt die zuletzt vereinbarte Auftragsformulierung 3 (siehe Abb. 4.10).

Auftraggeber:

Wieso wollen Sie standort-neutral planen?

Planer A:

Durch Erarbeitung von ausschließlich auf die luftverkehrsrelevanten Ziele ausgerichteten Pisten-System-Varianten verfügen wir über mehrere in unterschiedlichen Aspekten optimale Pistensysteme, die eine gleichartige Untersuchung der Standorte auf ihre Eignung gewährleisten.

Teil IV: Fallbeispiel Flughafen

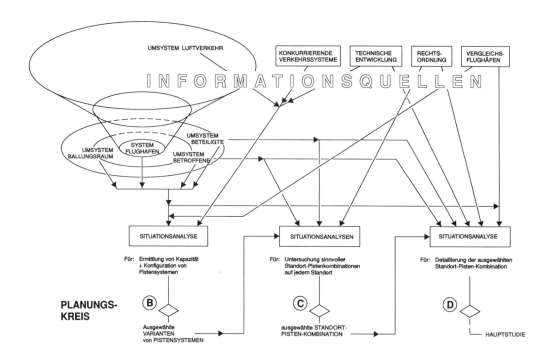

Abb. 4.11 Situationsanalysen im Rahmen der Vorstudie

Planer B:

Abb. 4.11 gibt einen Überblick über die Situationsanalysen, die dabei erforderlich sind:

Planer C:

Auf dem generellen Auftrag und den Ergebnissen der relevanten Situationsanalysen basierend, müssen nun Ziele für die Ergebnisse der Planungsarbeit in den jeweiligen Planungskreisen formuliert werden. Bezüglich der Entwicklung von Pistenkonfigurationen wurde in der Situationsanalyse festgestellt, daß dabei z. B. folgende wichtige Randbedingungen zu beachten sind, die von den Planern nicht beeinflußt werden können:

– Entwicklung des internationalen Luftverkehrs bezüglich Streckennetz, Verkehrsabwicklung und Flottenmix
– Windverhältnisse im Ballungsraum X u.ä.

Die allgemein formulierten Ziele sind derart zu operationalisieren, daß schließlich Teilziele bzw. Kriterien vorliegen, die eine spätere Beurteilung von Lösungsentwürfen ermöglichen sollen (siehe Abb. 4.12).

Allgemein formulierte Ziele	Teilziele Kriterien
Pistensystem für das Luftverkehrsaufkommen (Bewegungen je Spitzenstunde) – Bis zum Jahre 2040 mit Reserven – im regionalen, kontinentalen und internationalen Verkehr (Flugzeugmix) – in unserer Region	Pistenzahl (max. 4) Platzbedarf (möglichst gering) Kapazitätsreserve (möglichst groß)

Abb. 4.12 Allgemein formulierte Ziele und operationale Formulierungen für die Erarbeitung von Ideal-Pistenkonfigurationen im Planungskreis B

Der Auftraggeber erklärt sich mit diesen Zielen im wesentlichen einverstanden.

Kommentar:

Auf die Erläuterung der Synthese/Analyse und Bewertung wird bei diesem Planungskreis verzichtet, da es dabei vor allem um technische Fragen geht, wie z.B. An- und Abflugabwicklung, Rollverkehrsführung, Lärmentwicklung und -auswirkungen u.a.

Als Ergebnis liegen schließlich folgende 4 Varianten von Pistenkonfigurationen vor, die dem Auftraggeber unterbreitet werden (Abb. 4.13):

Planer A:

(zum Auftraggeber): Wir haben uns – Ihrer telefonisch geäußerten Anregung entsprechend – mit der Flugsicherungsbehörde in Verbindung gesetzt. Gegen die Varianten 1, 3 und 4 bestehen keinerlei Einwände. Es bestehen aber Bedenken in bezug auf Variante 2. Vermutlich würde die Flugsicherungsbehörde Einspruch erheben, wenn wir sie weiterziehen. Es werden Sicherheitsbedenken angemeldet, von deren Stichhaltigkeit wir allerdings nicht unbedingt überzeugt sind. Da wir aber sonst schon genügend Schwierigkeiten haben, werden wir auf diese Variante nur dann zurückkommen, wenn sie – für einen bestimmten Standort – deutliche Vorteile gegenüber anderen Varianten aufweist. Die Varianten 1, 3 und 4 unterscheiden sich vor allem hinsichtlich der Kapazität (3 oder 4 Pisten) und hinsichtlich des Verlaufs der Lärmkurven, was an einem konkreten Standort sehr wichtig sein kann.

Auftraggeber:

Einverstanden. Wie gehen Sie weiter vor?

Planer A:

Da wir jetzt konkrete Vorstellungen über mögliche Pistenkonfigurationen haben, können wir uns der Standortfrage zuwenden und versuchen, die verschiedenen Pistensysteme auf Standortverhältnisse zu übertragen.

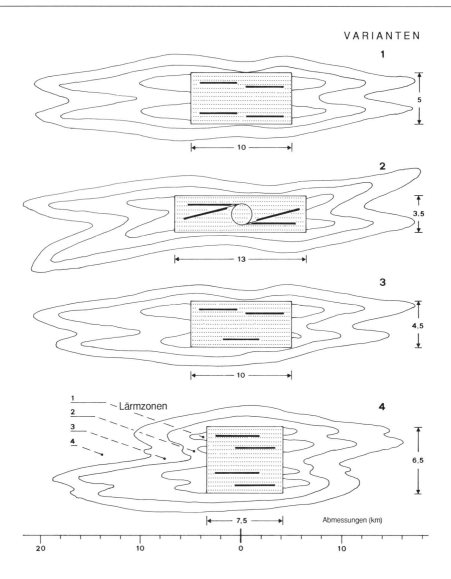

Abb. 4.13 Varianten von Pistenkonfigurationen

Wir haben vor, dieser Planungsphase die folgenden Zielsetzungen zugrunde zu legen und bitten Sie, diese und die daraus abgeleiteten konkreten Formulierungen zu prüfen (Abb. 4.14).

Teilziele	Kriterien
Neuer Standort	Entfernung vom Aufkommensschwerpunkt
Möglichst geringe Lärmbeeinträchtigung	Art und Anzahl Betroffene je Lärmzone 2, 3 und 4
Gute Erreichbarkeit, d.h. Integration mit Bodenverkehrssystemen	Häufigkeit der Verbindungen und Umsteigeverhältnisse im öffentl. Verkehr
	Direkte Verbindungen mit Zentren des Tourismus
	Dichte und Leistungsfähigkeit des Strassennetzes
Möglichst weitgehende Übereinstimmung mit Leitbildern der Landesplanung	Wirtschaftlicher Ballungseffekt
	Beeinträchtigung von Erholungsgebieten
	Landbedarf
	Forstliche Massnahmen
Möglichst geringe Behinderung durch meteorologische Bedingungen	Nebeltage/-stunden
	Schneefallhäufigkeit/-höhe
Möglichst gute Luftraumsituation	Beeinträchtigung durch Militärflugverkehr
	Lage zu Zivilluftstrassen
Möglichst geringe Kosten	Standortabhängige Kosten, Ablösungen, Entschädigungen

Abb. 4.14   Teilziele und operationale Formulierungen (Kriterien) für die Standortsuche im Planungskreis C

Der Auftraggeber erklärt sich prinzipiell einverstanden.

Kommentar:

Die Planer beginnen nun mit den Synthese–Analyse-Schritten im Planungskreis C (Standortuntersuchungen). Mögliche Flughafenstandorte werden in Zusammenarbeit mit der Landesplanungsbehörde ermittelt. Mit Hilfe von Bodennutzungs- und Siedlungskarten werden die einzelnen Pistenkonfigurationen nun auf diesen Standorten untersucht. Das Ergebnis wird hinsichtlich der in Abb. 4.14 dargestellten Ziele kritisch analysiert. Das ohnehin gefährdete Pistensystem 2 weist hinsichtlich der Standortbedingungen keine deutlichen Vorteile gegenüber anderen Varianten auf und wird deshalb ausgeschieden.

Planer A:

(kommt zum Auftraggeber): Von allen Standorten, die wir untersucht haben, kommen nur drei in Frage: Sumpfwiesen (Standort A), Moorbach (B) und Waldegg (C); Grootenforst ist ausgeschieden. Aber auch für die verbliebenen Standorte sind nicht alle Pistensysteme geeignet. Wir haben entsprechende Analysen der Konzepte durchgeführt und alle Kombinationen ausgeschieden, die gegen wichtige Randbedingungen verstoßen. Es verbleiben danach:

– A1 und A3 (Standort Sumpfwiesen, Pistensysteme 1 und 3)
– B1 (Standort Moorbach, Pistensystem 1)
– C4 (Standort Waldegg, Pistensystem 4)

Eine Entscheidung zwischen diesen Varianten ist nun nicht mehr ohne weiteres möglich. Es ist jetzt notwendig, gewisse Vor- und Nachteile gegeneinander abzuwägen, also ein Werturteil abzugeben, und da sind wir auf Sie angewiesen.

Auftraggeber:

Wie haben Sie sich die Durchführung vorgestellt?

Planer A:

Wir sollten gemeinsam versuchen, jene Teilaspekte zu definieren, die uns ermöglichen, die verbleibenden Varianten hinsichtlich ihrer wichtigsten Eigenschaften zu erfassen. Als Basis dient uns der Kriterienkatalog, den wir aufbauend auf der Auftragsformulierung erstellt haben. Im Laufe der Konkretisierung und der Variantenbildung haben wir diesen Kriterienkatalog ergänzt, er sieht jetzt wie folgt aus (Abb. 4.15).

Ergänzende Unterlagen (Maßstäbe, Beurteilungshilfen etc.) sind in einer separaten Anlage enthalten.

Auftraggeber:

Ich glaube, die Liste ist einigermaßen vollständig, wir müssen sie aber noch eingehender studieren. Wie würde es dann weitergehen?

Planer A:

Es ist nun Ihre Aufgabe und die Aufgabe der entsprechenden Gremien, den einzelnen Kriterien entsprechend ihrer Bedeutung Gewichte zuzuteilen. Als Vorrat stehen insgesamt 1000 Gewichtspunkte zur Verfügung. Die Gewichtung soll vollkommen lösungsneutral erfolgen. Sie sollten dabei also keine bestimmte Variante vor Augen haben.

Bewertungskriterien für Standort–Pisten-Kombination

1 Lärm
1.1 Bewohner, Schüler
  – Lärmzone 2
  – Lärmzone 3
1.2 Anzahl Arbeitsplätze
  – Lärmzone 2

2 Beeinträchtigung von
  Erholungsgebieten
  – Landbedarf (ha)
  – Forstwirtschaftliche
    Maßnahmen
  – Sportstätten

3 Integration mit Bodenverkehrssystemen
3.1 Öffentlicher Nahverkehr
  – Vielfalt Verbindungen
  – Umsteigeverhältnisse
  – Häufigkeit
3.2 Öffentlicher Fernverkehr
3.3 Individ. Straßenverkehr
  – Dichte relevantes
    Straßennetz
  – Leistungsfähigkeit
  – Flughafenanschluß

4 Leitbilder Landesplanung
  – Wirtschaftlicher
    Ballungseffekt
  – Wasserwirtschaftliche
    Beeinträchtigungen
5 Beeinträchtigung durch
  meteorologische Verhältnisse
  – Anzahl Nebeltage/Std.
  – Schneefallhäufigkeit
  – Schneefallhöhe
6 Reservekapazität
  – des Pistensystems
  – für weiteren landseitigen
    Ausbau

7 Kosten
  – Standortabhängig
  – Standortunabhängig

Abb. 4.15 Bewertungskriterien für Standort–Pisten-Kombinationen

Auftraggeber:

Und was machen Sie als Flughafen-Fachmann dabei?

Planer A:

Wir müssen beurteilen, wie gut eine Variante im Hinblick auf die einzelnen Kriterien ist. Bei der Notenvergabe gehen wir dabei von folgenden Stützpunkten aus: sehr gut (10), durchschnittlich (5), und sehr schlecht (0). Diese Notengebung erfolgt unabhängig von der Zuteilung der Gewichte für die Kriterien.
Der Teilnutzen einer Variante hinsichtlich eines bestimmten Kriteriums ergibt sich aus dem Produkt von Note und Gewicht. Der Gesamtnutzen ist die Summe der Teilnutzen. Die optimale Variante ist jene mit der höchsten Punktezahl.

Kommentar:

Beim endgültigen Bewertungsvorgang bewerten Planer und Auftraggeber gemeinsam, wobei der Auftraggeber bei der Zuteilung der Gewichte, der Planer bei jener der Noten dominiert. Nachdem der Gesamtnutzen für jede Variante errechnet worden ist, verändern sie in weiteren Durchgängen sowohl die Gewichte einzelner wichtiger Kriterien als auch die Noten innerhalb eines ihnen zulässig erscheinenden Rahmens. Damit wird die Sensibilität des Gesamtnutzens der Varianten auf «Fehler» bei der Zuteilung von Gewichten bzw. Noten getestet.
Nach mehreren Durchgängen einigt man sich auf folgendes Ergebnis (Abb. 4.16):

Bewertung von Standort-Pisten-Kombinationen

Kriterien	Varianten → Gewichtung	A1 Pkt	A1 Teilnutzen	A3 Pkt	A3 Teilnutzen	B1 Pkt	B1 Teilnutzen	C4 Pkt	C4 Teilnutzen
1 Lärm	150								
1.1 Anzahl Bewohner, Schüler	(130)								
– Lärmzone 2	80	4	320	6	480	7	560	8	640
– Lärmzone 3	50	4	200	6	300	10	500	6	300
1.2 Anzahl Arbeitsplätze	(20)								
– Lärmzone 2	20	2	40	4	80	8	160	2	40
2 Beeinträchtigung von Erholungsgebieten	50								
– Landbedarf	20	6	120	8	160	6	120	1	20
– Forstwirtschaftliche Maßnahmen	20	6	120	8	160	2	40	3	60
– Sportstätten	10	6	60	6	60	4	40	7	70
3 Integration mit Bodenverkehrssystemen	350								
3.1 Öffentlicher Nahverkehr	(160)								
– Vielfalt Verbindungen	40	10	400	10	400	8	320	4	160
– Umsteigeverhältnisse	60	10	600	10	600	8	480	4	240
– Häufigkeit	60	10	600	10	600	8	480	4	240
3.2 Öffentlicher Fernverkehr	40	8	320	8	320	8	320	4	160
3.3 Individ. Straßenverkehr	(150)								
– Dichte relevantes Straßennetz	50	8	400	8	400	10	500	6	300
– Leistungsfähigkeit	70	10	700	10	700	8	560	8	560
– Flughafenanschluß	30	4	120	8	240	4	120	6	180
4 Leitbilder Landesplanung	80								
– Wirtschaftlicher Ballungseffekt	30	6	180	6	180	10	300	2	60
– Wasserwirtschaftliche Beeinträchtigungen	50	8	400	8	400	3	150	6	300
5 Beeinträchtigungen durch meteorologische Verhältnisse	70								
– Nebelfreiheit	50	4	200	4	200	6	300	10	500
– Schneefallhäufigkeit	10	4	40	4	40	8	80	10	100
– Schneemenge	10	2	20	4	40	2	20	1	10
6 Reservekapazität	50	8	400	4	200	8	400	8	400
7 Kosten	250								
– Standortabhängig	100	2	200	6	600	8	800	6	600
– Standortunabhängig	150	6	900	8	1200	6	900	6	900
Summe Gewichte	1000								
Summe Teilnutzen			6340		7360		7150		5840

Abb. 4.16 Bewertung von Standort–Pisten-Kombinationen

Auftraggeber:

Die Varianten A1 und C4 fallen deutlich ab, wir sollten sie vorerst ausscheiden. Es bleiben A3 und B1, zwischen denen aber nur eine geringfügige Punktedifferenz besteht, aufgrund derer ich nicht entscheiden möchte.

Planer A:

Sie haben recht. Diese knappe Punktedifferenz darf hier nicht maßgebend sein. Wir müssen jetzt wichtige Unterscheidungsmerkmale herausfinden und versuchen, hier eine bessere Differenzierung vorzunehmen:

Bei A3 ist es in erster Linie die geringe Reservekapazität des Pistensystems 3 (Kriterium 6), bei B1 die wasserwirtschaftliche Beeinträchtigung am Standort B (Kriterium 4).

Wir müssen die beiden Varianten hinsichtlich dieser Kriterien noch einmal genau untersuchen.

Auftraggeber:

Die Sache beginnt heikel zu werden. Hinsichtlich der wasserwirtschaftlichen Eingriffe am Standort B (Moosbach) müssen wir ganz genau Bescheid wissen, da über diesen Standort schon öffentlich gesprochen wird.

Planer A:

Woran Sie nicht ganz unschuldig sind. Wir haben keine Pressekonferenzen abgehalten.

Auftraggeber:

Sie müssen aber auch keine Wahlen gewinnen. Und zudem können Sie die Erfindung des 3-Pistensystems (Variante A3), das uns möglicherweise Kapazitätsschwierigkeiten bringt, nicht mir in die Schuhe schieben.

Planer A:

Sie wissen selbst, daß am Standort 4 (Sumpfwiesen) nur die Pistenvarianten 1 und 3 möglich sind. Variante A1 hätte zwar genügend Reservekapazität, ist aber hinsichtlich der Lärmbeeinträchtigung deutlich schlechter als A3 (Abb. 4.16). Wir haben sie deshalb ausgeschieden – übrigens auf Ihren Vorschlag hin.

Auftraggeber:

Schon gut. So kommen wir nicht weiter. Ich schlage vor, zwei von Ihnen als den bisherigen Planern unabhängige Gutachten erstellen zu lassen, in denen die beiden heiklen Fragen geprüft werden sollen. Fassen Sie dies nicht als Mißtrauensvotum auf, wir wollen die Entscheidung nur sachlich gut absichern.

Teil IV: Fallbeispiel Flughafen   332

Kommentar:

Der Auftraggeber erteilt zwei Aufträge für detaillierte Untersuchungen:
Die Firma Planplan soll ein Urteil über die künftige Entwicklung von trassengebundenen Verkehrsmitteln (modernster Rad-Schieneverkehr, Magnetkissenbahnen mit Linearmotorantrieb u.a.) abgeben. Dies geschieht unter der Annahme, daß eine erfolgversprechende Entwicklung auf diesem Gebiet mit einer Reduktion der Luftverkehrsanteile über mittlere Distanzen verbunden wäre. Dies würde den Nachteil der geringeren Ausbaumöglichkeiten von Variante A3 mildern. Die Ergebnisse dieser Untersuchung sind optimistischer hinsichtlich der Entwicklung von konkurrierenden Landverkehrsmitteln als jene, die die Planungsgruppe GuM erarbeitet hatte.

Das Hydrologische Institut der Technischen Hochschule soll das Ausmaß der wasserwirtschaftlichen Auswirkungen am Standort B beurteilen. Die Untersuchungsergebnisse fallen noch negativer aus als jene, welche die GuM-Planer ihren Ausarbeitungen zugrunde gelegt hatten.

Auftraggeber:

Wir haben uns aufgrund der Gutachten über die zukünftige Entwicklung des trassengebundenen Landverkehrs und die hydrologische Situation am Standort B für die Variante A3 entschieden.

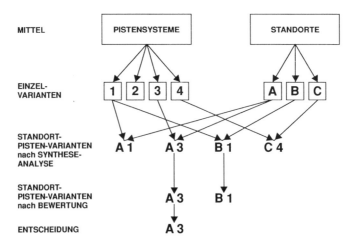

Abb. 4.17   Ermittlung der optimalen Standort–Pisten-Kombination (Übersicht)

Teil IV: Fallbeispiel Flughafen

Kommentar:

Der bisherige Verlauf des Planungs- und Entscheidungsprozesses hat zur Auswahl des Standortes A mit der Pistenkonfiguration 3 geführt (vgl. Abb. 4.17).

Auftraggeber:

Wie geht es weiter mit der Planung?

Planer A:

Von der Vorstudie fehlen uns jetzt noch die Rahmenplanung und detailliertere Kostenschätzungen, die wir im Anschluß daran durchführen werden.

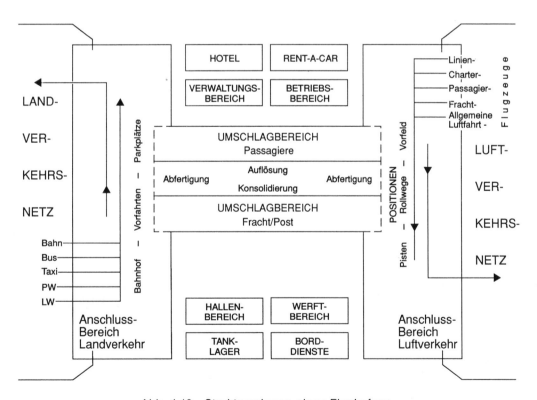

Abb. 4.18 Strukturschema eines Flughafens

Teil IV: Fallbeispiel Flughafen

Auftraggeber:

Was verstehen Sie unter Rahmenplanung?

Planer A:

Wir werden zuerst verschiedene Anordnungsvarianten für die Hauptbereiche entsprechend dem Schema (Abb. 4.18) erarbeiten.
Für den Passagier- und den Fracht-Bereich werden wir dann eine Reihe alternativer Umschlagskonzepte ausarbeiten und schließlich verschiedene Abfertigungsvarianten (Abb. 4.19). Wir werden diese Elemente untereinander kombinieren und schließlich – wieder gemeinsam mit Ihnen oder mit Ihren Vertretern – eine optimale Kombination wählen.

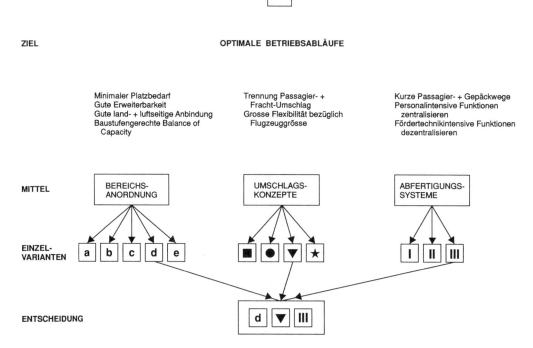

Abb. 4.19 Ermittlung eines optimalen Betriebsablaufs (Grobkonzept)

Kommentar:

Die Erläuterung des Fallbeispiels soll hier abgebrochen werden, weil die methodisch wichtigen Aspekte u.E. gezeigt werden konnten und die weitere Behandlung des Vorgehens zu viele Spezialkenntnisse voraussetzen würde.

Rekapituliert man die Erkenntnisse, die daraus zu ziehen sind, so kann folgendes festgehalten werden:

- Ziele sollen die Lösungssuche steuern und nicht nachträglich erfunden werden müssen, um Lösungen zu rechtfertigen.
- Die Zielformulierung soll lösungsneutral sein.
- Eine zweckmäßige System- und Problemstrukturierung
    - erleichtert es, sich einen Überblick über eine Situation zu verschaffen und
    - unterstützt die Lösungssuche, da sie die isolierte Behandlung von Teilproblemen gestattet, ohne daß der Gesamtzusammenhang verloren geht.
- Ein stufenweiser Planungs- und Entscheidungsprozeß hilft, sich auf das Wesentliche zu konzentrieren und den Überblick zu bewahren.
- Ein gesamtheitliches, umfassendes Denken und die Forderung nach Variantenbildung auf allen Stufen helfen, «eingleisige» und voreilige Lösungen zu vermeiden.
- Eine enge Zusammenarbeit zwischen Planer und Auftraggeber beschleunigt den Planungsprozeß und erleichtert die Entscheidungsfindung.

Teil V: SE in der Praxis

1. Einführung 340

2. Fallbeispiel: Produktionsstättenplanung 341

3. Fallbeispiel: Organisationsanalyse auf GWA-Basis .. 358

4. Fallbeispiel: Lohnsystem einer kantonalen
   Verwaltung 374

5. Fallbeispiel: Informatik «Schlemmer AG» 390

6. Schrittweises Vorgehen im SE:
   Aktivitäten-Checkliste 410

> «Aller Erfolg beruht auf zwei
> Voraussetzungen: Ist das Ziel
> richtig bestimmt, muß man die
> dazu zweckmäßigen Handlungen
> finden.»
> (Aristoteles)

Teil V: SE in der Praxis

1.	Einführung	340
2.	Fallbeispiel: Produktionsstättenplanung	341
	P. Rupper, Abteilungsleiter «Produktion und Logistik»	
2.1	Einleitung	341
2.2	Ausgangssituation	341
2.3	Aufgabenstellung	341
2.4	Vorgehensprinzip «Vom Groben zum Detail»	342
2.4.1	Denkebene Gesamtunternehmung	343
2.4.2	Denkebene Standort A	346
2.4.3	Betriebsstättenebene	346
2.5	Vorgehenskonzept	348
2.5.1	Phasenablauf	348
2.5.2	Problemlösungszyklus	348
2.6	Variantenbildung	351
2.7	Projekt-Management	354
2.8	Schlußbemerkungen	355

1. Einführung

Der vorliegende Teil «SE in der Praxis» weist zwei Schwerpunkte auf.

In den Kapiteln 2–5 werden zunächst vier Fallbeispiele aus der Beratungspraxis der Stiftung für Forschung und Beratung am Betriebswissenschaftlichen Institut der ETH-Zürich (BWI) beschrieben, welche die Idee der Umsetzung veranschaulichen sollen.

Im Kapitel 6 wird schließlich ein Tätigkeitskatalog vorgestellt, der als Planungshilfe für die Abwicklung von Projekten dienen soll. Zweck, Gegenstand und Ergebnis der einzelnen Projektphasen werden zusammenfassend charakterisiert. Darüber hinaus soll eine Art Checkliste Anhaltspunkte für die Ableitung konkreter Aktivitäten im Zusammenhang mit der inhaltlichen Erarbeitung der Lösung (Systemgestaltung), sowie mit dem Projekt-Management (organisatorische Komponente) liefern.

Den vier Fallbeispielen aus der Beratungspraxis der Stiftung BWI liegen ganz unterschiedliche Aufgabenstellungen zugrunde: Betriebliche Bauplanung, Administrative Wertanalyse, Lohnsysteme und EDV-Systeme.

Mit der Darstellung dieser Fälle verfolgen wir zwei Ziele: Zum einen soll die Allgemeingültigkeit bestimmter methodischer Grundsätze gezeigt und zum anderen die Zulässigkeit des Abweichens und situationsbedingten Interpretierens illustriert werden.

Die beschriebenen Fälle sind naturgemäß vereinfacht dargestellt, da hier primär die Methodik und nicht die sachlichen und fachlichen Hintergründe von Bedeutung sind. Meist wurde die Terminologie des Kunden bzw. der Branche beibehalten. Sofern dies nötig schien, wurden die Bezüge zur SE-Terminologie hergestellt.

2. Fallbeispiel: Produktionsstättenplanung

P. Rupper, Abteilungsleiter «Produktion und Logistik»

2.1 Einleitung

Anhand dieses Fallbeispiels aus dem Gebiet «Produktionsstättenplanung» sollen die SE-Komponenten «Vom Groben zum Detail», «Phasenablauf», «Problemlösungszyklus» und «Variantenbildung» und in Ansätzen auch das Projekt-Management beispielhaft illustriert werden. Begriffe und Darstellungen des «Systemdenkens» unterstützen einige Überlegungen.

2.2 Ausgangssituation

Firma X steht vor der folgenden Situation:
- Die Firma hat sich in den vergangenen 10 Jahren von einem überblickbaren Mittelbetrieb mit 2 Produktionsstätten zu einem Konglomerat mit mittlerweile 7 Produktionsstätten (teilweise im Ausland) entwickelt.
- Verschiedene Produktionsstätten sind «organisch» aufgebaut worden bzw. durch Firmenzukäufe angefallen. Man erwartet nicht unerhebliche Rationalisierungs- und Synergieeffekte durch eine Neustrukturierung der Aufgabenverteilung.
- Neue Fertigungstechnologien und Produktionskonzepte wurden zwar immer wieder diskutiert, aber noch nicht systematisch hinsichtlich ihrer Übertragbarkeit geprüft.
- Der Hauptstandort ist dzt. hinsichtlich der Produktionsstätten das Kernproblem. Es bestehen keine gesicherten Anhaltspunkte über Sinnhaftigkeit, Art und Umfang des weiteren Ausbaues.
- Der aktuelle Gesamtüberbauungsplan (Masterplan) für den Standort A ist mittlerweile 10 Jahre alt.
- Die europäische Integration ist ein weiterer Anlaß, um die Situation grundsätzlich zu überdenken.

2.3 Aufgabenstellung

Der Kunde möchte einen sog. *«Masterplan»* für den Standort A. Dieser soll:
- verträglich mit der Gesamtstrategie der Unternehmung sein,
- die Gesamtüberbauungs- bzw. Nutzungsstrategie des Areals auf dem Standort A festlegen und damit Richtschnur für die weiteren Ausbaupläne sein.

Ein derartiger Masterplan setzt das Vorhandensein von wenigstens groben Produktions- und Logistikkonzepten voraus, in denen festgehalten ist, WAS, WO in welchen MENGEN und WIE zu produzieren ist.

Anmerkung: Die hier relativ klar erscheinende Aufgabenstellung war zu Beginn der Gespräche alles andere als klar. Der Kontakt wurde zunächst im Zusammenhang mit der Errichtung einer neuen Betriebsstätte (Preßwerk) gesucht. Erst im Verlauf der Diskussion hat sich herausgestellt, daß der mittlerweile in Vergessenheit geratene alte Masterplan vor dem Hintergrund der eingangs geschilderten Entwicklung einer Überarbeitung bedurfte und dieser Schritt der Planung des neuen Preßwerks vorgelagert sein sollte.

Damit war die Anregung verbunden, auf einer höheren Problemebene in die Diskussion einzusteigen, was vom Auftraggeber auch schnell aufgegriffen wurde.

Wir halten es für ein Qualitätsmerkmal einer guten Beratung, mit dem Kunden gemeinsam die «richtige» Einstiegsebene in ein Problem auszuloten, bevor in die Detailbearbeitung eingestiegen wird.

2.4 Vorgehensprinzip «Vom Groben zum Detail»

Im Sinne des Vorgehensprinzips «Vom Groben zum Detail» lassen sich mehrere Denk- und Konkretisierungsebenen gut unterscheiden. Entscheidungen bzw. Konzepte auf den höheren Ebenen stellen dabei Randbedingungen bzw. Orientierungsgrößen für die tieferen Ebenen dar.

Im konkreten Fall wurden die folgenden (Denk-)Ebenen und die damit verbundenen Kernfragen unterschieden (Abb. 5.1).

Ebene	Kernfragen
Konzern	Produktionsaufteilung und -schwerpunkte auf verschiedenen Standorten?
Produktionstandorte	Erforderliche Betriebsstätten, Verwaltung- und Infrastruktureinrichtungen und deren grobe Anordnung (Grob-Überbauungs- bzw. Masterplan)?
Betriebsstätten	Erforderliche Funktionsbereiche (Abteilungen) innerhalb einer Betriebsstätte und deren Layout (Grob- bzw. Fabrik-Layout)?

Abb. 5.1 Verschiedene Denkebenen und Kernfragen

Die Zuordnung der Bearbeitung der Kernfragen zu den einzelnen Projektphasen wird später beschrieben.

2.4.1 Denkebene Konzern (strategische Ebene)

Ergebnis dieser Überlegungen war

- die für die Zukunft geplante Aufteilung der verschiedenen Produktgruppen mit den entsprechenden Fertigungstechnologien auf Standorte und insbesondere
- die Kenntnis von Art und Umfang der zukünftigen Produktion am Standort A, als Grundlage für die Erarbeitung des Masterplans.

Dazu waren eine Reihe von Fragen zu klären, wie z.B.: welche Produkte man in Italien und Spanien produzieren will, wie groß die eigene Fertigungstiefe bei Produkten Schweizer Fabrikation sein soll, wo welche strategischen Schlüsseltechnologien selber betrieben werden sollen u.a.m.

Konkret wurden auf dieser strategischen Ebene neben der Unternehmungsstrategie die folgenden Teilstrategien überprüft, ergänzt bzw. überhaupt erst erarbeitet:

- *Produkt–Markt-Strategien*
  - welche Produkte auf welchen Märkten anbieten?
  - mit welchem Absatzvolumen rechnet man in den nächsten ca. 10 Jahren.
  - erwartete Veränderungen hinsichtlich Produkt-Aufbau, Werkstoffen etc.?
- *Produktionsstrategie* (auf Konzernebene)
  - Art, Ort und Größen der Produktionsstätten
  - Produktionstechnologien
  - Fertigungstiefe
  - Make or buy-Strategie (inkl. Kooperationen)
  - Automatisierungstendenzen
  - Planungs- und Steuerungsstrategie auf Stufe Konzern
- *Logistikstrategie* (auf Konzernebene)
  - Aufteilung von Produktion bzw. Produktionsteilmengen auf verschiedene Werke bzw. Standorte
  - Disposition und Organisation der Materialflüsse, Verkehrswege und Verbindungskanäle
  - Lieferbereitschaft
  - Standorte von Lagern etc.

Als Hilfsmittel zur Unterstützung derartiger Überlegungen wurden die folgenden – am Systemansatz orientierten – gedanklichen Ansätze bzw. *Darstellungen* verwendet, die hier allerdings stark vereinfacht wiedergegeben werden (Abb. 5.2–5.4).

Teil V: SE in der Praxis

a) *Übersicht*

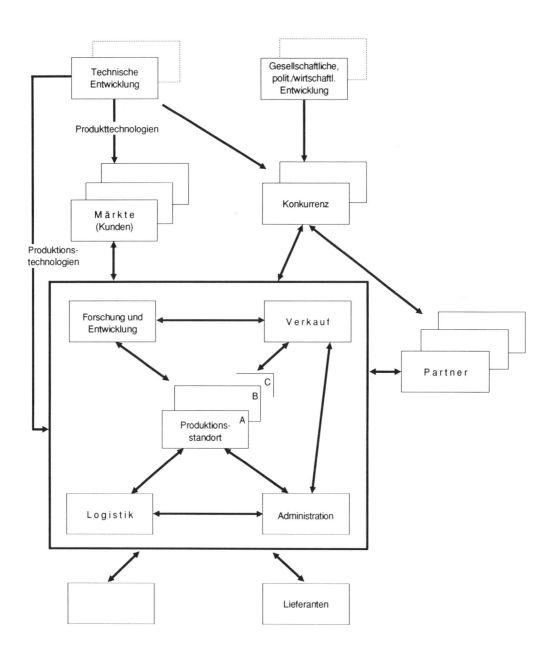

Abb. 5.2 Übersichtsdarstellung des Problemfeldes auf der strategischen Ebene

b) *Hierarchische Gliederung nach Standorten*

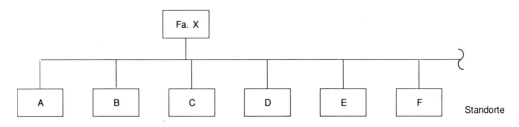

Abb. 5.3   Gliederung nach Standorten

Dabei wurden z.B. folgende Fragen näher untersucht:
- Detaillierung hinsichtlich Art und Umfang der Produktion an den verschiedenen Standorten.
- Produktionskosten-Indices an den verschiedenen Standorten etc.

c) *Materialverschiebungen zwischen den einzelnen Standorten*

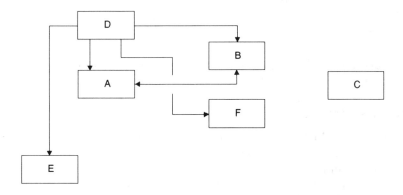

Abb. 5.4   Materialverschiebungen zwischen Standorten

Insbesondere wurden hier die Art der Materialien, Teile und Baugruppen, die Mengen und Häufigkeiten der Verschiebungen, die damit verbundenen Transportkosten u.a. untersucht.

In Verbindung mit Schritt d) war damit eine Vergleichsbasis für die Beurteilung anderer Varianten der Produktionsaufteilung gegeben.

d) *Absatzschwerpunkte* für die an den verschiedenen Standorten produzierten Produkte. Produktionsstandorte der Konkurrenz etc.

2.4.2 Denkebene Standort A

Ergebnis der Überlegungen auf dieser Ebene war ein *Masterplan* im Sinne eines Gesamtüberbauungsplans am Standort A. Dieser zeigt die konkrete Zuordnung der wichtigsten Funktionsbereiche bzw. Betriebsstätten auf die vorhandenen Flächen: Funktionen, m^2, Erweiterungsachsen, Transportverbindungen etc.

Außerdem sind darin die Möglichkeiten der Entflechtung aufgezeigt: welche (teil)autonomen Funktionseinheiten können abgegrenzt, d.h. für sich geplant und mit eigenen Erweiterungszonen bzw. -achsen versehen werden?

Um diese Ergebnisse zu erreichen, mußten u.a. folgende Fragen geklärt werden:
- Erarbeitung eines Produktions- und Logistikkonzeptes auf Stufe Standort A, mit Produktionsgestaltungsansätzen für Einzelteile, Baugruppen und Produkt; Produktionstechnik, Strukturierung der Fertigung, Ablauforganisation etc.
- Welche Funktionseinheiten (Verwaltung, Produktion, Lager, Nebenbetriebe etc.) sind am Standort A unterzubringen?
- Welche konkreten Betriebsstätten (Bauten) sind für welche Produkte bzw. Produktteile, Mengen, Produktionsverfahren bzw. -technologien vorzusehen?
- Welches grobe Raum- und Funktionsprogramm ergibt sich daraus?
- Wie hängen die einzelnen Funktionseinheiten hinsichtlich des Materialflusses (transporttechnisch) und organisatorisch zusammen?
- Welche Funktionseinheiten werden gemeinsam benützt?
- Wie sieht die vorzusehende logistische Infrastruktur am Standort A aus (Lager, Transportanlagen und -einrichtungen)?
- Nach welchen Prinzipien soll die Produktion gesteuert werden (PPS)?
- Wie soll das künftige Informatikkonzept aussehen?
- u.v.a.m.

Zur Unterstützung dieser Überlegungen dient eine modellmäßige Darstellung, die in Abb. 5.5 vereinfacht skizziert ist

2.4.3 Betriebsstättenebene

Der verabschiedete Masterplan stellt nun die Grundlage für die konkrete Planung einzelner Bauten am Standort A dar.

Ergebnis der Planung war ein *Fabrik-Layout* (Grob-Layout), in dem die unterzubringenden Funktionen erforderlichen Flächen, vorzusehenden Erweiterungsachsen etc. und deren konkrete Zu- und Anordnung auf den im Masterplan vorgesehenen Flächen festgelegt sind.

Um diese Ergebnisse zu erreichen, mußten folgende *Fragen* geklärt werden:
a) *Produktions- und Fertigungssysteme* für einen definierten Produkt- bzw. Teilebereich (Art und Menge inkl. Kostenvorgaben) resp. für eine einzelne Betriebsstätte:
   - Organisation und Ablauf der Fertigung, Gliederungsstufen etc.
   - Fertigungs- und Montageverfahren
b) *Logistiksysteme*
   - Bevorratungsebenen (in Abhängigkeit von den gewählten Fertigungsstufen)
   - Anzahl und Standorte der (Zwischen-)Lager

2. Fallbeispiel: Produktionsstättenplanung

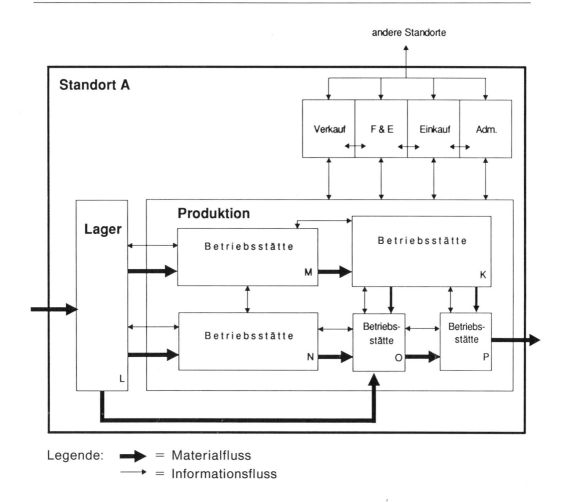

Abb. 5.5 Material- und Informationsflüsse zwischen verschiedenen Funktionseinheiten am Standort A (abstrakt)

- interner Transport
- Lager-, Kommissionierungs- und Verteilsysteme
- Disposition und Steuerung der Produktion

Die Überlegungen auf dieser Ebene werden durch eine *Grob-Layout-Darstellung* verdeutlicht (Abb. 5.6).

Bereits in dieser Phase ist mit dem baulichen Gestalter der neuen Betriebsstätte eng zusammenzuarbeiten. Geht es doch darum, die betrieblichen und baulich/ästhetischen Anforderungen auf einen gemeinsamen befriedigenden Nenner zu bringen.

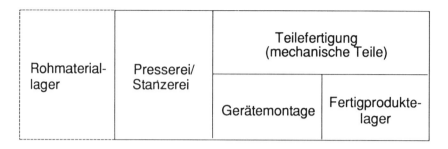

Abb. 5.6 Grob-Layout der Betriebsstätte K am Standort A (abstrakt)

2.5 Vorgehenskonzept

Konkret von Interesse sind hier das Phasenkonzept und der Problemlösungszyklus.

2.5.1 Phasenablauf

Das Projekt wurde in die in Abb. 5.7 dargestellten Phasen gegliedert. Die Bezeichnungen entsprechen dabei den Begriffen der betrieblichen Bauplanung, sowie jenen der jeweiligen Normen des SIA (Schweiz. Ingenieur- und Architekten-Verein).

Die in Abb. 5.7 dargestellte *Vorphase* war ursprünglich nicht vorgesehen – der Kunde wollte einen Masterplan für Standort A. Nun war aber rasch klar, daß dazu einige wichtige strategische Vorabklärungen nötig waren. Da der Aufwand für die Klärung dieser gesamtunternehmerischen Fragen (siehe 2.4.1) mit etlichen Mannwochen veranschlagt wurde, beschloß man, dafür eine eigene «Vorphase» vorzusehen. (Anmerkung: Wären die benötigten Daten bzw. sogar die entsprechenden Konzepte vorhanden gewesen, so hätte man auf die Vorphase durchaus verzichten können und die Frage im Rahmen der Situationsanalyse der Phase Masterplan klären können.)

2.5.2 Problemlösungszyklus (PLZ)

Der Modul Problemlösungszyklus soll ausschnittweise anhand der Phase *Masterplan* erläutert werden. Für das vorliegende Projekt war charakteristisch, daß darin 2 Fragenkomplexe bearbeitet würden, die zeitlich hintereinander gestaffelt waren und jeweils einen eigenen PLZ beanspruchten.

Fragenkomplex 1: Erarbeitung von Produktions- und Logistikkonzepten auf Stufe Standort A.
- Klärung von «make or buy»-Fragen: Welche Teile oder Baugruppen, die in Produkten enthalten sind, welche dem Produktionsstandort A zugeordnet wurden, sollen weiterhin selbst gefertigt werden?

2. Fallbeispiel: Produktionsstättenplanung

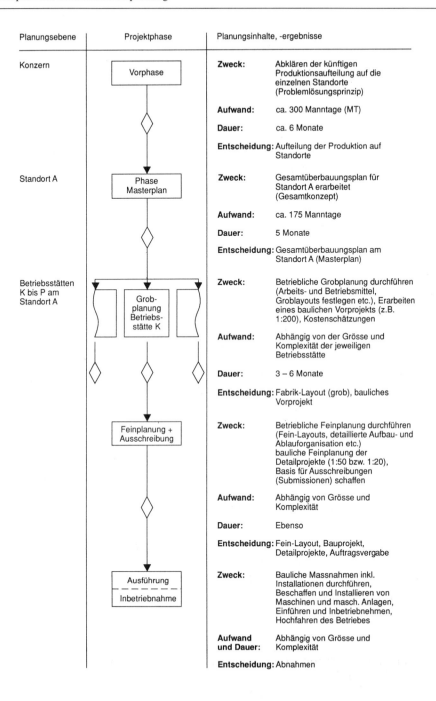

Abb. 5.7   Angepaßtes Phasenkonzept

- Klärung produktionstechnischer Fragen
  - Konzept des neuen Preßwerks
  - Konzept Einzelteilfertigung (weiterhin verrichtungsorientiert?)
  - neue Montageorganisation usw.
- etc.

Für jede dieser Teilfragen konnte die Logik des PLZ mit den Schritten: Situationsanalyse, Zielformulierung, Synthese/Analyse, Bewertung und Entscheidung eingesetzt werden. Die sich daraus ergebenden flächen- und transportmäßigen Anforderungen lieferten die Ausgangsdaten für den nächsten Fragenkomplex.

Fragenkomplex 2: Erarbeitung eines Masterplans im engeren Sinn (Gesamtüberbauungs-Varianten).
Der Ablauf des PLZ soll anhand des einfacher darzustellenden *Fragenkomplexes 2* beispielhaft erläutert werden.

1) *Situationsanalyse*

- Ermittlung bzw. Sammeln der Ausgangsdaten auf der Basis der Ergebnisse der Vorphase bzw. der sich aus dem Fragenkomplex 1 ergebenden Antworten.
  Daraus konnten die in Zukunft erforderlichen Funktionseinheiten, deren Flächenbedarf und die zu erwartenden Transportmengen und -häufigkeiten ermittelt werden.
- Beurteilung der bestehenden Betriebsstätten und Anlagen hinsichtlich ihrer Eignung für die Zukunft (Produktionstechnologien, Fertigungsstruktur etc.).
  Als Ergebnis lagen die Planungsdaten für die Bildung verschiedener Groblayout-Varianten im Sinne von Probe-Layouts vor.

2) *Zielformulierung*

Auf der Basis der festgelegten Planungsdaten ging es vor allem darum, jene Randbedingungen, Ziele und Kriterien aufzulisten, die für die Lösungssuche bestimmend sein sollten und die auch den Maßstab für die spätere Bewertung von Varianten liefern sollten.

a) als unverrückbare *Randbedingungen* wurden definiert
  - Verwaltungsgebäude bleibt, wo es ist (Hochhaus, erst 5 Jahr alt)
  - ebenso Rohmateriallager und Spedition (Gleisanschluß)

Die der Gestaltung und Optimierung des Masterplans zugrunde gelegten *Ziele* betrafen die folgenden Gesichtspunkte:

b) *Funktionale Ziele:*

  - Raum- und Funktionsprogramm bis Ausbaustufe 3 ist auf dem Standort A unterzubringen
  - einfache Materialflüsse (für große Mengen bzw. Häufigkeiten kurze Distanzen)
  - klare Transportwege
  - ausreichende Reserven bzw. Pufferzonen
  - Areal gut ausnützen

- organisatorische Verantwortungsbereiche räumlich möglichst zusammenlegen
- ....

c) *Kostenziele*
- Gesamtkosten möglichst gering, d.h. vorhandene Gebäude und Anlagen (wenn sinnvoll) möglichst weiterverwenden

d) *Zukunftsziele*
- hohe Flexibilität hins. der Verwendung der Gebäude vorsehen
- möglichst hohe Flexibilität hins. der Erweiterung installieren
- Reserveflächen nicht gleichmäßig verteilen, sondern jene Funktionsbereiche bevorzugen, welche größte Dynamik aufweisen etc.

3) *Synthese* (Variantenbildung)

Von den insgesamt 7 erarbeiteten Gesamtüberbauungs-Varianten sind nachstehend zwei abgebildet (Abb. 5.8 und 5.9), die deutlich im Vordergrund standen und sich vor allem hins. der Richtung des Haupt-Materialflusses unterschieden (West-Ost bzw. Nord-Süd).

4) *Analyse* (kritische Prüfung von Varianten)

In diesem Schritt wurden die einzelnen Varianten mit dem Zielkatalog verglichen (insbes. Mußziele) und hins. weiterer Eigenschaften beurteilt, wie z.B. Möglichkeiten der Etappenbildung, Kosten etc.

Dabei wurden 3 Varianten ausgeschieden, da sie ungeeignet oder hins. wichtiger Ziele deutlich schlechter als andere Varianten waren.

5) *Bewertung*

Die noch verbleibenden Varianten wurden in einer Punktbewertung (Nutzwertanalyse) einander gegenübergestellt, wobei ein Katalog von 15 Kriterien verwendet wurde. Die ausschlaggebenden Kriterien waren

- Investitionen
- Materialfluß
- Etappisierbarkeit
- Flexibilität
- Erweiterungsfähigkeit
- Unsicherheiten bezüglich Realisierbarkeit
- Wirtschaftlichkeit

6) *Entscheidung*

Die Geschäftsleitung entschied sich schlußendlich für die von der Projektgruppe vorgeschlagene Variante 4, die geringfügig modifiziert wurde (Teilbereich K 2 von Variante 2 übernommen, da er dort überzeugender gelöst war).

2.6 Variantenbildung

Das Prinzip könnte auf allen Planungsebenen dargestellt werden.
- Vorphase: verschiedene Varianten für Produktionsaufteilung auf Standorte

Teil V: SE in der Praxis

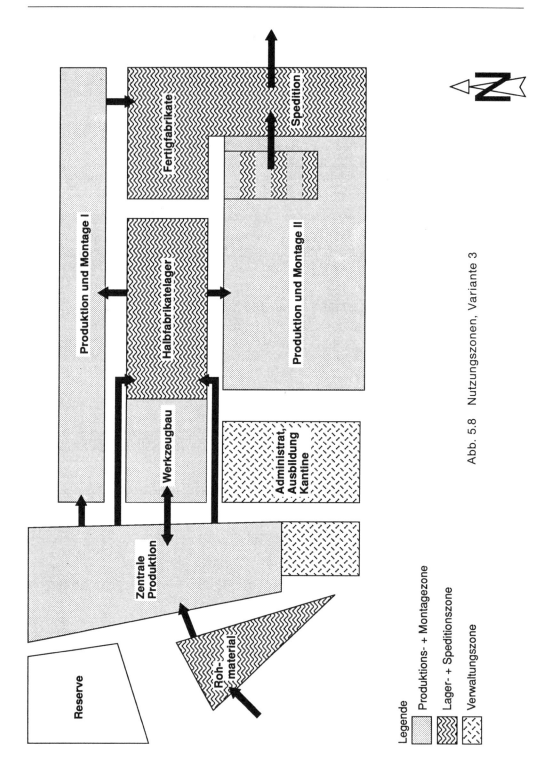

Abb. 5.8 Nutzungszonen, Variante 3

2. Fallbeispiel: Produktionsstättenplanung

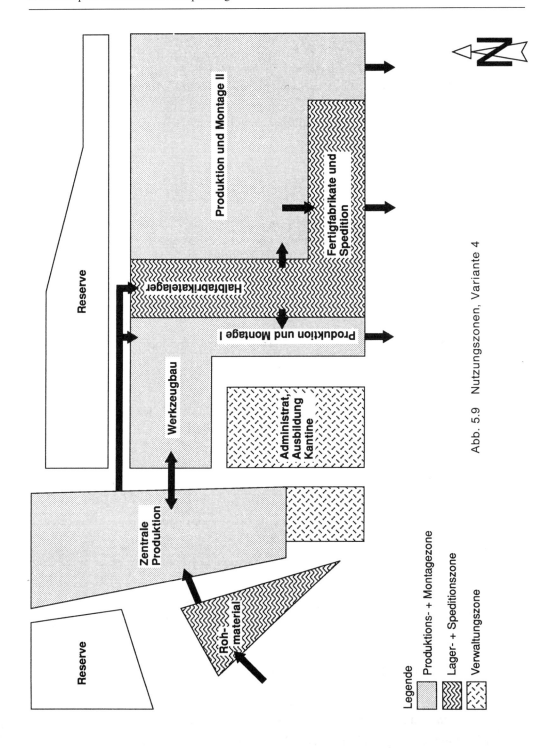

Abb. 5.9 Nutzungszonen, Variante 4

- Phase Masterplan: verschiedene Varianten für die Gesamtüberbauung,
- Grobplanung: verschiedene Fabrik-Layout-Varianten für Betriebsstätte K,
- Feinplanung: z.B. verschiedene Varianten der Maschinenaufstellung,
- Ausschreibung: verschiedene Ausführungsstandards und -Angebote.

Es wird hier nicht näher darauf eingegangen, sondern auf die beispielhafte Darstellung im Abschnitt 2.5.2 (Problemlösungszyklus am Beispiel Masterplan) verwiesen.

2.7 Projekt-Management

Hier soll auf Fragen der *Projektorganisation* eingegangen werden, die beispielhaft anhand der *Phase Masterplan* gezeigt wird. Die hinsichtlich des Projekt-Management ebenfalls wichtigen Daten, wie z.B. Dauer und Aufwand der einzelnen Phasen, sind in Abb. 5.7 angeführt.

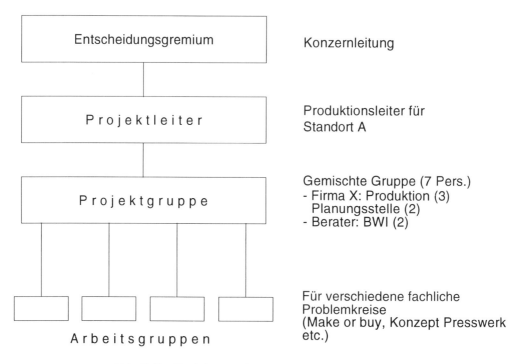

Abb. 5.10   Projektorganisation für Phase Masterplan

Die *Aufgaben* wurden schwergewichtig wie folgt verteilt:
- Entscheidungsgremium: Konzeptentscheidungen.

- Projektleiter: operative Leitung, Zugpferd, Projektadministration mit Unterstützung eines Mitglieds des Projektteams.
- Projektteam: Hauptaufgabe war die Erarbeitung eines Gesamtüberbauungsplans für Standort A. Dazu waren verschiedene Teilfragen zu bearbeiten, die in Form von Arbeitsgruppen behandelt wurden. Dazu wurden auch Mitarbeiter herangezogen, die nicht Mitglieder der Projektgruppe waren.
- Arbeitsgruppen: Teilkonzepte erarbeiten, Daten ermitteln etc.

Die Berater betreuten vor allem die methodische Komponente des Vorgehens, stellten aber auch Personalkapazität und Know how für die Erarbeitung von Gesamt- und Teilkonzepten zur Verfügung. Sie waren also sowohl im Projektteam als auch in einzelnen Arbeitsgruppen tätig. Für das Entscheidungsgremium stellten sie so etwas wie das methodische und fachliche «Gewissen» innerhalb der Projektgruppe dar, das um Objektivität und Fachkompetenz aufgrund vielfältiger Erfahrungen in ähnlichen Projekten bemüht war.

Die *innere Organisation* der Projektgruppe war eine Mischung von Reiner Projektorganisation, Matrix- und Einflußprojektorganisation:

- Die Vertreter der Produktion (3) waren dem Projektleiter (= Produktionsleiter für Standort A) direkt unterstellt. Für sie galt damit das Prinzip der Reinen Projektorganisation.
- Die beiden Mitarbeiter der Planungsstelle waren Konzernangestellte, die dem Projektleiter im Rahmen vereinbarter Kapazitätskontingente zur Verfügung standen. Dies entspricht dem Matrix-Prinzip.
  Analoges gilt auch für die beiden Berater.
- Die Arbeitsgruppen-Mitglieder waren tw. identisch mit Mitgliedern des Projektteams, tw. waren es deren Mitarbeiter oder Kollegen aus anderen Fachbereichen und ihnen unter- oder gleichgestellt. Das Organisationsmodell kann damit nicht mehr eindeutig identifiziert werden (was allerdings auch keine Rolle spielte, da die Projektarbeit weitgehend konfliktfrei ablief).

2.8 Zusammenfassende Schlußbemerkungen

Die wichtigsten, an diesem Fallbeispiel dargestellten methodischen Charakteristiken können wie folgt zusammengefaßt werden:

- Vorgehen «Vom Groben zum Detail».
- Schwierigkeiten bzw. Unklarheiten, auf welcher Ebene man in das Problem einsteigen soll bzw. wie das Problemfeld abzugrenzen ist, sind typisch für viele Problemstellungen.
- Begriffe des Systemdenkens anwendbar.
- Phasenablauf deutlich erkennbar und durch Entscheidungen beschreibbar (abweichende Bezeichnung der Phasen ist branchenüblich).
- Variantenbildung auf jeder Ebene.
- Ablauf des Problemlösungszyklus für die Phase Masterplan gezeigt.
- Projektorganisation als Mischung aller drei Organisationsformen.

Teil V: SE in der Praxis

3.	**Fallbeispiel: Organisationsanalyse auf GWA-Basis**	358
	W. Iseli, Abteilung «Betriebswirtschaft»	
	A. Witschi, Abteilungsleiter «Betriebswirtschaft»	
3.1	**Einleitung**	358
3.2	**Ausgangssituation**	358
3.3	**Auftrag**	358
3.3.1	Zielsetzung	359
3.3.2	Aufgabenstellung	359
3.3.3	Grundsätze	359
3.4	**Vorgehenskonzept**	359
3.5	**Projektstrukturierung**	362
3.6	**Projektorganisation**	363
3.7	**Gemeinkosten-Wertanalyse (GWA)**	364
3.8	**Beispielhafte Illustration**	366
3.8.1	Organisationsstruktur INFRA	366
3.8.2	Illustration der GWA anhand eines Teilproblems der Abt. TEC	368
3.9	**Schlußbemerkungen**	371

3. Fallbeispiel: Organisationsanalyse auf GWA-Basis

W. Iseli, Abteilung «Betriebswirtschaft»
A. Witschi, Abteilungsleiter «Betriebswirtschaft»

3.1 Einleitung

Das in der Folge beschriebene Fallbeispiel hat die Organisationsanalyse der Abteilung «Infrastruktur» einer Schweizerischen Großbank zum Inhalt.

Anhand dieses Falles soll die Anwendung der Vorgehensprinzipien «Phasenablauf» und «Problemlösungszyklus», sowie die konkret gewählte Projektorganisation beschrieben werden.

Eine Besonderheit dieses Fallbeispiels besteht in der Kombination des SE-Konzepts mit Ansätzen der Gemeinkosten-Wertanalyse (GWA).

3.2 Ausgangssituation

Die Abteilung «Infrastruktur» einer Schweizerischen Großbank (in der Folge GROBAG genannt) ist – als Folge der Entwicklung des Bankgeschäfts – in den vergangenen 6 Jahren hinsichtlich verschiedener Kennwerte (Flächen, Anzahl Mitarbeiter, Investitions- und Betriebskosten) um den Faktor 2–5 gewachsen. Insgesamt sind heute rd. 1000 Mitarbeiter (inkl. Teilzeit- und ständig beschäftigte fremde Mitarbeiter) in folgenden Bereichen tätig:

- Ressort *Technik (TEC)* mit den Teilaufgaben: Betreuung von Heizung–Lüftung–Klima, Energieversorgung, Gebäudeleittechnik, Schwachstrom (inkl. Telefon und Sicherheitstechnik), Entsorgung, Förder- und Lagertechnik etc.
- Ressort *Betrieb (BET)* mit den Teilaufgaben: Bewachung, Postabfertigung (intern und extern), Reinigung, Registratur, Transporte (Waren, Personalbusse, Fuhrpark), Entsorgung etc.
- Ressort *Materialwirtschaft (MAT)* mit den Teilaufgaben: Beschaffung von Anlagegütern, Disposition, Beschaffung und Lagerung von Verbrauchsgütern, Hausdruckerei etc.

Dieses Wachstum des (indirekt produktiven) Infrastrukturbereichs wurde von den zuständigen Stellen mit Unbehagen registriert und es wurde beschlossen, dem gegenzusteuern.

Man entschied sich für die Durchführung eines internen Projektes, das durch einen externen Berater begleitet wird.

3.3 Auftrag

Vor Projektstart wurden die wesentlichen Vorgaben, die anzuwendenden methodischen Grundsätze und der Rahmen zur Abwicklung des Projekts festgehalten.

Nachstehend sind die wichtigsten Punkte des Auftrags an das Projektteam zusammengefaßt.

3.3.1 Ziele

Die zentralen Anliegen des Projekts waren

- das Herausarbeiten von Rationalisierungs- und Synergiepotentialen unter Berücksichtigung von Kosten, Nutzen und Risiko sowie natürlich der Bedürfnisse der «Front» (Linienstellen der GROBAG)
- das Aufzeigen der notwendigen Maßnahmen und Strukturen zur dauerhaften Erreichung dieser Ziele.

Als *quantifiziertes Rahmenziel* des Projekts wurden vorgegeben: Die Gesamtkosten des Bereichs INFRA sind innerhalb von 2 Jahren insgesamt um 10–15% zu senken.

Als *Randbedingungen* waren dabei zu beachten:

- Sicherstellen der für den täglichen Bankbetrieb notwendigen INFRA-Dienstleistungen
- Gewährleisten der Sicherheit von Kunden, Mitarbeitern, Einrichtungen und Werten.

Es war allen Beteiligten klar, daß diese Ziele einiges Diskussionspotential enthielten, da z.B. die «notwendigen» INFRA-Dienstleistungen und das Ausmaß der gewünschten Sicherheit weder definiert waren, noch durch die Abteilung INFRA allein festgelegt werden durften und das Einsparungspotential dadurch natürlich nachhaltig beeinflußt wird.

3.3.2 Aufgabenstellung

Der Auftrag zur Überprüfung von Organisation, Tätigkeiten und Einsatzweise der Abteilung INFRA beinhaltet zwei zentrale Aufgaben, nämlich:

- das Analysieren der Strukturen, Tätigkeiten, Leistungen und Abläufe im Hinblick auf eine Straffung und wirtschaftliche Optimierung der zu erbringenden Leistungen.
  Im Rahmen dieser Aufgabe ging es um ein repräsentatives Erfassen der Aufgaben, der dafür eingesetzten Arbeitszeiten, der Mengen, Kosten, Zeiten, Flächen, der derzeitigen Stärken/Schwächen und weiterer Daten.
- das Aufzeigen organisatorischer Möglichkeiten mit dem Ziel, Struktur und Abläufe für die Zukunft möglichst zu vereinfachen.

Ergebnis dieser Organisationsanalyse sollten ein Organisationskonzept und ein Maßnahmenkatalog sein, welche

- die Abgrenzung des künftigen Aufgabenumfangs (auch gegenüber anderen Abteilungen) und

- die Definition konkreter Aktionsfelder mit klarer, auch quantifizierter Zielvorgabe (bzw. mit einem Katalog ausreichender Argumente, warum eine nennenswerte Effizienzsteigerung für möglich gehalten wird)

ermöglichen sollten.

3.3.3 Grundsätze

Jedes Rationalisierungsprojekt birgt die Gefahr einer reinen «Sparaktion» nach dem Motto «Wir müssen sparen, koste es, was es wolle» in sich. Um dieser Gefahr zu begegnen, wurden dem Projekt fünf wegleitende Grundsätze vorangestellt:

1) Die im Rahmen des Projekts vorgeschlagenen Maßnahmen sind in längerfristige Ziele und/oder Soll-Vorstellungen einzubetten. Sie sollen damit als längerfristig gültige Absichten der Unternehmung gelten können.
2) Jede Maßnahme muß auch aus der Sicht längerfristiger Entwicklungen (Trends) richtig sein. Es sind dies die sich abzeichnenden Entwicklungen der Anforderungen der Technologien und der Umwelt der Unternehmung.
3) Kurzfristige Sparziele sind den längerfristigen Zielsetzungen und Entwicklungen unterzuordnen. Es sei denn, es ließen sich abgeschlossene Vorschläge und Realisierungen als Sofortmaßnahmen abgrenzen, welche längerfristige Maßnahmen nicht wesentlich präjudizieren.
4) Jede Maßnahme muß geeignet sein, die eigentlichen Ursachen einer festgestellten Unzulänglichkeit zu beheben.
5) Jede Maßnahme muß auf der richtigen Verantwortungsebene lokalisiert und für die Realisierung stufengerecht zugeordnet sein.

Mit diesen Grundsätzen soll auch sichergestellt werden, daß die Ergebnisse des Projekts in ihren realen Zusammenhängen gesehen und verstanden werden. Die Machbarkeit der vorgeschlagenen Maßnahmen soll jeweils abgeklärt werden.

3.4 Vorgehenskonzept

Es wurde ein Vorgehen in *3 Phasen* vereinbart:

- *Phase 1:* Organisationsanalyse mit der vorhin beschriebenen Aufgabenstellung.
- *Phase 2:* Meinungsbildung und Entscheidung.
  Diese Phase wurde deshalb bewußt vorgesehen, weil wegen der Brisanz des Themas (organisatorische Änderungen, Verlagerung von Aufgaben, teilweise Reduktion des Leistungsumfangs u.ä.) nicht mit einer reibungslosen Willensbildung zu rechnen war.
- *Phase 3:* Detailplanung und Realisierung.

Der Ablauf der *Phase 1* ist in *Abb. 5.11* detaillierter dargestellt. Er orientiert sich an der Logik des *Problemlösungszyklus*, die dort ergänzt wurde, wo es die konkrete Situation erforderlich machte.

3. Fallbeispiel: Organisationsanalyse auf GWA-Basis

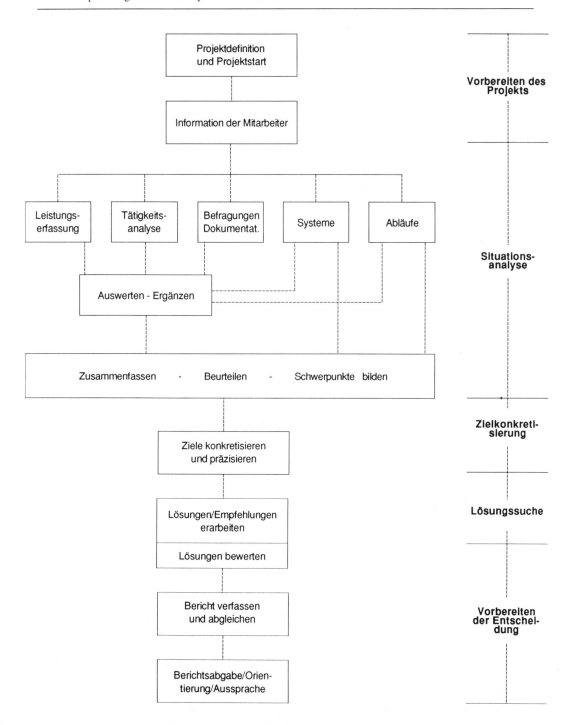

Abb. 5.11   Vorgehenskonzept für Phase 1

Das Projektteam hatte die Entscheidungsgrundlagen auszuarbeiten und in einem Bericht niederzulegen, der als Output der Phase 1 gleichzeitig Input für Phase 2 darstellt.

Der Inhalt der *Phasen 2 und 3* ist in *Abb. 5.12* dargestellt.

Phase 2: Meinungsbildung und Entscheidung

- Berichtsstudium: Kenntnis- und Stellungnahme zum Bericht durch den Lenkungsausschuß und Auftraggeber
- Meinungsbildung: Aussprache über Vorschläge und Maßnahmen
- Antragstellung: Formulieren der Realisierungsanträge zuhanden des Auftraggebers

Entscheidung: Beschlußfassung der Unternehmungsleitung und Formulieren der Aufträge für die Realisierung.

Phase 3: Realisierung

- Planung: Detailplanung und Vorbereiten der Realisierung in Form von Einzelprojekten
- Einführung: Realisieren der einzelnen Maßnahmen
- Erfolgskontrolle: Überwachen der Realisierung sowie Feststellen der Ergebnisse.

Abb. 5.12 Inhalt und Zuständigkeiten in den Phasen 2 und 3

3.5 Projektstrukturierung

Das Projekt erstreckte sich grundsätzlich auf den ganzen Bereich der Abteilung INFRA.

Für die Bearbeitung wurden Blöcke gebildet. Diese wurden so abgegrenzt, daß sie sich getrennt und gegebenenfalls zeitlich gestaffelt bearbeiten ließen (siehe Abb. 5.13).

Die Abgrenzung der 4 Blöcke des Untersuchungsgegenstandes erschien zunächst einfach, da hinsichtlich der Beziehungen zwischen ihnen und der Umgebung klare Schnittstellen vermutet wurden.

Dies entsprach aber nicht der Realität, da die Zuständigkeiten nicht eindeutig waren und es deshalb Koordinationsprobleme bzw. Überschneidungen gab (beispielhafte Detailfragen: an wen wendet sich der Benutzer bei einer Liftstörung? An BET oder TEC? Oder: Wann wird TEC bei Umbauten eingeschaltet? In der Planung oder erst nach Übergabe? Wo und bis wann ist Abteilung Liegenschaften zuständig? usw.).

Unter der operativen Führung der Projektleitung wurde jeder Block durch ein sog. «Projektpaar», bestehend aus je einem Mitarbeiter der GROBAG und einem Berater,

3. Fallbeispiel: Organisationsanalyse auf GWA-Basis

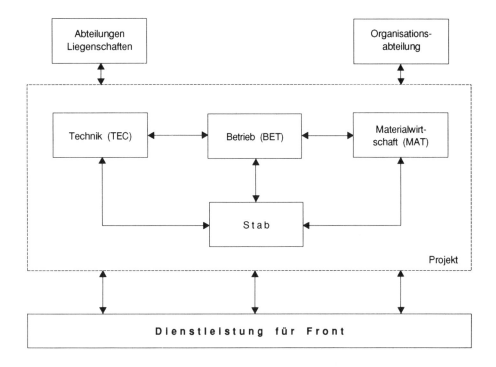

Abb. 5.13   Objekt- bzw. Projektstrukturierung

bearbeitet. Die Projektstruktur findet sich also in der Projektorganisation wieder (siehe Abb. 5.14).

3.6 Projektorganisation

Hinsichtlich Projektorganisation wurde ein gemischtes Team aus Mitarbeitern der Abteilung INFRA und Beratern gewählt.
Dadurch sollen sowohl der Realitätsbezug (kein externes Projekt), als auch die Realisierungswahrscheinlichkeit nach Berichtsabgabe erhöht werden (Know how innerbetrieblich vorhanden).
Die Projektorganisation ist in *Abb. 5.14* dargestellt. Bewährt hat sich dabei die Einsetzung der bereits erwähnten Projektpaare für jede Hauptaufgabe der Abteilung INFRA.
Durch den direkten Einbezug der verantwortlichen Mitarbeiter der GROBAG soll eine **größtmögliche Identifikation** erreicht und mit der aktiven Mitwirkung der Berater der rote Faden und eine **größtmögliche Integration** gesichert werden.

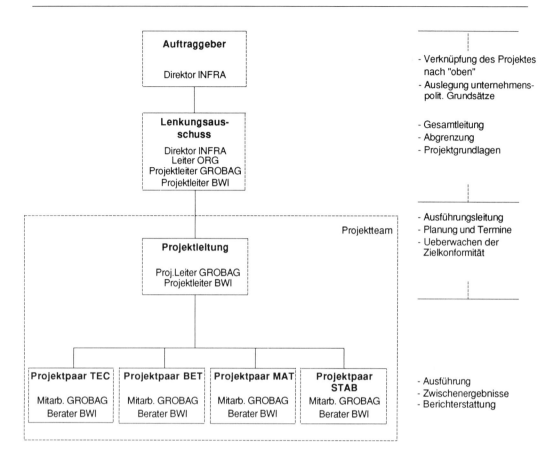

Abb. 5.14 Projektorganisation

3.7 Gemeinkosten-Wertanalyse (GWA)

Am Ende der Situationsanalyse (Abb. 5.11) steht der Vorgang: Zusammenfassen–Beurteilen–Schwerpunkte bilden.

Die Beurteilung und damit die weitere Schwerpunktbildung erfolgt aufgrund von **wertanalytischen Überlegungen.**

Der Grundgedanke besteht darin, alle effektiv durchgeführten Tätigkeiten bzw. Funktionen auf ihre Notwendigkeit zu überprüfen.

Dabei wird unterschieden zwischen

- **Hauptfunktionen** (= Hauptaufgaben)
- **Nebenfunktionen** (= Hilfs- und Dienstleistungsaufgaben)
- **unerwünschten Funktionen** (= Funktionen mit überwiegend negativen Auswirkungen)

Die Zusammenhänge zwischen diesen Funktionsarten sind in *Abb. 5.15* dargestellt.

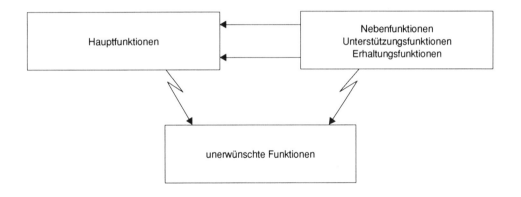

Abb. 5.15 Wertanalytische Zusammenhänge

Daraus läßt sich die folgende methodische Überlegung ableiten:

1) *Hauptfunktionen* (Hauptaufgaben) sind solche, die den eigentlichen Zweck einer Organisationseinheit zum Inhalt haben. Sie stehen in der Regel außer Diskussion, sofern nicht konkrete Anhaltspunkte existieren, welche diese ebenfalls in Frage stellen (z.B. unerwünschte Mehrspurigkeiten).
2) *Nebenfunktionen* sind solche, die zur Erfüllung der Hauptfunktionen nötig sind und diese erst ermöglichen.
3) Als allgemeine *Unterstützungsfunktionen* bezeichnen wir solche, die nicht eindeutig zu Hauptfunktionen zuzuordnen sind, weil sie z.B. mehrere Hauptfunktionen unterstützen.
4) *Erhaltungsfunktionen* dienen der Erhaltung der eigenen Betriebsbereitschaft der untersuchten Organisationseinheit.
5) *Unerwünschte Funktionen* sind solche, die kaum einen Nutzen bringen, aber nennenswerte unerwünschte Wirkungen, wie z.B. Kosten, Zeitverzögerungen, Ressourcenverschleiß, «Papierkrieg», etc. mit sich bringen.

Außerdem können die Funktionen 1–4 Anteile unerwünschter Funktionen aufweisen.

Für die Beurteilung der einzelnen Funktionen und als Basis für ein Handlungsprogramm gelten folgende *Regeln*:

- **Hauptfunktionen** sind – nach Prüfung ihrer Sinnhaftigkeit und unter Beachtung des wirtschaftlichen Nutzens – zu *maximieren*, d.h. möglichst gut zu erfüllen.
- **Neben-**, **Unterstützungs-** und **Erhaltungsfunktionen** sind zu *optimieren*, d.h. «so viel und so gut wie nötig und nicht wie möglich».
- **Unerwünschte Funktionen** sind zu *eliminieren* bzw. zu *minimieren*.

Abb. 5.16 zeigt Beispiele für die einzelnen Funktionen.

I Hauptaufgaben der Sektion/Abt.	A)	Projektieren von ...
	B)	Betreiben von ...
	C)	Instandhalten von ...
	...	
II Nebenaufgaben zur Erfüllung von I	F)	Arbeitsvorbereitung
	G)	Einsatzplanung
	H)	Überwachung von ...
	...	
III Unterstützungsaufgaben zugunsten mehrerer Organisationseinheiten	L)	Dokumente verwalten
	M)	Sekretariatsarbeiten
	...	
IV Erhalten der eigenen Betriebsbereitschaft	P)	Mitarbeiterführung
	Q)	Jahresplanung, Budgetierung
	R)	Ausbildung
V Unerwünschte Funktionen	U)	unnötige Mehrspurigkeiten
	V)	unnötig exakt ausgeführte Aufgaben

Abb. 5.16   Beispiele für die Funktionengliederung

3.8 Beispielhafte Illustration

In der Folge sollen einige Arbeitsschritte und Ergebnisse beispielhaft illustriert werden. Die einzelnen Schritte des Problemlösungszyklus dienen dabei als Leitfaden für die Abwicklung.

3.8.1 Organisationsstruktur INFRA

Im Verlauf der Situationsanalyse (Abb. 5.11) hat sich gezeigt, daß die heutige Organisationsstruktur der Abt. INFRA eine der Ursachen für verschiedene Unzulänglichkeiten und Erschwernisse ist. Insbesondere ist die Abgrenzung gegen die Abteilungen Liegenschaften und Organisation unklar bzw. widersprüchlich. Es wurde deshalb beschlossen, die Organisationsstruktur grundsätzlich in Frage zu stellen.

Damit war ein eigener Problemkreis definiert, der in einem eigenen Problemlösungszyklus bearbeitet werden konnte. Die Ergebnisse der einzelnen Schritte sind hier sehr gestrafft dargestellt.

a) Ergebnis der *Situationsanalyse*
- unklare Aufgaben und Verantwortungsbereiche
- unklare Schnittstellen

- unsaubere Abgrenzung zentral – dezentral

als Ursachen für unerwünschte Funktionen.
Diese Aussagen wurden durch eine Reihe von Beispielen belegt.

b) *Ziele* für Neuorganisation

Die zukünftige Organisationsstruktur INFRA hat folgenden Anforderungen zu genügen:

- Einfachheit und Transparenz
- eindeutige und kurze Führungs- und Entscheidungswege
  - Planungs- und Kontrollprozesse
  - stufengerechte Kompetenzordnung
- Flexibilität im Hinblick auf:
  - neue Aufgaben
  - Veränderungen im Umfeld
  - schwer vorhersehbare Leistungen
- personelle Realisierbarkeit

Um dies zu erreichen, sollten auch die entsprechenden strukturunterstützenden Voraussetzungen geschaffen werden, wie z.B.

- Konzepte, Standards und Richtlinien (KSR) im Hinblick auf:
  - Beherrschen der Schnittstellen zu den Fachstellen außerhalb INFRA
  - Erleichtern von Fachentscheidungen
  - Ablauf und Integration von Projekten und Projektorganisationen
- klare und eindeutige Aufgabenzuweisung nach dem Prinzip:
  - Betrieb und Instandhaltung (tägliches Geschäft) sind **Aufgaben der Gebäudeverantwortlichen**
  - Konzepte, Planung und Projektierung (planerische und konzeptionelle Aufgaben) sind **Aufgaben der INFRA-Zentrale**
  - INFRA-Planung und Organisation, Controlling (Führungsunterstützung) sind **Führungs- und Stabsaufgaben.**

c) *Struktur-Vorschläge* (Lösungssuche)

Aufgrund der oben umschriebenen Aufgabenbereiche und Zusammenhänge schlug das Projektteam folgende 2 Varianten einer Grundstruktur vor (Abb. 5.17):
  Diese Struktur vermag die Abgrenzungs-Vorgaben, die organisatorischen Grundsätze, sowie das Anforderungsprofil abzudecken. Innerhalb dieser Grundordnung bestehen verschiedene Möglichkeiten der Gestaltung der einzelnen Verantwortungsbereiche.
  Aus der Sicht der Forderung nach einfachen Strukturen und der Minimierung der hierarchischen Stufen wäre eine Variante 2 denkbar, die darin besteht, daß auf die mit *) bezeichneten Leitungsstellen verzichtet wird. Die stärkere Belastung des Leiters INFRA (höhere Leitungsspanne) hätte allerdings einen verstärkten Stabseinsatz zur Folge.

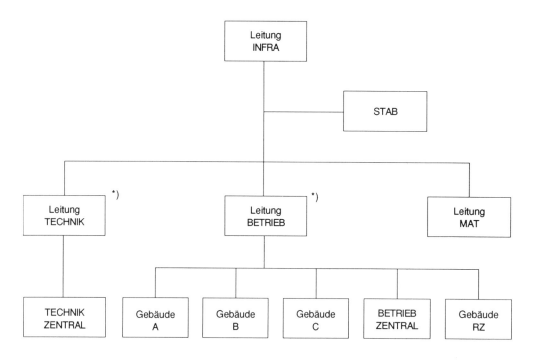

*) entfällt bei Var. 2)

Abb. 5.17   Grundstruktur INFRA (Varianten 1) und 2))

d) *Bewertung und Entscheidung*

Aufgrund einer hier nicht näher ausgeführten einfachen Bewertung wurde die Variante 1 beschlossen. Sobald die personellen Voraussetzungen erfüllt sind, soll der Übergang auf Variante 2 noch einmal geprüft werden.

3.8.2 Illustration der GWA anhand eines Teilproblems der Abt. TEC

a) *Situationsanalyse*

Die Leistungserfassung im Rahmen der Situationsanalyse erfolgte mittels vorstrukturierten Fragebogen an das Kader. Mit PC-Auswertungen ließen sich daraus Aussagen über den durchschnittlichen Jahresaufwand in Mannstunden je Funktion gewinnen.

Beim nachfolgenden Zusammenfassen und Beurteilen ging es darum, gemeinsam mit dem Kader, die Beiträge von Neben- und Unterstützungsfunktionen den Hauptfunktionen zuzuordnen.

An der Hauptaufgabe «Ausführungsleitung bei Umbauten, im speziellen an Infrastruktur-Anlagen» sei beispielhaft gezeigt, wie der GWA-Ansatz zu Zielen und Maßnahmen geführt hat.

3. Fallbeispiel: Organisationsanalyse auf GWA-Basis

Zuordnen von Leistungen

Als repräsentativ wurde mit dem Kader die Aufgabengliederung gemäß Abb. 5.18 festgehalten.

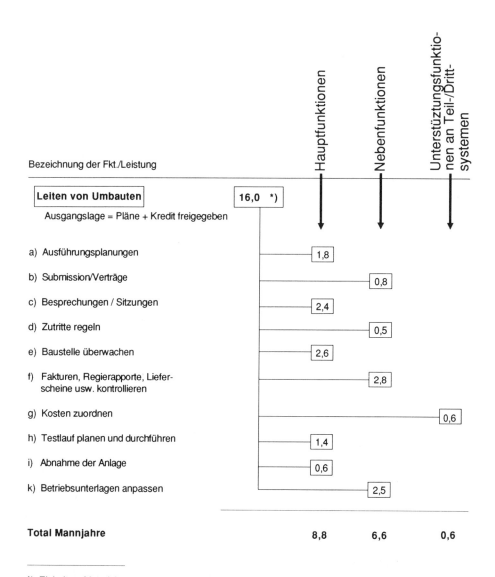

Abb. 5.18 Hauptaufgaben zugeordnete Neben- und Unterstützungsleistungen

Ergebnisse

Die eng verknüpften Leistungen f) und g) absorbieren über 20% des Gesamtaufwandes. Deshalb wurde daraus ein Bearbeitungsfeld gemacht und die dazugehörenden Tätigkeiten wurden in der Folge näher untersucht.

Dabei hat sich gezeigt, daß in vielen Fällen sowohl die Fremdfirmen, als auch die eigene Organisation durch die bisher gehandhabte Form der Kontrolle von Fakturen, Lieferscheinen bzw. Regierapporten überfordert waren. Fremdfirmen mußten vielfach mehrere Formulare für die Erfüllung einer Aufgabe ausfüllen: Ärger, Überschneidungen, Unklarheiten, mehrfache Rückfragen und klärende Gespräche waren die Folge. Unklarheiten bei der Abklärung der Inhalte von Eintragungen in verschiedenen Formularen haben groteskerweise zu zusätzlichen Formularen geführt. Vielfach hat sich gezeigt, daß die geforderten Eintragungen gar nicht verwendet wurden bzw. unbedeutende Kleinbeträge auf komplizierte Art und möglichst genau in der Anlagenrechnung verbucht wurden.

Ziele, Zweck und Tiefgang einer Anlagenrechnung waren also nicht klar. Dadurch meinten viele Sachbearbeiter, daß entstandene Kosten so genau wie möglich zuzuordnen wären.

Vielfach könnten Störungen und kleinere Instandhaltungen leicht durch eigenes Personal erledigt werden, da der damit verbundene Aufwand geringer ist als der heutige Kontroll- und Abrechnungsaufwand.

Mit diesen und weiteren Erkenntnissen im Detail war erklärbar, weshalb unnötige «Administration» entstanden ist, die außerdem die Funktionsgruppe c (Besprechungen und Sitzungen) erheblich belastete.

b) *Ziele*

Für das genannte Bearbeitungsfeld wurde folgende Stoßrichtung beschlossen:

- Die interne Administration soll massiv um 30 bis 50% gesenkt werden.
  – Dazu ist es zulässig, die Projektabrechnung radikal zu vereinfachen.
  – Die Anlagenbelastung soll nicht «möglichst genau» sein, es genügt, wenn sie «plausibel wahr» ist.
- Die bisherige Aufgabenverteilung für Instandsetzungsarbeiten zwischen externen und internen Stellen ist neu zu regeln und braucht nicht einheitlich zu sein.

c) *Vorgeschlagene Maßnahmen aus diesem Bearbeitungsfeld* (beispielhaft)

- Einfache Instandsetzungsarbeiten erledigen GROBAG-Mitarbeiter, aufwendigere Arbeiten können an Fremdfirmen vergeben werden. Die Maßnahme deckte sich nicht mit den Erwartungen aller GROBAG-Mitarbeiter, die bisher ganze Gebäude an Fremdfirmen vollumfänglich zur Wartung/Instandhaltung übertragen hatten.
- Ziele und Zweck der Anlagenrechnung wurden neu definiert (SOLL-Vorschlag des Teams).
- Für die Aufwandbelastung bei Kleinprojekten resp. Instandsetzungsarbeiten wurde ein radikaler Vereinfachungsvorschlag ausgearbeitet.
- Die von Fremdfirmen auszufüllenden Formulare wurden auf jene Inhalte reduziert, die innerbetrieblich weiterverwendet wurden bzw. zur Prüfung der Plausibilität der verrechneten Aufwendungen nötig waren.

3.9 Schlußbemerkungen

Auf die weitere Beschreibung dieses Fallbeispiels soll hier verzichtet werden, weil von nun an die methodischen Fragen eindeutig durch Sachfragen domininiert werden.

Es sei hier lediglich erwähnt, daß allein aufgrund der Phase 1 eine Reihe von unbestrittenen Maßnahmen eingeleitet werden konnten, die

- eine Einsparung von Fremdaufwänden im Betrag von mehr als 1 Mio. sfr. pro Jahr
- sowie die Einsparung von mehreren Dutzend Stellen
- bei ingesamt nicht reduzierter Leistungsqualität

ermöglichten.

Zusammenfassend kann die Charakteristik dieses Fallbeispiels wie folgt dargestellt werden:

- sowohl das Prinzip der Phasengliederung als auch der Problemlösungszyklus waren anwendbar,
- interessant scheint die Kombination zwischen SE-Konzept und wertanalytischen Ansätzen aufgrund der Aufgabenstellung zu sein,
- für die Projektabwicklung wurden Grundsätze erarbeitet, um ständige Grundsatzdiskussionen hinsichtlich der «Sinnhaftigkeit von Sparaktionen» zu vermeiden,
- die Projektorganisation mit enger Verflechtung von internen und externen Mitarbeitern («Projektpaare») hat sich als vorteilhaft erwiesen,
- als konkreter Erfolg kann die Identifizierung und Realisierung eines großen Rationalisierungspotentials bereits nach der 1. Phase gewertet werden.

Teil V: SE in der Praxis

4.	Fallbeispiel: Lohnsystem einer kantonalen Verwaltung	374

H. Kappel, Abteilungsleiter «Personalführung und Organisation»
U. Witschi, Abteilung «Personalführung und Organisation»

4.1	Einleitung	374
4.2	Ausgangssituation	374
4.3	Aufgabenstellung	375
4.4	Vorgehensplan	375
4.5	Phasengliederung	377
4.5.1	Vorstudie	377
4.5.2	Detailplanung und Realisierung	381
4.6	Sofortmaßnahmen	383
4.7	Projektorganisation	383
4.7.1	Die Projektorganisation der Vorstudie	384
4.7.2	Projektorganisation für die Detailplanung und Realisierung	386
4.8	Schlußbemerkungen	388

4. Fallbeispiel: Lohnsystem einer kantonalen Verwaltung

H. Kappel, Abteilungsleiter «Personalführung und Organisation»
U. Witschi, Abteilung «Personalführung und Organisation»

4.1 Einleitung

Im nachstehend skizzierten Fall soll die Anpassung des Lohnsystems einer kantonalen Verwaltung in geraffter Form beschrieben werden. Konkret werden dabei die SE-Komponenten *Phasenablauf, Problemlösungszyklus* und *Projekt-Management* angewendet. Als besonders typisch für derartige Aufgabenstellungen gehen wir auf die folgenden Spezifika ausführlicher ein, auf

- die Notwendigkeit, schon im Verlauf bzw. im Anschluß an die Vorstudie mit konkreten *Sofortmaßnahmen* zu beginnen, die sich widersprechenden Anforderung genügen müssen: sie sollen bestehende Mängel wirksam mildern, ohne damit die späteren Lösungen unzulässig zu präjudizieren;
- die komplexe *Projektorganisation* mit einer Vielzahl von Gremien, welche den Ablauf des Projekts und damit die Ergebnisse zur Kenntnis nehmen bzw. konkret beeinflussen können und sollen. Damit soll ein hohes Maß an Akzeptanz erreicht und die «Lebensdauer» der Lösung erhöht werden;
- interessant erscheinen noch der spezielle Zweck und Inhalt der hier vorgesehenen Hauptstudie, die vom SE-Konzept aus gutem Grund abweichen.

4.2 Ausgangssituation

Im Jahre 1970 wurde das Lohnsystem einer ca. 16 000 Stellen umfassenden kantonalen Verwaltung mit Unterstützung der Stiftung BWI eingeführt. Nach 18 Jahren erforderten die Veränderungen, die sich in den einzelnen Berufen und an den verschiedenen Arbeitsplätzen ergeben haben, eine Revision. Auslösende Momente waren dabei die teilweise nicht mehr marktkonformen Relationen zur Privatwirtschaft, die Bedürfnisse nach mehr Flexibilität und nach der zukünftigen Möglichkeit, die Leistungen der Mitarbeiter zu berücksichtigen.

Zum besseren Verständnis der folgenden Ausführungen sei auf die dargestellten *Charakteristiken* des bestehenden Besoldungssystems kurz hingewiesen:

Das bestehende Besoldungskonzept wurde vor ca. 20 Jahren installiert. Es handelt sich um das sog. analytische BWI-Funktionsbewertungsverfahren, das bis heute relativ konsequent angewendet wurde.

Es kann wie folgt charakterisiert werden:

- Kernstück des Systems ist der sog. *Einreihungsplan* (ERP). Der ERP ist eine Liste von *Modellfunktionen* (Richtpositionen), anhand derer die konkreten

Funktionen hinsichtlich ihres Funktionswertes positioniert, d.h. eingereiht werden.
- Die Modellfunktionen wurden nach verschiedenen *Kriterien* (Merkmalen) bewertet. Im konkreten Fall sind dies 17 Merkmale. Entsprechend der Bewertung sind die Modellfunktionen den *Lohnklassen* zugeordnet.
- Innerhalb einer Lohnklasse durchläuft ein Beamter im Laufe der Jahre eine Anzahl *Lohnstufen*. Wenn man für den Anfangslohn 100% ansetzt, so liegt der Endlohn nach 16 Jahren bei ca. 135%.

Das System ist nicht personen-, sondern rein funktionsbezogen. Ihm liegt der Grundsatz «gleicher Lohn für gleiche Arbeit» zugrunde.

Wie gut diese Arbeiten ausgeführt werden, wird hinsichtlich des Lohns dzt. allerdings nicht berücksichtigt (keine Leistungskomponente enthalten).

4.3 Aufgabenstellung

Aufgrund der Erfahrung in ähnlich gelagerten Projekten und der Komplexität des Problems war klar, daß ein stufenweises Vorgehen vorzusehen war. Dabei bediente man sich des bewährten SE-Phasenschemas (Vorstudie, Hauptstudie etc.), allerdings in etwas modifizierter Form.

Zunächst wurde die Durchführung einer *Vorstudie* mit dem Ziel vereinbart, in einer umfassenden Situationsanalyse Stärken, Schwächen und den sich daraus ergebenden Handlungsbedarf aufzuzeigen. Darauf aufbauend sollten ein Zielkatalog und konkrete Eingriffsmöglichkeiten erarbeitet werden.

Man war sich darüber im klaren, daß die Revision des Lohngesetzes einen Zeitraum von wenigstens 2 Jahren beanspruchen würde. Von der Vorstudie erwartete man auch keine definitive Lösung, wohl aber die Zielrichtung, Lösungsansätze, sowie einen Katalog von Sofortmaßnahmen.

4.4 Vorgehensplan

Der für die Vorstudie vereinbarte Vorgehensplan ist in Abb. 5.21 dargestellt. Charakteristisch ist dabei der relativ lange Zeitraum, der für die Vorbereitung, d.h. die Organisation des Projektteams (PT) und die Ausbildung vorgesehen wurde. Damit sollte eine leistungsfähige Arbeitsgruppe entstehen, die sich auch in fachlicher Hinsicht gut verständigen kann (mehr Klarheit hinsichtlich der Denkmodelle und Begriffe).

Relativ breiten Raum nahmen auch eine umfassende Situationsanalyse und die Erarbeitung der für die weitere Folge geltenden Zielsetzungen ein. Die Lösungssuche ist noch relativ schwach ausgebildet, sie hatte hier auch nur den Zweck, grundsätzliche Möglichkeiten aufzuzeigen, zu denen sich auch die politischen Instanzen äußern sollten. Relativ breiten Raum nahm wiederum die Planung des weiteren Vorgehens, sowie das Herausarbeiten konkreter Sofortmaßnahmen ein.

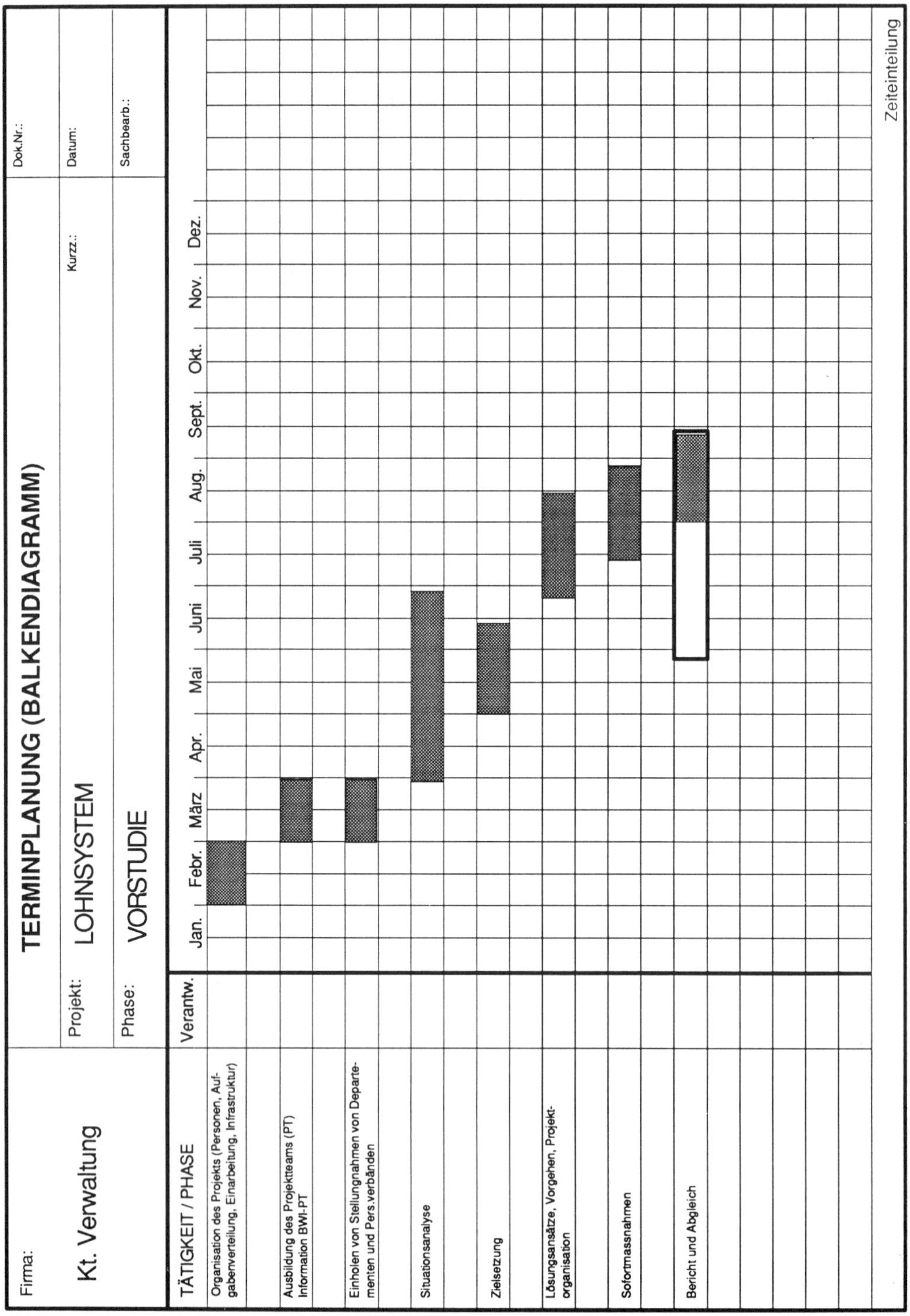

Abb. 5.21 Ablauf der Vorstudie

4.5 Phasengliederung

4.5.1 Vorstudie

Die Abwicklung der Vorstudie orientierte sich ziemlich deutlich an der Logik des Problemlösungszyklus.

1) *Situationsanalyse*

Im Verlauf der Diskussionen wurde die in Abb. 5.22 dargestellte Problemskizze erarbeitet (= *Systemdenken*), die es ermöglichen sollte, Zusammenhänge sichtbar zu machen und zu diskutieren. Vertikal ist der Vorgang der operativen Abwicklung angedeutet, horizontal sind die Einflußfaktoren auf die künftige Systemgestaltung bzw. die gewünschten Eigenschaften des Systems in grober Übersicht dargestellt.

Als Ergebnisse der Situationsanalyse soll beispielhaft ein hier sehr gestrafft dargestellter Katalog von *Stärken* bzw. *Schwächen* des heutigen Systems dargestellt werden.

Die entsprechenden Informationen wurden einerseits in Form von Interviews und Gesprächen, andererseits aber auch in formalisierter Form durch eine schriftliche Befragung der Departemente und Verbände (Interessensvertretungen der einzelnen Berufsgruppen) im Sinne eines Vernehmlassungsverfahrens eingeholt:

Als Ergebnis konnte festgehalten werden: Trotz aller Mängel wurde das System als Ganzes, entsprechend den bisherigen Erfahrungen, einhellig als *positiv* beurteilt. Gleicher Lohn für gleiche Arbeit, Objektivität, Vergleichbarkeit, Transparenz und Nachvollziehbarkeit, waren die wichtigsten positiven Aussagen.

Als *Schwachstellen* wurden insbesondere genannt (hier nur summarisch aufgezählt):

- Unzureichende Systemflexibilität hinsichtlich
  - kurzfristiger Änderungs- und Anpassungsmöglichkeiten (Reaktionsmöglichkeiten auf Stellenmarktänderungen)
  - freier Interpretationsmöglichkeiten
  - Personenbezug
- mangelnde Anwendungsflexibilität
  - zu schwerfällige Anwendungsorganisation
  - zu restriktive und quantitative Interpretation der Modellumschreibungen
  - zu komplizierte interne Abläufe bei Bewertung und Einreihung
- Merkmale und Gewichtung
  - zu viele Merkmale (Kriterien)
  - einige Interessensgruppen stellen bestimmte Gewichtungen in Frage, z.B. Ausbildung zu hoch, Merkmale typischer Frauenfunktionen zu tief bewertet (etwa Geschicklichkeit)
- Einreihungsplan (ERP) nicht mehr aktuell (wurde innerhalb der letzten 18 Jahre nie aktualisiert)
- Entlöhnungskonzept
  - Lohnkurvenverlauf: in den unteren Lohnklassen zu flach, in den oberen zu steil
  - z.T. nicht marktkonform
  - fehlende Leistungskomponente

Teil V: SE in der Praxis

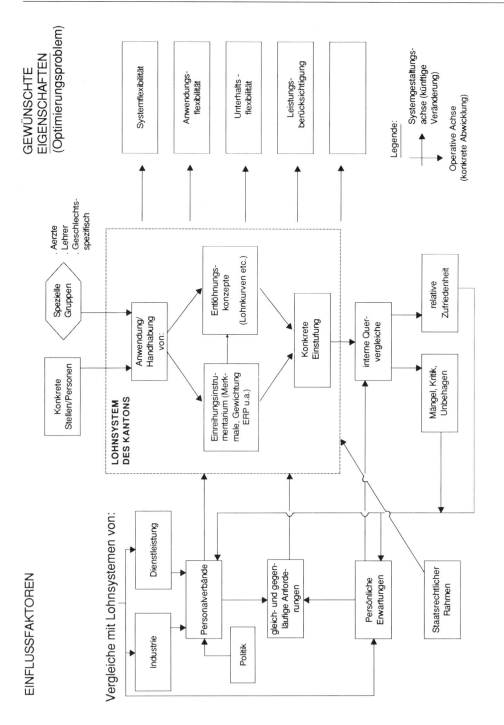

Abb. 5.22 Problemzusammenhänge

4. Fallbeispiel: Lohnsystem einer kantonalen Verwaltung

Das Projektteam hat sich bemüht, die Situationsanalyse so umfassend wie möglich, d. h. unter Einbezug der verschiedensten Aspekte und Standpunkte, durchzuführen.

Außerdem wurde eine Zukunftsbetrachtung durchgeführt (Trends am Arbeitsmarkt, Verwaltung in Zukunft, Einstellungs- und Verhaltensänderungen bei Mitarbeitern, zukünftige Lohnregelungen), die mit dem Leitungsausschuß erarbeitet und mit der AGST (= Arbeitsgemeinschaft der kantonalen Staatspersonalverbände) besprochen wurde – siehe dazu Kap. 4.7 – Projektorganisation.

2) *Zielsetzung*

In der Vorstudie ist die Zielsetzung der zentrale Vorgehensschritt. Sie bestimmt die Marschrichtung für die spätere Lösungssuche.

Aufgrund der Erkenntnisse aus der Situationsanalyse und der Ergebnisse dieser Gespräche wurde der in Abb. 5.23 dargestellte Zielkatalog erarbeitet. Er entspricht in verschiedenen Formulierungen sicherlich nicht exakt den theoretischen Forderungen (insbes. z.B. jener nach Operationalität der Ziele). Es wurden auch vorläufig noch keine quantitativ formulierten Ziele festgelegt (z.B. Begrenzung der Lohnsumme bzw. ihrer Steigerungsrate, zeitliche Vorgaben etc.).

Dabei ist allerdings zu bedenken, daß es hier um die Vorstudie geht und präzise Vorgaben das Konfliktpotential aufgrund der unterschiedlichen Interessenslagen eher erhöht als reduziert hätten. Es war jedoch allen Beteiligten klar, daß diese Festlegungen in der Hauptstudie nachzuholen wären.

Als *Hauptziele* wurden besonders herausgestrichen:
- mehr Flexibilität des Systems und
- Leistungsorientierung ermöglichen.

Das Ziel *Flexibilität* wurde hinsichtlich dreier Merkmale spezifiziert
- Systemflexibilität: im Sinne des im Lohnsystem installierten Potentials an Möglichkeiten
- Anwendungsflexibilität: als Summe der Möglichkeiten, dieses Potential zu nutzen
- Unterhaltsflexibilität: im Sinne eines möglichst geringen Aufwands zur Erhaltung des im System installierten Potentials.

Die in Zukunft gewünschte *Leistungsorientierung* sollte zum Ausdruck bringen, daß neben dem Prinzip «gleicher Lohn für gleiche Arbeit bzw. Aufgaben» auch das Ausmaß des persönlichen Einsatzes und der erbrachten Leistung positiv oder negativ in den Lohn eingehen sollten.

Natürlich würden einzelne Interessensgruppen die Prioritäten verschieden setzen. So hätte beispielsweise für den Verband des Personals öffentlicher Dienste (VPOD) die Abschaffung der Frauendiskriminierung die höchste Priorität.

3) *Lösungsansätze*

Bei den Lösungsansätzen ging es darum, mögliche Lösungen und Ideen zu entwickeln. Damit konnte man sich die Zielsetzung auch etwas plastischer vorstellen. Hier zusammenfassend einige Ideen:
- Mehrklassenprinzip statt Einklassenprinzip (d.h. pro umschriebene Modellfunktion mehrere Lohn-Klassen)

System als Ganzes	Einreihungsinstrumentarium	Entlöhnungskonzept	Anwendung, Handhabung
Flexibilität allgemein: – Flexibilität gesamthaft erhöhen – vorhandene Flexibilität besser nutzen Systemflexibilität: Ermöglichung von kurzfristigen, unvorhergesehenen Änderungen (innere Dynamik). Bessere Abstimmung von Anforderungen und Fähigkeiten. Leistungsdifferenzierung prüfen Unterhaltsflexibilität die Unterhaltsintensität soll erhöht werden: – periodische Anpassung des ERP – laufende Anpassung der ME/U Anwendungsflexibilität: mögl. einfache Vorgehens- und Entscheidungsprozesse bei der Stelleneinreihung sowie bei der Festsetzung des Lohnes im Falle einer Anstellung *Transparenz:* Übersichtlichkeit und Nachvollziehbarkeit möglichst erhalten	*Einreihungsplan* Anpassung und Aktualisierung – ERP – ME/U *Vorgehen beim Bewerten* der Anteil vollanalyt. Bewertung soll reduziert werden (nach dem Grundsatz «vom Groben ins Detail» vorgehen) evtl. schwerpunktmäßige Differenzierungsmöglichkeiten für einzelne Funktionskategorien schaffen *Merkmale* aktuelle, zukunftsgerichtete Anforderungen einbauen Vereinfachung und Aktualisierung der Ausbildungsnormen Prüfen der Berücksichtigung der beruflichen Fortbildung der Mitarbeiterinnen/Mitarbeiter *Gewichtung* Aktualisierung der Gewichtung *Diskriminierung* Diskriminierungsquellen beseitigen	*Lohn* mögl. konkurrenzfähige und sozial vertretbare Löhne (regional, und/od. überregional) Ermöglichen von kurzfristigen Anpassungen und Korrekturen des Lohnkurven-Verlaufs Ermöglichen von punktuellen Anpassungen ohne Änderungen des durchschnittlichen Verlaufs *Lohnklassen* Vernünftige Anzahl Lohnklassen bilden Aufbrechen des Einklassenprinzips Erhöhung der Durchlässigkeit für eingereihte Funktionen *Stufenverlauf* attraktive Entwicklungsmöglichkeiten innerh. Klasse: – Erhaltung oder Verlängerung der Anstiegsdauer – Reduktion der Wartezeiten in den obersten Bereichen – Harmonisieren Verhältn. Min.–Maximum **Leistungsberücksichtigung** Leistungskomponente prüfen *Zulagen* möglichst wenig Zulagen klare Zulagenregelungs-Grundsätze Regelung der Nebeneinkünfte prüfen *Arbeitszeit* Regelung der – Teilzeit – Zeitgutschriften unkomplizierte Handhabung der Arbeitszeitflexibilität	*Methodenanwendung* bei Neubewertungen soll Verfahren beschleunigt werden (RRB 26.4.89) Nicht nur Schulausweise, sondern auch vorhandene Kenntnisse berücksichtigen Bewertbarkeit alternativer Ausbildungsgänge verbessern Bedeutung Dienstalter relativieren, Funktionserfahrung stärker berücksichtigen adäquate Berücksichtigung der Fremderfahrung Erhöhung der Anwendungsfreundlichkeit der Komprimierungs-/Dekomprimierungs-Regeln Harmonisierung der Beförderungspraxis *Stellvertretung* eindeutig regeln *Rechtsmittel* Weg beschleunigen

Abb. 5.23 Strukturierte Detailziele (Ziele aufgrund der Vorschläge der Projektbearbeiter und der verschiedenen Eingaben)

- pro Modellfunktion eine Leistungsklasse definieren
- attraktiver Stufenverlauf (steiler und länger)
- Bewertungssystem durch die Bildung von Subsystemen vereinfachen (teilweises Zusammenfassen der 17 Merkmale)
- Anwendungsorganisation statt auf Funktionskategorien auf Organisationseinheiten ausrichten
- usw.

Zu erwähnen ist weiter, daß ein Paket Sofortmaßnahmen vorgeschlagen wurde, welche vor allem auf der Lohnseite wirksam waren, ohne jedoch mögliche Lösungen zu verbauen.

4) Bewertung und Entscheidung

Die Lösungsansätze wurden größtenteils gutgeheißen. Eine systematische Bewertung und eine klare Entscheidung waren noch nicht erforderlich, weil die Details noch nicht feststanden und es ohnehin klar war, daß man darüber noch ausführlich verhandeln mußte. Im Sinne der Ziel-Mittel-Hierarchie war aber damit für die folgenden Phasen die Richtung definiert, die nun durch entsprechende Maßnahmen konkretisiert werden mußte.

Die Sofortmaßnahmen wurden einvernehmlich beschlossen und gleich umgesetzt. Sie enthielten allerdings auch wenig Konfliktpotential, da es fast durchwegs um Besserstellungen aufgrund der angespannten Situation auf dem Arbeitsmarkt ging.

4.5.2 Detailplanung und Realisierung

In Abweichung zum SE-Vorgehen wird im vorliegenden Projekt keine eigentliche Hauptstudie durchgeführt, an deren Ende man sich dann für ein zu realisierendes Gesamtkonzept eines Lohnsystems entscheiden würde. Sie hat hier eher den Charakter einer Detailplanung mit unmittelbar daran anschließender Realisierung (siehe Abb. 5.24).

Dieser Vorgehensansatz soll wie folgt begründet werden:

Die Erarbeitung eines Gesamtkonzepts erübrigte sich, weil das Lohnsystem nicht grundsätzlich erneuert, sondern lediglich revidiert werden soll. Die Vorstudie hatte den Zweck, die Ziel- und Stoßrichtungen der Revision bzw. Ergänzung herauszuarbeiten. In der Folge ging es darum, die Details auszuarbeiten, über deren Realisierung dann schrittweise entschieden wurde.

Dieses Vorgehen wurde deshalb gewählt, weil es angesichts der Komplexität und der personalpolitischen Brisanz des Themas als unmöglich betrachtet werden mußte, sich auf ein geändertes Gesamtsystem zu einigen, dessen konkrete Auswirkungen noch nicht beurteilt werden konnten.

Das hier dargestellte Vorgehen wäre am ehesten mit dem Begriff «evolutionäre Systementwicklung» unter starker Einbindung der Betroffenen zu charakterisieren.

Auch eine derartige Vorgehensweise hat Platz im SE-Konzept. Sie läßt sich in Anlehnung an die Ausführungen zum Vorgehensmodell (Teil II, Abschnitt 1.3.5) wie folgt charakterisieren (vgl. Abb. 5.25):

		Zeit			
		1. Jahr	2. Jahr	3. Jahr	4. Jahr
Instrumentarium	Einreihungsplan	Detailplanung	ERP aktualisieren und bereinigen Stelleninformationen einholen Referenzfunktionen bewerten	ERP-Feinkonzept Umschreibungen erstellen	
	System		Merkmalkatalog überprüfen und anpassen Struktur der Stellenbeschreibungen festlegen Prinzip der Umschreibungen festlegen Subsysteme erarbeiten		
Lohnkonzept			Klassenprinzip festlegen Lohnkurvenverlauf, Verdienstspanne und Stufen festlegen Zulagenkonzept erarbeiten		
Anwendung	Realisierung		Institutionalisierung der Lohnvergleiche «Nachherorganisation» festlegen: Strukturen, Kompetenzen, Abläufe	laufend: EDV-Installation	Einzel-Einreihungen und -Einstufungen Kaderbewertung
	Gesetzl. Grundlag.			Lohngesetz	
				Verordnungen Richtlinien	
Info/Schulung			Informations- und Schulungs-Konzept erarbeiten laufend: Information und Schulung der Projektgremien, des Kaders und Personals		
Sofortmaßnahmen			laufend: Realisierung der Sofortmaßnahmen		

Abb. 5.24   Grobablauf Detailplan und Realisierung

- Ausgangsbasis ist das dzt. Lohnsystem, das in der Vorstudie analysiert und hinsichtlich der früher erwähnten Lösungsansätze verändert wird.
  Ergebnis der Vorstudie ist ein angepaßtes Grobkonzept (Periode 2). Dies wird durch eine graphische Veränderung in Abb. 5.25 zum Ausdruck gebracht.
- In der Detailplanung werden die Veränderungen gegenüber dem dzt. Lohnsystem als Detailkonzepte a und b ausgearbeitet (Periode 3).
- Der Pfeil nach oben und das Fragezeichen sollen die Prüfung der Auswirkungen auf das angepaßte Grobkonzept symbolisieren.
- Die Prüfung (?) verläuft positiv, die Detailkonzepte a und b gehen in die Realisierung.
- In Periode 4 werden die Detailkonzepte c und d bearbeitet. c beinhaltet eine Erweiterung, d eine Reduktion (Vereinfachung) des dzt. Lohnsystems.
- Die Prüfung (Pfeil nach oben) verläuft bei d positiv, bei c negativ (d.h. die Erweiterung wird als nicht durchführbar betrachtet bzw. nicht akzeptiert).
- Die Anpassung des Grobkonzept im Bereich c wird rückgängig gemacht, Teil d geht in die Realisierung usw.
- usw.

Dieses Vorgehen ist hier zulässig, da aufgrund des bestehenden Lohnsystems ein konzeptioneller Orientierungsrahmen existiert. Es könnte *nicht* empfohlen werden, wenn man bei Null starten würde. Die Praxis zeigt auch, daß derartige Projekte immer auf bestehenden Konzepten aufbauen und Projekte «auf der grünen Wiese» immer seltener werden.

4.6 Sofortmaßnahmen

Die Sofortmaßnahmen spielten bei diesem Projekt eine besondere Rolle. Sie sollten gleich im Anschluß an die Vorstudie realisiert werden können und unterlagen den folgenden Anforderungen (vgl. Abb. 5.26).

- geringer Aufwand
- erkennbare Wirkung (Verbesserung), bei
- möglichst geringer Präjudizierung

Die Sofortmaßnahmen sind in Abb. 5.26 folgerichtig in der linken unteren Ecke angesiedelt. Nicht empfehlenswert wären solche in der rechten oberen Ecke, dazwischen liegt der genauer zu untersuchende Selektionsbereich.

4.7 Projektorganisation

Generell wurde das Projekt unter starkem Einbezug von internen Fachleuten durchgeführt. Das heißt, das Personalamt der kantonalen Verwaltung stellte das Projektteam inkl. Projektleitung.

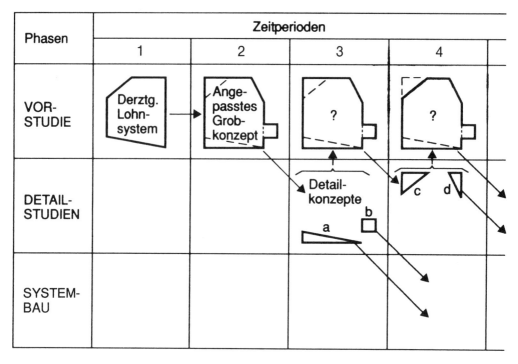

Abb. 5.25 Angepaßte Vorgehensweise (siehe Text)

Der Beitrag der Berater bestand in der

- Ausbildung der involvierten Stellen (Projektmanagement, Entlöhnungssystematik)
- Fachberatung auf dem Gebiet der Funktionsbewertung und Entlöhnung
- Methodenberatung
- Moderation, Prozeßberatung.

Indem das Beraterteam sowohl methodische wie fachliche Beiträge lieferte, war es sozusagen Teil des Klientensystems – obwohl es keine Entscheidungen fällte.

4.7.1 Die Projektorganisation der Vorstudie

Das Organigramm der Projektorganisation ist in Abb. 5.27 dargestellt. Dazu einige Präzisierungen:

- Der *Regierungsrat* war während der Vorstudie nicht involviert. Erst der Schlußbericht wurde ihm vorgelegt.
- Der *Leitungsausschuß* setzte sich wie folgt zusammen:
  - Personalchef der kantonalen Verwaltung (Vorsitzender)
  - Projektleiter Vorstudie (Personalamt)
  - Jurist (Personalamt)

4. Fallbeispiel: Lohnsystem einer kantonalen Verwaltung

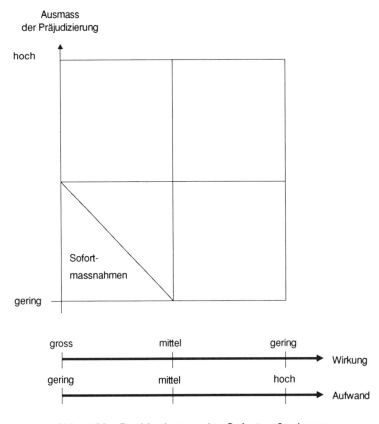

Abb. 5.26 Positionierung der Sofortmaßnahmen

- Vertreter des Büros für Planungskoordination
- ein dezentraler Personalchef

Während der Vorstudie arbeitete der Leitungsausschuß relativ eng mit dem Projekt- und Beraterteam zusammen (Diskussion und Hinterfragung der Resultate, Setzen der «großen Linien», Überlegungen zur Zukunft, Auswahl der Ziel- und Lösungsvarianten, Festlegen des weiteren Vorgehens, Schlußredaktion des Berichts etc.).

- Die *Begutachtungskommission* (der paritätischen Kommission für Personalangelegenheiten) hatte als Gremium für die Vorstudie keine Funktion, sondern lediglich einige Vertreter in der «AGST» (Arbeitsgemeinschaft der Staatspersonalverbände) und wurde auf dem laufenden gehalten.
- In der *AGST* (Arbeitsgemeinschaft der Staatspersonalverbände) sind die Interessensgruppen der Arbeitnehmer vertreten (Gewerkschaften, Berufsverbände). Diese Gruppe wurde konsultativ beigezogen, z.B. indem die Zielsetzung detailliert besprochen wurde.

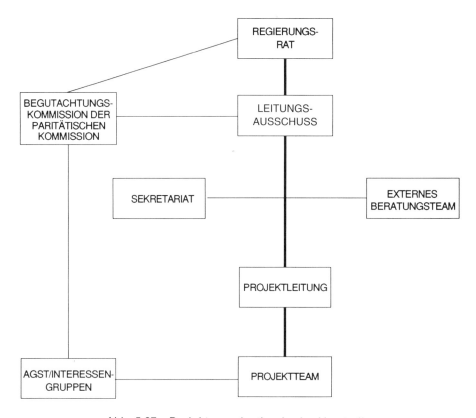

Abb. 5.27 Projektorganisation in der Vorstudie

- Das *Projektteam* setzte sich aus Mitarbeitern des Personalamtes zusammen (aus sog. Arbeitsbewertern, welche Einstufungen von Mitarbeitern vornehmen). Es wurde vom Projektleiter geführt und arbeitete unter der Anleitung des Beraterteams. Zusammen mit dem Beraterteam führte das Projektteam die Vorstudie durch.
- Das *Beraterteam* bestand aus zwei Personen der Stiftung BWI, dem Leiter der Abteilung Personal und Organisation, der schon bei der Revision 1970 dabei war, und einem zusätzlichen Berater.

4.7.2 Projektorganisation für die Detailplanung und Realisierung

Die Projektorganisation für die weiteren Phasen (Abb. 5.28) unterscheidet sich von derjenigen der Vorstudie dadurch, daß eine paritätische Revisionskommission gebildet wurde, der eine zentrale Rolle eingeräumt wird: Sie stellt die politische Ebene dar, während das Projektteam und die Arbeitsgruppen fachlich ausgerichtet sind (also

4. Fallbeispiel: Lohnsystem einer kantonalen Verwaltung

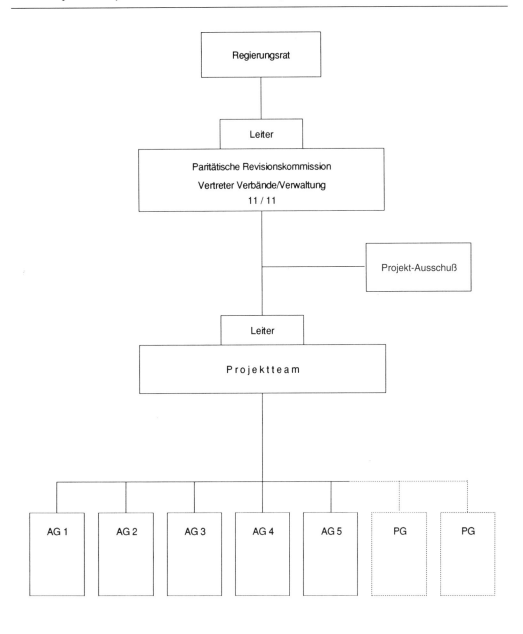

Abb. 5.28 Projektorganisation für Detailplanung und Realisierung

nach fachlichen Kriterien zusammengesetzt sind). Dem Projektausschuß wird dann die Rolle der Drehscheibe zwischen fachlicher und politischer Ebene zugeschrieben. Ziel ist es, möglichst Konsenslösungen zu erreichen und, wenn möglich, keine «parlamentarisch» ausgehandelten Resultate.

4.8 Schlußbemerkungen

Da dieses Projekt in den weiteren Phasen zu komplex wird, um hier noch dargestellt zu werden, brechen wir die weitere Erläuterung ab.

Zusammenfassend sollen die wichtigsten Merkmale dieses Fallbeispiels noch einmal angeführt werden:

- Das Systemkonzept ermöglicht die Erfassung komplexer Problemzusammenhänge (Abb. 5.22).
- Das Phasenkonzept wurde in modifizierter Form angewendet (Verzicht auf Hauptstudie).
- Die Vorstudie wurde nach der Logik des Problemlösungszyklus abgewickelt.
- Aufgrund der hohen personalpolitischen Brisanz kommt der evolutionären Systementwicklung große Bedeutung zu.
- Ebenso den Sofortmaßnahmen zur Entlastung der aktuellen Situation.
- Die Projektorganisation ist mit einer Vielzahl von Mitwirkungs- bzw. Vernehmlassungsgremien sehr komplex.

Teil V: SE in der Praxis

5.	Fallbeispiel: Informatik «Schlemmer AG»	390
	Dr. M. Becker, Abteilungsleiter «Informatik»	
5.1	**Ausgangssituation**	390
5.1.1	Firmendaten..	390
5.1.2	EDV-Ausgangssituation...	390
5.2	**Aufgabenstellung, Ziele**.......................................	391
5.2.1	Schwächen	391
5.2.2	Erste Anforderungen und Wünsche.............................	391
5.2.3	Aufgabenteilung	392
5.3	**Vorgehen vom Groben zum Detail**.............................	392
5.4	**Phasengliederung**...	394
5.4.1	Erarbeiten der Informatik-Strategie.............................	394
5.4.2	Phase Vorstudie..	399
5.4.3	Phase Grobkonzept	399
5.4.4	Phase Pflichtenhefterstellung und Evaluation.....................	401
5.4.5	Etappenweise Detailkonzeption und Realisierung	403
5.5	**Problemlösungszyklus**...	404
5.6	**Projekt-Management**..	405
5.6.1	Projektorganisation...	405
5.6.2	Verfahren und Methoden	407
5.7	**Schlußbemerkungen**...	408

5. Fallbeispiel: Informatik «Schlemmer AG»

Dr. M. Becker, Abteilungsleiter «Informatik»

Anhand des Falles «Schlemmer AG» werden die SE-Moduln *Systemdenken, Vom Groben zum Detail, Variantenbildung, Phasenablauf* und *Problemlösungszyklus* konkret dargestellt. Außerdem wird auf einige Teilaspekte des *Projekt-Managements* von Informatik-Projekten hingewiesen.

5.1 Ausgangssituation

Die Schlemmer AG ist auf dem Gebiet der Produktion, des Handels bzw. Verteilung von Nahrungsmitteln für den täglichen Bedarf tätig. Als entscheidender Wettbewerbsfaktor wird die *Qualität* der Produkte (insbesondere ihre Frische) und die prompte und flexible Belieferung der Kunden betrachtet.

5.1.1 Firmendaten

Folgende Daten charakterisieren die Firma:

Umsatz:	ca. 180 Mio Fr./Jahr
Anzahl Mitarbeiter:	ca. 450, davon 250 im Verkauf (inkl. Auslieferung)
Anzahl Artikel:	800
Anzahl Kunden:	35 000
Eigenfertigungsanteil:	ca. 65% des Umsatzes
Geographische Verteilung:	– Administration, Produktion und Zentrallager in vier Gebäuden, in einem Kreis von 12 km verteilt – 28 dezentrale Depots in der ganzen Schweiz – 9 Büros von Regionalverkaufsleitungen – 200 Verkaufsfahrer mit eigenen Lieferfahrzeugen

5.1.2 EDV-Ausgangssituation

Die EDV wurde vor 9 Jahren als *Rechenzentrumslösung* der Firma RZ-INF, mit den Anwendungen Fakturierung, Statistik und Personalwesen eingeführt.

Im weiteren betreibt die Firma im Hause drei Minicomputer der unteren Skala für die Applikationen Lager, Verkauf und Buchhaltung. Diese Computer sind technisch veraltet, die Wartung ist aufwendig. Die Software ist batch-orientiert und entspricht den heutigen Bedürfnissen nicht mehr.

Ferner sind noch ca. 15 Personalcomputer für Datenerfassung, Textverarbeitung und individuelle Anwendungen (Insellösungen) im Einsatz.

Die EDV der Schlemmer AG hat in der Vergangenheit viele Turbulenzen erlebt und ist zum jetzigen Zeitpunkt in keiner Weise integriert: Insbesondere fehlt eine gemeinsame Datenbank, die einzelnen Programmpakete sind nicht aufeinander abgestimmt, die Datenerfassung ist mehrfach redundant etc.

Die jährlichen Kosten der EDV betragen ca. 2,5 Mio Fr. (inkl. Betriebskosten, Abschreibungen und Kapitalverzinsung).

5.2 Aufgabenstellung

Die vorgängige Darstellung der Ausgangssituation deutet den Umfang und die Komplexität des Problems an.

5.2.1 Schwächen

Eine Kurzanalyse hat folgende Schwächen der heutigen Informatik hervorgebracht:
- Anpassungen der RZ-Software sind nur mühsam zu vollziehen und außerdem sehr teuer.
- Die RZ-Applikationen und jene, die im eigenen Haus betrieben werden, sind nicht integriert.
- Dies hat komplizierte Datenmanipulationen, mehrmalige Erfassung, redundante Datenhaltung, den Verzicht auf dringend notwendige Informationen u.a.m. zur Folge.
- Die EDV-Kosten sind im Hinblick auf die dzt. gebotenen Leistungen (vor allem Rechenzentrumslösung) mit rd. 1,4% des Umsatzes relativ hoch.
- Das Rechnungswesen ist wenig aussagefähig und schwerfällig.
- Die Bedarfsermittlung beruht auf Schätzungen der Disponenten und wird kaum EDV-unterstützt.
- Auch die Produktion wird bis heute von der EDV nicht unterstützt.
- Es fehlt eine Strategie und ein Konzept der künftigen EDV-Entwicklung: Die RZ-Lösung möchte man keinesfalls weiter ausbauen (eher Rückzug), der isolierte Ersatz der dzt. Minicomputer durch neuere Geräte würde die Integrationsproblematik eher verschärfen.
- Es fehlt an EDV-Kompetenz im Hause im Hinblick auf die Entwicklungen der nächsten 10 Jahre.

5.2.2 Erste Anforderungen und Wünsche

Als Ergebnis dieser Schwächenanalyse ergeben sich folgende erste Anforderungen und Wünsche an das zukünftige Informationssystem:

- Schaffung eines *integrierten* Informations-Systems, an das die dezentralen Depots und regionalen Verkaufsleitungen angeschlossen sind.
- Dabei denkt man primär an folgende Applikationen (tendenziell abnehmende Priorität): Rechnungswesen, Vertriebs-/Auftragsabwicklung, Produktion, Marketing-Informationssystem, Decision-Support-System (DSS).
- Über die klassischen Rationalisierungseffekte hinaus möchte man die EDV vermehrt *strategisch* als Wettbewerbsfaktor einsetzen (Dienstleistungen für Kunden, um die Kundenbindung zu intensivieren, Konkurrenzanalysen etc.).
- Operationelle Sicherheit (gegen Unterbrechung, Ausfall) und Zukunftssicherheit (insbesondere Ausbaufähigkeit) sind wichtig.
- Investitionen sollen wirtschaftlich zu rechtfertigen sein.

5.2.3 Aufgabenstellung

Man hat sich schnell dazu entschlossen, auf einer relativ hohen Ebene in die Problematik einzusteigen und die EDV-Situation grundsätzlich zu überdenken und insbesondere in einen sinnvollen Zusammenhang mit der Unternehmungsstrategie zu bringen. Darauf aufbauend sollte dann ein *Informatik-Konzept* als Rahmen und Orientierungshilfe für die EDV-Entscheidungen (Anwendungs-Portfolio, Hardware, Software) in den nächsten Jahren erarbeitet werden. Auf dieser Basis sollte dann die Erneuerung der derzeitig veralteten EDV-Applikationen und EDV-Einrichtungen, sowie eine sinnvolle Ausweitung des derzeitigen EDV-Einsatzes geplant werden können.

Damit sind auch schon jene Problem- bzw. Denkebenen angeschnitten, auf denen man sich in diesem Projekt bewegen wird

- Informatik-Strategie (strategische Ebene)
- Informatik-Konzepte und -Plan (dispositive Ebene)
- Detailkonzeption und Realisierung (operative Ebene).

5.3 Vorgehen «Vom Groben zum Detail»

Die vorher erwähnten Denkebenen stellen eine konkrete Interpretation des Vorgehensprinzips *«Vom Groben zum Detail»* dar. Sie sollen zunächst hinsichtlich ihres Inhalts und der logischen Abhängigkeiten beschrieben und dann in einen Phasenablauf eingeordnet werden (Abschnitt 5.4).

Die folgenden generellen Überlegungen orientieren sich an Abb. 5.31. Sie werden später (Abschnitt 5.4) selektiv konkretisiert.

- Ausgangspunkt für die Überlegungen auf *strategischer Ebene* sind
  - die *EDV-Technologie* (Hard-, Software, Datenbankkonzepte, Kommunikation) und deren mutmaßliche Entwicklung innerhalb der nächsten ca. 10 Jahre
  - die *Unternehmungsanalyse*, die Anhaltspunkte über den künftigen Bedarf an EDV-Leistungen im Rahmen der Unternehmungsstrategie und die damit verfolgten Ziele liefern soll, sowie

5. Fallbeispiel: Informatik «Schlemmer AG» 393

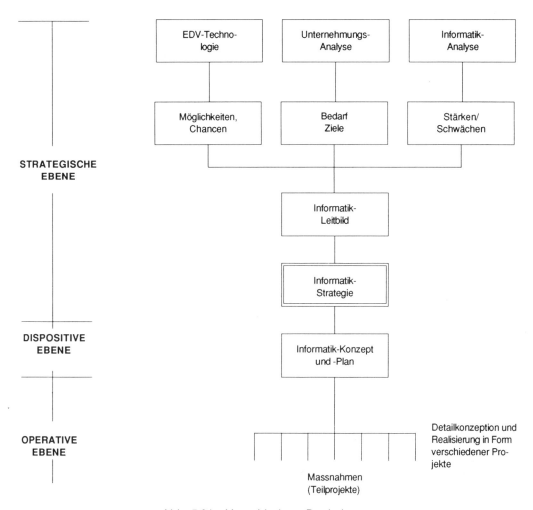

Abb. 5.31 Verschiedene Denkebenen

- die *Informatik-Analyse,* in der die genutzten oder ungenutzten EDV-Möglichkeiten (Stärken und Schwächen) untersucht werden.
— Daraus ist ein *Informatik-Leitbild* zu erarbeiten, das grobe Aussagen über die Denk- und Stoßrichtungen enthalten sollte, wie z.B.
  - Stellenwert der EDV im Rahmen der Unternehmungsstrategie
  - Umfang der eigenen Aktivitäten (eigene EDV-Abteilung erwünscht, unerwünscht u.a.)
  - vertretbare EDV-Kosten z.B. in Prozent des Umsatzes etc.
— Diese Überlegungen werden in Form einer *Informatik-Strategie* konkretisiert, aus der ein längerfristiges Einsatzkonzept von EDV-Mitteln (Hard-, Software, Netzwerke, Datenbankkonzepte, Methoden, Werkzeuge) ersichtlich ist. Die Informa-

tik-Strategie soll konkrete Wettbewerbsvorteile, Rationalisierungsmöglichkeiten etc. plausibel erkennbar machen.
– Daraus kann auf der *dispositiven Ebene* ein *Informatik-Konzept und -Plan* erarbeitet werden, welche die erforderlichen bzw. beabsichtigten Maßnahmen zur Umsetzung der Informatik-Strategie zum Inhalt haben (z. B. Anwendungsportfolio, Abgrenzung von Projekten, Investitionsstufen, Personalbeschaffung bzw. -ausbildung etc.):
  • Das *Informatik-Konzept* enthält im wesentlichen folgende Komponenten: Das *Soll-Datenmodell* der Firma, den Soll-Informationsfluß, die Grobspezifizierung der einzelnen Applikationen, die neue Ablauforganisation, Hardware und Netzkonzept, das Einführungs- und Schulungskonzept, die Regelung des zukünftigen Betriebs und Unterhalts.
  • Der *Informatik-Plan* legt fest, wer, wann (in welcher Reihenfolge) mit welchen Mitteln das Informatik-Konzept in die Tat umsetzt. Dazu gehören auch das Projekt-Management, die Prüfung von Kosten–Nutzen-Wirtschaftlichkeit und das Genehmigungsverfahren.
– Auf der *operativen Ebene* soll sich die schrittweise und geordnete Detailkonzeption, Realisierung und Einführung dieser Maßnahmen vollziehen.

Es soll hier nicht näher auf allgemeine Grundlagen bei der Erarbeitung einer Informatik-Strategie eingegangen werden (siehe dazu Becker, M.: EDV-Wissen für Anwender).

5.4 Phasengliederung

Das SE-Phasenkonzept ließ sich auch bei diesem Projekt gut anwenden. Es ist als Hilfsmittel zu verstehen, um die auf den vorher erläuterten Denkebenen (vom Groben zum Detail) erforderlichen Überlegungen in einen besser plan- und steuerbaren Projektablauf zu bringen.

Bezeichnung und Inhalt der einzelnen Phasen wurden dem konkreten Projekt angepaßt (siehe Abb. 5.32).

5.4.1 Erarbeiten der Informatik-Strategie

Die in Zusammenhang mit der Erarbeitung der Informatik-Strategie der Schlemmer AG stehenden Fragen und Aktivitäten wurden in Arbeitskreisen behandelt, die zeitlich vor der bzw. parallel zur Vorstudie liefen.

Im Zusammenhang mit der Festlegung der Informatik-Strategie waren vor allem folgende Fragen zu beantworten:

a) Künftiger Stellenwert der Informatik
b) Dimensionierung und Gestaltung der Informatik

Auf die entsprechenden Inhalte und getroffenen Festlegungen soll in der Folge kurz eingegangen werden.

5. Fallbeispiel: Informatik «Schlemmer AG»

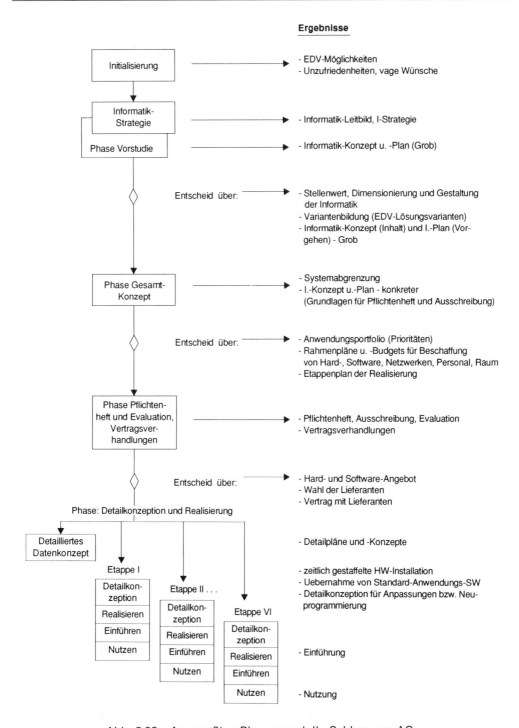

Abb. 5.32 Angepaßtes Phasenmodell «Schlemmer AG»

zu a) Welchen *Stellenwert* soll die Informatik in Zukunft im Rahmen der Unternehmungsstrategie der Schlemmer AG haben? In welchem Umfang kann sie zur Kostensenkung bzw. Nutzensteigerung beitragen?

In mehreren Gesprächen mit den Führungsgremien wurde die Informatik der Schlemmer AG neu positioniert. Im Gegensatz zur heute relativ schwachen EDV-Durchdringung und den vielfältigen, heute noch ungenützten Möglichkeiten sollte ihr Stellenwert deutlich erhöht werden. Damit erwartet man folgende Vorteile:

– *Rationellere* und effizientere *Herstellung* und *Distribution* von Produkten durch
  - einfache Produktionsplanung und -steuerung (PPS)
  - gezieltere *Bedarfsermittlung* und Disposition
  - bessere *Qualitätssteuerung* in der Produktion und insbesondere in der Distribution (Überwachung der Ablaufdaten hinsichtlich Frischhaltung des Warenlagers etc.)
  - *Vernetzung* der Auslieferungslager und der Produktion
  - genauere *Verfolgung des Kundenverhaltens*
  - gezieltere *Verkaufssteuerung* u.a.m.
– *Wertsteigerung* durch Einsatz der Informatik: diese Überlegungen haben vor allem den Kunden im Auge und die zusätzlichen Dienstleistungen, die für ihn wichtig sein könnten
  - promptere Belieferung mit frischer Ware durch computergestützte Disposition der Lieferfahrzeuge
  - Zusatzinformationen für Kunden hinsichtlich saisonaler oder wetterbedingter Verbrauchsschwankungen
  - Bestellungsvereinfachung durch Installation elektronischer Bestellverfahren u.a.m.

Man zielt damit im Informatik-Positionierungs-Diagramm nach rechts oben (Abb. 5.33).

Im Zusammenhang mit den «Wertsteigerungsmaßnahmen» durch den Informatik-Einsatz wurden spezielle *«Nutzenworkshops»* mit der Geschäftsleitung der «Schlemmer AG» durchgeführt. Durch das Erarbeiten von diversen Szenarien wurde versucht, den zukünftigen Nutzen der «strategischen EDV-Applikation» (z.B. Kundeninformationssystem) zu quantifizieren.

Die Ergebnisse dieser Workshops flossen dann in die Kosten–Nutzen-Wirtschaftlichkeitsrechnung der beantragten «Informatik der 90er Jahre – Investitionen» ein.

Abb. 5.34 enthält ein Arbeitsformular, welches bei der Abschätzung des Nutzenpotentials der zukünftigen Informatik der Schlemmer AG verwendet wurde.

zu b) Dimensionierung und Gestaltung der Informatik

Dabei wurden folgende *Fragen* besprochen:

Wie «groß» muß (und darf) die Informatik angelegt werden? Es geht dabei also um die *Dimensionierung* der Informatik hinsichtlich Hardware, Software, Netzwerke, Personal und Infrastruktur. Ergebnis dieser Überlegung kann ein absoluter Betrag oder ein Prozentsatz z.B. des Jahresumsatzes sein, den man gewillt ist, in die Informatik zu investieren.

5. Fallbeispiel: Informatik «Schlemmer AG» 397

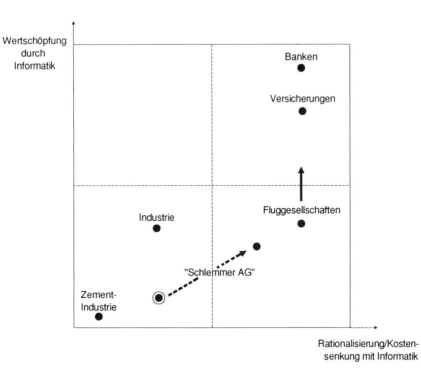

Abb. 5.33 Informatik-Positionierungs-Diagramm

Wie soll die Informatik *gestaltet* werden, z.B. hinsichtlich Zentralisation/Dezentralisation, Lieferantenpolitik für Hardware, «Make or buy» von Anwendersoftware usw.

Im Sinne einer *Informatik-Strategie* (grundsätzliche Weichenstellungen) wurden die folgenden Aussagen und Festlegungen getroffen (hier nicht näher begründet):

1. Die *Gesamt-EDV-Kosten* dürfen – unter der Voraussetzung eines entsprechenden Nutzens (Rationalisierung *und* Wertschöpfung) – bis zu ca. 2% des Umsatzes betragen (rd. 4 Mio Fr. pro Jahr).
2. Die *Rechenzentrumslösung* soll aufgegeben werden, da sie ein sehr ungünstiges Aufwands-/Nutzen-Verhältnis aufweist und die zukünftige Entwicklung behindert. Die Schlemmer AG will in Zukunft ein eigenes, integriertes und autonomes Informationssystem betreiben. (Die verlorenen Jahre in der Informatik müssen durch verstärkte Anstrengungen nachgeholt werden.)
3. Die *EDV-Abteilung* soll dabei nicht mehr als 5 Personen umfassen. Diese sind vor allem für das Operating und die Unterstützung der Anwender zuständig (Information–Center-Konzept).
4. Wenn immer möglich, ist *Standard-Anwendungssoftware* einzusetzen. Die *Anwendersoftware* soll *extern* entwickelt werden. Dabei will man mit renommierten Softwarehäusern zusammenarbeiten.

Schlemmer AG

Neue Schlemmer AG - Informatik-Systeme und ihr Nutzenpotential

Nutzenpotential / Neue strategische Informatik-Systeme	Direkte Einsparungen	Indirekte Einsparungen	Ertrags-Steigerung	Nicht direkt quantifizierbare Faktoren
1. Kundeninformationssystem Grosskunden für den Verkauf	keine	XXXX Fr./J. Einsparung Hilfskraft Verkauf XXXX Fr./J. Einsparung Hilfskraft Rechnungsw.	keine	- Image (Steigerung Informationsqualität und Schnelligkeit) - Effizienzsteigerung bei Kundenkontakten
2. Mobile Datenerfassung (Chauffeure)	XX Personen im Verkauf = Fr. YYY bis ZZZ/Jahr	X Personen (1 Schicht) = XXXX Fr./J.		- Reduktion Zeitaufwand (Abrechnung, Inventar, Bargeld) - Disposition (logistische Vorteile) - Normale Arbeitszeiten für Personal
3. Marketing-System			0,1 % vom Umsatz = 180'000 Fr./J.	
4. .				
5. "Schlemmer"-MSS-Management-Support-System (Grafik, Trends, Simulation)	XXXX Fr./J. Personal = Fr./J. Controlling Pers.	XX Fr./J. Kostenreduktion	keine	Verbesserungen im Konzern: - Ueberblickbarkeit, Transparenz - Führbarkeit - Budgetüberwachung leicht gemacht

Abb. 5.34 Ermittlung des Nutzenpotentials der zukünftigen Informatik der «Schlemmer AG» (Auszug)

5. Aufgrund der zentralen Unternehmungsstruktur soll auch die *EDV* tendenziell *zentral* betrieben werden. Dies betrifft insbesondere die Datenhaltung (Datenbank) und die Basisverarbeitungen.
6. Die *dezentralen* Einheiten sollen über Daten- und Kommunikationsnetze im Dialogbetrieb angeschlossen werden.
7. Der PC-Einsatz wird im Sinne des *End-user-computing* gefördert. PC's sollen dabei primär für isolierte Anwendungen bzw. teilweise als intelligente Terminals eingesetzt werden.
8. Wegen der bewußt beschränkten eigenen EDV-Kompetenz soll auf *mixed-Hardware* möglichst *verzichtet* werden. Damit will man Schnittstellen- und Unterhaltsproblemen möglichst ausweichen.
9. Bei der Auswahl künftiger *Lieferanten* für Hard- und Software wird auf Qualität und Seriosität besonders geachtet. Ebenso auf eine Minimierung der Anzahl Vertragspartner.
10. Dem Informatikkonzept ist ein solides *Datenbankkonzept* zugrunde zu legen, das möglichst viel Flexibilität für die Zukunft beinhaltet (hinsichtlich Erweiterungen, evtl. auch hinsichtlich Hardware-Wechsel).
11. Wegen der starken operationellen Abhängigkeit ist ein leistungsfähiges *Sicherheitskonzept* vorzusehen.

5.4.2 Phase Vorstudie

Teilweise parallel zur Informatik-Strategie wurden in einer Art Vorstudie verschiedene Informatik-Szenarien im Sinne grober Informatik-Konzepte bzw. -Pläne erarbeitet.

Diese beinhalteten Grobaussagen hinsichtlich des Soll-Datenmodells, der Soll-Informationsflüsse, der einzelnen Applikationen, des Hardware- und Netzwerkkonzepts, der Kosten und des erwarteten Nutzens, sowie der Reihenfolge der Einführung.

Diese Grobaussagen waren nötig, um die Informatik-Strategie besser verständlich zu machen bzw. ihre Zweckmäßigkeit beurteilen zu können.

5.4.3 Phase Gesamtkonzept

Hierauf wurde die Phase Gesamtkonzept in Angriff genommen mit der Aufgabe, die Informatik-Konzepte und -Pläne zu konkretisieren.

Diese umfaßte zunächst die Erarbeitung eines Gesamtfirmen-Datenmodells und eines *Anwendungs-Portfolios*, das eine Übersicht über verschiedene Applikationen, ihre funktionalen und informationsflußorientierten Zusammenhänge, den daraus ableitbaren Grad der Integration etc., enthält (siehe z.B. Abb. 5.35).

Als wichtigste Informatik-Einsatzgebiete wurden festgelegt:

Kommerzielle Informatik:
– Grunddaten-Verwaltung
– Verkauf und Verkaufsabrechnung
– Materialdispositions- und -kontrollsystem

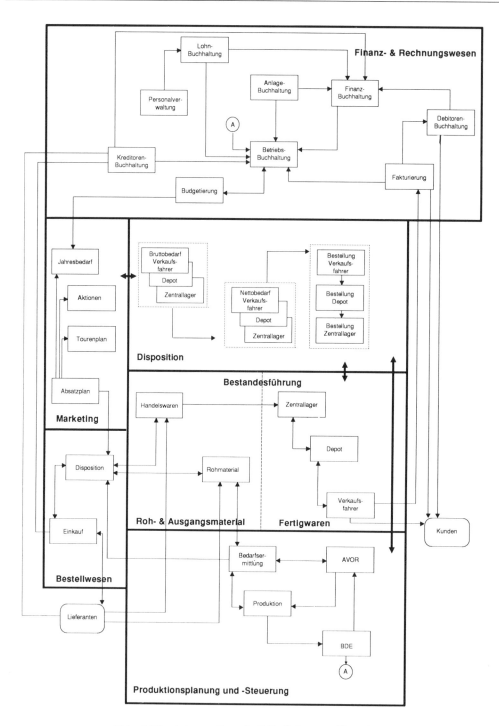

Abb. 5.35 Informationsfluß-Soll-Gesamtübersicht

- Internes Bestellwesen
- Einkauf
- Arbeitsvorbereitung/Produktionsplanung und -Steuerung
- Betriebsdatenerfassung (BDE)
- Betriebsbuchhaltung und Kalkulation
- Finanz-, Debitoren- und Kreditorenbuchhaltung
- Anlagenbuchhaltung
- Tagfertige Bestandesführung der Fertigprodukte
- Personalverwaltung und Lohnbuchhaltung
- Präsenzzeit-Kontrolle

Strategische Zusatzanwendungen
- Informationssysteme für
  - Markt-Kunden
  - Depot-Chauffeur
  - Management

Ferner weitere Anwendungen der *Büroautomation* und der *Kommunikation*:

- Integration Telex, Teletex, Telefax
- Electronic Mailing und Mailbox
- Datenübermittlung an/von Depot und Chauffeur
- Datenübermittlung an/von Kunden und Lieferanten
- Datenübermittlung zwischen Verwaltung/Produktion/Lager
- Individuelle Datenverwaltung
- Dokumentation (Text), Archivierung
- Tabellenkalkulation
- Terminplanung
- Graphik
- Desktop-Publishing
- Externe Datenbanken u.a.m.

Daraus konnten dann *Rahmenpläne* für die Beschaffung von Hardware, Anwendersoftware (Eigenentwicklung/Fremdbezug), Netzwerken, EDV-Personal (Rekrutierung, Ausbildung, Schaffung von Stützpunkten in Fachabteilungen etc.) erarbeitet werden.

Wichtiges Ergebnis dieser Überlegungen war ein *Etappenplan* der Realisierung (sechs Etappen), der einerseits die Nutzung zwischenzeitlicher Vorteile, andererseits aber auch das konsequente Hinarbeiten auf einen sinnvollen Integrationszustand ermöglicht (siehe dazu Abb. 5.36).

5.4.4 Phase Pflichtenhefterstellung und Evaluation

Auf der Basis der Ergebnisse der Phase Gesamtkonzept wurde ein umfassendes Pflichtenheft ausgearbeitet, das hier lediglich übersichtsmäßig dargestellt werden soll (vgl. Becker, M. u.a.: EDV-Wissen für Anwender) und wie folgt aufgebaut war:

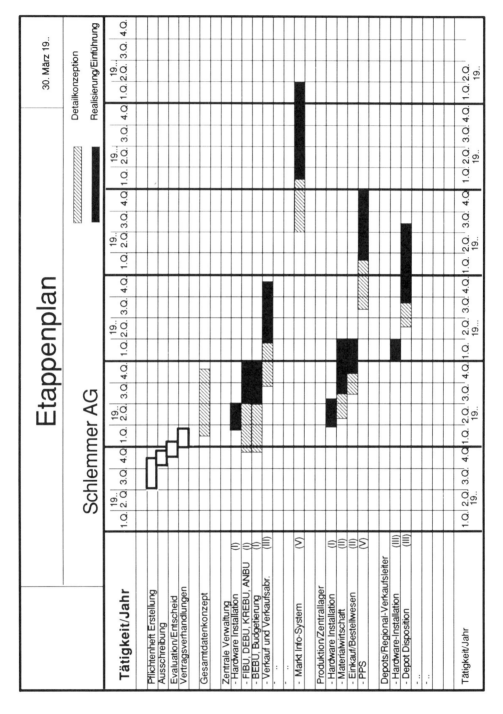

Abb. 5.36 Auszug aus dem Etappenplan der Realisierung

A. Informationen für die Anbieter
1. Informationen zur Firma
2. Beschreibung der derzeitigen EDV-Situation
3. Ziele des EDV-Einsatzes
4. Gesamtinformationsfluß
5. Gesamtdatenmodell
6. Beschreibung der gewünschten Applikation (WAS, nicht WIE!): Material- und Informationsflüsse, Dateien, Transaktionen, Mengen und Häufigkeiten
7. Konfiguration: Anzahl Arbeitsplätze, Ein-/Ausgabegeräte, Ausbaumöglichkeiten, etc.
8. Leistungsanforderungen
9. Sicherheitsanforderungen
10. Sonstige Anforderungen (Termine, Finanzen, etc.)

B. Von den Anbietern gewünschte Informationen
1. Beschreibung des Lösungskonzepts und Leistungsumfangs
2. Hardware- und Netzkonfiguration
3. Betriebssystem inkl. Datenbanksystem
4. Anwendungssoftware
5. Unterstützung durch Lieferanten
6. Datenübernahme
7. Kosten (einmalige und wiederkehrende)
8. Vertragsgestaltung (Partner und Bedingungen)
9. Termine (für die sechs Realisierungsetappen)
10. Angaben zur offerierenden Firma (inkl. vergleichbare Referenzinstallationen).

15 potentielle Lieferanten wurden in Betracht gezogen und vorevaluiert.

Die Pflichtenhefte wurden schließlich an 8 potentielle Anbieter versandt. 5 davon legten ein Angebot vor. In einem 3-stufigen Ausscheidungsverfahren wurde der definitive Vertragspartner angewählt, der sein Angebot in den *Vertragsverhandlungen* dann in verschiedener Hinsicht noch verbesserte (Erhöhung des Leistungsumfangs, Kostenreduktion und Verbesserung der Vertragsbedingungen).

5.4.5 Etappenweise Detailkonzeption und Realisierung

Auf der Basis des mit dem ausgewählten Lieferanten abgeschlossenen Vertrags wurden nun die im Etappenplan (Abb. 5.36) vorgesehenen Teilprojekte in gestaffelter Form in Angriff genommen.

Mit größter Priorität wurde der Aufbau der Datenbank (Datenkonzept) bearbeitet, da diese alle anderen Applikationen zu unterstützen hat. Hierauf wurden die im Etappenplan der Abb. 5.36 angeführten Aktivitäten sukzessive in Angriff genommen bzw. realisiert. Diese Phase war zum Zeitpunkt der Berichterstattung noch nicht abgeschlossen, sie befand sich aber auf gutem Weg.

Die sich überlappenden Schritte Detailkonzeption und Realisierung sind ein Charakteristikum für EDV-Projekte (siehe Abb. 5.32).

Der Ablauf vollzieht sich normalerweise also nicht in der Art, daß zuerst alle Detailkonzepte erstellt werden und dann die Realisierung beginnt. Vielmehr werden fertige Detailkonzepte sofort realisiert. Dies hängt mit der Arbeitskapazität der EDV-Spezialisten, aber auch mit der Aufnahme- und Umstellungskapazität der Anwender zusammen.

5.5 Problemlösungszyklus (PLZ)

Der Problemlösungszyklus tritt in besonders charakteristischer Form in der *Phase Pflichtenhefterstellung und Evaluation* auf. Es würde den Rahmen dieser Ausführungen aber bei weitem sprengen, wenn wir dies im Detail mit konkreten Beispielen darstellen wollten. Wir begnügen uns deshalb mit einer knappen Übersicht:

1) Die *Situationsanalyse* konnte in der Phase «Pflichtenhefterstellung und Evaluation» relativ kurz gehalten werden, da die wesentlichen qualitativen und quantitativen Informationen aus den vorhergegangenen Phasen bereits vorlagen.
2) Beispielhafte *Ziele* für diese Phase waren
   – Reduktion des Ausschusses um 10% durch bessere Disposition und PPS
   – Erhöhung des Umsatzes um 5% durch bessere Lieferbereitschaft
   – Reduktion der Überzeiten in der Produktion um 15%
   – Senkung der Einkaufskosten des Rohmaterials um 8% (gezieltere Sammelbestellungen)
   – Erhöhung der Kostentransparenz usw.
3) Die *Synthese–Analyse* bestand in dieser Phase aus 2 Konkretisierungsstufen:
   a) dem *Pflichtenheft* im Sinne eines intern erstellten Konzepts zur Umsetzung der o.g. Ziele
   b) dem *Angebot* bzw. den Angebots-Varianten als extern erstellte Lösungskonzepte.

zu a)
   – Das Ziel der Erhöhung der Lieferbereitschaft (Umsatz plus 5%) führte zu einer Vorgabe von 4stündigen Dispositionszyklen im Pflichtenheft.
   – Weitere Vorgaben mit zum Teil direktem, zum Teil indirektem Bezug zu den Zielen waren
     • Vor- und Nachkalkulation nach Kostenstellen und -trägern
     • kleines CAD-System zur Betriebsmittelkonstruktion
     • Kapazitätsreserve für Erhöhung der Anzahl Außenlager von 16 auf 50 u.ä.

zu b)
In den Angeboten als 2. Konkretisierungsstufe mußte dargelegt werden bzw. erkennbar sein, OB und WIE die Forderungen des Pflichtenheftes erfüllt werden können, z.B.
   – Kapazität für 4stündige Dispositionszyklen vorhanden?
   – 50 Terminalanschlüsse hard- und softwaremäßig verkraftbar?
   – Rechnungswesen-Software für die o.g. Forderungen geeignet u.a.m.?

Die Analyse hatte eine Ausscheidung untauglicher oder ersichtlich schlechterer Lösungen zur Folge, die dann gar nicht bewertet wurden.

Die *Bewertung* bestand aus der Gegenüberstellung der noch verbleibenden drei Angebote. Dafür eignet sich die Punktbewertung bzw. Kosten-/Wirksamkeits-Analyse besonders gut.

Da die Anbieter ihre Angebote im Evaluations- bzw. Verhandlungsstadium noch verbesserten, waren Rücksprünge in dem Schritt Synthese/Analyse erforderlich.

Die Schlußetappe der Evaluation ist aus Bild 5.37 ersichtlich. Die Evaluationskriterien gliederten sich in drei Hauptblöcke:
1. Strategische Aspekte
2. Technischer Vergleich
3. Kostenaspekte

Die strategischen Aspekte wurden kommentiert, jedoch nicht nach einem Punkteverfahren bewertet.

Die technischen Aspekte wurden in Kriterien und Unterkriterien unterteilt (s. Abb. 5.37). Im Projektteam wurde die Gewichtung dieser Kriterien vorgenommen. Durch intensive Abklärungen bei den Lieferanten und durch die Einholung von Referenzen wurde der Erfüllungsgrad der Kriterien (die Benotung) je Variante bestimmt. Die Kosten dieser Lösungen lagen nahe beieinander.

Die Variante «A» wurde gewählt.

5.6 Projekt-Management

Das Projekt «Informatik der Schlemmer AG für die 90er Jahre» wurde nach den Prinzipien des Projekt-Managements abgewickelt.

Insbesondere gehören dazu:
– die Regelung der Aufbau- und Ablauforganisation im Projekt mit einer klaren Festlegung der Aufgaben und Rollen
– der Einsatz bewährter PM-Methoden und Techniken.

5.6.1 Projektorganisation

Diese bestand aus folgenden Organen (siehe Abb. 5.38):
– *Geschäftsleitung*, die in den Phasen Informatik-Strategie und Vorstudie vollumfänglich engagiert war und die Aufgabe hatte, das Informatik-Leitbild und die Informatik-Strategie zu beeinflussen bzw. zu sanktionieren. Der nach der Phase Gesamtkonzept vorliegende Informatik-Plan wurde ebenfalls von der Geschäftsleitung genehmigt.
– *Projektkommission*, bestehend aus 1 bis 2 Mitgliedern der Geschäftsleitung und dem Projektleiter-Duo (Schlemmer AG/Berater).
Ihre Aufgabe war es, das Projekt zu steuern und wichtige Fragen bzw. Weichenstellungen, die sie nicht selbst beantworten konnte oder wollte, an die Geschäftsleitung weiterzuleiten.
– *Projektleitung* als Duo: Projektleiter ist ein dzt. Gruppenchef des Rechnungswesens, der als Informatik-Chef vorgesehen ist, dem ein Projektleiter der Stiftung BWI zur Seite steht.

Firma:	NUTZWERTANALYSE: BEWERTUNGSMATRIX/VARIANTENVERGLEICH		Dok.Nr.:
SCHLEMMER AG	Projekt/Systemkomponente: **Informatik der 90er Jahre**	Kurzz.: **SAG**	Datum:
	Phase: **Grobkonzeption und Evaluation**		Sachbearb.:

VARIANTEN		Var: A			Var: B			Var: C		
TEILZIELE / KRITERIEN Finanziell/funktionell/personell sozial/gesellschaftlich	Gewicht (g) *)	Erfüllungsgrad (Kommentar)	Note (n)	g·n	Erfüllungsgrad (Kommentar)	Note (n)	g·n	Erfüllungsgrad (Kommentar)	Note (n)	g·n
1. STRATEGISCHE ASPEKTE										
Etabl. SW-Lieferant		renommierter SW-Lieferant	++					Grossfa. mit Problemen	−	
Optimaler HW-, SW-Support Entwicklung, Unterhalt		viele Fragezeichen	−−					effiziente Organisation	++	
Bonität des SW-Anbieters		sehr gut	+++					gut	++	
2. TECHNISCHE EVALUATION										
2.1 Generelle funkt. Aspekte										
Sicherheit/Risiko der Lösung	5	bewährtes und modernes Konzept	8	40				bewährt aber nicht modern	6	30
System Ergonomie	5	sehr gut	8	40				gut	5	25
2.2 Anwendersoftware										
Software-Konzeption	8	Modernes HW-/SW-Konzept	8	64				eher veraltetes EDV-Konzept	5	40
Verkauf und Verkaufsabrechnung	8	mittelmässig	4	32				passt zu SAG	7	56
2.3 Hardware										
Zentraleinheit	2	14 MIPS, 20 MEGA	8	16				12 MIPS, 16 MEGA	7	14
2.4 Betriebssystem										
2.5 Kommunikation/Netz										
Offene Systeme/Netztopologie	5		6	30					5	25
2.6 Unterstützung/Wartung	8		8	64					9	72
3. KOSTEN										
Investitionskosten (über 4 Jahre gestaffelt)		3.8 Mio.						3.4 Mio.		
Jährl. Kosten, Amortisation, Verzinsung, BK		1.2 Mio.						1.1 Mio.		
GESAMTBEWERTUNG / GESAMTZIELERFÜLLUNG				760						581

*) g = 0: sehr schlecht   5: mittelmässig   10: sehr gut

Form. BWI/SE3

Abb. 5.37   Auszug aus dem Bewertungsschema (Evaluation)

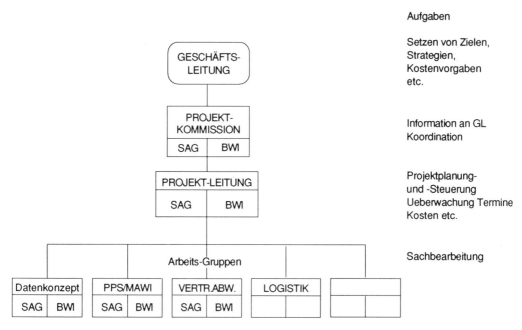

Abb. 5.38   Projektorganisation: «Informatik–Schlemmer AG»

- Verschiedene *Arbeitsgruppen*, die konkrete Themen (Teilprojekte) zu bearbeiten hatten und sich nach deren Klärung dem nächsten Thema bzw. ihrer Alltagsarbeit zuwenden.

Die Rolle der Berater war sehr vielfältig und umfaßte:

- konzeptionelle Aktivitäten, z.B. bei der Erarbeitung der Informatik-Strategie, des Informatik-Konzeptes und des Information-Plans,
- methodische und administrative Unterstützung des Projektleiters (Vorgehensplanung, Aufteilung in Arbeitspakete, Moderation der Projektarbeit, Planen und Überwachen von Kosten und Terminen etc.),
- reine Sachbearbeitung, wie z.B. Erhebung der Informationsflüsse, Mengengerüste, Kontakte und Abklärungen mit den Anbietern u.v.a.m.

5.6.2 Verfahren und Methoden

Folgende Mittel der Projektadministration wurden eingesetzt:

- Gesamtnetzplan für die gesamte Projektabwicklung beginnend mit der Detailkonzeption und Realisierung auf Stufe Teilprojekte (Zeitraster in Monaten)
- aktualisierte Balkendiagramme für die abzuwickelnden Arbeiten in den nächsten 2 Quartalen (Zeitraster in Tagen)
- EDV-gestütztes Projektplanungs und -kontrollsystem

- Budgets pro Mitarbeiter und Teilprojekt (Soll)
- Arbeitsrapporte der einzelnen Mitarbeiter (Ist)
- Pendenzenlisten (was/durch wen/bis wann)
— Zwischenberichterstattung
— geordnetes Vernehmlassungsverfahren.

5.7 Schlußbemerkungen

Die wichtigsten methodischen Charakteristiken dieses Fallbeispiels können wie folgt zusammengefaßt werden:

— Die Prinzipien des *Systemdenkens* kommen durch die Idee der vermehrten Integration von Teilapplikationen, die verstärkte Vernetzung, die Kundeneinbindung etc. zum Ausdruck.
— Das Vorgehensprinzip *«vom Groben zum Detail»* ist aus der Abgrenzung verschiedener Denkebenen und deren Verbindungen (Abb. 5.31) ersichtlich.
— Das *Phasenkonzept* hilft, die Aktivitäten auf den verschiedenen Denkebenen in eine logische Folge zu bringen. Am Ende der einzelnen Phasen liegen jeweils Entscheidungen, die für die planmäßige Fortsetzung der Aktivitäten benötigt werden (Abb. 5.32).
  Interessant ist die für Informatik-Projekte charakteristische, gestaffelte Vorgehensweise bei der Detailplanung und Realisierung.
— Der Ablauf eines *Problemlösungszyklus* wurde in Ansätzen anhand der Phase «Pflichtenhefterstellung und Evaluation» dargestellt. Charakteristisch sind in dieser Phase zwei Konkretisierungsstufen im Schritt Synthese–Analyse mit geänderten Zuständigkeiten (intern: Pflichtenheft, extern: Angebot).
— Erläuterungen zum *Projekt-Management* (Projektorganisation, Zusammenarbeit mit Beratern und Methoden/Techniken) runden die Fallbeschreibung ab.

Teil V: SE in der Praxis

6.	**Schrittweises Vorgehen im SE:** Aktivitäten-Checkliste	410
6.1	**Einleitung**	410
6.2	**Aktivitäten-Checkliste**	410
6.2.1	Phase: Vorstudie	410
6.2.2	Phase: Hauptstudie	417
6.2.3	Phase: Detailstudien	419
6.2.4	Phase: Systembau	421
6.2.5	Phase: System-Einführung	422
6.2.6	Phase: Abschluß des Projekts	423

6. Schrittweises Vorgehen im SE: Aktivitäten-Checkliste

6.1 Einleitung

In den früheren Kapiteln wurden die im Zusammenhang mit der Systemgestaltung bzw. dem Projekt-Management stehenden Überlegungen dargestellt (Teil I, II und III), sowie anhand von Fallbeispielen in Teilfacetten erläutert (Teil IV und V).

Im folgenden Abschnitt werden die dort geschilderten *Gedankenansätze* in Form einer Checkliste für ein *schrittweises Vorgehen* zusammengefaßt und miteinander verbunden:

Dazu wird zunächst jede Projektphase hinsichtlich Zweck, Gegenstand (der Untersuchung resp. der Arbeit) und Ergebnis dargestellt.

Besonderes Gewicht wird den *Aktivitäten*, d.h. dem «*Was tun?*» beigemessen, wobei eine gedankliche Trennung zwischen Aktivitäten der Systemgestaltung und jenen des Projekt-Managements vorgenommen wurde, was durch die Zuteilung zu verschiedenen Spalten der nachstehenden checklistenartigen Aktivitätspläne zum Ausdruck kommt. Weder die Zuteilung noch die Reihenfolge der Aktivitäten sind dabei allerdings zwingend.

Die Aktivitätenliste ist außerdem allgemeingültig und kann daher auch Anforderungen, die sich aufgrund unterschiedlicher Projektgegenstände ergeben (Gestaltung von Planungs- und Informationssystemen, Bauprojekte, Verkehrsprojekte, Produktentwicklung u.ä.), nicht voll gerecht werden. Sie soll vor allem Anregungen vermitteln und Tätigkeiten aufzeigen, die unabhängig vom Projektgegenstand durchgeführt werden müssen und kann auch als Leitfaden zur Erarbeitung projektspezifischer Checklisten betrachtet werden.

6.2 Aktivitäten-Checkliste

6.2.1 Phase: Vorstudie

ZWECK: Das beabsichtigte Projekt soll mit vergleichsweise geringem Aufwand «vorgeklärt» werden: Dies betrifft insbesondere:

- die Festlegung des Untersuchungs- und des Gestaltungsbereichs, wichtiger Randbedingungen
- die Formulierung der Anforderungen an die Lösung
- die Erarbeitung erfolgversprechender Lösungsansätze und deren Beurteilung hinsichtlich Realisierbarkeit, Wirtschaftlichkeit, Erfolgschancen etc.

6. Schrittweises Vorgehen im SE

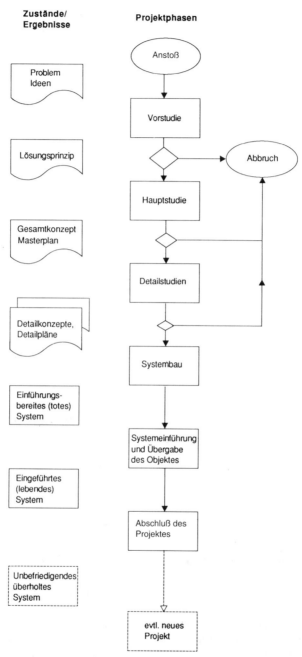

Abb. 5.39   Projektphasen

GEGENSTAND: Nicht erfolgversprechende Vorhaben sollen in der Vorstudie als solche erkannt und zeitgerecht abgebrochen werden können.
GEGENSTAND: Problemfeld und grobe Lösungsentwürfe sowie deren sinnvolle Abgrenzung bzw. Einbettung in die Umwelt.
ERGEBNIS: Umfassende, nicht ins Detail gehende Situationsdarstellung, ein Anforderungskatalog (Zielkatalog), denkbare und sinnvoll erscheinende Lösungsentwürfe (Rahmenkonzepte, Lösungsprinzipien), deren Beurteilung hinsichtlich der Realisierbarkeit und Vorzugswürdigkeit (funktionell, wirtschaftlich, sozial, personell, ökologisch etc.), sowie eine Empfehlung hinsichtlich des weiteren Vorgehens.

TÄTIGKEITSGRUPPE 1
(primär abgeleitet aus Problemlösungszyklus)

– **Problem und Problemzusammenhänge beschreiben**

  • Wie äußert sich das Problem? Welches sind charakteristische Symptome bzw. Mängel?
  • Wo treten sie auf?
  • Wann? Wie häufig?
  • In welchem Ausmaß?
  • Wovon ist das Problem abhängig, womit steht es im Zusammenhang?

– **Untersuchungsbereich abgrenzen und strukturieren**

  • Betrachtungsstandpunkt (Systemaspekt) vergegenwärtigen.
  • Grobe hierarchische Gliederung (Über-, Untersysteme).
  • Elemente, Beziehungen herausarbeiten.
  • Untersuchungsbereich abgrenzen (was ist von Bedeutung im Hinblick auf Problem).
  • Mögliche andere Betrachtungsstandpunkte vergegenwärtigen (Systemaspekte).

TÄTIGKEITSGRUPPE 2
(primär abgeleitet aus dem Aufgabenkatalog des Projekt-Managements)

– **Ingangsetzen des Projekts**

  • Projektleiter bestimmen («Zugpferd»).
  • Etappenziel für Vorstudie festlegen. (Welche Art von Entscheidung ist im Anschluß an Vorstudie zu treffen, auf welche Fragen soll sie Antwort liefern?)
  • Aufgabenkatalog für Vorstudie ableiten (Teilaufgaben).
  • Ablauforganisation des Projekts festlegen, Vorgehen planen (logische Abhängigkeiten der Teilaufgaben, Prioritäten).
  • Terminplan erstellen (Endtermin, Meilensteine, wichtige Zwischentermine).
  • Personalbedarf ermitteln (qualitativ, quantitativ).
  • Zeit- und Hilfsmittelbedarf abschätzen.
  • Budget Vorstudie erstellen (Reserven vorsehen), mit Betroffenen besprechen.
  • Projektauftrag vereinbaren.
  • Projektmitarbeiter engagieren, Projektgruppe konfigurieren.
  • Projekt-Kick-off (Startsitzung).

TÄTIGKEITSGRUPPE 1 (Forts.)

- **Prozeßabläufe untersuchen und Bedürfnis nach Änderung oder Neugestaltung begründen**
  - Welche charakteristischen Prozesse laufen im Problemfeld ab? (Welche nicht?)
  - Welches sind charakteristische Verhaltensweisen des Systems (positiv/negativ)?
  - Bei welchen internen oder externen Einflüssen treten sie auf?
  - Symptome der problematischen Situation in Systemdarstellungen lokalisieren.
  - Nach Ursachen suchen.

- **Betroffene und Beteiligte identifizieren, Interessenslagen ausloten**
  - Welches sind Schlüsselpersonen und Meinungsbildner?
  - Wie verhalten sie sich?
  - Sind sie der Ansicht, daß eine problematische Situation vorliegt? (Wenn nein, warum nicht?)
  - Befürworten sie die Notwendigkeit einer Änderung? (Wenn nein, warum nicht?)
  - Wer (Abteilungen, Gruppen, Personen, extern/intern) hat welche positiven oder negativen Beziehungen zum geplanten Vorhaben? (Einflußgrößenanalyse)
  - Wer sind die heutigen Benutzer?

TÄTIGKEITSGRUPPE 2 (Forts.)

- Arbeitsstil und innere Organisation der Projektgruppe vereinbaren.
- Projektbezogene Aufbauorganisation festlegen (Organisationsmodell wählen; Steuerungs-, Beratungs-, Entscheidungsgremien festlegen; Aufgaben, Kompetenzen, Zuständigkeiten vereinbaren und festhalten etc.).
- Projektinformationssystem (Berichtswesen) festlegen.

- **Projekt Ingang halten**
  - Verankerung nach außen: Fortschritt, Arbeitsergebnisse mit Auftraggebern und Nutzern kommunizieren (Ziele, Ideen, Gestaltungsbereich, Bewertungskriterien etc.).
    → Was gibt wirklich Sinn, wird gewünscht, unterstützt?
    → Was ist sowohl rational als auch intuitiv richtig?
  - Verankerung nach innen: Projektsitzungen halten, Ergebnisse festhalten, Ideen und Konzepte erarbeiten, Konflikte klären und lösen.
  - Leiten, Steuern, Vorantreiben des Projektes: Fortschritt feststellen und erkennen lassen, Einhaltung von Gestaltungs- bzw. Projektablaufzielen überwachen, ggf. modifizieren und neu vereinbaren.

Teilaktivitäten zur Unterstützung von Aktivitäten der Tätigkeitsgruppe 1 (beispielhaft im Sinne des Managements der Abwicklung).

- **Information organisieren**
  - Kontakte herstellen.
  - Ggf. personelle Auswirkungen bzw. Anforderungen an Zusammensetzung von Projektgruppe und Entscheidungsinstanz klären (Änderungen, Ergänzungen?).

TÄTIGKEITSGRUPPE 1 (Forts.)

- Welche Vorstellungen haben Sie von der künftigen Lösung?
- Wird oder soll sich der Benutzerkreis ändern?
- Wenn ja: hat dies Auswirkungen hinsichtlich der Bedürfnisse und Anforderungen?

– **Zukunftsentwicklungen abschätzen**

- Wie wird sich die Situation in Zukunft entwickeln, wenn heute nicht eingegriffen wird?
- Welche Umweltentwicklungen sind zu erwarten?
- Mögliche Auswirkungen im Problemfeld?
- Welche Entwicklungstrends sind im Lösungsfeld erkennbar?
- Was ist daran positiv? Warum?
- Was negativ? Warum?

– **Eingriffsmöglichkeiten identifizieren**

- Welche Eingriffe sind grundsätzlich denkbar?
- Welche Wirkungen können sie haben?
- Welche Maßnahmen mildern das Problem, welche verschärfen es?
- Wo wurden ähnliche Probleme schon gelöst?
- Vergleichbare Ausgangssituation oder gleiche Branche?
- Andere?
- Erfahrungsaustausch oder Zugriff möglich?
- Hat man sich bereits (unnötigerweise?) hinsichtlich der Lösungsrichtung festgelegt?

– **Gestaltungsbereich grob abgrenzen (später bei Bedarf korrigieren)**

- Was soll aktiv beeinflußt (geändert) werden, was nicht?

TÄTIGKEITSGRUPPE 2 (Forts.)

– **Prozeß der Zielvereinbarung organisieren**

- Evtl. Ziel- und Interessenskonflikte klären bzw. Klärung herbeiführen.

TÄTIGKEITSGRUPPE 1 (Forts.)

- Föderalistisches Prinzip beachten (Problem auf tiefstmöglicher Ebene lösen).
- Wichtige Umweltbeziehungen (Schnittstellen) festhalten.

– **Gestaltungsobjekt definieren (z. B. mit Hilfe eines Objekt-(Projekt)-Strukturplans)**

– **Anforderungen (Ziele) erarbeiten**

- Wer hat Einfluß auf die Zielformulierung?
- Wessen Interessen sollten darüber hinaus noch berücksichtigt werden? (Betroffene, Beteiligte ermitteln).
- Anforderungen an neue Lösung (Systemziele) erarbeiten bzw. aushandeln.
- Erwünschte Wirkungen in funktioneller, finanzieller und personeller (sozialer) Hinsicht; Ort der Wirkung (System/Umsystem); Zeitpunkt (kurz-, mittel-, langfristig).
- Unerwünschte Wirkungen.
- Unterteilung in Muß-, Soll- und Wunschziele vornehmen.

– **Lösungsvarianten erarbeiten**

- Lassen sich für die Lösungssuche Planungskreise voneinander abgrenzen, die eine weitgehend isolierte Suche nach Lösungsansätzen in der Vorstudie gestatten? Wenn ja, so gelten die folgenden Schritte nicht nur für das zu erarbeitende Rahmenkonzept, sondern sinngemäß auch für jeden Planungskreis.
- Varianten von Rahmenkonzepten erarbeiten (= Synthese).
- Wichtige Ziele vordringlich beachten.

TÄTIGKEITSGRUPPE 2 (Forts.)

– **Zwischenorientierung der Auftraggeberschaft/Entscheidungsinstanz**

- Ideen übermitteln.
- Meinungen, Ansichten dazu einholen.

TÄTIGKEITSGRUPPE 1 (Forts.)

- Berechtigungen wichtiger Randbedingungen und Mußziele überprüfen.
- Alternative Lösungsprinzipien suchen (Variantendenken).
- Mittel- und Beispielkatalog als Anregung zur Lösungssuche verwenden.

– **Lösungen analysieren hinsichtlich**

- formaler Aspekte (Mußziele eingehalten? Lösungen vollständig, d.h. einer Beurteilung zugänglich? Lösungsvarianten vergleichbar?).
- Abläufe (Blick nach innen).
- Integrationsfähigkeit mit der Umwelt, inkl. übergeordnete Konzepte (Blick nach außen).
- Betriebstüchtigkeit.
- erforderliche Voraussetzungen und Bedingungen.
- Konsequenzen.
- Investitionskosten (Teuerungsfaktor), Betriebskosten, Betriebsnutzen.

– **Lösungen bewerten (Entscheider einbinden)**

- Kriterienkatalog für Rahmenkonzept vervollständigen.
- Lösungsvarianten bewerten.

TÄTIGKEITSGRUPPE 2 (Forts.)

– Ggf. Kontaktperson(en) der Auftraggeberschaft beiziehen

– **Bewertungs- und Entscheidungsprozedere planen und durchführen**

- Art der Präsentation der Varianten vorbereiten.
- Weiteres Vorgehen planen (evtl. variantenspezifisch), inkl. Budgets für weitere Phasen.

– **Entscheidung über Rahmenkonzept herbeiführen**

- Wenn Entscheidung abweichend von Vorschlag, Konsequenzen überlegen.
- Weiteres Vorgehen ggf. modifizieren.
- Entscheidung dokumentieren.

Abschließende *Checkfragen* zur Beurteilung der Qualität einer Vorstudie:

- Ist das Problem klar genug bekannt, besteht Einigkeit mit dem Auftraggeber und den Anwendern darüber?
  • Weiß man, welches Problem man lösen möchte?
  • Ist es sinnvoll und ausreichend abgegrenzt?
  • Ist der Zusammenhang mit der Umwelt klar?
- Ist der Gestaltungsbereich ausreichend definiert und bekannt? Besteht darüber Einigkeit mit dem Auftraggeber?
- Sind die Ziele im Sinne der Anforderungen an die Lösung klar (welche Funktionen sollen erfüllt werden, wirtschaftliche Ziele, personelle/soziale, zeitliche, ökologische etc.)?
- Besteht eine ausreichende Übersicht über grundsätzlich denkbare Varianten (Lösungsprinzipien)?
- Können diese Varianten hinsichtlich ihrer Eignung (inkl. Voraussetzungen und Konsequenzen) beurteilt werden?
- Sind die Wertmaßstäbe klar und ausdiskutiert?
- Ist damit die Entscheidung für ein bestimmtes Lösungsprinzip möglich? Kann dieses logisch nachvollziehbar begründet werden? Ist es rational *und* intuitiv richtig? Läßt es Optionen offen?
- Sind die kritischen Annahmen bzw. Konsequenzen bekannt?
- Ist die psychologische Komponente ausreichend berücksichtigt? Sehen die Schlüsselpersonen und wesentlichen Personen(gruppen) eine Grundlage zum Handeln?

6.2.2 Phase: Hauptstudie

ZWECK: Entscheidung für ein Gesamtkonzept ermöglichen, aufgrund dessen über die Realisierung des Vorhabens entschieden werden kann.

GEGENSTAND: System (Lösung) selbst; wichtige Untersysteme bzw. Systemaspekte.

ERGEBNIS: Funktionstüchtiges Gesamtkonzept (Masterplan); definierte Funktionsweise, wichtige Untersysteme bzw. Systemaspekte; Realisierungsplan; Wirtschaftlichkeitsüberlegungen; Grundlagen für Investitionsentscheidungen; Pflichtenhefte für Lösungsbausteine.

TÄTIGKEITSGRUPPE 1
(primär abgeleitet aus Problemlösungszyklus)

- **Schlußfolgerungen aus Entscheidung über Rahmenkonzept sowie aufgrund bisheriger Entwicklung ziehen (inhaltliche Seite)**
  - Neue Ideen bzw. Vorstellungen aufgetreten und zu berücksichtigen?
  - Ziele, Randbedingungen unverändert?
  - Systemgrenzen?
  - Kreis der Betroffenen, Beteiligten?
  - Rahmenkonzept tragfähig oder anpassen?
- **Anforderungen an Gesamtkonzept (Systemziele) detaillieren und konkretisieren**
- **Gesamtkonzepte ausarbeiten**
  - Objektstruktur detaillierter festlegen (Untersysteme, Systemaspekte).
  - Beziehungen innerhalb des Systems und Nahtstellen mit Umwelt identifizieren, qualitativ und quantitativ beschreiben.
  - Modularen Aufbau anstreben.
  - Denken in Varianten.
  - Zusammenspiel von Hardware- und Software-Bausteinen beachten.
    ○ Hardware: Funktionsweise, Anforderungen, Art und Anzahl, Anordnung, Beschaffungsmöglichkeiten etc. (Gebäude, Maschinen, Geräte bzw. Geräteteile).
    ○ Software und Orgware: Betriebsabläufe, organisatorische Maßnahmen, EDV-Programme etc.

TÄTIGKEITSGRUPPE 2
(primär abgeleitet aus dem Aufgabenkatalog des Projekt-Managements)

- **Hauptstudie ingangsetzen**
  - Schlußfolgerungen aus Entscheidung nach Vorstudie ziehen (organisatorische Komponenten).
  - Auswirkungen prüfen, insbesondere hinsichtlich
    ○ Aufgabenstellung.
    ○ Etappenziel Hauptstudie.
    ○ Ablauforganisation (Teilaufgaben, Vorgehensplan, Prioritäten).
    ○ personeller Voraussetzungen bzw. Veränderungen.
    ○ Aufbauorganisation des Projekts.
    ○ Budget (Zeit, Kosten) etc.
  - Projektauftrag noch gültig? Sonst neu vereinbaren.

Übrige Aktivitäten analog Phase Vorstudie.

- **Hauptstudie inganghalten (analog Vorstudie)**

- **Teilaktivitäten zur Unterstützung von Aktivitäten der Tätigkeitsgruppe 1: analog Vorstudie**

TÄTIGKEITSGRUPPE 1 (Forts.)

- **Gesamtkonzepte analysieren hinsichtlich**
  - formaler Aspekte (Mußziele u.a.).
  - Integrierbarkeit.
  - Funktionen und Abläufe.
  - Betriebstüchtigkeit.
  - Voraussetzungen und Bedingungen.
  - Konsequenzen etc.

- **Bewertung von Gesamtkonzepten**

TÄTIGKEITSGRUPPE 2 (Forts.)

- **Zusätzlich:**
  - Prioritäten und Vorgehen für detaillierte Bearbeitung (Detailstudien) festlegen.
  - Realisierungsplan für Systembau und -einführung erarbeiten.
  - Organisation und Koordination der weiteren Abwicklung regeln.

  Anmerkung: Nach Entscheidung für Gesamtkonzept gestaffelte und sich überlappende Detaillierung und Realisierung von Lösungsbausteinen vielfach sinnvoll.

Abschließende *Checkfragen* zur Beurteilung der Qualität einer Hauptstudie.

- Ist das vorgeschlagene Gesamtkonzept überzeugend und realisierbar (funktionell, wirtschaftlich, personell, organisatorisch, ...)?
- Besteht eine Übersicht über denkbare Alternativen?
- Sind die kritischen Komponenten bekannt? (Kritisch z.B. hinsichtlich Funktionalität, Sicherheit, Herstellbarkeit, Beschaffbarkeit, Entsorgbarkeit etc.)
- Ist die Situation entscheidungsreif? Ist die Entscheidung nach innen und außen vertretbar und verkraftbar?
- Sind die Prioritäten für die weitere Detaillierung bzw. Realisierung klar?
- Sind die zukünftigen Benützer resp. «Träger» des neuen Systems überzeugt bzw. motiviert?

6.2.3 Phase: Detailstudien

ZWECK: Detaillierung und Präzisierung des nach der Hauptstudie festgelegten Gesamtkonzepts. Schaffung aller technischen und organisatorischen Voraussetzungen, um den Systembau vornehmen zu können.

Teil V: SE in der Praxis

GEGENSTAND: Lösungsbausteine (Untersysteme, Systemaspekte) und deren Beziehungen (Schnittstellen).

ERGEBNIS: Funktionstüchtige Konzepte für Untersysteme bzw. Systemaspekte, die in den Rahmen des Gesamtkonzepts passen und derart konkretisiert sind, daß sie anschließend «gebaut» werden können.
Wenn die zum Systembau erforderlichen Einrichtungen erst geschaffen werden müssen, ist deren Planung und Vorbereitung ebenfalls Gegenstand und Ergebnis dieser Phase.

TÄTIGKEITSGRUPPE 1
(primär abgeleitet aus Problemlösungszyklus)

– **Schlußfolgerungen aus Entscheidung über Gesamtkonzept ziehen, ggf. Anpassung (inhaltlicher Art)**
  • des Gesamtkonzepts.
  • von Zielen, Randbedingungen, Schnittstellen u.ä. für weitere Detaillierung.

– **Auswirkungen auf Teillösungen bzw. Lösungsbausteine (Untersysteme, Systemaspekte) feststellen**

– **Abgrenzung der Teillösungen bzw. Lösungsbausteine endgültig festlegen und beschreiben**

– **Anforderungen an Teillösungen bzw. Lösungsbausteine konkretisieren**

– **Detailkonzepte für Lösungsbausteine erarbeiten**
  • Lösungssuche und -auswahl analog vorhergehenden Phasen (jedoch vertieft, detailliert).
  • Besonderes Augenmerk auf Probleme der Integration.

– **Pflichtenhefte für Systembau erstellen**

– **Ggf. Ausschreibung und Evaluation bei Fremdbeschaffung**

TÄTIGKEITSGRUPPE 2
(primär abgeleitet aus dem Aufgabenkatalog des Projekt-Managements)

– **Ingangsetzen der Detailstudien-Phase**
  • Schlußfolgerungen aus Entscheidung nach Hauptstudie ziehen (organisatorische Komponente).
  • Prioritäten für Detailstudien festlegen (kritische bzw. logisch führende Teillösungen zuerst).
  • Aufgliederung in Teilprojekte.
  • Projektaufträge für Teilprojekte formulieren (Inhalt, Budget, Termine, etc.).
  • Aufbauorganisation, Ablauforganisation, personelle Aspekte für detaillierte Ausarbeitung regeln (generell: starke Ausweitung des beteiligten Personenkreises, Bildung von Teilprojekt-Gruppen).
  • Koordinationsmechanismen festlegen.

Übrige Aktivitäten analog zu vorhergehenden Phasen.

– **Inganghalten**
  • Analog zu vorhergehenden Phasen.
  • Besonderes Augenmerk auf Koordination, Kontrolle und Steuerung (inhaltliche Ergebnisse, Termine, Aufwand, Personalkapazität, etc.).

- Teilaktivitäten zur Unterstützung von Aktivitäten der Tätigkeitsgruppe 1: analog zu vorhergehenden Phasen
- Zusätzlich:
  - Planung und Vorbereitung des Systembaus.
  - Organisation und Koordination der weiteren Abwicklung regeln (evtl. Wechsel der Zuständigkeiten für Systembau).

Abschließende *Checkfragen* zur Beurteilung der Qualität jeder Detailstudie.
- Sind die sich aus dem Gesamtkonzept ergebenden Anforderungen an die Detailkonzepte erfüllt?
- Kann das Detailkonzept in den Rahmen des Gesamtkonzepts eingeordnet werden? Ist es integrierbar? Erfüllt es die ihm zugedachten Funktionen? Weist es Eigenschaften auf, die aus der Sicht des Gesamtkonzepts unerwünscht sind?
- Ist das Detailkonzept so konkretisiert, daß es in der Folge gebaut werden kann?
- Sind die Voraussetzungen für den Systembau erfüllt, könnte die «Produktionsvorbereitung» Rückwirkungen auf den Entwurf haben?
- Sind die absehbaren Kosten im Rahmen (der Hauptstudie) geblieben?

6.2.4 Phase: Systembau

ZWECK: Konkrete Umsetzung bzw. Herstellung der Lösung bzw. Teillösungen.

GEGENSTAND: Teillösungen, Lösungsbausteine (Untersysteme, Systemaspekte) und die für die spätere Einführung benötigte Infrastruktur.

ERGEBNIS: Einführungsbereite Teillösungen bzw. Lösungsbausteine sowie deren sukzessiver Zusammenbau.

BEMERKUNG: Das Vorgehensmodell des SE hat seinen Anwendungsschwerpunkt ohne Zweifel in den Entwicklungsphasen (Vor-, Haupt- und Detailstudien). Für diese Phasen ist es auch möglich, einigermaßen generell gültige Tätigkeiten in Checklistenform anzugeben.
Ungleich schwieriger ist dies für die Phasen Systembau und -einführung, weil hier projektspezifische Aspekte sehr deutlich zum Ausdruck kommen müssen (Bauprojekte, EDV-Projekte, Planungs- und Informationssysteme u.ä.).

TÄTIGKEITSGRUPPE 1
(primär abgeleitet aus Problemlösungszyklus)

- **Vorbereitungs- evtl. Ergänzungsarbeiten (ggf. Korrekturen an Detailkonzepten oder Gesamtkonzept vornehmen)**

- **Bei Fremdvergabe für Systembau**
  - Spezifikationen und Pflichtenhefte erstellen.
  - Offerten einholen und vergleichen.

- **Arbeitsvorbereitung, Beschaffung von Produktionsmitteln**

- **Effektive Herstellung (evtl. Prototyp)**

- **Einzeltests**

- **Sukzessive Systemintegration**

TÄTIGKEITSGRUPPE 2
(primär abgeleitet aus dem Aufgabenkatalog des Projekt-Managements)

- **Ingangsetzen des Systembaus**
  - Ablaufplan der Realisierung erstellen.
  - Freigabeentscheidungen in konkrete Aufträge umsetzen.
  - Bei Fremdvergabe Verträge ausarbeiten und abschließen (Leistungen, Qualität, Preise, Termine, Maßnahmen bei Nichterfüllung, Übergabeprozeduren, u.ä. festlegen).
  - Bei interner Herstellung analoge Überlegungen hinsichtlich Leistungen, Qualität, Aufwand, Terminen.

- **Inganghalten, insbesondere Projektkontrolle und -steuerung**
  - Kontrolle der Zielerreichung (Leistung, Qualität).
  - Aufwand.
  - Termine.
  - Koordination zwischen Projektgruppen, mit Nutzern, Auftraggeber etc.
  - Eingreifen bei Abweichungen inkl. Plankorrektur.
  - Nutzer auf Übernahme sukzessive vorbereiten, ggf. bereits mit Schulungen beginnen.

6.2.5 Phase: System-Einführung

ZWECK: Übergabe der (Teil)-Lösung an die Anwender. Know-how-Transfer. Gewährleistung der Zweckerfüllung.

GEGENSTAND: Einführungsreife (Teil)-Lösung samt der Umgebung, in die sie eingebettet werden soll (sachlich, personell, organisatorisch).

ERGEBNIS: Betriebsbereite, funktionstüchtige (Teil)-Lösung, betriebsbereite Infrastruktur und geschulte Anwender.

BEMERKUNG: Für diese Phase wurde die Trennung in die Tätigkeitsgruppen 1 und 2 aufgegeben, da die Systemgestaltung normalerweise weitgehend abgeschlossen sein sollte und keine eigentlichen konzeptionellen Aktivitäten mehr durchzuführen sind.

– **Einführung vorbereiten**

- Detaillierten Einführungsplan erstellen.
- Außerdienststellung eines evtl. alten Systems und Ablösungsprozedere planen.
- Benutzungsanweisungen und Bedienungsvorschriften erarbeiten.
- Organisatorische Voraussetzungen für Betriebsphase schaffen (Betriebskonzepte detaillieren, erforderliche Stellen schaffen, Personen und Mittel bereitstellen etc.)
- Detailliertes Unterhaltskonzept festlegen.
- Katastrophen- bzw. Sicherheitsorganisation festlegen (Maßnahmen bei Ausfall bzw. bei Auftreten von Störungen).
- Infrastrukturelle Voraussetzungen schaffen (z. B. Räume, Anschlüsse etc. vorbereiten).
- Übergabeprozeduren und -bedingungen vorbereiten.

– **Lösung einführen**

- Hardware und Software installieren.
- Bedienungspersonal und Benutzer schulen.
- Probebetrieb aufnehmen.
- Evtl. Parallel-Lauf (altes und neues System gleichzeitg) durchführen.
- Etwaige Mängel beheben, Feinabstimmung.
- Hotline-Support (rasche adhoc-Unterstützung) für Bedienungspersonal und Benutzer sicherstellen u.a.m.

6.2.6 Phase: Abschluß des Projekts

ZWECK: Geordneten Abschluß durchführen, Manöverkritik als Lernchance ermöglichen.

GEGENSTAND: Vereinbarungen mit Auftraggeber und deren Vergleich mit der Realität.

ERGEBNIS: Abgeschlossenes, dokumentiertes, abgerechnetes Projekt; Projektgruppe aufgelöst.

– **Übergabeprozeduren und Einführung abschließen**
– **Kontrolle und Manöverkritik**

- Ziele erreicht/nicht erreicht? Verbleibende Mängel?
- Verbesserungsmöglichkeiten, besondere Unterhaltserfordernisse?
- Lerngewinn seitens Projektgruppe, Auftraggeber, Anwender für ähnliche Vorhaben.

- Schlußdokumentation vervollständigen (system- und benutzer-orientiert)
- **Abschlußfest**
- **Auflösung der Projektgruppe, Wiedereingliederung der noch involvierten Mitarbeiter in andere Organisation.**

Teil VI: Techniken und Hilfsmittel

1. Techniken im Überblick 426
2. Enzyklopädie/Glossarium 429
3. Formularsammlung 568

«Es gibt nichts
Praktischeres als
eine gute Theorie.»

(Kant)

1. Techniken im Überblick

In diesem Teil werden die gängigsten Techniken und Hilfsmittel für die Unterstützung der Arbeiten bei der System-Gestaltung und beim Projekt-Management im Sinne einer Enzyklopädie dargestellt. Die konkrete Auswahl der im Einzelfall sinnvoll und nützlich erscheinenden Technik sollte aufgrund der enzyklopädischen Beschreibung möglich sein.

Der Standort dieses Themenkreises im Rahmen des SE-Konzepts ist aus Abb. 6.1 ersichtlich.

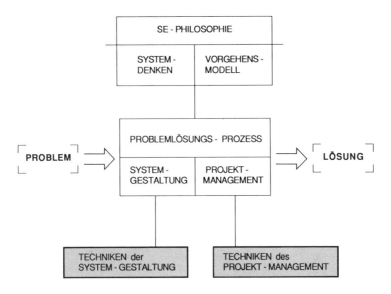

Abb. 6.1   Methoden und Techniken im Rahmen des SE-Konzepts

Die Ausführungen haben Übersichtscharakter, für detaillierte Erläuterungen sei auf die jeweils angegebene Literatur verwiesen.
Die einzelnen Methoden und Techniken sind in *alphabetischer Reihenfolge* geordnet. Bei den meisten Begriffen wird zu Beginn der jeweiligen Ausführungen auf den Überbegriff hingewiesen, dem sie zugeordnet werden können.
Der Leser kann die (*Haupt-*) *Zuordnung* dieser Techniken zu den verschiedenen Arbeitsgebieten des Systems Engineering aus Abb. 6.2 entnehmen.
In den Kolonnen 1 bis 8 dieser Abbildung sind die gängigsten Techniken, die in den verschiedenen Schritten des Problemlösungsprozesses verwendet werden, aufgeführt. Eine eindeutige Zuordnung der Techniken zu den Schritten des Problemlösungsprozesses oder zu den gewählten Themen ist nur bedingt möglich. Viele Techniken können also in mehreren Schritten angewendet werden.

Im folgenden werden einige ergänzende Hinweise über den Einsatz der in Abbildung 6.2 gezeigten Techniken im Problemlösungsprozeß gemacht.
Projekt-Management-Methoden sind im Block 9 und Verfahren, die Allgemeingültigkeit haben, im Block 0 aufgeführt.

- **Techniken zur Situationsanalyse**

    Techniken der Informationsbeschaffung, der Informationsaufbereitung und Informationsdarstellung stehen im Vordergrund. Allerdings können Techniken zur Analyse von Lösungen meist auch zur Analyse des Ist-Zustandes eingesetzt werden, da dieser ja eine spezielle Lösung darstellt.

    Kreative Techniken sind universell einsetzbar. Sie könnten auch während der Situationsanalyse zum Einsatz gelangen (z. B. Brainstorming bei der Suche nach Problemursachen).

    Auch einige mathematische Methoden (Optimierungstechniken) können verwendet werden (z. B. Simulationstechnik zu Verhaltensstudien des Istzustandes).

- **Techniken zur Zielformulierung**

    Neben den genannten Techniken zur Zielformulierung spielen folgende weitere Techniken eine Rolle:

    - Techniken, die die Informationsbeschaffung und -aufbereitung betreffen (z. B. Fragebogentechnik);
    - Techniken zur Bewertung und Entscheidung, da zwischen Zielformulierung und Bewertung ein enger Zusammenhang besteht.

- **Techniken für die Lösungssynthese**

    Im Vordergrund stehen die Kreativitäts- und die Optimierungstechniken.

    Daneben sind aber auch die Techniken, die die Informationsbeschaffung und -aufbereitung betreffen, von Bedeutung.

- **Techniken für die Lösungsanalyse**

    Im Vordergrund stehen die Analysetechniken.

    Daneben sei auch hier auf die Techniken, die die Informationsbeschaffung und -aufbereitung betreffen, und auf die Eignung einiger Optimierungstechniken hingewiesen.

- **Techniken zur Bewertung/Entscheidung**

    Im Vordergrund stehen die Bewertungstechniken.

    Daneben sind die Techniken, die die Informationsbeschaffung und -aufbereitung betreffen, wichtig.

    Evtl. sollte auch der Einsatz von Optimierungs- und Analysetechniken ins Auge gefaßt werden.

Am Schluß dieses Teils befindet sich eine Formularsammlung (Abschnitt 3). Die mit Beispielen ausgefüllten Formulare können die praktische Arbeit in den verschiedenen Schritten des Problemlösungsprozesses unterstützen.

PROBLEMLÖSUNGSPROZESS

Informations-Beschaffung (1)	Informations-Aufbereitung (2)	Informations-Darstellung (3)	Ziel-Formulierung (4)	Synthese von Lösungen		Analyse von Lösungen (7)	Bewertung/Entscheidung (8)
				Kreativität (5)	Optimierung (6)		
Informations-Beschaffungstechniken Ablaufanalyse ABC-Analyse Checklisten Fragebogen-Technik Interview Informationsbeschaffungsplan Multimoment-Aufnahme Panel-Befragung Befragungs-Techniken Beobachtungs-Techniken Datenbanksysteme Delphi-Methode Umfrage	Informations-Aufbereitungstechniken ABC-Analyse Statistik Regressions-Analyse Korrelations-Analyse Black-Box-Methode Input-Output-Modelle Mathematische Statistik Stichprobe Prognose-Techniken Hochrechnungsprognosen Exponentielle Glättung Sättigungsmodelle Szenario-Technik Trendextrapolation Ursachenmatrix Wahrscheinlichkeitsrechnung Vernetztes Denken Beeinflussungsmatrix	(Informations-) Darstellungstechniken Arbeitsablaufplan Blockschaltbild Ablaufdiagramm Fluss-Diagramm Zuordnungsstrukturen - Ursachen-Matrix - Wirkungs-Netz - Beeinflussungs-Matrix - Gliederungsplan - Organigramm Histogramm Graph Graphik-Software Objektstrukturplan	Operationalisierung Zielkatalog Ziel-Relationen-Matrix Ziel-Mittel-Denken Polaritätsprofil (s. auch Techniken unter Bewertung/Entscheidung)	Kreativitätstechniken Analogie-Methode Attribute-Listing Brainstorming Kärtchen-Technik Methode 635 Morphologie Szenario-Planung Synektik Problem-Lösungsbaum Wirkungsnetze	Operations Research Simplex-Methode Lineare Optimierung Dynamische Optimierung Reihenfolgeprobleme Simulationstechnik Monte-Carlo-Methode Zuteilungsprobleme Konkurrenzprobleme Spieltheorie Branch and Bound Entscheidungsbaum Entscheidungstheorie Heuristische Methoden Warteschlangenprobleme	Analysetechniken Katastrophen-Analyse Risiko-Analyse Sicherheits-Analyse Entscheidungstabellen Fehlerbaum Zuverlässigkeits-Analysen Wertanalyse	Bewertungstechniken Wirtschaftlichkeitsrechnung Kosten-Nutzen-Rechnung Kosten-Wirksamkeits-Analyse Nutzwert-Analyse Gewichtsbemessung Kriterienplan Punktbewertung Sensitivitätsanalyse Skalierungsmatrix

Projekt-Management (9)

- Netzplantechnik CPM, MPM, PERT
- Balkendiagramme
- Zeit/Kosten/Fortschritts-Diagramme
- Termintrend-Diagramme
- PM-System (Computerunterstützt)
- Projektstrukturplan (PSP)

Allgemein (0)

- Heuristik
- Kepner Tregoe
- PC-Software
- Tabellenkalkulation

Abb. 6.2 Techniken und Methoden – Übersicht

2. Enzyklopädie/Glossarium

Inhaltsverzeichnis

ABC-Analyse	430	Informations-		Regressionsanalyse	530
Ablaufanalyse	432	Beschaffungsplan	480	Reihenfolgeprobleme	532
Ablaufdiagramme	433	Informations-Beschaffungs-		Risikoanalysen	532
Analogiemethode	437	techniken	481		
Analysetechniken	437	Input-Output-Modelle	483	Sättigungsmodelle	533
Arbeitsablaufpläne	438	Interview	483	Sensitivitätsanalyse	535
Attribute Listing	439			Sicherheitsanalysen	535
		Katastrophenanalyse	485	Simplex-Methode	538
Balkendiagramm	440	Kärtchentechnik	486	Simulationstechnik	540
Beeinflussungsmatrix	440	Kennzahlen	487	Skalierungsmatrix	541
Befragungstechniken	441	Kepner-Tregoe	488	Spieltheorie	541
Beobachtungs-		Konkurrenzprobleme	489	Statistik	544
techniken	441	Korrelationsanalyse	489	Stichprobe	544
Bewertungstechniken	441	Kosten-/Nutzenrechnung	490	Synektik	544
Black-Box-Methode	443	Kosten-/Wirksamkeits-		Szenario-Technik	545
Blockschaltbilder	444	analyse	492		
Brainstorming	446	Kreativitätstechniken	492	Tabellenkalkulation	546
Branch and Bound	447	Kriterienplan	494	Termintrend-	
				Diagramm	546
Checklisten	450	Lineare Optimierung	494	Trendextrapolation	547
CPM	452				
		Mathematische		Umfrage	548
Darstellungstechniken	454	Statistik	497	Ursachenmatrix	548
Datenbanksysteme	459	Methode 635	501		
Delphi-Methode	461	Monte-Carlo-Methode	502	Vernetztes Denken	549
Dynamische Optimie-		Morphologie	503		
rung	461	MPM (Metra-		Wahrscheinlichkeits-	
		Potential-Methode)	505	rechnung	551
Entscheidungsbaum	464	Multimomentaufnahmen	507	Warteschlangen-	
Entscheidungstabellen	464			probleme	555
Entscheidungstheorie	466	Netzplantechnik	508	Wertanalyse	557
Exponentielle Glättung	469	Nutzwertanalyse	510	Wirkungsnetze/Beein-	
				flussungsmatrizen	558
Fehlerbaum	470	Objektstrukturplan	511	Wirtschaftlichkeits-	
Flußdiagramme	470	Operationalisierung	511	rechnung	560
Fragebogentechnik	472	Operations Research	512		
				Zeit/Kosten/Fort-	
Gewichtsbemessung	473	Panelbefragung	515	schrittsdiagramm	562
Grafik-Software	475	PC-Software	516	Zielkatalog	563
Graph	475	PERT (Program		Zielrelationen-Matrix	563
		Evaluation and		Ziel/Mittel-Denken	563
Heuristik	476	Review Technique)	518	Zuordnungsstrukturen	564
Heuristische Methoden	477	Polaritätsprofil	520	Zuteilungsprobleme	565
Histogramm	478	Problemlösungsbaum	522	Zuverlässigkeits-	
Hochrechnungs-		Prognosetechniken	523	analysen	565
prognosen	478	Projektmanagement-			
		system	527		
Informations-Aufbe-		Projektstrukturplan	528		
reitungstechniken	479	Punktbewertung	530		

ABC-Analyse

Wichtige Technik der Informations-Aufbereitung (Synonym: Pareto-Analyse, Lorenz-Kurve). Mit ihr werden Kenngrößen von Massenphänomenen ermittelt, mit dem Ziel, Wichtiges von weniger Wichtigem zu trennen bzw. Sachverhalte oder Probleme in der Reihenfolge ihrer Bedeutung zu ordnen.

Die A. basiert auf dem vom italienischen Ingenieur und Ökonomen V. Pareto untersuchten und 1895 publizierten Sachverhalt, daß ein sehr geringer Teil der Bevölkerung einen großen Anteil am individuellen Volksvermögen hat, und umgekehrt der große Bevölkerungsteil nur einen kleinen Anteil besitzt (10/90-Erscheinung). Die Darstellung dieses Sachverhaltes in einer nicht logarithmischen Graphik hat 1905 der amerikanische Statistiker M.O. Lorenz publiziert. Die sog. Lorenzkurve kann als allgemeine graphische Methode zur Darstellung von Konzentrationsverhältnissen bezeichnet werden.

Ihre Anwendung in den Betriebswissenschaften (als Pareto-Analysis z.B. in der amerikanischen Qualitätssicherung) und die Bezeichnung ABC Analysis geht auf den amerikanischen Ingenieur H.F. Dickie zurück (1951).

In jeder betrachteten Menge abgesetzter Produkte, beschaffter Materialien, vorrätiger Lagerartikel, aufgetretener Mängel, prämierter Verbesserungsvorschläge, Arbeitsplatz-Absenzen und Entscheidungen etc. findet sich stets eine relativ kleine Anzahl von Produkten, Materialien, Lagerartikeln, Mängeln, Verbesserungsvorschlägen bzw. Mitarbeitern, die einen großen Anteil an Gesamt-Absatz, -Einkauf, -Verbrauch, -Inventarbestand und -Mängelquote aufweist bzw. an den gesamten Verbesserungsvorschlägen, Absenzen, Entscheidungswirkungen hat (A).

Demgegenüber gibt es eine relativ große Anzahl, deren Einfluß auf die Gesamtbewegungen gering ist (C). Dazwischen liegt eine dritte Gruppe (B). Daher die Bezeichnung ABC-Analyse.

Die quantitative Festlegung der Grenzen zwischen den Klassen A, B und C kann nach freiem Ermessen erfolgen.

Vorgehen: Die Artikel, Teile, Vorschläge etc. werden nach absteigendem Beitrag sortiert. Für die Artikel etc. wie für die Anteile werden laufend Zwischensummen gebildet. Danach werden sowohl die Anzahl Artikel etc. wie der zugehörige kumulierte Beitrag in %-Werte umgerechnet.

	Kumulierte Anteile (in %)									
Anzahl von z.B. Artikeln, Teilen Vorschlägen, Personen	10	20	30	40	50	60	70	80	90	100
Anteil an z.B. Umsatz, Verbrauch, Absenzen	47	64	74	83	87	92	95	97	99	100

Darstellung: Durch Auftragen z.B. der kumulierten Artikelzahl (%) auf der Abszisse und der kumulierten Beitrags-Anteile (%) auf der Ordinate ergibt sich eine Kurve (Abb. 6.3), die desto stärker von der Diagonalen (der Gleichverteilung) abweicht (ausgebeult ist), je stärker die Konzentration ist.

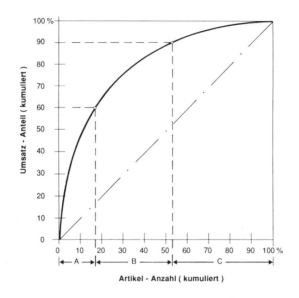

Abb. 6.3 Darstellung des Anteils wichtiger Einheiten durch eine Lorenzkurve

Das Beispiel dieser Lorenzkurve erlaubt die folgenden Aussagen:
60% des Umsatzes werden mit 17% der Artikel erzielt, sie werden als A-Artikel bezeichnet. Weitere 30% der Bewegungen werden durch weitere 36% der Artikel erzeugt (B-Artikel). Die restlichen 47% Artikel (C-Artikel) verursachen nur noch 10% der Bewegungen.

Andere betriebliche Größen mit der Verteilungs-Charakteristik einer ausgeprägten Lorenzkurve sind z.B. die Kostenstruktur des Teilsortiments, die Reparaturhäufigkeit von Maschinen, die Bearbeitungszeiten von Einzelteilen. Die ABC-Analyse kann auch für die Aufgaben-Analyse verwendet werden.

Für Entscheide über Vorratshaltung (X), Beschaffung im Bedarfsfall (Y) oder fertigungssynchrone Lieferung (Z) von A-, B-, C-Lagerteilen im Falle unterschiedlicher Prognosegenauigkeit ihres Bedarfes wird die ABC-Analyse zur ABC-/XYZ-Analyse erweitert.

Literatur

Squires, F.H.: Pareto Analysis

Ablaufanalysen

Mit Abläufen werden logische, räumliche und zeitliche Folgen von menschlichen und/oder technischen Verrichtungen in Mensch-Maschine-Systemen zur zielgerichteten Transformation von Material, Energie und Information bezeichnet. Abläufe beschreiben das Prozeßverhalten von Systemen – das gewollte wie das im Versagens- und Störungsfall, das von vorhandenen Systemen wie das von geplanten.
  Mit Analyse wird

– die gedankliche Zergliederung eines begrifflichen oder realen Ganzen in seine Bestandteile,
– die qualitative und quantitative Untersuchung der Komponenten und Elemente eines Systems und
– der Schluß von Wirkungen auf Ursachen und von Input auf Output und v.v.

bezeichnet.
  Analysen haben damit häufig auch diagnostischen Charakter. Im Sprachgebrauch der Technik- und Wirtschafts-Wissenschaften wird aber der Begriff Analyse in der Regel nicht nur für die Untersuchung dessen, was an Sachverhalten und Systemen offenbar und erkennbar ist oder gedanklich so erscheint, verwendet, sondern auch für die Untersuchung der Ursachen, d.h. für eine diagnostische Tätigkeit (s. Abschnitt II/2.1.1, II/2.1.2).
  A. sind mentale, ggfls. durch teilnehmende Beobachtung (→ Beobachtungstechniken) unterstützte Zergliederungen und Untersuchungen funktionaler Prozesse mit dem Ziel, Aufschluß über die erforderlichen Operationen zur Transformation der Inputs (z.B. in Form einer Funktions-Struktur) zu erhalten (siehe folgendes Beispiel, Abb. 6.4).
  A. untersuchen, wo, womit, wann welche Inputs eines Prozesses wie umgesetzt werden müssen, um vorgegebene Outputs zu erhalten (Sollabläufe) bzw. wie vorgegebene – erwünschte wie unerwünschte – Outputs zustande kommen können.
  Dabei kann es sich um die Beurteilung derzeitiger Sachverhalte handeln (Analyse der Ausgangslage in der Situationsanalyse), wie um die Beurteilung geplanter Lösungen (Analyse im Synthese-Analyse-Vorgehen bei der Lösungsbearbeitung) gehen.
  Gegenstand von A. können menschliche, mensch-maschinelle und automatische Verrichtungen (→ Arbeitsabläufe), biologische, physikalische und chemische (verfahrenstechnische) Prozesse, Material-, Energie- und Daten-Flüsse und Ereignisfolgen (Projekte), im Normalfall wie im Versagens- und Störungsfall sein → Zuverlässigkeits-, Sicherheits-Analysen. A. können sich auf Systemteile wie auf Gesamtlösungen erstrecken.
  Die Ergebnisse von A. können durch verbale Beschreibungen, in Formularen, durch Schemata und Bilder sowie unter Verwendung von Symbolen dargestellt werden. Mischformen sind die Regel. → Ablaufdiagramme, → Arbeitsablaufpläne.

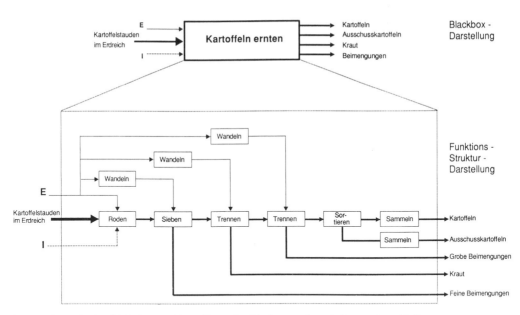

Abb. 6.4 Blackbox und Funktionsstruktur (nach Pahl/Beitz)

Literatur

Blass, E.: Entwicklung verfahrenstechnischer Prozesse – *Grob, R.; Haffner, H.:* Planungsleitlinien Arbeitsstrukturierung – *Pahl, G.; Beitz, W.:* Konstruktionslehre – *REFA:* (1) Methodenlehre des Arbeitsstudiums, Teil 2 (Datenermittlung), (2) Methodenlehre der Organisation, Teil 2 (Ablauforganisation) – *Schmidt, G.:* Methode und Technik der Organisation.

Ablaufdiagramme

A., auch graphische Ablauf-Darstellungen, sind eine Darstellungsform (→ Darstellungs-Techniken) für die Ergebnisse von Ablauf-Analysen.

A. basieren auf Symbolen der Graphentheorie (→ Graph). Die Tätigkeiten oder Zustände werden üblicherweise als Knoten, Rhomben oder Rechtecke dargestellt. Ihre Abfolge wird meist durch Pfeile symbolisiert.

Je nach Objekt der Ablaufanalyse und nach Darstellungszweck werden unterschiedliche A. verwendet (s. nachstehende Tabelle).

Für spezielle Gebiete wie z.B. Datenflußpläne in der Informatik (DIN 44300), Fließbilder in der Mess-, Steuer- und Regelungs-Technik (DIN 19227) und in der Verfahrenstechnik (DIN 28004), Materialflußpläne in der Logistik wird eine mehr oder weniger ausgefeilte Symbolik vorgeschlagen bzw. ist genormt.

A. im Informations-Bereich werden auch als Beleg- oder Formular-Ablaufpläne bezeichnet → Arbeitsablaufpläne, → Blockschaltbilder.

Darstellungs-Objekte \ Ablauf-Diagramme	Blockschalt-Bilder *	Harmono-gramme 3)	Fließ-bilder 1)	Fluß-Diagramme *	Sanky-Diagramme 2)	Kommunikations-Diagramme 4)	Datenfluß-Pläne 5)	Balken-Diagramme *	Netz-Pläne *	Kreis-Diagramme 6)
Arbeitsabläufe										
- menschliche Arbeitsabl.	X	X						X	X	
- A. in Mensch-Maschine-Systemen	X	X						X	X	
Verfahrenstechnische Prozesse	X		X							
Mengen-Flüsse										
- Material-Flüsse				X	X	X				X
- Energie-Flüsse					X					
Datenflüsse						X	X			X
Projekt-Abläufe								X	X	

Legende

* eigenes Stichwort in der Enzyklopädie
1, 2) siehe Fluß-Diagramme
3, 4, 5, 6) siehe Darstellungs-Techniken

Darstellungsmethoden und ihre Verwendung

Abläufe als Folgen von Tätigkeiten, Zuständen, Bearbeitungssituationen u.ä. in Funktion der Zeit werden mit linearen A. dargestellt (s. Abb. 6.6). Dynamische Zusammenhänge mit wiederholtem vollem oder teilweisem Durchlaufen der Prozesse werden durch zyklische A. dargestellt (s. Abb. 6.7). Aussagen über das Verhalten in Funktion der Zeit können in diesen Fällen nicht dargestellt werden.

Die Elemente der Abläufe können in einfacher Folge untereinander verknüpft sein, sich verzweigen und alternativ oder parallel verlaufen (Oder- bzw. Und-Teilung), sich vereinigen und weiterführen und/oder rückgekoppelt sein (Abb. 6.5).

2. Enzyklopädie/Glossarium

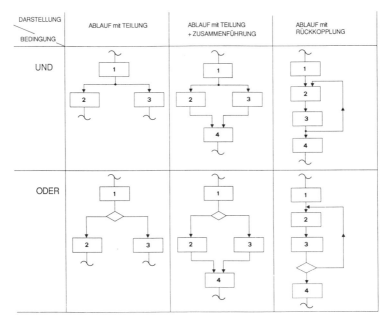

Abb. 6.5   Teilungs-, Zusammenführungs- und Rückkopplungs-Darstellungen in Ablaufdiagrammen

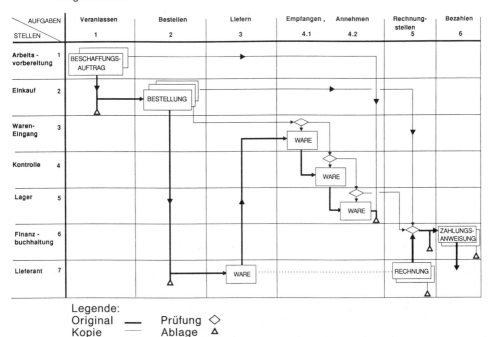

Abb. 6.6   Abwicklung von Bestellvorgängen (Lineares Ablaufdiagramm)

Teil VI: Techniken und Hilfsmittel

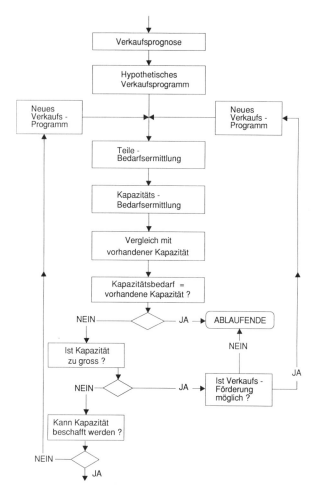

Abb. 6.7   Abstimmungsvorgang von Verkaufsprogramm und Produktionskapazität
(Zyklisches Ablaufdiagramm)

Literatur

Blum, E.: Betriebsorganisation, Methoden und Techniken – *Buschhardt, D.:* Blockschaltbilder zur Darstellung betriebsorganisatorischer Systeme – *Grob, R.; Haffner, H.:* Planungsleitlinien Arbeitsstrukturierung – *Jordt, A.; Gscheidle, K.:* Ist-Aufnahme und Analyse von Arbeitsabläufen – *Joschke, H.K.:* Darstellungstechniken – *Nordsiek, F.:* (1) Die schaubildliche Erfassung und Untersuchung der Betriebsorganisation, (2) Betriebsorganisation, Lehre und Technik – *REFA:* Methodenlehre der Organisation in Verwaltung und Dienstleistung, Teil 2 (Ablauforganisation) – *Schmidt, G.:* Methode und Technik der Organisation.

Analogiemethode

Unter Analogie wird die erkennbare Ähnlichkeit in Form, Eigenschaft oder Funktion zweier Phänomene (Gegenstände oder Abläufe) verstanden. Die Analogie liegt zwischen Identität (vollständige Gleichheit) und Diversität (vollständige Verschiedenheit).

Beim Analogieschluß wird aufgrund einer offenbaren Ähnlichkeit von einigen Teilen (Form, Eigenschaft, Funktion) zweier Phänomene auf Ähnlichkeit auch bei anderen noch unbekannten Teilen geschlossen. Die bewußte Anwendung dieses Vorgehens bei der Suche nach Lösungen (s. Abb. 6.8) wird als Analogiemethode bezeichnet. Sie gehört zu den intuitiv-kreativen → Kreativitätstechniken (im engeren Sinne).

Die Bionik sucht Lösungen von technischen Problemen durch Untersuchung von Vorbildern in der Natur und deren Nachbildung zu finden. Die → Synektik versucht durch verfremdende Analogiebildung die Lösungssuche-Intensität zu steigern.

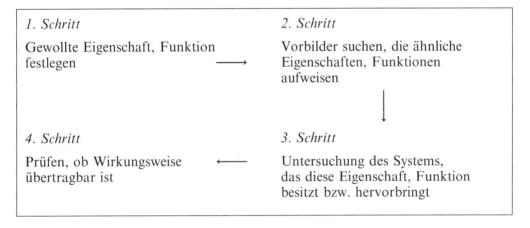

Abb. 6.8 Anwendung der Analogiemethode

Literatur

→ Kreativitätstechniken

Analysetechniken

Mit A. werden mentale Instrumente zur Zergliederung und Untersuchung von Sachverhalten (Strukturen, Beziehungen, Abläufe) bestehender und geplanter Systeme bezeichnet.

Es handelt sich dabei um Input-Output-Betrachtungen, Beziehungs- und Ursache-Wirkungs-Untersuchungen, Vorgangsfolgen-Ermittlungen, Systemgrenzen-Abschätzungen, System-Aufteilungen und -Hierarchisierungen, Elementanordnungs-Feststellungen, Eintretenswahrscheinlichkeits-Ermittlungen, Plausbilitäts-Prüfungen, Destruktions-Tests, Simulationen etc.

A. werden meist entsprechend dem Aspekt, für dessen Untersuchung sie verwendet werden, bezeichnet – z. B. als Struktur-, Funktions-, Wirkungs-, Spezifikationserfüllungs-, Verträglichkeits-, Akzeptanz-, Umweltkonformitäts-, Konstistenz-, Kompatibilitäts-, Input-Output-, Ausfall- und Versagens-Analysen.

Sie konkurrieren damit häufig begrifflich mit dem eigentlichen Analyse-Vorgang, im Rahmen dessen sie eingesetzt werden.

→ Ablauf-, → Zuverlässigkeits-, → Sicherheits-, → Risiko-, → Katastrophen-Analyse.

Wegen der häufig notwendigen Ausdehnung der Untersuchungen auf die Ursachenermittlung ist als Begriff eigentlich der Name Diagnosetechniken für die verwendeten Instrumente angebracht. Im Sprachgebrauch der Technik- und Wirtschafts-Wissenschaften wird aber der Begriff Analyse in der Regel nicht nur für die Untersuchung dessen, was an Sachverhalten und Systemen offenbar und erkennbar ist oder gedanklich so erscheint, verwendet, sondern auch für die Untersuchung der Ursachen, d.h. für eine diagnostische Tätigkeit (s. Abschnitt II/2.1.1 und 2.1.2).

Literatur

Spiller, K.; Staudt, E.: Diagnose-Techniken und -systeme – *Töpfer, A.:* Analyse-Techniken.

Arbeitsablaufpläne

Arbeitsablaufpläne dienen der Darstellung der Ergebnisse von Arbeitsablauf-Analysen.

Gegenstand von Arbeitsablaufanalysen sind Zergliederungen von Gesamttätigkeiten über Arbeitsvorgänge bis in Arbeitselemente und Untersuchungen des räumlichen und zeitlichen Zusammenwirkens von Menschen, Betriebsmitteln und Arbeitsgegenständen. → Ablaufanalysen.

Bei Fertigungsprozessen werden die Analysen (Operationspläne) aus den Stücklisten abgeleitet, bei organisatorischen Abläufen aus groben Aufgaben-Beschreibungen.

A. in Form von Arbeitslaufkarten begleiten Teile durch die Fertigung von einer zur nächsten Bearbeitungstelle.

A. für Formular- oder Beleg-Bearbeitung werden auch als Formular- oder Belegablaufpläne bezeichnet.

Arbeitsablauf-Beschreibungen sind A. in überwiegend verbaler Form, Arbeitsablauf-Listen besitzen einen matrixähnlichen Aufbau (→ Zuordnungsstruktur), und mit Arbeitsablauf-Diagrammen werden A. mit überwiegender Symbolverwendung bezeichnet → Ablaufdiagramme.

Literatur

REFA: (1) Methodenlehre des Arbeitsstudiums, Teil 2 (Datenermittlung), (2) Methodenlehre der Organisation, Teil 2 (Ablauforganisation) – *Schmidt, G.:* Methode und

2. Enzyklopädie/Glossarium

Technik der Organisation – *Grob, R.; Haffner, H.*: Planungsleitlinien Arbeitsstrukturierung – *Jordt, A.; Gscheidle, K.*: Istaufnahme und Analyse von Arbeitsabläufen.

Attribute Listing

A. ist eine analytisch-systematische → Kreativitätstechnik, mit der – ausgehend von den Eigenschaften, Funktionen und Wirkungen (Merkmalen) einer bestehenden oder einer gefundenen Lösung – für jedes Merkmal weitere Ausprägungen gesucht werden können. Sie ähnelt dem morphologischen Schema, hat ihren Anwendungsschwerpunkt jedoch in der Melioration. Das Finden zweckmäßiger, weiterer Ausprägungen kann durch Hinweise auf die Suchrichtung angeregt werden (s. Abb. 6.9).

Attribut, Merkmal	Derzeitige Gestaltung	Erwünschte Eigenschaften	Mögliche Gestaltung
Gestaltungs-Ziel	herstellungsgerecht	kabelmontage-gerecht, d. h. Fixierbarkeit der Stifte im Gehäuse während Verbindung der Gehäuseteile	Steckergehäuse mit fixierbaren oder festen Stiften, Abdeckkappe über Kabel-Stifte-Verbindungsfeld
Bestandteile	2 gleiche Gehäusehälften 2 gleiche Kontaktstifte mit Schrauben 1 2-teilige Kabelzug-Sicherungsschelle mit 2 Schrauben 1 Verbindungs-Schraube mit Sechskantmutter	weniger Teile	Kabelzug-Sicherung durch Quetschen des Kabels oder Verschlaufen der Drähte ersetzen
Material	Gehäusematerial: Bakelit Stifte + Schrauben: Messing Schelle: Verzinktes Stahlblech	Gehäusematerial: - bruchfest - einfach recyclierbar - einfach und billig einfärbbar (alle Kabel- und Gerätefarben)	Gehäusematerial: Thermoplast
Sicherheit	Kein Berührungsschutz beim Ziehen des Steckers aus der Dose	Berührungsschutz	Plastikstifte mit Messingkappe, Drahtseele und Schraubfixierung für Kabeldrähte

Abb. 6.9 Melioration eines Elektrokabel-Steckers (Suche nach Ausprägungen zur Erfüllung der erwünschten Eigenschaften durch «Attribute Listing»)

Literatur
→ Kreativitätstechniken

Balkendiagramm (Gantt-Chart)

Hilfsmittel zur Darstellung der Laufzeit und der zeitlichen Anordnung von Vorgängen in einem Projekt (siehe Abb. 6.10).
Die Dauer des Vorgangs wird dabei über einer Zeitachse in Form eines Balkens aufgezeichnet.

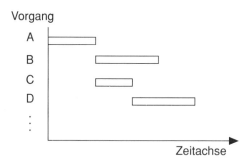

Abb. 6.10 Prinzip des Balkendiagramms

Verwendung:

Balkendiagramme eignen sich für kleinere Vorhaben mit geringer Anzahl von Vorgängen und ohne komplizierte Verknüpfungen. Sie können automatisch aus Netzplänen (→ Netzplantechnik) erstellt werden; das Umgekehrte ist nicht möglich.

Die *Vorteile* des Balkendigramms sind:

- Es setzt keine methodischen Kenntnisse voraus,
- einfach in der Erstellung,
- sehr übersichtlich,
- Planungstafeln können zu Hilfe genommen werden.

Die *Nachteile* sind:

- Die Verflechtung, d.h. die gegenseitigen Abhängigkeiten der Vorgänge sind aus der Darstellung nicht unmittelbar erkennbar.
- Die Terminrechnung ist erschwert, sie erfordert eine ständige Berücksichtigung der Abhängigkeit von Vorgängen.

Literatur

→ Netzplantechnik

Beeinflussungsmatrix → Wirkungsnetze/Beeinflussungsmatrix

Befragungstechniken

Befragungen sind in mündlicher (→ Interview) oder schriftlicher (→ Fragebogen) Form möglich. Eine regelmäßig wiederkehrende Befragung eines festen Personen- oder Institutionen-Kreises wird als → Panelbefragung bezeichnet.

Befragungen bergen das Risiko in sich, daß die Auskunftspersonen ihre Aussagen bewußt oder unbewußt verfärben. Diese Gefahr versucht man mit Techniken der Beobachtung zu umgehen (→ Beobachtungstechniken).

Befragungen können als Vollerhebung bei allen relevanten Personen oder Institutionen oder als Stichproben erfolgen. Vollerhebungen sind aufwendig; bei Stichproben ist auf eine *zufällige* Auswahl der zu Befragenden zu achten.

Beobachtungstechniken

Die Erfassung von Zuständen, Abläufen, Verhalten etc. durch Augenschein wird durch Techniken wie Teilnehmende Beobachtung, Arbeitsanalysen, → Multimomentaufnahmen und Selbstaufschreibung unterstützt.

Bei der *Teilnehmenden Beobachtung* versucht der Beobachter, das Problem dadurch zu erkennen, daß er sich in die bestehende Situation hineinbegibt und mitarbeitet.

Arbeitsanalysen eignen sich für Beobachtung und Dokumentation des detaillierten Umfanges und Ablaufs von Tätigkeiten. Es geht um eine sinngemässe Anwendung der Aufnahmetechnik, die aus der Arbeitswissenschaft bekannt ist (→ Arbeitsablaufanalysen).

Personen, die in ihrem Tätigkeitsbereich gewisse Begebenheiten festhalten, nehmen *Selbstaufschreibungen* vor. Dabei besteht, ähnlich wie bei Befragungen, die Gefahr der bewußten oder unbewußten Täuschung.

Literatur:

REFA: Methodenlehre des Arbeitsstudiums, Teil 2 (Datenermittlung)

Bewertungstechniken

B. sind formalisierte Verfahren, um Handlungs- und Lösungsvarianten bezüglich der Erfüllung der Ziele in der Reihenfolge ihrer Vorzugswürdigkeit zu ordnen. Damit wird die Ausgangsbasis für die Entscheidung geschaffen. Dazu werden jene Merkmale der Varianten (Zweckerfolg und Mitteleinsatz, Vor- und Nachteile, Leistung bzw. Nutzen und Kosten) bewertet, die für die Entscheidung maßgebend sein sollen, mit denen sich also eine Reihung der Varianten erreichen läßt. Dieser Merkmale werden als Bewertungskriterien bezeichnet.

Teil VI: Techniken und Hilfsmittel 442

Die Formalisierung der Bewertungsverfahren gewährleistet die
- Vergleichbarkeit der Ergebnisse der konkurrierenden Varianten und die
- Nachvollziehbarkeit des Bewertungsvorganges, z. B. bei Änderung einzelner Merkmale einer Variante bzw. des Bewertungs-Maßstabes.

Ein Bewertungsvorgang besteht aus den Einzelbewertungen der konkurrierenden Varianten, dem Vergleich der Ergebnisse und der Reihung der Varianten.

Die Bewertung einer einzelnen Variante besteht aus den beiden Schritten (siehe Abb. 6.11):
- Identifikation und Bewertung hinsichtlich der wesentlichen Merkmale einschließlich aller im Kontext der Umwelt bewertungswürdigen Auswirkungen.
- Vergleich der Ergebnisse der Merkmalsbewertung der beiden Seiten (Kosten, Leistung) und Errechnung eines Wertes zur Kennzeichnung des Ergebnisses.

Die dem ersten Schritt zugrunde liegenden theoretischen Überlegungen und die im zweiten Schritt angewandten Berechnungsweisen bzw. deren Kombinationen kennzeichnen die Bewertungstechniken.

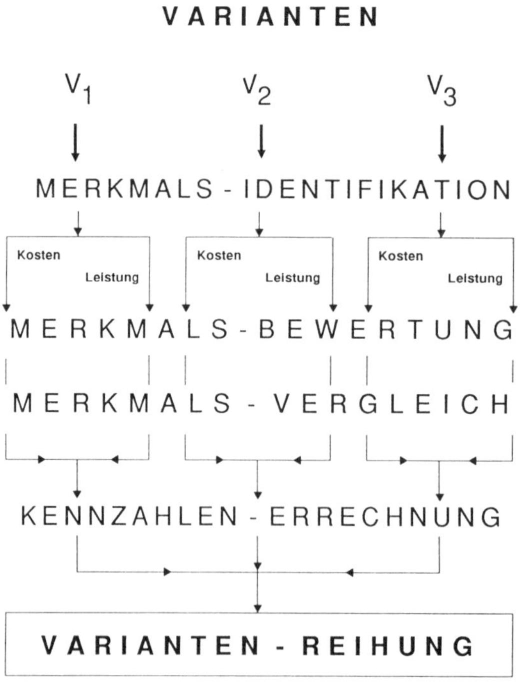

VARIANTEN

V_1 V_2 V_3

MERKMALS - IDENTIFIKATION

| Kosten | Leistung | Kosten | Leistung | Kosten | Leistung |

MERKMALS - BEWERTUNG

MERKMALS - VERGLEICH

KENNZAHLEN - ERRECHNUNG

VARIANTEN - REIHUNG

Abb. 6.11 Bewertungsvorgang

Die Bewertungstechniken können nach der Art der Meßbarkeit der Merkmale unterschieden werden:
- Bei geldwirtschaftlicher Meßbarkeit aller Merkmale und Vorliegen einzelwirtschaftlicher Vorhaben, findet die → Wirtschaftlichkeitsrechnung Anwendung.
- Vor allem die Leistungen gesamtwirtschaftlicher Vorhaben, aber auch die gesamtwirtschaftlichen Auswirkungen privatwirtschaftlicher Vorhaben (z.B. von negativen Leistungen, sog. «social cost») lassen eine direkte Messung in Geldeinheiten häufig nicht zu; zu ihrer Bewertung werden Kosten-/Nutzenrechnungen (Cost-Benefit-Analysen) eingesetzt.
- Die geldwirtschaftliche Meßbarkeit nur der Merkmale der Aufwands-(Kosten-)-Seite führt zur Anwendung der → Kosten-Wirksamkeitsanalyse.
- Bei nicht-geldwirtschaftlicher Meßbarkeit einiger oder aller Merkmale sowohl der Aufwands-(Kosten-) wie der Ertrags-(Leistungs-)Seite ermöglicht die → Nutzwertanalyse eine Bewertung.

Literatur

Pfohl, H.-Chr.; Rürup, B. (Hrsg.): Wirtschaftliche Meßprobleme – *Lembke, H.H.:* Projektbewertungsmethoden zwischen konzeptionellem Anspruch und praktischem Entscheidungsvorbereitungsbedarf.

Siehe auch Literatur zu den speziellen Bewertungstechniken:
→ Wirtschaftlichkeitsanalyse, → Kosten-/Nutzenrechnung, → Kosten-Wirksamkeitsanalyse, → Nutzwertanalyse.

Black-Box-Methode

Die Black-Box-Methode benützt einen gedanklichen Kunstgriff zur Reduktion von Komplexität. Betrachtet man ein System als Black-Box, so meint man, daß man vom inneren Aufbau des Systems abstrahiert und lediglich die Interaktionen des Systems mit der Umwelt in den Vordergrund stellt. Später kann man die Black-Box öffnen, um weiter in die Details vorzustoßen (siehe Kapitel Systemdenken, Teil I/1 sowie Abb. 6.4 in → Ablaufanalysen).

Blockschaltbilder

B., auch Block-Schemata oder -Diagramme genannt, sind vielseitig verwendbare Mittel, um Prozesse und Systeme verschiedenster Art darzustellen. Sie bestehen aus «Blöcken» (rechteckigen Feldern), die materielle Systemelemente, betriebliche Stellen, Verarbeitungsfunktionen, Aktivitäten usw. repräsentieren und durch Flüsse von Material, Energie und Information verbunden sein können (kleine Blackboxes mit In- und Outputs).

Im Bereiche der *Informations-Verarbeitung* werden die «Blöcke» häufig in einem Raster angeordnet, der z.B. eine Zuordnung von Aufgaben-Trägern oder -Quellen mit Aufgabenfolgen erlaubt (Abb. 6.12).

Für die Darstellung von Arbeitsabläufen haben sich Anordnungen von Elementen in Form von DV-Symbolen (DIN 66001) bzw. netzplanähnlichen Feldern (nach Buschhardt) in Rastern bewährt, die in der Horizontalen die Aufgaben-Träger und in der Senkrechten die Aufgaben-Folgen enthalten.

In der Anlagenplanung lassen sich B. (Abb. 6.13a) bei entsprechender Anordnung der Elemente durch eine Tabelle mit Angaben z.B. über Flächen-, Strom- und Personalbedarf (Abb. 6.13b) ergänzen oder zu Auslastungs-Diagrammen erweitern.

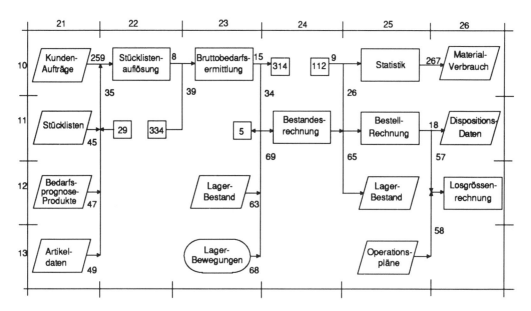

Abb. 6.12 Abläufe im System Materialbewirtschaftung als Blockschaltbild (nach Büchel/Jäger)

2. Enzyklopädie/Glossarium

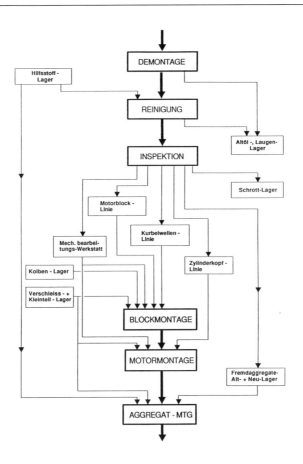

Abb. 6.13a Blockschaltbild eines Instandsetzungs-Prozesses. Bedarfsangaben etc. für die einzelnen Positionen s. Abb. 6.13b

Pos.-Nr.	Arbeitsplätze				Bereit-stellung	Trspt.-wege	Medien - Anschlüsse				Bemerkungen
	Masch.		Hand.								
	Zahl	m2	Zahl	m2	m2	m2	Strom	D'luft	H'wasser	A'wasser	

Abb. 6.13b Tabelle für Angaben zu den Einzelpositionen des Prozesses im Blockschaltbild in Abb. 6.13a

Literatur

Aggteleky, B.: Fabrikplanung, Bd. 2 – *Blum, E.:* Betriebsorganisation, – *Buschhardt, D.:* Blockschaltbilder zur Darstellung betriebsorganisatorischer Systeme – *Jäger, H.:* Darstellungs-Techniken für EDV-Informations-Systeme.

Brainstorming

Mit B. wird eine → Kreativitätstechnik zur Erhöhung der Lösungssuchaktivität bezeichnet, bei der eine Gruppe von 5 bis max. 10 Personen in einer Art Konferenz Lösungsideen intuitiv und assoziativ zu finden sucht auf Fragestellungen wie: «Was kann getan werden, um ...?» oder «Wie kann man ... verbessern?».

Das B. wurde in den 40er Jahren vom Amerikaner A.F. Osborn mit dem Ziel entwickelt, den Strom der Ideenerzeugung in einer Problemlösungskonferenz durch Trennung von der sofortigen Diskussion der Tauglichkeit der jeweiligen Ideen ungehinderter fließen zu lassen und damit produktiver und effizienter zu machen.

Diesem Zweck dienen neben der Trennung von Ideenerzeugung und Beurteilung folgende Regeln:

– Die Voten der Teilnehmer werden für alle sichtbar festgehalten (Wandtafel, Flipchart-Blätter, Hellraumprojektor-Folien), gelegentlich zusätzlich noch auf Tonträger aufgezeichnet.
– Die Aufnahme bereits geäußerter Ideen zwecks Fortentwicklung, Verfremdung, Variierung ist erwünscht.
– Die Äußerung von Killerphrasen während des eigentlichen B. ist unstatthaft.
– Diskussion, Herausfinden des rationalen Kerns der Lösungen und Bewertung erfolgen in einer separaten anschließenden Auswertungs-Runde.

Daneben ist der Ideenerzeugung freier Lauf zu lassen, was durch Mitwirkung problem-unbelasteter Teilnehmer und durch die Aufhebung hierarchischer Barrieren gefördert wird.

Spontaneität und Fülle des Ideenstromes steigen, wenn den Teilnehmern bekannt ist, daß neben Ideenqualität vor allem die Quantität ausschlaggebend für den Erfolg eines B. ist. Die Wahrscheinlichkeit, genügend gute Ideen zu finden, wird durch eine grössere Ideenzahl erhöht.

Die Diskussion der Ergebnisse und ihre Bewertung kann auch unter Zuzug von Fachleuten erfolgen, die am eigentlichen B. nicht teilgenommen haben.

Abwicklungsempfehlungen

- Die Teilnehmerzahl sollte 10 Personen nicht überschreiten.
- Die Dauer der Konferenz wird vorher festgelegt und soll i.d.R. 40 Minuten nicht überschreiten; der Moderator kann die Dauer aber auch dem Ideenstrom anpassen.

Die Ergebnisse der Auswertungsrunde müssen anschließend übersichtlich und allgemein verständlich dargestellt werden. Um verborgene Unklarheiten zu beseitigen, sollte das Protokoll von den Teilnehmern gemeinsam durchgesprochen werden. Dabei können auch noch Streichungen und Ergänzungen angebracht werden. Zur Darstellung der Ergebnisse eignen sich photographische Aufnahmen. Eine Tafel im Format A0 ist über ein 10×13-cm-Photo auf A4 vergrössert gut lesbar dokumentiert.

Das B. eignet sich grundsätzlich für alle Schritte des Problemlösungszyklus, insbesondere jedoch für die Erarbeitung des «Rohmaterials» für die Zielsetzung und zur Erzeugung von Ideen während der Synthese-Analyse.

Literatur

Osborn, A.F.: Applied imagination – *Clark, Ch.:* Brainstorming.

→ Kreativitätstechniken

Branch and Bound

Bei einer Reihe von Optimierungsproblemen (→ Operations Research) in der Praxis können die Variablen nur entweder als Ganze angenommen (1) oder als Ganze zurückgewiesen (0) werden.

Dazu ein Beispiel:

Investitionsproblem: Gegeben ist eine bestimmte Summe von Investitionskapital, eine Anzahl von Investitionsprojekten und die Rendite jedes Projektes. Da die einzelnen Investitionsprojekte nur entweder durchgeführt werden können (1) oder nicht (0) (die Finanzierung eines Teils eines Projektes ist also nicht möglich), ist jene Kombination von Projekten gesucht, die ohne die Kapitallimite zu überschreiten, die größte *Rendite* abwirft.

Bei vielen derartigen Problemstellungen ist nämlich die Zahl aller möglichen Lösungen so groß, daß es vom Rechenaufwand her absolut unträgbar ist, alle Lösungsvarianten durchzurechnen. Mit Branch and Bound wird versucht, die Zahl der zu untersuchenden Varianten bei der Ermittlung der optimalen Lösung zu reduzieren.

Die Grundidee besteht darin, die Gesamtheit der Lösungen stufenweise in Teilmengen aufzuspalten. Der Entscheid, auf welchem Ast (Branch) man die Lösung verfolgen soll, wird aufgrund der Schrankenfunktion getroffen, deren Wert für jeden Knoten ermittelt werden kann und als Schranke (Bound) bezeichnet wird. Die Schrankenfunktion gibt an, welchen Wert die Zielfunktion auf dem betroffenen Ast erreichen kann. Jedesmal, wenn eine zulässige Lösung gefunden ist, können sämtliche Äste des Baumes abgestrichen werden, deren Schranken – im Falle eines Maximierungsproblems – unter jener der gefundenen Lösung liegen. Die optimale Lösung ist gefunden, wenn die errechneten Schranken auf sämtlichen inaktiv gebliebenen Knoten gleich hoch oder niedriger liegen als bei der zuletzt gefundenen Lösung.

Es handelt sich also um eine sogenannte «Null-Eins-Programmierung». Sie ist an sich nur ein Spezialfall der ganzzahligen → linearen Optimierung. Die Spezialisierung des Problems hat aber zur Entwicklung spezieller Lösungsmethoden geführt, welche die Optimallösung mit reduziertem Rechenaufwand ermitteln.

Zur Illustration des Vorgangs dient das folgende (durchgerechnete) Beispiel:

Ein Pensionierter sucht eine Teilzeitbeschäftigung. Es stehen sechs Möglichkeiten, die auch kombiniert werden können, zur Diskussion (s. Abb. 6.14):

Mögliche Tätigkeiten	(Variable)	Stunden (Woche)	Wochenverdienst DM/Fr.
Zeitungen austragen	ZA	8	40.–
Parkwächter	PW	9	63.–
Aushilfsportier	AP	12	78.–
Gartenarbeiten	GA	4	20.–
Gerätewart bei der Feuerwehr	GF	6	18.–

Abb. 6.14 Angebot an Arbeitsplätzen

Gesucht ist der maximale Wochenverdienst, wenn obenstehende Tätigkeiten in Frage kommen, insgesamt aber maximal 19 Std. pro Woche gearbeitet werden kann.

Wichtig: Die Tätigkeiten können nur als *Ganzes* entweder angenommen oder verweigert werden. Sie sind also nicht teilbar.

Der binäre → Entscheidungsbaum (siehe Abb. 6.15) (→ Entscheidungstheorie), der zu diesem Problem gezeichnet werden kann, hat alle möglichen Lösungen ($2^5 = 32$) auf der Ebene 5. Die Ausgangsgrößen sind:

Maximal möglicher Gesamtverdienst (G)

$$G = 40 + 63 + 78 + 20 + 18 = 219 \text{ (Zielfunktion) [Fr.]}$$
$$\text{Maximale mögliche Stundenzahl } N = 19 \text{ (Restriktion) [Std.]}$$

2. Enzyklopädie/Glossarium

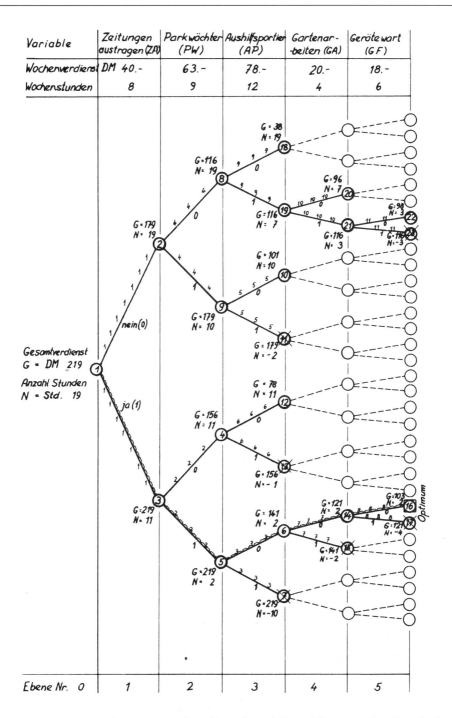

Abb. 6.15 Aufbau und Auswertung des «Branch-and-Bound-Baumes des Pensioniertenproblems»

Gemäß dem oben beschriebenen Verfahren kann die Verfolgung eines Astes immer dort fortgesetzt werden, wo der noch mögliche Gesamtverdienst am höchsten ist und die Restriktion N > 0 nicht verletzt wird. Die Numerierung der Knoten in Abb. 6.15 entspricht der Reihenfolge der Abarbeitung des Branch-and-Bound-Baumes:
Die optimale Lösung lautet:

- Zeitungen austragen: ja (1)   [Ertrag Fr. 40.–]
- Parkwächter: ja (1)   [Ertrag Fr. 63.–]
- Aushilfsportier: nein (0) [Ertrag Fr. 0.–]
- Gartenarbeiten: nein (0) [Ertrag Fr. 0.–]
- Gerätewart: nein (0) [Ertrag Fr. 0.–]

• Gesamtverdienst: Fr. 103.–/Woche
• Anzahl zu leistende
  Stunden: 17 Std./Woche (Reserve 2 Std./Woche)

Die Problematik des Pensionierten ist unschwer auf ein viel aktuelleres Problem, nämlich der Maschinenbelegung, zu projizieren:
Auf einer Anzahl Maschinen müssen verschiedene Aufträge durchgeführt werden. Das Problem besteht nun darin, einen *Maschinenbelegungsplan* aufzustellen, der den Ablauf des Produktionsprozesses, das heißt die Reihenfolge der Bearbeitung der *nicht aufteilbaren* Aufträge (also «0» oder «1» Aufträge), so festlegt, daß die gesamte Produktionszeit minimiert wird.

Literatur

Weinberg, F. (Hrsg.): Einführung in die Methode Branch and Bound – *Becker, M.:* Planen und Entscheiden mit Operations Research – *Johnson, K.L.:* Operations Research – *Ackoff, R.L.; Sasieni, M.:* Fundamentals of Operations Research – *Hillier, F.S.; Liebermann, G.L.:* Introduction to Operations Research – *Müller-Merbach, H.:* Operations Research – *Müller-Merbach, H.:* Optimale Reihenfolgen.

Checklisten

Mit Ch. im ursprünglichen Sinne werden Auflistungen von Aktivitäten bezeichnet, die für die Erledigung von Aufgaben oder die Abwicklung von Vorhaben erforderlich sind. Die Auflistung soll sicherstellen, daß keine (wichtigen) Aktivitäten ausgelassen werden bzw. die Prüfung aller wichtigen Funktionen vorgenommen (ge-checkt) wird (Prüflisten).
Checklisten können Standard-Charakter haben, d.h. für die Steuerung von Routinevorhaben verwendet (z.B. Checklisten für den Flugzeugstart, für die Inbetriebsetzung einer Anlage), oder auch speziell für ein einmaliges Vorhaben entwickelt werden. Im letzteren Fall werden sie im Zuge der Projektplanung (Abschnitt III, 1.2.1) erarbeitet und dienen als Instrument der Projektsteuerung. Sie können dabei Netzpläne (→ Netzplantechnik) oder → Balkendiagramme ersetzen bzw. ergänzen. Dies trifft insbesondere dann zu,

- wenn der Handlungsablauf linear ist, die Tätigkeiten also zwangsläufig hintereinander ablaufen müssen und die aufwendige Netzplanverwendung deshalb überflüssig ist;

2. Enzyklopädie/Glossarium

– wenn die Reihenfolge nicht zwangsläufig festliegt, sondern in gewissen Grenzen beliebig ist. In solchen Fällen ist es vielfach zweckmäßig, nur einige Sammelvorgänge (Vorgangsgruppen) zu definieren, zwischen denen logische Anordnungsbeziehungen bestehen oder ohne «Gewaltanwendung» hergestellt werden können, und diese in Form eines einfachen Netzplans oder Balkendiagramms darzustellen. Die konkreten Einzelaktivitäten innerhalb dieser Sammelvorgänge werden dann in Form von Checklisten angegeben.

In allen bisher erwähnten Fällen haben Checklisten *Muß-Charakter,* da alle darin aufgeführten Positionen abgearbeitet werden müssen.

Checklisten mit *Kann-Charakter* haben den Zweck, über das heuristische Prinzip des gezielten Fragens Denkprozesse und Intuition anzuregen. Dabei handelt es sich um umfassende Aufzählungen von Einzelaspekten, die für bestimmte Problemkreise von Bedeutung sein können. Das «Abchecken» derartiger Listen soll Ideen und Anregungen für mögliche Einflußfaktoren auf ein konkretes Problem, für Ziele und Bewertungskriterien, Lösungsansätze, Planungs- und Ausführungstätigkeiten u.ä. erzeugen bzw. geben.

Kann-Checklisten sollen problemspezifisch sein. Sie können z.B. durch → Brainstorming erarbeitet und im Verlaufe der Bearbeitung sukzessive ergänzt werden.

Mit zunehmender Anzahl vergleichbarer realisierter Objekte werden die Checklisten sukzessive erweitert und damit der gespeicherte Erfahrungsschatz größer.

Damit wachsen aber das Interpretationsbedürfnis für einzelne Stichwörter und die Anzahl der in einem bestimmten Problemzusammenhang irrelevanten Ideen. Checklisten sollten daher nicht nur erweitert, sondern von Zeit zu Zeit auch von unnötigem Ballast befreit oder problemspezifisch weiter unterteilt werden.

Charakteristik von Checklisten:

– Checklisten helfen verhindern, daß Aspekte bei der Bearbeitung zu behandeln vergessen werden.
– Checklisten eignen sich besonders als Hilfsmittel bei der Bearbeitung von Routinefällen.
– Zweckmäßig entworfene Checklisten stellen einen vorzüglichen komprimierten potentiellen Informationsträger dar.
– Checklisten können Sachverstand nicht ersetzen, das Arbeiten mit ihnen bedingt Kenntnis von Sachverhalten, Problemen, Zusammenhängen und Lösungsansätzen.
– Die Komplexität von Zusammenhängen ist in Checklisten schwer darstellbar.
– Zusammenhänge können durch zweckmäßige Art der Untergliederung der Checklisten bis zu einem gewissen Grad ersichtlich bleiben.
– Checklisten lösen die Komplexität von Sachverhalten in eine Vielfalt von Einzelaspekten auf, was zu Verwirrung führen kann.
– Für die Bearbeitung häufig wechselnder komplexer Sachverhalte mit sehr unterschiedlichen Einflüssen und Auswirkungen ist die Eignung von Checklisten begrenzt.
– Checklisten können zu lateralem Denken anregen.

Literatur

Für einzelne Sachgebiete existieren Checklisten-Sammlungen, so z.B. *Rowntree, D.:* Handbuch Checklisten – *Aggteleky, B.:* Fabrikplanung – *Ulrich, H.:* Anlagenbau.

CPM (Critical Path Method)

Älteste Methode der → Netzplantechnik, die auch die größte Verbreitung im Rahmen der Projektplanung gefunden hat.

Es handelt sich um ein sogenanntes Vorgangspfeilnetz, bei dem die Vorgänge durch Pfeile und die Anordnungsbeziehungen durch Knoten (Ereignisse) dargestellt werden (siehe Abb. 6.16).

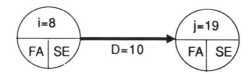

Abb. 6.16   Elemente eines CPM-Netzplanes

Für jede Tätigkeit ist von dem dafür Verantwortlichen die benötigte *Tätigkeitsdauer D* festzulegen und im Netzplan unter den die Tätigkeit symbolisierenden Pfeil zu schreiben (Abb 6.16); dabei ist zu beachten, daß für alle Tätigkeiten das gleiche Zeitmaß (Tage, Wochen) etc. zu verwenden ist.

Bei der Durchrechnung des Netzplans ergeben sich eine oder mehrere Ketten (Wege) von Tätigkeiten, die für die Zeitdauer z.B. einer Projektabwicklung bestimmend sind (kritischer Weg). Andere Tätigkeitsketten können noch Zeitreserven aufweisen. Kennzeichnend für die einzelnen Tätigkeiten sind:

- Der *früheste Anfang FA* einer Tätigkeit ist jener Zeitpunkt, an dem eine Tätigkeit frühestens beginnen kann. Er ist bedingt durch die längste Kette von Tätigkeiten, die zum Anfangsereignis dieser Tätigkeit führt.
- Das *früheste Ende FE* einer Tätigkeit, also jener Zeitpunkt, zu dem eine Tätigkeit frühestens beendet sein kann.

$$FE = FA + D$$

- Das *späteste Ende SE* ist der Zeitpunkt, zu dem eine Tätigkeit abgeschlossen sein muß, ohne den errechneten Endtermin des Gesamtprojektes zu gefährden. Dieser Zeitpunkt wird durch den längsten Weg bestimmt, der von dieser Tätigkeit bis zum Projektende führt.
- Der *späteste Anfang SA* ist der Zeitpunkt, bei dem eine Tätigkeit spätestens beginnen muß, ohne den Endtermin des Gesamtprojektes zu gefährden.

$$SA = SE - D$$

- Die *gesamte Pufferzeit GP* ist die Zeitspanne, um welche die Dauer einer Tätigkeit verlängert werden kann, ohne daß der Projekt-Endtermin gefährdet wird. Die

Beanspruchung der gesamten Pufferzeit bei einer Tätigkeit eliminiert die GP von nachfolgenden Tätigkeiten und erzeugt mindestens einen zusätzlichen kritischen Weg.

$$GP = SE - FE$$

Diejenige Tätigkeitskette, die weder freie noch gesamte Pufferzeiten aufweist, bestimmt die Projektdauer und bildet den *kritischen Weg*, wobei in bestimmten Fällen mehrere kritische Wege auftreten können. Ein einfaches Beispiel für einen derartigen Netzplan findet man in der Abb. 6.17.

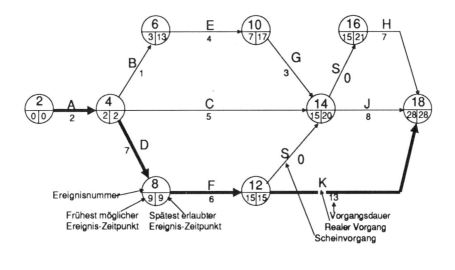

Abb. 6.17 CPM-Netzplan

Der Vorteil von CPM – gegenüber anderen Netzplanmethoden, wie z. B. → MPM – liegt vor allem darin, daß auch ein Netzplan-Laie relativ rasch imstande ist, einen CPM-Netzplan zu «lesen». Da es sich um ein Vorgangspfeilnetz handelt, bestehen nämlich hinsichtlich der Darstellung noch relativ große Ähnlichkeiten mit dem → Balkendiagramm. Daraus ist auch die große Verbreitung von CPM im Bauwesen zu erklären.

Als Nachteil (z.B. gegenüber → MPM) ist vor allem die Notwendigkeit von Scheinvorgängen zu nennen, deren richtige Verwendung dem Ungeübten bisweilen Schwierigkeiten bereitet. Scheinvorgänge sind Vorgänge mit Zeitdauer 0, die eingesetzt werden, um zwei parallele Vorgänge in eine CPM-gerechten Struktur zu bringen bzw. um Abhängigkeiten darzustellen, die nicht auf der Erledigung zusätzlicher Aktivitäten beruhen.

Ein weiterer Nachteil bei der CPM-Methode liegt in der Tatsache, daß man hier Überlagerungen zwischen Tätigkeiten nicht so bequem wie bei der → PERT-Methode darstellen kann.

Literatur

→ Netzplantechnik

Darstellungstechniken

D. sind Hilfsmittel zur Erhöhung der Aussagekraft von aufbereiteten Daten-Mengen und verbalen (mündlichen und schriftlichen) Beschreibungen. Derartige Informationen können mittels D. geordnet, zusammenhängend veranschaulicht und somit komplexe Sachverhalte verdeutlicht werden. Ihre Beurteilung wird dadurch erleichtert und die Kommunikation verbessert.

Die D. sind sehr vielfältiger Art. Sie eignen sich sowohl für die Darstellung statistischer Sachverhalte und gedanklicher Vorstellungen (Aufbaustrukturen von organisatorischen Einheiten und physischen Objekten) wie für die Darstellung solcher von dynamischer Natur (Ablaufstrukturen in Organisationen und von Material-, Energie- und Informations-Umwandlungs-Prozessen). → Ablaufdiagramme.

Sie sind im Vorgehensmodell des Systems Engineering an verschiedenen Stellen anwendbar (s. Situationsanalyse, Teil II/2.1.4; Synthese-Analyse, Teil II/2.3.5 sowie Systemdenken, Teil I/1.2).

Hinsichtlich graphischer Darstellung von Sachverhalten und gedanklichen Vorstellungen besteht großer gestalterischer Freiraum. Besonders in frühen Phasen der System- und Problembehandlung ist die Verwendung von freihändigen Darstellungen (z.B. *Bubble Charting*) zweckmäßig.

Formal werden tabellarische und graphische Darstellungstechniken unterschieden. Zusammenstellungen von Informationen in Listen und Formularen sind zwar verbale Beschreibungen, ähneln aber tabellarischen Darstellungen.

Tabellen erlauben in Spalten und Zeilen zweidimensionale Angaben. (Eine dreidimensionale Anordnung von Informationen ermöglichen z.B. Säulen durch perspektivische Gestaltung.)

Die Matrix ist eine spezielle, vielfältig anwendbare tabellarische Zuordnungsform von Informationen. Für die Darstellung von Beziehungen, Vernetzungen, Wirkungen und kausalen Zusammenhängen werden u.a. → Blackbox, → Wirkungsnetz, → Beeinflussungsmatrizen, → Funktionen-Diagramm verwendet. Die Matrix eignet sich nur für einstufige Zusammenhänge.

Beispiele für die Darstellung von Aufbaustrukturen

Durch Schaubilder in Form von Baumstrukturen kann die Zusammensetzung bzw. Aufgliederung von Objekten, Sachverhalten, Funktionen und Aufgaben dargestellt werden. *Organigramme* dienen der Veranschaulichung von aufbauorganisatorischen Sachverhalten; zur Darstellung der Strukturen von Maschinen, Infrastruktur-Systemen etc. werden → Objektstrukturpläne verwendet.

2. Enzyklopädie/Glossarium

Als *Layouts* werden Darstellungen der → Zuordnungsstrukturen z.B. in Fabriken bezeichnet.

Mit *Dreieck-* und *Kreisring-Darstellungen* können Beziehungen zwischen Systemelementen verdeutlicht werden (vgl. Abb. 6.18 und 6.19).

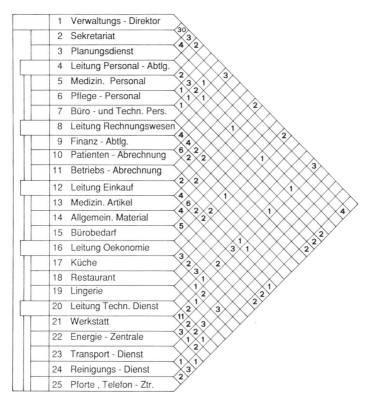

Abb. 6.18 Häufigkeit der Kommunikationsbeziehungen innerhalb einer Organisation (Kommunikations-Diagramm in Dreieck-Form) (siehe auch Abb. 2.46, Anwendung bei der Analyse der Zielrelationen)

Für skalierbare Merkmale von Systemen können neben den bekannten Darstellungsmöglichkeiten der Statistik wie Säulen- und Treppen-Darstellungen (Histogrammen), Kreissektoren auch → Polaritätsprofile verwendet werden.

Unter *Organigrammen,* auch Organisations- oder Stellenplänen, werden Darstellungen von Beziehungsgefügen von Elementen (Stellen) in Gleich-, Über- und Unter-Ordnung verstanden (hierarische Strukturen). O. existieren in vielfältiger Form, in vertikaler und horizontaler Pyramidenform, in Block-, Kreis- und Satelliten-Anordnung, in Säulen- und Terrassenform (Abb. 6.20) sowie für mehrdimensionale Strukturen in gemischter matrixartiger Anordnung (Abb. 6.21) und in sog. Tensorform (nach K. Bleicher) (vgl. Abb. 6.22).

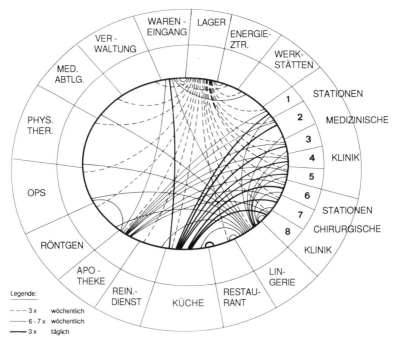

Abb. 6.19 Materialflußbeziehungen in einem Krankenhaus (Darstellung als Kreisdiagramm)

Durch unterschiedliche Gestaltung der Elemente in pyramidenförmigen Darstellungen können Hinweise auf Funktion, Besetzung, Umfang etc. der Stellen dargestellt werden.

Für die Wahl der Darstellung sind wesentliche Aspekte Platzbedarf und ggf. Teilbarkeit der Organigramme.

Beispiele für die Darstellung von Ablaufstrukturen

Ablaufstrukturen sind Abfolgen von Arbeits- und Prozeß-Elementen zur Bearbeitung und Umwandlung von Material, Energie und Informationen. Die Abläufe können in einfacher Folge untereinander verknüpft sein, sich verzweigen und alternativ oder parallel verlaufen, sich vereinigen und weiterführen und/oder rückgekoppelt sein.

Arbeitsabläufe, organisatorische Abläufe, technische Verarbeitungsprozesse und Informationsflüsse können durch Arbeitszergliederungspläne, Felddarstellungen (nach Jordt/Gscheidle), Ablaufpläne (→ Ablaufdiagramme), Folgestrukturen wie Harmonogramme (auch als graphischer Zugfahrplan verwendet) (Abb. 6.23), durch → Blockschaltbilder und → Flussdiagramme sowie → Balkendiagramme und → Netzpläne dargestellt werden.

Generell bezeichnet man die Darstellungen von Ablaufstrukturen als ...-Diagramme und ...-Bilder und nicht als ...-Analysen und ...-Pläne, wenn die Verwendung von Symbolen überwiegt.

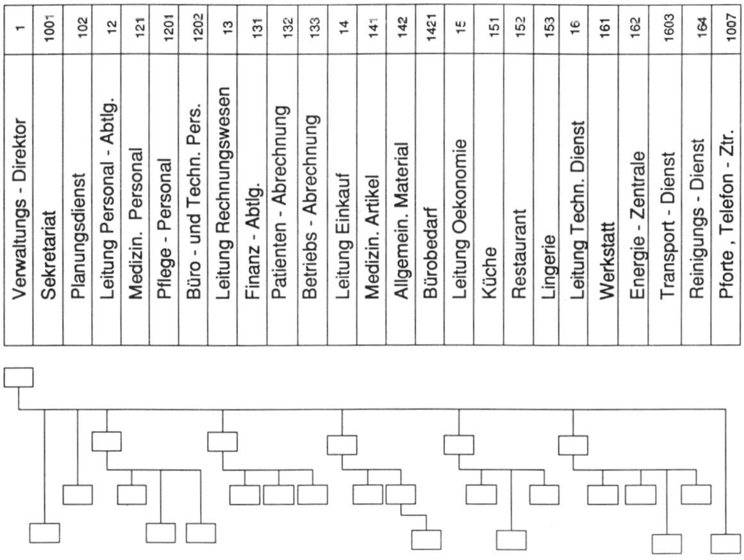

2. Enzyklopädie/Glossarium 457

1	1001	102	12	121	1201	1202	13	131	132	133	14	141	142	1421	15	151	152	153	16	161	162	1603	164	1007
Verwaltungs - Direktor	Sekretariat	Planungsdienst	Leitung Personal - Abtlg.	Medizin. Personal	Pflege - Personal	Büro - und Techn. Pers.	Leitung Rechnungswesen	Finanz - Abtlg.	Patienten - Abrechnung	Betriebs - Abrechnung	Leitung Einkauf	Medizin. Artikel	Allgemein. Material	Bürobedarf	Leitung Oekonomie	Küche	Restaurant	Lingerie	Leitung Techn. Dienst	Werkstatt	Energie - Zentrale	Transport - Dienst	Reinigungs - Dienst	Pforte, Telefon - Ztr.

Abb. 6.20 Terrassenförmige Darstellung mit Stellenbezeichnungen

Die D. für Ablaufstrukturen eignen sich in erster Linie für qualitative Aussagen; mengenmäßige Aspekte können mit → Flußdiagrammen z. B. in Form des Sankey-Diagrammes (für Energieflüsse) dargestellt werden, zeitliche Aspekte als Zeitbänder in einer Matrix aus Zeitangaben und Aktivitäten in → Balkendiagrammen sowie in Netzplänen (→ Netzplantechnik).

Teil VI: Techniken und Hilfsmittel   458

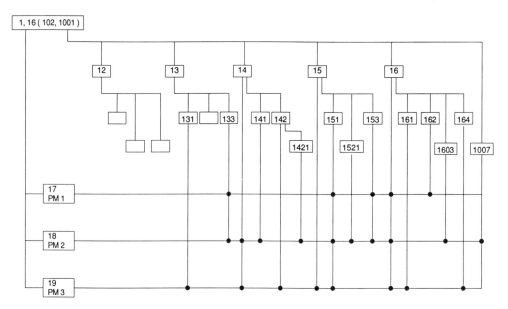

Abb. 6.21 Stellen-Gittermatrix zur Darstellung von Beziehungen bei Querschnitts-Aufgaben (Produkt- oder Projekt-Manager)

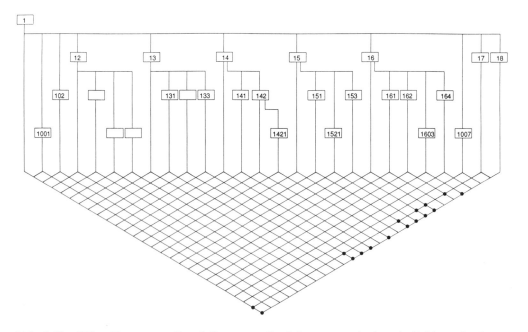

Abb. 6.22 Gitter-Tensor zur Darstellung von Beziehungen zwischen beliebigen Stellen

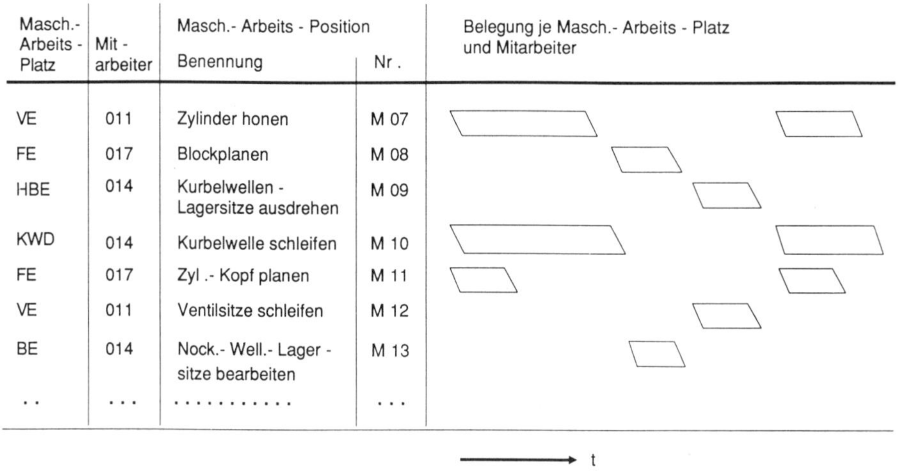

2. Enzyklopädie/Glossarium

Masch.- Arbeits- Platz	Mit- arbeiter	Masch.- Arbeits - Position		Belegung je Masch.- Arbeits - Platz und Mitarbeiter
		Benennung	Nr.	
VE	011	Zylinder honen	M 07	
FE	017	Blockplanen	M 08	
HBE	014	Kurbelwellen - Lagersitze ausdrehen	M 09	
KWD	014	Kurbelwelle schleifen	M 10	
FE	017	Zyl.- Kopf planen	M 11	
VE	011	Ventilsitze schleifen	M 12	
BE	014	Nock.- Well.- Lager - sitze bearbeiten	M 13	
..	...	....	...	

⟶ t

Abb. 6.23 Belastung in einer Instandsetzungs-Werkstatt (Darstellung im Harmonogramm)

Literatur

Blum, E.: Betriebsorganisation – *Jordt, A.; Gscheidle, K.:* (1) Ist-Aufnahme von Arbeitsabläufen, (2) Analyse von Arbeitsabläufen – *Joschke, H.K.:* Darstellungtechniken – *Nordsiek, F.:* (1) Die schaubildliche Erfassung und Untersuchung der Betriebsorganisation, (2) Betriebsorganisation, Lehre und Technik – *REFA (Hrsg.):* Methodenlehre der Organisation, Teil 2 (Ablauforganisation) – *Schmidt, G.:* Methode und Technik der Organisation.

Datenbanksysteme (Informationsdatenbanken)

Die elektronische Informationsbeschaffung über externe (öffentliche) Datenbanken stellt eine Ergänzung zur klassischen Form der indirekten Datenerhebung (→ Informationsbeschaffung) dar.

Sie ist sinnvoll, wenn spezielle Informationen z.B. für eine Situationsanalyse oder Lösungsidee benötigt werden. Externe Datenbanken sind üblicherweise auf Sachgebiete spezialisiert, wobei Wirtschaftsdatenbanken überwiegen. Weitere Hauptgebiete sind Informationen aus den Bereichen «Technik» (Maschinenbau, Elektrotechnik usw.), «Naturwissenschaft» (Chemie, Medizin, Werkstoffinformationen) sowie Sonstiges (Patente, Pressedaten). Beispielhaft lassen sich folgende typische Aufgabenstellungen anführen:

– Es sollen neue Produkte entwickelt oder vermarktet werden, die über das bisherige Leistungsspektrum hinausreichen.
– Im Rahmen einer Produkteentwicklung werden geeignete Kooperationspartner gesucht.
– Bevor die Weiterentwicklung vorhandener Produkte oder eine Neuentwicklung in Angriff genommen wird, sollen eventuell vorhandene Schutzrechte geprüft werden.

– Es soll herausgefunden werden, welche alternativen Werkstoffe zur Produktion im Betrieb verwendet werden können.

Externe Datenbanken lassen sich in folgende Kategorien gliedern:
Bei *bibliographischen* Datenbanken besteht das Informationsangebot primär aus *Referenzangaben* über wissenschaftliche Literatur; ergänzend sind Hinweise zu Patenten und Gesetzen möglich. Die Veröffentlichungen zu einem Thema werden über die Eingabe von Suchbegriffen erschlossen. Ergebnis der Informationssuche sind dann Listen, die einen Überblick über die vorhandene Literatur liefern (unter Umständen ergänzt durch kurze Zusammenfassungen des Inhaltes). Die eigentliche Literatur muß anschließend im Bedarfsfall noch beschafft werden.

Bei *numerischen* Datenbanken werden Informationen in Form von Zahlenaufstellungen zur Verfügung gestellt. Beispiele hierfür sind: Zeitreihen, Meßergebnisse, Wertpapiernotierungen (Aktienkurse), betriebliche Kennzahlen (Jahresumsatz einer Firma, Preisgestaltung) und Produktmerkmale. Es handelt sich meist um umfassendes Zahlenmaterial, das auch im eigenen Rechner unmittelbar weiterverarbeitet und ausgewertet werden kann (z.B. mit eigenen Werkzeugen der → Tabellenkalkulation oder PC-Datenbanken).

Volltextdatenbanken liefern aufgrund von Abfragen Informationen als kompletten Text. Dies können Beiträge aus Büchern, Zeitschriften, Zeitungen sowie Dokumente verschiedener Art sein (Patentdokumente, Gerichts- und Verwaltungsentscheidungen, Newsletters, Geschäftsberichte).

Unter dem Begriff *Faktendatenbanken* werden meist solche Datenbanken zusammengefaßt, die exakte Tatsachendaten liefern. Dies gilt etwa für technische Konstruktionen oder wirtschaftliche Vergleichsrechnungen durch Wiedergabe von Firmenprofilen.

Für den Zugriff auf externe Datenbanken benötigt man ein *Endgerät* (PC, Terminal o.ä.), ausgerüstet für den Anschluß ans Telefonnetz oder direkt ans Datennetz (in der Schweiz Telepac, Swissnet).

Die entsprechenden Berechtigungen (Paßwörter) vorausgesetzt, erfolgt der Zugriff entweder direkt durch Anwählen der gewünschten Datenbank oder über eine sogenannte Meta-Datenbank, die dann ihrerseits die richtige Verbindung herstellt.

Die Abfrage selbst erfolgt in einer speziellen Datenbank-Abfrage-Sprache nach verschiedenen Suchkriterien. Damit ein Benutzer nicht mehrere solcher Sprachen beherrschen muß, bieten Datenbankdienste die Möglichkeit, in der Sprache der Meta-Datenbank auf alle angeschlossenen Datenbanken zuzugreifen.

Zu den größten Anbietern von Datenbanken in der Schweiz gehört die Radio-Schweiz AG mit der Meta-Datenbank DATASTAR.

Für Benutzer ohne eigenes Endgerät (Terminal, PC) werden Datenbankabfragen von diversen Firmen und Institutionen auch als Dienstleistung angeboten.

Literatur

Knuche, W.: Umgang mit externen Datenbanken – *Becker, M., u.a.:* EDV-Wissen für Anwender – *Naisbitt, J.:* Megatrends – *Claassen, W.; Ehrmann, D.; Müller, W.; Venker, K.:* Fachwissen Datenbanken.

Delphi-Methode

Diese Prognosemethode wurde zu Beginn der Sechzigerjahre in der RAND-Corporation entwickelt. Das Ziel der Delphi-Methode besteht darin, zu möglichst zuverlässigen und weitgehend übereinstimmenden Ansichten einer Expertengruppe hinsichtlich der künftigen Entwicklung in einem bestimmten Fach- oder Problemgebiet und für einen festgelegten Zeitraum zu gelangen, wobei bewußt auf jede Art gemeinsamer Beratung verzichtet wird, um den Einfluß psychologischer Faktoren auszuschließen.

Dabei wird wie folgt vorgegangen: Die ausgewählten Experten werden mit Hilfe eines vorbereiteten Fragebogens individuell und ohne untereinander Kontakt zu haben, befragt. Anschließend werden die Ergebnisse durch den Befrager analysiert und statistisch ausgewertet. Er entscheidet auch, welche Ergebnisse der ersten Befragungsrunde den Gruppenmitgliedern vor der zweiten Runde zur Verfügung gestellt werden. In der zweiten Befragungsrunde wird eine gewisse Angleichung der Meinungen erfolgen. Auf diesem Weg gelangt man – eventuell nach mehreren Runden – zu Aussagen, die von subjektiven und extremen Meinungen weitgehend befreit sind und erhält daher Prognosen mit besserer Aussagefähigkeit und größerer Eintreffenswahrscheinlichkeit.

Die Delphi-Methode hat vor allem den Vorteil, daß es möglich ist, eine größere Anzahl von Experten in die Befragung einzubeziehen. Wesentliche Voraussetzung für den Erfolg ist allerdings eine geschickte Auswahl der Expertengruppe, eine gute Fragenformulierung und eine adäquate Informationsrückkoppelung. Ein Nachteil besteht in der meistens relativ langen Durchführungsdauer und in einer starken Abhängigkeit von der Eignung des Befragers.

Beispiele für konkrete Fragestellungen wären etwa:

- Ab welchem Zeitpunkt können zuverlässige, automatisierte medizinische Diagnosen erstellt werden?
- Ab welchem Zeitpunkt wird das elektrische Auto das Auto mit dem Verbrennungsmotor ersetzen?

Allgemein bietet die Delphi-Methode ein breites Band von Anwendungsmöglichkeiten. Bis heute wird sie vornehmlich auf folgenden Gebieten eingesetzt: technische Entwicklungen, Bevölkerungswachstum, gesellschaftspolitische Entwicklungen, Politik usw. (siehe auch → Szenario-Technik)

Literatur

Helmer, O.: Social Technology – *Tumm, W. (Hrsg.):* Die neuen Methoden der Entscheidungsfindung.

Dynamische Optimierung

Die Dynamische Optimierung (auch «Dynamische Programmierung» genannt) ist ein Verfahren des → Operations Research, das sich mit Entscheidungsproblemen befaßt, die sich in Form eines *mehrstufigen Prozesses* darstellen lassen, wobei der Entscheid jeder Stufe die Entscheidungssituation auf der nächstfolgenden Stufe beeinflußt. Die

Stufen können durch sachliche oder räumliche, insbesondere aber durch zeitliche Untergliederung entstehen.

Oft stehen wir vor Situationen, welche eine Reihe von Entscheidungen erfordern, wobei das Resultat der einen von den Resultaten der vorhergehenden Entscheidungen abhängt. In solchen Situationen ist es logisch, bei jeder Entscheidung, die wir treffen, nicht nur ihre unmittelbaren, sondern auch ihre zukünftigen Konsequenzen in Betracht zu ziehen. Mit anderen Worten: In vielen Problemen, welche mit sequentiellen Entscheidungen zu tun haben, werden wir keinen optimalen Gesamtentscheid treffen, wenn wir jeden Einzelentscheid als unabhängig betrachten und nur den Teilvorgang optimieren. Es können Situationen entstehen, in denen die Rentabilität durch Verzicht auf gewisse Verdienste beim ersten Entscheid viel größer wird durch die Verdienste, welche der zweite und die nachfolgenden Entscheide mit sich bringen werden. Die Dynamische Optimierung ist eine Technik, welche diese Situationen systematisch prüft und auswertet.

Die Hauptaufgabe der Dynamischen Optimierung lautet somit:

Ein Prozeß ist durch eine Folge von Entscheidungen über einen längeren Zeitraum hin so zu steuern, daß eine Gewinnfunktion unter Berücksichtigung der betrieblichen Einschränkungen einen maximalen Wert erreicht.

Folgendes Autoersatzproblem verdeutlicht diese Methodik. Es stellt sich hier die Frage:

In welchem Alter i (Quartale) sollte ein Auto ersetzt werden,
und wie alt sollte der Ersatzwagen sein?

Erst die Betrachtung des gesamten Lösungsraumes erlaubt eine optimale Entscheidung.

Begrenzt man das Alter der Autos auf 10 Jahre = 40 Quartale, ergeben sich als Lösungsraum 41^{40} Möglichkeiten des Vorgehens (40 mögliche Zustände = Alter des Autos mit je 41 Wahlmöglichkeiten = Behalten oder Kauf eines Autos vom Alter 1–40 Quartale). Die Ausgangsdaten lauten:

Ci: Kosten eines Autos vom Alter i
Ti: Verkaufswert eines Autos vom Alter i
Ei: Erwartete Betriebskosten vom Alter i bis Alter i + 1
Pi: Die Wahrscheinlichkeit, daß ein Auto vom Alter i das Alter i + 1 erreicht, ohne übermässige Reparaturkosten

Die Dynamische Optimierung liefert als Resultat für jeden möglichen Zustand (Alter des Autos) die optimale Entscheidungsfolge (Behalten oder Kaufen eines Autos vom Alter x) (s. Abb. 6.24).

Für Probleme, wie sie der vorliegenden Aufgabe entsprechen, bieten sich im wesentlichen zwei Ansätze an, die der Frage nach der optimalen Entscheidungsfolge zur Lösung verhelfen können:

a) Wertiterationsmethode

Diese Methode der Dynamischen Optimierung wird vorwiegend für *endliche Prozesse* (von kurzer Dauer) angewendet. Die optimale Lösung wird *schrittweise* von Intervall

Ausgangslage Alter des Autos (Quartale)	Entscheidung: behalten/ersetzen	Alter des Ersatzwagens (Quartale)
1	ersetzen	12
2	ersetzen	12
3	behalten	- -
⋮	⋮	⋮
25	behalten	- -
26	ersetzen	12
⋮	⋮	⋮
40	ersetzen	12

Abb. 6.24 Entscheidungstabelle der Dynamischen Optimierung

zu Intervall ermittelt, bis sie für den gesamten Prozeß vorhanden ist. Diese schrittweise Optimierung führt nach dem Bellmanschen Optimalitätsprinzip zum Optimum.

Das Optimalitätsprinzip von Bellmann lautet:

Eine optimale Entscheidungspolitik hat die Eigenschaft, daß – unabhängig vom Anfangszustand und der ersten Entscheidung – die Entscheidungen der folgenden Stufen eine optimale Entscheidungspolitik hinsichtlich des aus der ersten Entscheidung resultierenden Zustandes darstellen.

b) Politikiterationsmethode

Mit dieser Methode werden *unendliche Prozesse*, d.h. solche mit *unbestimmter Dauer*, behandelt. Hier erfolgt eine Annäherung an die optimale Verhaltensweise, wobei das Problem von *Anfang an in seinem ganzen Umfang* betrachtet wird. Eine zuerst aufgestellte Verhaltensweise wird iterativ verbessert, bis die optimale erreicht ist.

Die Dynamische Optimierung ist insofern eine sehr allgemeine Methode, als keinerlei einschränkende Vorschriften über die mathematische Formulierung des Systemübergangs aus dem Zustand in einer bestimmten Stufe in denjenigen der folgenden Stufe existieren. Diese Übergänge können z.B. auch nichtlinearen oder stochastischen Charakter aufweisen.

Bekannte Anwendungsgebiete sind Lagerhaltungsprobleme, Ersatzprobleme (z.B. von Großanlagen) und Probleme der Produktionsplanung. Ein sehr anschauliches Beispiel für eine Problemlösung mit dieser Methode stellt die Losgrößenrechnung in der industriellen Produktionssteuerung dar.

Dieses Verfahren wird vor allem bei der Lösungssuche im Problemlösungszyklus verwendet.

Literatur

Bellmann, R.: Dynamic Programming – *Bellmann, R.:* Dynamische Programmierung und selbstanpassende Regelprozesse – *Hadley, G.:* Nichtlineare und dynamische Programmierung – *Nemhauser, G.L.:* Introduction to Dynamic Programming – *Stahlknecht, P.:* Operations Research – *Becker, M.:* Anwendung der dynamischen Programmierung bei der Behandlung komplizierter Modelle der Produktionsplanung in der Einzel- und Serienfertigung – *Künzi, H.:* Einführungskursus in die Dynamische Programmierung

Entscheidungsbaum → Entscheidungstheorie
  → Branch and Bound

Entscheidungstabellen

Bei Entscheidungssituationen müssen im allgemeinen – in Abhängigkeit gewisser Bedingungen – bestimmte Aktionen durchgeführt werden. Bei komplexen Entscheidungssituationen ist eine verbale Beschreibung oder eine Darstellung mittels symbolischer Ablaufpläne oft unbefriedigend oder gänzlich ungenügend.

Entscheidungstabellen sind ein Hilfsmittel, um derartige Entscheidungssituationen übersichtlich, verständlich und in knapper Form darzustellen, wobei Voraussetzung ist, daß eine eindeutige Zuordnung von bestimmten Aktionen zu klar definierten Bedingungen möglich ist. Dies ist im allgemeinen nur bei Routineentscheidungen der Fall, bei denen die Aktionen – in Abhängigkeit von den Bedingungen – immer in der gleichen Weise zu treffen sind. *Entscheidungstabellen sind also übersichtliche Zusammenstellungen von Entscheidungsregeln.*

Für die allgemeine Darstellung hat sich folgende Standardform eingebürgert (siehe Abb. 6.25):

		ENTSCHEIDUNGSREGELN $R_1 \ldots R_k$
B_1 : : B_m	BEDINGUNGEN («WENN»)	BEDINGUNGSANZEIGER
A_1 : : A_n	AKTIONEN («DANN»)	AKTIONSANZEIGER

Abb. 6.25 Entscheidungstabelle (allgemein)

Am besten läßt sich die konkrete Form einer Entscheidungstabelle anhand eines einfachen Beispiels erklären. Die verbale Umschreibung der Entscheidungssituationen könnte etwa lauten: «Wenn ein aufzugebendes Fertigungslos über den Betrag von Fr./DM 10 000.– hinausgeht, muß der Disponent den Auftrag dem Chef der Materialdisposition zur Unterschrift vorlegen. Wenn bei einem Auftrag von mehr als 40 Stunden Belastungszeit ein Auftragsendtermin verlangt wird, der näher liegt als die normale Durchlaufzeit, muß – vor dessen Lancierung – mit der Feinterminplanung Rücksprache genommen werden. In allen übrigen Fällen kann der Disponent die definitive Auftragslancierung veranlassen».

Als Entscheidungstabelle läßt sich diese Situation entsprechend Abb. 6.26 darstellen.

		R_1	R_2	R_3	R_4		
1	Auftragssumme > 10 000.–	N	J	N	J	J	= Ja
2	Endtermin < Durchlaufzeit	N	N	J	J	N	= Nein
1	Unterschrift Chef Materialdisposition	–	×	–	×	×	= Aktion durchführen
2	Rücksprache Feinterminplanung	–	–	×	×	–	= Irrelevant (Verwendung auch bei Bedienungsanzeigern möglich)
3	Lancierung durch Disponenten	×	–	–	–		

Abb. 6.26 Entscheidungstabelle (Beispiel Materialdisposition)

Entscheidungstabellen, die ausschließlich die Symbole J, N, ×, – benützen, werden als «beschränkte Entscheidungstabellen» bezeichnet. Entscheidungstabellen können aber auch so aufgebaut werden, daß sie außer diesen Symbolen weitere Angaben, wie Zahlen, mathematische Formeln, verbale Formulierungen usw. enthalten. In diesem Fall spricht man von erweiterten Entscheidungstabellen.

Wenn die Entscheidungssituation sehr komplex ist, und die Anzahl Bedingungen und Aktionen daher sehr groß wird, kann auch eine Entscheidungstabelle zu unübersichtlich werden. In solchen Fällen ist es notwendig, sie in mehrere Tabellen zu zerlegen, die jeweils Teilprobleme beinhalten. Für die Verknüpfung dieser Tabellen gelten spezielle Regeln.

Beim Aufbau einer Entscheidungstabelle muß darauf geachtet werden, daß die verschiedenen Regeln

– alle Situationen erfassen,
– sich nicht widersprechen,
– keine überflüssigen Angaben enthalten,
– eingehalten werden können.

In der Computertechnik sind Entscheidungstabellen besonders beim Programmentwurf sehr nützlich, wenn komplizierte logische Voraussetzungen geprüft werden müssen, um daraus die nötigen Aktionen abzuleiten. Es gibt Übersetzungsprogramme, die Entscheidungstabellen direkt in Computersprache umwandeln. Diese werden in einer höheren Sprache (z.B. COBOL) erstellt und können selbständig oder als Teil zum Einbau in ein Programm verwendet werden. Entscheidungstabellen sind hauptsächlich in den Vorbereitungsarbeiten der Problemanalyse von Bedeutung.

Literatur

Hughes, M.L., u.a.: Decision Tables – *McDaniel, H.:* Entscheidungstabellen – *Strunz, H.:* Entscheidungstabellen und ihre Anwendung bei Systemplanung, -implementierung und -dokumentation – *Thurner, R.:* Entscheidungstabellen

Entscheidungstheorie

Die Entscheidungstheorie befaßt sich mit Situationen, in denen verschiedene Handlungsalternativen mit gewissem oder ungewissem Ausgang zur Wahl stehen.

Viele Entscheidungssituationen lassen sich in Form eines mehrstufig gestaffelten Problems darstellen. In solchen Fällen verhilft der Entscheidungsbaum – anhand einer graphischen Darstellung – dazu, einen systematischen Überblick über den ganzen Entscheidungsprozeß zu gewinnen. Dabei können die Stufen des Entscheidungsproblems zeitlich oder auch sachlich im Sinne einer logischen Reihenfolge definiert werden.

Der Entscheidungsbaum (vgl. Abbildung 6.27) ist eine spezielle Form eines → Graphen. Er besteht aus Knoten, die sequentiell Entscheidungs- und Ereignispunkte (Zufallspunkte) darstellen und aus den sie verbindenden Ästen (Kanten), die eine Entscheidungs- und Ereignisvariante symbolisieren. Von jedem Knoten geht ein Teilbaum aus, und der Entscheidungsbaum als Ganzes gibt eine vollständige Übersicht über alle Entscheidungs- und Lösungsvarianten. Jede Lösung stellt einen zusammenhängenden Streckenzug im Entscheidungsbaum bis zur untersten Stufe dar, und jeder letzte Knoten eines Astes entspricht einer Gesamtentscheidung oder Entscheidungssequenz. Ein objektiver Vergleich der verschiedenen, durch den Entscheidungsbaum dargestellten Varianten, ist erst möglich, wenn diese *bewertet* werden. Eine solche Bewertung kann sich z.B. auf Kosten, Gewinne, Zeiten, Aufwand usw. beziehen, je nachdem welche Kriterien für den Vergleich der verschiedenen Entscheidungsvarianten gewählt werden. Dadurch wird es möglich, jedem Knoten (Entscheidungs- oder Ereignispunkt) den entsprechenden *Ereigniswert* zuzuordnen. Die beste Variante wird in einem «Rekursiven Rechenverfahren» ermittelt.

Vielfach können verschiedene Ereignisvarianten, die von einem bestimmten Knoten ausgehen, bezüglich ihrer Realisierungsmöglichkeiten nur als *Wahrscheinlichkeiten* festgelegt werden. Damit ist es aber möglich, den Entscheidungsbaum auch auf Situationen anzuwenden, in denen Entscheidungen unter *Risiko* zu treffen sind, wobei die das Risiko charakterisierende Wahrscheinlichkeit mathematischer oder subjektiver Natur sein kann.

Das folgende Beispiel verdeutlicht diese Zusammenhänge:

Eine Mineralölgesellschaft steht vor der Entscheidung, ob eine Testbohrung durchgeführt werden soll, welche Hinweise über die Fündigkeit des Bodens liefert. Ausgangslage:

2. Enzyklopädie/Glossarium

- Kosten der Bohrung   500
- Kosten der Testbohrung   50
- Ertrag bei Fündigkeit   2000
- Wahrscheinlichkeit, daß Bohrung fündig   50%
- Wahrscheinlichkeit, daß ein Test positiv ist   60%
- Wahrscheinlichkeit, daß Bohrung fündig bei positivem Test   80%
- Wahrscheinlichkeit, daß Bohrung fündig bei negativem Test   10%

Dies ergibt folgenden Entscheidungsbaum:

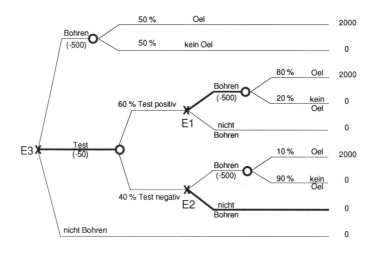

Abb. 6.27   Entscheidungsbaum: Bohren nach Öl

Mit dem «Rekursiven Rechenverfahren» werden die Erwartungswerte für die Entscheidungspunkte kalkuliert:

Entscheidungspunkt 1 (E1):
- Bohren: 0,8 × 2000 – 500 = 1100
- nicht Bohren: = 0
- → bester Ereigniswert = 1100

Entscheidungspunkt 2 (E2):
- Bohren: 0,1 × 2000 – 50 = –300
- nicht Bohren: = 0
- → bester Ereigniswert = 0

Entscheidungspunkt 3 (E3):   − Bohren: 0,5 × 2000−500 = 500
                              − Testen: 0,6 × 1100−50 = 610
                              − nicht Bohren: =   0
                              → bester Ereigniswert   = 610

Damit lautet der optimale Entscheid:
- Man führt eine Testbohrung durch. [E3]
- Ist das Testresultat positiv, wird gebohrt. [E1]
- Ist das Testresultat negativ, verzichtet man auf eine Bohrung. [E2]

In der betrieblichen Praxis stellt sich immer wieder die Frage, welchem von alternativen Entwicklungsprojekten der Vorzug zu geben sei. Gerade auf diesem Gebiet kann die Entscheidungstheorie nützliche Hilfe leisten. Abb. 6.28 zeigt einen Entscheidungsbaum für die Entwicklung von zwei Produkten. Auf Grund des Endwertes der einzelnen Äste und der verwendeten Wahrscheinlichkeiten kann der bei den beiden Projekten zu erwartende Erfolg bestimmt werden. Dasjenige Projekt, das den höheren Erfolg verspricht, wird dann in Angriff genommen. Oder es wird, was auch möglich ist, weder das eine noch das andere Projekt realisiert, da der zu erwartende Erfolg zu gering ist.

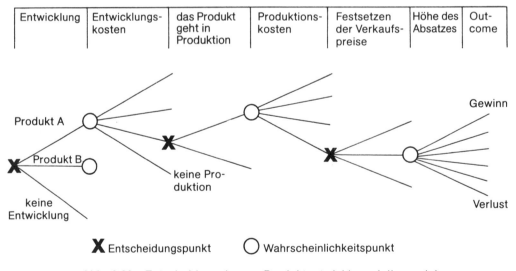

Abb. 6.28   Entscheidungsbaum: Produktentwicklung (allgemein)

Literatur

Bühlmann, H., u.a.: Einführung in die Theorie und Praxis der Entscheidung bei Unsicherheit − *Magee, J.F.:* Decision Trees for Decision Making − *Rivett, P.:* Entscheidungsmodelle in Wirtschaft und Verwaltung.

Exponentielle Glättung

Die Exponentielle Glättung ist ein Verfahren zur Erstellung von kurzfristigen → Prognosen. Der Hauptanwendungsbereich ist nicht in der Ermittlung von Planungsgrundlagen für die Systementwicklung (Innovationsprozeß) zu sehen, sondern im Rahmen der Nutzungsphase (z.B. routinemäßige Wiederholung von relativ kurzfristigen Prognosen im Produktions- oder Absatzbereich).

Da die Exponentielle Glättung als Spezialfall der Mittelwertbildung betrachtet werden kann, empfiehlt es sich, zum besseren Verständnis zuerst die dortigen Ausführungen nachzulesen.

Praktisch handelt es sich um einen gewichteten gleitenden Durchschnitt, bei dem der Betrag der Gewichtungskoeffizienten, beginnend vom jüngsten Meßwert, nach einer Exponentialfunktion abnimmt. (Anmerkung: Obwohl die Mittlungsspanne theoretisch nicht beschränkt ist, kann von einem gleitenden Mittelwert gesprochen werden, da die hohen Gewichtungsziffern gleitend auf die jeweils neuesten Meßwerte verlagert werden und der Einfluß der weit zurückliegenden Werte dadurch praktisch unbedeutend wird.)

Die Grundformel lautet:

$$\bar{x}_t = \alpha \cdot x_t + (1-\alpha) \cdot \bar{x}_{t-1}$$

x_t = Wert der Zeitreihe in Periode t

$\bar{x}_t$ = am Ende der Periode t berechneter Mittelwert dieser Zeitreihe (= Prognose für die Periode t+1)

$\bar{x}_{t-1}$ = Mittelwerte der Zeitreihe, berechnet am Ende der Periode t−1

α = Glättungsfaktor, der zwischen 0 und 1 liegt

Der Vorteil dieser Methode besteht darin, daß sie es – bei sehr geringem Speicherbedarf eines Rechners – ermöglicht, einen gewogenen gleitenden Durchschnitt zu bilden (für die Neuberechnung des Durchschnitts werden nur jeweils drei Werte benötigt).

Ein besonderes Problem ist die Wahl des Glättungskoeffizienten α. Mit dieser ist die gesamte Gewichtungsstruktur der Vergangenheit definiert. Je grösser man α wählt, desto stärkeres Gewicht wird den neuesten Ergebnissen beigemessen und desto schneller wird die Vergangenheit vernachlässigt. Das Prognosemodell reagiert in diesem Fall «sehr nervös» auf jüngste Veränderungen.

Umgekehrt erhält die weiter zurückliegende Vergangenheit um so größeres Gewicht, je kleiner α ist (träge Reaktion, Ausgleichen von nervösen Schwankungen der Zeitreihe). Praktisch bewährt haben sich α-Werte, die zwischen 0,1 und 0,3 liegen. Es gibt auch Verfahren, die eine selbsttätige α-Anpassung erlauben.

Der eben erläuterte einfach geglättete Durchschnitt *(Exponentielle Glättung 1. Ordnung)* liefert dann brauchbare Ergebnisse, wenn keine signifikanten Mittelwertsänderungen (Trend, saisonale Schwankungen) zu erwarten sind.

Treten hingegen signifikante Änderungen auf, die gegenüber den Zufallsschwankungen nicht vernachlässigt werden dürfen, so würde eine Prognose, die auf einem einfach geglätteten Durchschnitt beruht, der tatsächlichen Entwicklung der Zeitreihe immer nachlaufen. Dies gilt sowohl bei trendförmigem Verlauf der Zeitreihe (Prognose systematisch zu tief bei steigendem, zu hoch bei fallendem Trend), als auch bei signifikanten saisonalen Schwankungen. Es gibt verschiedene Ansätze, um z.B. den Trend zu kompensieren, in diesem Fall wird von einer *Exponentiellen Glättung höherer Ordnung* gesprochen. Hierzu und bezüglich des Ausgleichs von saisonalen Schwankungen sei auf die einschlägige Literatur verwiesen.

Literatur

Brown, R.G.: Smoothing, Forecasting and Prediction of Discrete Time Series – *Lewandowski, R.:* Prognose- und Informationssysteme und ihre Anwendungen – *Mertens, P.:* Prognoserechnung

Fehlerbaum

Ein F. ist ein endlicher gerichteter Graph, der aus endlich vielen Eingängen und einem Ausgang besteht (s.a. → Entscheidungsbaum; → Problemlösungsbaum). Er wird in der Fehlerbaum-Analyse (*Fault Tree Analysis* FTA), verwendet.

Mit ihm werden von einem unerwünschten Endergebnis (TOP) ausgehend über Und- bzw. Oder-Verknüpfungen von internen Ausfällen und/oder externen Einflüssen mögliche Ausfallursachen durch die Komponenten- und Elemente-Ebenen des Systems zurückverfolgt. Es werden Ursachenketten und Fehlerstammbäume entwickelt.

Die F.-Analyse steht im Gegensatz zur Verhaltensanalyse und zum Folgen-Ermittlungsvorgehen, auf denen die *Fehler-Möglichkeits- und -Einfluss-Analyse* (Failure Mode and Effects Analysis, FMEA) beruht.

F.-Analysen werden bei der Planung neuer wie bei Analyse bestehender Systeme aber auch im Versagensfall angewendet.

(Fehlerbaumsymbole [Eingänge, Nicht-, Und-, Oder-Verknüpfungen, Ausgänge] sind in DIN 25424, Teil I, erläutert.)

Fehlerbäume werden in → Sicherheits- und → Zuverlässigkeits-Analysen verwendet.

Flußdiagramme

F., auch Fließbilder oder -schemata genannt, entsprechen in ihrem grundsätzlichen Aufbau den Blockschaltbildern, zeigen jedoch auch die Mengendurchsätze.

Datenflußpläne enthalten keine Mengenangaben, sie haben Blockdiagramm-Charakter.

In der Anlagenplanung wird zwischen Blockschaltbildern und Fluß-Diagrammen in der Regel nicht unterschieden. In der Verfahrenstechnik werden mit Fließbildern schematische oder unmaßstäbliche, stark vereinfachte Darstellungen des Aufbaus von Anlagen, Verfahrensstufen oder Grundoperationen mit oder ohne Angaben über Stoff- und Energieflüsse bezeichnet (Abb. 6.29).

Energieflüsse werden durch nach dem irischen Ingenieur H.R. Sankey genannte Diagramme dargestellt (Abb. 6.30). In ihnen wird die anfangs vorhandene Energie als

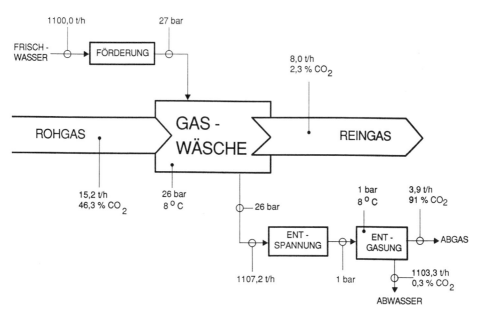

Abb. 6.29 Gas-Reinigungs-Prozeß, Darstellung als Grundfließbild (Mengenangaben nach Ullrich)

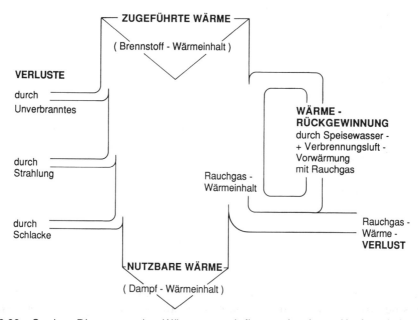

Abb. 6.30 Sankey-Diagramm des Wärmeenergieflusses in einem Kraftwerkskessel

bandförmiger Streifen gezeichnet und die während des Energieflusses nacheinander eintretenden Energieverluste und Zu- bzw. Rückführungen als Bänder seitlich ab- oder zugeführt. Die Breite der Streifen ist proportional den zu- oder abgeführten Energien. Der in der ursprünglichen Flußrichtung verbleibende Reststreifen stellt die nutzbare Energie dar.

Sankey-Diagramme werden auch für Darstellungen in anderen Bereichen verwendet, z. B. für Stoffflüsse in Prozessen für den globalen Wasserkreislauf etc.

Literatur

Koelbel, H.; Schulze, J.: Projektierung und Vorkalkulation in der chemischen Industrie – *Blass, E.:* Entwicklung verfahrenstechnischer Prozesse – *Ullrich, H.:* Anlagenbau – *Netz, H.:* Betriebstaschenbuch Wärme

Fragebogen-Technik

F. ist eine → Informationsbeschaffungstechnik, bei der mittels schriftlicher Beantwortung schriftlich gestellter Fragen versucht wird, über Sachverhalte und Probleme Äußerungen von Personen zu erhalten, deren Auffassung in einem bestimmten Zusammenhang von Bedeutung erscheint bzw. die zu bestimmenden Sachverhalten kompetent Stellung nehmen können (s.a. → Befragungstechniken).

Die Charakterisitik der Befragungstechnik mit Fragebogen entspricht jener des standardisierten Interviews (→ Interview), es gelten auch ähnliche Regeln hinsichtlich der Abwicklung und Auswertung.

Die → Delphi-Methode ist eine spezielle Form der Fragebogentechnik für die Prognose von Sachverhalten (→ Prognosetechnik).

Im Gegensatz zum Interview erfolgt die Beantwortung von Fragebögen selbständig und ohne direkte Beeinflussung. Es sind keine Interviewer erforderlich, es ist aber auch keine zusätzliche Erklärung der Fragen möglich (präzise Fragestellung erforderlich).

Die folgenden Vor- und Nachteile gelten jeweils für Fragebogen gegenüber dem Interview.

Vorteile:

– Geringer Aufwand seitens der Informationsbeschaffer während der Erhebung. Der Kreis der Informanten muß deshalb nicht aus Aufwandsgründen eingeschränkt werden.

- Momentaufnahme einer Situation ist möglich, da praktisch alle Informanten den Fragebogen gleichzeitig ausfüllen können.
- Interviewer fällt als Fehlerquelle aus.

Nachteile:

- Zuverlässigkeit geringer, da bewußtes oder unbewußtes Mißverstehen der Fragen möglich;
- wenig Spielraum für den Informanten für differenziertere Äusserungen;
- beschränkte Möglichkeiten für Erläuterung der Fragestellung;
- gemeinsames Ausfüllen durch mehrere Informanten möglich (Risiko: grössere Möglichkeiten zur Manipulation der Antworten);
- emotionale Ablehnung von Fragebogen-Aktionen;
- größerer Aufwand für den Informanten;
- Rücklaufquote meist sehr viel geringer als 100%, z.B. wegen Unverständnis, Unbehagen über Fragestellung, Zeitmangel.

Literatur

Lazarsfeld, P.F.: The art of asking «Why»

Gewichtsbemessung, Methoden der

Können als Hilfstechniken zur Gewichtung der Bewertungskriterien bei der Anwendung der → Bewertungsmethoden eingesetzt werden (siehe auch Kapitel Bewertung und Entscheidung, Teil II/2.4).

Im folgenden Abschnitt sollen einige Methoden genannt und kurz beschrieben werden:

1. Die Methode der Knotengewichtung

Diese Methode geht bei der Gewichtung der Kriterien von einer Kriterienhierarchie aus und verteilt einen vorgegebenen Gewichtsvorrat (z.B. 100) über mehrere Stufen nach einem Prinzip «Vom Gesamten zum Detail». Die Methode ist im Kapitel Bewertung und Entscheidung, Teil II/2.4, erwähnt.

Diese kann mit den anderen hier beschriebenen Methoden kombiniert werden.

2. Methoden der Präferenzordnung

Man geht von der Frage aus, wie man die Kriterien der Wichtigkeit nach ordnen müßte.

Beispiel:

Folgende Kriterien sollen für die Bewertung von Lösungsvarianten verwendet werden:

K1: Leistung
K2: Umweltverträglichkeit
K3: Kapitalbindung/Investitionsbetrag
K4: Wirtschaftlichkeit
K5: Lärmbeeinträchtigung
K6: Platzbeanspruchung

Vorgehen:

1. Schritt
Man ordnet die Kriterien entsprechend der eingeschätzten Wichtigkeit und legt z.B. folgende Reihenfolge fest:

$$K3 > K4 > K2 = K1 > K5 > K6$$

2. Schritt
Es werden Werte vergeben, die diese Ordnung zum Ausdruck bringen, z.B.:

$$K6 = 1, K5 = 2, K1 = 3, K2 = 3, K4 = 4, K3 = 5$$

3. Schritt
Die Werte werden gemäß der empfohlenen Kovention proportional hochgerechnet, so daß die Summe 100 ergibt.

$$K6 = 5.9; K5 = 11.8; K1 = 17.6; K2 = 17.6; K4 = 23.5; K3 = 29.4$$

Diese so ermittelten Werte werden in der Bewertung verwendet.

3. Methode des paarweisen Vergleichs mit konstanter Gewichtssumme

Das Prinzip besteht darin, daß man jedes Kriterium mit jedem anderen vergleicht und im Vergleich jeweils das Wertverhältnis dieser beiden Kriterien mit Hilfe einer Kennzahl festlegt. Ein gängiges Verfahren vergibt pro Vergleich eine konstante Gewichtssumme, ausgefeiltere Verfahren (siehe Literatur) arbeiten mit Gewichtsverhältnissen.

Vorgehen:

1. Schritt
Man erstellt eine Matrix, in welcher jeweils die Kriterien als Spalten und als Zeilen vorgegeben werden.

2. Schritt
Man vergleicht die in der Zeile angegebenen Kriterien mit den in der Spalte angegebenen Vergleichskriterien und geht dabei von vier Möglichkeiten aus:

a) Das Kriterium ist wesentlich wichtiger als das Vergleichskriterium; das Kriterium erhält die Wertzahl 4, das Vergleichskriterium die Wertzahl 0.

b) Das Kriterium ist wichtiger als das Vergleichskriterium; das Kriterium erhält die Wertzahl 3, das Vergleichskriterium die Wertzahl 1.
c) Beide Kriterien sind gleich wichtig, beide Kriterien erhalten die Wertzahl 2.
d) Das Vergleichskriterium ist wichtiger als das Kriterium, das Kriterium erhält 1, das Vergleichskriterium 3.
e) Das Vergleichskriterium ist wesentlich wichtiger als das Kriterium, das Kriterium erhält 0, das Vergleichskriterium 4.

Z.B. K3 ist wichtiger als K4:
Am Schnittpunkt der Zeile K3 und der Spalte K4 wird die Wertzahl 3 eingetragen, an der Schnittstelle der Zeile von K4 und der Spalte von K3 wird die Wertzahl 1 eingetragen. Unter Berücksichtigung der in der Präferenzordnungsmethode dargestellten Werturteile könnte man die Matrix wie folgt ausfüllen:

	K1	K2	K3	K4	K5	K6	Quersumme	Hochrechnung
K1	–	2	0	1	3	4	10	16.7
K2	2	–	0	1	3	4	10	16.7
K3	4	4	–	3	4	4	19	31.5
K4	3	3	1	–	4	4	15	25.1
K5	1	1	0	0	–	3	5	8.4
K6	0	0	0	0	1	–	1	1.6
Total							60	100

3. Schritt
Es werden die Quersummen gebildet und die gebildeten Quersummen proportional wiederum hochgerechnet, so daß die Summe 100 ergibt.

4. Schritt
Die in der Hochrechnung sich ergebenden Werte sind die Gewichte, die als Kriteriengewichte z.B. in der Nutzwertanalyse verwendet werden.

Abschlußbemerkung:
Man sollte sich nicht täuschen lassen und den Nutzen derartiger Methoden nicht überschätzen. Denn bei der Gewichtszuteilung geht es um Werturteile, die in einem sozialen Prozeß herausgefunden werden müssen. Methoden können Irrtümer einschränken, aber nicht das Werturteil ersetzen.

Literatur
Saaty T.L.: The Analytic Hierarchy Process

Grafik-Software → siehe PC-Software

Graph

Man spricht von einem Graph, wenn Zusammenhänge eines Phänomens durch die Verwendung von Pfeilen bzw. Strecken und Flächen bzw. Punkten dargestellt werden.

Teil VI: Techniken und Hilfsmittel   476

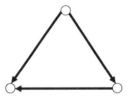

Abb. 6.31 Rudimentärer Graph

In der Graphentheorie werden die Punkte üblicherweise als Knoten oder Ecken bezeichnet, die sie verbindenden Strecken als Kanten. Es ist zugelassen, daß zwischen zwei Knoten mehrere Kanten (= parallele Kanten) existieren und daß ein Knoten mit sich selbst (= Schleife) oder aber mit keinem Knoten verbunden ist. Wenn die Kanten einen bestimmten Richtungssinn haben, werden sie als Pfeile gezeichnet, und man spricht von einem *gerichteten Graphen*.
Knoten können z.B. Personengruppen, funktionale Stellen, geographische Orte, Objekte, Aktivitäten oder irgendwelche Zustände eines Systems darstellen, während die Kanten die Beziehungen zwischen den durch die Knoten dargestellten Elementen bedeuten. Den Kanten können – mit Hilfe von Zahlen – zusätzlich gewisse Größen zugeordnet werden, z.B. Distanzen, Zeitdauern, Kosten und Kapazitäten. Man spricht in diesem Fall von *bewerteten Graphen*.

Die Graphentheorie befaßt sich vor allem mit folgenden Problemstellungen:
– Ermittlung kürzester und längster Wege in Graphen;
– Ermittlung maximaler Flüsse in Graphen bei beschränkter Kapazität der einzelnen Kanten (wobei sich «Fluß» auf irgendeine den Kanten mengenmäßig zugeordnete Größe beziehen kann);
– Ermittlung von Einflüssen mit minimalen Kosten;
– Entwurf von Netzwerken mit vorgegebenen Input- und Outputeigenschaften.

Eine der verbreitetsten praktischen Anwendungen der Graphentheorie ist die → Netzplantechnik. Abläufe werden vielfach mit Hilfe von → Ablauf-Diagrammen dargestellt. Ein bekannter Graph ist aber auch das Organigramm (Organisationsbild), mit dessen Hilfe die hierarchische Struktur einer Organisation graphisch dargestellt werden kann. Weitere Beispiele von Graphen findet man im Kapitel Systemdenken, Teil I/1. Freihändig gezeichnete Graphen werden auch als Bubble-Charts bezeichnet.

Literatur
Busacker, R.G. und Saaty, T.L.: Endliche Graphen und Netzwerke – *Kaufmann, A.*: Einführung in die Graphentheorie – *Sedlacek, J.*: Einführung in die Graphentheorie – *Wagner, K.*: Graphentheorie

Heuristik

Eine Methode oder Vorgehensregel zur Unterstützung der Lösungssuche wird dann als Heuristik oder heuristische Methode bezeichnet, wenn zwar die Erfolgsaussichten für das Finden einer Lösung gut sind, aber nicht sicher ist, daß damit eine Lösung oder die optimale Lösung gefunden wird.

Viele der für das Systems Engineering empfohlenen und geeigneten Vorgehensregeln (→ Kreativitätstechniken, der Problemlösungszyklus, das Vom-Groben-zum-Detail-Prinzip, die Methode der Aufgabenpräzisierung, Analogiemethode etc.) können daher als heuristische Methoden bezeichnet werden.

Heuristische Methoden schließen die Anwendung von Mathematik nicht aus. Unter bestimmten Voraussetzungen lassen sich → heuristische OR-Verfahren anwenden.

Literatur

Holliger, H.: Handbuch der Allgemeinen Morphologie – *Müller, J.:* 1) Arbeitsmethoden der Technikwissenschaften, 2) Systematische Heuristik für Ingenieure – *Polya, G.:* Mathematik und plausibles Schließen

Heuristische Methoden (des Operations Research)

Viele Probleme der Praxis sind in ihrer Struktur so komplex, daß optimale Lösungen mit exakten mathematischen Optimierungsalgorithmen, wie sie beim → Operations Research (OR) angestrebt werden, mit tragbarem Rechenaufwand nicht gefunden werden können.

Z. B. das Problem «*Stundenplan in einer Schule*». Mehrere Lehrer sollen verschiedene Fächer an eine Vielzahl von Schülergruppen in einer bestimmten Anzahl Stunden vermitteln. Es steht dazu eine limitierte Anzahl Klassenräume mit verschiedenen Einrichtungen zur Verfügung. Die Lehrer haben ihre Vorstellungen über die zeitliche Unterteilung ihrer Lektionen. Zahlreiche weitere Randbedingungen existieren sonst noch.

Es geht also hier um *Dispositions-Elemente*, die zu bestimmen sind. Die «Güte» eines zulässigen Stundenplanes kann z. B. wie folgt definiert werden:

- möglichst wenig Leerzeiten bei Schülern,
- Doppelstunden sollen zusammenbleiben,
- Zwischenstunden (für Lehrer und Klassen) sind zu minimieren,
- alle Stunden sollen möglichst früh erteilt werden (Leerzeiten also am Schluß des Stundenplanes).

Die große Zahl der möglichen Kombinationen der involvierten Elemente macht das Durchrechnen aller Kombinationen (auch mit Computerunterstützung) aussichtslos.

Ein solches Problem ist sehr komplex; man versucht hier nicht eine optimale Lösung, sondern eine «gute» respektive eine «zulässige» Lösung zu finden. Unter einer «guten Lösung» versteht man einen Plan, der den Gütekriterien weitgehend entspricht. Eine «zulässige Lösung» ist ein den Restriktionen genügender Plan. Heuristische Verfahren liefern also in der Regel keine optimalen Lösungen bzw. keine Gewißheit darüber, daß eine Lösung evtl. die optimale ist.

Es geht eher darum, *in einem Zug eine genügend gute Lösung aus geeigneten Elementen und unter Berücksichtigung aller Randbedingungen aufzustellen*, deren Güte zu prüfen und in einem nächsten Zug einen verbesserten Plan aufzustellen.

Dieses sukzessive Aufbauen eines Plans aus Elementen, das *Finden* eines Plans, ist die Aufgabe der heuristischen OR-Methoden.

Bei der Entwicklung heuristischer Verfahren spielen Intuition, kreativer Gedanke und Erfahrung eine sehr wichtige Rolle. Einschränkungen bezüglich anzuwendender methodischer Hilfsmittel und Techniken bestehen eigentlich nicht.

Als Problemstellungen mit bereits erprobten Lösungen mittels heuristischer Methoden seien erwähnt:

– Reihenfolgeprobleme, besonders Maschinenbelegungsprobleme,
– Stundenplanprobleme,
– Layout-Probleme (Raumanordnung z.B. mit dem Ziel der Minimierung der Transportwege).

Heuristische Verfahren finden oft auch Anwendung bei der Ermittlung guter Ausgangslösungen für eine anschließende exakte Optimierung. Vielfach kann dadurch der Rechenaufwand für das eigentliche Optimierungsverfahren wesentlich reduziert werden.

Literatur

Klein, H.K.: Heuristische Entscheidungsmodelle – *Müller-Merbach, H.*: Operations Research – *Weinberg, F., Zehnder, C.A.*: Heuristische Planungsmethoden.

Histogramm

Mit H. wird die Abbildung der Verteilung eines Merkmales einer Menge von Elementen in Treppen- oder Säulenform bezeichnet (s. Abb. 6.37a unter «Mathematische Statistik»).

Für Merkmale mit großem Variationsbereich wird zweckmäßig eine geometrische Stufung z.B. entsprechend einer Normzahlreihe gewählt.

Hochrechnungsprognosen

H. werden verwendet, wenn kurzfristige Vorausschätzungen aus Teilergebnissen erfolgen sollen, die nicht nur zufällige Stichproben sind und vergleichbare Vergangenheitsdaten vorliegen. Dies ist vor allem in Unternehmen der Fall, in denen ausgeprägte, saisonale Schwankungen Absatz und Produktion prägen. Ferner sucht man bei neuen Produkten aus den Anfangsverkäufen mittels H. auf den weiteren Absatz zu schließen (s.a. → Trendextrapolation).

Die H. für den Absatzverlauf in der derzeitigen Periode d_1 in der Abb. 6.32 basiert auf Vergangenheitswerten d_o.

Es wird dabei angenommen, dass sich das Käuferverhalten weder hinsichtlich Kauf noch Kaufzeitpunkt geändert hat. Die Gerade d_2 ergibt die H. nach der «Pi-mal-Daumen-Regel».

H. sind vor allem als Wahlprognosen bekannt und für diesen Zweck weiter entwickelt worden.

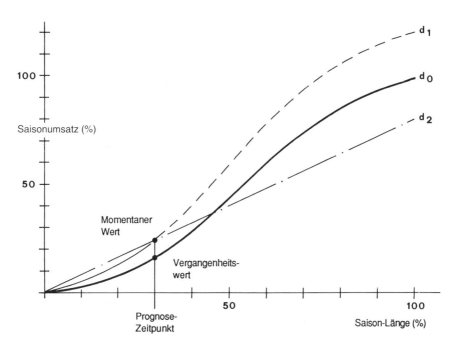

Abb. 6.32 Hochrechnungsprognose einer saisonalen Absatzentwicklung (nach Mertens)

Literatur

Bruckmann, G.: Hochrechnungsprognosen – *Mertens, P.:* Ein vereinfachtes Prognoseverfahren bei saisonbetontem Absatz

Informations-Aufbereitungstechniken

Qualitative Informationen werden unter sachlogischen (z.B. Eigenschafts-, Verhaltens-, Beziehungs-, Wirkungs-), zeitlichen und örtlichen Gesichtspunkten aufbereitet.

Zur Aufbereitung *quantitativer* Informationen eignen sich praktisch alle Auswertungstechniken, die aus der Statistik bekannt sind, so z.B. ein- und mehrdimensionale Auszählungen von Häufigkeiten und zugehörige Summation von Attributwerten, Strichlisten, statistische Verteilungen (→ Mathematische Statistik), → ABC-Analysen, → Korrelations- und → Regressionsanalysen, → Kennziffernbildung sowie Sensitivitäts-Rechnungen (→ Sensitivitätsanalyse).

Die aufbereiteten Informationen über vergangene Sachverhalte bilden die Basis für die Beschaffung gegenwartsorientierter Informationen, die nach Aufbereitung ggf. die Basis für die Prognostizierung bilden.

Für die Darstellung der Ergebnisse der Informations-Aufbereitung werden → Darstellungstechniken angewandt.

Informations-Beschaffungsplan

Vor Beginn der Beschaffung der Informationen über komplexe Sachverhalte sollten Fragen wie z. B.

- Welche Informationen werden benötigt?
- Welche sind davon unerläßlich?
- Welche Schlüsse sollen daraus gezogen werden?
- In welchem Genauigkeits- und Detaillierungsgrad?
- Bis zu welchem Zeitpunkt?
- Welcher Aufwand ist für die Informationsbeschaffung zulässig?
- Wo und wie können die Informationen gefunden werden?
- Wer kann mit der Beschaffung beauftragt werden?

beantwortet sein.

Für die Gestaltung der Informationsbeschaffungs-Aktivitäten und die Wahl der zweckmäßigen Technik, z.B. in der Situationsanalyse, gibt es keine allgemein gültige Anleitung. Sie ist abhängig von der Art des Systems, vom Ausmaß seiner Verflechtungen mit der Umwelt und von den im Systemteam vorhandenen Kenntnissen der Situation. Der Kenntnisstand wächst im Verlaufe einer Systemuntersuchung und der Informationsbedarf wandelt sich.

Hilfestellung beim Vorgehen der Informations-Beschaffung kann ein Informations-Beschaffungsplan geben, in den für die einzelnen Informationen Angaben zu Grund, Beschaffungsweise und Vorgehen etc. eingetragen werden (vgl. Abb. 6.33).

Informationen	Wozu?	Beschaffungs-technik	Wo? (befragte Personen, ...)	Wann? (von - bis)	Durch wen? (Verantwortlicher)	Bemerkungen
ABC-Analyse der Bestellmengen	Analyse Bestellverhalten der Kunden	Stichproben bei Fakturen	Verkaufsabteilung	21.1. - 9.2.	Hr. Y	
Anz. Positionen pro Bestellung	Rüstorganisation	Stichproben bei Fakturen	Verkaufsabteilung	25.1. - 12.2.	Hr. Z	
erst später zu erheben:						
Volumenverteilung der Sendung	Behälterauswahl	Stichproben Auslieferung	Spedition		Hr. R	
...	...	...				

Abb. 6.33 Informationsbeschaffungsplan (nach Büchel)

Auch bei guter Vorbereitung der Informationsbeschaffung läßt sich bei komplexen und bei neuartigen Problemen häufig nicht vermeiden, daß erst während der Informations-Aufbereitung und auch während der Bearbeitung der Sachverhalte zusätzliche Informations-Bedürfnisse erkannt werden.

Informations-Beschaffungstechniken

I. helfen bei der Beschaffung von Grundlagen für die Analyse vergangener, gegenwärtiger und zukünftiger Sachverhalte. Entsprechend diesem Zeitaspekt können die I. nach Anwendung zur

- Sammlung von Statistiken, Studien, Plänen, Verzeichnissen, Karteien etc., d.h. vergangenheitsorientiert
- Befragung und Beobachtung, d.h. gegenwartsorientiert (→ Befragungstechniken, → Beobachtungstechniken, und
- Prognostizierung, d.h. zukunftsorientiert (→ Prognosetechniken)

gegliedert werden. Die aufbereiteten Informationen einer Phase (→ Informationsaufbereitungstechniken) bilden die Basis für die Informationsbeschaffung in der zeitlich folgenden Phase, d.h. historische Daten werden durch Befragungen und Beobachtungen auf den neuesten Stand gebracht und diese Informationen danach ggf. prognostiziert (vgl. Abb. 6.34).

Dabei kann man sich sog. Primär- oder Sekundär-Unterlagen bedienen.

Primär-Unterlagen sind solche, die für eine Untersuchung im Rahmen von mündlichen oder schriftlichen Befragungen (→ Befragungstechniken), Beobachtungen (→ Beobachtungstechniken) oder Sammlungen (Statistiken) gezielt erschlossen werden. Ihre Beschaffung ist i.d.R. aufwendig.

Sekundär-Unterlagen sind solche mit nur indirekten Bezügen zum Vorhaben. Man greift dabei auf Unterlagen zurück, die in anderen Zusammenhängen erstellt wurden. Aus ihnen können häufig Schlußfolgerungen, zumindest aber Hilfsgrößen für die zusätzliche Erhärtung von Aussagen abgeleitet werden (Desk Research), zudem sind sie in der Regel billig.

Beispiele von Sekundärmaterial-Erhebungen sind Umsatzermittlung aus Rechnungskartei (→ ABC-Analyse), Fluktuationsermittlung aus Personaldatei, Abteilungsflächen aus Telefonverzeichnis und Raumplänen.

Informationen über zukünftige Entwicklungen und Zustände werden unter Zuhilfenahme von → Prognose-Techniken beschafft.

Zur Abwicklung der Informations-Beschaffung empfiehlt sich die Aufstellung eines → Informations-Beschaffungsplanes.

In der Abb. 6.34 angegebene Informationstechniken mit eigenem Stichwort in dieser Enzyklopädie sind durch * gekennzeichnet.

Für die Aufbereitung der Informationen und ihre Darstellung werden → Informations-Aufbereitungs- und → Informations-Darstellungtechniken angewandt.

Teil VI: Techniken und Hilfsmittel

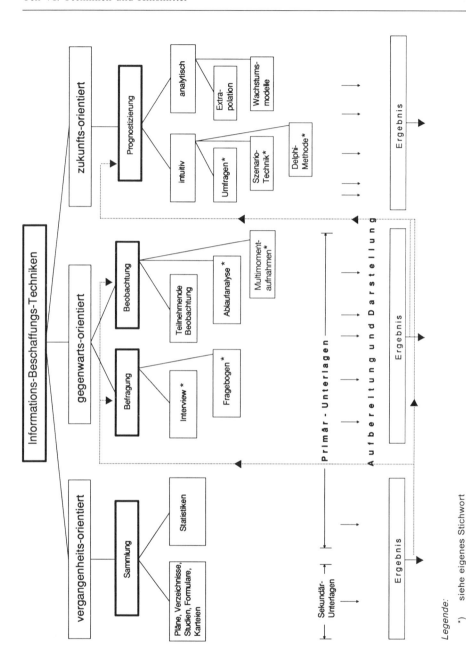

Abb. 6.34 Übersicht und Zusammenhang der Informations-Beschaffungstechniken

Legende:

*) siehe eigenes Stichwort

Input-Output-Modelle

Modelltyp zur Darstellung von Systemen, deren Beziehungen vor allem Strömungsgrößen repräsentieren.
 Input-Output-Modelle sind auch der mathematischen Behandlung zugänglich.
 Eine besonders bekannte und interessante Anwendung dieser Betrachtungsweise ist die Darstellung und Analyse volkswirtschaftlicher Güterströme, die auf Leontieff zurückzuführen ist.

Literatur

Leontieff, W.: Studies in the Structure of the American Economy

Interview

→ Informations-Beschaffungstechnik, mit der durch persönliche Befragung versucht wird, über Sachverhalte oder Probleme Äusserungen von Personen zu erhalten, deren Auffassung in einem bestimmten Zusammenhang von Bedeutung erscheint bzw. die zu bestimmten Sachverhalten kompetent Stellung nehmen können. Abb. 6.35 zeigt verschiedene Interviewformen und deren wesentliche Charakteristiken.

Regeln für die Abwicklung von Interviews:

- vorgängig klaren Stichwortkatalog aufstellen
- Interview grundsätzlich in der vertrauten Umgebung des Befragten abhalten, sofern keine unbeteiligten Personen zuhören
- freundlich, aber zurückhaltend auftreten
- durch Einleitungsphase Gesprächsatmosphäre bewußt auflockern
- zu Beginn Zweck des Interviews erläutern und Zeitrahmen vorgeben
- Interviewdauer maximal 1 Stunde; wenn nötig zu einem späteren Zeitpunkt fortsetzen
- bei längerer Befragung zur Entspannung «weiche» Interviewphasen einschalten, d.h. nicht stark problembezogene Themen ansprechen
- während des Interviews keine Stellung beziehen
- durch Ausklangsphase positive Atmosphäre für eventuell weitere Gespräche schaffen
- zuhören!

Hinweise zur Fragestellung:

- mit allgemeinen Fragen Auskunftsbereitschaft wecken
- kurze und einfach formulierte Fragen stellen; eine Frage soll in der Regel nicht mehrere Sachverhalte betreffen
- sachliche Fragen am Anfang stellen
- gefühlsbeladene Begriffe meiden
- keine suggestiven Fragen stellen, das Interview soll dem Befrager neue Informationen vermitteln und nicht seine Meinung bestätigen

Teil VI: Techniken und Hilfsmittel

Charakteristik / Verfahren	Kurzbeschreibung	Zweck	Betroffener Personenkreis darf.....sein	Art der erwarteten Aussagen	Spielraum hinsichtlich Ablauf	Anforderungen an Interviewer	Vorbereitungsaufwand	Auswertung
Gespräch	Lockerste Form, weitgehend ungeplant, generelle Fragen vorbereitet	Ergründen von Ansichten, Ziel- und Wertvorstellungen	nur sehr klein	allgemein, überwiegend qualitativ	sehr groß, Rahmen noch offen	sehr hoch	gering	sehr schwierig, Problemfeld muß erst strukturiert werden
Interview im engeren Sinn	Fragenkatalog vorhanden, aber noch nicht vollständig	Detailliertere Erfassung von Aussagen, Überprüfen und Absichern von Aussagen, die im Gespräch geäußert wurden	nur relativ klein	konkreter, noch überwiegend qualitativ	groß, Rahmen nur grob vorgegeben	hoch	mittel, Fragenkatalog vorbereiten	schwierig, Problemfeld muß um- oder detaillierter strukturiert werden
Standardisiertes Interview mit offenen Antworten	Fragen sind festgelegt, hinsichtlich der Antworten ist der Interviewte frei	Ansichten und Meinungen einer größeren Personengruppe zu bestimmten Fragen erwünscht	groß	konkret, qualitativ und quantitativ	eingeengt	mittel, muß Fragen interpretieren und notfalls situationsbedingt ergänzen können	groß, Testläufe zweckmäßig	mittelschwer, da Art der Aussagen noch offen, Vergleichbarkeit nicht unbedingt gewährleistet
Standardisiertes Interview mit vorgegebenen Antworten	Fragen festgelegt, der Interviewte muß sich zwischen einer begrenzten Auswahl von Antworten entscheiden	Ansichten und Meinungen einer großen Personengruppe zu best. Fragen erwünscht. Auf direkte Vergleichbarkeit der Aussagen wird großer Wert gelegt	sehr groß	konkret, qualitativ und quantitativ	klein	gering	sehr groß, Testläufe notwendig	einfach, maschinelle Auswertung möglich

Abb. 6.35 Charakteristiken verschiedener Interviewformen

– Ein Interview ist kein Verhör; nur ausnahmsweise provokativ fragen, z.B. wenn anders eine Äußerung nicht erhältlich ist.
– Informationen vertraulich behandeln, nicht mit Aussagen aus anderen Interviews «hausieren»;
– an Aussagen über Mengen etc. herantasten;
– «Kontrollfragen» stellen zur Sicherung der Widerspruchsfreiheit der Aussagen des Befragten und mit Aussagen Dritter;
– Hast bei der Fragestellung vermeiden; sie führt leicht zu unüberlegten Antworten.

Die Ergebnisse von Interviews können

– nachträglich vom Befragten aus dem Gedächtnis ausführlich protokolliert werden,
– jeweils nach Beantwortung einer gestellten Frage stichwortartig protokolliert werden (mit befragter Person absprechen),
– während des Interviews ausgewertet und die Aussagen z.B. in ein Formular gleich eingetragen werden (Feldbewertung).
– Das Interview kann auch gesamthaft auf einen Tonträger aufgezeichnet werden (nur mit ausdrücklicher Zustimmung des zu Befragenden, anläßlich der Terminvereinbarung einzuholen).

Die Vorteile des Interviews liegen in den Gestaltungsmöglichkeiten der Befragungssituation, in der Anpaßbarkeit an unvorhergesehene Wendungen des Gesprächs und an neu auftretende Aspekte sowie in der Beeinflußbarkeit der Auskunftsbereitschaft des Befragten. Nachteilig sind der große Zeitaufwand und die fehlende Anonymität sowie die Beeinflußbarkeit der Ergebnisse.

Literatur

Friedrichs, J.: Methoden empirischer Sozialforschung – *Schmidt, G.:* Organisation – Methode und Technik – *Siemens AG:* Organisationsplanung – *Scheuch, E.:* Das Interview in der Sozialforschung.

Katastrophenanalyse

Mit Katastrophen werden Ereignisse oder Geschehnisse mit negativen Auswirkungen größeren Ausmaßes bezeichnet.
Holliger unterscheidet zwischen Fatal- und Denkkatastrophen:
Fatalkatastrophen sind solche, die unter keinen Umständen vorhersehbar sind, so daß es nicht möglich ist, rechtzeitig Gegenmaßnahmen zu ergreifen.
Eine Denkkatastrophe liegt vor, wenn sich nachträglich zeigt, daß die schädlichen Auswirkungen bei sorgfältiger Diagnose vorhersehbar gewesen wären, daß aber eine entsprechende Untersuchung unterlassen oder inadäquat durchgeführt wurde und in der Folge wirksame Maßnahmen zur Verhinderung nicht mehr ergriffen werden konnten.
Die konkrete Abgrenzung zwischen Fatal- und Denkkatastrophen wird immer zu Diskussionen Anlaß geben, da nachträglich vieles klarer und einfacher aussieht. Immerhin läßt sich sagen, daß das Risiko, eine Denkkatastrophe zu verursachen, um

so größer wird, je größer das Ausmaß der Veränderungen von bestehenden Situationen ist, die durch einen Entwurf verursacht werden. Gleichzeitig wächst damit auch das Ausmaß möglicher Katastrophen. In solchen Fällen sollte eine prospektive Katastrophenanalyse im Rahmen der Synthese-Analyse immer durchgeführt werden.

Holliger verbindet den Begriff der Denk-Katastrophenanalyse mit der Funktion von Destrukteuren in Projekten. Destrukteure (= Gegenpol zu Konstrukteuren) haben zwei Hauptaufgaben:

– Retrospektive Katastrophenanalyse: Katastrophen, die früher passiert sind, zu analysieren, mit dem Ziel, Informationen zu gewinnen, um sie in den Dienst der Katastrophenverhütung zu stellen.
– Prospektive Katastrophenanalyse: Projekte und Aktionen laufend zu analysieren, um Eventualkatastrophen frühzeitig erkennen und abwehren zu können.

Für Hilfsmittel bei der Durchführung von Katastrophenanalysen → Sicherheitsanalysen, → Zuverlässigkeitsanalysen.

Literatur

Holliger, H.: Katastrophenanalyse

Kärtchentechnik

Diese → Kreativitätstechnik im engeren Sinne basiert auf ähnlichen Grundsätzen wie das → Brainstorming. Fünf bis zehn Teilnehmer notieren ihre Ideen auf Kärtchen. Diese werden von ihnen selbst oder vom Moderator nach einer vorher vereinbarten groben Gliederung an einer Tafel befestigt. Die Verfeinerung der Gliederung und die entsprechende Umordnung der Kärtchen erfolgt anschließend im Team, wobei spontane Ergänzungen eingearbeitet werden.

Vor- und Nachteile gegenüber dem → Brainstorming:

Vorteile:

– Jeder Teilnehmer kann während begrenzter Zeit «für sich spinnen», bevor er seine Idee niederschreibt.
– Verknüpfungen zwischen den Ideen und Neugliederungen der Ideen sind einfacher möglich.
– Die Auswertung wird schneller und einfacher und die Teilnehmer können daran mitwirken.

Nachteile:

– Unmittelbares Anknüpfen an Ideen, die ein anderer Teilnehmer hat, ist nicht spontan, ggf. erst in der Auswertungsphase möglich.
– Es sind Kärtchen erforderlich und mehrere senkrechte oder schräge Flächen, auf denen die Kärtchen auf einfache Art fixiert werden können.

Abwicklungsempfehlungen (s.a. → Kreativitätstechniken)

– Unterschiedlich geformte oder farbige Kärtchen der Größen A6–A5 für Teilnehmer-Ideen und Überschriften, Gliederungspunkte etc. verwenden.

- Auf deutliche, in Groß- und Kleinbuchstaben geschriebene drei- bis vierzeilige Texte achten (in «Druck»schrift, mit entsprechend dickem Filzschreiber).
- Platz lassen zwischen den Kolonnen von Kärtchen, um Ergänzungs- und Hinweis-Kärtchen anbringen zu können.
- Nur eine Idee etc. je Kärtchen gestatten.
- In der abschließenden Plazierungsrunde Überschriften etc. gestalterisch herausheben und zugehörigen Kärtchenblock umranden.

Protokolle werden zweckmäßig durch photographische Aufnahme und Vergrößerung erstellt. Eine bestückte Tafel im Format A0 ist über ein 10×13-cm-Photo auf A4 vergrössert gut lesbar dokumentiert. (Durch Abschreiben der Texte geht der meist gewünschte bleibende Eindruck der Entstehungsweise der Ergebnisse verloren.)

Eine ähnliche Technik wurde unter der Bezeichnung KJ-Methode vom japanischen Anthropologen Jiro Kawakita für die Untersuchung komplexer Probleme entwickelt.

Die K. eignet sich grundätzlich für alle Schritte des Problemlösungszyklus, insbesondere jedoch für die Erarbeitung des «Rohmaterials» für die Zielsetzung und zur Erzeugung von Ideen während der Synthese-Analyse.

Literatur
Siemens AG (Hrsg.): Organisationsplanung

Kennzahlen

Kennzahlen sind einprägsame numerische Abbildungen von Sachverhalten. Sie stellen i.d.R. das Verhältnis zwischen zwei Größen dar (relativierte Kennzahlen), können jedoch auch als absolute Größen informieren.

Ins Verhältnis gesetzte Größen, Merkmale etc. von der gleichen Art (z.B. Kunststoff-*Anteil zum Gesamt*material-Verbrauch) werden als *Gliederungs(kenn)zahlen* bezeichnet.

Mit *Beziehungs(kenn)zahlen* werden Beziehungen zwischen Größen, Merkmalen etc. verschiedener Art dargestellt. Dabei können die Beziehungs(kenn)zahlen über eine Periode (produzierte Teile/Monat), über eine Bezugsgröße (Transportaufwand/100 Teile) oder über eine Periode und eine weitere Bezugsgröße (produzierte Teile/Mitarbeiter und Arbeitszeit) informieren.

Die in Beziehung gesetzten Angaben können selbst wiederum Verhältniszahlen sein.

Für *Meß(kenn)zahlen* werden Größen, Merkmale etc. gleicher Art zu zwei verschiedenen Zeitpunkten oder über zwei verschiedene gleichlange Zeiträume ins Verhältnis gesetzt (Lagerendbestand 1989 zu Lagerendbestand 1990).

Index(kenn)zahlen beziehen zeitlich später liegende Größen, Merkmale etc. auf die 1. Angabe, die den Index 100 erhält. Mehrere Index(kenn)zahlen bilden eine Zeitreihe.

Beziehungs(kenn)zahlen z.B. aus Kosten und Leistungen von verschiedenen Lösungen werden zur Varianten-Reihung im Hinblick auf den Auswahlentscheid verwendet.

Bei regelkreisorientierten Betrachtungen sind Ist-Beziehungs(kenn)zahlen die Regelgrößen, die - mit Soll-Beziehungs(kenn)zahlen als Führungsgrößen verglichen - ggf. Stellgrößen (Massnahmen) auslösen.

Kennzahlen, die über längere Zeit keine Aktivitäten ausgelöst haben, sind auf die Notwendigkeit ihrer Erarbeitung hin zu überprüfen.

Kennzahlen-Systeme werden aus einzelnen Kennzahlen durch sachlogische oder betriebswirtschaftlich sinnvolle rechentechnische Verknüpfung aufgebaut. Sie dienen unternehmerischen Planungs- und Kontrollzwecken und führen über einen pyramidenförmigen hierarchischen Aufbau von Kennzahlen zu einer Spitzenkennzahl wie dem Return on Investment.

Literatur

Franke, R.: Kennzahlen – *Göltenboth, H.:* Unternehmensführung mit Kennzahlen – *Maul, H.:* Kennzahlensysteme zur dauernden Überwachung – *Meyer, C.:* Kennzahlen und Kennzahlensysteme

Kepner-Tregoe

Die Methode von Kepner-Tregoe ist nicht auf die Gestaltung von Systemen ausgerichtet, sondern stellt einen Leitfaden zur Lösung von Problemen im Führungsalltag dar. Es werden vier Analysebereiche unterschieden, deren zugehörige Schrittfolgen je nach Situation einzeln oder in Kombination angewendet werden:

– *Situations-Analyse*
  Hier geht es darum, eine Problemsituation in überschaubare Teilsituationen aufzugliedern (idealerweise ein Problem mit einer Ursache), Prioritäten festzulegen und der Natur jedes Problems entsprechend den weiteren Analysebereich zu bestimmen.
– *Problem-Analyse*
  Ein Problem wird als eine Abweichung des IST von einem SOLL definiert, wobei das SOLL normalerweise a priori feststeht und eine Abweichung als Resultat einer irgendwie gearteten Veränderung im Problemumfeld aufgefaßt wird. Es gilt vorerst, Veränderungen genau zu erfassen, wozu für die Stichworte WAS?, WO?, WANN? und AUSMASS mit den Unterscheidungsmerkmalen «IST» und «IST NICHT» alle relevanten Tatbestände aufgelistet werden. Diese Gegenüberstellung wird auf Besonderheiten analysiert, woraus sich die entscheidenden Veränderungen ergeben. Damit können gezielt die Ursachen ermittelt und beseitigt werden.
– *Entscheidungs-Analyse*
  Nach einer genauen Umschreibung der zu treffenden Entscheidung wird eine Zielsetzung formuliert, daraufhin werden Alternativen entwickelt. Diese werden vorerst auf negative Auswirkungen untersucht, was zur Elimination oder Modifikation von Vorschlägen führen kann. Verbleibende Alternativen werden mit einer gewichteten Wertzahl hinsichtlich Zielerfüllung verglichen.
– *Analyse potentieller Probleme*
  Mit diesem Instrument soll zukünftigen Problemsituationen vorgebeugt werden. Zuerst werden potentielle Problemsituationen gesucht (was könnte schiefgehen?) und diese mit Hilfe einer geeignet abgewandelten Problem-Analyse näher untersucht. Für jedes Teilproblem wird die Höhe des Risikos (potentielles Schadenaus-

maß mal Eintretenswahrscheinlichkeit) ermittelt, und daraus werden Prioritäten für die weitere Bearbeitung abgeleitet. Für wichtige Probleme werden mögliche Ursachen und ihre Auftretenswahrscheinlichkeiten abgeschätzt, worauf vorbeugende Maßnahmen getroffen und gegebenenfalls Eventualpläne für den Schadenfall mit entsprechenden Maßnahmen zur Schadenminderung ausgearbeitet werden.

Die Methodik von Kepner-Tregoe ist im Hinblick auf die hauptsächlichsten Anwendungssituationen bewußt einfach gehalten. Sie soll auch unter Zeitdruck angewendet werden können und auch in solchen Situationen durch eine routinemäßig beherrschbare Systematik vorschnellen, intuitiven Schlußfolgerungen und Entscheidungen vorbeugen.

Literatur

Kepner, C.H.; Tregoe, B.B.: Management-Entscheidungen vorbereiten und richtig treffen – *Zach, C.:* Denkschule der kleinen Schritte

Konkurrenzprobleme

Konkurrenzprobleme liegen vor, wenn der eigenen Entscheidung des Handelnden Entscheidungen eines oder mehrerer anderer (Konkurrenten) mit freier Entscheidungswahl gegenüberstehen. Ein typisches Beispiel ist die Standortplanung zweier Konkurrenten:

Die konkurrierenden Kaufhäuser A und B wollen in dem Gebiet der Städte 1 bis 4 eine Filiale eröffnen. Ausschlaggebend für die Standortwahl sind die für die Kaufhäuser zu erwartenden Anteile am Gesamtumsatz in diesem Gebiet, die von den Standorten der beiden Filialen abhängig sind.

Die beiden Begriffe «Spiel» und «Konkurrenzsituation» werden häufig synonym verwendet. Für die theoretischen Ansätze zur Behandlung von Konkurrenzproblemen verweisen wir daher auf die → Spieltheorie.

Literatur

→ Spieltheorie

Korrelationsanalyse

Die Korrelationsanalyse ist ein statistisches Verfahren, bei dem es darum geht, den Grad oder die Stärke der Abhängigkeit von Zufallsvariablen zu untersuchen (Korrelationskoeffizient).

Sie ergänzt damit die → Regressionsanalyse durch die Angabe eines Streuungsmaßes.

Sind zwei Variablen gleichwertig (Gewicht, Körpergrösse) und daher x und y sowohl als abhängige wie auch als unabhängige Variable einsetzbar, können auch zwei entsprechende Regressionsgeraden bestimmt werden.

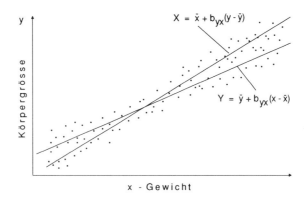

Abb. 6.36 Korrelation zwischen Körpergröße und Gewicht

Je kleiner der Winkel zwischen den beiden Regressionsgeraden ist, um so stärker ist der stochastische Zusammenhang zwischen den Zufallsgrößen X und Y. Wenn ein eindeutig funktionaler Zusammenhang besteht, fallen die beiden Geraden zusammen.
Der Grad des Zusammenhanges, der sich aus dem Verlauf der beiden Regressionsgeraden ergibt, wird quantitativ durch den sogenannten Korrelationskoeffizienten «r» ausgedrückt:
Er kann Werte zwischen -1 und $+1$ annehmen; je mehr er sich diesen Grenzwerten nähert, um so enger ist der Zusammenhang zwischen den betrachteten Variablen. Negative Korrelationen bestehen, wenn ein größerer Wert des einen Merkmals mit einem kleineren Wert des anderen Merkmals verbunden ist. Ist umgekehrt ein größerer Wert des einen mit einem größeren Wert des anderen Merkmals verbunden, besteht eine positive Korrelation. Ein Wert von $r=0$ bedeutet völlige Unabhängigkeit. Aber auch bei sehr hohen Korrelationskoeffizienten ist noch nicht gewährleistet, daß eine echte Abhängigkeit besteht. Mitunter gibt es ein drittes Merkmal, das die betrachteten Merkmale beeinflußt. Einen solchen Zusammenhang nennt man Scheinkorrelation.
Haupteinsatzgebiete: Als Ergänzung zur → Regressionsanalyse, in der Ursache/Wirkungsanalyse sowie bei Prognoseverfahren.

Literatur
→ Regressionsanalyse, → Mathematische Statistik

Kosten-/Nutzenrechnung

Die K., auch Kosten-Nutzen-Analyse (Cost Benefit Analysis, CBA), ist eine → Bewertungstechnik zur Beurteilung gesamtwirtschaftlicher Vorhaben (Maßnahmen der öffentlichen Hand) oder gesamtwirtschaftlicher Auswirkungen einzelwirtschaftlicher Vorhaben. Mit ihr wird versucht, die Auswirkungen einer oder mehrerer Lösungen unter Berücksichtigung relevanter Nebenwirkungen während der Errichtungsperiode und einer sinnvollen Nutzungsdauer vorausschauend zu ermitteln, und – auf den Zeitpunkt des Errichtungs- oder Nutzungsbeginns bezogen – in Geldgrößen zu bewerten.

Elemente der Kosten-Nutzen-Rechnung sind *Kosten* und *Nutzen, Randbedingungen, Betrachtungszeitraum* und *Diskontierungsrate*.

Es werden direkte und indirekte quantifizierbare Kosten und Nutzen unterschieden. Daneben gibt es nicht-quantifizierbare Kosten und Nutzen, d.h. um Auswirkungen von Vorhaben, die auf z.T. subjektiver Wertschätzung beruhen. Sie werden den Ergebnissen der «Rechnung» verbal gegenübergestellt.

Kosten: Direkte (primäre) Kosten sind jene, die für Planung, Errichtung, Betrieb/ Nutzung und Instandhaltung eines Systems anfallen. Indirekte (sekundäre) Kosten (oder External bzw. Spillover Effects, Social Cost) sind Kosten, die unbeteiligten Dritten entstehen. Man unterscheidet technologische (z.B. Emissionen) und marktmäßige indirekte Kosten (z.B. Preissteigerungen bei Inputs, die für das Vorhaben, aber auch von Dritten benötigt werden).

Die Kosten sind meist einzelwirtschaftlicher Art, sie müssen deshalb in gesamtwirtschaftliche Preise, sog. Schattenpreise, umgerechnet werden.

Nutzen: Direkte (primäre) Nutzen von gesamtwirtschaftlichen Vorhaben werden meist monopolistisch (Öffentliche Hand) angeboten (z.B. Eisenbahn-Verkehr, Spitalbehandlung, Ausbildung), und ihre Preise (Gebühren) entstehen häufig ohne Marktüberlegungen. Häufig handelt es sich auch um Kollektivgüter (bessere Luft, sicherer Strassenverkehr).

Indirekte (sekundäre) Nutzen entstehen bei Dritten außerhalb des Zielbereichs des Vorhabens (z.B. verbesserte Arbeitsmarktsituation für Privat-Unternehmen wegen guter öffentlicher Infrastruktur).

Randbedingungen können gesetzlicher, verwaltungsmäßiger, distributiver und budgetärer Art sein.

Betrachtungszeitraum: Kosten und Leistungen oder Nutzen eines Vorhabens fallen innerhalb eines längeren Zeitraumes und zu unterschiedlichen Zeitpunkten an. Der Betrachtungszeitraum ergibt sich aus der Errichtungsperiode und/oder einer als überschaubar erachteten Nutzungsdauer des projektierten Systems. Zwecks Vergleich der Varianten werden die Beträge auf einen gemeinsamen Zeitpunkt abgezinst (z.B. Planungs- oder Errichtungsbeginn, Inbetriebnahme-Zeitpunkt).

Die *Diskontierungsrate* kann sich am landesüblichen Zinsfuß, an der Verzinsung von Staatsanleihen oder am kalkulatorischen Zinsfuß privatwirtschaftlicher Investitionen orientieren.

Vorgehen:

Die bei der Abzinsung von gesamtwirtschaftlichen Kosten und Nutzen sich ergebenden Jahreswerte werden tabelliert und saldiert (Netto-Effekte, -Erträge). Zur Beurteilung dieser Werte wird der Barwert (mittels vorgegebenem Zinssatz) oder der interne Zinssatz errechnet (→ Wirtschaftlichkeits-Rechnung).

Ergänzend zum Barwert wird mit der Netto-Nutzen : Kosten-Kennzahl das Verhältnis des Ertrages (Nutzen abzüglich Betriebskosten) zu den Investitionskosten, mit der Brutto-Nutzen : Kosten-Kennzahl das Verhältnis des Nutzens zu den Investitions- und den Betriebskosten angegeben.

Zur Einbeziehung der meist langfristigen Auswirkungen z.B. eines Infrastrukturvorhabens in die Kosten-Nutzen-Rechnung wird in der Regel ein weiter Planungshorizont angenommen. Kosten und Nutzen beruhen daher sowohl bezüglich Mengen als auch Preisen auf relativ ungesicherten Annahmen. Die Komplexität der externen Auswirkungen ist darüber hinaus häufig nur schwer erfaßbar. Zu diesen Einschränkungen kommt die Diskrepanz zwischen Modellansatz (Marktwirtschaft) und Zielsetzung (Bewertung nur bedingt marktwirtschaftlich realisierbarer Vorhaben).

Die Kosten-Nutzen-Rechnung bleibt trotzdem eine praktikable Bewertungstechnik für die geldwirtschaftlichen Aspekte gesamtwirtschaftlicher Vorhaben; ihr Wert liegt im wesentlichen im Zwang zur systemorientierten Betrachtung der Vorhaben selbst, ihrer Beziehungen zur Umwelt und der Untersuchung der resultierenden Wirkungen.

Die K. kann auch für die Berücksichtigung von nicht direkt geldwirtschaftlich quantifizierbaren Faktoren einzelwirtschaftlicher Vorhaben eingesetzt werden.

Literatur

Jrwin, G.: Modern Cost-Benefit-Methods – *Hansmeyer, K.-H.; Rürup, B.:* Staatswissenschaftliche Planungsinstrumente – *Lembke, H.H.:* Projektbewertungsmethoden

Kosten-/Wirksamkeitsanalyse

Die Kosten-/Wirksamkeitsanalyse ist ein Bewertungsverfahren, in welchem das Verhältnis von Kosten zu Wirksamkeit bzw. Leistung als ausschlaggebende Kenngröße für den Gesamtwert der zu bewertenden Varianten angesehen wird.

Dieser Ansatz wird häufig dann angewendet, wenn die Kosten als Geldwerte ermittelbar sind, während andererseits vorteilhafte, aber auch nachteilige andere Auswirkungen nicht in Geldeinheiten faßbar sind, aber als beurteilungsrelevant angesehen werden.

Diese Methode ist im Abschnitt → Bewertung und Entscheidung, Teil II/2.4 dargestellt.

Kreativitätstechniken

Mit K. werden Grundsätze, Regeln und Vorgehensweisen bezeichnet, die das Überwinden des passiven Wartens auf Einfälle und die Erhöhung der Wahrscheinlichkeit, schnell gute Lösungen zu finden, bezwecken. Sie werden gebraucht, wenn routinemäßige Lösungswege nicht bekannt sind. Dabei werden Such- und Finde-Prinzipien (Heuristiken) wie wechselseitige Assoziation, Analogie-Übernahme, Abstraktion, Strukturzerlegung, Variation und Kombination verwendet.

Die K. unterscheiden sich nach der Art des Angehens der Lösungssuche in analytisch-systematische (A) und in intuitiv-kreative (I) K. Letztere wie z.B. Synektik, Brainstorming werden auch als K̄. im engeren Sinne bezeichnet.

Die wesentlichen K. sind (weitere K. in Schlicksupp/1):

Analytisch-systematische K.
Morphologischer Kasten,
  morphologisches Schema
  (→ Morphologie)
→ Attribute Listing
→ Problemlösungsbaum

Intuitiv-kreative K.
→ Brainstorming,
  Brainwriting wie
  Methode 635
→ Kärtchen-Technik
→ Analogie-Methoden wie
  → Synektik

Letztere K. werden vor allem in Gruppenarbeit angewendet (Ideen-Konferenzen) und besitzen deshalb einen hohen Anteil an Verhaltensgrundsätzen, die dazu beitragen sollen, Denkbarrieren abzubauen und die Assoziationsfreudigkeit zu fördern. Dazu gehört auch, daß Kritik an der Brauchbarkeit von Ideen zunächst nicht erlaubt (Killerphasen vermeiden), Aufgreifen, Abwandeln oder Ins-Gegenteil-Verkehren von geäußerten Ideen nicht nur zulässig, sondern erwünscht ist.

K. garantieren keinen Erfolg, führen jedoch aus den gewohnten Denkgleisen heraus, bereichern der Gedanken Fülle und räumen Barrieren im Ideenstrom.

K. bedürfen der intensiven Beschäftigung, sollen sie nützen. Sie sind nicht universal einsetzbar, da die Forderungen nach Vorurteilsfreiheit, Problemanalyse-Genauigkeit und Lösungstotalität unterschiedlich erfüllt werden.

Das Arbeiten mit den Lösungssuch-Techniken führt i.d.R. zu einer Vielzahl von Lösungsvorschlägen, aus denen in einer Folge-Runde eine Auswahl getroffen werden muß.

Für die Verwendung von K. in der Gruppenarbeit ist teilweise erhebliche Moderatoren-Kompetenz erforderlich (z.B. für die → Synektik). Sie kann nur durch Schulung und Erfahrung erworben werden. Für die morphologischen Techniken → Morphologie existiert eine DV-Software (Morphos) (s. Schlicksupp/1).

Generell ist jedoch zu bemerken, daß Computer-Software zur Kreativitätsanregung das Prototypen-Stadium noch nicht verlassen hat (s. Rickards).

Für sehr komplexe Situationen hat sich die Kopplung von K. bewährt, z.B. von morphologischem Schema und Methode 635 (Schlicksupp/1).

Neben den genannten K. sind Lösungssuch-Strategien für spezielle Anwendungsgebiete entwickelt worden → Abschnitt. II, 2.3.3.4 – 5.

Die K. eignen sich grundsätzlich für alle Schritte des Problemlösungszyklus, insbesondere jedoch für die Erarbeitung des «Rohmaterials» für die Zielsetzung und zur Erzeugung von Ideen während der Synthese-Analyse.

Generelle Abwicklungsempfehlungen für Ideen-Konferenzen

- Absprache mit den Teilnehmern etwa ein bis zwei Wochen vor der Konferenz unter Erläuterung des Themas, schriftliche Einladung wenige Tagen vor dem Termin.
- Personen, die das erste Mal an einer Ideen-Konferenz teilnehmen, wird zweckmäßigerweise vorgängig eine kurze Einführungsschrift über die zur Anwendung kommende K. zugestellt.
- Der Konferenzraum sollte eine ungezwungene Atmosphäre verbreiten.
- Die Konferenz sollte am Vormittag stattfinden und ihre Dauer vorher festgelegt und i.d.R. eingehalten werden. Der Moderator kann die Dauer aber auch dem Ideenstrom bzw. der Mitwirkungsintensität anpassen.

Die Ergebnisse der Konferenz müssen anschließend übersichtlich und allgemein verständlich dargestellt werden. Für die Dokumentation der auf Flip Charts und auf mit Kärtchen bestückten Tafeln befindlichen Ergebnisse eignen sich photographische Aufnahmen im Format 10 × 13 cm, die 4 × auf A4-Kopie vergrößert eine Tafel im Format A0 gut wiedergeben.

Um verborgene Unklarheiten zu beseitigen, sollte das Protokoll von den Teilnehmern gemeinsam durchgesprochen werden. Dabei können auch noch Streichungen und Ergänzungen angebracht werden.

Literatur

Altschuller, G.S.: Erfinden, Wege zur Lösung technischer Probleme – *Bono, E. de:* Laterales Denken für Manager – *Duncker, K.:* Zur Psychologie des produktiven Denkens – *Holliger, H.:* Angewandte Morphologie – *Müller, M.:* Wege zur Kreativität – *Ostwald, W.:* Die Technik des Erfindens – *Rickards, T.:* Creativity and Problem Solving at Work – *Schlicksupp, H.:* (1) Innovation, Kreativität und Ideenfindung, (2) Kreativitäts-Techniken – *Zobel, D.:* Erfinderfibel – *Zwicky, F.:* Entdecken, Erfinden, Forschen

→ Brainstorming, → Synektik, → Methode 635

Kriterienplan

Der Kriterienplan ist die möglichst präzis formulierte Liste aller Beurteilungsmaßstäbe, die bei der Bewertung von Lösungsvarianten angewendet werden soll. Dem Kriterienplan verwandt ist der → Zielkatalog.

Der Kriterienplan ist Voraussetzung für diverse Bewertungstechniken wie Nutzwertanalyse, Kosten-Wirksamkeitsanalyse.

→ Abschnitt Bewertung und Entscheidung, Teil II/2.4.

Lineare Optimierung

Die Lineare Optimierung ist wohl die meist gebrauchte Technik des → Operations Research (OR). Andere Bezeichnungen in der Literatur sind «Lineare Programmierung» und «Lineare Planungsrechnung». Hier geht es beispielsweise darum, bei vorhandenen Beschränkungen des Betriebes ein optimales Produktesortiment zu bestimmen, so daß der Deckungsbeitrag (Gewinn) maximal wird. Als Zielgröße kann jedoch auch die Auslastung einer Werkstatt oder die Ausnützung bestehender Fertigungsmittel gesetzt werden. Anhand eines Beispiels wird die generelle Problemstellung gezeigt:

Ein Betrieb stellt zwei Produkte P_1 und P_2 her, die die drei Maschinentypen A, B und C passieren müssen. Die folgende Tabelle enthält die notwendigen Bearbeitungszeiten pro Mengeneinheit (ME), die monatlich zur Verfügung stehenden Maschinenkapazitäten und den Gewinn pro Mengeneinheit (ME) in Geldeinheiten (GE) für jedes Produkt:

Gesucht ist das gewinnmaximale Produktionsprogramm, d.h. das Produktionsprogramm, bei dem der Betrieb seinen höchsten Gewinn erzielt.

Maschine \ Produkt	Bearbeitungszeit in h/ME P_1	P_2	Maschinen-kapazität in h/Monat
A	4	3	600
B	2	2	320
C	3	7	840
Gewinn in GE/ME	2	3	→ max.

Schon ein solches einfaches Planungsproblem läßt sich ohne den Einsatz mathematischer Hilfsmittel nur mit Mühe (z.B. durch Trial and Error) lösen, bei größeren Problemen ist ein Lösen durch reines Probieren unmöglich.

Zur Formulierung der vorliegenden Problemstellung als mathematisches Modell seien die folgenden Bezeichnungen gewählt:

x_1 = Jährliche Fertigungsmenge von Produkt P_1
x_2 = Jährliche Fertigungsmenge von Produkt P_2

somit lautet das mathematische Modell:

R_1: $4x_1 + 3x_2 \leq 600$
R_2: $2x_1 + 2x_2 \leq 320$ } Restriktionen
R_3: $3x_1 + 7x_2 \leq 840$

$G = 2x_1 + 3x_2 \to \max$ Zielfunktion
$\quad x_1, x_2 > 0$ Nicht Negativitätsbedingung

Die linearen Ungleichungen heißen *Nebenbedingungen* oder *Restriktionen*. «G» ist die *Zielfunktion* des Problems.

Die wichtigsten Merkmale eines Problems der linearen Optimierung sind somit:
1. Das Problem enthält eine Zielfunktion, die eine lineare Funktion von mehreren Variablen ist. Gesucht ist das Optimum (Maximum oder Minimum) dieser Zielfunktion.
2. Das Problem enthält eine Reihe von Nebenbedingungen in Form linearer Gleichungen bzw. Ungleichungen, denen die Variablen genügen müssen.
3. Das Problem enthält nur Variable, die keine negativen Werte annehmen dürfen.

Als wichtigste Problemgebiete des OR, bei dem die Linearen Programme zur Anwendung kommen, sind die → Zuteilungs- und Mischprobleme zu nennen.

Von der konkreten Anwendung her seien folgende Problemkreise erwähnt:

- Ermittlung des optimalen Produktesortimentes bei vorhandenen betrieblichen Restriktionen
- Minimierung von Transportwegen

- Optimierung von Mischprozessen (z. B. bei der Herstellung von legierten Stählen)
- Behandlung von Zuteilungsproblemen (z. B. Zuordnung von beschränkt vorhandenem Personal an die verschiedenen Produktionsstätten, so daß der Gewinn maximal wird)
- Maschinenbelegungsplan
- optimale Ausnützung von Blechtafeln, aus denen verschiedene Formen in variierenden Häufigkeiten auszubrennen sind
- Entscheidung, ob gewisse Teile in Eigenfabrikation hergestellt oder von auswärts beschafft werden sollen (Make or buy)
- Behandlung von Investitionsproblemen
- Anwesenheitsplanung
- Beschäftigungs- und Lagerhaltungsplanung
- Planung der Materialbewegung
- Standortplanung
- Planung einer optimalen Reiseroute
- Planung der Einsatzintensität von Werbeträgern (Mediaplanung)
- Vertriebsoptimierung

Die gebräuchlichste Methode zur Lösung von Problemen der Linearen Optimierung ist die → Simplex-Methode.

Spezielle Eigenschaften der Ausgangsdaten oder besondere Forderungen an die Ergebnisse können zu besonderen Arten der Linearen Optimierung führen, die auch andere Lösungsmethoden verlangen. In diesem Zusammenhang seien erwähnt:

- Parametrische Optimierung: Es wird untersucht, wie sich die Veränderung eines oder mehrerer Parameter in bestimmten Bereichen auf die optimale Lösung auswirkt.
- Ganzzahlige Optimierung: Sie befaßt sich mit dem Fall, daß einzelne oder alle Variablen nur ganzzahlige Werte annehmen dürfen.
- Stochastische Optimierung: Diese Situation liegt vor, wenn einzelne oder alle Ausgangsdaten mit Unsicherheiten behaftet sind, so daß sie sich nur als stochastische Variable mit Hilfe von Wahrscheinlichkeitsverteilungen (→ Wahrscheinlichkeitstheorie) definieren lassen.

Lassen sich Optimierungsprobleme nicht ausschließlich durch lineare Gleichungssysteme darstellen, kommen Lösungsmethoden der Nichtlinearen Optimierung in Frage.

Literatur

Dantzig, G.B.: Lineare Programmierung und Erweiterungen – *Hürlimann, W.*: Lineare Programmierung. Eine Einführung für Nicht-Mathematiker – *Kreko, B.*: Lehrbuch der Linearen Optimierung – *Künzi, H.P.; Krelle, W.*: Einführung in die Mathematische Optimierung – *Soom, E.*: Einführung in die Lineare Programmierung – *Vajda, St.*: Lineare Programmierung. Beispiele

→ Operations Research

Mathematische Statistik

Die Statistik befaßt sich allgemein mit der Analyse von Massenerscheinungen, d.h. solchen, die eine große Anzahl von Einzelerscheinungen betreffen. Es geht dabei vor allem darum, Gesetzmäßigkeiten zu erkennen, denen solche Massenerscheinungen unterworfen sind. Mit anderen Worten: «Zahlen zum Sprechen bringen».

Man unterscheidet zwischen der *beschreibenden* und der *beurteilenden* (schließenden) Statistik. Letztere wird häufig synonym zum Begriff der *Mathematischen Statistik* verwendet.

Soweit sich statistische Methoden zur Erfassung, Aufbereitung, Darstellung und Analyse auf fest umrissene, konkret vorliegende Daten beziehen, ordnet man diese Methoden der «*Beschreibenden Statistik*» bzw. der «*Deskriptiven Statistik*» zu. Alle gewonnenen Aussagen gelten nur für das konkret vorliegende Datenmaterial; Verallgemeinerungen sind unzulässig.

Die wichtigsten Elemente der beschreibenden Statistik werden anhand von Beispielen erläutert:
Die Meßreihe der Werte x_i

3.8, 2.1, 4.3, 5.0, 3.6, 2.8, 3.2, 3.7, 4.1, 1.9, 2.6

soll statistisch analysiert werden. Dabei geht es um die *Verteilung* der Zahlen, deren *Mittelwert* und die *Streuung* rings um den Mittelwert.

Wir nennen die Gesamtheit der Beobachtungen *Stichprobe,* ihre Anzahl *Stichprobenumfang* «n». In unserem Beispiel ist der Stichprobenumfang n = 11.

1. *Verteilung*

Die beobachteten Messwerte werden aufsteigend geordnet. Benachbarte Werte werden zu einer *Klasse* zusammengeführt.

Zu jeder Klasse wird die *absolute Häufigkeit* n_i der vorkommenden Messwerte abgezählt. Dividiert man die absolute Häufigkeit durch den Stichprobenumfang n, erhält man die *relative Häufigkeit* f_i.

Addiert man sukzessive die *relativen Häufigkeiten* aufsteigender Stichprobenwerte, so erhält man die relative *Summenhäufigkeit* (F_i).

Klasse	Strichliste	n_i	f_i (%)	F_i (%)
1–1,9	I	1	9,1	9,1
2–2,9	III	3	27,3	36,4
3–3,9	IIII	4	36,3	72,7
4–4,9	II	2	18,2	90,9
5–5,9	I	1	9,1	100
Summe	–	11	100%	–

Die Häufigkeitsverteilung (f_i) und die Summenhäufigkeitsverteilung (F_i) lassen sich zur besseren Übersicht als *Histogramm* (Abb. 6.37a) graphisch darstellen.

Teil VI: Techniken und Hilfsmittel

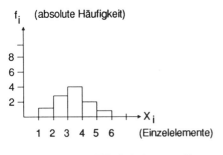

Abb. 6.37   Häufigkeitsverteilung

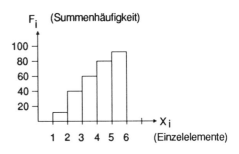

Abb. 6.37a   Summenhäufigkeitsverteilung

2. *Mittelwert und Standardabweichung*

Die bekannteste Maßzahl einer Meßreihe ist wohl der *Mittelwert* $\bar{x}$, der sich aus der Summe der Einzelwerte dividiert durch den Stichprobenumfang n ergibt. Die *Standardabweichung* s gibt an, wie stark die einzelnen Meßwerte rings um den Mittelwert streuen.

Mittelwert $\qquad\qquad\qquad \bar{x} = \Sigma\, x_i/n$

in unserem Beispiel $\qquad\qquad \bar{x} = 3.37$

Standardabweichung $\qquad s = \sqrt{\Sigma\, (x_i - \bar{x})^2/(n-1)}$

in unserem Beispiel $\qquad\qquad s = 0.96$

x_i = Einzelwert
n = Stichprobenumfang

Nicht zur beschreibenden Statistik gehören Methoden, deren Anwendung Schlüsse von Stichproben auf übergeordnete Gesamtheiten erlauben. Ein typisches Beispiel ist die Befragung eines Teils der Wähler und die daraufhin erfolgende Schätzung des zu erwartenden Wahlergebnisses. Man spricht hier von «*beurteilender Statistik*» bzw. «*schließender Statistik*».

Die schließende Statistik basiert einerseits auf der beschreibenden Statistik und anderseits auf der → Wahrscheinlichkeitsrechnung, deren Anwendung erst eine Abschätzung der Fehlerrisiken und Ungenauigkeiten von Stichprobenergebnissen bzgl. ihrer Übertragung auf übergeordnete Gesamtheiten möglich macht. Damit geht sie letztlich bis in das 17. Jahrhundert zurück, als B. Pascal (1623–1662) und P. de Fermat (1601–1665) im Zusammenhang mit der Berechnung der Gewinnchancen bei Glücksspielen die Grundlagen der Wahrscheinlichkeitsrechnung schufen. Die modernen Konzepte der Schließenden Statistik datiert man allerdings wesentlich später in die zwanziger Jahre dieses Jahrhunderts, als R.A. Fisher (1890–1962) seine Arbeiten veröffentlichte.

Damit die Wahrscheinlichkeitsrechnung angewandt werden darf, muß die Auswahl der Stichprobenelemente nach einem *Zufallsprinzip* erfolgen.

Es ist klar, daß statistische Schlüsse aufgrund von Stichprobenuntersuchungen nie «hundertprozentig» sein können. Man sagt auch, es können *Stichprobenfehler* bzw. *Zufallsfehler* auftreten. Trotzdem gibt es gewichtige Gründe, die in vielen Fällen für die Anwendung von Stichprobenuntersuchungen sprechen. Die folgenden Punkte machen den Vorteil oder sogar die Notwendigkeit von Stichprobenuntersuchungen deutlich:

1. Eine Totaluntersuchung verbietet sich in vielen Fällen aus Kostengründen sowie Zeit- und Aktualitätsforderungen (z.B. bei Marktanalysen).
2. Nach der Untersuchung sind die jeweiligen Untersuchungsobjekte oftmals nicht mehr für ihren ursprünglichen Zweck verwendbar. Man denke hierbei etwa an die Überprüfung von Munition oder Belastungstests für Maschinen und Material, die beim Testen zerstört werden.
3. Zur Grundgesamtheit gehören unter Umständen Elemente, die erst in der Zukunft untersucht werden könnten, z.B. bei einer laufenden Produktion.
4. Die Grundgesamtheit aus praktisch unendlich vielen Elementen, z.B. der Erdbevölkerung, bestehen.
5. Stichprobenuntersuchungen liefern oftmals genauere Ergebnisse als Totaluntersuchungen, da sie im allgemeinen wegen der kleineren Anzahl der Untersuchungsobjekte mit größerer Sorgfalt und Genauigkeit durchgeführt werden können.

Die Verfahren der beurteilenden Statistik kann man in *Schätzverfahren* und *Testverfahren* einteilen.

Schätzverfahren behandeln vor allem den Schluß von der Stichprobe auf «Parameter der Grundgesamtheit», wobei darunter eigentlich die Parameter der entsprechenden Zufallsvariablen gemeint sind (→ Wahrscheinlichkeitsrechnung).

Mit *Testverfahren* wird untersucht, ob aufgetretene Abweichungen (z.B. zwischen zwei Mittelwerten oder zwischen einer empirischen und einer theoretischen Verteilung) zufällig oder signifikant (echt) sind.

Das einfache Beispiel in Abb. 6.38 veranschaulicht, warum nicht allein mit dem Mittelwert operiert werden darf, sondern für Entscheide und Beurteilungen auch die Streuung (s) beizuziehen ist.

Angenommen, ein Unternehmen verarbeitet zwei Blechqualitäten mit Bruchfestigkeiten von 300 N/mm^2 und 500 N/mm^2. Zwei Lieferanten bieten ihre Produkte der Firma an. Eine Materialprüfung an umfangreichen Stichproben ergibt, daß die Mittelwerte der beiden Blechsorten genau den Forderungen des Betriebes entsprechen, nämlich 300 und 500 N/mm^2.

Beachtet man jedoch die Streuungen rings um den Mittelwert der offerierten Rohmaterialien, so sieht man, daß die Blechqualität des Lieferanten *B* in einem großen Bereich streut; in einigen Fällen ist sogar das schwächere vom stärkeren Blech gar nicht zu unterscheiden. Diese Tatsache kann zu Schwierigkeiten in der Fabrikation führen; man bevorzugt daher den Lieferanten *A*. (Abb. 6.38)

Allgemein wird bei Testverfahren von einer bestimmten *Hypothese* ausgegangen, z.B., dass eine Stichprobe einer bestimmten Grundgesamtheit angehört. Aufgrund von Tests wird die Hypothese *angenommen* oder *verworfen*, wobei diesem Entscheid

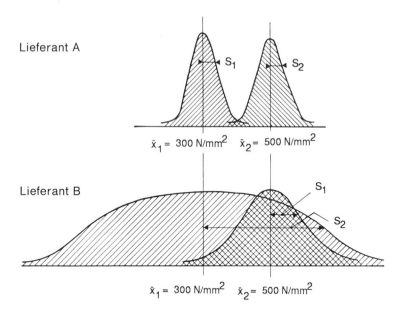

Abb. 6.38 Mittelwert und Streuung zweier verschiedener Größen; oben statistisch gesichert, unten statistisch ungesichert

eine Irrtumswahrscheinlichkeit zugrundegelegt werden muß. In diesem Zusammenhang spielen nebst der Normalverteilung einige spezielle theoretische Wahrscheinlichkeitsverteilungen eine wichtige Rolle, die als Prüfverteilungen (t-, F-, Chi-Quadrat-Verteilung) bezeichnet werden.

In bezug auf die Arbeitsweise der mathematischen Statistik unterscheidet Kreyszig folgende Schritte:

1. Formulierung des Problems und der Hypothese
2. Planung des Experimentes
3. Ausführung des Experimentes
4. Tabellierung und Beschreibung des experimentellen Ergebnisses, Berechnung von Maßzahlen
5. Schluß von der Stichprobe auf die Grundgesamtheit

Literatur

Cochran, W.G.: Stichprobenverfahren – *Dürr, W.:* Wahrscheinlichkeitsrechnung und schließende Statistik – *Graf, U.; u.a.:* Formeln und Tabellen der mathematischen Statistik – *Kreyszig, E.:* Statistische Methoden und ihre Anwendungen – *Linder, A.:* Statistische Methoden – *Morgenstern, D.:* Einführung in die Wahrscheinlichkeitsrechnung und mathematische Statistik – *Schmetterer, L.:* Einführung in die mathematische Statistik – *Stange, K.:* Angewandte Statistik, 1. und 2. Teil – *Weinberg, F.:* Grundlagen der Wahrscheinlichkeitsrechnung und Statistik sowie Anwendungen im Operations Research

Methode 635

Mit M. wird eine → Kreativitätstechnik im engeren Sinne bezeichnet, bei der 6 Personen zu einem möglichst genau definierten Problem jeweils 3 Ideen in durchschnittlich 5 Minuten auf je ein Blatt schreiben und dieses dann an die nächste Person weitergeben, die angeregt durch diese Ideen 3 neue Ideen dazu schreibt und das Blatt weitergibt, usw. Jeder der 6 Teilnehmer erhält so sukzessive die Blätter der 5 anderen zum Ergänzen.

Die M. wurde von B. Rohrbach mit dem Ziel entwickelt, daß Ideen aufgegriffen und weiterentwickelt werden, was beim → Brainstorming häufig nicht im erwünschten Umfang erfolgt.

Vor- und Nachteile gegenüber dem → Brainstorming:

Vorteile:

- Eine größere Zahl an Teilnehmern kann ohne Schwierigkeiten mitwirken (mehrere Ideenfindegruppen mit je 6 Teilnehmern).
- Spannungen aufgrund bestehender Konflikte zwischen oder Dominanz von Teilnehmern haben kaum Einfluß auf den Prozeß.
- Ein Moderator ist nicht erforderlich.
- Das Ergebnis wird ohne weiteren Aufwand festgehalten.
- Die M. kann auch per Post abgewickelt werden.

Nachteile:

- Wegen der knappen Formulierung der Ideen können Mißverständnisse enstehen.
- Der Abwicklung fehlt die anregende Wirkung des Brainstormings.
- Der Zeitdruck kann als Streß wirken.

Abwicklungsempfehlungen (s.a. → Kreativitätstechniken)

Bei den 108 Ergebnissen (6 Teilnehmer je 3 Ideen je eigenes Blatt und Blätter der 5 anderen Teilnehmer) werden Doppelnennungen vorkommen. Auch muß gegen Ende des Umlaufes mit Lücken gerechnet werden, da die Zeit für die Prüfung von 3 bereits 3–5mal behandelten Ideen und ihre Weiterentwicklung einzelnen Teilnehmern nicht ausreicht. Deshalb sollten die späteren Stationen des Umlaufes ggf. auf Kosten der ersten zeitlich verlängert werden.

Die M. eignet sich grundsätzlich für alle Schritte des Problemlösungszyklus, insbesondere jedoch für die Erarbeitung des «Rohmaterials» für die Zielsetzung und zur Erzeugung von Ideen während der Synthese-Analyse.

Die genannten Nachteile der M. will die *Brainwriting* genannte Kreativitätstechnik beheben. Fünf bis acht Teilnehmer legen beliebig viele Blätter mit je einer Lösungsidee zum anfangs definierten Problem auf einen Tisch (Pool).

Der Ideenstrom kann auch durch einige Blätter mit Lösungsansätzen, die zu Konferenzbeginn auf dem Tisch liegen, gestartet werden. Zwecks erneuter Stimulation lesen die Teilnehmer die Ideen anderer Teilnehmer und schreiben eigene Assoziationen dazu.

Bei der *Collective-Note-Book (CNB)-Technik* tragen mehrere Teilnehmer über einen längeren Zeitraum Gedanken, Ideen zum gegebenen Problem und seinen möglichen Lösungen spontan in je ein Notizbuch. Zum Abschluß wird der Inhalt vom jeweiligen Verfasser zusammengefaßt und anschließend vom Problemsteller im Hinblick auf eine gemeinsame Auswertungs-Runde aufbereitet.

Literatur

Rohrbach, B.: Techniken des Lösens von Innovationsproblemen – *Schlicksupp, H.:* Innovation, Kreativität, Ideenfindung – *Siemens AG:* Organisationsplanung

→ Kreativitätstechniken

Monte-Carlo-Methode

Von Monte-Carlo-Methode als Teil der → Simulationstechnik spricht man, wenn es sich um eine (stochastische) Simulation von Prozessen handelt, die von Zufallsgrössen abhängig ist. Die Nachahmung zufälliger Ereignisse, die sich nach gewissen statistischen Gesetzmäßigkeiten vollziehen, erfolgt mittels Zufallszahlen. Ein wichtiges Teilproblem ist dabei die Erzeugung solcher Zufallszahlen.

Zu diesem Zweck können sogenannte Zufalls-Tabellen verwendet werden. Da aber bei den meisten Problemen, die mit der Monte-Carlo-Methode gelöst werden, Computer zum Einsatz kommen, ist es im allgemeinen zweckmäßiger, die Zufallszahlen von Fall zu Fall zu erzeugen. Zu diesem Zweck sind spezielle mathematische Verfahren entwickelt worden, mit denen – aufgrund deterministischer Rechenregeln – Zufallszahlen gewonnen werden können. Sie werden Pseudo-Zufallszahlen genannt und erfüllen die an echte Zufallszahlen gestellten Anforderungen in jeder Hinsicht. Die Algorithmen zu ihrer Erzeugung werden als «Zufallszahlen-Generatoren» bezeichnet.

Normalerweise werden mit solchen Generatoren gleichverteilte Pseudo-Zufallszahlen erzeugt (d.h. alle Zahlenwerte eines bestimmten Bereichs weisen die gleiche Wahrscheinlichkeit auf). Nach einer beliebigen (empirischen oder theoretischen) Wahrscheinlichkeitsverteilung (vgl. → Wahrscheinlichkeitsrechnung) verteilte Zufallszahlen gewinnt man, indem man die gleichverteilten Zufallszahlen mit Hilfe der entsprechenden Summenverteilung bzw. der Verteilungsfunktion transformiert.

Das folgende Beispiel illustriert diesen Vorgang für eine empirische Wahrscheinlichkeitsverteilung.

An einem Postschalter wurde eine Statistik angefertigt, wie lange die einzelnen Kunden warten mußten. Dabei ergab sich, daß von 100 Kunden

20 Kunden überhaupt nicht,
40 Kunden jeweils 1 Minute,
30 Kunden jeweils 2 Minuten,
10 Kunden jeweils 3 Minuten,
 0 Kunden mehr als 3 Minuten

warten mußten, bis sie bedient wurden. Man kann die Wartezeit als (diskrete) Zufallsvariable (zwischen z.B. 0 und 10 000) auffassen und ihre Summenhäufigkeit aufzeichnen (s. Abb. 6.39).

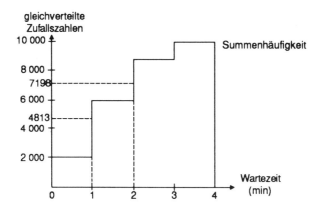

Abb. 6.39 Summenhäufigkeit der Wartezeit

Zu der Zufallszahl 4813 gehört eine Wartezeit von einer Minute, zu der Zufallszahl 7198 eine Wartezeit von zwei Minuten. Auf diese Weise werden die ursprünglich gleichverteilten Zufallszahlen in Zufallszahlen verwandelt, die nach dem empirischen Verteilungsgesetz (den hier geschilderten Wartezeiten) verteilt sind.

Im Zusammenhang mit Problemstellungen des → Operations Research sind gewisse Einflußgrößen häufig zufallsabhängige Variable. Da die Grenzen der mathematisch exakten Behandlung – aufgrund der Wahrscheinlichkeitstheorie – dabei rasch erreicht sind, kann mit der Monte-Carlo-Methode der Bereich «lösbarer» Problemstellungen wesentlich erweitert werden.

Für die hauptsächlichen Anwendungsgebiete sei auf die → Simulationstechnik verwiesen.

Der Ausdruck «Monte-Carlo-Methode» wird bisweilen (und ursprünglich) nur für die Techniken zur Erzeugung von Zufallszahlen mit bestimmter Verteilung verwendet (siehe Beispiel), vielfach jedoch sogar als Synonym für Simulation allgemein.

Literatur

→ Simulationstechnik

Morphologie

Bezeichnung für eine → Kreativitätstechnik, mit deren Hilfe auf systematischem Wege eine Vielzahl von Lösungsmöglichkeiten gesucht werden kann. Das gedankliche Prinzip wurde von Fritz Zwicky entwickelt.

Die Absicht des morphologischen Denkens läßt sich einfach am morphologischen Schema darstellen (Abb. 6.40).

Die 1. Spalte links kennzeichnet die sogenannten Parameter der Lösung, während das Innere des Schemas die verschiedenen möglichen Ausprägungen des Parameters enthält.

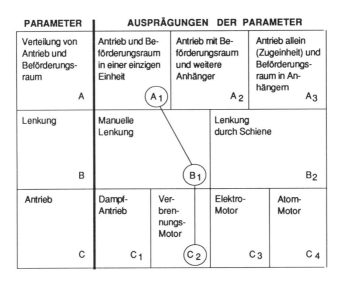

Abb. 6.40 Morphologisches Schema

Am vorliegenden sehr einfachen Beispiel kann gezeigt werden, wie aufgrund des Schemas Lösungen entwickelt werden können:

Wird je Parameter eine Ausprägungsform ausgewählt und kombiniert, ergibt sich eine Lösung. Die Kombination A_1–B_1–C_2 (siehe Kette im Schema) wäre das herkömmliche Auto, die Kombination A_3–B_2–C_3 die elektrische Eisenbahn.

Jede denkbare Kombination führt zu einer Lösungsvariante.

In diesem Zusammenhang wird von totaler Feldüberdeckung gesprochen, weil im Hinblick auf die Parameter und deren Ausprägung jede Kombination als Lösung angesehen werden kann.

Auch wenn auf diese Weise Lösungen gefunden werden, die bei flüchtiger Betrachtung nicht gangbar erscheinen, so gilt ganz besonders hier das Prinzip des «aufgeschobenen Urteils». Erst später wird also darüber befunden, ob eine Lösung brauchbar ist. Die Erfahrung zeigt, daß oft gerade ausgefallene Lösungen den Schlüssel zum Erfolg liefern können.

Festzuhalten ist, daß die richtige Festlegung der Parameter und der Ausprägungen die komplizierteste Aufgabe ist. Es kann dabei von herkömmlichen Lösungen ausgegangen oder es können intuitive Techniken z.B. → Brainstorming unterstützend herangezogen werden.

Das Vorgehen kann zusammenfassend wie folgt skizziert werden:

1. Problembestimmung
2. Ermittlung der problem- und lösungsbestimmenden Parameter im Sinne des morphologischen Schemas
3. Ermittlung möglicher Parameterausprägungen
4. Aufstellung der morphologischen Schemas

5. Ermittlung von Lösungen (Ausprägungskombination), ohne daß sie bereits beurteilt werden
6. Bewertung und Auswahl

Anwendung:
Vor allem bei der Lösungssuche im Rahmen der Synthese/Analyse oder auch als Darstellungstechnik zur Veranschaulichung der Gesamtheit möglicher Lösungen

Literatur

Schumacher, E.: Methoden der Prognostik – *Zwicky, F.:* Entdecken, Erfinden, Forschen

→ Kreative Techniken

MPM (Metra-Potential-Methode)

Methode der → Netzplantechnik. Ältester und bekanntester Vertreter der sogenannten Vorgangsknoten-Netze: Die Vorgänge werden dabei als Knoten dargestellt, die Reihenfolgebedingungen gehen aus den sogenannten Anordnungsbeziehungen (AOB) hervor (Abb. 6.41).

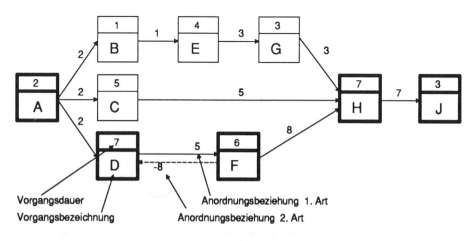

Abb. 6.41 MPM-Netzplan

Bei MPM sind 2 Arten von Anordnungsbeziehungen zu unterscheiden:

- *Anordnungsbeziehungen 1. Art* (AOB_1): «Kann-frühestens-Beziehung»: Sie besagt, daß zwischen den Beginnzeitpunkten von 2 Vorgängen eine Zeitspanne verstreichen muß, die mindestens dem Wert von AOB_1 entspricht.
Erst die gemeinsame Betrachtung von Vorgangsdauer und Wert der AOB läßt bei MPM Rückschlüsse über den zeitlichen Ablauf zu.
Der Wert von AOB_1 kann
  - *kleiner* sein als die Vorgangsdauer des vorangehenden Vorgangs (z. B. AOB_1 zwischen den Vorgängen E und G): Dadurch kann eine Überlappung der beiden Vorgänge im Ausmaß der Differenz der beiden Werte dargestellt werden (Vorgang G kann frühestens drei Zeiteinheiten nach Beginn von E beginnen. Da die Vorgangsdauer von E vier Zeiteinheiten beträgt, kann G bereits beginnen, bevor E abgeschlossen ist – Überlappung während 1 Zeiteinheit)
  - *gleich* der Vorgangsdauer sein. Der nachfolgende Vorgang kann in diesem Fall genau dann beginnen, wenn der vorhergehende abgeschlossen ist (z. B. AOB_1 zwischen den Vorgängen A–B, A–C, A–D, B–E, C–H)
  - *größer* sein als die Vorgangsdauer des vorangehenden Vorgangs (z. B. AOB_1 zwischen den Vorgängen F und H). Dadurch kann eine Wartezeit in der Höhe der Differenz der beiden Werte zwischen dem Abschluß eines Vorganges und dem Beginn des darauf folgenden dargestellt werden. (Vorgang H kann frühestens 8 Zeiteinheiten nach Beginn von F beginnen, obwohl F nur 6 Zeiteinheiten benötigt. Dies ergibt eine Wartezeit von 2 Zeiteinheiten)

Der Wert einer AOB kann aber auch gleich Null sein. Beide Vorgänge könnten in diesem Fall gleichzeitig beginnen, obwohl sie strukturell als hintereinander ablaufend dargestellt sind.
- *Anordnungsbeziehungen* 2. Art (AOB_2) = «Muß-spätestens-Beziehung»: Mit Hilfe der AOB_2 kann die maximal zulässige Zeitspanne zwischen den Beginnzeitpunkten bestimmter Vorgänge angegeben werden.
Beispiel: siehe AOB_2 zwischen den Vorgängen D unf F. Interpretation: Vorgang F muß spätestens 8 Zeiteinheiten nach Beginn von D beginnen (weil sonst beispielsweise der in D antransportierte warme Asphalt auskühlen würde und nicht mehr ausgewalzt werden könnte.) Eine gemeinsame Verwendung von AOB_1 und AOB_2 ist möglich und in Abb. 6.41 dargestellt.

Abhängigkeiten, die mit Hilfe der AOB_2 zum Ausdruck gebracht werden, können bei → CPM und → PERT strukturell nicht dargestellt und lediglich durch zusätzliche dispositive Eingriffe eingehalten werden.

Allgemein kann festgehalten werden, daß Vorgangsknotennetze, wie MPM, zunehmend häufiger verwendet werden, daß aber bei der praktischen Handhabung folgende Einschränkungen gelten sollen:

- AOB_2 sehr sparsam verwenden, möglichst sogar vermeiden, da die korrekte Anwendung und Interpretation dem Ungeübten häufig Schwierigkeiten bereitet.
- Wenn immer möglich sollten Vorgangsdauer und Wert der entsprechenden AOB_1 gleich groß sein; Wartezeiten und Überlappungen können auch durch strukturelle

Maßnahmen dargestellt werden (zusätzlicher Vorgang «Wartezeit» bzw. Unterteilung von Vorgängen).

Dadurch bleiben zwar viele Möglichkeiten des theoretischen Modells ungenützt, die graphische Aussagefähigeit des MPM-Netzplans wird aber wesentlich erhöht. Unter diesen Voraussetzungen bieten Vorgangsknotennetze, wie MPM, wesentliche Vorteile beim Entwurf der graphischen Struktur:

- Vorgänge können gruppenweise aufs Papier übertragen werden, bevor man sich die konkreten Abhängigkeiten überlegt (Anmerkung: bei den Vorgangspfeilnetzen muß man sich die logischen Abhängigkeiten in dem Moment überlegen, in dem man einen Vorgang aufs Papier bringt).
- Scheinvorgänge fallen vollständig weg.

Literatur

→ Netzplantechnik

Multimomentaufnahme

Mit M. wird eine → Beobachtungstechnik bezeichnet, mit der aus stichprobenartig genommenen Momentaufnahmen statistisch gesicherte Häufigkeiten (Mengen) und Zeitverbräuche gewonnen werden können.

Der Begriff M. wurde 1954 vom niederländischen Ingenieur de Jong geprägt. Über die Anwendung der Beobachtungstechnik selbst wurde bereits früher (1925 in der dt. Stahlindustrie, 1934 in der amerikanischen Textilindustrie) berichtet.

M. haben ein breites Anwendungsspektrum, so können z. B. Störungen von Abläufen, Materialbewegungen, Nutzungszeiten von technischen Einrichtungen, Tätigkeits- und Verteilzeiten ermittelt werden.

M. vermeiden die psychologischen Schwierigkeiten der Zeitaufnahme mit Stoppuhr und erfordern geringeren Zeitaufwand.

Das Vorgehen gliedert sich in folgende Stufen:

- Festlegung der Beobachtungselemente, wie z. B. Verrichtungen im Betrieb, Transportarten, Kommunikationsarten u. ä.
- Festlegung der Zeitintervalle der Beobachtungen in Form eines Beobachtungszeitplanes. Die Zeitintervalle sind von der Zahl der Beobachtungselemente abhängig. Für die Festlegung der Beobachtungsintervalle, die uneingeschränkt zufällig sein sollen, bedient man sich der Zufallszeiten-Tabelle. Dadurch wird eine mögliche Verfälschung der Aussage – aufgrund subjektiver Einstellung des Beobachteten auf die erwartete Beobachtung – weitgehend ausgeschlossen.
- Bestimmung der Reihenfolge der Aufnahmesituationen je Rundgang. Diese Reihenfolge ist während der ganzen Aufnahmedauer beizubehalten.
- Protokollierung der Aufnahme und Erfassen der beobachteten Ereignisse in vorbereiteten Erfassungslisten.
- Mathematisch-statistische Auswertung der erfaßten Daten.

Da die Genauigkeit der Auswertung stark von der Anzahl Beobachtungen abhängig ist, kann zu ihrer Bestimmung vorgängig ein Pilot-Test durchgeführt werden. Aufgrund der Testergebnisse läßt sich der erforderliche Rahmen der Stichprobe bestimmen.

Literatur

Haller-Wedel, E.: Multimoment-Aufnahmen – *REFA:* Methodenlehre des Arbeitsstudiums, Teil 2 (Datenermittlung)

Netzplantechnik

Die verschiedenen Methoden der Netzplantechnik sind sehr brauchbare Hilfsmittel, um komplexe Arbeitsabläufe, deren logische Verknüpfungen und zeitliche Bedingungen besser planen, koordinieren und kontrollieren zu können.
 Der Ablaufplan eines Projektes kann mit Hilfe der Netzplantechnik, für alle Beteiligten erkennbar, graphisch sehr anschaulich festgehalten werden. Die wichtigsten grundlegenden Begriffe sind unter dem Stichwort → CPM-Methode zu finden.
 Allen Methoden der Netzplantechnik ist folgendes *Vorgehen* gemeinsam:
 In einer *Strukturanalyse (1. Phase)* werden die für ein Projekt wesentlichen Vorgänge ermittelt (systematisches, unsystematisches Sammeln) und graphisch festgehalten. Beim Entwurf eines Netzplanes empfiehlt es sich, folgende Fragen zu stellen:

– Welche Tätigkeiten müssen *vor* der Durchführung einer neuen Tätigkeit abgeschlossen sein?
– Welche Tätigkeiten können erst *nachher* ausgeführt werden?
– Welche Tätigkeiten lassen sich unabhängig voneinander, *parallel* ausführen?
– Muß bzw. soll die betrachtete Tätigkeit *unterteilt* werden?

Die dabei entstehende Ablaufstruktur enthält lediglich die logischen Beziehungen zwischen den einzelnen Vorgängen und gibt keine Auskunft über die zeitlichen Verhältnisse im Projekt.
 Diese werden *in einer Zeitanalyse (2. Phase)* ermittelt. Aufgrund geschätzter Zeitdauern für die einzelnen Vorgänge eines Projektes werden dabei die frühestmöglichen und spätesterlaubten Anfangs- und Endzeitpunkte von Vorgängen bzw. Eintreffenszeitpunkte von Zuständen (Ereignisse), der kritische Weg und verschiedene Arten von Zeitreserven (Pufferzeiten) ermittelt.
 Bei einer umfassenden Anwendung der Netzplantechnik ist eine *Kapazitätsplanung* und Kontrolle sowie *Kostenanalyse* möglich, die den Zweck hat, die kostenoptimale Projektdauer zu ermitteln und Grundlagen zu schaffen für eine effiziente Kostenüberwachung (→ Zeit/Kosten/Fortschritts-Diagramme).
 Die bekanntesten *Methoden der Netzplantechnik* sind:

– → Critical Path Method (CPM)
– → Program Evaluation and Review Technique (PERT)
– → Metra-Potential-Methode (MPM)

Bei den klassischen Methoden CPM, PERT und MPM hat es sich ursprünglich um reine Terminplanungsmethoden gehandelt. Erst später wurden auch Kosten und

Einsatzmittel in die gleiche Planungstechnik miteinbezogen, um eine ganzheitliche Projektbetrachtung und vor allem auch eine bessere Überwachung bei der Ausführung zu erreichen.

Systematik der Methoden

Die genannten Methoden können hinsichtlich verschiedener Aspekte geordnet werden:

1. Darstellung: Hier können folgende Methoden unterschieden werden:

    Vorgangsknoten-Netzpläne (VKN): Die Vorgänge stehen in den Knoten; Anordnungs- und Reihenfolgebedingungen sind aus den Kanten (Pfeilen) ersichtlich. Beispiele: → MPM

    Vorgangspfeil-Netzpläne (VPN): Die Vorgänge werden durch Pfeile dargestellt (deren Länge allerdings keine Aussagen über die Zeitdauer des Vorgangs zuläßt), die logische Reihenfolge geht aus der Anordnung der Knoten hervor (= Ereignisse im Sinne von Beginn und Endzeitpunkt von Vorgängen). Beispiel: → CPM

    Ereignisknoten-Netzpläne (EKN): Es werden keine Vorgänge dargestellt, sondern nur Projektzustände und deren zeitliche Abstände (z.B. in Form von Meilensteinen: Vorstudie beendet, Bodenuntersuchungen abgeschlossen usw.) Beispiel: → PERT in seiner ursprünglichen Form

2. Determiniertheit von Netzplänen

    Hier ist zu unterscheiden zwischen deterministischen und stochastischen Netzplänen.

    Deterministische Netzpläne: Sowohl die Vorgangsdauern als auch die Struktur des Netzplanes sind eindeutig determinierbar bzw. werden so betrachtet. Es gibt für jeden Vorgang nur *eine* Zeitschätzung und auch jeweils nur *eine* Variante hinsichtlich des logischen Ablaufs.
    Beispiele: → CPM, → MPM

    Stochastische Netzpläne: Die Zeitdauern der Vorgänge können nicht eindeutig angegeben werden; es handelt sich also um stochastische Variablen, die hier durch drei Größen beschrieben werden: eine optimistische, eine pessimistische und eine wahrscheinliche Zeitschätzung je Vorgang (B-Verteilung).
    Beispiel: → PERT

Einsatz der Netzplantechnik

Der Einsatz der Netzplantechnik beginnt dort, wo das Balkendiagramm versagt: bei den Großprojekten.

Ändern sich im Projektverlauf die Zeitverhältnisse (Über- oder Unterschreiten von Terminen u.ä.), so sind primär keine Strukturüberlegungen erforderlich. Der Ablaufplan bleibt weiterhin gültig, es wird lediglich die Zeitberechnung neu durchgeführt.

PC-Einsatz:

Die Netzplantechnik ist leicht automatisierbar, weil sie auf der konsequenten Anwendung einfacher Rechenregeln beruht. In diesem Zusammenhang verweisen wir auf → PC-Software und → Projektmanagementsysteme (computergestützt).

Es ist ohne weiteres möglich, nach erfolgter Zeitberechnung automatisch ein Balkendiagramm zu erstellen. Die Umkehrung gilt allerdings nicht; aus einem Balkendiagramm kann nicht automatisch ein Netzplan erstellt werden, da im Diagramm die logischen Verknüpfungen der einzelnen Vorgänge nicht enthalten sind.

Vorteile der Netzplantechnik:
– Sie liefert eine Standardmethode zur Darstellung und Übermittlung von Projektplänen, Abläufen und jeweiligem Zeit- und Kostenfortschritt.
– Die Netzplantechnik zwingt zu logischem Denken bei der Planung, bei der Ausführung und bei der Kontrolle von Projekten.
– Sie fördert das langfristige und detaillierte Planen von Projekten.
– Sie identifiziert die kritischen Tätigkeiten im Netzplan und lenkt damit die Aufmerksamkeit des Managements auf jene 10% bis 20% der Tätigkeiten eines Projektes, welche die Grundlage für den termingerechten Gesamtablauf bilden.
– Sie zeigt die Wirkung von terminlichen Änderungen und Abweichungen im Vorgehen auf den Gesamtablauf.

Literatur

Berg, R., u.a.: Netzplantechnik – *Thumb, N.:* Grundlagen und Praxis der Netzplantechnik – *Voigt, J.P.:* Fünf Wege der Netzplantechnik – *Wille, H., u.a.:* Netzplantechnik, Methoden zur Planung und Überwachung von Projekten – *Becker, M.:* Dynamische Netzplantechnik

→ Projektmanagementsysteme

Nutzwertanalyse

Eine → Bewertungsmethode, die im Systems Engineering zur Bewertung von Lösungsvarianten dient (siehe Kapitel «Bewertung und Entscheidung», Teil II/2.4).

Die Entscheidungssituation, bei welcher die Anwendung des Verfahrens zweckmäßig ist, läßt sich wie folgt kennzeichnen:
– Es ist eine größere Zahl von Teilzielen (Kriterien) bei der Entscheidung zu berücksichtigen.
– Die Messung der Teilzielerfüllung erfolgt unter Verwendung der verschiedensten Skalen.

Im Gegensatz zu anderen Verfahren wird also keine spezielle Einschränkung hinsichtlich der zu verwendenden Maßstäbe vorgegeben.

Während es in der Regel relativ einfach ist, die Varianten hinsichtlich der Teilzielerfüllung zu bewerten, entsteht die Frage, wie eine Variante unter Berücksichtigung aller Teilziele zu beurteilen ist.

Hier verwendet die Nutzwertanalyse den Nutzenbegriff, der als dimensionsloser Index über alle Teilzielerfüllungen definiert wird.

Siehe dazu auch Kapitel 6.3 «Formularsammlung», Formular BWI/SE2: «Kriterien und ihre Skalierung».

Literatur
Siehe Kapitel «Bewertung und Entscheidung», Teil II/2.4

Objektstrukturplan

Ein O. ist eine hierarchische Darstellung des zu gestaltenden Objekts, in der ihre Bestandteile bzw. die systembildenden Elemente in einer vollständigen Übersicht dargestellt sind. Der O. ist somit ein objektorientierter → Projektstrukturplan.

Operationalisierung

Man spricht von Operationalisierung, wenn man nach Wegen sucht, um ein nicht direkt meßbares oder feststellbares Phänomen meßbar zu machen.

So wird häufig zu Beginn von Planungstätigkeiten mit ungenauen Begriffen operiert, um Probleme oder Absichten zu formulieren: «die Stadt ist unwohnlich», «das Betriebsklima ist schlecht», «die Luftqualität soll besser werden» usw.

Im Laufe der Planung sollte man sich bewußt darum bemühen, an die Stelle der ungenau beschriebenen Phänomene präzise, also operationale Beschreibungen zu setzen.

Die Präzisierung kann durch die Festlegung von *Indikatoren* erreicht werden. Die Indikatoren geben beobachtbare Phänomene, die einen Rückschluß auf nicht direkt wahrnehmbare Sachverhalte erlauben (Abb. 6.42).

Ungenauer Begriff nicht-wahrnehmbares Phänomen	Wahrnehmbare Phänomene
Betriebsklima	– Personalfluktuation – Bereitschaft zu Sonderanstrengungen …
Fortschrittliche Unternehmung	– Vorhandensein eines Personalrestaurants – gleitende Arbeitszeit – planmäßiges Management-Development

Abb. 6.42 Operationalisierungsbeispiele

Zur Ermittlung von Indikatoren kann das in Abb. 6.43 dargestellte allgemeine Operationalisierungsprinzip angewendet werden.

Gegeben: Begriff, der zu operationalisieren ist

1. Schritt:
Ableiten von Unterbegriffen, die den allgemeinen Begriff verdeutlichen

2. Schritt:
Festlegen von Indikatoren, also Merkmalen, die direkt gemessen oder beobachtet werden können

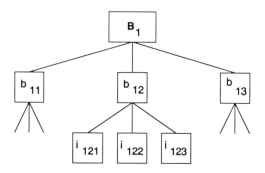

Abb. 6.43 Vorgehensschritte zur Operationalisierung

Im Systems Engineering spielt die Operationalisierung sowohl in der Situationsanalyse (Kapitel «Situationsanalyse», Teil II/2.1) als auch bei der Zielformulierung (Kapitel «Zielformulierung», Teil II/2.2) eine große Rolle.

Mit dem Indikatorbegriff hängt jener des Index eng zusammen. Als Index wird ein numerischer Ausdruck bezeichnet, der eine Zusammenfassung und Verdichtung von numerischen Einzelwerten (Indikatoren) darstellt (z. B. Lebenshaltungskosten-Index, Baukosten-Index).

Paarweiser Vergleich, Methode → Gewichtsbemessung, Methoden der.

Operations Research

Unter Operations Research (OR) versteht man die Anwendung mathematischer Methoden auf Probleme, die sich aus der Arbeitsweise von Systemen (Zusammenspiel von Menschen, Maschinen und Material) ergeben. Meistens handelt es sich um Optimierungsmethoden, die Entscheidungsunterlagen für die optimale Lösung ausarbeiten lassen.

Die eigentlichen Aufgaben des OR liegen im Zusammentragen wesentlicher Bausteine, die dann für die Modellbildung verwendet werden. Diese erlaubt die Beschreibung und das Verständlichmachen aller Fakten einer gegebenen Situation, das Aufdecken aller Beziehungen zwischen den verschiedenen Aspekten eines Problems, das Erarbeiten von Maßzahlen über Güte und Wirksamkeit des Modells und gleichzeitiges Betrachten aller Variationen. Damit zwingt das *Modell* weit mehr als andere Methoden zu einem systematischen Durchdenken der Probleme, zu einem Aufdecken bestehender Datenlücken und Zusammenhänge. Die mathematische Behandlung eines oft mühsam entwickelten Modells ist lediglich das Nachspiel, aus dem schließlich die Unterlagen erarbeitet werden, die eine Objektivierung von Entscheidungen und die Verbesserung von Prozeßabläufen bewirken sollen.

OR wurde erstmals während des 2. Weltkrieges zur Lösung militärischer Probleme angewendet und später auf wirtschaftliche Fragen übertragen. Von verschiedenen Versuchen einer deutschen Übersetzung des Begriffs OR hat sich noch am ehesten die Bezeichnung *«Unternehmensforschung»* durchgesetzt.

Bei der Problemlösung mit OR-Methoden können folgende Schritte unterschieden werden (in Anlehnung an Churchmann):

1. Formulierung des Problems
2. Datenanalyse
3. Modellaufbau
4. Lösung
5. Realisierung: Maßnahmen und Kontrolle

Die bekanntesten OR-*Problemgebiete* sind:
- Mischungsprobleme
- Lagerhaltungsprobleme
- → Zuteilungsprobleme
- → Warteschlangenprobleme
- → Reihenfolgeprobleme (engl. sequencing)
- → Ersatzprobleme
- → Konkurrenzprobleme
- → Transportprobleme

Als wichtigste *Methoden* des OR seien erwähnt:
- → Lineare Optimierung
- Nicht-lineare Optimierung
- → Dynamische Optimierung
- → Spieltheorie
- → Simulationstechnik und → Monte-Carlo-Methode
- → Heuristische Methoden
- → Branch and Bound

Im Zusammenhang mit dem Systems Engineering kommt der Einsatz von OR-Methoden hauptsächlich in der Phase der Konzeptsynthese (z. B. → Simulationstechnik, → Lineare Optimierung), in Frage.

Die Einsatzgebiete des OR

Wann und wo lohnt es sich, OR in der Praxis einzusetzen? Wir unterscheiden zwischen drei Einsatzkategorien (s. Abb. 6.44):

1) OR in wiederkehrenden Prozessen
2) OR für komplexe, selten vorkommende Planungsprozesse
3) OR für zukunftsorientierte Entscheidungen

1. Operations Research in wiederkehrenden Prozessen
   (beim SE von untergeordneter Bedeutung)

Wiederkehrende Entscheidungsprozesse finden wir beispielsweise bei Ölgesellschaften: Hier treten Transportprobleme der Tankerflotten und Mischungsprobleme bei der Herstellung von Nebenprodukten auf, ebenso Zuordnungs- und Transportpro-

OR-Einsatz-gebiet	Zweck	Realisierungszeitpunkt	Rechentakt	Daten
1 Wiederkehrende Prozesse	Operative Planung	Unmittelbar	Fest in kurzen Abständen	Meist deterministisch
2 Selten vorkommende Planungsprozesse	Projektierung, Auslegung	Kurz- bis mittelfristig	Variantenrechnung beim Auftreten des Projektes	Teils deterministisch, teils stochastisch
3 Zukunftsorientierte Entscheidungen	Strategische Entscheide	Mittel- bis langfristig	Vor dem Fällen von strategischen Entscheiden	Meist stochastisch

Abb. 6.44 Charakteristik der drei OR-Einsatzgebiete

bleme bei der Belieferung der Tankstellen, und dies bei konstantem oder steigendem Bedarf. Auch große Fleischverarbeitungsbetriebe stehen täglich vor einem Mischproblem: Welches und wieviel Fleisch von welchem Lieferanten zu welchem Preis anzuschaffen ist, um Wurstprodukte zu erzeugen, die einerseits dem Nahrungsmittelgesetz entsprechen (Fleisch-, Fettgehalt usw.) und andererseits möglichst kostengünstig in der Herstellung sind. In beiden Fällen greifen die Optimierungsmethoden des OR in den täglich wiederkehrenden Produktionsprozeß ein. Der Einsatz derartiger Methoden bedeutet zweierlei:

- Mehrausgaben durch falsche (kostenungünstige) Entscheide werden vermieden, d.h. man macht «das Beste» aus einer gegebenen Konstellation.
- durch die Verwendung eines «Rezeptes» (Rechenalgorithmus) können angelernte Arbeitskräfte fast ebenso wirkungsvoll wie erfahrene Spezialisten eingesetzt werden.

→ Lineare Optimierung, → Branch and Bound

2. Operations Research für komplexe, selten vorkommende Planungsprozesse

Standortprobleme, wie etwa die beste Plazierung eines zentralen Lagers, Stundenpläne für Schulen, Tourenpläne von Vertretern, sind Aufgaben, die zwar nicht oft zu lösen sind, aber dennoch von entscheidender Wichtigkeit sein können. Besonders komplex werden solche Probleme, wenn zahlreiche Daten von Einschränkungen (Restriktionen) zu berücksichtigen sind.

Auch die Netzplantechnik für Planung und Überwachung von Großaufträgen läßt sich zu dieser Kategorie zählen.

→ Heuristische Methoden, → Lineare Optimierung, → Simulationstechnik, → Dynamische Programmierung, → Warteschlangenmodelle

3. Operations Research für zukunftsorientierte Entscheidungen

Bei zukunftsorientierten Entscheidungen handelt es sich um die Anlayse einer Mehrzahl von Handlungsvarianten im Sinne einer optimalen Entscheidungsvorbereitung.

Hier geht es um langfristige Investitionsfragen, um die Bestimmung von Verkaufs- und Produktionsstrategien u.a.m. Entscheidungen sind teilweise unter Unsicherheit zu fällen. Die dafür eingesetzten OR-Methoden müssen sowohl mit konkreten (deterministischen) als auch mit Zahlen arbeiten, die mit Risiken (Wahrscheinlichkeiten) behaftet sind. Hier liegen die Fragen mit der größten Tragweite für Unternehmungen, die langfristig planen.

Wichtig ist auch die Erkenntnis, daß es sich um Hilfsmittel für den Entscheidungsprozeß handelt und nicht um operative Pläne. Die charakteristischen Merkmale der besprochenen drei Einsatzgebiete sind in der Abbildung 6.44 zusammengefaßt.

→ Simulationstechnik, → Monte-Carlo-Methode, → Spieltheorie, → Entscheidungstheorie, → Konkurrenzprobleme, → Wahrscheinlichkeitsrechnung, → Prognosetechniken, → Regressionsanalyse

Literatur

Churchmann, C.W., u.a.: Operations Research – *Henn, R., Künzi, H.P.:* Einführung in die Unternehmensforschung (I und II) – *Müller-Merbach, H.:* Operations Research – *Sasieni, M., u.a.:* Methoden und Probleme der Unternehmensforschung – *Stahlknecht, P.:* Operations Research – *Becker, M.:* Planen und entscheiden mit Operations Research

Panelbefragung

Mit P. wird eine → Informationsbeschaffungstechnik bezeichnet, mit der bestimmte Sachverhalte (Situationskenntnisse, Meinungen, Wünsche oder Absichten etc.) bei einer bestimmten Personengruppe (Konsumenten, Stimmbürger, Verkäufer etc.) mit denselben Instrumenten (→ Befragung, → Beobachtung) zu *wiederholten Zeitpunkten* erfaßt werden. Damit ist die Möglichkeit einer dynamischen Betrachtung gegeben. Die Zusammenhänge von Variablen und die Veränderung dieser Zusammenhänge im Zeitablauf können analysiert werden.

Beispiele:

- Dieselben 600 Personen wurden vor einer amerikanischen Präsidentenwahl 7 Monate lang allmonatlich befragt, um die Auswirkungen politischer Kampagnen zu ermitteln (Lazarsfeld).
- Ausgewählte Haushaltungen sammeln Informationen (Führen eines Haushaltsbuches), mit deren Hilfe der Lebenshaltungskostenindex laufend berechnet wird.

Die → Delphi-Methode ist eine besondere Form einer Panel-Studie, die Befragten sind ein ausgewählter Kreis von Experten.

Literatur

Friedrichs, J.: Methoden empirischer Sozialforschung – *Lazarsfeld, P., u.a.:* Wahlen und Wähler – *Maintz, R., u.a.:* Einführung in die Methoden der empirischen Soziologie

PC-Software

Ein seit Anfang der 80er Jahre fast unerläßliches Hilfsinstrumentarium für den Problemlösungsprozeß und für das Projektmanagement ist sicherlich der PC (Personal Computer) samt seiner Software. Hier nur einige der wichtigsten Programmtypen, die die Arbeit des Systems Engineerings unterstützen können (siehe Tabelle).

Programmtyp	Definition/Inhalt	geeignet für:					
		Situationsanalyse	Zielformulierung	Synthese	Analyse	Bewertung/Entscheidung	Projektmanagement
Projekt-management	Planen und kontinuierliches Überwachen von Projekten hinsichtlich Zeit, Kapazität und Kosten. Graphische Darstellung von Netzplänen und Balkendiagrammen. (siehe → Projekt-Management, computer-unterstütztes)						x
Textverarbeitung	Texte auf rationelle Art (bildschirmorientiert) erfassen, verändern, vielfältig darstellen und drucken. Gewisse Pakete ermöglichen das Überprüfen der Rechtschreibung. Baustein-korrespondenz	x	x	x	x	x	
Tabellen-kalkulation	Tabellenkalkulationsprogramme erlauben das bequeme und übersichtliche Erstellen, Durchrechnen und Ändern von Listen, Tabellen und Matrizen für Planung, Budgetierung, statistische Auswertungen und Kalkulationen. «Was wäre, wenn...?»	x		x	x	x	
Business-Graphics	Programme zur Erstellung von kommerziellen Grafiken, wie Linien-, Säulen-, Flächen- oder Kreissektor-Diagrammen. Ferner Vorbereitung von hochqualitativen Präsentations- und Vortragsmaterial	x			x	x	

Fortsetzung

Programmtyp	Definition/Inhalt	geeignet für:					
		Situationsanalyse	Zielformulierung	Synthese	Analyse	Bewertung/Entscheidung	Projektmanagement
Statistik	Massendaten erfassen, aufbereiten, verdichten, statistisch analysieren, graphisch darstellen und drucken oder zeichnen	x		x	x	x	
Datenverwaltung	Organisieren, Verwalten und Abfragen von zusammengehörenden Daten unter Anwendung von externen Massenspeichern. Daten verändern, recherchieren und listen, Dokumenten-Verwaltung	x					x
Kommunikation zu Großcomputern	Kommunizieren mit Großcomputern als Arbeitsplatzrechner. Einholen von verdichteten Informationen von den zentral gespeicherten Daten.	x	x				(x)
Zugriff zu externen Datenbanken	Zugriff zu externen On-line-Datenbanken von ökonomischen Kenngrößen, Technik, Medizin und großen Programmbibliotheken. (siehe → Datenbanken) Umweltbetrachtung etc.	x	x		x		

Es gibt zudem eine Vielzahl von integrierten Software-Paketen, die mehrere der oben erwähnten Programme vereinigen. Sie stellen eine Art «elektronischen Schreibtisch» für Manager, Fachkräfte und Sachbearbeiter dar:
Textverarbeitung, Tabellenkalkulation, Datenbankverwaltung, Grafik, Präsentationen usw. in einem durchgängigen Programmpaket.

Die Grenzen zwischen Programmiersprachen, Programm-Werkzeugen und Anwendungsprogrammen sind fließend.

Literatur

Althaus, M.: Das PC-Einsteigerbuch – *Goldstein, L.; Goldstein, M.:* Goldsteins IBM PC-Buch – *Norton, P.:* Die verborgenen Möglichkeiten des IBM PC – *Mehl, W.; Stolz, O.:* Erste Anwendungen mit dem IBM-PC – *Brown, P.J.:* Unix, die Einführung – *Bachmann, K.F.:* Personal-Computer im Büro

PERT (*P*rogram *E*valuation and *R*eview *T*echnique)

Methode der → Netzplantechnik, die vor allem in Forschungs- und Entwicklungsprojekten Verwendung gefunden hat. Obwohl es sich ursprünglich um eine Ereignis-orientierte Methode gehandelt hat, kann die Grundidee auch auf Vorgangs-orientierte Methoden übertragen werden (siehe → Netzplantechnik).

Sie besteht darin, daß es für jeden Vorgang nicht nur eine, sondern drei Zeitschätzungen gibt.

1. Die *optimistische Dauer* (OD), die unter besonders günstigen Arbeitsbedingungen erreicht werden kann. Es wird dabei angenommen, daß keine Aussicht besteht, die Arbeiten in kürzerer Zeit zu beenden.
2. Die *häufigste Dauer* (HD), die bei mehrmaliger Ausführung unter normalen Arbeitsbedingungen am häufigsten auftreten würde.
3. Die *pessimistische Dauer* (PD), die unter besonders ungünstigen Bedingungen zu erwarten ist. Als Regel gilt, daß sie nur im Katastrophenfall überschritten werden darf (wobei die praktische Abgrenzung dieses Falles Schwierigkeiten bereiten kann).

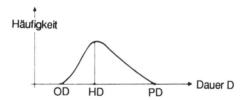

Abb. 6.45   Verteilung der Vorgangsdauern bei PERT

Für die Zeitberechnung wird aus OD, HD und PD ein Erwartungswert für die *mittlere Zeitdauer* (MD) eines Vorgangs ermittelt:

$$\mathrm{MD} = \frac{\mathrm{OD} + 4 \cdot \mathrm{HD} + \mathrm{PD}}{6}$$

Im allgemeinen wird die Verteilung der Vorgangsdauern nicht symmetrisch sein, HD also nicht genau in der Mitte zwischen OD und PD liegen. Es wird bei PERT davon ausgegangen, daß Zeitverhältnisse dieser Art durch die Beta-Verteilung beschrieben werden können.

Anmerkung: Wenn in der Praxis trotzdem symmetrische Zeitschätzungen gemacht werden, sollte man sich darüber im Klaren sein, daß drei Zeitschätzungen eigentlich unnötig sind, da die für die Zeitberechnung maßgebende mittlere Zeitdauer (MD) in diesem Fall identisch ist mit HD – siehe obige Formel.

Aufgrund dieser Schätzwerte lassen sich Wahrscheinlichkeiten für die Eintreffenszeitpunkte bestimmter Ereignisse errechnen.

Die zusätzlichen Möglichkeiten, die PERT gegenüber → CPM bietet, können allerdings nur dann genützt werden, wenn der Anwender einerseits imstande ist, vernünftige Schätzwerte für OD, HD und PD anzugeben, und andererseits, die sich aus dem Zeitmodell ergebenden Wahrscheinlichkeitsaussagen zu interpretieren versteht.

Die allgemeine Verbreitung von PERT ist – abgesehen von einigen Entwicklungsprojekten – relativ gering, wobei allerdings zu beachten ist, daß der Name PERT vielfach fälschlicherweise als Synonym für Netzplantechnik allgemein verwendet wird.

Literatur

→ Netzplantechnik

Polaritätsprofil

→ Darstellungstechnik, die geeignet ist, skalierbare Eigenschaften von Objekten, Systemen, Personen usw. zu veranschaulichen. Die verwendbaren Diagramme können eine Vielzahl von Merkmalen unterschiedlicher Objekte gleichzeitig abbilden. Dadurch wird das Vergleichen der abgebildeten Objekte sehr vereinfacht.

Die folgenden Beispiele sollen Prinzip und Anwendungsgebiete dieser Darstellungstechnik veranschaulichen:

– Im Rahmen der Situationsanalyse eignet sich die Darstellung zur Charakterisierung bestehender Systeme (Abb. 6.46).
– Für die Bewertung können verschiedene Lösungsvarianten und der Grad der Zielerfüllung dargestellt werden (vgl. Kapitel «Bewertung und Entscheidung», Teil II/2.4).
– Es können Eignungsbereiche des Einsatzes von Methoden und Hilfsmitteln dargestellt werden (vgl. Abb. 3.10, Kapitel «Projekt-Management», Teil III/1).
– Zur Operationalisierung unpräziser Begriffe siehe → Operationalisierung.

Eine Spielart stellen die Polarkoordinaten dar. Die Strecken, welche zur Abbildung der skalierbaren Eigenschaften dienen, sind hierbei strahlenförmig um ein Zentrum angeordnet (Abb. 6.47).

Die Koordinaten tragen den Maßstab, in dem die Zielerfüllung gemessen wird.

1) Auf den Koordinaten können mögliche Beschränkungen abgebildet werden (Balken).
2) Die Skalen sollen auf den Koordinaten so angeordnet werden, daß die beste Zielerfüllung durch einen möglichst großen Abstand vom Zentrum zum Ausdruck kommt.

2. Enzyklopädie/Glossarium

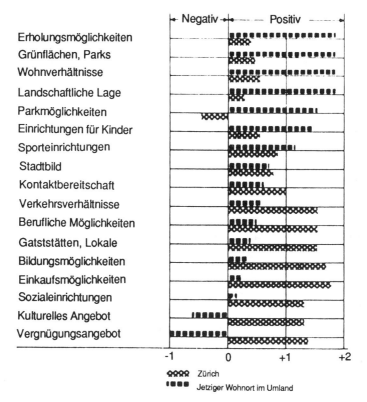

Abb. 6.46   Polaritätsprofil. Zürichs Image, Darstellung einer Bevölkerungsumfrage.
Quelle: Neue Zürcher Zeitung

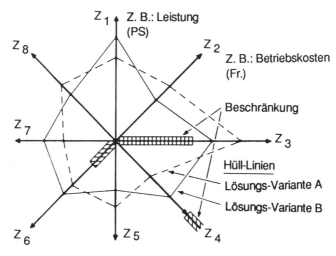

Abb. 6.47   Polarkoordinaten zur Darstellung von Zielen und Zielerfüllung

Problemlösungsbaum

P., auch Variantenbaum oder Relevanzbaum genannt, ist eine analytisch-systematische → Kreativitätstechnik. Der P. dient als Hilfsmittel zur übersichtlichen Darstellung komplexer Sachverhalte und ist eine spezielle Form eines → Graphen. Er besteht aus Knoten, die sequentiell Ereignispunkte darstellen und aus den sie verbindenden Ästen (Kanten), die eine Variante symbolisieren. Von jedem Knoten geht ein Teilbaum aus, und der Baum als Ganzes gibt eine vollständige Übersicht über alle Lösungsvarianten. Jede Lösung stellt einen zusammenhängenden Streckenzug bis zur untersten Stufe dar.

Ein P. ist wie → Attribute Listing eine morphologische Struktur → Morphologie.

Ausgangspunkt (Wurzel) ist ein Problem, eine Zielsetzung, ein System. Jede Verzweigung kann unter unterschiedlichen Gesichtspunkten vorgenommen werden; Ziele werden z.B. in alternative Mittel und diese in Maßnahmen unterteilt., Systeme in Untersysteme und in Elemente. Mit einer Verzweigung kann aber auch nach zeitlichen oder örtlichen Varianten oder nach sonstigen Kriterien differenziert werden (Abb. 6.48). Diese Tätigkeit stellt wechselseitig kreative und systematische Anforderungen.

Art und Reihenfolge der Gliederungskriterien ergeben sich aus der Situation, häufig lassen sich Verzweigungsebenen in ihrer Abfolge austauschen. Verzweigungskriterien, die eine grundsätzliche Aufteilung bewirken, gehen solchen für Unterschiede zwischen Varianten zweckmäßigerweise vor.

P. mit mehr als sechs Verzweigungsebenen werden leicht unübersichtlich. Es ist dann zweckmäßig, zusätzliche Verzweigungen separat weiter zu entwickeln.

Die Bearbeitung von Sachverhalten mit P. erfordert fundierte Kenntnisse im jeweiligen Sachgebiet und erfolgt eher in Einzelarbeit oder in einer kleinen Gruppe. Die → Kärtchentechnik ist ein gutes Darstellungsmittel.

Bei Verwendung von P. in einem Bewertungsverfahren (→ Bewertung) spricht man von einem «Relevance Tree». Dabei stellen die Hauptzweige die Varianten dar, während nach den folgenden Verzweigungen Bewertungskriterien angeordnet sind. Mittels der Gewichtungen der Varianten lassen sich Aussagen über die Relevanz eines Kriteriums für die Stellung einer einzelnen Variante im Zuge der Bewertung treffen.

Auch für den → Entscheidungsbaum wird der Begriff Relevance Tree verwendet.

P. eignen sich i.e.L. für die Erarbeitung des «Rohmaterials» für die Zielsetzung und hier besonders im Hinblick auf zukünftige Entwicklungen (technological forecasting) (→ Prognosetechniken) sowie zur Erzeugung von Ideen während der Synthese-Analyse.

Literatur

Blohm, H., Steinbuch, K. (Hrsg.): Technische Prognosen in der Praxis – *Geschka, H.:* Alternativengenerierungstechniken – *Jantsch, E.:* Technical Forecasting in Perspektive – *Müller, M.:* Wege zur Kreativität – *Schlicksupp, H.:* Innovation, Kreativität und Ideenfindung

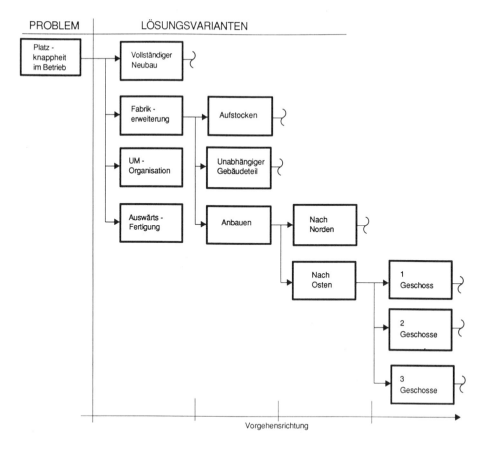

Abb. 6.48 Problemlösungsbaum für die Behebung von Platzknappheit (nach Müller)

Prognosetechniken

Prognose-Techniken weisen sehr unterschiedliche Komponenten auf, weshalb eine eindeutige Gliederung nur schwer möglich ist. Eine grobe Unterteilung kann nach dem Schwergewicht der Techniken auf intuitiven bzw. analytischen Komponenten vorgenommen werden.

Die Wahl eines bestimmten Verfahrens hängt davon ab,

- welche Informationen vorhanden sind,
- für welchen Zweck die Prognose benützt wird,
- welcher zeitliche und finanzielle Aufwand dafür eingesetzt werden kann oder muß.

Intuitive Techniken

Unter intuitivem Denken – populär oft als «gesunder Menschenverstand» oder «Fingerspitzengefühl» bezeichnet – wird die plötzliche Eingebung oder das ahnende Erkennen verstanden. Intuition bezeichnet die Fähigkeit, verwickelte Beziehungen

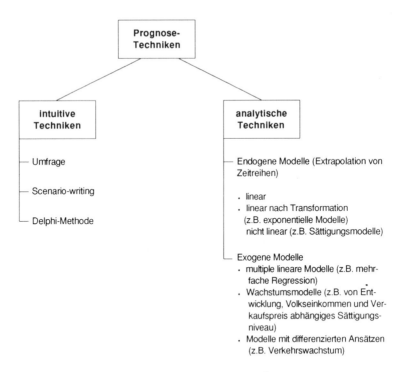

Abb. 6.49 Prognose-Techniken (Übersicht)

ohne bewußt ablaufende Denkprozesse und ohne detaillierte Kenntnis der Ursache-Wirkungs-Verhältnisse in ihrem Wesen zu erfassen.

Die intuitiven Prognoseverfahren beruhen weitgehend auf Schätzungen und qualitativen Aussagen. Das Maß der Unsicherheit der Prognose ist bei diesem Verfahren nur schwer abzuschätzen, es hängt sehr stark von den beteiligten Personen ab. Sie werden vor allem verwendet, wenn keine Vergangenheitswerte verwendet werden können, weil z.B. eine Extrapolation zur Ermittlung von Gesetzmäßigkeiten nicht zulässig erscheint (Konjunktur-Veränderungen, Strukturwandel im Energie-Verbrauch ...) oder wenn die künftige Entwicklung der Parameter mathematisch nicht ermittelt werden kann. Sie werden aber vielfach auch als Ergänzungen oder zur Kontrolle anderer Verfahren beigezogen. Eine große Bedeutung haben sie im sozialen und politischen Bereich, wenn für nicht quantifizierbare Fragenkomplexe Prognosen angestellt werden.

Um die Subjektivität ausschalten zu können, ist das Urteil mehrerer (vieler) Personen erforderlich.

Bei der *Umfrage* werden Situationskenntnis, Meinungen, Wünsche oder Absichten einer bestimmten Personengruppe (Konsumenten, Stimmbürger, Verkäufer, ...) erfragt. Als Methodik für die Umfrage bieten sich standardisierte → Interviews oder → Fragebogen an. Werden über dasselbe Objekt mit demselben Instrument (Befragung,

Beobachtung) wiederholt Informationen beschafft, so spricht man von einer → Panel-Befragung.

Beim *Scenario writing* (= Drehbuch schreiben) (→ Szenario Technik) werden mehrere mögliche zukünftige Entwicklungen und die Folgen der dabei eintretenden Ereignisse durchgespielt. Man versucht, eine künftige Situation als logische Folge von Ereignissen zu entwickeln. Das Ziel besteht hauptsächlich darin, jene Verzweigungspunkte aufzuzeigen, bei denen grundsätzliche Entscheidungen getroffen werden müssen.

Bei der → *Delphi-Methode* wird durch mehrere aufeinander folgende Umfragen die Meinung einer Expertengruppe, deren Mitglieder keinen Kontakt untereinander haben, zu bestimmten Themen eingeholt, wobei die Ergebnisse – statistische Gruppenantwort einschließlich extremer Einzelmeinungen jeder vorangegangenen Umfrage – den Teilnehmern zur Selbsteinschätzung und -kontrolle rückgemeldet werden. Dadurch nähern sich die Meinungen an und werden letzlich zu Aussagen verdichtet, die mit höherer Wahrscheinlichkeit zutreffen als die Einzelmeinungen.

Analytische Techniken

Im Gegensatz zu den intuitiven Verfahren stützten sich die analytischen Techniken auf die Ergebnisse empirischer Untersuchungen. Im wesentlichen arbeiten sie mit einem (mehr oder weniger intuitiv ausgewählten) mathematischen Modell. Vielfach können mathematische Algorithmen auch graphisch angewendet werden. *Graphische Verfahren* haben vor allem den Vorteil der Anschaulichkeit und erlauben oft, mathematisch komplizierte Gesetzmäßigkeiten ohne großen Aufwand darzulegen.

Extrapolation (endogene Prognose-Techniken)

Die Extrapolation verwendet nur Daten der zu prognostizierenden Sachverhalte (endogen) und basiert auf der Annahme, daß durch einfache Extrapolation des ermittelten Trends ein Bild der mutmaßlichen Zukunftsentwicklung zu gewinnen sei (→ Trendextrapolation), falls es gelingt, die Gesetzmäßigkeiten durch eine Analyse der Entwicklung in der Vergangenheit zu quantifizieren.

Die derart gewonnenen Prognosen stützen sich somit im wesentlichen auf eine historische Verlaufsanalyse, deren Ergebnisse als auch für die Zukunft analog geltende erachtet werden.

Bei der Extrapolation mit Zeitreihen muß beachtet werden, daß der grundsätzliche Charakter der Gesetzmäßigkeit intuitiv als Hypothese vorgegeben bzw. akzeptiert werden muß. Das heißt, man muß festlegen, ob z.B. einfach lineare Verläufe, exponentielle Verläufe oder → Sättigungsmodelle angewendet werden sollen.

Wachstums-Modelle (exogene Prognose-Techniken)

Wachstums-Modelle, als wesentliche exogene Prognose-Techniken neben Techniken zur Berücksichtigung multipler linearer Entwicklungen, berücksichtigen Veränderungen relevanter Einflußfaktoren (eines oder mehrerer) auf den zu prognostizierenden Sachverhalt.

Entsprechend dem Prognosezeitraum ist eine Einteilung in kurz-, mittel- und langfristige Prognosen möglich. Bezüglich der Aussagefähigkeit muß beachtet werden, daß die Länge der Vorhersageperiode und die Genauigkeit gegenläufige Größen sind.

Je stärker sich der Zeitpunkt, zu dem eine Prognose erstellt wird, jenem nähert, auf den sie sich bezieht, desto genauer und zuverlässiger werden die getroffenen Aussagen sein. Die graphische Darstellung der Genauigkeit in Abhängigkeit von der Zeit, wird als Lernkurve (learning curve) bezeichnet.

In der Tabelle (Abb. 6.50) sind bekannte Prognoseverfahren dargestellt.

	Ermittlungsverfahren			Prognosezeitraum			Prognoseoutput	
		analytisch						
Prognoseverfahren	intuitiv	mathematisch	graphisch	kurzfristig	mittelfristig	langfristig	quantitativ	qualitativ
Mittelwertbildung		x		x			x	
Exponentielle Glättung		x		x			x	
Trendextrapolation		x	(x)	x	x	(x)		
Regression		x		x	(x)		x	
Hochrechnungsprognose		x		x			x	
Sättigungsmodelle		x			x	x	x	
Relevanzbaum	x		(x)	x	x	(x)		x
Delphi-Methode	x					x	(x)	x
Scenariowriting	x				x	x		x

Abb. 6.50   Charakteristiken von Prognoseverfahren

Bei der Systemgestaltung werden häufig langfristige Prognosen benötigt, die oft nicht mit mathematischen Verfahren abgedeckt werden können und mit großer Unsicherheit behaftet sind. Je unsicherer Prognosen sind, desto wichtiger ist es für den Systemgestalter, wesentliche Grundannahmen als Grundlagen für das neue System mit dem Auftraggeber zu besprechen.

Der an sich unbestrittene Vorteil der Quantifizierbarkeit mathematischer Prognoseverfahren darf nicht dazu verleiten, sich auf solche Verfahren zu beschränken.

Literatur

Ayres, R.U.: Prognose und langfristige Planung in der Technik – *Gahse, S.:* Mathematische Vorgehensverfahren und ihre Anwendung – *Gehmacher, E.:* Methoden der Prognostik – *Jantsch, E.:* Technological Forecasting in Perspective – *Kohler, B. und Nagel, R.:* Die Zukunft Europas – *Lewandowski, R.:* Prognose- und Informationssysteme und ihre Anwendungen – *Mertens, P. (Hrsg):* Prognoserechnung – *Rothschild, U.W.:* Wirtschaftsprognose – *Schuhmacher, E.:* Methoden der Prognostik

Projektmanagmentsysteme computerunterstützt

PM-Programme auf dem PC sind im wesentlichen Programme der → Netzplantechnik mit mehr oder weniger Zusatzfunktionalität für die administrative Abwicklung eines Projektes. Sie ermöglichen das Planen und Überwachen von Projekten hinsichtlich Zeit, Kapazität und Kosten. Es sind diverse graphische Darstellungen wie Netzpläne, Balkendiagramme, Histogramme etc. möglich.

Durch die Netzwerkfähigkeit (PC-Netz, LAN) sind PM-Programme direkt zur Projektkoordination einsetzbar. Kapazitätsausgleichsvorschläge können von Programmen selbständig gemacht werden (sind jedoch mit Vorsicht zu genießen).

Die Projektverantwortlichen müssen nebst einem Überblick über das Gesamtprojekt auch viele Details beachten. Die PM-Programme bieten hier Unterstützung, können jedoch ein Projekt nicht selbständig durchziehen.

Eine Faustregel besagt, daß der Einsatz eines PM-Programmes sinnvoll ist, sobald mehrere Personen oder Maschinen ein Dutzend oder mehr abgrenzbare Aufgaben erfüllen müssen.

Ein PM-Programm wird durch folgende Merkmale charakterisiert:
- *Anzahl Tätigkeiten pro Projekt, Anzahl Ressourcen pro Projekt, Anzahl Ressourcen pro Tätigkeit.* Damit ein PM-Programm einsetzbar ist, müssen diese Werte den Anforderungen genügen.
- Die *Bedienungsfreundlichkeit* ist von großer Bedeutung. Die Programme unterscheiden sich in der Bildschirmgestaltung, der direkten Hilfestellung sowie der Möglichkeit, Programmabläufe durch Makros zu automatisieren.
- *Ressourcen- und Finanzplanung.* Diese Aufaben werden mehr oder weniger automatisiert. Vor allem Ressourcenausgleich und Kostenkontroll- und Überwachungsfunktionen sind hier zu nennen.
- *Projektanalyse.* Die Möglichkeiten, den Projektfortschritt in allen Bereichen graphisch darzustellen und auszuwerten, kann durch vorgegebene Funktionen oder durch eigene Vorgehen ergänzt erfolgen.
- *Kalender.* Allen Rechenschritten liegt ein individuell anpaßbarer Kalender zugrunde.
- Die *Netzwerkfähigkeit* entscheidet über die Möglichkeit, verschiedene Projektteammitglieder in die Planungsarbeit einbeziehen zu können.

Literatur

Orgamatik 10/89: Projektmanagement für Profis – *Müller-Zantop S.:* Projektsteuerung mit dem PC – *Locher R., Maurer T.:* Einsatz von Projektmanagementsoftware auf dem PC

→ PC-Software

Projektstrukturplan (PSP)

Ein Projektstrukturplan ist eine graphische Übersicht (meist in systemhierachischer Darstellung), welche Arbeitsinhalte bzw. Objekte abgrenzt, die im Rahmen eines Projektes zu bearbeiten sind. Diese Strukturierung kann auf verschiedene Arten erfolgen:

1) Ein *objektorientierter* PSP verschafft eine Übersicht über die Bestandteile des zu gestaltenden *Objekts* (= Objektstrukturplan).
   In Abb. 6.51 ist dazu ein Fotoapparat in die Bestandteile Optik, Gehäuse und Mechanik, Steuerung und Elektronik usw. gegliedert.
   Wenn das Projekt ein großer Kongreß ist, so könnte man als Objekte das Programm, gegliedert in thematische Blöcke bzw. Teilveranstaltungen verstehen.
   Die Objekte charakterisieren also das Ergebnis, auf das man hinarbeitet.

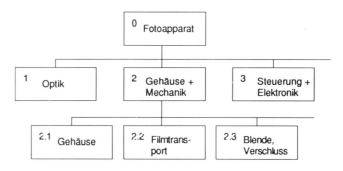

Abb. 6.51   Objektorientierter Projektstrukturplan

2) Ein *aufgabenorientierter* PSP beschreibt die Aufgaben, die zu erfüllen sind, damit das Objekt entstehen kann. Beim Fotoapparat sind das z.B. die Konstruktion, die Fertigung, das Marketing etc. (Abb. 6.52).
   Beim Kongreß sind es z.B. die Erarbeitung des Hauptprogrammes (inkl. Themen und Referenten), des Rahmenprogrammes, die Organsiation der Lokalitäten (Verträge, Verpflegung, Übernachtung); die Einladung der Teilnehmer, die Vorbereitung der gedruckten Unterlagen, die Planung der Infrastruktur (Sekretariat, Information, Transport etc.).
3) Ein *phasenorientierter* PSP beschreibt die unterschiedlichen Konkretisierungsstufen, z.B. im Sinne der Projektphasen (siehe Abb. 6.53).

2. Enzyklopädie/Glossarium

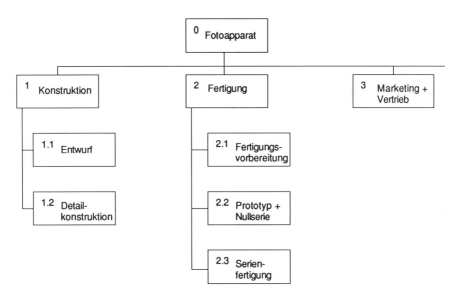

Abb. 6.52 Aufgabenorientierter Projektstrukturplan

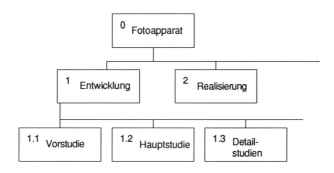

Abb. 6.53 Phasenorientierter Projektstrukturplan

Eine einfache Dezimalklassifikation ermöglicht die hierarchische Gliederung, wodurch einzelne Elemente leicht zu identifizieren sind.

Die Darstellungen lassen auch erkennen, daß diese Strukturen überlagert werden können und müssen: Die Aufgaben dienen dazu, die Objekte zu schaffen, und die Phasen dienen der Strukturierung der Aufgaben hinsichtlich des Zeit- und des Detaillierungsaspektes.

Projektstrukturpläne (insbesondere objektbezogene) ermöglichen die Ableitung von Arbeitspaketen (siehe Abb. 6.51), woraus sich dann meist eine Mischung eines objekt- und aufgabenorientierten PSP ergibt (z.B. Entwurf oder Detailkonstruktion bzw. Berechnung der Optik im Fall des Fotoapparates).

Arbeitspakete sollen so definiert sein, daß die Verantwortung für die Ausführung klar einer Person oder Stelle innerhalb oder außerhalb des Projektteams zugeordnet werden kann.

Literatur

Madauss, B.J.: Projektmanagement

Punktbewertung

Der Begriff Punktbewertung wird synonym für jene Bewertungstechniken verwendet, in denen die Varianten je Kriterium durch die Wertung mittels Noten = Punkten vorgenommen wird.
(Siehe Kapitel «Bewertung und Entscheidung», Teil II/2.4).
→ Bewertungstechniken

Regressionsanalyse

Die Regressions- und → Korrelationsanalyse als wichtige Teilgebiete der → Mathematischen Statistik befassen sich mit der Untersuchung der Abhängigkeiten zwischen zwei oder mehreren Zufallsvariablen. Dabei beschäftigt sich die Regressionsanalyse mit der *Art* des Zusammenhanges zwischen den betrachteten Variablen, während bei der Korrelationsanalyse der *Grad* oder die Intensität dieses Zusammenhangs untersucht wird.

Bei Problemstellungen, die mit der Regressionsanalyse behandelt werden sollen, läßt sich eindeutig eine Größe als *abhängige Variable* festlegen, die von einer (oder mehreren) *unabhängigen Variablen* bestimmt wird. Mit der Regressionsanalyse allein läßt sich eine behauptete Abhängigkeit nicht beweisen, sondern nur quantifzieren.

Häufig kann aber bei der Untersuchung zweier Zufallsvariablen nicht festgelegt werden, welche als abhängige und welche als unabhängige Variable zu betrachten ist (z.B. Körpergröße und Gewicht). Diese Fälle, auch die Frage nach dem Maß der linearen Abhängigkeit sind Gegenstand der → Korrelationsanalyse.

Die Regressionsanalyse findet Anwendung

- bei *wiederkehrenden Prozessen*, wenn gegenüber den gemessenen Werten nur Veränderungen *innerhalb* des Meßbereichs und im Verhältnis der unabhängigen Variablen zueinander vorkommen:
  - Bremsweg in Abhängigkeit der Fahrgeschwindigkeit
  - Vorgabezeitentabellen im Zeitstudienwesen (z.B. Bohrzeit in Abhängigkeit von Durchmesser, Tiefe und Material)
  - physikalische Eigenschaften des Gusses in Abhängigkeit von den Konzentrationen der chemischen Zutaten (z.B. Kerbzähigkeit in Abhängigkeit von C, Si, Mn, Ni, ... etc.)
  - Funktionen für die Schnelloffertkalkulation

- Ausbeute (in einem chemischen Prozess) in Funktion von diversen Einflußgrößen (Temperatur, Katalysator, Konzentration, Druck etc.)
- bei *Prognosen*, wenn gegenüber den gemessenen Werten die unabhängigen Variablen maximal 10% *außerhalb* des Meßbereiches liegen können.
- Verkaufsvolumen in Abhängigkeit von wirtschaftlichen Kenngrößen, wie Bruttosozialprodukt, Lebenskostenindex usw.
- Bedarfsermittlung im Lagerwesen

Wenn bei einer zweidimensionalen Regressionsanalyse die sich aus einer Stichprobe ergebenden Wertpaare in der xy-Ebene graphisch dargestellt werden, so ergibt sich wegen des nur stochastischen Zusammenhanges im allgemeinen eine Punktewolke, in der in den meisten Fällen aber doch – mehr oder weniger deutlich – eine Kurvenform (ein Trend) zu erkennen ist. Vor der eigentlichen mathematischen Behandlung muß entschieden werden, welcher *Funktionstyp* den Berechnungen zugrunde gelegt werden soll. Das gleiche gilt natürlich analog für die mehrdimensionale Regressionsrechnung.

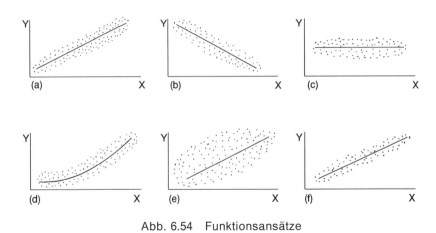

Abb. 6.54 Funktionsansätze

In Abb. 6.54 sind sechs verschiedene Funktionen in verschiedenen Intensitäten von Abhängigkeiten dargestellt:

(a): direkte lineare Beziehung
(b): inverse lineare Beziehung
(c): keine Beziehung
(d): direkte nichtlineare Beziehung
(e): direkte lineare Beziehung mit geringerer Abhängigkeit als in (a)
(f): direkte lineare Beziehung mit höherer Abhängigkeit als in (a)

Im Falle einer linearen Beziehung muß die Regressionsgerade $y = a + bx$ der Punkteschar möglichst gut angepaßt werden. Dies erfolgt im allgemeinen nach dem Gaußschen Prinzip der kleinsten Quadrate, was bedeutet, daß die Gerade so gelegt wird, daß die Summe der Quadrate aller Abstände von den einzelnen Punkten zur Geraden minimal wird.

Bei vielen Problemstellungen im Zusammenhang mit der Regressionsanalyse ist die unabhängige Variable x die Zeit. Es liegt dann eine sogenannte Zeitreihe vor. In diesem Fall nennt man die Regressionsfunktion auch Trend.

Regressionsanalyse-Modelle spielen insbesondere auch eine Rolle im Rahmen der Prognose (→ Trendextrapolation).

Für die Regressionsanalyse gibt es zahlreiche gut ausgebaute Computerprogramme, auch für PCs.

Literatur

Soom, E.: Varianzanalyse, Regressionsanalyse und Korrelationsrechnung

→ Mathematische Statistik

Reihenfolgeprobleme

Reihenfolgeprobleme (engl. sequencing problems; oft auch mit Ablaufplanung übersetzt) sind Optimierungsprobleme (→ Operations Research (OR)), bei denen es um die Entscheidung zwischen verschiedenen Varianten zulässiger Reihenfolgen geht, in denen gewisse Tätigkeiten abgewickelt werden sollen. Der Wert der Zielfunktion hängt von der gewählten Reihenfolge ab, wobei das Ziel z.B. in der Minimierung des Gesamtaufwandes, der Durchlaufzeiten oder der Kosten bestehen kann.

Eine im Rahmen des OR sehr bekannte modellhafte Problemstellung ist jene des Handelsreisenden (travelling-salesman-problem), bei der die kürzeste Route beim Besuch von n Städten gesucht wird, in dieser Form aber eher von theoretischem Interesse ist.

Praktische Anwendungen sind z.B. in der Fertigungsablaufplanung zu finden. Es wird die optimale Reihenfolge der Bearbeitung verschiedener Fertigungsaufträge an mehreren Bearbeitungsstellen gesucht, mit dem Ziel der Minimierung der Durchlaufzeiten oder der Rüstkosten.

Mathematisch exakte Lösungsverfahren sind bisher nur für einige vereinfachte Problemstellungen dieser Art entwickelt worden. Es gelangten vor allem folgende Methoden zum Einsatz: → Branch and Bound; → Heuristische Verfahren; → Dynamische Optimierung; → Lineare Optimierung und ganzzahlige Optimierung

Literatur

Churchman, C.W., u.a.: Operations Research – *Müller-Merbach, H.:* Optimale Reihenfolgen – *Sasieni, M.; u.a.:* Methoden und Probleme der Unternehmensforschung – *Stahlknecht, P.:* Operations Research

Risiko-Analysen

Mit Risiko werden bewertete Schadenpotentiale oder die Ausfallfolgen unerwünschter Ereignisse pro Zeiteinheit bezeichnet. R. wandeln potentielle Gefährdungen für

Sachen und Personen, d.h. Tragweiten der Auswirkungen von Versagenseintritten, durch Korrelation mit den Eintrittswahrscheinlichkeiten in Risiko-Abschätzungen um (s.a. → Katastrophen-Analyse).

Das Vorgehen zur Erarbeitung einer R. ähnelt dem zur Erarbeitung von → Sicherheitsanalysen.

Literatur

Buetzer, P.: Sicherheit und Risiko – *Hauptmanns, V., u.a.:* Technische Risiken – *Dreger, W.:* Risk-Management und die Methoden der Systemtechnik – *Holliger, H.:* Katastrophen-Analyse – *Birkhofer, A.:* Die Rolle der Systemtechnik bei Zuverlässigkeits- und Risiko-Analysen

→ Sicherheits-Analysen, → Zuverlässigkeits-Analysen

Sättigungsmodelle

→ Prognosen auf der Basis von Sättigungsmodellen werden für mittel- und langfristige Voraussagen eingesetzt. Sie werden zweckmäßig dann angewendet, wenn Grund zur Annahme besteht, daß sich Entwicklungen – wie in Abb. 6.57 dargestellt – nach einer raschen Wachstumsperiode allmählich einem Grenzwert (Sättigungsgrenze) nähern.

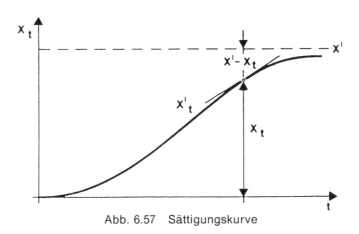

Abb. 6.57 Sättigungskurve

Diese Verfahren leiten sich aus mathematischen Wachstumsmodellen ab. Die breiteste Anwendung findet sich im Bereich von Marktprognosen. Doch haben sie auch in der Soziologie Eingang gefunden, z.B. für die Prognostizierung der Entwicklung des Bevölkerungswachstums.

In neuester Zeit spielen sie eine wesentliche Rolle im Zusammenhang mit Umwelt- und Rohstoffproblemen. Der Begriff Sättigungsgrenze muß in diesem Fall uminterpretiert werden in Beanspruchungs- bzw. Erschöpfungsgrenze, welche die Grenzen des Wachstums bestimmen.

Anhand weniger, aber wichtiger Charakteristiken lassen sich die unterschiedlichen Modelle grob beschreiben (s. Abb. 6.58):
- Je nach der Struktur des Wachstumsraums entwickelt sich in ihm ein Wachstumsprozeß unterschiedlich. So kann z.B. bei Marktprognosen grundsätzlich zwischen einem *homogenen* und einem *inhomogenen* Absatzmarkt unterschieden werden. In einem inhomogenen Markt gibt es verschiedene Abnehmerschichten, in denen das Produkt sich mit unterschiedlicher Geschwindigkeit verbreitet. Bei einem homogenen Markt ist dies nicht der Fall.
Im Modell von Weblus ist die Nachfrage aufgrund der Kaufkraftdifferenzierung der potentiellen Käufer im Durchschnitt anfangs größer und nimmt allmählich ab.
- Die Art der Bestimmungsgröße ist ein weiteres Einteilungskriterium. Entwickelt sich ein Prozeß «aus sich selbst» und unabhängig von äußeren (z. B. ökonomischen) Einflüßen, so liegt ein *endogener* Wachstumsprozeß vor. Andernfalls spricht man von einem *exogenen* Prozeß.
- Eine weitere wichtige Unterscheidung ist danach zu treffen, ob die Sättigungsgrenze als *konstant* oder als *von der Zeit abhängig* angenommen wird. So geht z.B. das Absatzprognosemodell von Bonus davon aus, daß die Erhöhung des Bevölkerungseinkommens zu einer Veränderung des globalen Absatzmarktes in jeder Prognose führt und somit zu einer Veränderung der Sättigungsgrenze in dieser Periode.
- Je nach dem Verlauf der Wachstumsfunktion in bezug auf den Wendepunkt, wird zwischen einem *symmetrischen* und einem *asymmetrischen* Typ der Prognosefunktion unterschieden. Diese Differenzierung ist lediglich bei Modellen sinnvoll, die eine feste Sättigungsgrenze aufweisen.

Charakteristik / Modellansatz	Wachstumsrate		Variable		Sättigungsgrenze		
					fest		variabel
	homogen	inhomogen	endogen	exogen	symmetr.	asymmetr.	
Exponential	x		x		x		
Logistisch	x		x		x		
Gompertz	x		x			x	
Pyatt	x		x			x	
Bonus	x			x			x
Weblus		x	x		x		

Abb. 6.58 Sättigungsmodelle

Die Grundlage aller symmetrischen Modelle ist das *logistische Modell*. Die Zuwachsrate jeder Periode ist proportional zum erreichten Wachstum und dem noch nicht ausgeschöpften Wachstumspotential.

Das Exponentialmodell ist eine Vereinfachung dieses Ansatzes. Die Wachstumsrate ist hier nur proportional dem nicht-ausgeschöpften Marktpotential.

Die *Gompertz-Funktion* ist wohl die bekannteste asymmetrische Wachstumsfunktion. Es läßt sich zeigen, daß die Gompertz-Funktion eine Ähnlichkeit mit der klassichen logistischen Funktion aufweist. Die Gompertz-Funktion eignet sich insbesondere zur Prognose von Gütern, die nach der Markteinführung ein sehr rasches Bedarfswachstum verzeichnen.

Ebenfalls eine asymmetrische Wachstumsfunktion weist das Modell von *Pyatt* auf.

Literatur

Lewandowski, R.: Prognose- und Informationssysteme - *Mertens, P.:* Prognoserechnung

Sensitivitätsanalyse

Die Sensitivitätsanalyse befaßt sich mit der Bestimmung der Sensibilität (Empfindlichkeit) bzw. Stabilität von (Optimal)-Lösungen in bezug auf eine Änderung der Ausgangsdaten (Parameter). Sie spielt bei fast allen Methoden des → Operations Research und bei der Bewertung von Varianten (s. Kapitel Bewertung und Entscheidung, Teil II/5) eine wichtige Rolle.

Sicherheitsanalysen

S. dienen der Berechnung der Wahrscheinlichkeit, daß Objekte innerhalb vorgegebener Grenzen während einer vorgegebenen Zeitspanne keine Gefährdungen verursachen oder eintreten lassen.

S. werden für die Bewertung der Sicherheit geplanter bestehender Systeme sowie für die Beurteilung von Ursachen und Abläufen bei Aus-, Un- und Störfällen verwendet. Die folgenden Ausführungen beziehen sich auf die beiden erstgenannten Zwecke.

S. durchlaufen in der Regel drei Phasen; eine deterministische, eine probabilistische und eine Auswertungs-Phase.

Für die *deterministische Phase* der S. gilt, daß

- kein Vorgehen mit Gewißheit alle möglichen Abweichungen, Störungen und Versagensfälle in einem System entdeckt und
- man Fehler nur feststellen, nicht aber ihre Abwesenheit beweisen kann.

→ Checklisten und Leitwörter sind Hilfsmittel bei bekannten Systemen. Mittels → Brainstorming und → Kärtchen-Technik sowie Szenarien (→ Szenario-Technik) wird zu vermeiden versucht, daß Unkenntnis und Divergenzen über weniger bekannte Systeme zur Unterschätzung von Gefahrenpotentialen führen.

Zur Untersuchung der Ursachen von Ausfällen und ihrer mit Gefährdungen verbundenen Folgen werden Verhaltensanalysen der Elemente hinsichtlich Funktion und Leistung des Objektes vorgenommen (auch Fehlermöglichkeits- und Einflußanalyse oder Ausfallarten- und -Auswirkungsanalysen genannt). Die ältere **Fehlermöglichkeits- und -Einflußanalyse** (Failure Mode and Effects Analysis, FMEA) wurde zwecks Quantifizierung der Einflüsse bzw. Auswirkungen zur Failure Mode, Effects and Criticality Analysis (FMECA) entwickelt. Die Ausfallbedeutung wird durch Zuordnung zu einer Skala bewertet.

Die Ausfallarten- und Auswirkungsanalyse steht im Gegensatz zur Gefährdungsbaum-Analyse, die von einem unerwünschten Endereignis (TOP) ausgehend über Und- bzw. Oder-Verknüpfungen von internen Ausfällen und/oder externen Einflüssen mögliche Ausfallursachen durch die Komponenten- und Elemente-Ebenen des Systems zurückverfolgt (Ursachenketten, Ereigniskombinationen, Stammbaum des Objektausfalls bzw. -versagens). → Fehlerbaum, → Zuverlässigkeits-Analysen.

Bestehen bei Versagen eines großen Objektes in Abhängigkeit von der Versagensart große Unterschiede in den Auswirkungen, so ist es sinnvoll, neben der Wahrscheinlichkeit des Gesamtversagens auch die Wahrscheinlichkeit der verschiedenen Versagensarten und deren Auswirkungen zu ermitteln.

In der *probabilistischen Phase* werden für die Faktoren mit großen Streubereichen oder starken Last-Änderungsspektren im Falle fehlender Daten sowie im Falle von sehr komplexen Systemen mit vielen Elementen und Funktionen quantitative Aussagen über die Wahrscheinlichkeiten möglicher Abweichungen, Störungen und Versagensfälle erarbeitet.

Dazu werden mathematische Berechnungsweisen auf der Basis Boolscher Algebra und Markoffscher Modelle, wie sie für → Zuverlässigkeitsanalysen entwickelt wurden, verwendet (siehe auch → Entscheidungstheorie).

Ausfallarten- und -Auswirkungs-Analyse

Das Vorgehen bei Sicherheitsanalysen nach dem Ausfallarten- und -auswirkungs-Untersuchungsprinzip (FMEA, FMECA) ist in US-Amerikanischen (Mil-Std 1629a und 882B) und deutschen Vorschriften (DIN 25 448) geregelt.

Darin ist u.a. vorgesehen, für jeden Ausfall jeder Komponente vorbeugende, korrigierende oder schützende Maßnahmen zu untersuchen.[1]

Die Auswirkungen werden unterschieden nach:

– keine Auswirkungen
– unbedeutende Auswirkungen
– kritische Auswirkungen
– katastrophale Auswirkungen.

Die Bewertung der Ausfalleintrittswahrscheinlichkeit erfolgt heuristisch:

– sehr unwahrscheinlich   (1 Ereignis/$> 10^7$ Betriebsstunden)
– unwahrscheinlich   (1 Ereignis/10^5 bis 10^7 Betriebsstunden)
– ziemlich wahrscheinlich   (1 Ereignis/10^4 bis 10^5 Betriebsstunden)
– wahrscheinlich   (1 Ereignis/ $<10^4$ Betriebsstunden).

---

[1] Hierzu gehört die Gestaltung nach dem Fail-Safe-Prinzip, das sicherstellt, daß sich beim Versagen eines wichtigen Elementes das System selbst in einen sicheren Zustand versetzt. Häufig ist dies jedoch mit zumindest temporärem Stillstand des Systems verbunden.

Die Bewertung der Ausfallfolgen erfolgt z. B. in 5 Stufen vom

- Zustand Z0 (Soll-Zustand), indem sich die betrachtete Komponente im funktionsfähigen Zustand befindet, über den
- Zustand Z1 (marginaler Ausfall), bei dem marginale Beschädigungen und unerwünschte Eigenschaftsveränderungen oder Schäden am System ohne Verfügbarkeitsminderung entstehen, den
- Zustand Z2 (geringfügiger Ausfall), und den
- Zustand Z3 (kritischer Ausfall) bis zum
- Zustand Z4 (katastophaler Ausfall), der mit schwersten Beschädigungen und dem Verlust von Menschenleben verbunden ist.

Gefährdungsbaum-Analyse

Zur Erstellung einer G. wird wie folgt vorgegangen (s.a. DIN 25 424):

- systematische Identifizierung aller möglichen Ausfallkombinationen (einschließlich Common-Mode- und menschlichen Fehlhandlungen), die zu einer Gefährdung führen können,
- Ermittlung der Eintrittswahrscheinlichkeit dieser unerwünschten Ereignisse,
- Erstellung einer graphischen Darstellung (Gefährdungsbaum) mit Hilfe Boolscher Verknüpfungen zur qualitativen und quantitativen Beschreibung von Ereignisfolgen (siehe auch → Entscheidungsbaum), die zu einem unerwünschten Ereignis (TOP) führen, als systemadäquatem Modell,
- Berechnung der Sicherheitskenngrößen (Zuverlässigkeitskenngrößen) des TOP-Ereignisses für eine vorgegebene Zeitspanne.

Bei großen komplexen Gefährdungsbäumen kann z. B. die Monte-Carlo-Simulation Anwendung finden → Simulationstechniken.

In der *Auswertungsphase* werden die Ergebnisse auf Vollständigkeit, Relevanz, Konsistenz, verbleibende Unsicherheiten untersucht, in Struktur und Abläufen festgestellte Schwachstellen herausgearbeitet und Änderungsvorschläge für die Synthese (Gestaltung) oder die Spezifikationen (Ziele) gemacht.

In der Mineralöl- und chemischen Industrie werden spezielle Sicherheitsanalysen vorgenommen. Das PAAG-(Prognose, Auffinden der Ursachen, Abschätzen der Auswirkungen, Treffen von Gegenmaßnahmen) Vorgehen ist aus dem HAZOP- (Hazard und Operability Check) Vorgehen der britischen Industrie (ICI) entwickelt worden. Dabei wird untersucht, welches Gefährdungspotential der Gesamtanlage mit welcher Fehlerfunktion oder Fehlerbedienung welcher Elemente verbunden ist. Mit dem Dow Fire and Explosion Index wird der größte zu erwartende Schaden bei Lagerung und Handhabung von entflammbaren, brennbaren und reagierenden Stoffen zu bewerten versucht.

Literatur

Buetzer, P.: Sicherheit und Risiko – *Schwertner, I.-R.:* Systemtechnische Darstellung der Sicherheitsarbeit – *Peters, H.O.; Meyna, A.:* Sicherheitstechnik – *Blass, E.:* Entwicklung verfahrenstechnischer Prozesse – *US-Dept. of Defense:* (1) Reliability

Program for Systems and Equipment. (2) Procedures for performing a FMECA. (3) Sneak Circuit Analysis – *Dt. Normen-Ausschuß:* (1) DIN 25 448, Ausfalleffekt-Analyse. (2) DIN IEC 56 (CO) 138, Techniken für die Analyse der Zuverlässigkeit. (3) DIN 25 419, Störfall-Ablaufanalyse. (4) DIN 25 424, Fehlerbaum-Analyse – *Kuhlmann, A.:* Einführung in die Sicherheitswissenschaft – *Doerner, D.:* Die Logik des Mißlingens

→ Risiko-Analysen, → Zuverlässigkeits-Analysen

Simplex-Methode

Die Simplex-Methode ist die bekannteste und gebräuchlichste Methode zur Lösung von Problemen der → Linearen Optimierung.

In der graphischen Darstellung eines linearen Programms für ein zweidimensionales Problem (vgl. Abb. 6.59) wird durch Nebenbedingungen (Restriktionsungleichungen) ein sogenannter Restriktionspolyeder definiert. Es kann gezeigt werden, daß die optimale Lösung in einem Schnittpunkt der Restriktions(un)gleichungen liegt, d.h. eine *Ecklösung* sein muß.

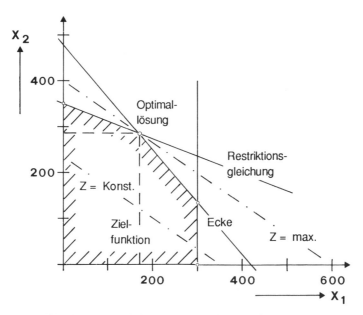

Abb. 6.59 Zweidimensionale Lineare Optimierung

Praktische relevante Aufgaben der linearen Optimierung mit einer Vielzahl von Variablen und Nebenbedingungen lassen sich nicht mehr zeichnerisch lösen. Gesucht ist daher eine *analytische* Lösungsmethode. Das von Dantzig entwickelte *Simplexverfahren* ist eine solche Methode.

Da die rechnerische Behandlung von Gleichungen einfacher ist als von Ungleichungen, setzt das Simplexverfahren voraus, daß die Nebenbedingungen als Gleichungen vorliegen. Diese Voraussetzung stellt keine Beschränkung der Allgemeinheit dar, da sich jede Ungleichung durch Einführung einer sogenannten *Schlupfvariablen* in eine äquivalente Gleichung überführen läßt. Bezeichnet man die Schlupfvariablen mit y_i, so werden z. B. aus den Restriktionsungleichungen

$$4x_1 + 3x_2 \leq 600$$
$$2x_1 + 2x_2 \leq 320$$
$$3x_1 + 7x_2 \leq 840$$

die entsprechenden Gleichungen

$$4x_1 + 3x_2 + y_1 = 600$$
$$2x_1 + 2x_2 + y_2 = 320$$
$$3x_1 + 7x_2 + y_3 = 840$$

Hierbei müssen für alle Variablen x_i, y_i die Nichtnegativitätsbedingungen erfüllt sein. Analog verfährt man bei ($>$)-Beziehungen.

$$x_1 + x_2 > 100.$$

Mit y_4 als Schlupfvariable lautet die Nebenbedingung als Gleichung:

$$x_1 + x_2 - y_4 = 100.$$

Es wird demnach im folgenden angenommen, daß das zu lösende lineare Programm m Gleichungen als Nebenbedingungen sowie n Strukturvariable und m Schlupfvariable, d.h. m + n Variable enthält. Der entscheidende Gedanke bei der Simplex-Methode ist, daß man sich bei der Suche nach der optimalen Lösung des linearen Programms auf *endlich viele* Punkte des zulässigen Bereichs beschränken kann. Es sind die Lösungen, die man als eindeutige Lösungen des *Gleichungssystems* erhalten kann, wenn man n Variable gleich 0 setzt und dann das verbleibende Gleichungssystem mit m Gleichungen und m Unbekannten, mit Hilfe der Methode der Matrixinversion (ein Verfahren zur Lösung von Gleichungssystemen) löst. Die theoretische Begründung für diese Vorgehensweise basiert auf der Anwendung der schon im Rahmen der graphischen Lösung von linearen Programmen gewonnene Erkenntnis, daß man sich bei der Suche nach einer optimalen Lösung auf die *Eckpunkte* des zulässigen Bereichs beschränken kann.

Durch einen gezielten schrittweisen Austausch von Variablen werden die Lösungen für verschiedene «Ecken» sukzessive berechnet. Man nähert sich dabei mit jedem Schritt zwingend der optimalen Lösung, bis diese gefunden ist. Die Simplex-Methode ist ein Iterationsverfahren, das sich sehr gut für eine Automatisierung (Computereinsatz) eignet. Es existieren zahlreiche Simplex-Computerprogramme für Computer verschiedener Leistungsstärke auf dem Markt.

Literatur

→ Lineare Optimierung

Simulationstechnik

Unter Simulation werden ganz allgemein Methoden verstanden, um mit Modellen komplexe Vorgänge oder das Verhalten von Systemen der Realität nachzubilden (siehe Abschnitt I/1.2 «Denkansätze zur Systembetrachtung»).

Simulationsmethoden wird man immer dann anzuwenden versuchen, wenn man von einer der folgenden Schwierigkeiten steht:

– Es existiert überhaupt kein oder kein einfach zu handhabendes analytisches Lösungsverfahren.
– Auf diese Situation führen sehr viele nichtlinieare und stochastische Optimierungsprobleme.
– Die Anwendung eines exakten Optimierungsverfahrens erfordert einen zu hohen Rechenaufwand.
  Dieser Fall tritt z.B. bei vielen kombinatorischen Problemen auf, d.h. bei solchen Aufgaben, bei denen es eine große Anzahl von theoretisch denkbaren Lösungsmöglichkeiten gibt und eine vollständige Enumeration undenkbar ist.
– Die Durchführung der Prozesse in Wirklichkeit wäre zu risikobehaftet oder zu aufwendig (z.B. Simulation von Reaktorunfällen, Simulation von Fahrplänen).

Mittels Simulationstechniken gelangt man durch mit dem Computer wiederholtes Durchspielen des Prozesses – bei gleichzeitiger Variation von Modellparametern – zu quantitativen Aussagen über den Einfluss wichtiger Größen auf das Modell und insbesondere auf die Zielvariablen. Aus dem Modellverhalten lassen sich Schlußfolgerungen über das Verhalten des zugrunde liegenden realen Systems oder Prozesses ziehen, wobei diese nur unter den getroffenen Annahmen Gültigkeit haben.

Man spricht von *determinierter* oder *deterministischer* Simulation, wenn alle Daten über das Problem und alle Entscheidungsregeln, die im Verlauf des nachzubildenden Prozesses genutzt werden, feste Werte haben. *Stochastische* Simulation liegt vor, wenn der Ablauf des Prozesses von zufälligen Einflüssen abhängig ist und diese Zufallsabhängigkeiten im Verlauf des Verfahrens berücksichtigt werden. Die Simulation von stochastischen Prozessen wird auch → Monte-Carlo-Methode genannt.

Simulationsverfahren aufgrund mathematischer Modelle kommen sehr häufig im Zusammenhang mit Problemstellungen des → Operations Research zur Anwendung, besonders bei → Warteschlangenproblemen, → Zuteilungsproblemen, → Ersatzproblemen, → Reihenfolgeproblemen, wie auch bei vielen Teilproblemen im Rahmen betrieblicher Ablaufplanungen, der Unternehmensplanung sowie bei der Erarbeitung von strategischen Entscheidungen.

Deterministische Simulation

Eine wichtige Anwendung findet die deterministische Simulation bei der Fertigungsplanung. Dort kommt es im wesentlichen darauf an, die nach irgendeinem Kriterium

(z. B. maximale Kapazitätsauslastung oder minimale Durchlaufzeit) günstigste Reihenfolge zu finden, in der die vorliegenden Aufträge die verschiedenen Stufen der Fertigung durchlaufen müssen. Da sich die Anzahl aller theoretisch denkbaren Möglichkeiten jeder rechnerischen Erfassung entzieht, simuliert man den Fertigungsprozeß unter Zugrundelegung bestimmter Entscheidungsregeln. Solche bestehen z. B. darin, die Aufträge in der Reihenfolge ihres Eingangs zu bearbeiten oder diejenigen Aufträge zu bevorzugen, die die meisten Bearbeitungsgänge durchlaufen müssen.

Als eine Anwendung der *stochastischen Simulation* betrachten wir eine Sortier- und Stempelanlage:

Briefe werden zunächst danach sortiert, ob sie normales Format haben oder nicht. In jeder Takteinheit werden drei aufeinanderfolgende Briefe sortiert, und zwar legt die Maschine den ersten Brief mit Normalformat in ein Fach N1, den zweiten mit Normalformat in ein Fach N2 und den dritten mit Normalformat in ein Fach N3 ab, sofern überhaupt so viele Briefe mit Normalformat dabei sind. Alle Briefe, die kein normales Format haben, werden in ein besonderes Fach K abgelegt. An jedes der drei Fächer N1, N2 und N3 ist eine Stempelmaschine angeschlossen. Dort werden die in diesen Fächern befindlichen Briefe in der dem Sortiergang folgenden Takteinheit abgestempelt. Gefragt ist nach der mittleren Auslastung der drei Stempelmaschinen, wenn durchschnittlich 65% der Briefe Normalformat haben.

Simulationstechnik wird also im Rahmen der Konzeptionsanalyse eingesetzt und zeigt auf, wie sich das System in der Praxis verhalten wird.

Literatur

Koxholt, R.: Die Simulation – ein Hilfsmittel der Unternehmensforschung – *Schöne, A. (Hrsg.):* Simulation technischer Systeme – *Soom, E.:* Monte Carlo-Methode und Simulationstechnik – *Tocher, K.D.:* The Art of Simulation – *Stahlknecht, P.:* Operations Research

Skalierungsmatrix

Die Skalierungsmatrix ist ein Hilfsmittel, welches im Zusammenhang mit der Anwendung von Bewertungstechniken eingesetzt wird.

Es wird eine Matrix gebildet, die den Zweck hat, für jedes Kriterium festzulegen, unter welchen Umständen welche Note einer Variante zugeordnet werden soll.

(Siehe Kapitel «Bewertung und Entscheidung», Teil II/2.4).

Spieltheorie

Typische Beispiele für Spielsituationen sind auf der einen Seite die meisten Gesellschaftsspiele, in denen die beteiligten Spieler nach gewissen Regeln Entscheidungen zu treffen haben. Diese Entscheidungen und evtl. noch gewisse Zufallsergebnisse (wie z.B. das Verteilen von Karten, das Werfen von Würfeln usw.) bestimmen den Ausgang der Partie und damit Gewinn und Verlust der Spieler. Auf der anderen Seite stellen viele Konkurrenzsituationen des Wirtschaftslebens und des Krieges Spielsituationen im obigen Sinne dar. Die Begriffe Spieltheorie und → Konkurrenzprobleme werden daher oft synonym verwendet.

Ein «Spiel» ist charakterisiert durch eine Anzahl Spieler, durch bestimmte Spielregeln, die alle erlaubten Züge festlegen, sowie durch den mit bestimmten Endsituationen verbundenen Gewinn bzw. Verlust. Bei der Spieltheorie geht es darum, den Spielern eine optimale Strategie zur Verfügung zu stellen, wobei unter Strategie die Summe aller Entscheidungsregeln verstanden wird, die ein Spieler im Verlauf des Spiels, unter Verwendung der ihm zur Verfügung stehenden Informationen anwenden muß. Das Ziel ist es, für jeden Teilnehmer die Handlungsweise zu bestimmen, die für ihn am günstigsten ist, unter der Voraussetzung, daß alle anderen Teilnehmer die für sie selbst günstigsten Spielzüge durchführen, d.h. *keine Fehler* machen. Die Auswirkungen der Entscheidungskombinationen werden in der sogenannten «Auszahlungsmatrix» zusammengestellt. Die theoretischen Ansätze gehen vor allem auf von Neumann und Morgenstern zurück.

Ein Spiel wird im wesentlichen durch drei Merkmale beschrieben:
1. Die *Anzahl der Spieler*. Sie muß mindestens zwei sein. Für drei oder mehr Spieler können unter Umständen einzelne ihre Ziele besser erreichen, wenn sie sich dauernd oder vorübergehend mit anderen Spielern in «Koalitionen» verbinden. In vielen Kartenspielen kennen wir feste Koalitionen.
2. Die *Anzahl der möglichen Aktionen* für jeden Spieler. Man unterscheidet Spiele mit endlicher Anzahl Möglichkeiten (z.B. Kartenspiel) oder unbegrenzter Anzahl möglicher Aktionen (z.B. Handlungsalternativen in der Wirtschaft).
3. Das *Ergebnis* in Form von «Gewinn bzw. Verlust» der möglichen Spielverläufe ist für jeden Spieler bekannt.

Für die theoretische Behandlung unterscheidet man:

Zweipersonen-Nullsummen-Spiele (Matrixspiele)

Eine besondere Klasse von Spielen, die bisher auch am eingehendsten untersucht worden ist, stellen die sogenannten Zweipersonen-Nullsummenspiele dar, bei denen der Gewinn des einen Spielers gleich dem Verlust des andern ist.

Wenn sich die ständige Anwendung einer einzigen Strategie als optimal erweist, spricht man von determinierten Spielen. Mathematisch anspruchsvoller sind Situationen, bei denen eine gemischte Strategie zum Optimum, d.h. zur Maximierung des Gewinnes eines Spielers führt.

Zur Lösung von Problemen mit gemischten Strategien stellt die → Lineare Optimierung ein wesentliches Hilfsmittel dar.

Ein bekanntes Beispiel für ein Zweipersonen-Nullsummen-Spiel:

Von zwei Spielern X und Y wird gleichzeitig eines der drei Symbole «Stein», «Schere» oder «Papier» aufgezeigt. Dabei gilt die bekannte Präferenzordnung:

Stein schlägt Schere, Schere schlägt Papier, Papier schlägt Stein usw.

Der Geschlagene zahlt jeweils an den anderen Spieler, bei gleichen Symbolen wird nichts gezahlt.

Die entsprechende Spielmatrix mit drei Zeilen und drei Spalten (s. Abb. 6.60) entsprechend den drei Symbolen ergibt sich aus den angegebenen Regeln:

X Y	Stein	Schere	Papier
Stein	0	−1	1
Schere	1	0	−1
Papier	−1	1	0

Abb. 6.60   Spielmatrix «Schere, Stein, Papier»

Bei dem Beispiel fällt auf, dass durch die Auszahlungsmatrix offensichtlich keiner der Spieler bevorzugt wird. Solche Spiele nennt man *fair*. Alle Spiele im üblichen Sinne haben diese Eigenschaft, da sich sonst wohl kaum ein Mitspieler finden würde. In der Spieltheorie werden allerdings aus formalen Gründen oft Spiele betrachtet, die nicht fair sind, d.h. keine Chancen-Gleichheit für die verschiedenen Spieler bieten.

Mehrpersonen-Nichtnullsummenspiele

Oft ist es nicht möglich, Anwendungen der Spieltheorie in Form von Zweipersonen-Nullsummenspielen zu formulieren. Statt dessen werden gewöhnlich Mehrpersonen-Nichtnullsummenspiele benötigt. Für solche Spiele sind bereits viele Lösungskonzepte vorgeschlagen worden. Es gibt jedoch noch kein Lösungskonzept, das für alle Fälle anwendbar ist. Erweiterungen der erwähnten Modelle sind in vielen Richtungen möglich: Bezüglich der Art der Auszahlungen wären die verschiedensten Formen der Nichtnullsummenspiele zu nennen (→ Konkurrenzprobleme). Die Matrixspiele können auf die gewöhnlich mehr realistischen Mehrpersonenspiele erweitert werden, und bei allen diesen Spieltypen können schließlich verschiedene Annahmen über den Grad der Information der verschiedenen Parteien, über die Art und den Grad der Kooperation usw. gemacht werden.

Zur Illustration sei ein einfaches *kooperatives Dreipersonenspiel* als die einfachste Form des n-Personenspiels dargestellt:

«Drei marktbeherrschende Konkurrenten P_1, P_2 und P_3 haben folgende Marktanteile: P_1 hat 22%, P_2 hat 30% und P_3 hat 48%.

P_1 zu P_3:	»Wir wollen uns zusammentun und P_2 vom Markt verdrängen»
P_3:	«Gern, aber ich übernehme 80% von P_2 (d.h. 24% zusätzlichen Marktanteil)»
P_1:	«Nein, das war meine Idee, ich will mindestens 70% von P_2 (d.h. 21% zusätzlichen Marktanteil)»
P_3:	«Dann ist das uninteressant für mich»
P_1:	«Dann werde ich mich mit P_2 zusammentun, um den Markt zu beherrschen»
P_3:	«Dann gehe ich doch lieber auf Ihren ersten Vorschlag (70%) ein»

Beispiele ähnlicher Art sind im Wirtschaftsleben anzutreffen, und es erscheint nützlich, über optimale Strategien nachzudenken und sie nachzukalkulieren. Hierbei kann die Spieltheorie eine Hilfe sein.

Literatur

Churchman, C.W., u.a.: Operations Research – *Dresher, M.:* Theorie und Praxis strategischer Spiele – *Luce, R.D., Raiffa, H.:* Games and Decisions – *von Neumann, J., Morgenstern, O.:* Spieltheorie und wirtschaftliches Verhalten – *Sasieni, M., u.a.:* Methoden und Probleme der Unternehmensforschung – *Vajda, St.:* Theorie der Spiele und Linearprogrammierung

→ Operations Research

Statistik → Mathematische Statistik

Stichprobe → Mathematische Statistik

Synektik

Mit S. wird eine → Kreativitätstechnik bezeichnet, die die Lösungssuch-Aktivität intensiviert. Sie wurde vom Amerikaner W.J.J. Gordon 1960 entwickelt und ist eine Kombination systematischer und intuitiver Elemente. Ihr liegt das Brainstorming zugrunde, das in einem Prozeß stufenweiser Analogie-Bildungen (→ Analogiemethode) angewendet wird.

Das Vorgehen besteht aus vier Phasen:

1. Phase der *Präparation:*
Nach dem intensiven Einstieg in das Problem mit spontanen Lösungsideen werden zur Förderung der Erzeugung an sich problemfremder Strukturen und der Kombination sachlich unpassender Elemente Verfremdungen vorgenommen.

2. Phase der *Inkubation:*
Neben

– direkten Analogien aus Technik aber auch aus der Natur (Bionik) werden
– persönliche Analogien (wie fühle ich mich als...?),
– symbolische oder widersprüchliche Analogien (schlagwortartige oder bildhafte Kennzeichnung)
– phantastische Analogien (wie würde eine Fee vorgehen?)

erzeugt.

3. Phase der *Illumination:*
Es werden die Analogien hinsichtlich ihrer Eignung für die Übertragbarkeit auf das Problem geprüft; auch mit Force-Fit, gewaltsamem Passendmachen, bezeichnet.

4. Phase der *Verifikation:*
In dieser Phase werden Lösungskonzepte erarbeitet.

Die S. stellt an die Teilnehmer, besonders aber an den Moderator, wesentlich höhere Anforderungen als die anderen Kreativitätstechniken. Neben der Überwindung der Hemmungen vor persönlichen Analogien verlangt vor allem das Übertragen fremder Strukturen und das Kombinieren von Elementen Übung. Die S. verlangt mehr Zeitaufwand als das Brainstorming; dies trifft auch auf die Vorbereitung des Moderators zu. Wegen dieser Nachteile sollte die S. erst eingesetzt werden, wenn z. B. → Brainstorming, → Methode 635, → Kärtchen-Technik nur unzureichende Ergebnisse gebracht haben.

Abwicklungsempfehlungen (s.a. → Kreativitätstechniken)
- Die Teilnehmerzahl sollte 10 Personen nicht überschreiten.
- Die Dauer der Konferenz wird vorher festgelegt und soll i.d.R. 40 Minuten nicht überschreiten; der Moderator kann die Dauer jedoch dem Ideenstrom anpassen.

Literatur

Gordon, W.J.J.: Synectics – *Geschka, H., Schlicksupp, H.:* Techniken der Problemlösung – *Guilford, J.P.:* Some new looks at the nature of creative processes – *Julhiet, B.:* Synektik – *Schlicksupp, H.:* Innovation, Kreativität und Ideenfindung

→ Kreativitätstechniken

Szenario-Technik

Die S. wird für die Beschreibung und Erarbeitung möglicher zukünftiger Situationen (Szenarien) und der Wege von der heutigen Situation dahin angewendet. Insofern ist sie eine → Prognose-Technik.

Die S. wurde anfangs der 50er Jahre vom Amerikaner H. Kahn bei der Rand Corporation im Rahmen militärstrategischer Studien entwickelt. Der Club of Rome hat sie für seine quantitativ orientierten Globalmodelle erstmals im Bereich von Wirtschaft und Gesellschaft verwendet. Die Anwendung in der Unternehmensplanung ist 1977 erstmals in der britischen Shell Company erfolgt.

Ausgehend von existenten oder fiktiven Situationen werden durch logische Folgen von Annahmen möglicher alternativer Ereignisse in Umsystemen und Systemen Annäherungen an entfernte (z.B. 10, 15 oder mehr Jahre) zukünftige Situationen z.B. vermittels → Brainstorming → Delphi-Technik, → Kärtchen-Technik, → Problemlösungsbaum versucht. Dabei werden an Verzweigungen Optionen offeriert, über die in späteren Runden Entscheidungen getroffen werden müssen (→ Entscheidungsbaum, → Morphologie).

Szenarios können als Basis für jede Art qualitativer und quantitativer mittel- bis langfristiger Planungen im technischen, wirtschaftlichen, sozialen und politischen Bereich Anwendung finden bzw. zur Bewertung von Massnahmen mit langfristigen Wirkungen verwendet werden.

Das Vorgehen bei der Erarbeitung von Szenarien erfolgt in mehreren Schritten. Auf der Basis einer Situationsanalyse über Istzustand, Beziehungen und Vernetzungen mit den Umsystemen, Einflußfaktoren, Schwächen, Stärken, erkennbare Chancen und Gefahren etc. werden alternative Projektionen von Umsystemen und Einflußfaktoren (unter Berücksichtigung möglicherweise neu auftretender bzw. verschwindender) vorgenommen. Daraus werden plausible Umweltszenarien entwickelt, auf Konsistenz untersucht und mindestens ein Paar (pessimistisches/optimistisches oder progressives/

konservatives Szenario) vermittels → Bewertungstechniken ausgesucht, das dann auf Sensibilität hinsichtlich wichtiger Einflußfaktoren sowie auf Störereignisanfälligkeit überprüft wird.

Diese Szenarien stellen die potentiellen Aktionsfelder dar, für die alternative Leitstrategien entwickelt werden müssen (z. B. Produkt-, Arbeitsmarkt-, Beschaffungs-, Umweltpolitik etc. einer Unternehmung).

Wenn alternative Szenarien zumindest in den Anfangsphasen ähnliche Maßnahmen erfordern oder es gestatten, wesentliche Entscheide zu moderaten Kosten aufzuschieben, spricht man von robuster Planung (Hanssmann).

Die Erarbeitung von Szenarios erfolgt zweckmäßig durch fachlich heterogen zusammengesetzte Teams aus Mitgliedern der obersten Führungsebenen.

Zur Verfolgung der Entwicklung der wesentlichen Einflußfaktoren und Umsysteme sollte ein Monitoring-System aufgebaut werden.

Für die quantitativ erfaßbaren Aspekte von Szenarien z. B. für die Konsistenzermittlung, die Sensitivitätsanalyse sowie für die Simulation von Störereignissen existiert DV-Software.

Die S. kann in der Situationsanalyse als Basis für die Zielformulierung und in der Synthese-Analyse zur Anwendung kommen.

Literatur

Beck, P.W.: Strategic planning in the Royal Dutch/Shell Group – *Doerner, D.:* Die Logik des Mißlingens – *Hahn, D.:* Planungs- und Kontrollrechnung – *Hanssmann, F.:* Robuste Planung – *Kahn, H.; Wiener, A.:* Ihr werdet es erleben – *Reibnitz, U. von:* Szenario-Planung – *Stümcke, N.:* Strategische Planung bei der Shell AG

Tabellenkalkulation → PC-Software

Termintrend-Diagramm

Hilfsmittel im Rahmen des Projekt-Informationssystems, mit dem die zuständigen Instanzen (z. B. Steering Committee) auf anschauliche Art über die Situation hinsichtlich des Endtermins eines Projektes und die in diesem Zusammenhang erforderlichen bzw. bereits eingeleiteten Maßnahmen informiert werden können (siehe Abb. 6.61).

Aus Abb. 6.61 ist zu entnehmen, daß im Januar mit voraussichtlichem Projektende im September gerechnet wurde. Im Februar war die Situation unverändert. Aufgrund der Planung im März wurde eine Verzögerung bis Dezember festgestellt. Die Kommentare sollten Aufschluß über die Verzögerungsgründe und die eingeleiteten Maßnahmen geben.

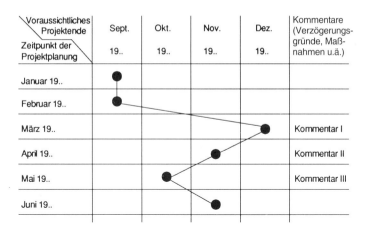

Abb. 6.61   Termintrend-Diagramm

Trendextrapolation

→ Prognosetechnik, die vorwiegend für kurz- und mittelfristige Prognosen zur Anwendung kommt.

Grundlage für eine Trendextrapolation bildet eine Zeitreihe der zu prognostizierenden Größe. Dabei wird die Annahme getroffen, daß die Gesetzmäßigkeiten der Vergangenheit im wesentlichen auch für die künftige Entwicklung gelten. Die am häufigsten verwendeten mathematischen Verfahren zur Ermittlung des Trends von Zeitreihen sind Mittelwertbildung (gleitender Durchschnitt), → Exponentielle Glättung und → Regressionsanalyse. Als mögliche Funktionen für die Trendextrapolation mit Hilfe der Regression kommen vor allem lineare, exponentielle, logarithmische und parabolische Funktionen in Frage. Wird die Regressionsfunktion in die Zukunft extrapoliert, ergeben sich Prognosewerte im Sinne der Trendentwicklungen (siehe Abb. 6.62).

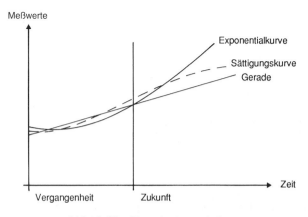

Abb. 6.62   Trendextrapolation

Bei der Ermittlung des Verlaufs der Trendentwicklung können neben mathematischen auch graphische Verfahren zur Anwendung kommen.

In manchen Fällen wird man zu besseren Prognoseergebnissen gelangen, wenn man die zu prognostizierende Größe in Komponenten zerlegt, für welche ebenfalls Zeitreihen vorliegen. Aus der Trendextrapolation der Komponenten kann dann auf die Werte der Prognosegröße geschlossen werden. So kann z.B. bei langlebigen Konsum- und Investitionsgütern die Zerlegung der Nachfrage in Ersatz- und Neunachfrage zweckmäßig sein.

Eine weitere Anwendung der einfachen Trendextrapolation besteht darin, daß die Ermittlung der Prognosewerte der untersuchten Größe über eine längere Kausalkette verschiedener Bestimmungsfaktoren stufenweise erfolgt. So setzt man z.B. den Nahrungsmittelverbrauch in Beziehung zum gesamten Privatkonsum, diesen zum privat verfügbaren Einkommen und dieses schließlich zum Brutto-Sozialprodukt. Man spricht in diesem Zusammenhang auch von »*indirekter Prognose*« (→ Prognosetechniken).

Die Qualität einer mit Hilfe der Trendextrapolation erstellten Prognose wird maßgeblich beeinflußt durch Faktoren wie:

- Qualität des Zahlenmaterials (Störfaktoren)
- die Wahl der Ausgleichskurve (z.B. Exponentialfunktion, Gerade, Sättigungskurve u.ä.)
- die Interpretation kurzfristiger Störungen und Abweichungen in der empirischen Zeitreihe
- die Wahl der Länge der Beobachtungsreihe

Gute Verfahren zur Trendextrapolation geben zu den prognostizierten Werten immer auch eine Kennzahl über ihre (Un-)Genauigkeit an.

Trendextrapolationsverfahren kommen hauptsächlich bei der Situationsanalyse zum Einsatz.

Literatur

→ Prognosetechniken

Umfrage

Mit U. werden Situationskenntnisse, Meinungen, Wünsche oder Absichten einer bestimmten Personengruppe (Mitarbeiter, Nutzer, Lieferanten, Kunden, Konsumenten, Stimmbürger etc.) erfragt. Als Methodik für die Umfrage bieten sich standardisierte → Interviews oder → Fragebogen an. Werden über dieselben Sachverhalte mit demselben Instrument (Befragung, Beobachtung) bei derselben Personengruppe wiederholt Informationen beschafft, so spricht man von einer → Panel-Befragung.

Ursachenmatrix

Die Ursachenmatrix dient zur Analyse kausaler Zusammenhänge. Bei ihr stellen die Spalten verschiedene auftretende Symptome dar, während auf den Zeilen mögliche

Ursachen aufgelistet werden. Durch Ankreuzen oder Bewerten (z. B. 0 = kein Einfluss; 1 = schwacher Einfluss etc.) der entsprechenden Felder können der Zusammenhang zwischen Ursachen und Symptomen aufgezeigt und die Schwerpunkte erkannt werden.

Die Ursachenmatrix kann Sachverhalte nur einstufig darstellen und eignet sich nicht für mehrstufige komplexe Ursache-Wirkung-Ketten (→ Beeinflussungsmatrix).

Wirkungen (Schwierigkeiten, Mängel) → Ursachen	hohe Fluktuationsrate Schalterpersonal	Arbeitsüberlastung am Morgen	lange Wartezeiten für Kunden	unfreundliche Schalterbedienung	unvollständige Belege	viele Mahnungen	...
kurze einmalige Schalteröffnungszeiten	X	X	X	X			
Schalterpersonal unzureichend geführt	X	X		X	X	X	
fehlende Ferienablösung	X				X		
viele Personen Zugang zur Ablage			X		X	X	
hoher Lärmpegel der Büromaschinen	X		X				

Abb. 6.63   Ursachenmatrix

Vernetztes Denken

Vernetztes Denken ist ein Problemlösungs-Ansatz, der auf der Idee des «ganzheitlichen Denkens» basiert. Gemeint ist damit ein integrierendes zusammenfügendes Denken, das auf einem breiten Horizont beruht, von größeren Zusammenhängen ausgeht und viele Einflußfaktoren berücksichtigt. Meistens sind diese Größen weder meßbar noch mathematisch quantifizierbar. Das dominierende Streben nach Exaktheit im zergliederten Einzelnen, wie es der «klassischen wissenschaftlichen Methodik» entspricht, wird durch den Blick auf die *Dynamik* und das *Zusammenwirken vernetzter Prozesse* in einem großen Ganzen abgelöst.

Die Grundlagen zu diesem Denkansatz bilden die Systemtheorie einschließlich der Kybernetik sowie aus der Ökologie vor allem Theorien zur Biokybernetik (Federic Vester). *Ganzheitliches Denken* ist jedoch nicht auf die Ökologie beschränkt, sondern ist in vielen anderen Bereichen genauso angebracht. Im Vordergrund stehen dabei gesellschaftliche, soziale und politische Fragestellungen, welche sich über größere Zeiträume erstrecken, mit entsprechenden Unsicherheiten in der Entwicklung behaftet und im Sinne der *Systemtheorie vernetzt*, *komplex* und *zirkulär verknüpft* sind.

Die selben Merkmale treten aber auch in betrieblichen Problemkreisen auf. Vor allem auf der strategischen Ebene und zur Problemfindung und -abgrenzung, bevor konkrete Projekte lanciert werden, ist eine ganzheitliche Denkhaltung generell angebracht.

Die Umsetzung dieser Denkhaltung in konkretes Handeln kann mit der Problemlösungs-Methodik des «vernetzten Denkens» erfolgen. Mit dieser Methodik verschiebt sich das Schwergewicht von der eigentlichen Problemlösung zur Problemerkennung und -definition. Ein Problem erkennen bedeutet, es in seiner Verknüpfung mit einer Vielzahl von Einflußfaktoren zu erfassen. Damit soll auch eine Symptombekämpfung als Folge einer oberflächlichen Beurteilung der Ausgangslage vermieden werden.

Im folgenden werden Bausteine einer Problemlösungsmethodik des vernetzten Denkens in Anlehnung, wie sie von Probst und Gomez vorgeschlagen werden, erläutert. Es wird zwar eine logische Abfolge beschrieben, was jedoch nicht heißt, daß nicht laufend neue Erkenntnisse in bereits berücksichtigte Bausteine einfließen können. Die ganze Problemlösung ist in diesem Sinne als ein zirkulärer iterativer Prozeß zu betrachten.

Baustein 1: Abgrenzung des Problems
Die Situation ist aus verschiedenen Blickwinkeln zu betrachten und entsprechend zu umschreiben. Damit soll verhindert werden, daß eine Situation zu eng, zu einseitig oder nur symptombezogen erfaßt wird. So ist z.B. ein Lager aus der Sicht der Finanzen ein «System zur Bindung von Kapital», aus technologischer Sicht jedoch ein «System zur Aufbewahrung von Waren» und aus der Sicht des Verkaufs ein «System zur Pufferung zwischen Angebot und Nachfrage». Es resultieren die Elemente einer integrierten, ganzheitlichen Abgrenzung der Problemsituation.

Baustein 2: Ermittlung der Vernetzung
Zwischen den Elementen der Problemsituation sind die Beziehungen zu erfassen und in ihrer Wirkung zu analysieren. Dazu bietet sich eine graphische Darstellung in Form eines → Wirkungsnetzes an (s. Abb. 6.64). Dies sei anhand eines Beispiels erläutert (nach Gomez, Probst).

Erhöhter Konsum eines Produktes läßt auch dessen Produktion ansteigen. Die hohen Verkäufe bewirken jedoch eine Marktsättigung, was sich dämpfend auf den Konsum auswirkt. Dieser Kreis entspricht einer negativen ⊖ Rückkopplung. Bewirkt die Marktsättigung jedoch eine Innovation, wird der Konsum weiter angekurbelt und wir erhalten einen positiven ⊕ Wirkungskreis.

Baustein 3: Erfassen der Dynamik
Das Zusammenwirken der entwickelten Kreisläufe muß noch durch die zeitliche Dimension ergänzt werden. Es gibt Wirkungen, die sehr kurzfristig spürbar werden

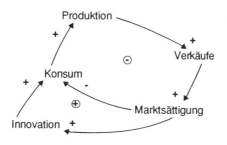

Abb. 6.64 Wirkungsnetz

und andere, die erst in Jahren feststellbar sind. Es ist jedoch nicht nur der zeitliche Verlauf der Wirkung von Bedeutung, sondern auch deren Intensität. Es gilt herauszufinden, welche Elemente andere stark oder schwach beeinflussen und welche Elemente stark oder schwach beeinflußt werden. Ein Hilfsmittel dazu ist die → Beeinflussungsmatrix («Papiercomputer»). Will man durch Maßnahmen in das System eingreifen, sind all diese Kenntnisse von großer Bedeutung.

Baustein 4: Interpretation der Verhaltensmöglichkeiten
Für die Problemsituation und ihre Elemente sind verschiedene Entwicklungsmöglichkeiten zu verfolgen. Dies kann in Form von Szenarien geschehen. Damit stellt man sicher, daß nicht nur die momentane Situation berücksichtigt wird, sondern auch zukünftige Begebenheiten in die Gestaltung der Maßnahmen einbezogen werden.

Baustein 5: Bestimmung der Lenkungsmöglichkeiten
In der Praxis ist es meist so, daß nicht auf alle Einflußgrößen in unserem System direkt eingewirkt werden kann. So sind Gesetze oder die Konjunktur zwar veränderliche Größen, aber zum Beispiel von einer Unternehmung nicht direkt beeinflußbar. Es gilt daher, alle Elemente auf ihre Lenkbarkeit zu untersuchen sowie ihre Eignung als Indikator für die Lenkung anderer Größen festzuhalten.

Baustein 6: Gestaltung der Lenkungseingriffe
Die Informationen über die Lenkungsmöglichkeiten, die Intensität und den Zeithorizont der Wirkungen sowie mögliche Entwicklungen lassen nun günstige Ansatzpunkte für Lenkungseingriffe finden. Es sind dabei nicht nur die «gewünschten» Wirkungen zu verfolgen, sondern auch die dadurch implizierten Kettenreaktionen zu durchdenken, was durch die gewonnenen Kenntnisse über die Zusammenhänge im System möglich wird.

Literatur

Ulrich, H. und Probst, G.J.B.: Anleitung zum ganzheitlichen Denken und Handeln. – *Gomez, P. und Probst, G.J.B:* Vernetztes Denken im Management

Wahrscheinlichkeitsrechnung

Daten, die als Grundlage für Entscheide dienen, sind häufig mit einer Unsicherheit behaftet. Es lassen sich daher nur *Wahrscheinlichkeiten* für das Eintreffen gewisser

Ereignisse angeben. Die Wahrscheinlichkeitsrechnung ist ein Mittel, um das Maß der Unsicherheit mathematisch auszudrücken.

Wird ein Zufallsexperiment mehrmals nacheinander durchgeführt, so wird die Häufigkeit, mit der ein bestimmtes Ereignis anteilmäßig an der Gesamtzahl der Versuche eintrifft, als relative Häufigkeit des betreffenden Ereignisses (z. B. Ereignis A) bezeichnet. Nach dem Gesetz der großen Zahlen ist der Grenzwert der relativen Häufigkeit für unendlich viele Versuche gleich der Wahrscheinlichkeit für das Ereignis A. Diese wird üblicherweise mit P(A) (engl. probability) bezeichnet und ist eine Zahl zwischen 0 und 1. Dabei stellt 0 das unmögliche Ereignis und 1 das sichere Ereignis dar (siehe Abb. 6.65).

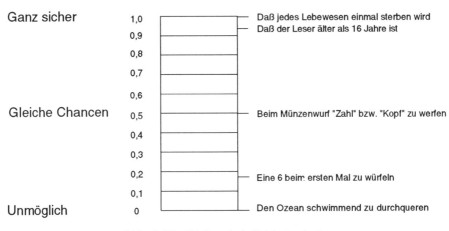

Abb. 6.65   Wahrscheinlichkeitsskala

Es gibt im wesentlichen drei Möglichkeiten, Wahrscheinlichkeiten zu bestimmen; sie sind in Abb. 6.66 geschildert.

Für die Berechnung der Wahrscheinlichkeiten *zusammengesetzter Ereignisse* sind zwei Sätze von grundlegender Bedeutung:

1. *Additionssatz* (Summe von zwei Ereignissen):

Für zwei *sich ausschließende Ereignisse* A und B, mit der Wahrscheinlichkeit P(A) und P(B), ist die Wahrscheinlichkeit, daß A *oder* B eintritt, gleich der Summe der Einzelwahrscheinlichkeiten: P(C) = P(A+B) = P(A) + P(B).

Beispiel

Würfel: P (in einem Wurf eine 2 *oder* eine 5 zu würfeln) = ⅙ + ⅙ = ⅓

2. *Multiplikationssatz* (Produkt von zwei Ereignissen):

Für zwei *unabhängige Ereignisse* A und B ist die Wahrscheinlichkeit, daß *sowohl* A *als auch* B eintritt, gleich dem Produkt der Einzelwahrscheinlichkeiten: P(C) = P(A . B) = P(A) × P(B).

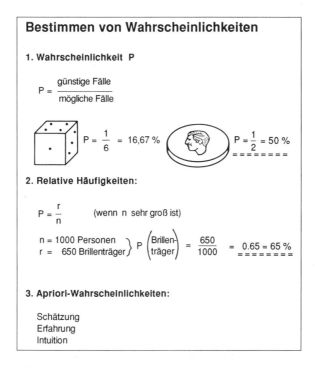

Abb. 6.66　Bestimmen von Wahrscheinlichkeiten

Beispiel:
Würfel: P (in zwei Würfen beidemal eine 4 zu würfeln) = ⅙ × ⅙ = ¹⁄₃₆

Eine Variable, die mit gewissen Wahrscheinlichkeiten bestimmte Werte annehmen kann, wird als *Zufallsvariable* oder auch stochastische Variable bezeichnet. Eine Zufallsvariable kann eine diskrete oder eine stetige Größe sein, je nachdem, ob sie in einem bestimmten Bereich nur einzelne diskrete (isolierte) Werte oder kontinuierliche Werte annehmen kann.

Beispiele:
Würfel: Zufallsvariable = Augenzahl (diskrete Variable)
Qualitätskontrolle: Zufallsvariable = Ausschußrate (diskrete Variable)
Körpergewicht: Zufallsvariable = kg (stetige Variable)

Die Darstellung der Wahrscheinlichkeiten in Funktion einer diskreten stochastischen Variablen wird als *Häufigkeitsverteilung* bezeichnet. Die von «0» oder von der unteren Grenze des definierten Bereiches der Häufigkeitsverteilung bis zu einem bestimmten Wert der Variablen summierten Wahrscheinlichkeiten bilden die Summenhäufigkeitsverteilung. Sie stellt eine Treppenkurve dar, die im definierten Bereich der Variablen von 0 nach 1 ansteigt (vgl. Abb. 6.67).

Bei einer *stetigen* stochastischen Variablen tritt anstelle der Häufigkeitsverteilung die sogenannte *Dichtefunktion* (oder Wahrscheinlichkeitsdichte, vgl. Abb. 6.67a). Die

Wahrscheinlichkeit, daß die Zufallsvariable x einen Wert zwischen a und b annimmt, ist gleich dem Integral der Dichtefunktion in diesen Grenzen (= Fläche unter der Kurve zwischen a und b). Die Dichtefunktion stellt also nicht die Wahrscheinlichkeit dar, mit der die Zufallsvariable einen ganz bestimmten Wert annimmt. Diese ist nämlich bei stetigen Variablen gleich Null, da die Variable in jedem noch so kleinen Intervall beliebig viele Werte annehmen kann.

Die *Verteilungsfunktion* ist das Integral der Dichtefunktion von der unteren Grenze des definierten Bereiches bis zu einem vorgegebenen Wert. Sie ist eine von 0 bis 1 stetig wachsende Funktion (vgl. Abb. 6.67 und 6.67a).

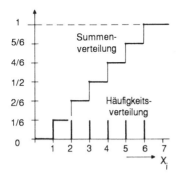
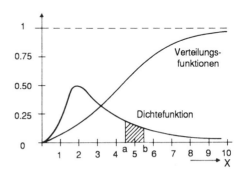

Abb. 6.67   Diskrete Zufallsvariable   Abb. 6.67a   Stetige Zufallsvariable

Den vollständigen Überblick über alle Eigenschaften einer Verteilung gibt im diskreten Fall nur die zugehörige Häufigkeits- oder die Summenhäufigkeitsverteilung, im stetigen Fall die Dichte- oder die Verteilungsfunktion. Eine summarische Charakterisierung ist mit Hilfe gewisser Maßzahlen möglich, die aus der Verteilungsfunktion ermittelt werden können. Sie werden auch als Verteilungsparamter bezeichnet.

Die wichtigsten Maßzahlen (s. Abb. 6.67b) sind der Erwartungswert (gleich → Mittelwert) und die Varianz oder Streuung einer Verteilung → math. Statistik.

Die Formeln lauten:

Maßzahlen	diskrete Verteilung	stetige Verteilung
Erwartungswert μ	$\sum_{i=1}^{n} x_i \cdot p_i$	$\int_{-\infty}^{+\infty} x \cdot f(x) \, dx$
Varianz σ^2	$\sum_{i=1}^{n} (x_i - \mu)^2 \cdot p_i$ wobei p_i = relative Häufigkeit von x_i	$\int_{-\infty}^{+\infty} (x - \mu)^2 \cdot f(x) \, dx$ $f(x)$ = Dichtefunktion

Abb. 6.67b   Maßzahlen von Verteilungen

Die wichtigsten *theoretischen Verteilungen* der Wahrscheinlichkeitsrechnung sind:

Diskrete Verteilungen

- Gleichverteilung
- Poisson-Verteilung
- Binomialverteilung
- Hypergeometrische Verteilung

Stetige Verteilungen

- Gleichverteilung
- Normalverteilung (Gauß-Verteilung)
- Logarithmische Normalverteilung
- Exponentialverteilung
- Betaverteilung
- Gammaverteilung
- Weibullverteilung
- Erlangverteilung

Die Wahrscheinlichkeitstheorie bildet eine wesentliche Grundlage für die → Mathematische Statistik.

Die Wahrscheinlichkeitsrechnung findet Verwendung im Systems-Engineering bei der Situationsanalyse, Risikoanalyse und u.U. in der Phase Bewertung.

Literatur

→ Mathematische Statistik

Warteschlangenprobleme

Die Theorie der Warteschlangen befaßt sich – als spezielles Verfahren des → Operations Research – mit Situationen, in denen Personen oder Güter zur Abfertigung an Bedienungsstellen eintreffen, wobei entweder die Abstände zwischen den Ankünften oder die Bedienungszeiten – oder aber beide – stochastischer Natur sind. Entweder bilden sich dabei Warteschlangen vor den Bedienungsstellen oder diese warten unbenützt auf eintreffende Einheiten.

Die Warteschlangentheorie gibt Lösungen bezüglich der Organisation der Ankünfte oder der Dimensionierung der Bedienungsstellen, mit dem Ziel, die *Gesamtkosten* aus der Summe der Wartekosten und der Bedienungskosten zu minimieren (s. Abb. 6.68):

Die wichtigsten Einflußgrößen sind

- Zahl der eintreffenden Elemente, mit bestimmter Ankunftsrate (= mittlere Anzahl Ankünfte je Zeiteinheit),
- Zahl der Bedienungsstationen, mit bestimmter Bedienungsrate (= mittlere Anzahl der Bedienungen je Zeiteinheit),
- Schlangendisziplin (Regeln des Verhaltens der eintreffenden Elemente),
- Bedienungsstrategie (Organisation und Reihenfolge der Abfertigung).

Im einfachsten Fall des Warteschlangenproblems treffen die Elemente in zufälligen Zeitabständen an einer Bedienungsstelle ein und werden in der Reihenfolge ihres Eintreffens bedient.

Zur Charakterisierung der Ankünfte kann oft eine theoretische Verteilung (→ siehe Wahrscheinlichkeitsrechnung) verwendet werden. Für bestimmte Fälle ist

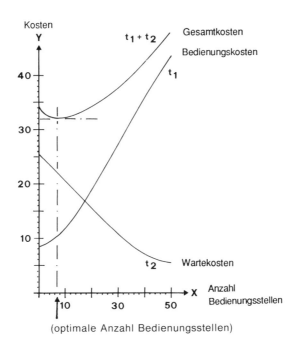

Abb. 6.68 Verlauf der Warte- und Bedienungskosten in Abhängigkeit von der Anzahl Bedienungsstellen

dadurch eine analytische Lösung möglich. Wenn für Ankünfte oder Bedienungszeiten empirische Wahrscheinlichkeitsverteilungen oder wenn kompliziertere Bedienungsregeln gelten (z.B. verzweigte Warteschlangen), sind Lösungen nur mit der → Simulationstechnik, (→ Monte-Carlo-Methode) möglich.

Die Warteschlangentheorie findet z.B. bei folgenden Problemstellungen Anwendung:

- Abfertigung von Lastwagen in der Spedition,
- Bestimmung der optimalen Anzahl anzuschaffenden (Engpass) Maschinen,
- Bestimmung der Anzahl Bedienungsschalter in Banken, Postbüros, u.ä.,
- Dimensionierung von Förderanlagen,
- Dimensionierung von Telefonzentralen,
- Optimierung der Verkehrsregelung (Lichtsignalanlagen, Flughäfen),
- Steuerung von Liftanlagen.

Im Systems Engineering wird die Warteschlangentheorie im Schritt «Synthese von Lösungen» angewandt.

Literatur

Churchman, C.W., u.a.: Operations Research – *Ferschl, F.:* Zufallsabhängige Wirtschaftsprozesse – *Morse, P.M.:* Queues, Inventory and Maintenance – *Saaty, T.L.:*

Elements of Queuing Theory – *Sasieni, M.; u.a.:* Methoden und Probleme der Unternehmensforschung – *Stahlknecht, P.:* Operations Research – *Takacs, L.:* Introduction of the theory of Queues

Wertanalyse

Die Wertanalyse ist in ihrem ursprünglichen Kern ein Hilfsmittel zur Produktgestaltung, das vorerst in Form der *Wertverbesserung* zur Rationalisierung bei bestehenden Produkten entwickelt und nachher auch als *Wertgestaltung* auf Neukonstruktionen ausgedehnt wurde. Noch später wurde es auch zur Untersuchung und Gestaltung immaterieller Leistungen (z. B. Organisationsabläufe) eingesetzt. Hier wird nur auf die entscheidenden Grundgedanken und auch noch auf den Bezug zum Begriff «Nutzwertanalyse» eingegangen.

Ein wesentliches Merkmal der Wertanalyse ist das *Denken in Funktionen,* vorerst auf der Ebene Gesamterzeugnis und im Hinblick auf die Verwendung durch den Kunden. Dies bedeutet ein Loslösen von vorhandenen oder naheliegenden Möglichkeiten zur Realisierung dieser Funktionen und soll das Blickfeld für neuartige Lösungen öffnen. Dabei wird auch überlegt, welche Bedeutung der potentielle Kunde diesen Funktionen beimißt. Es wird dabei zwischen Haupt- und Nebenfunktionen unterschieden und es werden auch «unerwünschte Funktionen» aufgelistet. Die Wertschätzung eines Kunden für ein Produkt mit einer bestimmten Funktionsausstattung bestimmt im Rahmen einer gegebenen Konkurrenzsituation auch den Preis, den ein Kunde zu zahlen bereit ist. Daraus ergeben sich die zulässigen Kosten zur Herstellung eines Produktes. Häufig werden diese in Form eines *Kostenziels* als Bestandteil des Wertanalyse-Ziels (mit Funktions-, Qualitäts-, Leistungs- und Terminzielen usw.) für den Konstruktionsprozeß vorgegeben.

Das Denken in Funktionen wird anschließend auch auf die konstruktiven Komponenten eines Produktes angewendet, wobei hier dann technische Funktionen eruiert werden. Man versucht dann weiter, die Kosten von Baugruppen oder Einzelteilen (die als Funktionenträger bezeichnet werden) auf ihre verschiedenen Funktionen aufzuteilen und damit Kosten für die einzelnen Funktionen zu ermitteln. Auf dieser Grundlage eruiert man kostengünstigste Lösungen für vorbestimmte Funktionen, oder man trachtet danach, mit einem gegebenen Kostenziel ein Maximum an Funktionswerten zu erreichen. Bei dieser Gegenüberstellung von Funktionen (mit ihrem Wert) und den Kosten ergibt sich ein Bezug zur → Nutzwertanalyse, obwohl die beiden ähnlich lautenden Begriffe sonst nichts miteinander zu tun haben. Die Nutzwertanalyse ist ein Bewertungsverfahren und beurteilt irgendwelche Lösungsvarianten gesamthaft. Die *Wertanalyse ist primär ein spezieller Ansatz zur Lösungssuche* und strebt dabei u.a. eine Bewertung einzelner Lösungselemente im Hinblick auf deren Optimierung an (im Rahmen des Problemlösungszyklus wäre diese Bewertung bei der Konzept-Analyse einzuordnen). Diese Grundidee der Wertanalyse kann auch in anderem Zusammenhang als der Produktgestaltung aufgegriffen werden, ebenso kann im Rahmen einer Wertanalyse eine abschließende gesamthafte Bewertung von Alternativen mit einer Nutzwertanalyse sinnvoll sein.

Die Wertanalyse hat sich im Laufe der Zeit (auch im Selbstverständnis ihrer Promotoren) von einem Ansatz zu einer Verbesserung des Prozesses der Produktge-

staltung zu einer umfassenderen Problemlösungsmethodik entwickelt (siehe DIN 69 910), die drei Systemelemente umfaßt:
- Methode
- Verhaltensweisen
- Management

Die Methode basiert auf einem «Wertanalyse-Arbeitsplan» genannten Vorgehensleitfaden, dessen Gerippe in Teil I, Kap. 2.7.2 und in Abb. 1.31 dargestellt ist.

Bei der Wertanalyse wird großes Gewicht auf kooperatives Verhalten, interdisziplinäre Teamarbeit und auf die Nutzung von Kreativitätstechniken gelegt. Die Gewichtsverschiebung auf eine generelle Vorgehensmethodik scheint das ursprüngliche Konzept der Bewertung und Optimierung der Einzelfunktionen mehr und mehr in den Hintergrund zu verdrängen.

Literatur

DIN 69 910 (E): Wertanalyse – *Hoffmann, H.:* Wertanalyse – *VDI:* Wertanalyse Idee – Methode – System

Wirkungsnetze/Beeinflussungsmatrizen

Wirkungsnetze und Beeinflussungsmatrizen sind wichtige Bestandteile einer Methode zur Betrachtung und Analyse komplexer Wirkungszusammenhänge (siehe → Vernetztes Denken), um daraus Schlußfolgerungen für Maßnahmen abzuleiten.

Hinweise auf die Handhabung:

1. *Aufstellung eines Wirkungsnetzes,* in welchem die Wirkungszusammenhänge von einem Element auf ein anderes grafisch dargestellt werden (Beispiel Abb. 6.70).
2. *Aufstellung einer Matrix,* in welcher die Spalten und die Zeilen die Elemente des Netzes repräsentieren (gemäss Abb. 6.69).
3. Schätzung der *Stärke der Einflüsse* und Eintragung in die Matrix. Dabei bedeuten die Ziffern: 0: kein Einfluß, 1: schwacher Einfluß, etc. (Die Skala der Stärken kann frei gewählt werden.)
4. Ermittlung von *Zeilensummen* (Aktivsummen). Diese Summe weist darauf hin, welche Einflußstärke insgesamt von einem Element ausgeht. Ermittlung der *Spaltensummen* (Passivsummen), um zu zeigen, wie stark ein Element von anderen insgesamt beeinflußt wird.
5. *Interpretation der Ergebnisse:*
   Wenn die Aktivsumme hoch ist, können Veränderungen in diesem Element hohe Auswirkungen haben. Sofern das Element nicht extern bestimmt wird, sondern durch das Handeln verändert werden kann, werden damit Hinweise geliefert, wo man eingreifen könnte.
   Wenn bei einem Element sowohl eine hohe Aktivsumme als auch gleichzeitig eine hohe Passivsumme vorliegt (das Produkt aus Aktivsumme mal Passivsumme ist groß), bedeutet das, daß Veränderungen gleichzeitig zu starken Rückwirkungen führen.

2. Enzyklopädie/Glossarium

Wirkung von \ auf	Netz von Buchhandlungen	Löhne	Sortimentmix	Preise	Verkäufe	Wettbewerbsposition	Miete/Abschreibungen	Marketing	Margen/Rabatte	Ertrag	Mitarbeiterbonus	Aktivsumme AS	Quotient Q (AS:PS·100)
Netz von Buchhandlungen	–	3	2	1	3	3	3	1	2	2	0	20	153
Löhne	0	–	0	0	2	1	1	0	0	3	2	9	90
Sortimentmix	1	1	–	0	3	2	1	1	2	2	0	13	144
Preise	0	0	2	–	3	1	1	1	3	3	0	14	467
Verkäufe	2	1	1	1	–	2	3	2	1	3	2	18	95
Wettbewerbsposition	3	1	0	0	3	–	2	2	3	2	0	16	114
Miete/Abschreibungen	2	0	0	0	0	0	–	0	1	3	0	6	46
Marketing	0	0	1	0	2	1	0	–	0	1	0	5	63
Margen/Rabatte	2	1	2	1	1	2	1	0	–	3	0	13	100
Ertrag	3	2	1	0	0	2	1	1	1	–	3	14	61
Mitarbeiterbonus	0	1	0	0	2	0	0	0	0	1	–	4	57
Passivsumme PS	13	10	9	3	19	14	13	8	13	23	7		
Produkt P (AS·PS)	260	90	117	42	342	224	78	40	169	322	28		

Abb. 6.69 Beeinflussungsmatrix «Buchhandel» (nach Gomez P. und Probst G.J.B.)

Wenn ein Element sowohl eine niedrige Aktivsumme als auch eine niedrige Passivsumme aufweist (Aktivsumme mal Passivsumme = klein), dann ist das Element im Verhältnis zu anderen Elementen relativ neutral zu beurteilen.
Wenn die Aktivsumme hoch und die Passivsumme niedrig ist (Aktivsumme dividiert durch Passivsumme = groß), dann weist dieses Ergebnis darauf hin, daß hier Eingriffe relativ folgenlos sind.
Wenn die Passivsumme hoch ist und die Aktivsumme klein (Aktivsumme dividiert durch Passivsumme = klein), dann geht von diesem Element ein sehr geringer Einfluß aus, das Element wird von anderen Faktoren sehr stark beeinflußt.
6. *Anwendung:* Bei Überlegung, welche Maßnahmen zur Veränderung in einem komplexen kausal-vernetzten System zu ergreifen sind, helfen diese Überlegungen, um Wirksamkeit von Maßnahmen und Wünschbarkeit der Auswirkungen zu durchdenken.

Die hier gezeigte Methodik stellt im Sinne des Systemdenkens ein Hilfsmittel zur quantitativ unterstützten Analyse von Systemen dar. Es ist besonders geeignet für die Situationsanalyse und die Konzeptanalyse.

Teil VI: Techniken und Hilfsmittel 560

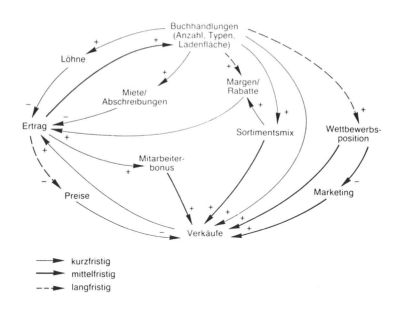

Abb. 6.70 Wirkungsnetz «Buchhandel» (nach Gomez, P. und Probst, G.J.B.)

Literatur

→ Systemdenken, Teil I/1
Die Beispiele stammen aus: *Gomez, P., Probst, G.J.B.:* Vernetztes Denken.

Wirtschaftlichkeitsrechnung

Die W. ist eine → Bewertungstechnik für einzelne Vorhaben. Sie ermöglicht die Prüfung der Wirtschaftlichkeit eines bereits bestehenden oder eines projektierten Systems, ggf. auch mehrerer Varianten. Eine wichtige Rolle spielen dabei die geplante Nutzungsdauer und die in Geldeinheiten ausgedrückte Relation zwischen Zweckerfolg und Mitteleinsatz (gemäß Wirtschaftlichkeitsprinzip, d.h. Kostenminimierung bei vorgegebener Leistung oder Leistungsmaximierung bei vorgegebenen Kosten).

Die Wirtschaftlichkeitsrechnung umfaßt alle Berechnungsweisen, mit deren Hilfe jene mit Preisen bewerteten Größen, die Zweckerfolg und Mitteleinsatz von Vorhaben repräsentieren, in zweckmäßiger Weise einander gegenübergestellt und ihre Ergebnisse beziffert werden können.

Elemente der Wirtschaftlichkeitsrechnung sind Kosten und Leistungen, geplante bzw. mögliche Nutzungsdauer (Betrachtungszeitraum), Diskontierungsrate und Randbedingungen.

Die Berechnungsweisen können nach dem Umfang gegliedert werden, in dem sie diese Elemente berücksichtigen (vgl. Abb. 6.71).

Statische Berechnungsweisen zur Ermittlung der wirtschaftlichen Vorteilhaftigkeit von Vorhaben beziehen nur Kosten und Leistungen während der erwarteten Nutzungsdauer ein. Der Zins als dynamisches Zeitelement (d.h. der Zeitwert des Geldes) wird dabei nicht berücksichtigt (z.B. Kostenvergleichsrechnung, Gewinnvergleichsrechnung, Kapitalrentabilitätsrechnung, Amortisationsdauerrechnung).

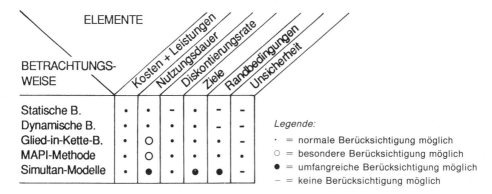

Abb. 6.71 Aussagekraft von Berechnungsweisen der Wirtschaftlichkeit von Vorhaben

Dynamische Berechnungsweisen berücksichtigen durch Abzinsung auf einen gemeinsamen Zeitpunkt die unterschiedlichen Fälligkeitstermine von Kosten und Leistungen während der Errichtungsperiode und der geplanten Nutzungsdauer. Alle dynamischen Verfahren setzen Zinseszins-Berechnungen ein. Die wichtigsten Verfahren sind die Kapitalwert- und die Interne Zinsfuß-Rechnung.

Bei der *Kapitalwertrechnung* wird die Differenz aller mit einem vorgegebenen Zinssatz (kalkulatorischer Zins) abgezinsten Kosten und Leistungen ermittelt. Ein Leistungsüberschuß kennzeichnet ein vorteilhaftes Projekt.

Bei einer Abart, dem *Annuitäten-Verfahren,* werden die Jahresdurchschnittswerte der abgezinsten Kosten und Leistungen miteinander verglichen. Ein höherer Leistungs-Jahresdurchschnittswert kennzeichnet auch hier die Vorteilhaftigkeit.

Die Errechnung jenes Zinssatzes, bei dem der Kapitalwert 0 ist, die Barwerte von Kosten und Leistungen also gleich sind, nimmt die *Interne Zinsfuß-Rechnung* vor. Ist der interne Zinsfuß höher als der vorgegebene Diskontsatz, ist das Vorhaben vorteilhaft.

Die erwähnten klassischen Berechnungsweisen gestatten nur die Berücksichtigung der entsprechenden monetären Ziele (Gewinnmaximierung, Kapitalrentabilität, Minimierung der Rückflußdauer) für ein isoliertes Vorhaben.

Die modernen Berechnungsweisen versuchen Nebenbedingungen, wie Verflechtungen innerhalb eines Systems, Zugehörigkeit zu einem Programm und finanzielle Restriktionen für eine Investition zu berücksichtigen.

Jedes Vorhaben (Investition) ist ein Glied im zeitlichen Ablauf gleichgerichteter Vorhaben. Die erforderliche Errichtungsdauer und die geplante Nutzungsdauer bestimmen seinen Kapitalwert und den Zeitpunkt der Folgeinvestitionen.

Diese *Glied-Kette-Betrachtung* erfordert die Ermittlung der durchschnittlichen Kapitalwerte der Kettenglieder und den Vergleich mit dem Kapitalwert des anstehenden Vorhabens. Bei Gleichheit ist die optimale Nutzungsdauer gegeben.

Die technische Entwicklung entwertet gegenwärtige Systeme gegenüber zukünftig realisierbaren. Durch Einbezug derartiger Aussagen ermöglicht die vom US-Machinery and Allied Products Institute entwickelte *(MAPI-)Methode* die Ermittlung optimaler Ersatzzeitpunkte von Systemen.

Simultan-Modelle (z. B. Verfahren der → linearen Optimierung) erfassen durch Gleichungssysteme komplexe Beziehungen und ermöglichen z. B. die Abstimmung von Investitions-, Produktions- und Finanzierungsprogrammen auch im Hinblick auf ein einzelnes Vorhaben.

Alle diese Berechnungsweisen gehen von sicheren Erwartungen über die Werte ihrer Elemente im Zeitablauf aus (Ausnahme: MAPI-Methode bezüglich technischer Entwicklung).

Risiko und Unsicherheit sowie generelle ökonomische Imponderabilien können nur durch Variation der angenommenen Werte dieser Elemente innerhalb ihres wahrscheinlichen Streuungsbereiches berücksichtigt werden (→ Sensibilitätsanalyse).

Beim Vorliegen mehrstufiger unsicherer Erwartungen kann das → Entscheidungsbaum-Verfahren helfen. Dabei wird – von den Ergebnissen jedes Astes ausgehend – die Vorteilhaftigkeit der Alternative auf der nächsthöheren Ebene durch Zuordnung eines Wahrscheinlichkeitswertes ermittelt.

Wirtschaftlichkeitsrechnungen werden zu unterschiedlichen Zwecken benötigt. Sie sind Bestandteile von Investitionsrechnungen, Break-even-Analysen etc.

Literatur

Adelberger, O.L.; Günther, H.H.: Fall- und Projektstudien zur Investitionsrechnung – *Blohm, H.; Lüder, K.:* Investition – *Jacob, H.:* Investitionsplanung und Investitionsentscheidung mit Hilfe der linearen Programmierung – *Nagel, K.:* Nutzen der Informationsverarbeitung – *Seelbach, H.:* Planungsmodelle in der Investitionsrechnung – *Swoboda, P.:* Die simultane Planung von Rationalisierungs- und Erweiterungs-Investitionen und der Produktionsprogramme – *Warnecke, J.:* Wirtschaftlichkeitsrechnung für Ingenieure – *Weilenmann, P.:* Investitionsentscheidung

Zeit-Kosten-Fortschritts-Diagramm

Hilfsmittel zur anschaulichen Darstellung der Termin- und Kostensituation und des Arbeitsfortschritts in einem Projekt (Abb. 6.72).

Ein Zeit-Kosten-Diagramm allein wäre wenig aussagefähig, da es nur Aussagen über die Kosten liefert, die bis zu einem bestimmten Zeitpunkt angefallen sind und nichts über den tatsächlich erreichten Arbeitsfortschritt aussagt. Aus diesem Grund sind bei der Projektplanung Arbeitswerte (A1, A2 ...) zu definieren, die zu bestimmten Planterminen und -kosten erreicht werden sollen. Ein Vergleich der tatsächlich erreichten Werte mit den geplanten Aussagen über Abweichungen, die im Zeit-Kosten-Fortschritts-Diagramm anschaulich dargestellt werden können:

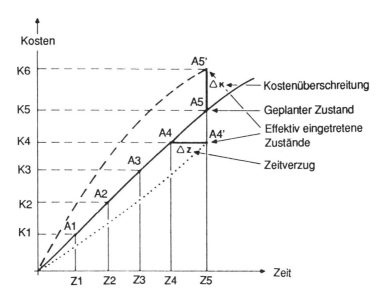

Abb. 6.72 Zeit-Kosten-Fortschritts-Diagramm

A4′ bedeutet, daß der Arbeitswert A4 nicht zum geplanten Zeitpunkt Z4, sondern erst zum Zeitpunkt Z5 erreicht wurde. Die Kosten K4 wurden allerdings nicht überschritten.

A5′ bringt zum Ausdruck, daß Arbeitswert A5 zwar zum geplanten Termin Z5 erreicht wurde, allerdings mit einer Kostenüberschreitung von $\triangle K$ (also zu den Kosten K6).

Zielkatalog

Zusammenstellung der Ziele und Teilziele (im Systems Engineering) in einer sinnvoll strukturierten Form (siehe Kapitel «Zielformulierung», Teil II/2.2).

Zielrelationen-Matrix

Matrix, mit deren Hilfe die Teilziele für ein Projekt auf ihre Verträglichkeit untereinander getestet werden können (siehe Kapitel «Zielformulierung», Teil II/2.2).

Ziel-Mittel-Denken

Allgemeines Denkprinzip zur Strukturierung handlungsrelevanter Aussagen auf der Basis des in Abb. 6.73 dargestellten Modellansatzes. In diesem Strukturmodell, das auch als Ziel(Zweck)-Mittel-Hierarchie bezeichnet wird, werden die zwischen handlungsrelevanten Aussagen bestehenden Ziel-Mittel-Relationen zum Ausdruck gebracht.

Ziel- und Mittelbegriff sind in diesem Modell relativiert. Etwas ist nur Ziel im Hinblick auf die hierarchisch darunterliegende Aussage. Jedes Ziel ist hingegen auch Mittel im Hinblick auf ein darüberliegendes höheres Ziel.

Das Prinzip kann angewendet werden bei der empirischen Analyse von bestehenden Zielen, z. B. wenn es darum geht, das Zielsystem einer Unternehmung zu ermitteln und darzustellen. Es kann jedoch auch zur → Operationalisierung allgemeiner Zielaussagen verwendet werden (vgl. Kapitel «Zielformulierung», Teil II/2.2). In diesem Fall wird von einem gegebenen allgemeinen Ziel ausgegangen und versucht, diese Zielsetzung schrittweise immer stärker zu verdeutlichen, indem nach den Mitteln gefragt wird.

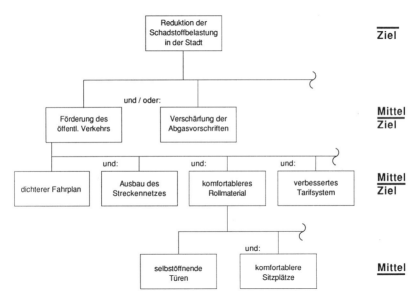

Abb. 6.73 Beispiel einer Ziel-Mittel-Hierarchie (Reduktion der Schadstoffbelastung in der Stadt)

Literatur

Siehe Kapitel «Zielformulierung», Teil II/2.2

Zuordnungsstrukturen

Stufenweise Zergliederungen von Sachverhalten und Objekten (z.B. Produkte, Arbeitsaufgaben, Funktionen, Stellen usw.) lassen sich anschaulich mit Baumstrukturen darstellen (Gliederungs-Pläne, Organigramme, Objektstrukturpläne) → Darstellungstechniken.

Beziehungen zwischen zwei unterschiedlich gearteten Sachverhalten können in Zuordnungsdiagrammen dargestellt werden → Wirkungsnetze, → Beeinflussungsmatrizen. → Funktionendiagramme stellen die Zuordnung von Kompetenzen und Verantwortungen zu Stellen oder Personen dar.

Zuteilungsprobleme

Zuteilungsprobleme (allocation problems) sind generelle Problemstellungen des → Operations Research, die durch folgende Beispiele charakterisiert werden können: Eine Anzahl verschiedener Aufgaben ist durchzuführen, wobei von den Mitteln oder der Art ihrer Verwendung her Einschränkungen bestehen, bezüglich der bestmöglichen Durchführung der einzelnen Aufgaben.

Aufgaben und Mittel sollen so kombiniert werden, daß gesamthaft betrachtet die grösstmögliche Wirksamkeit erreicht wird; z.B. Wirtschaftlichkeit im Sinne der Erfüllung einer vorgegebenen Aufgabe unter minimalem Aufwand oder Erzielung des maximal möglichen Gesamtertrages bei vorgegebenem Aufwand.

Zwei Beispiele von Zuteilungsproblemen, für die je eine spezielle Lösungsmethode entwickelt wurde, sind die *Transportprobleme* sowie die *Zuordnungsprobleme*.

Bei *Transportproblemen* können Erfordernisse und verfügbare Mittel durch Einheiten einer einzigen Art ausgedrückt werden.

Das Problem lässt sich folgendermaßen beschreiben: An bestimmten Ausgangspunkten (z.B. Garagen, Abfahrstellen) stehen bestimmte Mittel (z.B. Fahrzeuge, Versandgüter) in bestimmten Mengen bereit. Andererseits besteht an bestimmten Endpunkten (z.B. Standplätzen, Empfänger) ein bestimmter Bedarf an den gleichen Mitteln. Gegeben sind die Beziehungen (Transportzeiten, Kosten und so weiter) zwischen jedem Ausgangspunkt und jedem Endpunkt. Es gilt nun, die vorhandenen Mittel von den Ausgangspunkten derart zu den Endpunkten zu lenken, daß der Transportaufwand (Kosten, Zeiten, Fahrzeugeinsatz) minimal wird.

Das *Zuordnungsproblem* kann als Spezialfall des Transportproblems aufgefaßt werden, nämlich derart, daß an jedem Ausgangspunkt nur *eine einzige* Einheit verfügbar und an jedem Endpunkt nur *eine einzige* Einheit nachgefragt ist. Bekannte Beispiele für diese Problemstellung sind die bestmögliche Verteilung von n-Personen auf n-Arbeitsplätze oder die Überführung von n-Fahrzeugen aus n-Städten in n-andere Städte, so daß die gesamte Fahrleistung minimiert wird.

In der allgemeinen Formulierung führen die Zuteilungsprobleme, sofern ihre Zielfunktion und Restriktionen als lineare Funktionen dargestellt werden können, zu ganzzahligen Linearen Programmen (siehe → Lineare Optimierung).

Literatur
→ Lineare Optimierung, → Operations Research

Zuverlässigkeitsanalysen

Z. dienen der Bewertung der Zuverlässigkeit von Objekten – elektronischen Bauteilen ebenso wie Kraftwerken – bzw. der Berechnung ihrer Versagenswahrscheinlichkeit.

Die Zuverlässigkeit ist Teil der Qualität von Objekten im Hinblick auf deren Verhalten während oder nach vorgegebenen Zeitspannen bei vorgegebenen Betriebsbedingungen (s. DIN 55 350, Teil 11, DIN 40 041) und hängt von einer Vielzahl von Einflußgrößen ab. Diese resultieren aus der Art und Weise von Verwendung, Benutzung oder Betrieb etc., d.h. aus den spezifizierten Beanspruchungen und aus Einwirkungen aus dem Umfeld einerseits und aus der Qualität als dem Ergebnis von Entwicklung und Herstellung des Objektes andererseits.

Z. werden für zwei Zwecke angefertigt: für die Spezifikation von Zuverlässigkeitsanforderungen an zu gestaltende Objekte und für die Untersuchung der Zuverlässigkeit vorhandener oder entwickelter Objekte.

Die *deterministische* Betrachtungsweise der Zuverlässigkeit führt auf der Basis von Erfahrungen zu Festlegungen von Faktoren gegen Versagen (z.B. n-fache Sicherheit eines Bauteiles).

Weite Streuung von Materialeigenschaften und bei Herstellungs- und Betriebsbedingungen sowie starke Veränderlichkeit in den Belastungen erfordern eine *probabilistische* Betrachtungsweise. Dies gilt auch für Systeme, die aus vielen Elementen bestehen, eine große Zahl von Funktionen erfüllen müssen (z.B. leittechnische Anlagen) sowie für Systeme, von denen bei Fehlverhalten möglicherweise Gefährdungen für Anlagen, Menschen und Umwelt ausgehen.

Für die Untersuchungen existiert eine Vielzahl mathematischer Berechnungsweisen. Die Berechnung von Ausfallwahrscheinlichkeiten erfolgt in der Regel unter der Annahme einer Exponentialverteilung der Ausfallzeiten. Besonders Bauelemente gehorchen jedoch einer als «Badewannenkurve» bezeichneten Verteilung[2]. Bei der Ausfallratenanalyse wird zwischen dem mittleren Ausfallabstand (**Me**antime **b**etween **f**ailures, MTBF) bei instandsetzbaren Objekten und der mittleren Lebensdauer (**Me**antime **t**o **f**ailures, MTTF) bei nicht instandsetzbaren Objekten unterschieden.

Ausfallarten- und -auswirkungs-Analyse

Zur Untersuchung der Ursachen von Ausfällen und ihrer Folgen werden Verhaltensanalysen der Elemente hinsichtlich Funktion und Leistung des Objektes vorgenommen, Ausfallarten- und -Auswirkungsanalysen oder auch Fehlermöglichkeits- und -Einflussanalysen genannt.

Die ältere **Fehl**ermöglichkeits- und -**E**influss**a**nalyse (Failure Mode and Effects Analysis, FMEA) wurde zwecks Quantifizierung der Einflüsse bzw. Ausfallauswirkungen zur Failure Mode, Effects and Criticality Analysis (FMECA) entwickelt. Die Ausfallbedeutung wird durch Zuordnung zu einer Skala bewertet (s. DIN 25 448).

Bestehen bei Versagen eines großen Objektes in Abhängigkeit von der Versagensart große Unterschiede in den Auswirkungen, so ist es sinnvoll, neben der Wahrscheinlichkeit des Gesamt-Versagens auch die Wahrscheinlichkeit der verschiedenen Versagensarten und deren Auswirkungen zu ermitteln.

---

2 Nach einer durch Fertigungseinflüsse bedingten höheren Ausfallrate zu Beginn der vorgegebenen Zeitspanne erfolgt ein Abklingen auf einen etwa konstanten Wert, bevor in der Verschleißphase wieder eine höhere Ausfallrate auftritt.

Fehlerbaum-Analyse

Mit der Fehlerbaum-Analyse (Fault Tree Analysis, FTA) werden von einem unerwünschten Endereignis (TOP) ausgehend über Und- bzw. Oder-Verknüpfungen von internen Ausfällen und/oder externen Einflüssen mögliche Ausfallursachen durch die Komponenten- und Elemente-Ebenen des Systems zurückverfolgt. Es werden Ursachenketten und Fehlerstammbäume entwickelt (siehe DIN 25 424). → Fehlerbaum, → Entscheidungsbaum.

Zur Quantifizierung werden mathematische Berechnungsweisen auf der Basis Boolscher Algebra und Markoffscher Modelle eingesetzt.

Die Vor- und Nachteile von Ausfallarten- und -auswirkungs-Analyse einerseits und Fehlerbaum-Analyse andererseits sind detailliert in DIN IEC 56(CO)138, Entwurf 1988 behandelt.

Schleichweg-Analyse

Mit der Schleichweg-Analyse (Sneak Circuit Analysis) sollen unerwartete Wirkungs-Pfade oder Informations-Flüsse entdeckt werden, die unter ebenfalls festzustellenden Bedingungen unerwünschte Funktionen auslösen oder erwünschte unterbinden (total oder zu unerwarteten Zeitpunkten). Sie wird auf die Untersuchung von Hardware- und Software-Objekten angewandt. Sie befaßt sich mit Verbindungen, Beziehungen, Aktionen zwischen Elementen und mit der Suche nach möglichen Fehlern in ihnen statt mit der Feststellung gesicherter Sollfunktionen. Hinweise über mögliche Schleichwege und ihre Ursachen werden in speziellen Listen erfaßt (s. Mil-Hdbk 338).

Literatur

Blass, E.: Entwicklung verfahrenstechnischer Prozesse – *Birkhofer, A.:* Die Rolle der Systemtechnik bei Zuverlässigkeits- und Risiko-Analysen – *Birolini, A.:* Qualität und Zuverlässigkeit technischer Systeme – *Deixler, A.:* Zuverlässigkeitsplanung – *Dt. Normen-Ausschuß:* (1) DIN 25 419, Störfall-Ablaufanalyse. (2) DIN 25 424, Fehlerbaum-Analyse. (3) DIN 25 448, Ausfalleffekt-Analyse. (4) DIN 40 041(E) Zuverlässigkeit, Begriffe. (5) DIN 55 350, Teil 11, Grundbegriffe der Qualitätssicherung. (6) DIN IEC 56 (CO), 138 Techniken für die Analyse der Zuverlässigkeit – *US-Dept. of Defense:* (1) Reliability Program for Systems and Equipment. (2) Procedures for performing a FMECA. (3) Sneak Circuit Analysis – *VDI:* Hdb. Technische Zuverlässigkeit

3. Formularsammlung

Nr.	Benennung	relevantes Kapitel
1	Zielkatalog Checkliste zum Zielkatalog	II / 2.2 Zielformulierung
2	Kriterien und ihre Skalierung	II / 2.4 Bewertung + Entsch.
3	Bewertungsmatrix/Variantenvergleich	II / 2.4 " " "
4	Risikobewertung	II / 2.4 " " "
5	Zusammenfassung Variantenvergleich	II/2.4 Bewertung + Entsch.
6	Projektantrag/Auftrag	III/1 PM
7	Terminplanung (Balkendiagramm)	III/1 PM
8	Aufwand und Kosten	III/1 PM
9	Kostenplanung und Kontrolle	III/1 PM
10	Arbeitsauftrag	III/1 PM
11	Fortschrittsbericht	III/1 PM

3. Formularsammlung

Firma:	ZIELKATALOG		Dok.Nr.:
	Projekt/Systemkomponente:	Kurzz.:	Datum:
	Phase:		Sachb.:
	Zielobjekt:		Seite Nr.
	Allgemeine Zielformulierung		

ZIELKLASSE Zielunterklasse (s. Checkliste)	ZIELFORMULIERUNG UNTER VERWENDUNG DER MASSSTÄBE	BEDING./ RESTRIK- TION	PRIO- RITÄT *)	BEI- LAGE

Legende: M: Mußziel; die Bedingung bzw. Restriktion muß zwingend eingehalten werden
S: Sollziel; das Ziel ist wichtig/bzw. die Bedingung oder die Restriktion soll eingehalten werden
W: Wunschziel; das Ziel ist zu beachten/die Einhaltung der Bedingung bzw. Restriktion ist erwünscht

Form. BWI/SE1

Checkliste zum Zielkatalog

FINANZZIELE

- Wirtschaftlichkeitserfordernisse.

  Ziele, welche die Kosten und die finanziell meßbaren Erträge beinhalten. Sie werden z.B. ausgedrückt in Kennziffern wie: laufende Kosten, Kosteneinsparungen, Return on Investment, Pay-Back-Periode u.a.

- Beanspruchung der Liquidität (z.B. Investitionsbetrag).

FUNKTIONSZIELE

- Leistung bzw. Funktionalität eines Systems
- Sicherheitsaspekte
- Qualitätsaspekte
- Flexibilität hinsichtlich der
  o Bewältigung kurzfristiger Belastungsspitzen oder
  o Anpassungsfähigkeit bei Eintritt unvorhersehbarer Veränderungen
- Schnittstellengestaltung, um ein System mit einem oder mehreren anderen verbinden zu können
- Service- und Unterhaltsaspekte
- Autonomie- bzw. Abhängigkeitsaspekte u.a.m.

PERSONALZIELE

Alle Ziele, welche gewünschte oder unerwünschte personelle Auswirkungen zum Inhalt haben, wie z.B.

- Personalunabhängigkeit
- Bedienungsfreundlichkeit, Ergonomie, Arbeitsbedingungen
- Personalqualifikation

SOZIALE UND GESELLSCHAFTLICHE ZIELE

- Ziele, die sich auf die Beachtung ökologischer Auswirkungen richten (Umweltbelastung/Entsorgungsfreundlichkeit)-
- Ziele allgemeiner sozialer Natur

PROJEKTABLAUFZIELE/VORGEHENSZIELE

- Terminmeilensteine
- Budgetziele
- Ziele betr. Beanspruchung von Personal
- Unternehmenspolitische Ziele

Form. BWI/SE1CHECK

3. Formularsammlung

Firma: ABC	ZIELKATALOG		Dok.Nr.:
	Projekt/Systemkomponente: **RATIONALISIERUNG IM EINKAUFSBEREICH**	Kurzz.:	Datum:
	Phase: **DETAILSTUDIEN**		Sachb.:
	Zielobjekt: **BESTELLWESEN**		Seite Nr.
	Allgemeine Zielformulierung **RATIONELLES BESTELLWESEN**		

ZIELKLASSE Zielunterklasse (s. Checkliste)	ZIELFORMULIERUNG UNTER VERWENDUNG DER MASSSTÄBE	BEDING./ RESTRIK- TION	PRIO- RITÄT *)	BEI- LAGE
Finanzziele:				
Wirtschaftlichkeit	Kosteneinsparungen im Einkaufsbereich möglichst hoch		S	
		mind. 10 %	S	
Belastung der Liquidität	Zusatzinvestitionen (Fr/DM) möglichst klein		S	
		höchstens Fr/DM 200'000	S	
Funktionsziele:				
Leistung/Funktionalität	Reduktion der Durchlaufzeit für die Bestell- abwicklung (in Tagen); möglichst hoch		S	
		um mind. 2 Tage	M	
Sicherheit/Zuverlässig- keit	Fehler in der Bestellungsbearbeitung sollen erheblich reduziert werden in % gegenüber Ist, möglichst hoch		S	
		um mind. 50 %	S	
Belastbarkeit/ Flexibilität	Die Kapazität soll kurzfristig auch ein hohes Be- stellvolumen verkraften. Anzahl Bestellungen/Tag möglichst hoch		S	
		mind. 400	S	
Ausbaubarkeit	Ausbaubarkeit der Lösung soll möglich sein bzgl. der Anzahl tägl. Bestellungen		W	
		auf mind. 600	W	
Personalziele:				
Anforderungen betr. Personalqualifikation	keine speziellen Anforderungen an das Bedienungspersonal		W	
Projektablaufziele (Vorgehensziele):				

Legende: M: Mußziel; die Bedingung bzw. Restriktion muß zwingend eingehalten werden
S: Sollziel; das Ziel ist wichtig/bzw. die Bedingung oder die Restriktion soll eingehalten werden
W: Wunschziel; das Ziel ist zu beachten/die Einhaltung der Bedingung bzw. Restriktion ist erwünscht

./.
Form. BWI/SE1

Firma:			Dok.Nr.:	
Projekt/Systemkomponente:		Kurzz.:	Datum:	
Phase:			Sachbearb.:	

KRITERIEN UND IHRE SKALIERUNG

		0	1	2	3	4	5	6	7	8	9	10
NOTE/BEDEUTUNG		sehr schlecht		schlecht			mittelmäßig			gut		sehr gut
Kriterien Finanziell, Funktionell, Personell, Sozial/Gesellschaftlich	Gewicht											

Form. BWI/SE2

KRITERIEN UND IHRE SKALIERUNG

Firma: **ABC**
Projekt/Systemkomponente: *MASCHINE FÜR WERK XY*
Phase: *DETAILSTUDIEN*
Dok.Nr.:
Kurzz.:
Datum:
Sachbearb.:

Kriterien / NOTE/BEDEUTUNG Finanziell, Funktionell, Personell, Sozial/Gesellschaftlich	Gewicht	0	1	2	3	4	5	6	7	8	9	10
		sehr schlecht		schlecht			mittelmäßig		gut			sehr gut
Betriebskosten (Fr./DM)	30	12000	11000	10000	9000	8000	7000	6000	5000	4000	3000	2000
Leistung (KW)	12	60	70	80	90	100	110	120	130	140	150	160
Vertrauen in Hersteller	20	gering			geht		mittel		hoch		sehr hoch	
Platzbedarf (m^2)	10	> 26	26	25	24	23	22	20	19	– 15	14	– 10
Design	5	unbefriedigend		naja			gefällig		sehr gut		hervorragend	

Form. BWI/SE2

NUTZWERTANALYSE: BEWERTUNGSMATRIX/VARIANTENVERGLEICH

Firma: Dok.Nr.:

Projekt/Systemkomponente: Kurzz.:   Datum:

Phase: Sachbearb.:

VARIANTEN		Var.:			Var.:			Var.:		
TEILZIELE / KRITERIEN Finanziell/funktionell/personell/ sozial/gesellschaftlich	Gewicht (g) **)	Erfüllungsgrad (Kommentar)	Note (n) *)	g · n	Erfüllungsgrad (Kommentar)	Note (n)	g · n	Erfüllungsgrad (Kommentar)	Note (n)	g · n
GESAMTBEWERTUNG /GESAMTZIELER- FÜLLUNG										

**) Summe = 100   *) =   0: sehr schlecht   5: mittelmäßig   10: sehr gut

Form. BWI/SE3

3. Formularsammlung

NUTZWERTANALYSE: BEWERTUNGSMATRIX/VARIANTENVERGLEICH

Firma: **ABC**
Projekt/Systemkomponente: *MASCHINE FÜR WERK XY*
Phase: *DETAILSTUDIEN*
Dok.Nr.:
Kurzz.:
Datum:
Sachbearb.:

VARIANTEN		Var. A			Var. B			Var. C		
TEILZIELE / KRITERIEN Finanziell/funktionell/personell/ sozial/gesellschaftlich	Gewicht (g) **)	Erfüllungsgrad (Kommentar)	Note (n) *)	g.n	Erfüllungsgrad (Kommentar)	Note (n)	g.n	Erfüllungsgrad (Kommentar)	Note (n)	g.n
Betriebskosten (Fr./DM)	12	8000.--	4	48	7000.--	5	60	....		
Leistung (KW)	30	100 KW	4	120	110 KW	5	150	....		
GESAMTBEWERTUNG /GESAMTZIELER- FÜLLUNG										

**) Summe = 100   *) Note 0: sehr schlecht   Note 5: mittelmäßig   Note 10: sehr gut

Form. BWI/SE3

RISIKOBEWERTUNG/VARIANTENVERGLEICH

Firma: Kurzz.:   DokNr.:

Projekt/Systemkomponente: Datum:

Phase: Sachbearb.:

VARIANTE:

Risiken	W	T	W x T

Erwartungswert-Nachteile

VARIANTE:

Risiken	W	T	W x T

Erwartungswert-Nachteile

VARIANTE:

Risiken	W	T	W x T

Erwartungswert-Nachteile

Legende: **Bewertung der Risikowahrscheinlichkeit (W)**
W = 0 der Risikofall wird nicht erwartet
W = 5 das Risiko tritt mit mittlerer Wahrscheinlichkeit ein
W = 10 die Wahrscheinlichkeit ist hoch

Bewertung der Tragweite (T)
problemspezifisch z.B.: 0 keine Auswirkung
5 Störfall
10 Katastrophe

Form. BWI/SE4

3. Formularsammlung

Firma: ABC
RISIKOBEWERTUNG/VARIANTENVERGLEICH
Projekt/Systemkomponente: *MASCHINE FÜR WERK XY*
Kurzz.:　　Dok.Nr.:　　Datum:　　Sachbearb.:
Phase: *DETAILSTUDIEN*

VARIANTE: A

Risiken	W	T	WxT
Lieferschwierigkeiten	3	4	12
Terminverzögerung	6	1	6
Erwartungswert-Nachteile			

VARIANTE: B

Risiken	W	T	WxT
Lieferschwierigkeiten	4	2	8
Terminverzögerung	2	3	6
Erwartungswert-Nachteile			

VARIANTE: C

Risiken	W	T	WxT
....			
....			
Erwartungswert-Nachteile			

Legende: **Bewertung der Risikowahrscheinlichkeit (W)**
W = 0　der Risikofall wird nicht erwartet
W = 5　das Risiko tritt mit mittlerer Wahrscheinlichkeit ein
W = 10　die Wahrscheinlichkeit ist hoch

Bewertung der Tragweite (T)
problemspezifisch z.B.　0 keine Auswirkung
　　　　　　　　　　　　5 Störfall
　　　　　　　　　　　　10 Katastrophe

Form. BWI/SE4

Firma:	ZUSAMMENFASSUNG VARIANTENVERGLEICH			Dok Nr.:	
	Projekt/Systemkomponente:		Kurzz.:	Datum:	
	Phase:			Sachb.:	

Kurzbez. d. Varianten POSITION:	Var:	Var:	Var:
Erfüllungsgrad der Mußziele und Sollziele			
Gesamtzielerfüllung gemäß Nutzwertanalyse			
Ergebnisse der Wirtschaftlichkeitsberechnung			
Ergebnisse der Risikobewertung			
Empfehlung			
Begründung			

Form. BWI/SE5

3. Formularsammlung

Firma: ABC	ZUSAMMENFASSUNG VARIANTENVERGLEICH		Dok.Nr.:
	Projekt/Systemkomponente: *MASCHINE XY*	Kurzz.:	Datum:
	Phase: *DETAILSTUDIEN*		Sachb.:

POSITION: / Kurzbez. d. Varianten	Var: A	Var: B	Var: C
Erfüllungsgrad der Mußziele und Sollziele	- Leistungsanforderungen sehr gut - Kosten hoch	- Leistungsanforderungen knapp erfüllt - teuer	- Leistungsanforderungen erfüllt - Kosten im Rahmen
Gesamtzielerfüllung gemäß Nutzwertanalyse	874 Punkte	670 Punkte	750 Punkte
Ergebnisse der Wirtschaftlichkeitsberechnung	ROI: 29 %	ROI: 30 %	ROI: 41 %
Ergebnisse der Risikobewertung	213 Punkte	411 Punkte	302 Punkte
Empfehlung	Diese Variante kommt als Alternative in Frage. (Falls Vertragsverhandlungen mit "C" scheitern).	Absagen	Diese Variante wird empfohlen. Sondervertrag abschließen.
Begründung	Die bessere Leistung rechtfertigt nur bedingt hohen Preis.	. zu hohe Risiken . sehr teuer	. Zweckmäßige Lösung . Bester ROI

Form. BWI/SE5

Firma:	**PROJEKT-ANTRAG / AUFTRAG**		Dok.Nr.:
	Projekt:	Kurzz.:	Datum:
	Phase:		Sachb.:

Auftrags-Bezeichnung:	Kurzzeichen:	Auftrags Nr.:
1. Kurzbeschreibung (Ausgangssituation, Aufgabenstellung, Untersuchungs-Gestaltungsbereich); 2. Zweck/Erwarteter Nutzen; 3. Grundlagen; 4. Form des Ergebnisses; 5. Sonstiges		Projektleiter:
		Projektgruppe:
		Steuerungs-Ausschuß:
		Start-Termin:
		Abschluß-Termin:
		Kosten:
		Verteiler:
		Antragsteller:
		Datum:
		Genehmigt:
		Datum:

Form. BWI/SE6

3. Formularsammlung

Firma: **ABC**	**PROJEKT-ANTRAG / AUFTRAG**		Dok.Nr.:
	Projekt: Kurzz.: **RATIONALISIERUNG DER AUFTRAGSABWICKLUNG**		Datum: 25.2.19..
	Phase: **VORSTUDIE**		Sachb.: Rohr

Auftrags-Bezeichnung:	Kurzzeichen:	Auftrags Nr.:

1. Kurzbeschreibung (Ausgangssituation, Aufgabenstellung, Untersuchungs-Gestaltungsbereich 2. Zweck/Erwarteter Nutzen; 3. Grundlagen; 4. Form des Ergebnisses; 5. Sonstiges	Projektleiter: Rohr (ORG) *

1. Kurzbeschreibung

Das Problem der Schwerfälligkeit der heutigen Auftragsabwicklung ist allseits bekannt und wurde in Geschäftsleitungssitzungen schon mehrfach besprochen. Es besteht jetzt die Bereitschaft, endlich etwas dagegen zu tun. Wir haben Kontakt mit der Firma IDEA aufgenommen, die uns einen erfahrenen Berater für die Untersuchung folgender Bereiche zur Verfügung stellen würde:

- Auftragsabwicklung
- Produktionsplanung und -steuerung
- Lagerdisposition und -verwaltung

Es handelt sich um eine <u>Vorstudie</u>, die unsere Probleme und Möglichkeiten aufzeigen soll. Im Anschluß daran werden wir mehr Klarheit haben und das weitere Vorgehen beschließen können.

2. Zweck/Erwarteter Nutzen

Verbesserungsmöglichkeiten aufzeigen im Hinblick auf

- schnellere Abwicklung
- Reduktion der Kosten

Rationalisierungsmöglichkeiten sind insbesondere hinsichtlich eines möglichen EDV-Einsatzes zu prüfen.

3. Grundlagen

Stellungnahmen des Verkaufs und der Lagerverwaltung liegen bei. Vorgehensplan beiliegend.

4. Form des Ergebnisses

Vorstudienbericht bis 30.4.19..

- Mängeldarstellung, Zielkatalog
- Lösungsansätze (inkl. zweckmäßiger Umfang des EDV-Einsatzes)
- erwartete Konsequenzen (quantitativ und qualitativ)
- Sofortmaßnahmen
- weiteres Vorgehen

Projektgruppe:
Huber (PPS) *)
Reichl (Tech.)
Obermayr (Verkauf)
Pertl (Adm.)
Gut (IDEA) *)

Steuerungs-Ausschuß:
Dir. Handl. (GL)

*) = engerer Kreis

Start-Termin: 28.2.19....

Abschluß-Termin: 30.4.19..

Kosten:
50 AT intern
17'000.-- Fr.

Verteiler:

Antragsteller: Jork (V)

Datum: 15.2.19..

Genehmigt: Reck

Datum: 25.2.19..

Form. BWI/SE6

TERMINPLANUNG (BALKENDIAGRAMM)

Firma:

Projekt: Kurzz.:   Dok.Nr.:

Phase: Datum:

   Sachbearb.:

| TÄTIGKEIT / PHASE | Verantw. | Zeiteinteilung |

Form. BWI/SE7

3. Formularsammlung

Firma:			Dok.Nr.:
ABC			
	Projekt: **DEBITOREN**	Kurzz.:	Datum:
	Phase: **DETAILKONZEPT**		Sachbearb.:

TERMINPLANUNG (BALKENDIAGRAMM)

TÄTIGKEIT / PHASE	Verantw.	11	12	13	14	15	16	17	18	19	20	21	22
Detailkonzept	Meier	▬											
Programm RG.	Holliger			▬▬▬									
Probespiel	Küng					▬▬							
Testläufe	Holliger/ Kü						▬						
Dokumentation	Meier							▬▬▬					
Parallellauf	Holliger									▬▬			
Abnahme	Felix								▬				

Zeiteinteilung Woche

Form. BWI/SE7

Firma:	AUFWAND UND KOSTEN IST/SOLL							Dok.Nr.:
	Projekt:				Kurzz.:		Datum:	
	Phase:						Sachb.:	
Zeiteinheit	AUFWAND + KOSTEN LAUFEND				AUFWAND + KOSTEN KUMULATIV			
	Aufwand in		Kosten in		Aufwand in		Kosten in	
	IST	SOLL	IST	SOLL	IST	SOLL	IST	SOLL

Form. BWI/SE8

3. Formularsammlung

Firma: ABC	AUFWAND UND KOSTEN IST/SOLL						Dok.Nr.:	
	Projekt: ANLAGE XY				Kurzz.:		Datum: JUNI 19..	
	Phase: HAUPTSTUDIE						Sachb.:	
Zeiteinheit	AUFWAND + KOSTEN LAUFEND				AUFWAND + KOSTEN KUMULATIV			
	Aufwand in *AT*		Kosten in *1000 Fr.*		Aufwand in *AT*		Kosten in *1000 Fr.*	
	IST	SOLL	IST	SOLL	IST	SOLL	IST	SOLL
Februar 19..	200	250	320	375	200	250	320	375
März 19..	350	330	560	495	550	580	880	870
April 19..	380	320	608	480	930	900	1488	1350
Mai 19..	200	200	300	300	1130	1100	1788	1650
Juni 19..	400	300	640	450	1530	1400	2828	2100
Juli 19..		400		600		1800		2700

s. dazu graphische Darstellung

Formular BWI/SE9

Form. BWI/SE8

Firma:	**KOSTENPLANUNG UND -KONTROLLE**		Dok.Nr.:
	Projekt:	Kurzz.:	Datum:
	Phase:		Sachb.:

Kosten in

PLANKOSTEN — — — ISTKOSTEN ———   Zeit

Form. BWI/SE9

3. Formularsammlung

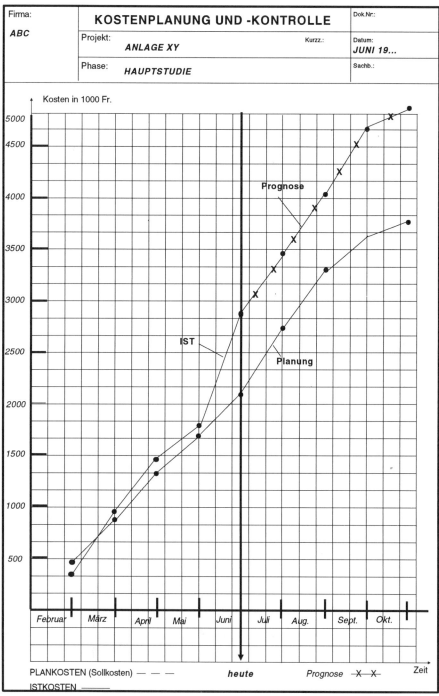

Firma:	ARBEITSAUFTRAG		Dok.Nr.:
	Projekt:	Kurzz.:	Datum:
	Phase:		Sachb.:

Auftrags-Bezeichnung:	Kurzz.:	Auftrags Nr.:
1. Ausgangssituation; 2. Auftrag (Was?); 3. Grundlagen; 4. Wie ? 5. Form des Ergebnisses; 6. Sonstiges		Mitarbeiter:
		Start-Termin:
		Abschluß-Termin:
		Kosten/Aufwand:
		Verteiler:
		Antragsteller:
		Datum:
		Genehmigt:
		Datum:

Form. BWI/SE10

3. Formularsammlung

Firma: **ABC**	**ARBEITSAUFTRAG**		Dok.Nr.: *4711*
	Projekt: *AUFTRAGSABWICKLUNG*	Kurzz.:	Datum:
	Phase:		Sachb.:

Auftrags-Bezeichnung: *Ablauf Ersatzteilbestellungen*	Kurzz.: *ET*	Auftrags Nr.:

1. Ausgangssituation; 2. Auftrag (Was?); 3. Grundlagen; 4. Wie?
5. Form des Ergebnisses; 6. Sonstiges

Mitarbeiter: *Logar*

1. *Lagerhaltige Teile benötigen angeblich bis zu 3 Wochen Auslieferungszeit!*

2. *Systematisch untersuchen, ob das möglich ist. Wenn ja, wo wird so viel Zeit verbraucht und warum?*

3. *Nichts vorhanden: Technik und Verkauf aber auch daran interessiert, machen positiv mit*

4. *- Zufällige Auswahl von ca. 10 ET-Bestellungen*
   - Auswahl besprechen mit Lindheim und Stadelbauer
   - Ablauf anhand dieser Beispiele nachverfolgen

5. *- Kurzbericht mit graph. Ablaufdarstellung (handschriftlich)*
   - Mängelkatalog
   - evtl. Sofortmassnahmen

Start-Termin: *3.3.19..*

Abschluß-Termin: *28.3.19..*

Kosten/Aufwand: *8 AT*

Verteiler:
*Lindheim
(Technik)
Stadelbauer
(V)*

Antragsteller:

Datum:

Genehmigt: *Rohr*

Datum: *2.3.19..*

Form. BWI/SE10

Firma:	**FORTSCHRITTSBERICHT**		Dok.Nr.:
	Projekt:	Kurzz.:	Datum:
	Phase:		Sachb.:

Auftrags-Bezeichnung:	Kurzz.:	Auftrags Nr.:
Projektleiter:	Berichts-Zeitraum:	Datum:

Phasen:							
Start:							
Ende: geplant							
effektiv							
Aufwand: geplant							
effektiv							

1 = Derzeitiger Stand 2 = Schwierigkeiten 3 = Erforderliche Maßnahmen
4 = Weiteres Vorgehen 5 = Sonstiges 6 = Verteiler

Fortschrittsbericht:

Form. BWI/SE11

3. Formularsammlung

Firma: **ABC**	**FORTSCHRITTSBERICHT**		Dok.Nr.:
	Projekt: *RATIONALISIERUNG DER AUFTRAGSABWICKLUNG*	Kurzz.:	Datum:
	Phase:		Sachb.:

Auftrags-Bezeichnung: Kurzz.:   Auftrags Nr.:

Projektleiter: *Rohr*   Berichts-Zeitraum: *März 19..*   Datum: *8.4.19..*

Phasen:	Vorstudie	Grobkon-zeption	Evaluation	Detail-konzeption	Realisieren			Einführung
					Program-mierung	Rahmen-organis.		
Start:	*3.3....*							
Ende: geplant	*30.4...*							
effektiv								
Aufwand: geplant	*50/17000*							
effektiv	*20/8000*	*intern AT/extern Fr.*						

1 = Derzeitiger Stand   2 = Schwierigkeiten   3 = Erforderliche Maßnahmen
4 = Weiteres Vorgehen   5 = Sonstiges   6 = Verteiler

Fortschrittsbericht:

1. Derzeitiger Stand

Untersuchung ist in Gang gekommen. Im März haben 3 Besprechungen stattgefunden. Umfangreiche Mängelliste liegt vor. Sofortmaßnahmen hinsichtlich Ablauf von Ersatzteilbestellungen wirken bereits.

Arbeitsfortschritt im Rahmen des Planes.

2. Schwierigkeiten

Herr Obermayr wird ab Mai .. nicht mehr verfügbar sein (Düsseldorf). Sofortiger Ersatz nötig. Müller seitens Projektgruppe erwünscht, Verkaufsleitung (Jork) einverstanden.

3. Erforderliche Maßnahmen

Keine, Endtermin der Vorstudie 30.4. kann gehalten werden.

4. Weiteres Vorgehen

EDV-Lösung beginnt sich abzuzeichnen. Kursbesuch «EDV für Anwender» durch Rohr und Pertl vom 16.-20.6... empfehlenswert.

Form. BWI/SE11

Abbildungsverzeichnis

0.1 Aufbau des Buches
0.2 Problem als Differenz zwischen dem IST und der Vorstellung vom SOLL
0.3 SE als methodische Komponente bei der Problemlösung
0.4 Komponenten des SE

1.1 Das Systemdenken im Rahmen des SE-Konzepts
1.2 Grundbegriffe des Systemdenkens
1.3 System und Untersystem
1.4 Systemhierarchie
1.5 Aspekte eines Systems
1.6 Umgebungsorientierte Betrachtung
1.7 Input-Output-Betrachtung
1.8 Fabrikationsbetrieb als System – Aspekt Materialfluß als Graph
1.9 Matrixdarstellung
1.10 Beispiele von Element- und Beziehungskategorien
1.11 Stufenweise Auflösung eines Systems
1.12 Schichten von Übersystemen
1.13 Zusammenhang zwischen Problemfeldsystem und Lösung
1.14 Vernetztes Denken
1.21 Das Vorgehensmodell im Rahmen des SE-Konzepts
1.22 Das Vorgehensprinzip «Vom Groben zum Detail» (Top down)
1.23 Einengen des Betrachtungsfeldes
1.24 Stufenweise Variantenbildung und Ausscheidung, verbunden mit dem Vorgehensprinzip «Vom Groben zum Detail»
1.25 Phasenkonzept – Grundversion
1.26 Übersicht über verschiedene Phasengliederungen
1.27 Problemlösungszyklus – Grundmodell
1.28 Zusammenhänge zwischen den verschiedenen Komponenten des SE-Vorgehensmodells
1.29 Die Bedeutung der einzelnen Schritte des Problemlösungszyklus während der verschiedenen Projektphasen
1.30 Gegenüberstellung der 6-Stufen-Methode nach REFA und SE-Konzept
1.31 Gegenüberstellung von Wertanalyse-Arbeitsplan und SE-Konzept
1.32 Gegenüberstellung des Vorgehensplans der VDI-Richtlinie 2221 und SE-Vorgehen
1.33 Prototyping als Entwurfshilfe im Phasenablauf
1.34 Simultaneous Engineering als überlapptes Phasenkonzept

2.1 Die Systemgestaltung im Rahmen des SE-Konzepts
2.2 Phasenkonzept – Grundversion
2.3 Verlauf des Aufwandes in den einzelnen Projektphasen
2.4 Verlauf der Kenntnisse über ein System
2.5 Dynamik der Gesamtkonzeption

2.6   Phasenkonzept – modifizierte Grundversion (vgl. Abb. 2.2)
2.7   Verschiedene Denkebenen bei der Problemlösung
2.8   Zusammenhänge zwischen den Teilschritten des Problemlösungszyklus
2.9   Rückgriffe und Wiederholungszyklen
2.10 Erweiterter Problemlösungszyklus
2.21 Die Situationsanalyse als Informationslieferant im Problemlösungszyklus
2.22 Wirkungs-Analyse (Blackbox-Betrachtung, Input-Output-Betrachtung)
2.23 Struktur-Analyse (Anordnungs-Struktur, Layout)
2.24 Struktur-Analyse (Prozeßstruktur)
2.25 Einflußgrößen-Analyse (Einflüsse und Einflußbereiche)
2.26 Denkansätze zu Ursache-Wirkungs-Zusammenhängen
2.27 Zur Abgrenzung von Problem-, Eingriffs-, Lösungs- und Wirkungsbereich
2.28 Arbeiten mit Hypothesen
2.29 Vorgehensschema für Situationsanalysen
2.30 Veränderung von Betrachtungsbereich und Wissensumfang im Verlauf der Systementwicklung
2.41 Die Zielformulierung im Rahmen des Problemlösungszyklus
2.42 Beispiel eines Zielkatalogs
2.43 Ziel-Mittel-Denken
2.44 Ziel-Mittel-Denken und Phasenablauf
2.45 Orientierung von Zielen an Wertvorstellungen
2.46 Zielrelationen-Matrix
2.47 Einsatz von Techniken bei der Zielformulierung
2.51 Der Standort der Synthese-Analyse im Problemlösungszyklus
2.52 Abstraktion und Konkretisierung
2.53 Varianten-Kreation und -Reduktion
2.54 Alternativen
2.55 Mehrfache Synthese-Analyse-Schritte mit zunehmender Konkretisierung innerhalb eines Problemlösungszyklus
2.56 Routinevorgehen
2.57 Nicht-optimierende Suchstrategie
2.58 Einstufig-optimierende Suchstrategie
2.59 Mehrstufig-optimierende Suchstrategie
2.60 Zyklische Suchstrategie
2.61 Kreativitäts-Techniken
2.62 Vorgehensschema Synthese-Analyse
2.71 Die Stellung der Bewertung und Entscheidung im Problemlösungszyklus
2.72 Entscheidung und Entscheidungssituation
2.73 Ablauf von Entscheidungsvorbereitung und Entschluß
2.74 Argumentenbilanz (Beispiel)
2.75 Bewertungsmatrix
2.76 Nutzwertanalyse (Beispiel)
2.77 Kosten-Wirksamkeits-Rechnung
2.78 Kosten-Wirksamkeits-Darstellung
2.79 Ableitung von Kriterien aus Merkmalen bzw. Eigenschaften
2.80 Gewichtsverteilung nach dem Prinzip der Knotengewichtung

Abbildungsverzeichnis 594

2.81 Polaritätsprofil zur Darstellung der Zielerfüllung
2.82 Verlauf verschiedener Nutzenfunktionen (Beispiele)
2.83 Skalierungsmatrix
2.84 Nutzenäquivalente
2.85 Matrix für die Risikoanalyse
2.90 Offenhalten von Optionen
2.91 Verschiedene Projektsituationen hinsichtlich der Realisierung

3.1   Abgrenzung von Systemgestaltung und Projekt-Management
3.2   Projekt-Management im Rahmen des SE-Konzepts
3.3   Systemgestaltung und Projekt-Management
3.4   Typische Probleme in Projekten und deren thematische Gliederung
3.5   Zur Formalistik
3.6   Das «Teufelsquadrat» (Zusammenhänge von Quantität, Qualität, Dauer und Aufwand in einem Projekt)
3.7   Reine Projektorganisation
3.8   Einfluß-Projektorganisation
3.9   Matrix-Projektorganisation
3.10 Eignungsbereiche der Organisationsformen
3.11 Gremien und Instanzen
3.12 Funktionendiagramm für generelle Zuordnung
3.13 Beispiel für eine Projektleiter-Stellenbeschreibung
3.14 Allgemeines Modell als Grundlage für ein Projekt-Informationssytem
3.20 Methodik (SE) und Psychologie als wichtige Komponenten bei der Problemlösung
3.21 Das Projekt als Subjekt-Objekt-System
3.22 Wahrnehmung durch 3 Brillen
3.23 Der dreidimensionale Mensch
3.24 Die dreidimensionale Unternehmung
3.25 Schema der VAL (Value-Action-Leadership)
3.26 Kreative Ausweitung und rationale Verdichtung
3.27 Modell «Kommunikation»
3.28 Die fünf I als Qualitätsmerkmale eines Teams

Die Abbildungen 3.21 bis 3.28 erscheinen gleichzeitig in: Müri, P., Dreidimensional führen. Thun 1990 (2 Bände)

4.1   Wesentliche Funktionen und Beziehungen am Flughafen
4.2   System/Umsysteme-Darstellung des Flughafens – Darstellung des Untersuchungsbereiches
4.3   Beteiligte und Betroffene
4.4   Einflußgrößenanalyse zur Erfassung der Interessenlage am Projekt
4.5   Lösungsprinzipien für die Flughafenprobleme und ihre Beurteilungskriterien
4.6   Lösungsprinzipien für die Flughafenprobleme. Analyse und Entscheidungen
4.7   Problemsituation bei Anheben auf die regionale Ebene
4.8   Lebens- bzw. Projektphasen gemäß Systems-Engineering-Vorgehen (vgl. dazu Abb. 1.25)

4.9 Planungskreise innerhalb der Vorstudie
4.10 Die Anwendung des Problemlösungszyklus in den Planungskreisen
4.11 Situationsanalysen im Rahmen der Vorstudie
4.12 Allgemein formulierte Ziele und operationale Formulierungen für die Erarbeitung von Ideal-Pistenkonfigurationen im Planungskreis B
4.13 Varianten von Pistenkonfigurationen
4.14 Teilziele und operationale Formulierungen (Kriterien) für die Standortsuche im Planungskreis C
4.15 Bewertungskriterien für Standort-Pisten-Kombinationen
4.16 Bewertung der Standort-Pisten-Kombinationen
4.17 Ermittlung der optimalen Standort-Pisten-Kombinationen (Übersicht)
4.18 Strukturschema eines Flughafens
4.19 Ermittlung eines optimalen Betriebsablaufs (Grobkonzept)

5.1 Verschiedene Denkebenen und Kernfragen
5.2 Übersichtsdarstellung des Problemfeldes auf der strategischen Ebene
5.3 Gliederung nach Standorten
5.4 Materialverschiebungen zwischen Standorten
5.5 Material- und Informationsflüsse zwischen verschiedenen Funktionseinheiten am Standort A (abstrakt)
5.6 Grob-Layout der Betriebsstätte K am Standort A (abstrakt)
5.7 Angepaßtes Phasenkonzept
5.8 Nutzungszonen Variante 3
5.9 Nutzungszonen Variante 4
5.10 Projektorganisation für Phase Masterplan
5.11 Vorgehenskonzept für Phase 1
5.12 Inhalt und Zuständigkeiten in den Phasen 2 und 3
5.13 Objekt- bzw. Projektstrukturierung
5.14 Projektorganisation
5.15 Wertanalytische Zusammenhänge
5.16 Beispiele für die Funktionengliederung
5.17 Grundstruktur INFRA (Varianten 1 und 2)
5.18 Zu Hauptaufgaben zugeordnete Neben- und Unterstützungsleistungen
5.21 Ablauf der Vorstudie
5.22 Problemzusammenhänge
5.23 Strukturierte Detailziele. Ziele aufgrund der Vorschläge der Projektbearbeiter und der verschiedenen Eingaben
5.24 Grobablauf, Detailplanung und Realisierung
5.25 Angepaßte Vorgehensweise (siehe Text)
5.26 Positionierung der Sofortmaßnahmen
5.27 Projektorganisation in der Vorstudie
5.28 Projektorganisation für Detailplanung und Realisierung
5.31 Verschiedene Denkebenen
5.32 Angepaßtes Phasenmodell
5.33 Informatik-Positionierungs-Diagramm

5.34 Ermittlung des Nutzenpotentials der zukünftigen Informatik der «Schlemmer AG» (Auszug)
5.35 Informationsfluß-Soll-Gesamtübersicht
5.36 Auszug aus dem Etappenplan der Realisierung
5.37 Auszug aus dem Bewertungsschema (Evaluation)
5.38 Projektorganisation
5.39 Projektphasen

6.1 Methoden und Techniken im Rahmen des SE-Konzepts
6.2 Techniken und Methoden – Übersicht
6.3 Darstellung des Anteils wichtiger Einheiten durch eine Lorenzkurve
6.4 Blackbox und Funktionsstruktur (nach Pahl/Beitz)
6.5 Teilungs-, Zusammenführungs- und Rückkoppelungs-Darstellungen in Ablaufdiagrammen
6.6 Abwicklung von Bestellvorgängen (Lineares Ablaufdiagramm)
6.7 Abstimmungsvorgang von Verkaufsprogramm und Produktionskapazität (Zyklisches Ablaufdiagramm)
6.8 Anwendung der Analogiemethode
6.9 Melioration eines Elektrokabel-Steckers (Suche nach Ausprägungen zur Erfüllung der erwünschten Eigenschaften durch «Attribute Listing»)
6.10 Prinzip des Balkendiagramms
6.11 Bewertungsvorgang
6.12 Abläufe im System Materialbewirtschaftung als Blockschaltbild (nach Büchel/Jäger)
6.13a Blockschaltbild eines Instandsetzungs-Prozesses
6.13b Tabelle für Angaben zu den Einzelpositionen des Prozesses im Blockschaltbild
6.14 Angebot an Arbeitsplätzen
6.15 Aufbau und Auswertung des «Branch and Bound-Baumes» des Pensionierten-Problems
6.16 Elemente eines CPM-Netzplanes
6.17 CPM-Netzplan
6.18 Häufigkeit der Kommunikationsbeziehungen innerhalb einer Organisation (Kommunikations-Diagramm in Dreieck-Form) (siehe auch Abb. 2.46, Anwendung bei der Analyse der Zielrelationen)
6.19 Materialflußbeziehungen in einem Krankenhaus (Darstellung als Kreisdiagramm)
6.20 Terrassenförmige Darstellung mit Stellenbezeichnungen
6.21 Stellen-Gittermatrix zur Darstellung von Beziehungen bei Querschnitts-Aufgaben (Produkt- oder Projekt-Manager)
6.22 Gitter-Tensor zur Darstellung von Beziehungen zwischen beliebigen Stellen
6.23 Belastung in einer Instandsetzungs-Werkstatt (Darstellung im Harmonogramm)
6.24 Entscheidungstabelle der Dynamischen Optimierung
6.25 Entscheidungstabelle (allgemein)
6.26 Entscheidungstabelle (Beispiel Materialdisposition)

6.27   Entscheidungsbaum: Bohren nach Öl
6.28   Entscheidungsbaum: Produktentwicklung (allgemein)
6.29   Gas-Reinigungs-Prozess, Darstellung als Grundfließbild
       (Mengenangaben nach Ullrich)
6.30   Sankey-Diagramm des Wäremeenergieflusses in einem Kraftwerkskessel
6.31   Rudimentärer Graph
6.32   Hochrechnungsprognose einer saisonalen Absatzentwicklung
       (nach Mertens)
6.33   Informationsbeschaffungsplan (nach Büchel)
6.34   Übersicht und Zusammenhang der Informations-Beschaffungstechniken
6.35   Charakteristiken verschiedener Interviewformen
6.36   Korrelation zwischen Körpergröße und Gewicht
6.37   Häufigkeitsverteilung
6.37a Summenhäufigkeitsverteilung
6.38   Mittelwert und Streuung zweier verschiedener Größen; oben statistisch gesichert, unten statistisch ungesichert
6.39   Summenhäufigkeit der Wartezeit
6.40   Morphologisches Schema
6.41   MPM-Netzplan
6.42   Operationalisierungsbeispiele
6.43   Vorgehensschritte zur Operationalisierung
6.44   Charakteristik der drei OR-Einsatzgebiete
6.45   Verteilung der Vorgangsdauern bei PERT
6.46   Polaritätsprofil. Zürichs Image, Darstellung einer Bevölkerungsumfrage. Quelle: Neue Zürcher Zeitung
6.47   Polarkoordinaten zur Darstellung von Zielen und Zielerfüllung
6.48   Problemlösungsbaum für die Behebung von Platzknappheit (nach Müller)
6.49   Prognose-Techniken (Übersicht)
6.50   Charakteristiken von Prognoseverfahren
6.51   Objektorientierter Projektstrukturplan
6.52   Aufgabenorientierter Projektstrukturplan
6.53   Phasenorientierter Projektstrukturplan
6.54   Funktionsansätze
6.57   Sättigungskurve
6.58   Sättigungsmodelle
6.59   Zweidimensionale Lineare Optimierung
6.60   Spielmatrix «Schere, Stein, Papier»
6.61   Termintrend-Diagramm
6.62   Trendextrapolation
6.63   Ursachenmatrix (Schalter-Problem)
6.64   Wirkungsnetz
6.65   Wahrscheinlichkeitsskala
6.66   Bestimmen von Wahrscheinlichkeiten
6.67   Diskrete Zufallsvariable
6.67a Stetige Zufallsvariable
6.67b Maßzahlen von Verteilungen

6.68 Verlauf der Warte- und Bedienungskosten in Abhängigkeit von der Anzahl Bedienungsstellen
6.69 Beeinflussungsmatrix «Buchhandel»
6.70 Wirkungsnetz «Buchhandel»
6.71 Aussagekraft von Berechnungsweisen der Wirtschaftlichkeit von Vorhaben
6.72 Zeit-Kosten-Fortschritts-Diagramm
6.73 Beispiel einer Ziel-Mittel-Hierarchie (Reduktion der Schadstoffbelastung in der Stadt)

Literaturverzeichnis

ACKOFF, R.L.: Toward a System of Systems Concepts. Management Science 17 (1971) 11, S. 661–671
ACKOFF, R.L., SASIENI, M.: Fundamentals of Operations Research. New York, London, Sydney 1968
ADELBERGER, O.L., GÜNTHER, H.H.: Fall- und Projektstudien zur Investitionsrechnung. München 1982
AGGTELEKY, B.: Fabrikplanung. 3 Bände, München/Wien 1981, 1982, 1990
ALTHAUS, M.: Das PC-Einsteigerbuch. Düsseldorf 1988
ALTSCHULER, G.S.: Erfinden, Wege zur Lösung technischer Probleme. Berlin 1984
ANTOINE, H.: Kennzahlen, Richtzahlen, Planungszahlen. Wiesbaden 1958
AUTORENKOLLEKTIV: Zielplanung in Forschung und Entwicklung. Berlin 1973
AYRES, R.U.: Prognose und langfristige Planung in der Technik. München 1971
BACHMANN, K.F.: Personal-Computer im Büro. München 1987
BAEUML, J., LUKAS, B.: EDV-gestützte Entscheidungstechniken zur Beurteilung von Investitionsalternativen. Sindelfingen u.a. 1986
BALCK, H.: Neuorientierung im Projektmanagement. Köln 1990
BAMM, P.: Ex Ovo, Stuttgart 1967
BECHMANN, A.: Nutzwertanalyse, Bewertungstheorie und Planung. Bern, Stuttgart 1978
BECK, P.W.: Strategic planning in the Royal Dutch/Shell Group, (unpublished) London 1977
BECKER, M.: Anwendung der dynamischen Programmierung bei der Behandlung komplexer Modelle der Produktionsplanung in der Einzel- und Serienfertigung. Zürich 1971
BECKER, M.: Dynamische Netzplantechnik. 3. Aufl., Winterthur 1970
BECKER, M., EBNER, M.: Planen und Entscheiden mit Operations Research. 4. Aufl., Zürich 1986
BECKER, M., HABERFELLNER, R., LIEBETRAU, G.: EDV-Wissen für Anwender. Zürich 1990, 9. Auflage
BEER, S.: Kybernetik und Management. Hamburg 1962
BELLMANN, R.: Dynamic Programming. Princeton/New York 1972
BELLMANN, R.: Dynamische Programmierung und selbstanpassende Regelprozesse. München/Wien 1967
BERG, R., MEYER, A., MÜLLER, M., ZOGG, A.: Netzplantechnik – Grundlagen – Methoden – Praxis. Zürich 1973
BERTHEL, J.: Zielorientierte Unternehmenssteuerung. Stuttgart 1973
BERTHEL, J.: Zur Operationalisierung von Unternehmens-Zielkonzeptionen. Zeitschrift für Betriebswirtschaft 43 (1973) 1, S. 29–58
BIRKHOFER, A.: Die Rolle der Systemtechnik bei Zuverlässigkeits- und Risiko-Analysen. Vorlesungsmanuskript. TU München 1990
BIROLINI, A.: Qualität und Zuverlässigkeit technischer Systeme. Berlin/New York/Tokyo 1985
BLASS, E.: Entwicklung verfahrenstechnischer Prozesse. Frankfurt a.M./Aarau 1989

BLOHM, H., LÜDER, K.: Investition. 3. Aufl., München/Frankfurt am Main 1985
BLOHM, H., STEINBUCH, K. (Hrsg.): Technische Prognosen in der Praxis. Düsseldorf 1972
BLUM, E.: Betriebsorganisation – Methoden und Techniken. Wiesbaden 1982
BLÜMLE, G: Theorie der Einkommens-Verteilung. Berlin/Heidelberg/New York 1975
BONO, E. de: Das spielerische Denken. Bern/München 1970
BONO, E. de: Laterales Denken für Manager, Reinbeck 1986
BROWN, P.J.: Unix; die Einführung. Bonn 1986
BROWN, R.G.: Smoothing, Forecasting and Prediction of Discrete Time Series. Englewood Cliffs 1963
BRUCKMANN, G.: Hochrechnungsprognosen. In: Mertens, P. (Hrsg.): Prognoserechnung. 4. Aufl., Würzburg/Wien 1981
BÜCHEL, A.: Betriebswissenschaftliche Methodik. Lehrschrift des Betriebswissenschaftlichen Institutes der ETH-Zürich, 1991
BÜCHEL, A.: Systems Engineering. In: Management Enzyklopädie Bd. 5, S. 973–981. München 1984
BÜCHEL, A.: Systems Engineering. io 38 (1969) 9, S. 373–385
BUETZER, P.: Sicherheit und Risiko. Heerbrugg 1983
BÜHLMANN, H., LÖFFEL, H., NIEVERGELT, E.: Einführung in die Theorie und Praxis der Entscheidung bei Unsicherheit. Berlin/Heidelberg/New York 1969
BURGHARDT, M.: Projektmanagement. Leitfaden für die Planung, Überwachung und Steuerung von Entwicklungsprojekten. Siemens AG, München 1988
BUSACKER, R.G., SAATY, T.L.: Endliche Graphen und Netzwerke. Eine Einführung mit Anwendungen. München/Wien 1968
BUSCHHARDT, D.: Blockschaltbilder zur Darstellung betriebsorganisatorischer Systeme. Berlin 1968
CHECKLAND, P.: Systemdenken im Management. In: Integriertes Management. Hrsg. v. Probst, G.J.B.; Siegwart, H.; Bern und Stuttgart 1985, S. 181–204
CHECKLAND, P.: Systems Thinking, Systems Practice, Reprinted Ed., Chichester/New York 1985
CHECKLAND, P.: Weiches Systemdenken. In: Die Unternehmung 2/1987
CHESTNUT, H.: Methoden der Systementwicklung. München 1973
CHESTNUT, H.: Prinzipien der Systemplanung. München 1970
CHURCHMAN, C.W.: Der Systemansatz und seine «Feinde». Bern, Stuttgart 1981
CHURCHMAN, C.W.: Einführung in die Systemanalyse. München 1970
CHURCHMAN, C.W., ACKOFF, R.L., ARNOFF, E.L.: Operations Research. Eine Einführung in die Unternehmensforschung. München/Wien 1971
CLAASSEN, W., EHRMANN, D., MÜLLER, W., VENKER, K.: Fachwissen Datenbanken. Essen 1986
CLARK, CH.: Brainstorming. München 1967
COCHRAN, W.G.: Stichprobenverfahren. Berlin/New York 1972
CZAYKA, L.: Systemwissenschaft. Pullach 1974
DANTZIG, G.B.: Lineare Programmierung und Erweiterungen. Berlin/Heidelberg/New York 1966
DEIXLER, A.: Zuverlässigkeitsplanung. In: Masing, W. (Hrsg.): Handbuch der Qualitätssicherung. München/Wien 1988

Dick, E.: Nutzen-Kosten-Analyse. Köln 1972
Dickie, H.F.: Inventory Analysis, Shoots for Dollars, not for Pennies. In: Factory Management and Maintenance 109 (1951) s. 92–94
DIN IEC 56 (CO) 138: Techniken für die Analyse der Zuverlässigkeit (Entwurf), Berlin 1988
DIN 25 419: Störfall-Ablaufanalyse, Teil 1+2. Berlin 1977, 1979
DIN 25 424: Fehlerbaumanalyse, Teil 1 (Methode und Bildzeichen). Berlin 1981
DIN 25 448: Ausfalleffekt-Analyse. Berlin 1980
DIN 28 004: Fließbilder verfahrenstechnischer Anlagen, 1977
DIN 40 041: Zuverlässigkeit elektrischer Bauelemente, 1982
DIN 55 350: Begriffe der Qualitätssicherung und Statistik, 1978–82
DIN 66 001: Informationsverarbeitung. Sinnbilder für Datenfluß- und Programmablaufpläne 1977–82
DIN 69 910: Wertanalyse. E(8.87), Düsseldorf 1987
Dörner, D.: Die Logik des Mißlingens. Reinbeck 1989
Dörner, D.: Problemlösen als Informationsverarbeitung. Stuttgart 1979
Dörner, D., Kreuzig, H.W., Reither, F., Stäudel, T. (Hrsg.): Lohhausen. Vom Umgang mit Unbestimmtheit und Komplexität. Bern, Stuttgart, Wien 1983
Doujak, A., Lebic, E.: Thesen zum systemisch-evolutionären Projektmanagement. In: Projekt Management Austria Institut, 2. Expertenworkshop 1989
Dreger, W.: Risk-Management und die Methoden der Systemtechnik. In: Handbuch Risk Management, 5. Aufl. Heidelberg 1989
Dresher, M.: Strategische Spiele. Theorie und Praxis. Zürich 1961
Drevdahl, J: Factors of importance for creativity. In: Journal of Clinical Psychology 1956/12, pg. 21–26. Übersetzung in: Schlicksupp, H.: Ideenfindung, 3. Auflage, Würzburg 1989
Duncker, K.: Zur Psychologie des produktiven Denkens. 3. Neudruck, Berlin 1974
Dürr, W., Mayer, H.: Wahrscheinlichkeitsrechnung und schließende Statistik. München/Wien 1981
Eversheim, W.: Simultaneous Engineering – eine organisatorische Chance. VDI-ADB Jahrbuch 90/91, S. 189–216
Ferschl, F.: Zufallsabhängige Wirtschaftsprozesse. Wien/Würzburg 1964
Forrester, J.W.: Grundsätze einer Systemtheorie. Wiesbaden 1972
Franke, R.: Kennzahlen, Spiegelbild des Betriebes. In: Franke R.; Zerres, M.P.: Planungstechniken, Frankfurt 1988
Franke, R., Zerres, M.P.: Planungstechniken, Instrumente für die zukunftsorientierte Unternehmensführung. Frankfurt am Main 1988
Friedrichs, J.: Methoden empirischer Sozialforschung. Reinbeck b. Hamburg 1979
Friend, J., Hickling, A.: Planning under pressure. The strategic choice approach, Oxford (Pergamon) 1987
Gäfgen, G.: Theorie der wirtschaftlichen Entscheidungen. Tübingen 1968
Gahse, S.: Mathematische Vorgehensverfahren und ihre Anwendung. München 1971
Gehmacher, E.: Methoden der Prognostik. Freiburg 1971
Gerhard, E.: Ideenfindung in der Technik. Zs. Planung und Produktion 35 (1987) 2, S. 16–22

GESCHKA, H.: Alternative Generierungstechniken. In: Handwörterbuch der Planung. Stuttgart 1989, S. 27–33

GESCHKA, H., SCHLICKSUPP, H.: Techniken der Problemlösung. In: Rationalisierung. Darmstadt 22(1971)12, S. 297–300

GOLDSTEIN, L., GOLDSTEIN, M.: Goldsteins IBM PC-Buch. München 1985

GÖLTHENBOTH, H.: Unternehmensführung mit Kennzahlen. In: Engel, K.H. (Hrsg.): Handbuch der neuen Techniken des Industrial Engineering. 3. Aufl., München 1979

GOMEZ, P.: Modelle und Methoden des systemorientierten Managements. Bern, Stuttgart 1981

GOMEZ, P., MALIK, F., OELLER, K.H.: Grundlagen einer Methodik zur Erforschung und Gestaltung komplexer soziotechnischer Systeme. Bern 1985

GOMEZ, P., PROBST, G.J.B.: Vernetztes Denken. Orientierung 89, Bern 1987

GOODE, H.H., MACHOL, R.E.: Systems Engineering. An Introduction to the Design of large-scale Systems, New York 1957

GORDON, W.J.J.: Synectics, the development of creative capacity. New York 1961

GRAF, U., HENNING, H.J., STANGE, K.: Formeln und Tabellen der mathematischen Statistik. Berlin/Heidelberg/New York 1966

GROB, R., HAFFNER, H.: Planungsleitlinien Arbeitsstrukturierung, Systematik zur Gestaltung von Arbeitssystemen. Berlin/München 1982

GROTH, R. (u.a.): Projektmanagement in Mittelbetrieben. Planung und Durchführung einmaliger großer Vorhaben. Köln 1983

GRUPP, B.: Darstellungstechniken. Wiesbaden 1990

GUILFORD, J.P.: Some new looks at the nature of creative processes. Gulliksen 1964

HABERFELLNER, R.: Die Unternehmung als dynamisches System. Der Prozeßcharakter der Unternehmungsaktivitäten. Zürich 1975

HABERFELLNER, R.: Organisationsmethodik. In: Handwörterbuch der Organisation. Stuttgart 1980, Sp. 1701–1710

HADLEY, G.: Nichtlineare und dynamische Programmierung. Würzburg/Wien 1969

HAHN, D. (Hrsg.): Planungs- und Kontrollrechnung. 3. Aufl., Wiesbaden 1985

HALL, A.D.: A Methodology for Systems Engineering. Princeton, N.J. 1962

HALLER-WEDEL, E.: Multimoment-Aufnahmen in Theorie und Praxis. München 1969

HANSMEYER, K.-H.; RÜRUP, B.: Staatswissenschaftliche Planungsinstrumente. Tübingen/Düsseldorf 1973

HANSSMANN, F.: Robuste Planung. In: Hwb. Planung. Stuttgart 1989, Sp. 1758.1764

HARRISON, F.L.: Advanced Project-Management. Aldershot/Hants 1983

HARTMANN, N.: Der Aufbau der realen Welt. Meisenheim/Glan 1949

HAUPTMANNS, V., HERTTRICH, M., WERNER, W.: Technische Risiken, Ermittlung und Beurteilung. Berlin/Heidelberg/New York/London/Paris/Tokyo 1987

HAUSCHILDT, J.: Entscheidungsziele – Zielbildung in innovativen Entscheidungsprozessen. Tübingen 1977

HEGI, O.: Projekt-Management, ein Fremdkörper in der Stab-Linienorganisation. io Management Zeitschrift 40 (1971) 9, S. 381–384

HEINEN, E.: Das Zielsystem der Unternehmung. Wiesbaden 1966

HELMER, O.: Social Technology. New York 1966

HENN, R. KÜNZI, H.P.: Einführung in die Unternehmensforschung (I und II). Berlin/Heidelberg/New York 1968

HILL, W., FEHLBAUM, R., ULRICH, P.: Organisationslehre 1 und 2. Ziele, Instrumente und Bedingungen der Organisation sozialer Systeme. Bern, Stuttgart 1981
HILLIER, F.S., LIEBERMANN, G.L.: Introduction to Operations Research. 3. Aufl., San Francisco 1980
HIRZEL, M.: Projektmanagement mit Standard-Strukturplänen. ZfO 7/1985, S. 394–400
HOFFMANN, H.: Wertanalyse. Berlin 1983
HOLLIGER, H.: Angewandte Morphologie. Zürich 1982
HOLLIGER, H.: Handbuch der allgemeinen Morphologie. Zürich 1980
HOLLIGER, H.: Katastrophen-Analyse. io Management Zeitschrift 40 (1971) 5, S. 201–204
HUGHES, M.L., SHANK, R.M., STEIN, E.S.: Decision Tables. New York 1968
HÜRLIMANN, W.: Lineare Programmierung. Eine Einführung für Nicht-Mathematiker. Zürich 1963
IRWIN, G.: Modern Cost-Benefit-Methods. London 1978
JACOB, H.: Investitionsplanung und Investitionsentscheidung mit Hilfe der linearen Programmierung. 2. Aufl., Wiesbaden 1983
JAEGER, H.: Darstellungs-Techniken für EDV-Informations-Systeme. Zürich 1978
JANTSCH, E.: Technical Forecasting in Perspective. Paris 1966
JENSEN, S.: Systemtheorie. Stuttgart u.a. 1983
JOEDICKE; J.: Nutzerbeteiligung durch Nutzerbefragung, Arbeitsberichte zur Planungsmethodik 7, Stuttgart 1973
JOHNSON, K.L: Operations Research. Düsseldorf 1973
JORDT, A., GSCHEIDLE, K.: Ist-Aufnahme und Analyse von Arbeitsabläufen. BTO 1970, S. 41–48, 121–128, 459–466, 663–670, 887–894, 1091–98 und 1971, S. 149–158
JOSCHKE, H.K.: Darstellungstechniken. In: Handwörterbuch der Organisation, 2. Aufl., Stuttgart 1980, Sp. 431–462
JULHIET, B.: Synektik, freie Bahn der Kreativität. gdi-Topics, Zürich 2(1971)4, S. 27–31
JURAN, J.M.: Pareto, Lorenz, Cournot, Bernoulli, Juran and Others. In: Industrial Quality Control. XVII (1960) 4, S. 25
JURAN, J.M.: Universals in Management Planning and Controlling. In: The Management Review, November 1954, S. 748–761
KAHN, H., WIENER, A.: Ihr werdet es erleben, Voraussagen der Wissenschaft bis zum Jahr 2000. Wien/München/Zürich 1968
KÄLIN, K., MÜRI, P.: Führen mit Kopf und Herz. Thun 1988
KÄLIN, K., MÜRI, P.: Sich und andere führen. Thun 1985
KAUFMANN, A.: Einführung in die Graphentheorie. München/Wien 1971
KEPNER, C.H., TREGOE, B.B.: Management-Entscheidungen vorbereiten und richtig treffen. München 1971
KEPNER-TREGOE: Handbuch für praktische Ergebnisplanung 1968
KLEIN, H.K.: Heuristische Entscheidungsmodelle. Wiesbaden 1971
KMUCHE,W.: Umgang mit externen Datenbanken. Planegg/München 1987
KOELBEL, H., SCHULZE, J.: Projektierung und Vorkalkulation in der chemischen Industrie. Berlin/Göttingen/Heidelberg 1960

KOELLE, H.H.: Ansätze für ein praktikables, zielorientiertes Modell der gegenwärtigen Gesellschaft. analysen und prognosen (1972) 22, S. 22–28 und (1972) 23, S. 23–28
KOHLER, B., NAGEL, R.: Die Zukunft Europas. Köln 1968
KOLKS, U.: Konfigurations-Management. ZfO 56 (1987) 4, S. 249–254
KOXHOLT, R.: Die Simulation – ein Hilfsmittel der Unternehmensforschung. München/Wien 1967
KREKO, B.: Lehrbuch der Linearen Optimierung. Berlin 1968
KREYSZIG, E.: Statistische Methoden und ihre Anwendungen. Göttingen 1965
KRÜGER, W.: Problemangepaßtes Management von Projekten. ZfO 56 (1987) 4, S. 207–216
KUHLMANN, A.: Einführung in die Sicherheitswissenschaft. Köln 1981
KUHLMANN, J.: Das betriebliche Zielsystem. In: Studienskripten zur Betriebswirtschaftslehre, Reihe 1: Grundlagen. München 1976
KÜNZI, H., MÜLLER, O., NIEVERGELT, E.: Einführungskursus in die Dynamische Programmierung. Berlin/Heidelberg 1968
KÜNZI, H.P., KRELLE, W.: Einführung in die Mathematische Optimierung. Zürich 1969
LAAGER, F.: Die Bildung problemangepaßter Entscheidungsmodelle. Zürich 1974
LAZARSFELD, P., BERELSON, B., GAUDET, H.: Wahlen und Wähler. Soziologie des Wahlverhaltens. Neuwied 1968
LAZARSFELD, P.F.: The art of asking—Why—in Marketing Research, three principles underlying the formulation of questionnaires. In: The National Marketing Review, Chicago, 1 (1935) 1, S. 26–38
LEMBKE, H.H.: Projektbewertungsmethoden zwischen konzeptionellem Anspruch und praktischem Entscheidungsvorbereitungsbedarf. Schriftenreihe des Dt. Inst. f. Entwicklungspolitik, Berlin 1984
LEONTIEFF, W.: Studies in the Structure of the American Economy. Oxford 1953
LEWANDOWSKI, R.: Prognose- und Informationssysteme und ihre Anwendungen. Band 1. Berlin/New York 1974
LINDER, A.: Statistische Methoden. Basel/Stuttgart 1960
LOCHER, R., MAURER, T.: Einsatz von Projektmanagementsoftware auf Personalcomputern. Schweizer Ingenieur und Architekt, 1988, Nr. 26 (Juni), S. 793–797
LOCKEMANN, P.: System-Analyse, Berlin/Heidelberg/New York 1983
LORENZ, M.O.: Methods of measuring the concentration of wealth. In: Publications of the American Statistical Association. Vol. 9 (1904–1905), S. 209–219
LUCE, R.D., RAIFFA, H.: Games and Decisions. New York/London 1957
MADAUSS, B.J.: Projektmanagement. Stuttgart 1984
MAGEE, J.F.: Decision Trees for Decision Making. HBR July/Aug. 1964, S. 126–138
MAUL, H.: Kennzahlensysteme zur dauernden Überwachung des Betriebsablaufes. Sonderheft REFA-Nachrichten, Darmstadt 1965
MAYNTZ, R., HOLM, K., HÜBNER, P.: Einführung in die Methoden der empirischen Soziologie. Köln/Opladen 1969
McDANIEL, H.: Entscheidungstabellen. Stuttgart 1970
MEADOWS, D.: Die Grenzen des Wachstums. Stuttgart 1972
MEHL, W., STOLZ, O.: Erste Anwendungen mit dem IBM PC. Stuttgart 1986

MERTENS, P.: Ein vereinfachtes Prognoseverfahren bei saisonbetontem Absatz. In: Mertens, P. (Hrsg.): Prognoserechnung, 4. Aufl., Würzburg/Wien 1981
MERTENS, P. (Hrsg.): Prognoserechnung. 4. Aufl., Würzburg/Wien 1981
MERTENS, P.: Lexikon der Wirtschaftsinformatik. Berlin 1987
MERTENS, P., BACKERT, K.: Vergleich und Auswahl von Prognose-Verfahren für betriebswirtschaftliche Zwecke. In: Mertens, P. (Hrsg.): Prognoserechnung, 4. Aufl., Würzburg/Wien 1981
MEYER, C.: Kennzahlen und Kennzahlensysteme. Stuttgart 1976
MORGENSTERN, D.: Einführung in die Wahrscheinlichkeitsrechnung und mathematische Statistik. Berlin/Göttingen/Heidelberg 1964
MORSE, P.M. Queues, Inventory and Maintenance. New York/London 1958
MÜLLER, J.: Arbeitsmethoden der Technikwissenschaften–Systematik, Heuristik, Kreativität. Berlin 1990
MÜLLER, J.: Systematische Heuristik, Theorie und Anwendung. In: Hubka, V.; Andreasen, M. (eds.): Proceedings of ICED83, Zürich (Ed. Heuristika) 1983
MÜLLER, M.: Wege zur Kreativität. io Management Zeitschrift, Zürich 42 (1973) 3, S. 129–133
MÜLLER-MERBACH, H.: Operations Research. Methoden und Modelle der Optimalplanung. München 1973
MÜLLER-MERBACH, H.: Optimale Reihenfolgen. Berlin/Heidelberg/New York 1970
MÜLLER-ZANTOP, S.: Projektsteuerung mit dem PC. PC-Welt, 1989, Nr. 8 (August), S. 18–24, 26
MULVANEY, J.: Analysis Bar Charting, a simplified critical path analysis technique. Washington 1975
MÜRI, P.: Chaos-Management. München 1989
MÜRI, P.: Dreidimensional führen: mit Verstand, Gefühl und Intuition, Handbuch des modernen Managements. 2 Bände, Thun 1990
MÜRI, P.: Erfolg durch Kreativität. Egg/Zürich 1984
MUSTO, S.A.: Analyse der Zielerreichung. Soziale Welt 21/22 (1970/71) 3, S. 268–282
NADLER, G.: Arbeitsgestaltung – zukunftsbewußt. München 1969
NAGEL, K.: Nutzen der Informationsverarbeitung. 2. Aufl., München/Wien 1990
NAGEL, P.: Die Zielsetzung in der projektorientierten Planung. Habilitationsschrift ETH Zürich 1975
NAISBITT, J.: Megatrends. Bayreuth 1984
NEMHAUSER, G.L.: Introduction to Dynamic Programming. London/New York/Sidney 1966
NETZ, H.: Betriebstaschenbuch Wärme. 2. Aufl., Gräfelfing 1983
NEUMANN, J. VON, MORGENSTERN, O.: Spieltheorie und wirtschaftliches Verhalten. Würzburg 1961
NORDSIEK, F.: Betriebsorganisation – Lehre und Technik, 2. Aufl., Stuttgart 1972
NORDSIEK, F.: Die schaubildliche Erfassung und Untersuchung der Betriebsorganisation. 6. Aufl., Stuttgart 1962
NORTON, P.: Die verborgenen Möglichkeiten des IBM PC. Hanser-Verlag. München 1987
ORGAMATIK: Projektmanagament für Profis. Orgamatik, Zürich 10(1989), S. 34–43

OSBORN, A.F.: Applied imagination. Principles and procedures of creative thinking, Rev. Ed., New York 1957
OSTWALD, W.: Die Technik des Erfindens. In: Die Forderung des Tages. Leipzig 1910
PAHL, G.; Beitz, W.: Konstruktionslehre. 2. Aufl., Berlin/Heidelberg/New York 1986
PANTELE, E.F., LACEY, CH.E.: Mit «Simultaneous Engineering» die Entwicklungszeiten kürzen. Managementzeitschrift io 58 (1989) 11, S. 56–58
PATZAK, G.: Systemtechnik, Planung komplexer innovativer Systeme, Berlin/Heidelberg/New York 1982
PETERS, H.O., MEYNA, A.: Sicherheitstechnik. In: Masing, W. (Hrsg.): Handbuch der Qualitätssicherung. München/Wien 1988
PFOHL, H.-Chr., RÜRUP, B. (Hrsg.): Wirtschaftliche Meßprobleme. Köln 1977
POLYA, G.: Mathematik und plausibles Schließen. Basel 1962
POPPER, K.R.: Objektive Erkenntnis. Ein evolutionärer Entwurf. Hamburg 1973
PROBST, G., GOMEZ, P. (Hrsg.): Vernetztes Denken. Unternehmen ganzheitlich führen. Wiesbaden 1989
RECKTENWALD, H.C.: Nutzen-Kosten-Analyse und Programm-Budget – Grundlage staatlicher Entscheidung und Kontrolle. Tübingen 1970
REFA: Methodenlehre des Arbeitsstudiums. Teil 2: Datenermittlung. München 1978
REFA: Methodenlehre der Organisation in Verwaltung und Dienstleistung. Teil 2: Ablauforganisation. München, 1985
REFA: Methodenlehre des Arbeitsstudiums. Teil 3: Kostenrechnung, Arbeitsgestaltung. München 1985
REIBNITZ, U. von: Szenarien, Optionen für die Zukunft. Hamburg 1987
REIBNITZ, U. von: Szenario-Planung. In: Handwörterbuch der Planung. Stuttgart 1989, Sp. 1980–1996
RESCHKE, H., SVOBODA, M.: Projektmanagement. Konzeptionelle Grundlagen. München 1984
RICKARDS, T.: Creativity and Problem Solving at Work, 2. Aufl., Aldeshot 1990
RINZA, P., SCHMITZ, H.: Nutzwert-Kosten-Analyse. Eine Entscheidungshilfe zur Auswahl von Alternativen unter besonderer Berücksichtigung nicht monetärer Bewertungskriterien. Düsseldorf 1977
RITTEL, H.: Der Planungsprozeß als iterativer Vorgang von Varietätserzeugung und Varietätseinschränkung. In: Joedicke, J. (Hrsg.): Arbeitsberichte zur Planungsmethodik 4, Stuttgart/Bern 1970
RIVETT, P.: Entscheidungsmodelle in Wirtschaft und Verwaltung. Frankfurt/New York 1974
ROHRBACH, B.: Techniken des Lösens von Innovationsproblemen. In: Schriften für Unternehmensführung 15, Wiesbaden 1972
ROPOHL, G.: Eine Systemtheorie der Technik. München 1979
ROTHSCHILD, U.W.: Wirtschaftsprognose. Berlin/Heidelberg/New York 1969
ROWNTREE, D.: Handbuch Checklisten. München 1990
SAATY, T.L.: Elements of Queuing Theory. New York 1961
SAATY, T.L.: The Analytic Hierarchy Process. McGraw Hill 1980
SASIENI, M., YASPAN, A., FRIEDMANN, L.: Methoden und Probleme der Unternehmensforschung. Würzburg/Wien 1965
SAYNISCH, M.: Konfigurations-Management. Köln 1984, S. 73ff

SCHEUCH, E.: Das Interview in der Sozialforschung. In: König, R. (Hrsg.): Handbuch der empirischen Sozialforschung. Bd. 2, Stuttgart 1969
SCHIRMEISTER, R.: Modelle und Entscheidung. Möglichkeiten und Grenzen der Anwendung zur Alternativenbewertung im Entscheidungsprozeß der Unternehmung. Stuttgart 1981
SCHLICKSUPP, H.: Innovation, Kreativität und Ideenfindung. 3. Aufl., Würzburg 1989
SCHLICKSUPP, H.: Kreativitäts-Techniken. In: Handwörterbuch der Planung, Stuttgart 1989, Sp. 930–943
SCHMALTZ, K.: Betriebsanalyse, Stuttgart 1929
SCHMETTERER, L.: Einführung in die mathematische Statistik. Wien/New York 1966
SCHMIDT, F.A.F., BECKER, A.: Industrielle Kraft- und Wärmewirtschaft. Berlin 1957
SCHMIDT, G.: Methoden und Techniken der Organisation. 8. Aufl., Giessen 1989
SCHÖNE, A. (Hrsg.): Simulation technischer Systeme. 3 Bände, München/Wien 1974–76
SCHREGENBERGER, J.W.: Methodenbewußtes Problemlösen, Bern/Stuttgart 1982
SCHRÖDER, H.: Projekt-Management: Eine Führungskonzeption für außergewöhnliche Vorhaben. Wiesbaden 1970
SCHUHMACHER, E.: Methoden der Prognostik. Freiburg 1971
SCHWERTNER, I.-R.: Systemtechnische Darstellung der Sicherheitsarbeit im Lebenszyklus von Maschinen und Anlagen. Köln 1984
SEDLACEK, J.: Einführung in die Graphentheorie. Frankfurt/Zürich 1968
SEELBACH, H.: Planungsmodelle in der Investitionsrechnung. 2. Aufl., Würzburg/Wien 1984
SELIG, J.: EDV-Management. Berlin, Heidelberg 1986
SIEMENS AG (Hrsg.): Organisationsplanung. Planung durch Kooperation. 8. Aufl., Berlin/München 1990
SOOM, E.: Einführung in die Lineare Programmierung. Bern 1970
SOOM, E.: Monte-Carlo-Methode und Simulationstechnik. Bern/Stuttgart 1968
SOOM, E.: Varianzeanalyse, Regressionsanalyse und Korrelationsrechnung. Bern/Stuttgart 1972
SPILLER, K., STAUDT, E.: Diagnose-Techniken und -systeme. In: Handwörterbuch der Planung. Stuttgart 1989, Sp. 269–281
SQUIRES, F.H.: Pareto Analysis. In: Walsh, L.; Wurster R.; Kimber, R.J.: Quality Management Handbook. New York/Basel/Milwaukee
STAHLKNECHT, P.: Operations Research. Braunschweig 1970
STANGE, K.: Angewandte Statistik. I. und 2. Teil. Berlin/Heidelberg/New York 1970
STOLBER, W.B.: Nutzen-Kosten-Analyse in der Staatswirtschaft. Göttingen 1968
STRUNZ, H.: Entscheidungstabellen und ihre Anwendung bei Systemplanung, -implementierung und -dokumentation. Elektronische Datenverarbeitung, 12 (1970) S. 56–65
STÜMCKE, N.: Strategische Planung bei der Shell AG. In: Steinmann, H. (Hrsg.): Planung und Kontrolle, München 1981
SWOBODA, P.: Die simultane Planung von Rationalisierungs- und Erweiterungs-Investitionen und der Produktionsprogramme. ZfB 35 (1965) 3, S. 148–163
TAKACS, L.: Introduction of the theory of Queues. New York 1962

THOM, N.: Projekt-Organisation. in: ÖAF-Symposion Projekt-Management, Wien 20./21.3.1990
THUMB, N.: Grundlagen und Praxis der Netzplantechnik. München 1968
THURNER, R.: Entscheidungstabellen. Düsseldorf 1972
TOCHER, K.D.: The Art of Simulation. London 1963
TÖPFER, A.: Analyse-Techniken. In: Management-Enzyklopädie. Bd. 9, S. 43–46
TUMM, W. (Hrsg.): Die neuen Methoden der Entscheidungsfindung. München 1972
ULLRICH, H.: Anlagenbau. Stuttgart/New York 1983
ULRICH, H., PROBST G.J.B.: Anleitung zum ganzheitlichen Denken und Handeln. Bern 1988
US-DEPT. OF DEFENSE: Procedures for performing a FMECA (Mil-Std 1629 a, 1980)
US-DEPT. OF DEFENSE: Reliability Program for Systems and Equipment (Mil-Std 785, Auflage B, 1980)
US-DEPT. OF DEFENSE: Sneak Circuit Analysis (Mil-Hdbk 338, 1984)
VAJDA, S.: Lineare Programmierung. Beispiele. Zürich 1960
VAJDA, S.: Theorie der Spiele und Linearprogrammierung. Berlin 1962
VDI: Handbuch Technische Zuverlässigkeit. Blatt 1–5 (Entwurf). Düsseldorf 1977–1983
VDI-2221: Methodik zum Entwickeln und Konstruieren technischer Systeme und Produkte, 1986
VDI: Wertanalyse: Idee – Methode – System. Düsseldorf 1972
VESTER, F.: Leitmotiv vernetztes Denken. München 1988
VESTER, F.: Neuland des Denkens. Vom technokratischen zum kybernetischen Zeitalter, 3. Aufl., München 1985
VESTER, F.: Unsere Welt – ein vernetztes System. München 1987
VIEHFHUES, D.: Mehrzielorientierte Projektplanung. Berlin, Frankfurt/M. 1983
VOIGT, J.P.: Fünf Wege der Netzplantechnik. Köln 1971
WAGNER, K.: Graphentheorie. Mannheim 1970
WÄLCHLI, H.: Investieren ohne Risiko? Zürich 1975
WARNECKE, J.: Wirtschaftlichkeitsrechnung für Ingenieure. München 1980
WEBER, M.: Entscheidungen bei Mehrfachzielsetzungen. Verfahren zur Unterstützung von Individual- und Gruppenentscheidungen. Wiesbaden 1983
WEILENMANN, P.: Investitionsentscheidung. Orientierung Nr. 80, Bern 1982
WEINBERG, F.: Grundlagen der Wahrscheinlichkeitsrechnung und Statistik sowie Anwendungen im Operations Research. Berlin/Heidelberg/New York 1968
WEINBERG, F. (Hrsg.): Einführung in die Methode Branch and Bound. Berlin/Heidelberg/New York 1968
WEINBERG, F., ZEHNDER, C.A.: Heuristische Planungsmethoden. Berlin/Heidelberg 1969
WILLE, H., GEWALD, K., WEBER, H.D.: Netzplantechnik, Methoden zur Planung und Überwachung von Projekten. München/Wien 1966
WILSON, B.: Systems: Concepts, Methodologies and Applications, 2. Ed., Chichester/New York 1990
WITTE, E.: Phasen-Theorem und Organisation komplexer Entscheidungsverläufe. In: ZfbF, 20 Jg., 1968, S. 625–647
ZACH, C.: Denkschule der kleinen Schritte. manager magazin 2 (1972) 12

ZANGEMEISTER, CH.: Nutzwertanalyse in der Systemtechnik, München 1971
ZERRES, M.P.: Methoden der Ideenfindung. In: Franke, R., Zerres, M.P.: Planungstechniken. Frankfurt 1988
ZOBEL, D.: Erfinderfibel, Systematisches Erfinden für Praktiker. Berlin 1985
ZOGG, A.: Systemorientiertes Projekt-Management. Industrielle Organisation, Zürich 1974
ZWICKY, F.: Entdecken, Erfinden, Forschen im morphologischen Weltbild. Nachdruck der 1. Aufl. 1966, Zürich 1989

Index

ABC-Analyse 430
Abgrenzung von Systemen 7, 120
Ablaufanalysen 432, 438, 443
Ablaufdiagramm 433, 476
– lineares 435
– zyklisches 436
Abläufe 12
Ablaufstrukturen
– Darstellung 456
Abschließen von Projekten 44, 244, 253, 423
Ähnlichkeit 437
Aktivitäten-Checkliste 410
Alternativen
– Vermeidung unechter 162
Analogiemethode 544
Analyse der Betriebstüchtigkeit 176
Analyse der Funktionen und Abläufe 176
Analyse der Gestaltungsaufgaben 181
Analyse der Konsequenzen 177
Analyse von Lösungen 48, 52, 174
Analyse von Voraussetzungen und Bedingungen 177
Analyse-Techniken 178, 180
Annuitäten-Verfahren 561
Anordnungsstruktur 114
Anordnungswege 9
Anstoß 48
Anwender-Nutzer 277
Arbeitsablauf-Beschreibungen 438
Arbeitsabläufe 432
Arbeitsablaufpläne 433, 438
Arbeitsanalysen 441
Arbeitsaufträge 250
Arbeitshypothesen 126, 183
Arbeitslaufkarten 438
Argumentenbilanz 196, 218
Aspekte eines Systems 9
Aufbau
– modularer 23, 160
Aufbaustrukturen
– Darstellung 454
aufgeschobenes Urteil
– Prinzip 504
Auftraggeber 99, 267, 277
Auftragsvereinbarung 102
Aufwand 83
– in den Projektphasen 86, 87
Ausfallabstand
– mittlerer 566
Ausfallarten- und Auswirkungs-Analyse 177, 179, 535, 566
Ausgangsgrößen 10

Ausmaß 138
Auswahl 48, 54, 55, 58, 74, 102
Auswertungstechniken 479
Außerdienststellung 44

Badewannenkurve 566
Balkendiagramm (Gantt-Chart) 440, 453
Bedingung 147
Beeinflussungsmatrix 440, 551, 558
Befragungstechniken 441
Belegablaufpläne 438
Beobachtungstechniken 441
Betrachtungsweisen in der Situationsanalyse
– diagnostische 117
– entwicklungsorientierte 119
– therapeutische 118
– wirkungsorientierte 10
Betrachtungsebene 318
Betrachtungsweise von Systemen
– lösungsorientierte 118
– systemorientierte 112
– umgebungsorientierte 10
– ursachenorientierte 117
– zukunftsorientierte 119
Betrachtungszeitraum 491, 560
Betriebsaufwand 85
Betriebskosten 204
Betriebsnutzen 85
Beurteilungsnoten 197
Bevorzugung wichtiger Ziele 183
Bewertung 48, 53, 190, 218, 226, 473, 492, 494, 510, 520
Bewertungskriterien 190, 329, 473
Bewertungsmatrix 197
Bewertungsmethoden 193, 196, 441, 510
Bewertungsschritt
– Dokumentation 217
Bewertungstechniken 441
Bewertungsverfahren 194, 493
Bewertung und Entscheidung 137
Beziehungen 5, 15
Beziehungsregeln 300
Bionik 437
Black-Box 8, 10, 17, 22, 34, 113, 433, 443
Blockschaltbilder 433, 444
Bottom up 32
Brainstorming 446, 501
Brainwriting 501
Branch and Bound 447, 464, 513
Bubble-Charts 12, 24, 454, 476

Chancen 20, 135, 146
Chaos-Management 291
Checklisten 535
Collective-Note-Book (CNB)-Technik 502
Cost-Benefit-Analysis 450
Cost-Effectiveness-Analysis 196, 200
CPM (Critical Path Method) 452, 506, 508, 519

Darstellungstechniken 454
Datenbanksysteme (Informationsdatenbanken) 459
Datenflußpläne 433, 470
Delphi-Methode 461, 525
Denken in Varianten 161
Denkkatastrophen 485
Detailkonzepte 43, 59
Detaillierungsgrad 125
Detailstudie 42, 59, 419
– Qualität jeder 43
Detailstudien-Aktivitäten-Checkliste 419
Detailvarianten 35
Detailziele 380
Diagnose 109
Diagnosetechniken 438
Diskontierungsrate 491, 560
Dokumentation 55, 130, 186
– der Lösungen 186
Dreieck-Darstellungen 449
Dynamik 290
– der Gesamtkonzeption 90
Dynamische Optimierung 461, 513

Einflußfaktoren 115, 116
Einflußgrößen-Analysen 115, 116, 311
Einfluß-Projektorganisation 257
Einfrieren des Gesamtkonzepts 91
Eingänge 9
Eingangsgrößen 10
Eingriffsbereich 121
– Abgrenzen 130
Eingriffsmöglichkeiten 131
Einstieg in ungeordnete Problemlösungsprozesse 232
Elemente 5, 15, 476
Energiefluß 9
Engineering 47
Entscheidung 48, 54, 190, 218, 473, 492, 510
– improvisierte 192
– Tragweite 216
Entscheidungsbaum 193, 448, 466, 468, 470, 522, 545
Entscheidungsberichte 252
Entscheidungsgremium 218
Entscheidungsgrundlagen 218

Entscheidungsinstanz 218
Entscheidungsproblem 191
Entscheidungsregeln 192
Entscheidungsroutinen 192
Entscheidungssituation 191, 192
Entscheidungstabelle 463, 464
Entscheidungstheorie 448, 464, 466
Entscheidungsvorschlag 194
Entschluß 191, 194
Erfinde-Algorithmus 173
Ersatzgrößen 148
Ersatzprobleme 463, 513
Etappenziele 139
Evaluation 401
Exponentielle Glättung 469, 547
Extrapolation 525

Failure Mode, Effects and Criticality Analysis (FMECA) 535, 566
Fatalkatastrophen 485
Fehlerbaum 470, 536
Fehlerbaumanalyse 177, 470, 567
Fehler-Möglichkeits- und Einfluß-Analyse (Failure Mode and Effects Analysis, FMEA) 470, 535, 566
Feststellbarkeit der Zielerfüllung 153
Filter 9
Fließbilder 432
Fließschemata 470
Flip-Charts 24
Flußdiagramme 470
Flußstrukturen 12
Formularablaufpläne 437
Fortschrittsberichte 252
Fragebogen 528
Freiraum
– gestalterischer 122
Führen hoch drei 290
Führung 290
Fünf-I-Programm der Teambildung 301
Funktion 8
Funktionendiagramme 269, 565
Funktions-Analysen 119
Funktionsblöcke 12
Funktionsebenen in einem Projekt 269
Funktionsstruktur 432, 433
Funktionsweise des Systems 10

Gantt-Chart s. Balkendiagramm 440
Ganzheitliches Denken 4, 549
Gebildestruktur 114
Gefährdungsbaum-Analyse 536
Gefühle 284, 288, 303
Gefühlsbrille 287

Gemeinkosten-Wertanalyse 364
Genehmigung 102
Generieren und Sammeln von Lösungsideen 182
Gesamtkonzept 59, 399
– Anpassung 89
– Dynamik 89
Gesamtnutzen 203
Gestaltungsbereich 109, 111
Gestaltungsziele 139
Gewichtsbemessung 473
Gewichtssumme 207
Gewichtszuteilung zu den Kriterien 218
Gewichtung 198, 200, 203, 204, 218, 473
Grafik-Software 475
Graph 12, 433, 466, 470, 475
Graphentheorie 476
Gremien 265
Grey-Box 11
Groben zum Detail, vom 29
Gruppe Systembau 268

Harmonogramme 456
Hauptstudie 41, 59, 417
– Qualität einer 42
Hauptstudie-Aktivitäten-Checkliste 417
Hauptziele 149
HAZOP-Vorgehen 537
Heuristik 476
– systematische 173
heuristische Methoden 477, 513
Histogramm 478
Hochrechnungsprognosen 478
Höchstwerte 150
Hypothesen, Arbeiten mit 127

Idealkonzepte 183
IDEALS Concept 57, 74
Ideen
– systematisches Ordnen 185
Ideen-Konferenzen 493
Improvisation 193
Indifferenz 149
Indikatoren 205, 511
Informatik
– Fallbeispiel 390
Information
– Berücksichtigung 142
Informationsaufbereitung 123
– Techniken zur 124, 479
Informationsbeschaffung 48, 55, 123, 459
– Techniken zur 123
Informations-Beschaffungsplan 460
Informationsdarstellung 123
– Techniken zur 124

Informationsfluß 9
Inganghalten 243, 250
– von Projekten 245
Ingangsetzen von Projekten 243, 246
Innovationscharakter
– abnehmender 163
Innovationsgehalt
– hoher 229
Innovationsgrad 89
Input-Deponien 176
Input-/Output 10, 113, 153, 154, 175, 483
Input 9, 10, 22
Instandhaltung 44
Instanzen 265
institutionelles Projekt-Management 254
Integration von Teillösungen 86
Integrierbarkeit von Lösungen 175
Interessensgruppen 147
Interessenskonflikt 151
Interessenslage 142, 146
Interessenswiderspruch 151
Interview 483, 524
Intuition 193, 214, 219, 288
Intuitionsbrille 287
Investitionsbeträge 204
Investitionsrechnung 194, 202
Ist-Zustand 111

Kapitalwertrechnung 566
Kardinal-Grundsätze 286
Kardinalskalen 212
Kärtchentechnik 486, 522
Katastropenanalyse 485
kausal-vernetztes System 559
Kenntnisse über ein System 88
Kennzahlen 154, 487
Kennziffer 197
Kepner-Tregoe 488
Knotengewichtung
– Methode der 473
Kommunikation 298
Kommunikationspflege 298
Kommunikationsregeln 298
komplexe Zusammenhänge 10
Komplexität 9, 17
– Reduktion der 15, 141
Komponenten des Vorgehensmodells
– Zusammenhänge 58
Konfigurations-Management 276
Konfliktregeln 300
Konkretisierung
– fortschreitendes Lösungskonzept 159
Konkretisierungsstufen 164
Konkurrenzprobleme 489, 513, 542
Konsens 136

Konstruktionsmethodik nach VDI 74
Konstruktionsprinzipien für Systeme 22
Konzeptentscheidungen 83
Korrelationsanalyse 489, 530
Kosten-Nutzen-Rechnung 217, 490
Kosten-Wirksamkeits-Analyse 194, 200, 492, 494
Kosten-Wirksamkeits-Rechnung 196, 218
Kreativität 158, 291, 303
Kreativitätskiller 293
Kreativitäts-Techniken 154, 178, 477, 492
Kreisring-Darstellungen 449
Kriterien 137, 197, 510
Kriterienplan 191, 203, 204, 212, 494
Kultur 286, 287, 290

Lagerhaltungsprobleme 513
Layout 478
Layout-Darstellungen 114
Lebensphasen 37, 321
Leitfaden für dreidimensionale Projektarbeit 294
Lernkurve 520
Lineare Optimierung 448, 494, 513, 538
Lohnsystem
– Fallbeispiel 374
Lorenzkurve 430
Lösung 17, 138
– Beurteilbarkeit 175
– Um- bzw. Weiterbearbeitung 185
Lösungsbasis als Variantengenerator 184
Lösungsbereich 121
Lösungsebene
– Anheben der 306
Lösungsfeld 129, 159, 187
– Begrenzung 165
Lösungsmöglichkeiten 20, 131
lösungsneutrale Auftragsformulierung 314
Lösungsneutralität von Zielen 122, 142, 153
– Prinzip der 156, 308
lösungsorientierte Betrachtung 50, 118
Lösungsprinzipien 58, 187
Lösungsspektrum
– Verkleinerung 162
Lösungsstrategie 132
Lösungssuche 48, 55, 58, 74, 94, 135, 226, 505
– Prozeß und Lösungsfindung 160
Lösungssystem 19, 22, 23, 24
Lösungs- und Eingriffsfeld 119
Lösungsvarianten 190, 504
– Kreation 306
Lösungsvorschläge
– Erarbeiten (Entwerfen) 185
– systematische Analyse 185

Management by Objectives 136
Management durch Zielvereinbarung 136
Mängel 135, 146
Manöverkritik 253
MAPI-Methode 562
Maßskalen 209
Masterplan 341
Materialfluß 9
Materialflußpläne 433
Mathematische Statistik 479, 532, 554
Matrix 13, 14, 454
Matrixdarstellung 14
Matrix der Skalen 212
Matrix-Projektorganisation 25, 259
Meantime between failures, MTBF 566
Melioration 81, 132, 166, 187
Meliorations-Vorhaben 35, 225
Mengenbilanz 176
Mensch 283, 288, 303
Mensch hoch drei 287
Meßgrößen 197
Metakommunikation 298
Methode 501, 634
Methodik 219
Mindestwerte 150
Minimierung 160
Mischformen 262
Mischungsprobleme 513
Mißerfolgskomponenten für Projekte 246
Mittel als Lösungsstimulans 184
Mittelkatalog 119
Mittelwert 497
Mittelwertbildung 469
mittlere Lebensdauer (Meantime to failures, MTTF) 566
Modelle 10
modellhafte Abbildungen 10
Modellierungs- und Darstellungstechniken 178, 180
Monitoring 131
Monitoring-System 546
Monte-Carlo-Methode 502
Morphologie 503
MPM 453, 505, 508
Multimomentaufnahme 507
Mußziele 51, 148, 154, 156, 183, 205

Nachvollziehbarkeit von Situationsanalysen 122
Nebenziele 149
Netze 20
Netzplantechnik 440, 452, 476, 505, 508, 518, 527
Neugestaltung 187
Neukonzeption 132
Nominalskalen 212

Noten
- Zuteilung der 218
Notengebung 204
Notenskala 210
Nutzen 85, 496
Nutzenäquivalent 213
Nutzenfunktion 218, 210
Nutzung 44
Nutzwertanalyse 194, 196, 198, 218, 475, 494, 510

Objektgrenzen 120
Objektstrukturplan 511
Objekt-System 283
offenes System 17
Offenhalten von Optionen 230
operationale Zielformulierung 137
Operationalisierung 511, 564
Operationalität 142
Operations Research 193, 447, 461, 477, 494, 511, 555, 559
Optimierungsprobleme 447
Ordinalskalen 212
Organigramme 455, 470
Organisation
- hoch drei 288
Organisationsanalyse
- Fallbeispiel 358
Organisationsformen für Projekte 254
- Eignungsbereich 262
Ortsbezeichnung 138
Output-Generatoren 176
Outputs 9, 10, 22

PAAG-Vorgehen 537
paarweiser Vergleich 208
   (s. auch Gewichtsbemessung)
Panel-Befragung 525
Papiercomputer 551
Parallel-Linienorganisation 256
Parameter 506
Pareto Analysis 430
PC-Software 475, 509, 516, 528
PERT (Program Evaluation and Review Technique) 454, 506, 508, 518
Pflichtenheft 155, 401
Phasen 29
Phasenablauf 142, 348
Phasengliederung 37, 46, 394
Phasenkonzept 349
Phasenmodell 73
- Anwendungsaspekte 83
Phasenmodelle, andere 45
Piecemeal Engineering 23
Pin-Wände 24

Pioniersituationen 229
Planungsnutzen 85
Plausibilitätsprüfung 203, 212
Plausibilitätsüberlegungen 219
Polaritätsprofil 154, 156, 193, 209, 455, 520
Polarkoordinaten 520
Politik-Iterationsmethode 463
potentielle Probleme 215
Präferenzordnung
- Methoden der 473
Präjudizierung
- minimale 23, 160
Primärquellen 125
Primär-Unterlagen 481
Prinzip der Vollständigkeit von Zielen 145
Prinzipvarianten 35
Prioritäten 156
Prioritätensetzung 142, 148, 150, 153
Problemanalyse
- und Aufgabenstellung 128
Problembereich 17
Problembewußtsein 39
Problemfeld 19, 20, 23, 24, 109, 128, 129
- Analyse 19
- Grobstrukturierung und Abgrenzung 128
- Schwierigkeiten im 146
Problemfeld, Lösungsfeld und Eingriffsbereich 120, 131
Problem-Landkarte 128
Problemlösungsbaum 470, 522, 545
Problemlösungskonferenz 446
Problemlösungsmöglichkeiten 131
Problemlösungsprinzip 321
Problemlösungsprozeß 19
Problemlösungszyklus 29, 47, 58, 59, 74, 348, 360, 366, 377, 404
- Alternativen zum 55
- Anwendungsaspekte des 94
- erweiterter 99
Produktionsstättenplanung
- Fallbeispiel 341
Prognosen 119, 469, 533
Prognosetechniken 523, 547
Prognosezeitraum 119
Programme 224
Projekt 241
Projektablauf
- psychologische Dimension 294
Projektablauf-(Vorgehens-)Ziele 138, 156
Projektarbeit 294
Projektauftrag 248
Projekt-Ausschuß 267
Projektbudget 139
Projektdynamik 286
Projektgruppe 101, 219, 278
Projekt-Informationssystem 273

Projektkontrolle 250
Projektleiter 267, 278
- Anforderungen 270, 271
Projektlenkung 250
Projekt-Management 240, 242, 243, 516
- funktionelles 246
- institutionelles 254
- systemisch-evolutionäres 71
Projektmanagementsysteme 251, 509
- computerunterstützte 527
Projekt-Marketing 83, 277
Projekt-Mitarbeiter 267
Projektorganisation 363, 383, 384, 386, 405
Projektphasen 37, 58, 73, 321
Projektplanung 452
Projektsteuerung und -kontrolle 250
Projektstrukturierung 362
Projektstrukturplan 24, 528
Prototyping 45, 63, 74
Prozeßstruktur 12, 115
psychologische Aspekte der Projektarbeit 282
psychologische Denkweise 284
psychologische Komponente 282
psychologisches Problemverständnis 286
psychologisch-systemisches Denken 285
Punktbewertung 196, 530

Qualität
- einer Detailstudie 43
- einer Hauptstudie 42
- einer Vorstudie 41

Rahmenplanung 334
Randbedingungen 50, 121
Realisierung 233
- gestaffelte 227
Realisierungsaufwand 83
Realität 10
REFA
- 6-Stufen-Methode 60
Regressionsanalyse 489, 530, 547
Reihenfolgeprobleme 513, 532
reine Projektorganisation 256
Relevanzbaum 522
Restriktion 148
Risiko 215
Risikoanalyse 203, 215, 216
Rollenklärung 301
Routinevorgehen 168

Sankey-Diagramme 457, 471
Sättigungsmodelle 533
Säulen-Darstellungen 455
Scenario writing 525

Schätzverfahren 499
Schein-Varianten 82
Schichtdarstellung von Übersystemen 18
Schleichpfad-Analyse 177, 567
Schleichweg-Analyse 567
Schnittstellen 23, 160
- Minimierung von 23
Schwierigkeiten/Chancen 20, 135, 153
Sechs-Stufen-Methode nach REFA 74
Sekundärquellen 125, 481
Selbstaufschreibungen 441
Selbstorganisations-Prinzip 285
Sensibilitätsanalyse 203, 213, 214, 219
Sensitivitätsanalyse 535
Sicherheit 176
Sicherheitsanalyse 216, 535
Simplex-Methode 496, 538
Simulationstechnik 502, 513, 540, 556
Simultaneous Engineering 45, 68, 74
Simultan-Modelle 562
Situationsanalyse 19, 48, 49, 94, 109, 135, 225, 512, 520, 559
situationsbedingtes Vorgehen 222
Skalierungsmatrix 212, 218
Sneak Circuit Analysis 567
Social Cost 491
Sofortmaßnahmen 92, 383
Sollziele 51, 149, 154, 156, 183, 191
Soll-Zustand 111
Spieltheorie 489, 513, 541
Stabs-Projektorganisation 257
Standardabweichung 498
Statistik 497, 544
Stellenbeschreibung 269, 270
Stichproben 126, 497, 498, 544
Stillegungen und Abbrüche 233
Strategien zur Lösungssuche
- kombinierte 172
- von-außen-nach-innen 167
- von-innen-nach-außen 167
- zyklische 171
Streuung 497
Struktur 290
Struktur-Analysen 114
Strukturierung 19
Strukturorientierte Betrachtung 12
subjektive Wertvorstellungen 219
Subjektsystem 283
Subsidiaritätsprinzip 121
Subsysteme 7, 137
Suchprozesse
- Verbesserung der 173
Suchstrategie 168
- einstufig-optimierende 170
- mehrstufig-optimierende 170
- nicht-optimierende 169

Symptome 110, 117
Synektik 436
Synthese-Analyse 157, 158, 505
Synthese von Lösungen 48, 52
System 5, 476, 483
– abgrenzungen 7, 22
– ansatz, siehe Systemdenken
– aspekte 9, 24, 117, 137
– aufbau, hierarchischer 8
– bau 43, 421
– bau-Aktivitäten-Checkliste 421
– benützer 268
– betrachtung, Aspekte der 13
– betreiber 268
– denken 4, 22, 343, 377, 476, 559
– einführung 44, 422
– gestaltung 80
– grenzen 6, 120
– hierarchie 8
– merkmale 4
– modelle 10
– quantitativ unterstützte Analyse 559
– struktur 6
– ziele 139, 156
systemhierarchisches Denken 17, 22
systemorientierte Betrachtung 49
Szenario-Technik 535

Tabellenkalkulation 215
Tabellenkalkulation → PC-Software 546
Task Force 256
Team
– Qualitätsmerkmal 302
Teamarbeit 24, 272
Teamförderung 298
Techniken für die Zielformulierung 152
teilnehmende Beobachtung 441
Teilziele 197, 206, 510
– Erfüllung der 203
– Gewichtung der 207
– Widerspruchsfreiheit 142, 149
Teilzielerfüllung 203
– Ermittlung der 208
Tests 43
Testverfahren 499
Teufelsquadrat 250
Top down 30, 81
Transportprobleme 513, 565
Trendextrapolation 525, 547
Treppen-Darstellungen 449
Trial und Error 170

Überblickbarkeit eines Zielkatalogs
– Prinzip der 152
Übergangsfunktion 11

Übergewicht der inneren Bindung 6
Übersystem-Betrachtung 17
Übersysteme 8
Umbauten am lebenden Objekt 222
Umfrage 524
Um- oder Neugestaltung 44
Umsysteme 6
Umwelt 6
Unternehmung
– dreidimensionale 290
Unterprojektleiter 24
Untersuchungsbereich 109, 111, 113, 119, 129
Untersystem-Betrachtung 18
Untersysteme 7, 137
Ursachenmatrix 548
ursachenorientierte Betrachtung 49
Ursache-Wirkungs-Zusammenhänge 20, 118, 127

Value-Action-Leadership 291
Variantenbaum 522
Variantenbildung 29, 33, 59, 73, 82
Varianten-Kreation und -Reduktion 159, 161
VDI-Konstruktionsmethodik 63
Veränderungsstrategien 121
Vergleich
– Methode des paarweisen Vergleichs 474
vernetztes Denken 20, 21, 549, 558
Versionenkonzept 45, 67, 74
Verstandesbrille 287
Verteilung 497
Vollerhebung 126
Vollständigkeit der Ziele 142, 153, 156
vom Groben zum Detail 30, 58, 73, 81, 342, 392
Vorabklärungen 101
Vorgehen
– überlapptes 91
Vorgehensmodelle 29, 60
– Anwendungsaspekte 81
– Istzustands-orientierte 56
– Sollzustands-orientierte 57
Vorgehensplan 102, 375
Vorgehensziele 139, 156
Vorhaben
– auf Dauer 228
– außergewöhnlich großen Umfangs 223
– beschränkten Umfanges 223
Vorstudie 39, 58, 375, 377, 399, 410
– Qualität einer 41
Vorstudie-Aktivitäten-Checkliste 410

Wahl 191
Wahrnehmung 284
Wahrscheinlichkeitsrechnung 498, 502, 551

Warteschlangenprobleme 513, 555
Wertanalyse-Arbeitsplan 62, 74
wertanalytische Zusammenhänge 365
Wertefluß 9
Wertgestaltung 557
Wertiterationsmethode 462
Wertorientierung 142
Werturteil 475
Wertverbesserung 557
Wertvorstellungen 156, 219
Widerspruchsfreiheit von Zielen 153, 156
Wiederholzyklen 96
Willensakt 219
Wirkmechanismen 12
Wirksamkeitskennzahl 200
Wirkungen 138
Wirkungs-Analysen 113
Wirkungsbereich 121
Wirkungsnetz 550, 558
Wirkungszusammenhänge 11
Wirtschaftlichkeit 202, 219
Wirtschaftlichkeits-Kennzahlen 154
Wirtschaftlichkeitsprinzip 560
Wirtschaftlichkeitsrechnung 193, 194, 217
Wunschziele 51, 154, 156, 191
Wurst-Methode 292

Zeitaspekt 138
Zeit-Kosten-Fortschritts-Diagramm 562
Zieländerungen 155
Zielbegriff 135
Ziele
– übergeordnete 146
Ziele, Genehmigung 102
Zieleigenschaften 138
Zielentscheidungen 193
Zielerfüllung 197
– Feststellbarkeit der 142, 147

Zielerreichung
– Ausmaß der 147
Zielfindung 135
Zielformulierung 48, 50, 94, 135, 226, 511, 564
– Einsatz von Techniken 154
– Grundregeln 51
– lösungsneutral 308
Zielformulierungsprozeß 136
Zielideen 153
Zielinhalt 138, 145
Zielkatalog 139, 140, 153, 154, 156, 494, 563
– Überblickbarkeit und Bewältigbarkeit 142
Zielklärung 300
Zielklassen 207
Zielkompromiß 152
Zielkonflikt 150, 153, 193
Zielkonkretisierung 58
Zielkonkurrenz 150
Zielkorrektur 206
Ziel–Mittel-Denken 139, 143, 151, 154, 162, 563
Ziel–Mittel-Hierarchie 156
Zielobjekt 138, 153
Zieloffenheit 122
Zielrelationen-Matrix 151, 154, 563
Zielrichtung 148
Zielsuche 48, 55, 58, 74
Ziel und Kompetenz 300
Zielunterklassen 207
Zoomstrategie 17
zukunftsorientierte Betrachtung 50
Zuordnungsproblem 565
Zuordnungsstruktur 437
Zusammenarbeit von Auftraggeber und Projektgruppe 103
Zuteilungsprobleme 513, 565
Zuteilungs- und Mischprobleme 495
Zuverlässigkeit 176
Zuverlässigkeitsanalysen 536
Zweckbegriff 9
Zwischenentscheidungen 35

Management
Fachbücher

8. verbesserte Auflage

Haberfellner / Nagel
Becker / Büchel / von Massow

SYSTEMS ENGINEERING
Methodik und Praxis

8. verbesserte Auflage

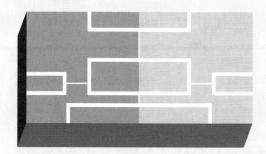

Herausgeber W. F. Daenzer / F. Huber

Verlag Industrielle Organisation Zürich

SYSTEMS ENGINEERING

Ein neuer Denk- und Handlungsstil für Ingenieure, Techniker und Planer

Herausgeber:
W.F. Daenzer/F. Huber
Autoren:
R. Haberfellner/ P. Nagel/
M. Becker/A. Büchel/
H. von Massow
618 Seiten, Abbildungen,
Fallbeispiele, Formularvorlagen,
Enzyklopädie, Checklisten
Gebunden, sFr. 110.–
Best.-Nr. ISBN 3 85743 973 4

dazu der

SYSTEMS ENGINEERING WISSENSBAUM

bearbeitet von *Mario Becker*
A1 grosse Abbildung, gefalzt, *sFr. 15.–*
Best.-Nr. ISBN 3 85743 600 X

Systems Engineering (SE), eine bewährte Anleitung für das Konzipieren und Realisieren von mehrdimensionalen Vorhaben, von zahlreichen Lehrinstituten übernommen und in den Unternehmen als Standardvorgehen eingeführt.

Im SE-Wissensbaum werden die wichtigsten im Systems Engineering auftauchenden Begriffe gruppiert und ihrem logischen Zusammenhang nach in Form eines hierarchischen Baumes dargestellt.

verlag industrielle organisation
Institutsverlag der Stiftung für Forschung und Beratung am Betriebswissenschaftlichen Institut der ETH Zürich
Zürichbergstrasse 18, Postfach, CH-8028 Zürich
Telefon 01/261 08 00, Fax 01/261 24 68

BESTELL-COUPON

Senden Sie mir fest mit Rechnung:
... Ex., SE-Wissensbaum (Faltblatt), sFr. 15.–
... Ex., Systems Engineering, 8. Auflage, sFr. 110.–
... Ex., Systems Engineering, Buch + Faltblatt, sFr. 120.–

Absender:

Datum:

Unterschrift:

...oder fragen Sie in Ihrer Buchhandlung.